木材仿生智能科学与技术系列

木材仿生智能科学引论

李　坚　孙庆丰　王成毓 等　著

科学出版社

北　京

内 容 简 介

本书是在参考大量国内外文献，并总结著者课题组多年来独立研究成果的基础上编写而成；有针对性地介绍自然界中某些生物体所固有的智能行为和独特的自然属性，如荷叶的滴水不沾特性、棉花的轻柔飘逸特性、海鞘的环境响应特性、扇贝的层积结构、候鸟海龟的“千里迁徙”和“万里洄游”特性、树根的自修复特性等；详细阐述特殊润湿性功能生物质材料、功能性光催化材料、磁性木质材料的形成与功能化修饰，以及纤维素纳米晶体液晶相的虹彩性质与仿生应用等研究内容。本书在内容上紧密联系木材先进材料的发展前沿，同时描述了纳米材料在木材仿生智能方面的研究进展和应用前景。

本书可供木材科学、新能源材料、仿生科学、纳米材料、林产工业、建筑、装饰、环境等领域的科研人员、工程技术人员和高等院校的师生使用与参考。

图书在版编目(CIP)数据

木材仿生智能科学引论/李坚等著. —北京：科学出版社，2018.3
(木材仿生智能科学与技术系列)
ISBN 978-7-03-048641-7

Ⅰ. ①木… Ⅱ. ①李… Ⅲ. ①木材-仿生 Ⅳ. ①S781

中国版本图书馆 CIP 数据核字(2018)第 034561 号

责任编辑：周巧龙/责任校对：韩 杨
责任印制：张 伟/封面设计：耕者设计工作室

科学出版社出版
北京东黄城根北街 16 号
邮政编码：100717
http://www.sciencep.com
北京教图印刷有限公司 印刷
科学出版社发行 各地新华书店经销
*
2018 年 3 月第 一 版 开本：720×1000 B5
2018 年 3 月第一次印刷 印张：29
字数：584 000

定价：168.00 元

(如有印装质量问题，我社负责调换)

作 者 名 单

李　坚　孙庆丰　王成毓

李　伟　高丽坤　甘文涛

前　　言

仿生学是通过研究自然界生物的结构、性状、行为以及与生存环境的响应机制，为工程技术提供新的设计思想、工作原理和系统构成的技术科学。为木材的各类加工技术，诸如化学的、物理的或生物的加工，提供新的理念、新的设计、新的方法，从而赋予木材新的功能或智能响应性的科学，称为木材仿生智能科学。木材仿生智能科学是我国木材科学在新时代下的创新发展，具有本学科里程碑式的意义。

我国木材资源丰富，但高值利用率较低。因此，改善产业结构，促进产品升级，发展高附加值木质基产品势在必行，刻不容缓。木材仿生智能科学即师法自然，利用从某些生物体显示的奇异特性所获得的启发而为木材的功能拓展和高值化开发提供新的研究思路，创生具有仿生结构的智能型木质复合材料，实现木材的自增值性、自修复性、自诊断性、自学习性和自适应性，使木材从更高的技术层次上为人类的文明进步服务。

木材源于自然，拥有大自然赐予的精妙的多尺度分级结构、多孔结构，智能的调湿、调温、生物调节、调磁，以及天然美学等多种智能性功能。木材的这些自然属性为开展木材仿生与智能响应科学研究提供了坚实的理论基础，为仿生构筑高性能木质新材料提供了广阔的发展空间。木材仿生与智能响应科学研究期望以自然界给予的各种现象为启发，进行自然界生物体的结构、功能、行为、视觉等仿生研究，充分利用木材自身独特的天然结构与属性，将其与纳米技术、分子生物学、界面化学、物理模型等相结合，制备出具有奇异性能的仿生木质基新型材料；引入对热、pH、光或电等刺激有响应的智能元素，制备木质基智能响应材料；实现由木材宏观复合向微观复合发展，由木材结构特征复合向功能结构一体化发展，由木材一元体系向二元甚至向多元复合体系扩展，由木材单一传统利用向复合化、智能化、环境化和功能化的研究开发利用发展，充实新的内涵，使得木材科学领域科研工作者从更深层次上通过认知、模拟与调控三个步骤揭开木材内幕，同时也为木材科学和其他学科间的交叉融合架起一座桥梁，实现“他山之石，可以攻玉”。

本书承蒙国家自然科学基金委员会面上项目（编号：31470584）、浙江省自然科学基金重点项目（LZ15C160002）、中国工程院战略咨询项目（NY5-2014）等的资助，特致殷切谢意。在本书编写过程中，科学出版社给予了大力支持和帮助，在此对周巧龙等各位编辑的辛勤工作和高度责任感表示深深的谢意和崇高的敬意！同时向关心和参与本书编写的全体同仁表示衷心感谢，向本书所引用的大量文献资料的作者表示诚挚谢意！

本书是我国林业工程领域关于木材仿生智能科学的第一部著作，内容涉及面大、学科交叉外延广、理论基础跨度深，撰写难度高，旨在抛砖引玉，参考交流。书中欠妥和疏漏之处在所难免，恳请读者不吝赐教，谨致谢忱！

作　者

2018年3月

目　录

第1章　大自然给予的启发

1.1　引　　言

1.1.1　仿生学概要

人类很早就有了仿生的思想。《韩非子》曾记载古代工匠用竹木作鸟“成而飞之，三日不下”，这可以认为是人类仿生学的先驱，也是仿生学的萌芽。虽然仿生学的历史可以追溯到许多世纪以前，但一般把1960年9月由美国空军航空局在俄亥俄州的空军基地戴通召开的第一次仿生学会议作为仿生学正式诞生的标志。仿生学一词最早是由美国斯蒂尔(Jack Ellwood Steele)取自拉丁文“bio”（生命方式)和词尾“nic”（具有××性质的)合成的，他认为：仿生学是研究模仿生物系统方式，或以具有生物系统特征的方式或以类似于生物系统的方式建造技术系统的科学。后来又出现了 biomimetics 一词，意思是模仿生物，近年来 bioinspired 一词逐渐为研究者们所关注，意为受生物启发而研制的材料或进行的过程。路甬祥[1]定义仿生学为“研究生物系统的结构、性状、原理、行为以及相互作用从而为工程技术提供新的设计思想、工作原理和系统构成的技术科学”。

随着材料学、化学、分子生物学、系统生物学以及纳米技术的发展，仿生学向微纳结构和微纳系统方向发展，实现结构与功能一体化将是仿生材料研究前沿的重要分支。开展仿生结构、功能及结构-功能一体化材料的仿生研究具有重要的科学意义。它将认识自然、模仿自然、在某一方面超越自然有机结合，将结构及功能的协同互补有机结合，并在基础学科和应用技术之间架起了一座桥梁，为新型结构、功能及结构-功能一体化材料的设计、制备和加工提供了新概念、新原理、新方法和新途径。

1.1.2　木材仿生智能科学概要

木材是一种天然的有机复合材料，具有结构层次分明、构造复杂有序、分级结构鲜明、多孔结构精细等特性，同时具有各向异性、低密度、高弹性、机械性能优良和来源丰富、可再生、清洁等特点，为木材仿生奠定了广阔的空间[2]。为木材的各类加工技术，诸如化学的、物理的或生物的加工，提供新的理念、新的设计、新的构成，而赋予木材新的功能或智能响应性的科学，称其为木材仿生智能科学。木材仿生智能科学与应用技术研究是木材科学发展中的一个具有里程碑意义的研究领域，它使木材从更微观的层次师法自然，利用从生物体获得的启示为木材的功能拓展和高值化开发提供新的研究思路，通过构筑具有仿生结构的智能型木材或复合材料，解决木材资源不足和使用中的种种限制，实现木材的自增值性、自修复性、自诊断性、自学习性和环境适应性，使得木材从更高的技术层次上为人类的文明进步服务。

1.2 自然界的仿生现象及启示

美国深层生态学家乔治·塞欣斯(George Sessions)认为：“自然不只是比我们现在想的更复杂，而且它比我们任何时候所能想到的都更加复杂。”

自然界的生物体经过数十亿年的物竞天择、优胜劣汰，其结构与功能已趋完美，实现了宏观性能和微观结构的有机统一[3]。从大自然给予的启发，向自然界学习，模仿自然界生物体功能中的某一方面，构筑相似甚至超越自然生物体功能的新型仿生材料，完成智能操纵的过程，进而获得高效、低能耗、环境和谐且快速智能应变的新材料及其新性质，研究和构筑高性能的仿生智能材料是人类发展进程中的一个永恒课题[3]。

1.2.1 荷叶的滴水不沾特性

“予独爱莲之出淤泥而不染，濯清涟而不妖，中通外直，不蔓不枝，香远益清，亭亭净植，可远观而不可亵玩焉。”北宋理学家周敦颐在《爱莲说》中用这样的诗句表达了对莲花品格的热爱和赞赏。“接天莲叶无穷碧，映日荷花别样红”的作者南宋诗人杨万里在《晓出净慈寺送林子方》中描绘了漫漫无垠的碧绿荷叶和红艳艳的荷花，在阳光的映射下分外光艳迷人的美景。现代文学家朱自清的《荷塘月色》不仅描述了荷塘月色美丽的景象，而且含蓄而又委婉地抒发了作者渴望自由，想超脱现实的复杂思想感情。古往今来，文人骚客们对荷叶都充满了异乎寻常的喜爱之情。同样，现代科学家也对荷叶的“滴水不沾”的高贵品质进行了科学的深入探讨。

1997 年，德国生物学家 Barthlott 和 Neinhuis[4]在 *Planta* 发表“Purity of the sacred lotus, or escape from contamination in biological surfaces”一文，首次详细科学地阐述了荷叶的“滴水不沾”特性。文中作者对蝎尾蕉、买麻藤、玉兰、欧洲山毛榉、荷叶、芋头叶、甘蓝和帚菊木 8 种植物叶片表面的静态接触角和表面形态进行了系统研究(图 1-1 和表 1-1)。结果表明许多植物叶片上不同微结构(绒毛、表皮褶皱和蜡状晶体)构成的粗糙表面协同疏水的表皮蜡质共同导致其表面的防水性能，而且能够伴随水滴带走污染颗粒，构成自清洁表面，被称为“荷叶效应”。那些能够长效防水的叶片具有独特、显著的凸面或乳突状表皮细胞，且覆盖有非常密集的蜡质层，而那些只能在有限的时间内防水的叶片只有微凸起的表皮细胞，通常缺乏密集的蜡质层。此外，具有防水性能的物种都集中生活在草丛中，而罕见生活在树木上。

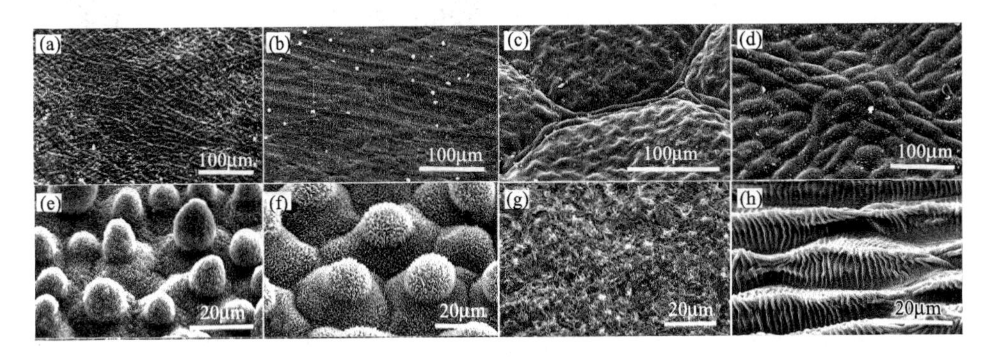

图 1-1　不同植物叶片表面的扫描电镜图

(a) 蝎尾蕉；(b) 买麻藤；(c) 玉兰；(d) 欧洲山毛榉；(e) 荷叶；(f) 芋头叶；(g) 甘蓝；(h) 帚菊木

表 1-1　不同植物叶片表面的静态接触角（测试 20 次后取平均值）

名称	静态接触角/(°)
蝎尾蕉	28.4 ± 4.3
买麻藤	55.4 ± 2.7
玉兰	88.9 ± 6.9
欧洲山毛榉	71.7 ± 8.8
荷叶	160.4 ± 0.7
芋头叶	159.7 ± 1.4
甘蓝	160.3 ± 0.8
帚菊木	128.4 ± 3.6

Jiang 等[5-8]研究荷叶表面发现其表面除具有微米结构外还有纳米结构存在，经他们研究发现，这种微米与纳米相复合的多尺度结构是引起荷叶表面超疏水特性的主要原因。从图 1-2(a) 可以看出，荷叶表面是由许多微米结构的乳突构成。由图 1-2(b) 可观测到每个乳突是由直径为 100nm 左右的分支结构组成的。他们在世界上首次提出了“二元协同纳米界面材料”的新概念，认为荷叶表面的微纳米多级结构和低表面能的蜡质物使其具有超疏水和自清洁功能。

Xi 等[9,10]研究了玫瑰花花瓣表面的微观形貌和纳米结构（图 1-3），研究结果发现直径约 20μm、高约 10μm 的阵列状乳突结构组成玫瑰花表面微米尺度的微观形貌，而 300~400nm 的纳米尺度的沟槽结构分布在乳突状结构的表面；通过测试玫瑰花表面的静态接触角，发现水滴在新鲜玫瑰花花瓣的静态接触角高达 152.4°，

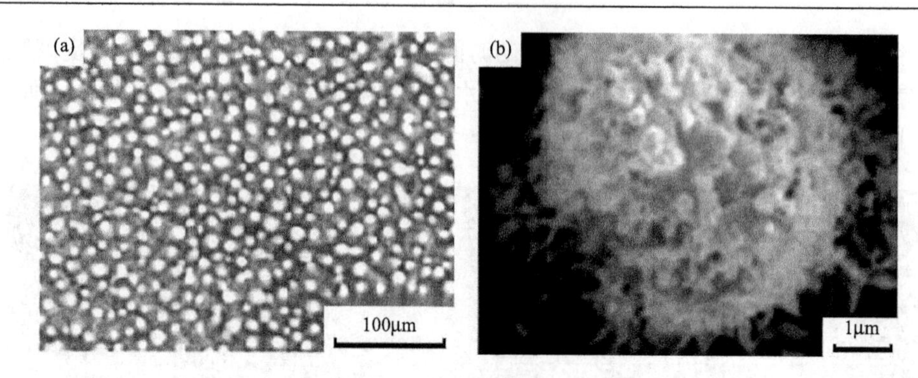

图 1-2　荷叶表面的扫描电镜图

(a)大面积低倍图；(b)单个乳突结构放大图

花瓣具有超疏水性能，而这种超疏水性正是由玫瑰花花瓣表面的微纳复合结构所引起的。但是，水滴会黏附在玫瑰花花瓣表面，即使将玫瑰花花瓣翻转 90°甚至 180°，1~10μL 水滴均不会从表面滚落，显示出非常高的黏滞性。

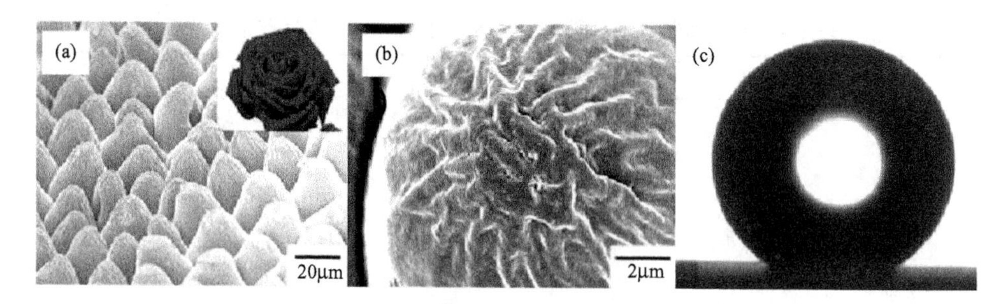

图 1-3　玫瑰花的微观形貌和玫瑰花花瓣的表面润湿性

(a)，(b)分别为玫瑰花微观形貌低倍图和放大图，其中图(a)内插图为玫瑰花；(c)为玫瑰花花瓣表面静态接触角图

Shen 等[11]采用层层自组装技术，仿制荷叶粗糙表面结构制备了一种具有多级微纳米结构的纳米复合膜(图 1-4)，该薄膜是由银离子生长形成，该复合薄膜的接触角可达 172°，远远超越了自然荷叶表面的接触角。

刘维民等[12]通过溶胶-凝胶法和自组装法制备了具有超疏水性的薄膜，水滴在该薄膜上的平衡静态接触角为 155°~157°,滚动角为 3°~5°。扫描电子显微镜观察薄膜微观表面，发现该薄膜表面分布了双层结构的微纳米粗糙度的微凸体，其中上表层微米微凸体的平均直径为 0.2μm,下表层纳米微凸体的平均直径约为 13nm(图 1-5),其分布与荷叶表面的结构极其相似。他们对超疏水的机理也进行了深入分析，认为溶胶粒子表面制备的薄膜具有合适的表面粗糙度，全氟辛基三氯甲硅烷(FOTMS)化学修饰后的薄膜拥有较低的表面能，这两个条件的有机结合就使得薄膜产生了超疏水性。

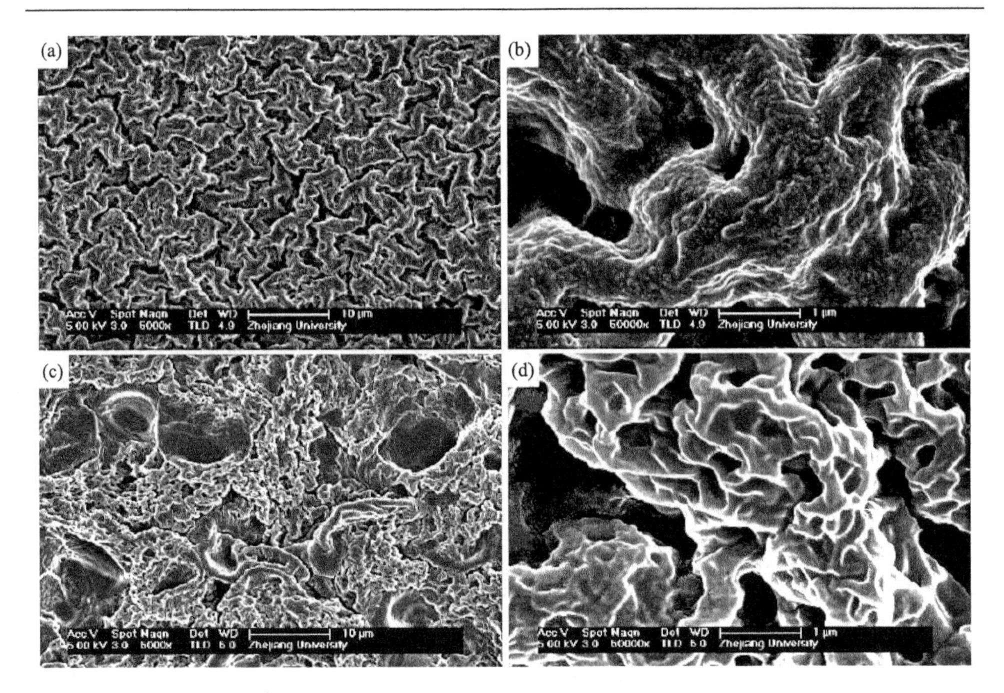

图 1-4　复合薄膜表面的扫描电镜图

(a)，(b) 分别为薄膜低倍和高倍图；(c)，(d) 分别为生长 Ag 离子后低倍和高倍图

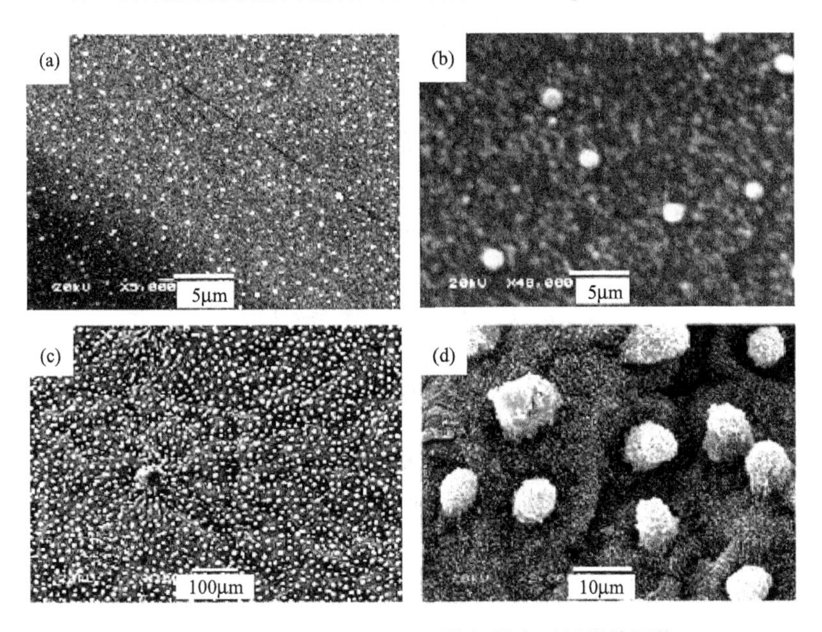

图 1-5　薄膜表面及荷叶表面的扫描电子显微镜图像

(a),(b) 薄膜表面的形貌；(c),(d) 荷叶表面的形貌

Wang 等[13]采用静电纺丝法，模仿荷叶表面的微观结构，将环氧硅油改性修饰的 SiO_2 纳米粒子引入到聚偏氟乙烯(PVDF)电纺纤维薄膜，获得了具有良好疏水性和耐用性的 SiO_2/PVDF 复合超疏水材料。通过改变环氧硅油改性 SiO_2 纳米粒子与 PVDF 的质量比可以控制复合表面的形貌和疏水性，接触角最高达到(161.2±0.5)°，滚动角在 2°左右。Yuan 等[14-17]受“荷叶效应”的启发，首次以天然芋头叶为母板，采用软模板浇注法构建了新颖的类芋头叶状超疏水聚苯乙烯(PS)薄膜，用类似的方法还构建了类荷叶状超疏水聚氯乙烯薄膜，其表面与水的接触角分别为(158±1.6)°和(157±1.8)°。他们还发展了一种新颖的乙醇辅助控制温度的方法来构建由大量微“花瓣”结构构成的新颖的多孔超疏水高密度聚乙烯表面，该表面与水的接触角和滚动角分别为(160±1.9)°和(2±1.6)°。Jiang 等[18]以聚苯乙烯/二甲基甲酰胺溶液为原料，采用静电纺丝技术制备了纳米纤维和多孔微米球共同构成的类荷叶状聚苯乙烯薄膜[图1-6(a)]，其表面的静态接触角可达(160.4±1.2)°。Zhao 等[19]将双酚 A 型聚碳酸酯(PC)的二甲基甲酰胺溶液采用浇注成膜法，成功在玻璃基体上制备了具有微纳二元类荷叶状超疏水表面[图 1-6(b)]，接触角可达(161.8±2.2)°，滚动角为(9.4±2.6)°，小于 10°，符合超疏水性质。Sun 等[20]采用纳米铸膜法构建了类荷叶表面的超疏水聚二甲基硅氧烷(PDMS)薄膜[图 1-6(c)]，该薄膜表面的静态接触角几乎和天然荷叶一样。

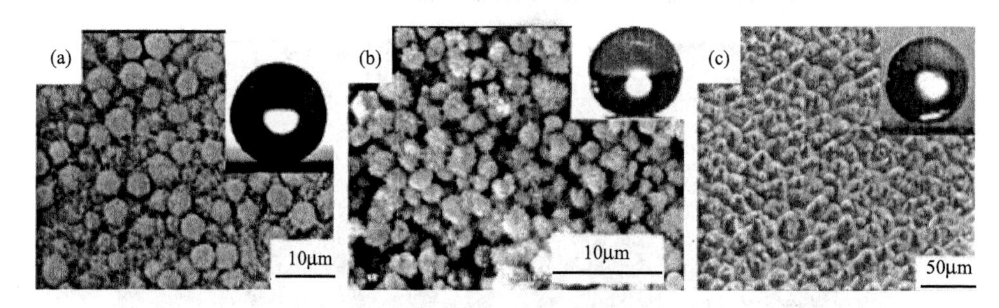

图 1-6　仿生荷叶状物质的超疏水表面

(a)超疏水 PS；(b)超硫水 PC；(c)超疏水 PDMS

内插图是水滴在超疏水表面的形状

Zhu 等[21]在单晶硅表面使用光刻技术构建了规则的微米柱阵列，实现了粗糙表面的设计，然后使用十八烷基三氯硅烷(OTS)在阵列柱表面形成了低表面能的单分子膜，成功制备了接触角为 162°的超疏水表面。Tserepi 等[22]使用等离子体技术将聚二甲基硅氧烷的表面进行粗化，随后使用低表面能物质降低材料表面能，得到了接触角超过 150°的柱状微纳二元结构表面。Xu 等[23]将孔径为 300nm，厚为 60μm 的阳极氧化铝模板覆盖于聚苯乙烯薄膜上，然后使用热解熔融填充法将熔融物在毛细力的作用下进入模板的孔中，经退火冷却即可获得纳米棒状结构的超疏水聚苯乙烯薄膜。Guo 等[24]和 Wu 等[25]首先在基质材料表面种植 ZnO 纳米晶种，随后采用水热法，调控水热反应条件，可获得具有 ZnO 纳米棒阵列超疏水晶膜。Hou 等[26]将 Zn 片放在 *N*, *N*-二甲基乙酰胺和水的混合物中进行氧化刻蚀，随着刻蚀时间的增加，Zn 片表面可形成一层 ZnO 纳米棒阵列薄膜，随后用十八烷基硫醇修饰，即可获得接触角超过 150°的超疏水表面。Lu 等[27]在荷叶“滴水不沾”特性启发下，将自制的疏水涂料涂在玻璃、钢铁、棉花和纸张表面，然后将十六烷(柴油的主要成分)涂在疏水涂料表面。随后将该表面一半浸入十六烷中，一半暴露于空气中，将用一氧化锰粉末模拟的“灰尘”分别洒在表面上浸入油中和暴露于空气中的部分，用水冲洗。结果表明，即使被油污染，仍然可以保证自清洁性能。

不仅自然界的植物表面具有典型的荷叶“滴水不沾”特性，自然界中许多动物的表面也有这种特性。如蛾和蝴蝶翅膀表面[28–30]、蝉翅膀表面[31]、蜻蜓翅膀表面[32,33]、蚊子体表[34]、水黾腿表面[35]，以及其他动物如鸟类羽毛表面[36,37]、鲨鱼皮表面[38]、壁虎脚[39]等，都具有微纳米结合的多级微观结构，正是这种多级结构与疏水蜡质成分联合作用使得其表面具有疏水性和自清洁性。目前超疏水表面的制备主要集中在：黏附力响应性超疏水表面、耐腐蚀超疏水表面、超亲油和超疏油表面、透明超疏水涂层等。而超疏水表面的制备方法主要有等离子体刻蚀法、模板法、电化学方法、溶胶-凝胶法、熔化-固化法、腐蚀法、相分离法、化学气相沉积法、溶剂-非溶剂成膜和其他方法。

荷叶“滴水不沾”特性在实际中也有着广泛的应用。如用于室外天线、光电转换器及太阳能帆板上可以防止雨雪的黏附；用在船体表面可克服行进中的摩擦阻力；超疏水织物可被用作防雨/雪服、军用作战服以及帐篷；在微量注射器针尖方面，可有效消除昂贵的药品在针尖上的黏附及由此带来的对针尖的污染；在电池和燃料电池方面，可有效地将液体电解质从活性电极材料上分离而阻止电极反应的发生，延长电池的保质期；在运输管道如输油(水)管道，可有效克服流固表面的摩擦阻力。超疏水材料在日常生活领域、医药卫生领域、工农业生产领域及国防事业领域等诸方面均有着广泛用途。但是，当前超疏水材料还存在实验条件苛刻、步骤烦琐、成本高、表面微细结构强度低、易老化、易磨损、易污染、使用寿命短等缺点。因此，在材料表面仿生荷叶“滴水不沾”特性构筑功能性薄膜，不仅在理论研究上有重要意义，在实际生产中同样具有重要的应用价值。

1.2.2　棉花的轻柔飘逸特性

棉花，是锦葵科棉属植物的种子纤维，纤维白色至白中带黄，长 2~4cm。棉花纤维是唯一的天然纯净纤维素材料，纤维素含量高达 95%~97%。棉花纤维是由直径在 100~200nm 之间的纤丝组成，纤丝交错排列在一起，构成细胞壁的网状结构。张玉忠等[40]用扫描隧道显微镜(STM)对棉花纤维的超微结构进行了直接观察，并与扫描电子显微镜(SEM)的观察结果进行了比较。结果表明 STM 可以清晰地观察到纤丝的超微结构，纤丝是由二级结构单元“微纤丝”组成，而“微纤丝”是由更小的结构单元“基原纤丝”组成，以平行方式排列在一起(图 1-7)。

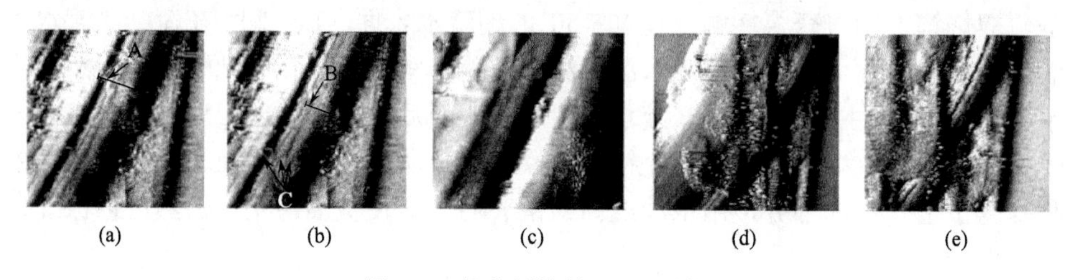

图 1-7　棉花纤维的 STM 图像

(a) 240nm×240nm；(b) 140nm×140nm；(c) 80nm×80nm；(d) 480nm×480nm；(e) 360nm×360nm

图中箭号 A 指向的是纤丝，B 指向的是微纤丝，C 指向的是基原纤丝

仿生棉花“轻柔飘逸”特性，可将其用于生物质废弃资源(秸秆、椰壳、甘蔗渣等)高值化开发利用的研究。其中制备气凝胶类材料就是一个典型应用。气凝胶是一种以纳米级超微胶体颗粒或高聚物分子相互聚集构成纳米多孔网络结构的高孔隙度材料，网络孔隙中充满着气态介质的轻质纳米级固态材料。其本质是气体取代湿凝胶中的液体，同时凝胶内部的网络结构在分散介质替换前后不发生改变，是一种用气体代替凝胶中的液体而本质上不改变凝胶本身的网络结构或体积的特殊凝胶，是水凝胶或有机凝胶干燥后的产物。这种材料具有超低的密度、相对均匀的纳米级孔径、较高的孔隙率、高比表面积和低热传递等特征。特殊的三维纳米网络赋予其较高的比表面积，离子和分子能够自由进出并在气凝胶中快速扩散，这使得气凝胶在组织结构、可控传递系统、血液净化、化学传感器及生物传感器、水净化、热绝缘体等应用时展现出优越的性能。根据气凝胶的材料组成，可将其分为无机气凝胶(无机硅基气凝胶和无机非硅基气凝胶)、有机气凝胶(天然气凝胶和合成气凝胶)和有机-无机复合气凝胶。根据气凝胶的发展历史，可将其分为无机气凝胶、有机气凝胶和纤维素气凝胶三代。

第一代：无机气凝胶。无机气凝胶是采用溶胶-凝胶合成法制备的气凝胶材料，几乎所有的金属和半金属氧化物都能够形成凝胶，根据是否含有二氧化硅可分为无机硅基气凝胶(如二氧化硅气凝胶、三氧化二铝/二氧化硅气凝胶、二氧化钛/二氧化硅气凝胶等)和无机非硅基气凝胶(如氧化锆气凝胶、二氧化钛气凝胶、三氧化二铝气凝胶和五氧化二钒气凝胶等)。无机气凝胶采用的干燥方法复杂，成本高，一直成为其工业化生产的难题。

第二代：有机气凝胶。有机气凝胶在一定程度上解决了无机气凝胶易碎的缺点，制备过程主要包括溶胶-凝胶过程和超临界干燥两步，多采用有机前驱体之间聚合反应形成具有三维空间网络状结构的凝胶，经甲醇/丙酮溶剂置换出多余的水和催化剂，再经超临界干燥得到有机气凝胶。超临界干燥不但可以保护凝胶的织构，而且能将孔隙内的溶剂去除。Pekala 等[41]根据间苯二酚-甲醛树脂构成的框架，首次引入有机气凝胶的概念，从此间苯二酚-甲醛便成了有机气凝胶的代名词。紧随其后出现了苯酚-甲醛、三聚氰胺-甲醛、甲酚-甲醛、苯酚-糠醛、聚酰亚胺、聚丙烯酰胺、聚丙烯腈、聚丙烯酸酯、聚苯乙烯、聚氨酯等有机聚合物气凝胶。有机气凝胶虽有较高的机械强度，能承受较高的压力，但其热稳定性差，适用温度范围有限。通过热解有机前驱体能够制备出具有交联结构的炭气凝胶，它是一种特殊的气凝胶。与传统的无机气凝胶相比，炭气凝胶的突出特点是网络连续、电导率高、孔洞微小且相互贯通，比表面大、密度变化差异大。炭化使得凝胶织构强化，增强了机械性能，并保持有机凝胶织构。优异的性能特点赋予其许多商业应用，如吸附材料、电容的去离子电极、双层电化学电容器/超级电容器、燃料电池中的气体扩散电极以及可充电锂电池中的阳极等其他应用。同时它也是制造高性能电容器和电池的新一代理想材料，在氧燃料存储和催化剂载体上同样有着巨大应用潜力。近期还出现一些有机-无机复合气凝胶的研究，通过无机氧化物网络与有机聚合物或官能基团相连制得，能够兼具有机气凝胶的特性和无机气凝胶的强度、硬度、透明性，这种气凝胶无论在化学还是在结构方面都具有很大的修饰性，能够满足具有特定性质的材料和生产需求。

第三代：纤维素气凝胶。纤维素气凝胶作为新生的第三代气凝胶材料，超越了无机气凝胶和有机气凝胶，在具备传统气凝胶特性的同时融入了自身的优异性能，如良好的生物相容性和降解性，在制药业、化妆品等方面具有很大的应用，是一个不断发展的生物类聚合物材料，已成为国内外研究者关注的热点。其中以纳米纤丝化纤维素(CNF)和纤维素纳米晶体(CNC)气凝胶为代表产品。CNF 和 CNC 气凝胶都是通过溶剂溶胀凝胶网络并除去溶剂制备而成，一般是通过冷冻干燥和临界点干燥来保持网络结构[42]。Yang 等[43,44]将酰肼改性 CNC($NHNH_2$-CNC)和醛改性 CNC(CHO-CNC)经混合、冷冻、溶剂交换和临界点干燥制备了超轻气凝胶，该气凝胶的密度为 $5.6mg\cdot cm^{-3}$，孔隙率为 99.6%，具有双峰孔分布，该气凝胶在空气和水中都具有稳定性和可压缩回弹性，在 80%应变下，由 0.5%、1.0%、1.5%和 2.0%CNC 制备的 CNC 气凝胶的压缩应力分别为 8.9kPa、11.6kPa、15.7kPa 和 20.5kPa。此外，该气凝胶具有良好的形状记忆恢复性能和超吸收能力。纤维素气凝胶经炭化后可变为导电气凝胶，经炭化形成的导电炭气凝胶在响应电活性、压力感测、电磁干扰屏蔽、神经再生、碳捕获、催化剂载体、气体传感器等方面具有广泛的应用[45-50]。一般来说，有三种方式生产导电 CNC 气凝胶：①对 CNC 结构单元的表面进行化学改性；②将导电填料添加到气凝胶骨架中，例如碳纳米纤维、碳纳米管、石墨烯、聚吡咯、聚苯胺等[51]；③气凝胶炭化成柔性和高度导电的石墨化炭[52]。Wang 等[53]用 CNF 和官能化的碳纳米管(FWCNT)制备了导电气凝胶，研究结果表明冷却速度对气凝胶形态起着重要作用，在液氮中缓慢冷却可得到具有微米横向尺寸的片状结构，快速冷却可得到具有较小厚度和不同形态的纳米纤丝网络，FWCNT 与 CNF 之间可以通过氢键而良好结合，由于二维片状比三维丝状交联气凝胶可更好地渗透进导电物质中，所以具有片状结构的气凝胶比纤维状结构的气凝胶具有更高的导电性。Xu 等[46]将细菌纤维素(BC)用木质素-间苯二酚-甲醛(LRF)溶液浸渍，经过高温炭化制备了柔性、高石墨化导电炭气凝胶，形成的炭具有核-壳结构，其中核是石墨化的 BC，壳是石墨化的 LRF，该 BC/LRF 炭气凝胶具有良好机械变形和回复能力。气凝胶在不同领域有各种应用。例如，气凝胶是建筑中优秀的隔热和隔音材料。透明气凝胶层允许太阳辐射穿透到建筑物，但防止产生的热量蒸发。CNC 气凝胶也可作为模板来制备无机气凝胶。Korhonen 等[54]以 CNC 气凝胶为模板，通过原子沉积法首先制备核-壳纤维状气凝胶，然后在 450℃下煅烧除去纤维素模板而获得无机纳米管气凝胶，所述无机纳米管包括氧化锌、氧化钛和氧化铝，其可以用于能量储存、传感器、吸收剂、药物释放、过滤等。Nyström 等[55]采用自组装制备了三维可逆的碳纳米管(CNT)/聚乙烯亚胺(PEI)气凝胶超级电容器，其中电极和隔板通过层层沉积法将物质沉积在气凝胶的表面，扫描电镜图显示气凝胶孔壁壁厚随着第一电极、隔板和第二电极的增加而变厚。该气凝胶基装置具有随意弯曲和压缩的特性，可用于任意形状装置器材方面。

李坚等[56,57]以木质素含量较高的山黄麻木粉为原料，将其在离子液体 1-烯丙基-3-甲基咪唑氯盐([AMIm]Cl)中溶解制备木材全组分气凝胶。由于木质素含量较高，导致气凝胶不能成型，他们创造性地使用了循环冻融法成功制备了木材全组分气凝胶并深入探讨了相关机理(图 1-8)。在低温时(如−20℃)木质纤维素/离子液体溶液发生结晶形成冷凝胶，同时发生相分离，将纤维素链挤出。在较长的接触时间内，大分子链的链间羟基有机会形成氢键，使得高分子链通过氢键被固定。除氢键外，高分子聚集结晶形成的微晶区也形成交联点。交联网络中的交联点一旦形成，在一定条件下是稳定的，需要吸收较大的能量才能解体。因此，将冷冻的凝胶在适当的温度融化后该结构仍然能够保持。而当温度缓慢升至室温时，氢键的作用力下降，纤维素分子链周围的阴阳离子被释放，再加上纤维素分子链本身的活动性随温度的上升而提高，使得分子链得以进一步缠结而不分离，从而形成三维网状的凝胶结构。在下次溶液结晶的过程中，处在分离状态的纤维素分子在上次所形成缠结的纤维素网络间相互穿插、缠结，形成更致密的网络。反复的冷冻-融化过程并不破坏交联部分，而新的交联又不断形成，由此导致交联密度越来越高。得到的凝胶依靠木质素、半纤维素、纤维素上的羟基发生缔合形成氢键和微晶区而构成交联点。再生后的凝胶由不闭合的微孔(或超微孔)组成，允许再生液和溶剂分子相互渗透。凝胶经过了凝固、置换和临界点干燥，去除所有离子液体的离子后得到此网络。气凝胶的物理交联网络中的交联点可能是由木质素、半纤维素和纤维素分子链间的分子间氢键和高分子微晶结构形成的。经过较少冻融循环的样品，形成网络的交联程度较低。更多的冻融次数使得交联网络的结晶更加稳定，因为冻融循环的次数决定了木质纤维素气凝胶微晶区的数量。

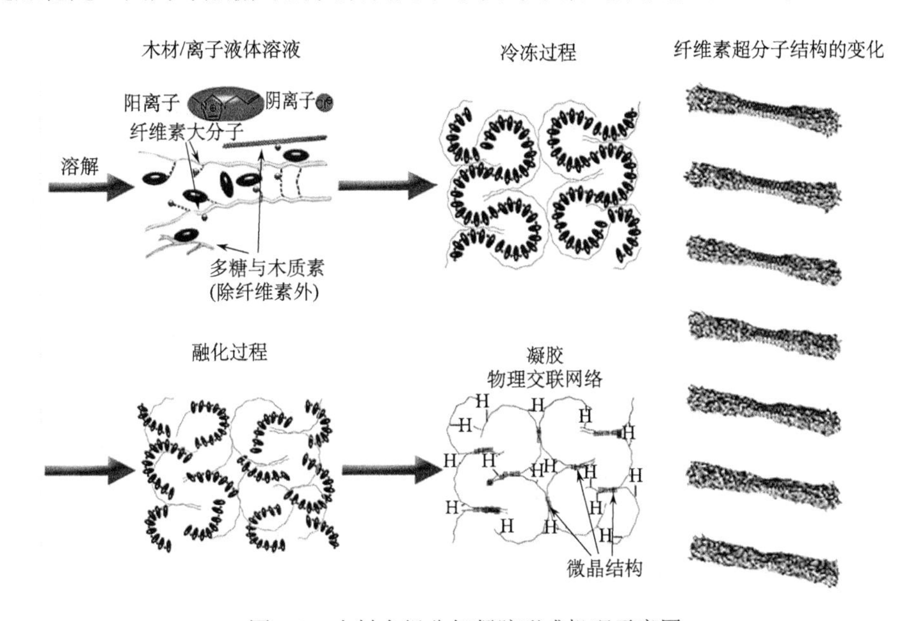

图 1-8　木材全组分气凝胶形成机理示意图

李坚等[58]还制备了可高效吸附放射性碘离子和碘蒸气的气凝胶材料，该气凝胶可快速高效吸附过滤核污染废水，1g 这种新型吸附剂可以过滤净化 5t 的放射性废水，对于放射性 $^{131}I^-$含量低于 $2\times10^{-4}\mu g\cdot L^{-1}$ 的核废水，均能将其中的放射性物质 $^{131}I^-$完全吸附固定，是一种具有定向选择性功能的高效吸附材料。同时，这种气凝胶不仅可以化学吸附碘离子和碘蒸气，而且能将其高效地固着，达到安全处理的目的，能广泛应用于核事故应急、核设施防护、医疗放射性废水处理，不仅为天然高分子气凝胶材料提出了新的用途，还为今后研发可高效捕捉吸附放射性核素的吸附材料提供了新的思路。

借鉴棉花“轻柔飘逸”特性制备超轻、柔性、多孔气凝胶，探究气凝胶的形成工艺及机理，调控气凝胶的孔隙结构，为利用可再生的纤维素资源获得高新产品提供理论依据。同时，也为促进生物质产业向高尖端发展提供技术保障。制备的轻质高强纤维素气凝胶在吸附海上泄露污油、太阳能电池、土壤保水剂、催化剂及载体、气体过滤材料等领域中具有较大的应用价值。

1.2.3　海鞘的环境响应特性

环境响应型材料是指在外界环境微小变化的刺激下，材料自身的某些物理或化学性质会发生动态且可逆改变的材料，因而也被称为“智能”材料或刺激响应性材料。环境响应型材料广泛存在于自然界中，自然界中的生物都会根据外界环境的改变调节自身的性质和功能。例如，海鞘根据所处环境条件的不同，通过神经控制其体内的色素细胞，快速改变身体的图案和颜色。在海鞘环境响应特性的启发下，人们开始积极探索创造与其相似且具有精巧结构和功能的环境响应型材料，发展用于环境响应型材料的合成技术和理论，这些材料可以对光、温度、pH、电、磁等外界刺激产生(多重)响应，调节自身的形状、相态、表面能、反应速率、渗透速率、亲疏水性、吸附力、识别性能等一些关键性质，广泛地应用于药物传递、生物诊断、组织工程、光学传感、微电机、涂料和纺织材料等领域。智能凝胶在受到外界环境的化学、物理乃至生物信号变化刺激时，凝胶的渗透性、溶胀行为、网状结构或机械强度等会发生突变，因此这些智能凝胶也被称为环境敏感性凝胶。

Tanaka 等[59]将部分水解的聚丙烯酰胺凝胶浸入水/丙酮溶液中，凝胶在接触电场下呈现了非连续的体积变化，当排除电场后，凝胶可恢复至初始状态。Suzuki 等[60]合成了聚（*N*-异丙基丙烯酰胺）(PNIPAM)与叶绿酸(chlorophyllin)共聚的凝胶，将温度控制在 PNIPAM 相转变温度(31.5℃)附近时，随着光照强度的连续变化，凝胶在某光强处产生了不连续的体积变化。Kost 等[61]利用 *N,N*-二甲基丙烯酸二甲胺乙酯(NDMAEM)、羟乙基甲基丙烯酸酯(HEMA)、葡萄糖氧化酶和三缩四乙二醇二甲基丙烯酸酯(TEGDMA)通过辐射交联共聚合形成凝胶，该凝胶显示出极好的 pH 响应性。Lee 等[62]采用反相悬浮聚合法制备了丙烯酸钠(SA)-*N,N*-二甲基(丙烯酰胺丙基)氨基丙磺酸(DMAAPS)和丙烯酸钠(SA)-*N,N*-二甲基(丙烯酰氧乙基)氨基丙磺酸(DMAPS)共聚物水凝胶，其研究发现，只要引入少量磺酸甜菜碱单体，就能有效地抑制水凝胶在水或盐溶液中的溶胀行为。Kato 等[63]通过在 PNIPAM 中引入γ-Fe_2O_3纳米粒子，制备出一种磁响应水凝胶。该凝胶在磁场改变的条件下，因γ-Fe_2O_3纳米粒子的磁滞损耗而产生热量，从而可将该凝胶应用于化学机械系统的能量转换器。Chung 等[64]用嵌段共聚物聚(*N*-异丙基丙烯酰胺)-b-聚甲基丙烯酸丁酯(PNIPAM-b-PMBA)制备了具有温敏性的阿霉素药物控释体系。在温度低于低临界溶解温度时，作为胶束外壳的 PNIPAM 链可以阻碍内核与生物组分相互作用、稳定胶束、抑制药物的细胞毒性；当局部温度高于低临界溶解温度时，亲水性外壳塌缩变形，开始释放药物。Cheng 等[65]报道了一种由活性氧(ROS)、pH 双重敏感的两亲多嵌段共聚物聚(醚-氨酯)(PEU)和β-环糊精(β-CD)构成的超分子水凝胶，可用于共载亲水和疏水药物，并且可显著促进药物的释放速率。其中，该亲水亲油嵌段共聚物 PEU 由聚乙二醇、二(1-羟基乙烯)二硒醚(DiSe)、二羟甲基丙酸(DMPA)构成，随后自组装形成纳米胶束，包载疏水药物吲哚美辛。该胶束的聚乙二醇链段进一步与β-环糊精偶联组成超分子水凝胶，包载亲水模型药物罗丹明 B。实验表明，PEU 纳米胶束由于同时存在特殊的 ROS 敏感结构 DiSe 和 pH 敏感结构 DMPA，因而同时具有 ROS、pH 双重响应释药特性。在高浓度的 H_2O_2 和 pH 刺激下，PEU 纳米胶束可以快速发生解体，进而导致超分子水凝胶降解，快速释放包载的亲水、疏水药物。

微球、微囊等微载体材料是近年来备受瞩目的新型功能材料，由于其特殊的尺寸和结构，在医药、生物、化工、电子信息等领域具有广泛的应用前景，特别是在药物控释方面，环境响应型智能微球、微囊被认为是将来征服癌症等疑难杂症的重要技术手段之一[66,67]。Chu 等[68]近来采用等离子体诱导接枝聚合的方法将聚(*N*-异丙基丙烯酰胺)高分子开关链接到聚酰胺多孔微囊的膜孔内，得到一种具有快速响应温度刺激特点的温度响应型控释微囊。研究表明，当膜孔内聚(*N*-异丙基丙烯酰胺)接枝量较低时，该材料主要利用膜孔内的聚(*N*-异丙基丙烯酰胺)接枝链的伸展/收缩特性来实现感温性控制释放。当环境温度小于低临界溶解温度时，膜孔内的高分子链伸展使得膜孔呈现“关闭”状态，从而限制微囊内载物质的通过；当环境温度大于低临界溶解温度时，高分子链变为收缩状态使膜孔呈现“开启”状态，为微囊内载物质的释放敞开通道。控制释放结果表明，这类膜孔接枝聚(*N*-异丙基丙烯酰胺)开关的微囊显示出良好的温度响应型控制释放特性，特别是在合适接枝率情况下，特性更为明显。Wang 等[69]利用微流控技术以二级同轴聚焦毛细管微流控装置制备出单分散性良好的油/水/油复乳模板，中间相水相中含有水溶性单体 *N*-异丙基丙烯酰胺(NIPAM)、引发剂过硫酸铵(APS)、交联剂 *N*,*N*-亚甲基双丙烯酰胺(MBA)以及水基磁流体，外相油相中含有油溶性的光引发剂和表面活性剂安息香双甲醚(BDK)。以油/水/油复乳液滴为模板，在紫外光照射下，中间水相内发生聚合反应生成交联的聚(*N*-异丙基丙烯酰胺)微囊膜。该研究所制备的微囊具有明显的超顺磁特性和温度响应突释特性，当环境温度高于聚(*N*-异丙基丙烯酰胺)的低临界溶解温度时，微囊突然剧烈收缩，由于微囊内部油核的不可压缩特性，微囊膜发生局部破裂，致使内载油溶性物质得到突释。该智能微囊可用于靶向式给药载体材料，其超顺磁特性可用于实现磁靶向定位，温敏特性可用于环境响应型控制释放。

此外，光动力学疗法(photodynamic therapy，PDT)是利用光敏药物和激光活化治疗肿瘤疾病的一种新方法。其过程是，以特定波长的激光激发被定向运送到组织内部的光敏剂，而激发态的光敏剂又把能量传递给周围的氧，生成活性很强的单线态氧，单线态氧和相邻的生物大分子发生氧化反应，产生细胞毒性作用，进而导致细胞受损乃至死亡。Hocine 等[70]报道了将光敏剂通过化学键修饰在球形二氧化硅上，获得载药纳米粒子，并保留了药物的光谱特性和功能性。体外实验表明，在光线的激发下，该纳米粒子可产生单线态氧，具有细胞光毒性，并且可以被肿瘤细胞摄取。Sun 等[71]利用富勒烯(C60)的光敏特性，在富勒烯表面接枝共聚聚乙烯亚胺(PEI)，并以叶酸为靶头，将抗肿瘤药物吸附在给药系统中，得到了靶向抗肿瘤纳米给药系统。Ricci-Júnior 等[72]使用聚乳酸-羟基乙酸共聚物制备了 ZnPc 纳米粒子，用于光动力学治疗，这些 ZnPc 纳米粒子采用自发的乳浊液-扩散法(emulsion-diffusion)制备，在制备完成后，保持了该纳米粒子的光敏活性，包封率高达 60%，随后利用 P388-D1 细胞系进行光敏实验，细胞的致死量为 60%。Zhang 等[73]合成了核–壳结构的 $NaYF_4:Yb^{3+}/Er^{3+}@SiO_2@mSiO_2$ 纳米粒子，并将光敏剂载入到该纳米粒子的介孔孔道中用于造影以及光动力学疗法。

石墨烯由于其本身具有优异的机械、电学性能以及光电、热电转化特性，因此其纳米复合物与三维宏观体是潜在的新型环境响应材料。Yu 等[74]在聚苯乙烯磺酸钠(PSS)改性的氧化石墨烯(GO)表面沉积了氧化铁纳米颗粒，制备的复合材料的饱和磁化强度可以达到 $60emu \cdot g^{-1}$，在外加磁场下可在溶液中迅速被吸引迁移。基于氧化铁/石墨烯的磁场响应行为，该复合材料可被用于磁共振成像的理想试剂及有机污染物的吸附、分离与回收等方面。Qu 等[75]使用γ-Fe_2O_3掺杂制备得到磁性石墨烯纤维，其在外加磁场作用下可以弯曲，抗拉强度为纯石墨烯纤维的一半，该材料有望成为一种新型的磁制动元件。Hou 等[76,77]使用两步法合成了水分散的 Fe_3O_4/石墨烯纳米复合材料。首先，利用聚苯乙烯磺酸钠改性 GO 并还原制备得到石墨烯纳米片，再加入前驱体铁盐与油酸反应最终得到 Fe_3O_4/石墨烯分散液。水分散型的磁性石墨烯饱和磁化强度可达 $22emu \cdot g^{-1}$。在此基础上，他们还使用微流体的方法实现了磁性石墨烯交联的聚异丙基丙烯酰胺凝胶的可控制备，该复合凝胶对近红外光与外界磁场具有双重响应能力，可作为光驱动及磁控的微反应器开关。随后，Hou 等[78]将聚乙烯醇和聚(*N,N*-二甲基丙烯酰胺)改性的石墨烯泡沫与聚偏氟乙烯压电纤维膜组装制备得到具有自愈合能力的压敏电子皮肤。该电子皮肤具有数倍于人类皮肤的临界应变及拉伸断裂强度，不仅能够自发电，甚至模拟了自然皮肤的自愈合行为。此类电子皮肤能对表面接触激发产生相应的电学信号，且不需要外界电源的支持，具有重要的应用价值。

智能膜作为智能材料中最具有发展前景的材料之一，近年来得到了飞速发展，广泛应用于轮船、水坝、水处理、生命科学、海洋工程以及航天航空等领域[79–81]。随着外界环境的变化，智能膜智能性表现为膜孔径的变化、通量变化、亲疏水性的变化、选择性差异的变化等。具体可分为 pH 响应型智能膜、温度响应型智能膜、光响应型智能膜、电场响应型智能膜、物质识别型智能膜和压力响应型智能膜等。这些智能膜表现出如下特性：

(1) pH 响应型智能膜是随着环境离子强度或 pH 的变化而引起膜孔大小、膜通量变化的一类特殊智能膜，该膜之所以对 pH 具有响应性是因为膜中含有大量容易水解或质子化的酸碱基团。Mika 等[82]将多孔膜基材沉浸在响应性单体、引发剂、交联剂等的混合物中，然后发生聚合和交联反应，形成了在微孔膜的微孔中填充交联聚电解质的孔填充型的 pH 响应型薄膜。Hu 和 Dickson[83]通过在疏水的多孔基质聚偏氟乙烯膜材的微孔上原位交联聚丙烯酸，制备出的薄膜具有 pH 响应性。在 pH 为 2.5~7.4 的范围内，该膜体现出可逆的 pH 响应性。

(2) 在温度响应型智能膜中，以 PNIPAM 为例[84,85]，当温度在 31~33℃时，PNIPAM 的构象会发生突跃性的变化：当温度高于低临界溶解温度时，PNIPAM 内部分子间的相互作用力增强，链段与水分子形成的氢键由于温度的升高逐步断裂，疏水性增强，聚合物分子链收缩，膜孔孔径增大；当温度低于低临界溶解温度时，PNIPAM 链段与水分子间形成氢键，亲水性增强，聚合物分子链伸展，膜孔孔径减小。因此，通过调节环境的温度可以调控膜孔的“开”和“关”，控制膜的亲疏水性，调控膜的通量和透过率。Zhang 等[86]首先采用水相分散聚合制备 PNIPAM-co-PMAA 纳米粒子，然后用透析袋提纯纳米粒子。等纳米粒子干燥后，将其与乙基纤维素共混制备出温度和 pH 双响应的薄膜。

(3) 通过化学方法或物理方法在膜上接枝光响应性的高分子聚合物，所制备的光响应型智能膜光敏特性的实现依赖于该高分子聚合物链段的构象改变和功能性基团。当膜受到某一波段光辐射时，膜中高分子链上的光响应基团可发生光异构化或光解离，使得其构象和偶极矩发生变化，从而达到调控膜孔大小和渗透通量的目的。例如，偶氮苯及其衍生物在可见光波段下为反式构象，而在紫外光波段下会变换为顺式构象，并且这种转换是可逆的。由此顺反异构的变换，偶氮苯的偶极矩可在 0.5~3.1deb 之间变换，分子长度可在 55~90nm 之间变换，即可以通过改变光照射条件达到控制膜孔大小，从而调节渗透通量的目的。

(4) 电场响应型智能膜的作用机理是基于导电聚合物可逆的氧化还原作用、电活性和本征电导率等特性，该智能膜的制备方法有化学氧化聚合、共聚和掺杂等。掺杂着反离子的聚噻吩、聚苯胺、聚吡咯膜是常见的导电聚合物薄膜。到目前为止，电场响应型智能膜主要应用对象为矿物离子和蛋白质的选择性分离及药物的控释体系。例如，电子可以从还原态的葡萄糖氧化酶传递给金属，而金属不能实现电子的直接转移。利用这一特性，电子可以通过膜从给体溶剂中传输到受体溶剂，从而实现膜两侧的可持续电子传导。或者是通过选择掺杂剂的种类从而严格控制导电膜的氧化程度，使膜选择性地透过中性溶剂分子，可用于药物缓释或液相多组分分离。

(5) 葡萄糖浓度响应型高分子智能膜作为一种重要的物质识别型智能膜在识别葡萄糖浓度方面有着重要的应用。褚良银等[87]成功研制了葡萄糖浓度响应型智能膜。首先在多孔膜上接枝羧酸类聚电解质作为 pH 响应的智能开关，然后在羧酸类聚电解质开关链上固定葡萄糖氧化酶，使得开关膜能够感知葡萄糖浓度的变化。在无葡萄糖和中性 pH 条件下，羧基解离呈现出负电，接枝物表现为伸展构象，使得膜孔处于关闭的状态；当环境葡萄糖浓度升高到一定浓度时，葡萄糖氧化酶使得葡萄糖变成葡萄糖酸，而这使得羧基变得质子化，接枝物表现收缩构象，导致膜孔处于开放的状态，胰岛素释放速度增大，从而实现胰岛素浓度随着血糖浓度变化而进行的智能化控制释放。

(6)压力响应型智能膜是一种新型的功能膜，该膜主要是依据热力学相容理论和聚合物共混界面相分离原理制备而成的。

构筑特定性质的环境响应性智能功能材料不仅能满足实际应用的需求，而且将大大提升材料的设计空间，赋予材料新的功能，强化其现有性能，突破现有材料应用瓶颈，拓展其应用领域，直接与重大实际应用需求实现对接。

1.2.4　扇贝的层积结构

扇贝为软体动物门双壳纲翼形亚纲珍珠贝目中的一科，属于贝壳的一种。贝壳的结构是典型的层级结构，一般可分为 3 层：最外一层为角质层，很薄，透明，有光泽，由壳基质构成，不受酸碱的侵蚀，可保护贝壳；中间一层为壳层，又称棱柱层，占贝壳的大部分，由极细的棱柱状的方解石($CaCO_3$，三方晶系)构成；最内一层为壳底，即珍珠层，富光泽，由小平板状的结构单元累积而成，成层排列，组成成分是多角片型的文石结晶体($CaCO_3$，斜方晶系)。对贝壳珍珠层的结构分析表明，其并不是单纯的层片结构，而可以看成两级尺度结构的耦合，是一种天然的无机-有机层级分明的复合材料，它主要由约 95%的 $CaCO_3$ 和 5%的有机基质构成有序的微米/纳米尺度的层状结构，从而赋予珍珠母集高强和高韧为一体的优异的力学性能，更体现了利用生物启发理念，通过协同无机材料和有机基质构筑有序层状结构和异质界面新型力学材料的巨大发展潜质，其抗张强度是普通 $CaCO_3$ 的几千倍，因此贝壳轻质高强的原因与其独特的多尺度、多级次组装结构密切相关。珍珠母的砖泥三维结构组成如图 1-9(a)所示，直径为 5~8μm、厚度为 0.5μm 的霰石碳酸钙微米片通过粗糙界面而非光滑界面实现有序堆积，这些碳酸钙微米片表面又由大量宽 10~30nm 和长 100~200nm 的粗糙纳米凸体组成，同时这些微米片经过矿物桥彼此连接，进而嵌入有机层[图 1-9(a)，从上往下第三张图]。另外，甲壳素纤维网络是有机层组分的主体[图 1-9(a)最底图]。显而易见，天然珍珠母具有典型的两个层级的微米/纳米尺寸分级层状结构，其中第一层级为碳酸钙纳米晶粒彼此黏结在一起形成的微米级片晶；第二层级为由交错的微米片晶与生物高聚物形成的“砖-桥-泥”式镶嵌式结构[88,89]。珍珠母的抗拉强度与杨氏模量分别在 80~135MPa 和 60~70GPa 范围内，将其应力-应变曲线面积微分可得珍珠母的拉伸韧性，约为 1.8MJ · m^{-3}。图 1-9(b)给出了珍珠母的拉伸应力-应变曲线，从图可以看出最大拉伸强度为80MPa，在极限应力为70MPa时，有机成分开始破坏，微米片晶开始错位，当碳酸钙微米片被完全拉开后，珍珠母就开始断裂，发生破坏。优异的韧性是珍珠母另外一个非常显著的力学特性，图1-9(c)给出了其断裂韧性实验测试结果图，与拉伸韧性不同的是，断裂韧性代表材料的应变性能，断裂韧性是描述材料抵抗断裂的能力(线弹性断裂韧性的单位为$Pa \cdot m^{1/2}$，弹塑性断裂韧性单位为$J \cdot m^{-2}$)。随着珍珠母所受场应力的增加，出现了白色区域并且沿着裂纹逐渐扩大[图1-9(c)]。珍珠母的断裂韧性曲线进一步表明韧性提高意味着越容易断裂。珍珠母的断裂韧性能够达到$1.5kJ \cdot m^{-2}$，比纯的碳酸钙片晶($5\times10^{-4}kJ \cdot m^{-2}$)足足高了3000倍[90]。

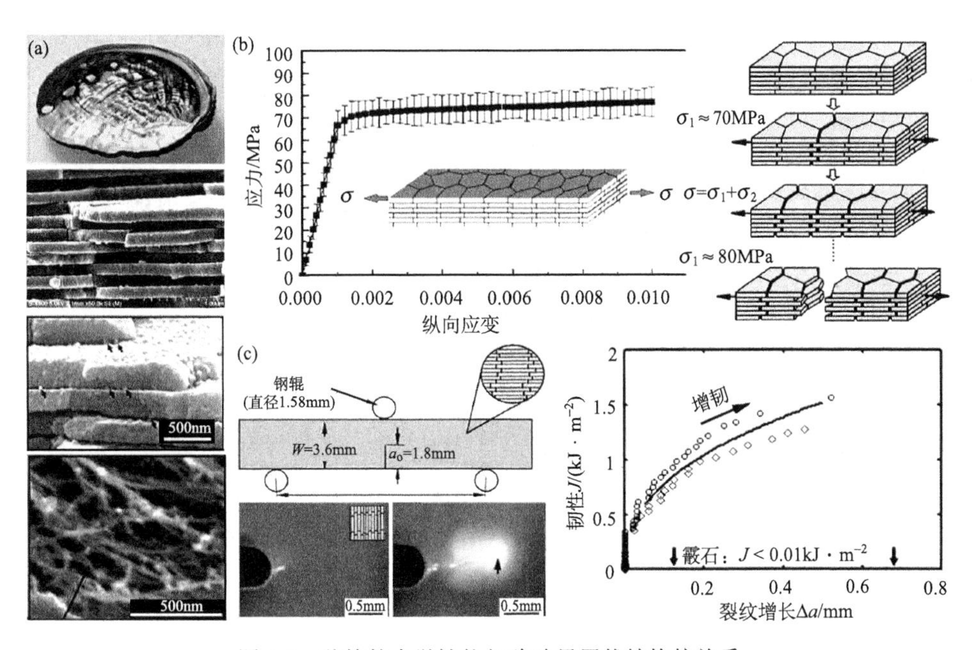

图1-9 独特的力学性能与珍珠母层状结构的关系

(a)鲍鱼珍珠母的多层结构：微米/纳米尺寸多层板；(b)珍珠母典型的应力-应变曲线；(c)断裂韧性实验测试结果图

Hummers等[91]和Dikin等[92]通过氢键链接制备了高力学性能的氧化石墨烯纳米片层状材料，即氧化石墨烯纸，在基底面上和氧化石墨烯纳米片的边缘含有许多氧官能团，致使在相邻的氧化石墨烯纳米片与水分子之间形成大量的氢键。图1-10(a)给出了氧化石墨烯纸典型的层状结构。图1-10(b)中，典型的应力-应变曲线揭示了其高的力学性能值。抗拉强度超过了120MPa，堪比天然珍珠母的强度，然而杨氏模量的平均值为珍珠母的一半，为32GPa。有趣的是，该层状氧化石墨烯纸的杨氏模量随着循环荷载而增加，这与整齐的高分子链和其他纤维材料的自我强化行为相似。杨氏模量的增加与氧化石墨烯纳米片有序的层状结构有关，当拉伸层状氧化石墨烯纸时，其层面的接触和相互作用反而得以改善。拉伸和弯曲的形变机理表明拉伸应力通常在层间氢键结合的水分子的剪切变形作用下转移，引起应力在整个层状氧化石墨烯纸上均匀分布，而弯曲则会在分层的纸张表面产生局部应力。结果表明，氧化石墨烯纳米片之间氢键间的剪切和拉伸应力使其外表面发生应力转变，致使层状氧化石墨烯纸沿着缺陷而发生分层。

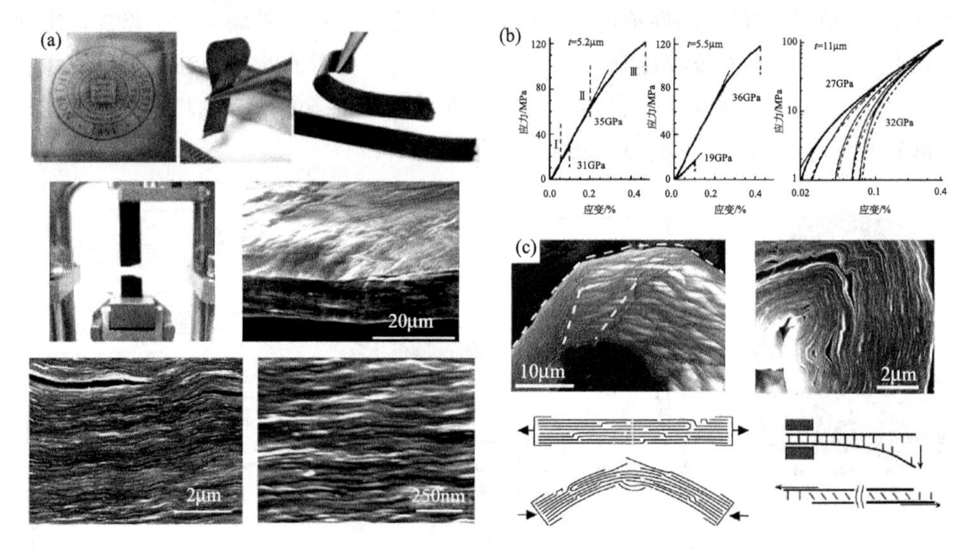

图 1-10　层状氧化石墨烯纸结构及力学性质测定

(a)不同厚度的氧化石墨烯纸图像，拉伸断裂之后长片图像以及不同放大倍数侧视图的电镜图；(b)5.2μm 和 5.5μm 厚的氧化石墨烯纸对应的应力–应变曲线和厚度为 11μm 的样品周期加载应力–应变曲线；(c)弯曲氧化石墨烯纸的电镜图，单轴平面加载断裂和弯曲实验示意图

科研工作者们[93–99]模仿扇贝层积结构制备了如聚乙烯醇(PVA)/蒙脱土(MMT)/纳米纤丝化纤维素(CNF)三元复合层状透明薄膜、人造珍珠等先进功能材料。特别是仿生制造的人造珍珠具有高透明性，在 600nm 时透明度是 90%，人造珍珠的抗拉强度、杨氏模量、拉伸韧性分别达到(302±12)MPa、(22.8±1.0)GPa 和(3.72±0.63)MJ · m^{-3}，强度和拉伸韧性是天然珍珠的两倍，同时该仿生人造珍珠表现出良好的强度和拉伸韧性间的协调性。Mao 等[100]对甲壳素基质进行冷冻诱导，将碳酸钙沉淀后进行矿化，在渗透蚕丝蛋白和热压后制得层状珍珠，合成珍珠的霰石层片是由直径 10~100nm 的纳米颗粒组成的，与天然珍珠的层片组成是一致的[101–103]。Li 等[104]通过蒸发诱导自组装技术制备聚乙烯醇/氧化石墨烯(GO)层状薄膜，可以直接还原成高电导率的还原聚乙烯醇/氧化石墨烯(R-PVA/GO)薄膜。GO 的表面形态和厚度通过原子力显微镜表征[图 1-11(a)]。原始 GO 纳米片是均匀厚度不规则形状，侧面尺寸是几百纳米到几微米。在 PVA 分子吸附后，GO 纳米片的平均厚度增加 1.34~1.74nm。通过 XRD 计算出原始 GO

薄膜和 PVA/GO 薄膜的晶面层间距分别为 8.83Å（2θ=10.0°）和 9.92Å(2θ=8.9°)，表明 PVA 吸附在 GO 纳米片上。图 1-11(c)显示 PVA/GO 是叠放在一起的，形成一个层状的微观结构。与珍珠结构相似，GO 形成一个连续的相位，像霰石组装片晶(砖块)，PVA 形成一个间断的相位，功能与生物聚合物(灰浆)相似[105]。纯 GO、PVA/GO、R-PVA/GO 薄膜的应力-应变曲线在图 1-12(a)中显示，PVA/GO 复合材料薄膜的抗拉强度和杨氏模量都得到提高。当 PVA 含量为 20%时，最大抗拉强度(118MPa)[图 1-12(b)]和杨氏模量(11.4GPa)，与纯 GO 薄膜的抗拉强度和杨氏模量(分别是 67.1MPa 和 4.1GPa)相比分别增加 75.9%和 178%，这被认为是由于通过 PVA 和 GO 片之间氢键形成较强的 GO 层间附着力。PVA 含量高于 20%时会导致抗拉强度和杨氏模量降低。而且，当加入更多的 PVA 时，因为 GO 片的滑动是强迫的，复合材料薄膜的破坏应变逐渐减少[图 1-12(c)]。含氧官能团

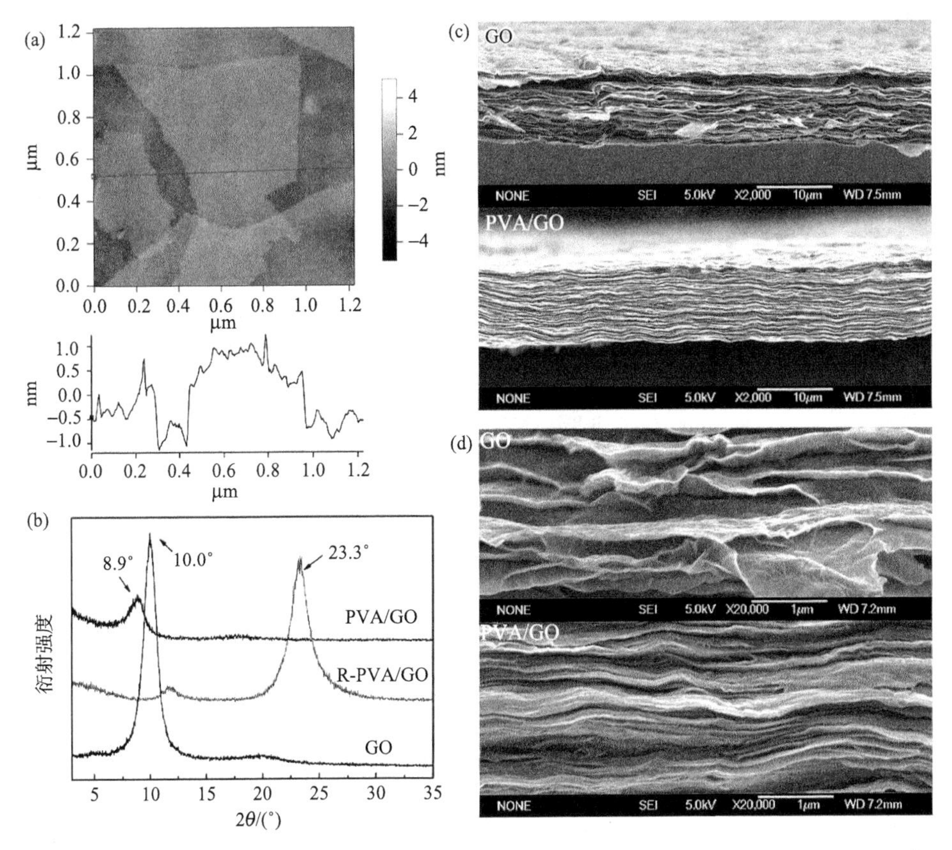

图 1-11　(a)GO 纳米片的原子力显微镜图像；(b)GO、PVA/GO 和 R-PVA/GO 薄膜的 XRD 谱图；(c)、(d)GO 和 PVA/GO 复合材料截面不同放大倍数的扫描电镜图像。PVA 的含量是 20%

附上 GO 使薄膜几乎绝缘，纯 GO 薄膜的电导率是 0.73S · m^{-1}，通过加入 PVA 分子，PVA/GO 复合材料薄膜的电导率会进一步减少。为了调节电导率，将最佳机械性能的 PVA/GO(20%PVA)复合材料薄膜浸入 HI 中，后还原处理有效地恢复了 GO 片的缺陷，消除了含氧基团，减少了 PVA/GO 构建块的层间距离。结果，R-PVA/GO 薄膜的电导率和机械性能明显提高。R-PVA/GO 薄膜的电导率增加到 5265S · m^{-1}，与没有经过 HI 还原处理的 PVA/GO 相比增加了 4 个数量级。R-PVA/GO 薄膜的抗拉强度、杨氏模量和破坏应变分别是 188.9MPa、10.4GPa 和 2.67%，部分超过天然珍珠。与 PVA/GO 薄膜相比，抗拉强度和破坏应变分别增加 60%和 93.5%。值得注意的是天然珍珠的抗拉强度和破坏应变分别是 140~170MPa 和低于 1%[106]，比合成 R-PVA/GO 薄膜的低。

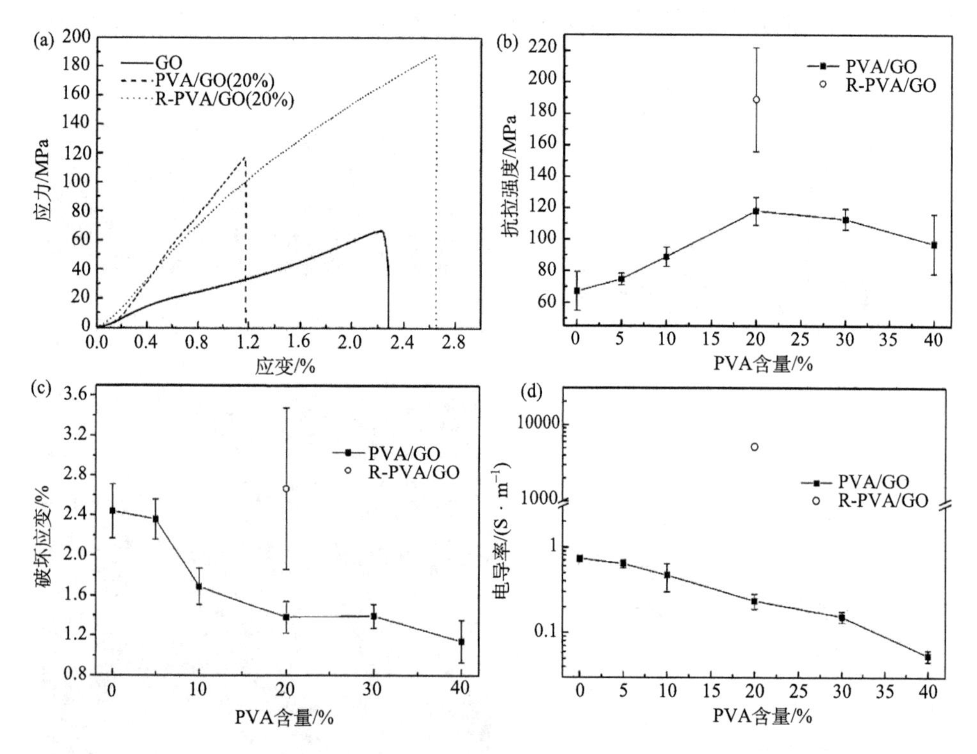

图 1-12　(a)GO、PVA/GO 和 R-PVA/GO 薄膜的应力-应变曲线；PVA 含量对 PVA/GO 和 R-PVA/GO(PVA 含量为 20%)薄膜抗拉强度(b)、破坏应变(c)和电导率(d)的影响

Studart 等[107]将 Al_2O_3 片晶和壳聚糖通过氢键结合制备了超坚韧的仿生层状材料。经硅烷改性之后的 Al_2O_3 片晶在其表面具有很多氨基，利用壳聚糖通过多周期的旋转涂布可以自组装成层状材料(图 1-13)。在硅烷改性之后的 Al_2O_3 片晶的氨基与壳聚糖主链的氧原子之间形成大量的氢键，致使抗拉强度增大至

315MPa，拉伸韧性高达 75MJ · m^{-3}，为天然珍珠母的 42 倍。

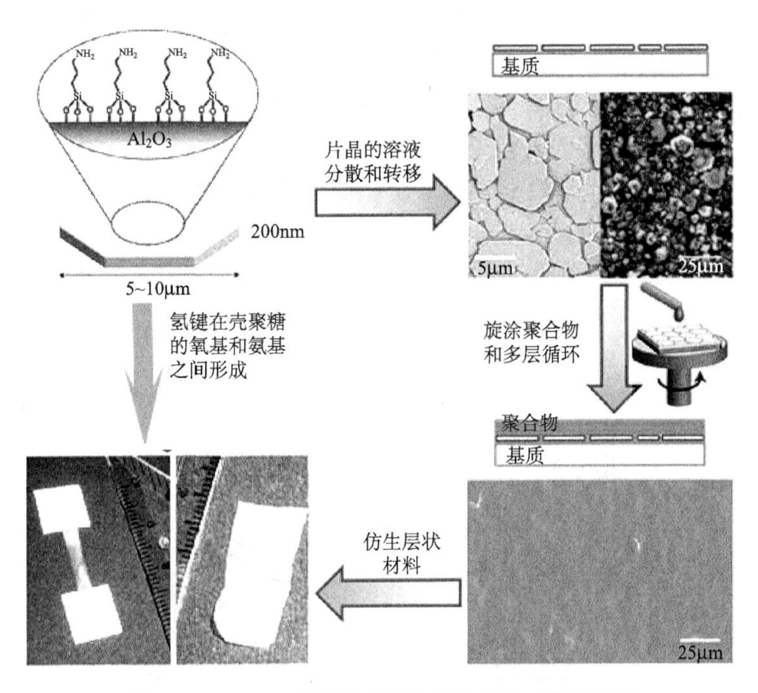

图 1-13　Al_2O_3/壳聚糖层状材料的仿生制备示意图

总之，通过观察研究扇贝等贝壳通过自身矿化调控形成高度有序的有机-无机复合结构的形成机理，仿生构筑贝壳类结构的功能材料为不同领域内的新型材料开发和研究提供了重要的发展空间，具有重要的科学意义和应用价值。

1.2.5　候鸟海龟的“千里迁徙”和“万里洄游”特性

众所周知，燕子等候鸟每年都在春秋两季分别从南方飞回北方，又从北方飞到南方；一些海龟从栖息的海湾游出几百几千公里后又能回到原来的栖息处。它们是如何辨别方向的？尤其是在茫茫的海洋上。进一步研究发现鸽子头部含有少量的强磁性物质四氧化三铁，同样海龟的体内也有一些磁性物质存在。候鸟海龟的“千里迁徙”和“万里洄游”特性主要是和这些动物利用地球的磁场有关。它们主要依赖地球的磁场来进行定位，候鸟体内的“导航地图”和海龟的“生物罗盘”，与地球磁场产生作用从而使它们能丝毫无误地回到自己的栖息地。

地球是一个大磁石，在地球周围布满了磁场，因此在地球上生存的生物都生活在磁场之中，正是因为有着地球周围的磁场，才使得人类和地球上的生物能躲避宇宙射线的危害。20 世纪 70 年代，Blakemore 报道了趋磁性细菌[108]，这类细菌在水体环境下能沿着外界的磁场定向排列和游动，细菌的这一特性被称之为趋磁性。这一发现打开了生物磁学研究的新篇章。以趋磁性细菌为代表的生物，人们研究磁场对生物的影响，这有助于阐明磁场对生物作用的机理和生物磁导向的本质，也促进了生物磁学这门新兴交叉学科的发展。趋磁性是生物维持生命和生理活动而具有的必要特征之一，这是生物经过漫长的时间自然演化的结果。趋磁性细菌之所以能沿着外界磁场进行定向排列和游动，是因为在趋磁性细菌体内有着对磁场敏感的磁小体。图 1-14 是趋磁性细菌的典型形貌及其磁小体。从图中可以看到，细菌中的磁小体表面有囊泡膜包裹，以一条链状结构排列[109]。通常情况下，趋磁性细菌的磁小体会以一条或多条的链状结构排列，以此来作为趋磁性细菌的定向游动指南针。

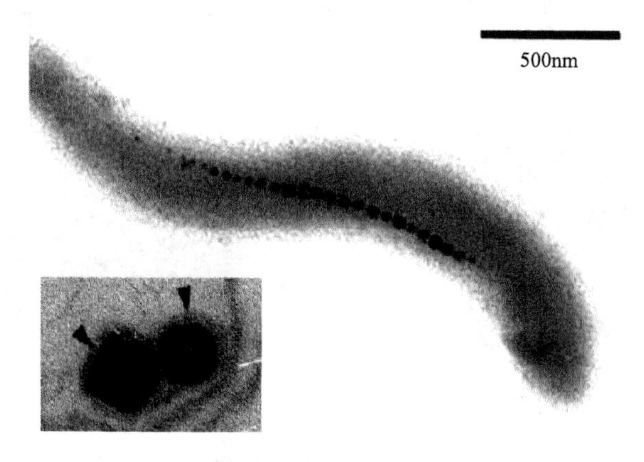

图 1-14　趋磁性细菌的经典形貌，插图为磁小体的放大图

图 1-15 是磁小体晶体的透射电镜照片以及对应的全息激光摄影照片。从图中可以看到，趋磁性细菌内部有一个方向统一的微磁场，由于磁小体的排列行为，每个磁小体的磁场方向趋向一致。利用磁小体的磁性能和组装行为，趋磁性细菌把磁小体链作为“指南针”来感应地磁场的方向和强度，以此来指导自己在地球磁场中的运动。并且，对于一个成熟的趋磁性细菌而言，体内的“指南针”磁学性能稳定。其体内的磁小体颗粒尺寸在 30~120nm 之间，不会因为颗粒较小而使得晶体表面铁原子因热震动而对晶体产生影响，从而带来趋近于零的矫顽力[110]。若晶体为立方体，且尺寸小于 16nm，晶体会由于粒子尺寸较小而使得其磁偶极是暂时的，无法保持永久的磁偶极，因为当颗粒较小时，晶体有着较大的比表面积，使得在晶体表面的铁原子会由于热震动而对整个晶体产生影响，从而带来较小或者是趋近于零的矫顽力。如果温度发生变化，周围引入一个较强的外磁场，晶体会迅速响应外界的磁场变化，从而表现出超顺磁性，使晶体自身无法保持一个稳定的磁场方向。但是，若晶体的尺寸大于 16nm，在晶体表面的铁原子相对数量会降低，内部会显现一个永久的磁场方向，形成一个固定的磁化轴，这样的

磁小体是单磁畴晶体。如果晶体颗粒继续变大，单磁畴晶体会进一步分裂为有几个方向的磁畴，从而形成多磁畴晶体。趋磁性细菌会严格控制其体内的磁小体在稳定的单磁畴尺寸范围内，从而使得趋磁性细菌有着稳定的磁学方向[111]。

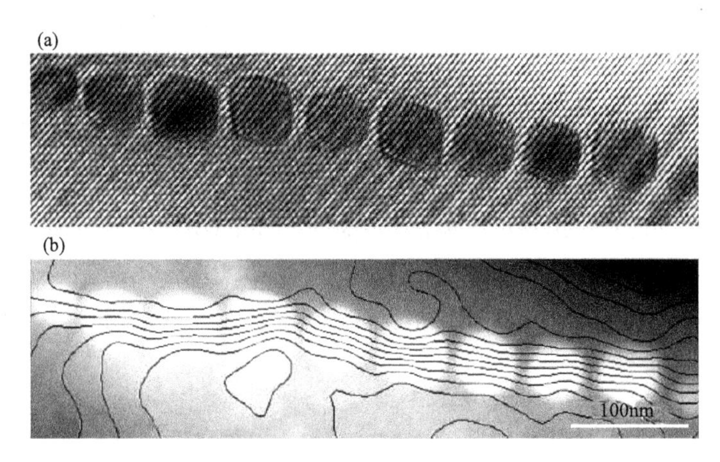

图 1-15　(a)磁小体的 TEM 照片；(b)磁小体对应的全息激光摄影照片

在趋磁性细菌之后，科学家们在鲨鱼、藻类、蜜蜂和家鸽等生物中发现了磁铁矿的存在[112]。这些在生物体内的磁铁矿被认为是生物在地磁场中活动的“磁接收器”。具有这些“磁接收器”的生物们，如鸽子、鱼类、候鸟和海龟等，正是因为有磁铁矿，才能在迁徙季节中感应地磁场的方向和强度，准确地到达目的地，有的甚至是在上千公里的距离也能保持准确的方向感。

一些科研工作者们[113–117]仿生模拟了磁小体的生长过程，以四方纤铁矿和亚铁离子为铁源合成了纳米磁铁矿，在磁小体晶体的生长过程中，囊泡内的铁以铁的水合物和二价铁离子的形式存在，在没有使用任何有机分子和生物分子的条件下，合成了尺寸为 35nm 左右的近似立方体的磁铁矿，并且合成的磁铁矿能自发进行定向排列，从而形成类似于趋磁性细菌体内的链状磁小体结构。

在现代社会，通过仿生候鸟海龟的“千里迁徙”和“万里洄游”特性，磁性和磁现象已经得到了极其广泛的应用。高能加速器、粒子检测器、高温等离子装置、热核聚变研究、磁共振成像以及现代通信技术中的微波通信、卫星通信、光通信都离不开磁技术和磁性材料，甚至连日常家庭生活中使用的电视、电话、电脑中的磁记录器和磁存储器也无一例外，有的还是其他材料所不能取代的。同时，通过仿生一些动物利用日月星辰导航，也有些动物利用海流、海水成分、地磁场、重力场等进行导航，为研制通信设备和新型导航仪器提供了启迪。

1.2.6 树根的自修复特性

自修复又称自愈合，是生物的重要特征之一，其定义是在无外界作用的情况下，材料本身对缺陷自我判断、控制和恢复的一种能力。树根在受伤后，经过一段时间，受伤部位可以通过生物体的自身作用而完整愈合。这种现象在许多植物中都存在，生物愈合过程存在着大量共性：首先，愈合过程是由损伤而引起的，在生命机能没有受到致命伤害的情况下，损伤是启动愈合机制的最基本条件；其次，在愈合初期，损伤逐渐被由损伤刺激而产生的增生组织所填充；随后通过机体的输运、化学反应，填充在损伤部位的物质(如薄壁组织、凝块等)发生变化，强度提高，构成与周围组织的有效连接；同时愈合过程需要一定的物质及能量供应，以产生填充损伤的组织，而向损伤处供应物质的输运过程中都有液相的参与；最后，生物的愈合是使损伤处的有效连接恢复，自修复的核心是能量和物质的补给，其过程由生长活性因子来完成。

受此现象启发，科学家们针对工程、建筑、路面中存在的材料破坏仿生研究了自修复材料，模仿生物体损伤愈合的原理，通过机械、热、光、化学、电、磁等激励和控制，并将传感、控制及驱动元件等紧密融合在复合材料结构中，使其除了能够承受载荷外，还具有识别、分析、处理及控制等多种功能，从而使结构本身能进行自诊断、自适应、自学习，并在其受到损伤时能够自修复、自增值、自衰减等。材料对内部或者外部损伤能够进行自修复、自愈合。自修复材料是一种智能材料，同时具有感知和激励双重功能。自修复材料可延长产品的使用寿命，增强材料的机械强度，同时消除隐患并提升产品的安全性。仿生树根自修复特性，杨红等[118]已成功地利用剪断法的原理测定出了空心光纤在复合材料中的断裂位置，并在进行 X 型或 Y 型空心光纤耦合器的研制工作，所有这些都为空心光纤用于复合材料自诊断、自修复智能系统的最终出现成型打下了基础。赵晓鹏等[119]根据生物体损伤愈合的原理，分别以环氧树脂和水泥为基体，设计了具有自修复行为的智能材料模型，制作了具有自修复功能的智能材料样品，通过对其损伤实验表明，该材料具有良好的自修复能力。梁大开等[120]为了实现对复合材料结构的损伤进行自修复，提出了利用空心光纤实现智能复合材料结构中难度较大的自修复功能，对其中的一些关键技术进行了初步的研究。利用空心光纤作为输送修复结构胶液的通道，当其结构的关键部位出现损伤时，内含胶液的空心光纤网络可以检测出结构损伤的位置，并输出胶液从而对损伤部位进行修复，实现对复合材料结构损伤的自诊断及自修复功能。Keller 等[121]利用两种脲醛树脂微胶囊来修复 PDMS 弹性体，其中一种微胶囊包载含氢硅氧烷共聚物，另一种微胶囊包载乙烯基功能化的 PDMS 树脂和铂催化剂，构成了双组分室温固化硅橡胶的反应体系。当微裂纹延展到微胶囊处时，微胶囊破裂，修复剂释放到裂纹处，在铂催化剂的作用下发生反应。撕裂实验表明，这种自修复弹性体可以恢复其原撕裂强度的 70%以上。微胶囊的加入不仅提供了有效的自修复能力，也提高了材料的抗撕裂能力。John 等[122]研究了乙烯-甲基丙烯酸共聚物(EMAA)在高强度冲击下的自修复行为，认为离子聚合物自修复行为是由离子基团和氢键共同构成的特殊结构所产生的。提高冲击区域的温度可以促进弹性修复，而当温度高于其熔点时，则修复效果会下降。钟约先等[123]为探索高温塑性变形过程中裂纹和修复规律，采用高温物理模拟方法研究了 Mn、Mo 材料内部孔隙性裂纹的自修复过程。实验中发现在裂纹修复过程中普遍存在着缺陷自由面上组织生长现象，该现象解释了自修复消除孔隙的原因 ,证实了裂纹修复的再结晶机制。研究结果对揭示裂纹演化和修复机理具有重要意义，在实际生产中能够作为修复裂纹的指导原则。该成果对于控制塑性加工中缺陷的变化过程具有重要的理论意义和实用价值。张伟刚等[124]用非等温氧化法对陶瓷/炭复合材料在氧气中的损伤-愈合过程进行了研究，对氧化物保护膜的形态和组成进行了观察与表征，同时考察了纳米级弥散的碳化硅颗粒在氧化过程中的行为，初步阐明了纳米陶瓷颗粒弥散强化陶瓷/炭复合材料仿生自愈合的过程及机理。Cordier 等[125]利用氢键的可逆交联作用实现了自修复效果，设计并合成了一种超分子自修复弹性体，并且研究了时间对体系自修复的影响。通过两步法合成的自修复聚合物，其结构单元中含有酰胺乙基(amidoethyl)，能够借助氢键结合在一起，从而形成交联结构，并可以恢复其原有强度，且在负载下的蠕变非常小。陶宝祺等[126]研究了利用形状记忆合金(SMA)和液芯光纤对复合材料结构中的损伤进行自诊断、自修复的方法。对总体方案进行了分析，并做了初步的实验，发现在复合材料结构中埋入形状记忆合金丝，可以构成强度增强复合材料结构。在复合材料自修复结构中，即使损伤而使液芯光纤断裂，由于光纤的两端封闭，胶液不能通畅地流出，可对损伤进行自修复。孙俊奇等[127]受生物体自修复启发，首次成功制备了自修复超疏水涂层。他们将磺化聚醚醚酮(SPEEK)和稍过量的聚烯丙基胺(PAH)在水溶液中复合，得到带正电的 PAH-SPEEK 复合物，再与聚丙烯酸(PAA)基于静电作用交替沉积，经热交联后制备了具有微纳多孔复合结构的$(PAH\text{-}SPEEK/PAA)_{60.5}$膜。然后，将低表面能的全氟辛基三甲氧基硅烷(POTS)通过化学气相沉积在$(PAH\text{-}SPEEK/PAA)_{60.5}$膜表面，获得了具有自修复功能的超疏水涂层。通过膜表面的微孔结构，POTS 能进入涂层内部储存起来，并在表面由于刮擦或光照氧化失去超疏水性时，利用聚合物链段的调整而迁移到涂层表面，修复涂层的超疏水功能。聚合物链段的调整是为了最小化表面自由能而自发发生的。该自修复过程在湿润的环境下可以多次高效进行。Haraguchi 等[128]制备了一种具有有机聚合物和无机黏土网络系统的自修复纳米复合水凝胶，他们将亲水的水辉石与水溶性的聚异丙基丙烯酰胺(PNIPAM)或聚二甲基丙烯酰胺(PDMAA)在室温下于水中混合，无须搅拌，聚合物/黏土网络结构就会自发生成，得到纳米复合水凝胶。当水凝胶被切开，甚至切断时，只需将断面贴合，在室温下静置一段时间，即可实现部分甚至完全自修复。Dry[129]在研究混凝土基复合材料自修复的基础上，运用埋植技术把装有化学药品的空心纤维埋植在聚合物基体中，当材料受到外部的碰撞时，材料内部应力改变而产生裂纹，这种空心纤维破裂后释放出黏连剂以修补裂纹，使混凝土产生了自愈合效果。同时对土木建筑结构的应力、应变和温度等参数进行实时、在线监控，对损伤进行及时修复，这对确保混凝土结构的安全性和延长其使用寿命是非常重要的。顾红等[130]通过磁流体密封水介质实验，观察和分析了磁流体密封破裂后的修复过程，考察了导致磁流体密封破裂的因素以及其对自修复程度的影响。结果表明：加压的频率和次数越多、密封破裂次数越少、磁场梯度越大、磁极靴的密封齿级数越小、磁极数越多、磁流体补给越充分及修复时间越长，则磁流体密封的自修复能力越强。提高磁流体损耗后的补给程度可以大幅度提高自修复能力。为了获得较好的自修复效果，宜采用多极-多级密封结构，并保证足够的修复时间。尉霞[131]介绍了一种自修复的纺织品，当中含有一种修正调节剂，在受到内部或外部刺激下可释放调节剂，当纺织品受力产生裂纹时，中空纤维释放化学药剂可黏合裂纹。建信[132]为预防机械装备和机械零件表面的磨损及修复长期运转中已磨损的机件摩擦表面，开发出了一种新型金属磨损自修复材料。实验、检测的结果表明，这种金属磨损自修复材料可以原位强化和修复铁基摩擦副的工程表面。这种自修复材料的保护层不仅能够补偿间隙，使零件恢复原始形状，而且还可以优化配合间隙。因此，有利于降低摩擦振动，减少噪声，节约能源，实现对零件摩擦表面几何形状的修复和配合间隙的优化。Ghosh 等[133]研究了一种可在紫外光下显现出自修复性能的聚氨酯材料，来解决高性能聚氨酯受机械破坏影响较严重的问题。该聚合物是由环氧丙烷取代的壳聚糖前驱体和双组分聚氨酯组成，在聚合物网络受到机械破坏时，环氧基团开环形成活性端基。在紫外光照射下，壳聚糖链断裂，并与环氧丙烷活性端基发生交联反应，从而达到修复聚合物网络的目的。Matyjaszewski 等[134]利用动态化学键的理念第一次实现了该体系分离片段的宏观聚合，他们是以三硫代碳酸酯(trithiocarbonate，TTC)为基元结构，利用其重排反应，实现聚合物凝胶的自修复。在紫外光照射下，硫碳单键发生断裂，产生硫自由基和碳自由基，碳自由基去进攻另一分子上的硫，引发重排反应，直到碳自由基与硫自由基相遇，重排完成，反应终止。自由基重排反应通过类似“打结”的方式将裂缝又重新连接在一起。Burattini 等[135]利用 π-π 堆叠的原理，以缺 π 电子的聚酰亚胺和富 π 电子的芘基封端的有机硅聚合物，制备了一种双组分共混自修复聚合物。在溶液中，缺 π 电子和富 π 电子基团迅速发生可逆的络合作用，而在固体状态下，则显示对温度变化较敏感的自修复性能。当温度升高，超分子膜分子间的交联被破坏，同时玻璃化转变温度较低的有机硅组分开始流动。而当温度降低后，π-π 堆叠效应就会促使聚合物形成新的交联网络，从而显示出很好的自修复能力。Harreld 等[136]在有机硅聚合物当中引入可逆氢键来实现分子级别的自修复。这种自修复材料的原料是一种由多肽-聚硅氧烷共聚物组成的类似于凝胶的物质。体系中存在由多肽形成的中等强度的氢键交联网络，为其提供了自修复能力。由于超分子缔合结构的强度要弱于共价键，所以在样品被破坏时，断裂表面会聚集大量的非缔合基团。这些基团非常活泼，当断裂面接触时，则会通过氢键相互作用，实现自修复。

用自修复的手段来提高复合材料的结构整体性能和安全的可靠性，是 20 世纪 90 年代以来各国研究的热点之一。复合材料结构损伤一般有分层、脱胶、裂纹及穿孔等，理论上讲它们都是可修补的。尽管国内外已发展了一些复合材料结构损伤修补方法，但在线、实时修复还是个难题，还有许多问题有待解决。目前我国对于自修复复合材料的研究还相对较少，尚处于起步阶段。然而从它的功效来看，应具有广阔的应用前景，智能自修复材料对提高产品的安全性和可靠性有着深远的意义，因此有必要大力加快这方面的研究工作，建立成熟的研究方法。

1.3　木材仿生科学理论基础

1.3.1　木材的多尺度分级结构

木材是由天然结构高分子(纤维素、半纤维素和木质素)组成的天然有机复合体，其主要成分是纤维素、半纤维素和木质素三大天然高分子，连同少量的果胶、蛋白质、抽提物和灰分。木质纤维素中各个天然高分子的相对比例变化取决于木材的来源，但干重中通常纤维素占 40%~50%，半纤维素占 20%~40%，而木质素占 18%~25%(阔叶树材)或 25%~35%(针叶树材)。半纤维素是支链高分子，由不同的糖单体(包括葡萄糖、木糖、甘露糖、半乳糖等)聚合而成，每个分子中含 500~3000 个糖单元。木质素是具有一定疏水性的芳香族聚合物，但是没有一个可以精确描述的一级结构。木质素主要是愈创木基丙烷单元、紫丁香基丙烷单元和对羟苯基丙烷单元通过醚键和碳-碳键联结而成的无定形高分子，含有芳香基、酚羟基、醇羟基、羧基、甲氧基、共轭双键等活性基团，目前并没有得到高价值的利用，由于缺少合适的技术将其转化成高价值的材料，绝大多数的木质素被用于焚烧。植物细胞壁中，纤维素被半纤维素包裹着，外层再由木质素紧密包埋，木质素和碳水化合物之间形成共价键(主要是 α-苯甲基醚键)连接形成一个交联网络，成为坚固的细胞壁。木质素大量存在于陆地植物中，但是由于其结构的复杂性使得它在实际应用中很难开发。

木材也是由各种不同的组织结构、细胞形态、孔隙结构和化学组分构成，是一类结构层次分明、构造有序的聚合物基天然复合材料，从米级的树干，分米厘米级的木纤维，毫米级的年轮，微米级的木材细胞，直到纳米级的纤维素分子，具有层次分明、复杂有序的多尺度分级结构(图 1-16)。木材细胞的结构极其精妙，其单个细胞由薄的初生壁、厚的次生壁和细胞腔组成，细胞腔大而空。次生壁是由次生壁外层(S1，厚约 0.5μm)、次生壁中层(S2，厚约 5μm)和次生壁内层(S3，厚约 0.1μm)组成。次生壁微纤丝的排列不像初生壁那样无定向，而是相互整齐地排列成一定方向。各层微纤丝都形成螺旋取向，但是斜度不同。在 S1 层，微纤丝有 4~6 薄层，一般为细胞壁厚度的 10%~22%，微纤丝呈“S”形、“Z”形交叉缠绕的螺旋线状，并与细胞长轴成 50°~70°。S2 层是次生壁中最厚的一层，在早材管胞的胞壁中，其微纤丝薄层数为 30~40 层，而晚材管胞可达 150 薄层或以上，一般为细胞壁厚度的 70%~90%；S2 层微纤丝排列与细胞长轴成 10°~30°，甚至几乎平行。在 S3 层，微纤丝有 0~6 薄层，一般为细胞壁厚度的 2%~8%，微纤丝的排列近似 S1 层，与细胞长轴成 60°~90°，呈比较规则的环状排列。

在光学显微镜下，细胞壁仅能见到宽 0.4~1.0μm 的丝状结构，称为粗纤丝(macrofibril)。如果将粗纤丝再细分下去，在电子显微镜下观察到的细胞壁线形结构，则称微纤丝(microfibril)。木材细胞壁中微纤丝的宽度为 10~30nm，微纤丝之间存在着约 10nm 的空隙，木质素及半纤维素等物质聚集于此空隙中。其断面约有 40 根纤维素分子链组成的最小丝状结构单元，称为基本纤丝或基元纤(elementary fibril 或 protofibrils)，它是微纤丝的最小丝状结构单元。如果把纤维素分子链的断面看作圆截面，则可以推算其直径约 0.6nm。微纤丝和基本纤丝的直径均低于 100nm，属于线状纳米材料，具有较高的长径比。植物细胞壁中的纤维素不是以孤立的单分子形式存在，而是以单分子链组装成纤丝的形式存在。通常，大约 36 根纤维素分子链聚集成的初级单元为直径为 3~15nm 基元纤，这些基元纤继续聚集形成直径为数十纳米的微纤丝(microfibrils)，这些微纤丝组装成纤维素纤丝(fibrils)，最终形成微米级的大纤维(macroscopic fibers)。不同层级结构的纤维素尺寸、性能都不同，随着纳米科学的发展，人们发现一维纳米纤维(特指直径小于 100nm 且长径比大于 100 的纤维材料)具有卓越的光学性能、机械性能和结构性能，可在组织工程、纳米复合材料、纳米器件中有非常广泛的用途。事实上，木材细胞壁中的纤维素微纤丝(植物学术语)就是一种自然界中取之不尽的纳米纤维。木材中微纤丝(植物学术语)不但具有很高的长径比，还具有天然高分子的可再生性、可循环性和可生物降解性，使得其能更适用于药物释放、化妆品、食品添加剂、肥料、组织工程和可生物降解的包装材料。

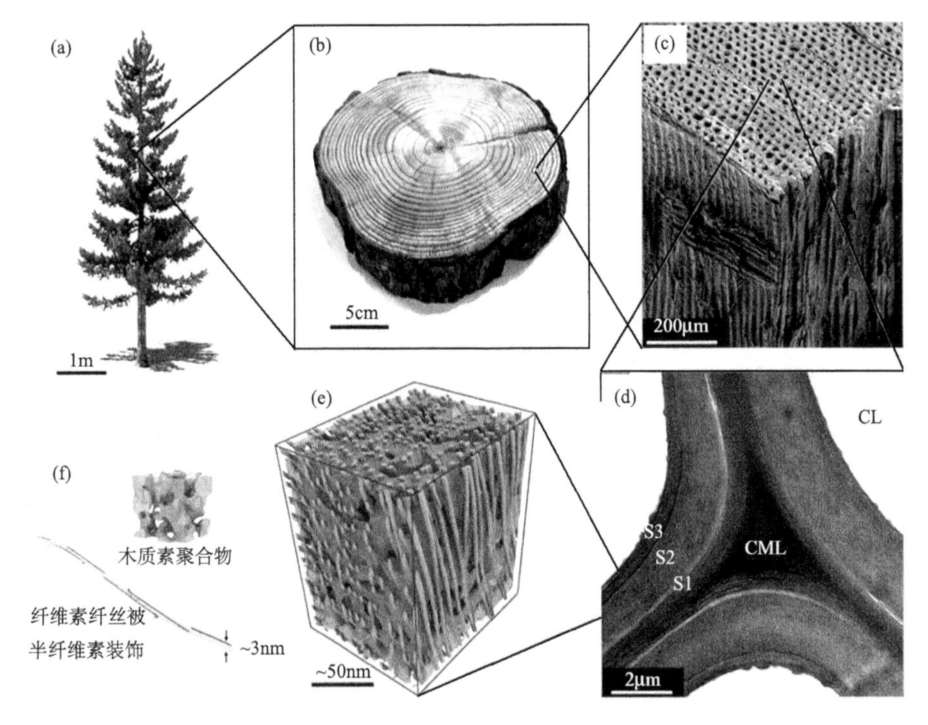

图 1-16 木材的分级结构

(a)针叶树；(b)松树树干部分的照片；(c)软木(黄松)组织结构的SEM图像；(d)木细胞壁超微结构的TEM图像(CL为细胞腔；CML为复合中层；S1，S2和S3表示次生壁；(e)木质纤维素的纳米级结构示意图；(f)非晶质木质素聚合物和用半纤维素(微纤维)装饰的纤维素基元纤的理想描绘

木材的多尺度结构同样体现在实际工程生产中，图1-17显示了造纸过程中木材尺寸从毫米到纳米的演变。造纸伊始，毫米甚至厘米级的木片[图1-17(a)]通过制浆以除去木质素并解析出完整的纤维细胞[图1-17(b)]，得到的产物进行额外的化学和机械处理即可得到纳米级的纤维素微原纤维[图1-17(c)和(d)]。

图 1-17 多尺度的木材衍生材料

(a)木片；(b)纤维细胞扫描电镜图像；(c)纤维素大分子和微原纤维的原子力显微镜图像；(d)酸水解产生的纤维素纳米晶体的原子力显微镜图像

所以，木材在大自然中形成的精妙细胞结构及其层次分明、排列复杂有序的多级多尺度结构为木材仿生高性能化材料和制备特殊的多级多尺度结构新型材料奠定了坚实良好的基础。

1.3.2 木材的分级多孔结构

木材除了拥有精妙的多尺度分级结构外，还具有天然形成的精细分级多孔结构。自然界中生长着上万种木材，它们的结构各异，阔叶材中管孔形状多种多样，呈现出不规则的圆形、椭圆形和多边形。在孔径尺寸上从粗到细变化范围很宽，明显呈现出分级特征，且孔径较大的管道和孔径较小的管道形成相间分布结构。针叶材的孔径尺寸则比较均匀、分布较为规则。经大自然亿万年的遗传和进化，每种木材都具有各自的结构特点。下面给出了几种典型木材的精细分级多孔结构。

(1)轻木：轻木属木棉科，轻木属。原产于热带美洲和西印度群岛，我国台湾、广东、海南、广西、云南等省(自治区)均有引种。轻木是世界上最轻的木材，气干密度仅有 190kg · m^{-3}。图 1-18 给出了轻木的显微构造，从图中可以看出：导管横切面为卵圆及圆形，略具多角形轮廓；每平方毫米 5 个以下；单管孔及径列复管孔(2~4 个)；散生；壁薄(平均壁厚为 7.58μm)；最大弦径可达 249μm，多数为 140~180μm，平均 155μm。单穿孔，近圆形，穿孔板略倾斜或平行。管间纹孔式互列，卵圆或多角形；纹孔口内含。轴向薄壁组织丰富；叠生；星散聚合状，环管束状及环管状；薄壁细胞横切面为多角形，端壁平滑，节状加厚可见；偶见含树胶；筛状纹孔可见；具纺锤薄壁细胞。木纤维胞壁甚薄(平均壁厚为 3.62μm)；直径最大可达 39μm，多数 22~34μm，平均 26μm；纹孔近圆形，纹孔口内含或外展。木射线非叠生；2~5 根 · m^{-1}。单列射线少，高 1~12 个细胞或以上，多列射线宽 2~7 个细胞，高 10~60 个细胞至数百。射线组织异型Ⅱ及Ⅰ型，直立或方形射线细胞比横卧射线细胞略高或高得多；射线细胞为圆形及卵圆形，具多角形轮廓；射线细胞少数含树胶，端壁节状加厚可见。

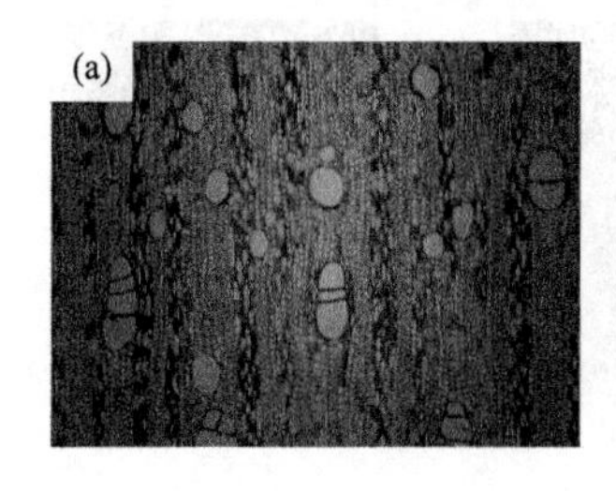

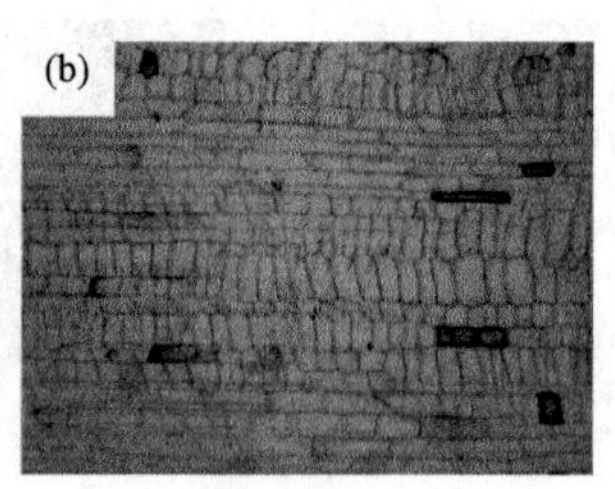

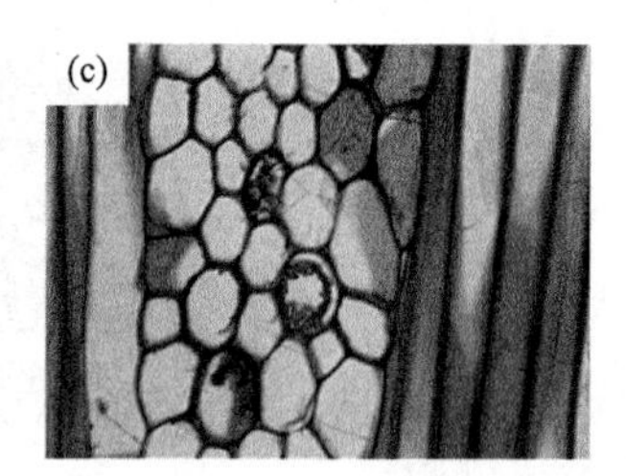

图 1-18 轻木三切面微观构造图

(a)横切面，×40；(b)径切面，×100；(c)弦切面，×400

(2) 八宝树：海桑科，树高可达 40m，胸径可达 150cm。分布于印度、东南亚等，在我国产于云南南部海拔 500m 左右的平原或丘陵地区，速生，年高生长可达 3m，胸径达 4cm 以上，为季雨林中主要树种。气干密度 440kg · m^{-3}。图 1-19 给出了八宝树的显微构造，从图中可以看出：导管横切面为圆形及卵圆形；约 5 个 · mm^{-2}；单管孔及短径列复管孔 (2~3 个，通常 2 个)；散生；壁薄 (平均壁厚为 4.97μm)；最大弦径 279μm 或以上，多数 145~225μm，平均 184μm；侵填体未见。单穿孔，卵圆形，穿孔板略倾斜。管间纹孔式互列，系附物纹孔，纹孔口内含。轴向薄壁组织量少；环管状或环管束状，偶见翼状；薄壁细胞端壁节状加厚不明显。木纤维壁薄 (平均壁厚为 4.28μm)；直径 10.2~34.7μm，平均 21.3μm。木射线非叠生；8~15 根 · m^{-1}，木射线单列，偶见两列；高 1~26 个细胞。射线组织异型Ⅱ及Ⅰ型；直立或方形射线细胞比横卧射线细胞高；射线细胞为圆形及卵圆形，具多角形轮廓；射线细胞少数具菱形晶体，端壁节状加厚明显。

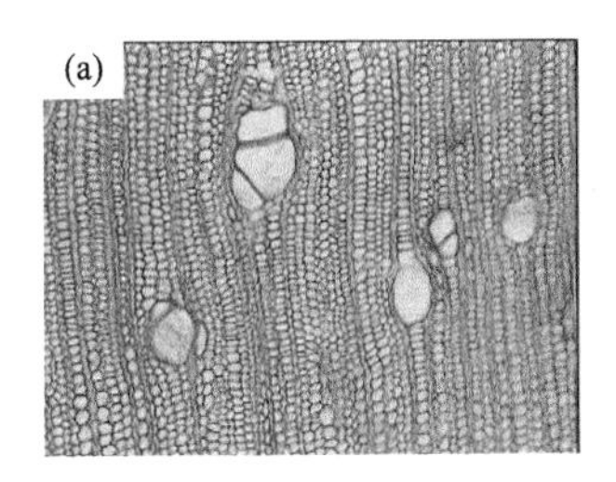

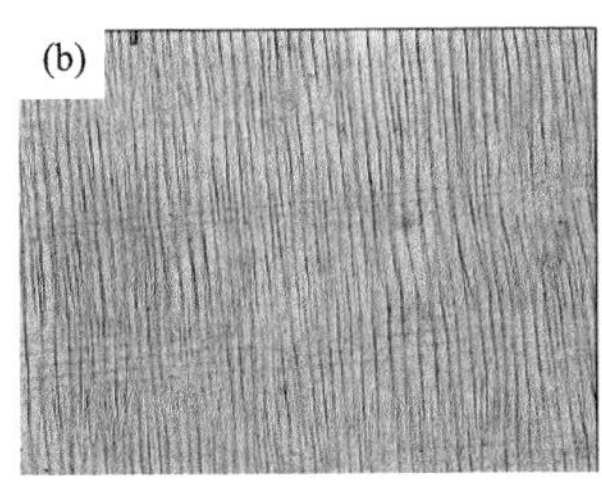

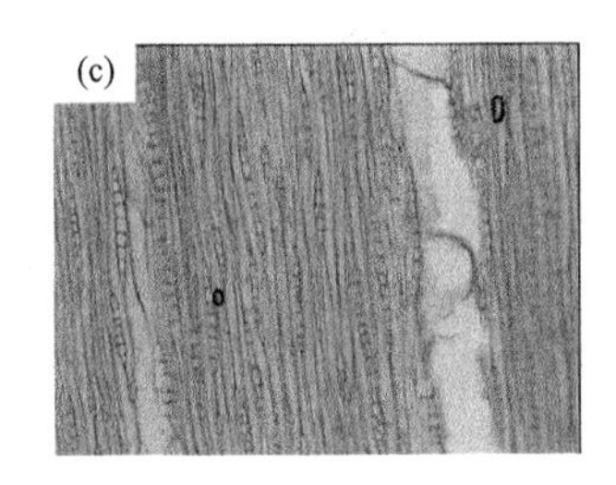

图 1-19　八宝树三切面微观构造图

(a) 横切面，×40；(b) 径切面，×40；(c) 弦切面，×40

(3) 山黄麻：榆科，山黄麻属。小乔木，高 5~8m 或以上。产于云南、湖南、福建、台湾、广东、广西等省。多生于山坡、灌丛、疏林、林缘或路旁，为华南次生林和旷野间常见树种。气干密度 380kg · m^{-3}。图 1-20 给出了山黄麻的显微构造，从图中可以看出：导管横切面为卵圆、椭圆及圆形；约 10 个 · mm^{-2}；单管孔及径列复管孔 (2~5 个)，偶见管孔团；散生；壁薄 (平均壁厚为 5.88μm)；最大弦径 244μm 或以上，多数 100~200μm，平均 148μm。单穿孔，长椭圆及卵圆形；穿孔板略倾斜或平行。管间纹孔式互列，多角形；纹孔口内含。轴向薄壁组织量少；主为环管束状；薄壁细胞端壁节状加厚明显；偶见树胶；晶体偶见。木纤维壁薄 (平均壁厚为 4.25μm)，直径 7~30μm，平均 18μm；具缘纹孔数少，圆形，纹孔口内含。木射线非叠生；5~10 根 · m^{-1}；单列射线数少，高 1~13 个细胞或以上；多列射线宽 2~4 个细胞，高 5~35 个细胞或以上，多数 10~20 个细胞，同一射线内有时出现 2 次多列部分。射线组织为异型Ⅱ型，稀Ⅰ型；直立或方形射线细胞比横卧射线细胞高得多，后者为椭圆、圆形及卵圆形；射线细胞含树胶，端壁节状加厚明显。

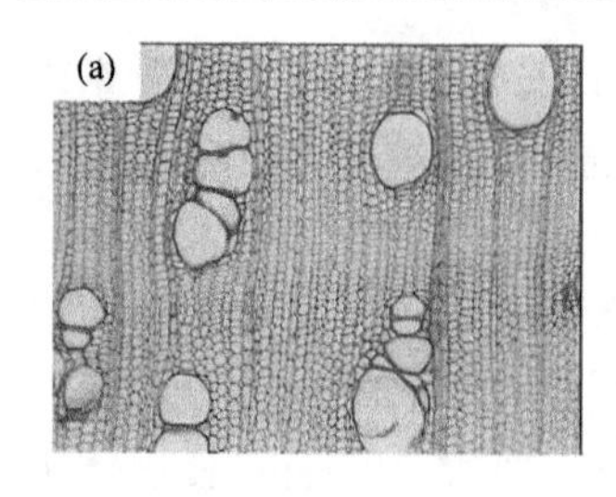

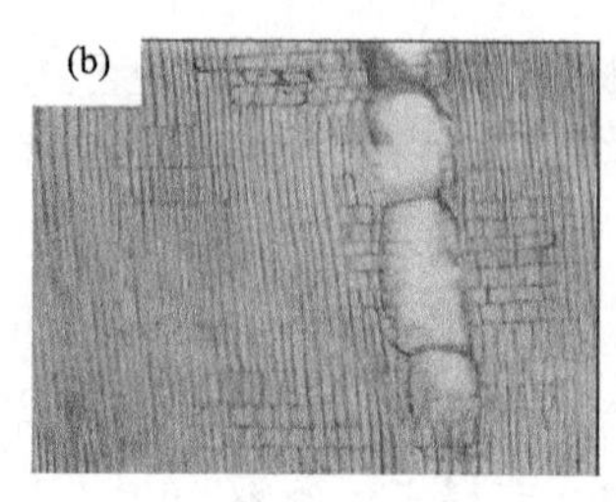

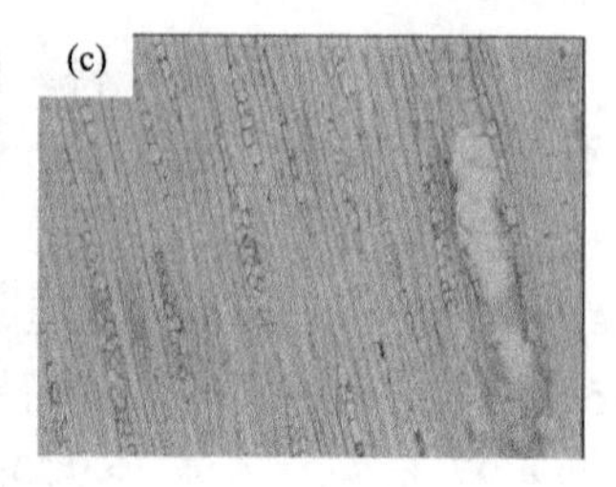

图 1-20　山黄麻三切面微观构造图

(a)横切面，×100 ；(b)径切面，×40；(c)弦切面，×40

(4)吴茱萸：芸香科，吴茱萸属。小乔木，高可达 10m，胸径 30cm。产于云南、福建、江西、湖南、湖北、广东、广西、四川、贵州、陕西等省。在云南又称泡椿或如意子。气干密度 470kg · m^{-3}。图 1-21 给出了吴茱萸的显微构造，从图中可以看出：导管横切面为圆形及卵圆形，有时略具多角形轮廓；单管孔及径列复管孔(2~3 个)，偶见管孔团；散生；壁薄(平均壁厚为 4.95μm)；最大弦径 220μm 或以上，多数 95~185μm，平均 136μm；侵填体未见。单穿孔，卵圆及椭圆形；穿孔板略倾斜至平行。管间纹孔式互列，多角形，纹孔口内含。轴向薄壁组织环管状与环管束状，及轮界状与星散状；薄壁细胞端壁节状加厚不明显；树胶未见。木纤维壁薄(平均壁厚为 3.94μm)，最大腔径可达 25μm，多数 8~20μm，平均 14μm；单纹孔，具狭缘，数少，不明显。木射线非叠生；4~9 根 · m^{-1}；单列射线少，高 1~8 个细胞；多列射线宽 2~4 个细胞，高 4~38 个细胞或以上。射线组织异型Ⅲ型，直立或方形射线细胞比横卧射线细胞高，后者为椭圆形及长椭圆形，略具多角形轮廓；射线细胞端壁节状加厚不明显。

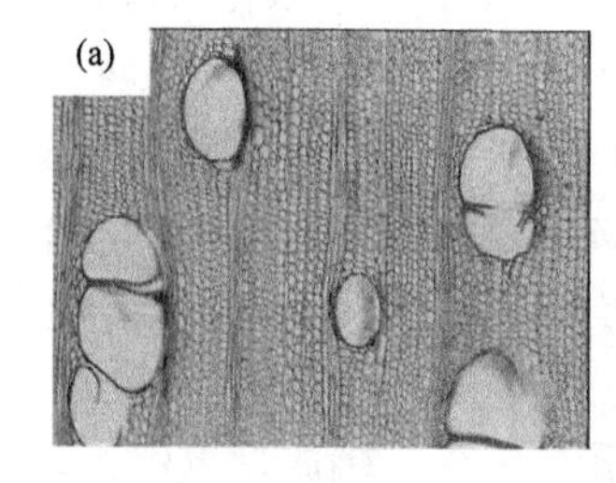

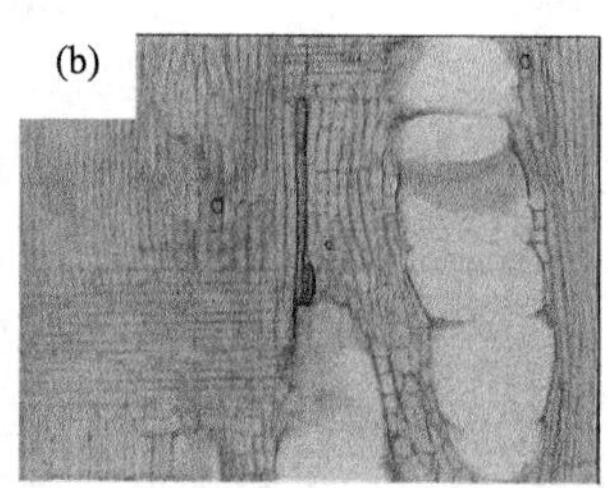

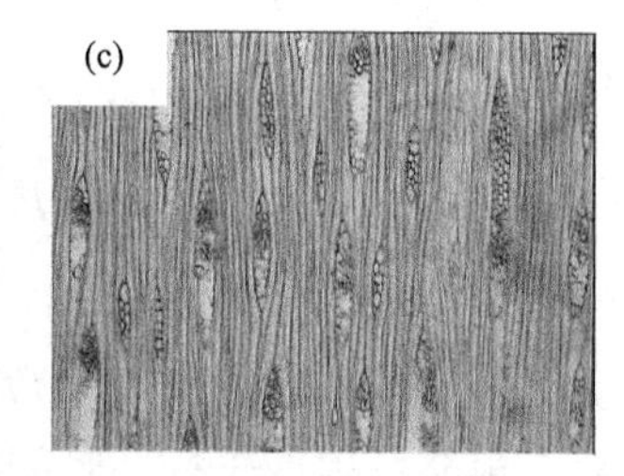

图 1-21　吴茱萸三切面微观构造图

(a)横切面，×100；(b)径切面，×40；(c)弦切面，×40

(5)刺桐：蝶形花科，刺桐属。树皮灰色，具瘤状皮刺。落叶乔木，高 12~15m。产于云南、贵州、四川等地。图 1-22 给出了刺桐的显微构造，从图中可以看出：导管横切面为圆形及卵圆形，常具多角形轮廓；多数单管孔，少数为径列复管孔(2~3 个)，偶呈管孔团；散生；管间纹孔式互列。轴向薄壁组织甚多；叠生；傍管宽带状，呈同心层式排列，常较机械组织带宽。木纤维壁甚薄。木射线局部叠生；单列射线数少，高1~10个细胞。多列射线宽2~15个细胞，高10~80个细胞或以上。射线组织异型Ⅱ型，少数为异型Ⅲ型。直立或方形射线细胞比横卧射线细胞略高。

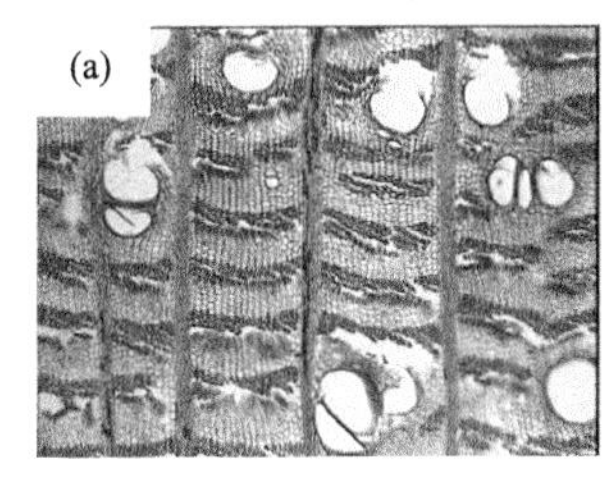
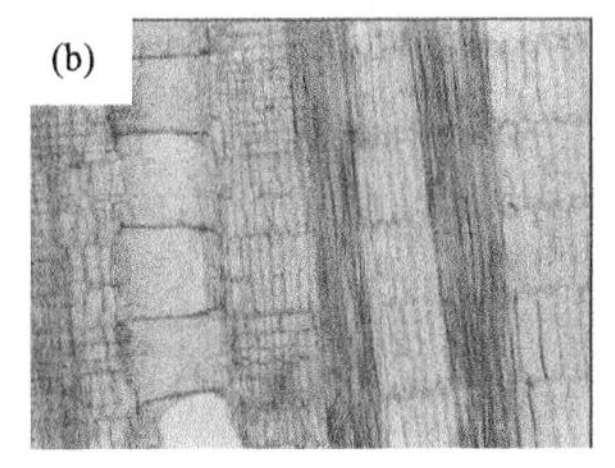
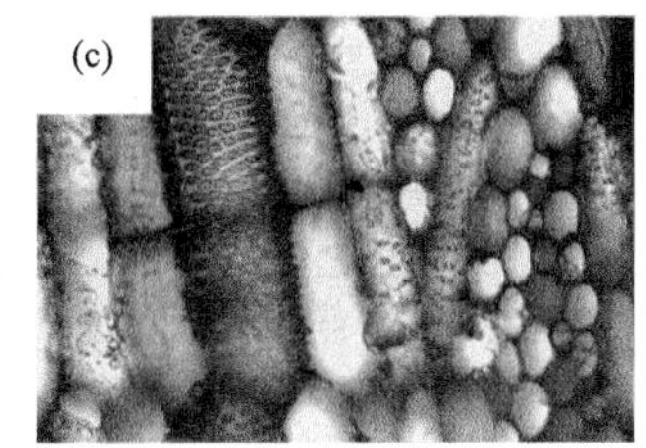

图1-22　刺桐三切面微观构造图

(a)横切面，×40；(b)径切面，×40；(c)弦切面，×400

(6)木棉：木棉科，木棉属植物。落叶大乔木，高达25m以上，树干端直，髓心大。树皮浅灰色，具瘤状皮刺。产于福建、广东、海南岛、广西、云南、贵州、四川和台湾；在南部沿海一带及海南岛海拔500m以下极为常见；云南除西北少数地区外各地均有分布。气干密度310kg·m^{-3}。图1-23给出了木棉的显微构造，从图中可以看出：导管横切面为卵圆形，少数圆形；单管孔及径列复管孔(2~3个)；散生；导管分子叠生。管间纹孔式互列。轴向薄壁组织甚多；叠生；离管带状(通常宽1细胞，与宽1或2细胞纤维带相间弦列)及环管束状与环管状；具筛状纹孔式。木射线叠生；胞壁薄；木射线狭窄者局部叠生；单列射线数少，高1~11个细胞或以上。多列射线宽2~10个细胞，高6~80个细胞或以上。射线组织异型Ⅲ及Ⅱ型。直立或方形射线细胞比横卧射线细胞高，后者为圆形、卵圆及椭圆形，略具多角形轮廓。

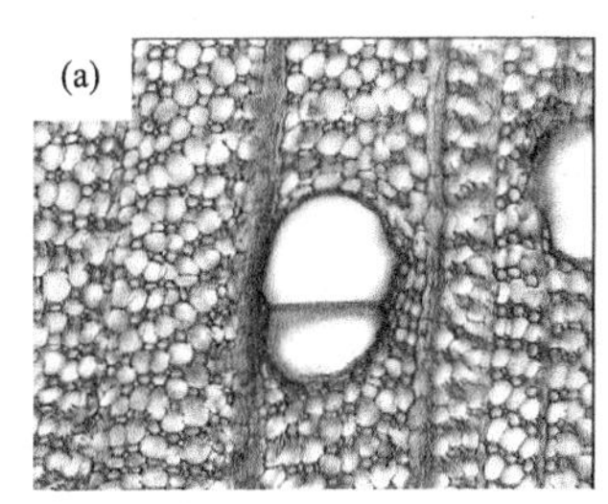
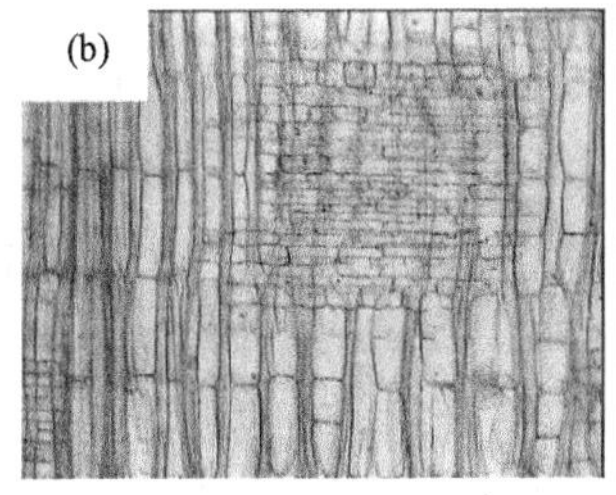
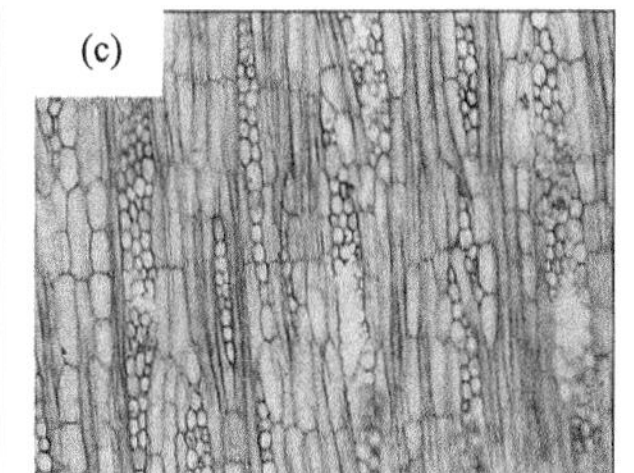

图1-23　木棉三切面微观构造图

(a)横切面，×100；(b)径切面，×40；(c)弦切面，×40

上述木材各异的管孔形状、尺寸和分布特征，为设计和制备各种分级多孔材料提供了广阔的选材空间。赵广杰[137]按尺度大小把木材中的空隙划分为：宏观空隙、微观空隙和介观空隙。宏观空隙是指用肉眼能够看到的空隙，以树脂道、细胞腔为下限空隙，不同树种细胞大小不同，其宽度为50~1500μm，长度从0.1~10mm不等。微观空隙则是以分子链断面数量级为最大起点的空隙，如纤维素分子链的断面数量级的空隙。介观空隙是指三维、二维或一维尺度在纳米量级（1~100nm）的空隙，可称作纳米空隙。表1-2归纳了木材中介观空隙的尺度大小和形状。

表1-2　木材中介观空隙的尺度大小和形状

空隙种类	直径/nm	形状
具缘纹孔塞缘小孔（针）	20~8000	网格状
单纹孔纹孔膜小孔（针）	50~300	细管状
细胞壁中空隙（干燥状态）	2~10	裂隙状
细胞壁中空隙（湿润状态）	1~10	裂隙状
微纤丝间隙（润胀状态）	2~4.5	裂隙状

形态各异的木材的分级多孔结构为仿生制备新型材料提供了无须加工修饰处理的天然模板，为木材仿生高性能、高附加值功能材料的研究开发提供了无限空间。分级多孔材料在分离提纯、选择性吸附、催化剂装载、光电器件及传感器研制等许多功能领域有重要的研究和应用价值。木材分级多孔特点使得木材本身即可收容其他纳米材料，使木材实现功能化、纳米化、智能化的追求。

1.3.3　木材的智能性调湿调温功能

由于木材自身的生物结构和所形成的物质，赋予了它某些具有智能性调节作用的性质。诸如：隔热性与温度调节，吸湿性与湿度调节，生态性与生物调节，以及具有吸音抗震、色泽柔和与感觉舒适等环境学特性。木造住宅在暑夏时具有隔热性，寒冬时具有保温性。木质墙壁可以缓和外部气温变化所引起的室内温度变化。因此，木造住宅具备防止夏季炎热或冬季寒冷的性能，即“冬暖夏凉”。由于木材组分中含有大量的亲水性基团，又具有极为巨大的比表面积，使木材具有吸湿与解吸性质。当空气中的水蒸气压力大于木材表面水蒸气压力时，木材从空气中吸收水分，称其为吸湿；反之，则有一部分水分自木材表面向空气中蒸发，称为解吸。木材吸湿性的变化取决于木材的构造学特性、木材的化学组成及其所在周围环境的湿度与温度。在通常情况下，如室内的木材用量较多，当室内温度提高时，由于木材可以解吸放出水分，因而其室内湿度几乎保持不变。反之，当温度降低时，室内湿度将相应升高，此时木材可以吸收水分，而仍可保持室内的湿度不变。

温热环境对人体会产生舒适及不舒适的感觉，虽然最重要的因素是干球温度，但相对湿度也并非没有关系。图 1-24 是由 ASHRAE(美国采暖、制冷和空气调节工程师学会)做成的干湿球温度与有效温度的关系图。从图中可知，相对湿度对人体的温热感觉有着相当大的影响。另外从图中 4 条等感度线可知，当温度较低时，相对湿度的影响很小；当在高温区域时，获得等温热感觉的温度向低温方向变化。

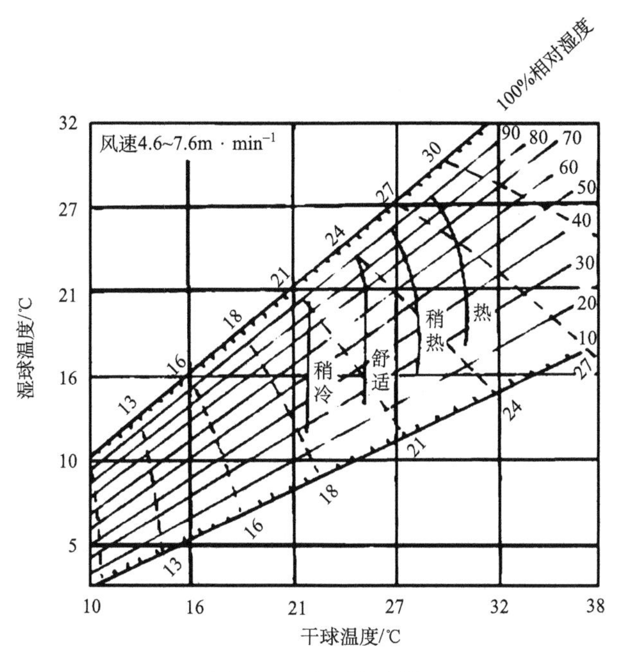

图 1-24　有效温度图

相对湿度与人体的出汗量有一定的联系。正常人每天皮肤及气管所排泄的体内水分为 700~900mL，其具体分泌及排泄量关系到皮肤的表面湿度与环境湿度之差，因此可以认为相对湿度是影响人体通过皮肤进行新陈代谢的主要原因。

经实际测定表明，夏天人体比较舒适的气候条件是(温度，相对湿度)：20℃，60%；22℃，40%；27.5℃，40%；25.5℃，60%。春秋冬季为:18℃，60%；19℃，40%；26℃，40%；24℃，60%。

湿度同样关系到浮游菌类的生存时间。菌类在相对湿度为 50%左右的条件下，几分钟内会有一大半死亡，但在高湿度及低湿度时，可生存 2h 以上。因此，为了防止细菌感染，手术室的相对湿度应调节到 55%~60%。

室内温湿度的明显变化，会引起材料的收缩及膨胀，严重时会引起木材翘曲、开裂。从工艺美术品、家具等日用品的保存、各种高分子材料的老化方面来看，室内的湿度不应有大的变化。此外，湿度还与霉菌、虫害的发生等有直接关系。

由图 1-25 可知，霉菌的发生有上下两个界限，高于或低于这两个值都容易产生湿霉菌或干霉菌。例如，温度为 26.1℃、相对湿度为 80%(湿霉菌发生界限线)时，如用空调将温度降至 18℃，则湿度变为 90%，更容易产生大量霉菌。

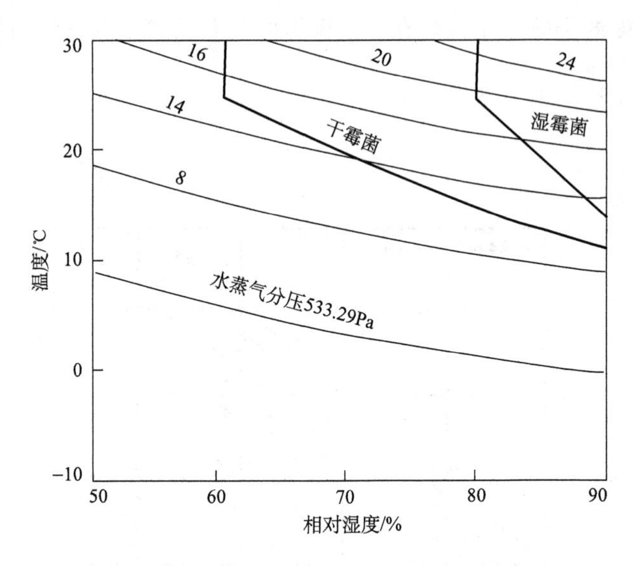

图 1-25　温湿度条件与霉菌的关系

以上分析表明，居住环境的相对湿度应在 60%左右较为适宜。防止湿霉菌的最佳范围为 0~80%；防止虫害为 0~70%或 80%~100%；保存书籍为 40%~75%；人体舒适为 40%~60%；防止细菌感染为 55%~60%；死亡率最低为 60%~70%。

引起室内湿度变化的原因很多。例如，外界温度变化或室内温度变化会引起湿度变化；从气窗或换气口流入流出的水蒸气、从壁面透过的水蒸气、从厨房进来的水蒸气等也会引起湿度的变化。总的来讲，其原因有两方面，即温度变化引起的湿度变化和水蒸气变化引起的湿度变化。前者是由于温度变化引起的饱和绝对湿度变化，从而导致相对湿度变化，吸湿及解吸的水蒸气量取决于装修材料的温度及与材料相接触空间的相对湿度条件。后者由于直接有水蒸气量的变化，因此装修材料吸湿及解吸的水蒸气量只取决于与材料接触空间的相对湿度条件。评定某种材料的调湿性能，不但要了解温度、湿度或两者都变化时非平衡状态的吸湿及解吸性能，而且还要测定吸湿及解吸速度等。日本学者则元京研制了一种测定装置。先将待测材料贴在金属箱内，在 20℃、相对湿度 65%的条件下陈放一周，然后放到真空干燥器内，抽气 20min，这时测定干燥器内的相对湿度，作为起始值。接着向干燥器内送 15min 水蒸气，放置 45min；其后排气 15min、再放置 45min。如此循环 2 次，测定干燥器内温度随时间的变化规律。

设时间为 t 时的相对湿度为 $f(t)$，$f(135)-f(120)$ 为 X 值、$f(135)-f(180)$ 为 Y

值。水蒸气流入时，材料的吸湿量越大，干燥器内湿度上升越小，*X* 值也越小。另外，当水蒸气停止流入后，材料对残存水蒸气的吸收量越多，湿度降低得越大，*X* 值也就越大。*X* 值及 *Y* 值不但表征了材料的吸湿及解吸性能，而且还可以反映变化速度，用这两个值就可以评定材料的调湿性能。*X* 值在 20% 以下、*Y* 值在 10% 以下为组Ⅰ；*X* 值在 20%~30%、*Y* 值在 15%以下为组Ⅱ-1；*X* 值在 30%~50%、*Y* 值在 10% 以上为组Ⅱ-2；*X* 值在 30%~50%、*Y* 值在 10% 以下为组Ⅲ；*X* 值在 50% 以上、*Y* 值在 10% 以下为组Ⅳ。表 1-3 为常用室内装修材料调湿性能参数的测定值。表中软质纤维板 A、B 分别为表面未处理及表面涂饰(有小孔)。石膏板 A、B、C 分别为未处理、表面贴纸(有直径 6mm 小孔)、表面贴纸。贴面石棉板(表面贴聚乙烯薄膜)A、B 分别为不同图案的表面。

属于组Ⅰ的材料是调湿性能特别好的材料，即 *X* 值和 *Y* 值都很小，主要包括刨花板、软质纤维板等。属于组Ⅱ-1 的材料与组Ⅰ比，水蒸气的吸湿及解吸过程有延迟现象，*X* 值、*Y* 值都较大，主要包括胶合板、表面未处理的薄木贴面胶合板及山毛榉单板、硬质纤维板、硅酸钙板、石膏板 A 等。组Ⅱ-2 比组Ⅱ-1 的吸湿速度更慢，其延迟现象也就更明显，*Y* 值较大，主要包括印刷木纹胶合板、表面涂饰的薄木贴面胶合板、三聚氰胺贴面胶合板、石棉板等。组Ⅲ比组Ⅱ-2 的 *Y* 值小，其吸湿及解吸性能更差，主要有表面处理的石膏板、酚醛–三聚氰胺树脂板、地毯、混凝土、玻璃纤维板等。属于组Ⅳ的几乎没有吸湿及解吸性能，包括窗帘料、树脂玻璃、丙烯酸树脂板、聚乙烯板、钢板、聚氯乙烯薄膜、玻璃、聚苯乙烯薄膜等。另外，材料的厚度特别薄时，会明显降低调湿性能，对此问题后面有专门论述。

表 1-3　常用室内装修材料的调湿性能参数

材料	*X*/%	*Y*/%	厚度/mm
刨花板	15.0	6.0	12.5
软质纤维板 A	18.5	4.5	9.5
沥青处理的软质纤维板	19.0	5.0	12.8
软质纤维板 B	19.5	5.0	9.5
胶合板	24.0	15.0	13.0
薄木贴面胶合板(柳桉)	26.5	12.0	6.0
硅酸钙板	26.5	8.5	6.0
硬质纤维板	26.5	7.5	4.5
胶合板	27.0	11.5	5.0
氨基醇酸树脂涂饰胶合板	27.5	16.5	13.0
石膏板 A	27.5	12.5	12.5

续表

材料	X/%	Y/%	厚度/mm
胶合板	28.0	9.5	3.0
薄木贴面胶合板(桃花心木)	29.0	15.5	6.0
薄木贴面胶合板(柞木)	29.0	15.5	25.0
山毛榉(弦切面)	30.0	12.5	9.0
印刷木纹胶合板	32.5	15.0	4.0
石棉板	34.5	10.5	3.2
三聚氰胺贴面胶合板	35.5	13.0	3.0
薄木贴面胶合板(表面涂饰)	36.5	19.0	5.2
贴面石棉板 A	37.0	14.5	3.2
贴面石棉板 B	38.0	15.0	3.0
薄木贴面胶合板(柳杉)	39.0	15.0	6.5
石膏板 B	33.0	3.5	9.0
地毯	36.5	4.5	4.5
石膏板 C	38.0	3.0	3.0
混凝土	40.5	3.5	4.5
玻璃纤维板	40.5	4.0	11.0
酚醛-三聚氰胺树脂板	44.0	7.0	1.5
聚乙酸乙烯树脂涂饰的玻璃纤维板	16.0	4.0	6.8
窗帘料	55.0	4.5	0.6
树脂玻璃	59.0	3.0	1.0
丙烯酸树脂板	64.5	6.5	10.2
聚乙烯板	67.0	3.0	1.8
钢板	70.0	3.0	0.5
聚氯乙烯薄膜	72.0	2.5	0.1
玻璃	75.5	2.0	3.0
聚苯乙烯薄膜	76.5	2.0	0.3

牧福美等研制了一种测定温度变化引起湿度变化的装置。将待测定材料放到干燥器内，使干燥器的温度按 25℃→35℃→25℃→35℃→25℃ 的规律每小时变化一个周期，测定温度对湿度的影响规律。

实验表明，当温度在 25℃→35℃→25℃ 范围内变化时，湿度的对数值 $\lg h(T)$ 与温度 T 之间呈线性关系，可表示为

$$\lg h(T) = \lg h(0) + bT \tag{1-1}$$

$h(0)$ 为 T=0 时的绝对湿度，b 为 $\lg h(T)$-T 曲线的斜率。当材料没有吸湿、

解吸能力时，b=0。b 值越大，吸湿及解吸能力越强。温度为 T 时的饱和绝对湿度 $hs(T)$ 可近似表示为

$$hs(T) = 5.59 \times 10^{0.0245T} \tag{1-2}$$

如设 $B = b-0.0245$，则相对湿度的对数 $\lg H(T)$ 与 T 的关系为

$$\lg H(T) = \lg 20.1\, h(0) + BT \tag{1-3}$$

当 $B = -0.0245$ 时，材料没有调湿能力，即要想有调湿效果，B 值必须大于 -0.0245。

表 1-4 是常用室内装修材料的调湿性能 B 值，按 B 值大小可分为 4 组，即 $B\times10^4$ 在 $-70\sim0$ 范围内为组Ⅰ，$-100\sim-71$ 为组Ⅱ，$-200\sim-101$ 为组Ⅲ，$-245\sim-200$ 为组Ⅳ。组Ⅰ中主要有沥青处理的软质纤维板、软质纤维板、硬质纤维板、5.0mm 和 1.5mm 厚的胶合板、涂土墙、硅酸钙板等。组Ⅱ主要有 12.5mm 厚的刨花板、13mm 厚的胶合板、14mm 厚的连香树材、0.6mm 厚的窗帘料等。组Ⅲ有钢板、酚醛–三聚氰胺树脂板等。组Ⅳ则有氨基醇酸树脂涂饰胶合板、玻璃、三聚氰胺贴面胶合板、印刷木纹胶合板等。

表 1-4　常用室内装修材料的调湿性能 B 值

材料	厚度/mm	$B\times10^4$
胶合板	1.5	–37
软质纤维板	9.5	–43
柳桉材(弦切面)	2.0	–45
沥青处理的软质纤维板	12.8	–50
硅酸钙板	6.0	–51
硬质纤维板	2.5	–54
紫檀木(弦切面)	0.3	–56
硬质纤维板	5.0	–59
涂土墙	9.0	–61
胶合板	5.0	–65
薄木贴面胶合板	6.0	–69
灰泥墙	8.0	–75
窗帘料	0.6	–76
连香树材(弦切面)	14.0	–79
胶合板	13.0	–84
刨花板	12.5	–89
石棉板	3.2	–90
酚醛–三聚氰胺树脂板	1.5	–152

续表

材料	厚度/mm	$B\times10^4$
地毯	3.0	−163
碳酸钙板	12.2	−194
聚乙烯板	1.8	−197
氨基醇酸树脂涂饰胶合板	13.0	−203
印刷木纹胶合板	4.0	−209
橡胶	2.5	−214
玻璃	3.0	−214
树脂玻璃	1.0	−224
丙烯酸树脂板	10.2	−224
三聚氰胺贴面胶合板	3.0	−233
石棉板 A	3.0	−239
地板革	1.5	−244
壁纸	0.2	−255
钢板	0.5	−146

表 1-5 是综合表 1-3、表 1-4 而求得的评定结果。结果表明，软质纤维板的调湿性能最好，木材、胶合板、刨花板、硬质纤维板、硅酸钙板、石膏板、石棉板的性能优良。有些材料虽然基材的调湿性能良好，但若表面用吸湿性能不好的材料处理，仍然不能得到很好的调湿性能。三聚氰胺贴面胶合板、印刷木纹胶合

表 1-5　调湿性能的综合评定

X \ B	Ⅰ	Ⅱ	Ⅲ	Ⅳ
Ⅰ	软质纤维板、沥青处理的软质纤维板	刨花板		
Ⅱ-1	硅酸钙板、硬质纤维板、胶合板（5mm）、薄木贴面胶合板	石膏板、连香树材、胶合板（13mm）、石棉板	涂饰胶合板	
Ⅱ-2				印刷木纹胶合板、三聚氰胺贴面胶合板、聚乙烯薄膜贴面石棉板
Ⅲ	灰泥墙		酚醛–三聚氰胺树脂板、地毯	橡胶
Ⅳ	紫檀木（0.3mm）	窗帘料（0.6mm）	聚乙烯板、钢板	玻璃、丙烯酸树脂板、树脂玻璃

板、表面贴聚乙烯薄膜的石棉板等就是这方面的实例。玻璃、丙烯酸树脂板、聚乙烯板、橡胶、金属等属于调湿性能最差的材料。另外，0.3mm 的木单板及 0.6mm 厚的窗帘料本来是调湿性能良好的材料，但由于厚度太薄不能对多量水蒸气进行调节。

木材的调湿原理是木材能吸收或放出水分调节室内的湿度，最终导致木材含水率产生变化。设木材含水率为 U（%）、室内温度为 θ（℃）、室内相对湿度为 ϕ(%)，则三者的关系为

$$U = 3.05+0.0679\phi+0.00125\phi^2-(0.00411+0.000409\phi)\theta \tag{1-4}$$

木材表层和心层含水率同样受到室内温湿度变化的影响，但由于水分传导需要一定的时间，因此心层含水率变化将滞后于表层。同样，由于表层与室内空气直接接触，表层含水率的变化幅度也比心层大。图 1-26 是不同厚度白桦木材在百叶箱内放置时平均含水率的变化情况。从图中可知，木材越厚，平均含水率的变化幅度越小。室内装修木材具体应采用多大厚度，需要由实验来测定。从实验结果来看，3mm 的木材，只能调节一天内的湿度变化，5.2mm 可调节 3 天，9.5mm 可调节 10 天，16.4mm 可调节一个月，57.3mm 可调节 1 年。室内的湿度处于动态变化状态，它与外界湿度一样有其周期性的变化，大周期是以年为单位，再小一点是以季节为单位，更小一点则是以月或天为单位。要想使室内湿度保持长期稳定，则必须增加装修材料的厚度。

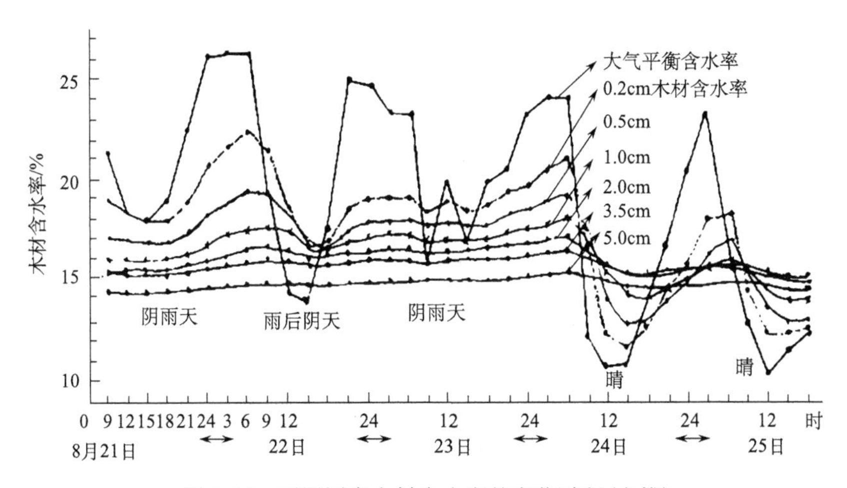

图 1-26　不同厚度木材含水率的变化过程(白桦)

用木材或木质材料装修的住宅，其湿度变化远比混凝土住宅或壁纸装修住宅的变化要小。那么，用木材装修的居室与其他装修材料的区别有多大、居室内所用木材量占多大比例才能起到调湿作用呢?

在通常情况下，如室内的木材用量较多，当室内温度提高时，由于木材可以解吸放出水分，因而其室内湿度几乎保持不变；反之，当温度降低时，室内湿度将相应升高，此时木材可以吸收水分，而仍可保持室内的湿度不变。当室内木材用量很少时，则情况正好相反，起不到调节作用，室内湿度较低时，空气便显得干燥，而湿度高而温度低时，室内则会有结露现象。可见，木材及木质材料对调节室内小气候起着重要的作用。

常用的内墙装修材料有木材、各种木质人造板、石膏和各类壁纸等。它们具有不同的透湿阻抗(表 1-6)，也就是说具有不同的调湿性能。透湿阻抗越大，表明这种材料的透湿能力越低。由表 1-6 中的数据可见，木材的透湿阻抗与木材厚度有相关性，同种木材，厚度增大，透湿阻抗也相应提高。乙烯塑料壁纸的透湿阻抗最大，约为人造纤维壁纸的 30 倍，为纸基壁纸的 90 倍，表面乙烯塑料壁纸的透湿性能最差。适宜厚度的木材具有较小的透湿阻抗，从而具有良好的调湿性能。4mm 厚三层胶合板的透湿阻抗约比同等厚度的薄木材大 1 倍，其调湿性能显然不如后者好。

表 1-6　内部装修材料的透湿阻抗(25℃)

材料种类	厚度/mm	透湿阻抗/(m^2 · h · mmHg · g^{-1})
铁杉木材(径切面)	7	5.46
铁杉木材(径切面)	4	3.83
铁杉木材(径切面)	2	1.81
胶合板(柳桉材，三层)	4	7.69
石膏板	9	0.64
乙烯塑料壁纸	0.58	16.39
人造纤维壁纸	1.24	0.52
纸基壁纸	0.30	0.19

注：1mmHg = 133.322Pa。

此外，还可以用渗透系数来表征室内装修材料的调湿性能。表 1-7 列举了常用几种材料的渗透系数。从表 1-7 中可见，木材的渗透系数均比其他材料大，约为漆膜的 100 倍，是乙烯塑料薄膜的 1000 倍。这表明，各类塑料壁纸的调湿性能远次于木材及其他装修材料。若整个室内大面积采用这类材料进行装修，对室内小气候的调节及人体健康均有不利影响。

研究和实践表明，作为室内装修材料，木材和木质材料是最佳选择，因为木材或木质材料具有比其他材料优越的调湿性能。当室内木材量(地板、天花板、家具等)少时，如提高室内温度，尽管木材可以解吸，但室内湿度也必然降低。当

表 1-7　几种材料的水蒸气渗透系数(20℃)

材料	渗透系数/(g·m^{-1}·h^{-1}·mmHg^{-1})
软质纤维板	4×10^{-2}
木材	1×10^{-2}~7×10^{-4}
漆膜	3×10^{-6}~7×10^{-6}
乙烯塑料薄膜	5×10^{-7}~6×10^{-7}

室内的木材量多时，其湿度几乎保持不变。当温度降低时，室内湿度相应升高，此时木材可以吸湿，仍可保持室内的湿度不变。当木材量太少时，则吸湿能力低，起不到调湿作用，室内必有结露现象。日本研究者研究了流行性感冒病毒的生存率与温、湿度的关系，发现在温度为 10℃、相对湿度为 25%～35% 时，流行性感冒病毒的生产率最高，可达 60%。如果湿度增加到 50%，其病毒的生产率则减少到 30%。由此可知，在空气的温、湿度较低时，流行性感冒病毒生存率高，易引起流行性感冒。

人们对湿度的感觉比对温度的感觉迟钝，但是湿度对人体的健康影响较大。另外，从物品的保存观点来看，室内保持适当的湿度是很必要的。特别是空气中的浮游菌类的生存期是受室内湿度影响的，当相对湿度为 50% 左右时，菌类难以生存。室内水蒸气的发生与室内温度的变化有关。不论怎样看，多用木材装修的室内可以保持适当的相对湿度，因为木材具有吸湿和解吸性。也就是说，这种自动调节作用是和木材吸湿等温线、吸湿等压线等的水分平衡性及水分移动的非平衡性密切相关。

木材在居室中所起的调湿作用是木材自身智能性的表现。迄今为止，人们对木材的智能性尚缺乏深刻的认识，但人们却在人居微环境中得以享用，重要的是要予以保护和发挥它的智能作用。

传热性能和材料的热导率 λ、比热容 C、热扩散率 α 和蓄热系数 S 有关。热导率是反映材料传递热量难易程度的物理量；比热容表示材料单位质量温度升高或降低 1℃所吸收或放出的热量；热扩散率反映材料在局部冷却或加热过程中，抵抗局部温度单独提高或降低的性能；蓄热系数反映材料对波动热作用反应的敏感程度。材料的比热容主要取决于矿物成分和有机质的含量，无机材料的比热容比有机材料的比热容小。表 1-8 中的结果符合这一规律，木质复合材料的比热容大于无机材料，而且对于同一种板材(如用同一树种制成的 5 种不同密度的定向结构板)，比热容的变化较小，说明比热容是取决于材料固有性质的一种特性。

从表 1-8 可知，与现有墙体材料相比，木质复合材料的热导率远小于现有墙体材料的热导率。以密度为 0.602g·cm^{-3} 的定向结构板为例，其热导率约为普通黏土砖砌体的 18%、钢筋混凝土的 8.4%，与新型保温墙体材料——加气混凝土

(ρ=0.5g · cm^{-3}) 及空心砖砌体相比，定向结构板的热导率也小得多，约为加气混凝土的 3/4、空心砖砌体的 1/4。

表 1-8　木质复合材料与现有墙体材料的传热物理性质指标比较

材料名称	密度 ρ/ (g · cm^{-3})	热导率 λ/(W · m^{-1} · K^{-1})	热扩散率 α/(10^{-6}m^2 · s^{-1})	比热容 C/(kJ · kg^{-1} · K^{-1})	蓄热系数 S/(W · m^{-2} · K^{-1})
普通刨花板	0.770	0.174	0.124	1.82	4.20
中密度纤维板	0.709	0.140	0.113	1.74	3.53
胶合板	0.502	0.114	0.112	2.03	2.90
定向刨花板 A	0.453	0.116	0.144	1.79	2.61
定向刨花板 B	0.540	0.129	0.135	1.76	2.99
定向刨花板 C	0.602	0.146	0.139	1.74	3.32
定向刨花板 D	0.712	0.174	0.141	1.74	3.94
定向刨花板 E	0.832	0.215	0.145	1.78	4.79
加气混凝土 A	0.500	0.190	0.360	1.05	2.81
加气混凝土 B	0.700	0.220	0.299	1.05	3.59
轻质黏土	1.200	0.470	0.388	1.01	6.35
重砂浆空心砖砌体	1.400	0.580	0.395	1.05	7.92
重砂浆黏土砖砌体	1.800	0.810	0.429	1.05	10.63
钢筋混凝土	2.500	1.740	0.757	0.92	17.20

注：实验时木质复合材料处于气干状态，平衡含水率为 9%~10%。

综合上述分析可知，木质复合材料的热导率、热扩散率远小于现有墙体材料，热惰性指标也较大，属于保温材料。因此，将木质复合材料用作墙体材料，可达到良好的保温隔热效果及节能目的。

室内温度随着外界温度的变动程度，即温度调节作用可以用室温变动比来表示，它是室内温度的变化与室外温度的变化的比值。室温变动比为“0”表示室内温度不随外界温度的变化而变化，而室温变动比接近“1”则说明材料几乎没有温度调节作用，即室温完全跟随外界温度一起变化。

以室温日变化振幅及位相角变化探讨住宅墙壁的调节温度效应，可以发现以下几点：①室温变动比（室内 $\Delta\theta$/室外 $\Delta\theta$）：$\Delta\theta$ 为最大温度与最小温度的差值，室温变动比越大则调温效果较差，反之较优。在热传导率及比热容一定时，室温变动比随壁体厚度增加而变小，调节作用会大大表现出来。②比热容一定、热传导率不同时，热传导率变小，则室温变动比会变小，其调节作用会大大表现出来。③热传导率一定、比热容不同时，比热容变大，其室温变动比变小，调节作用较大。

如表 1-9 所示，当墙体材料的厚度很小时，所有材料的室温变动比都接近 1。

而当墙体厚度大于 50mm 后，不同材料则表现出很明显的差异。其中以木材和木质材料的下降趋势最为明显，其次是混凝土、砖等传统建材，而玻璃棉和岩棉、发泡塑料等隔热材料反而是最不明显的。通过理论推算，柳杉、柏木、刨花板等，当厚度达 150mm 时，其室温变动比会优于厚度为 300mm 的混凝土、红砖、玻璃棉、岩棉、发泡塑料等。因此，从温度调节作用来说，木材和木质材料是一种非常优良的材料。

表 1-9　不同厚度的墙体材料装饰的住宅的室温变动比

墙体厚度/mm	室温变动比						
	混凝土	红砖	柳杉	福建柏	刨花板	玻璃棉	岩棉
0	1	1	1	1	1	1	1
30	0.98	0.99	0.96	0.95	0.90	1.00	1.00
50	0.95	0.95	0.82	0.78	0.64	1.00	0.99
100	0.77	0.71	0.34	0.31	0.20	0.98	0.94
150	0.55	0.55	0.14	0.12	0.06	0.93	0.81
200	0.38	0.27	0.06	0.05		0.85	0.63
250	0.26	0.17	0.03	0.03		0.74	0.46
300	0.19	0.11	0.01	0.01		0.62	0.34

王松永等对两间以不同材料装饰墙体的住宅内室温变动情况进行了测定。其中一间为红桧木材，另一间为柳杉木材，其墙壁各利用红桧及柳杉木板(9mm 厚)内装，而天花板则利用桧木及柳杉木的刨花板，于室内距地面 900mm 处各装置一台自动温湿度记录仪。另以一间混凝土造、未内装木板的房间作为对照组。其实验结果为：在夏季 7 月及 8 月所得室外及室内温度变化加以探究时，室内最高温度均以木板内装房间较未内装房间低 0.2~0.5℃(7 月)、1.1~1.5℃(8 月)。各未内装房间的室温变动比为 0.29(7 月)、0.26(8 月)。在冬季 2 月份，室外气温在 16℃以下温度变化加以探讨时，木板内装房间最低温度会较未内装房间高 0.1~0.6℃，而其室温变动比各为未内装房间 0.311、红桧房间 0.264、柳杉房间 0.308。由此可印证木材内装室内是“冬温夏凉”的经验评价。

1.3.4　木材的智能性生物调节功能

木材是一种具有生态学属性的生物质，与人的生命活动息息关联，形成了“木材-人类-环境”的关系。自古以来适于人类居住的木质环境，比较适合人们生理的、心理的需要。其内在的奥秘在于木材的视感与人的心理生理学反应遵循和符合 $1/f$ 涨落的潜在规则。自然界存在的事物涨落现象，其能谱密度与频率(f)成比例关系，被称为 $1/f$ 涨落。具有 $1/f$ 波谱涨落特征的物体可视后使人感到舒适。木材具有天然生长形成的生物结构、纹理和花纹，还有独特的光泽和颜色，给予人们的视觉有自然感、亲切感和舒适感。因此，木质结构的房屋、木质家具和木质材料的内装，无一不得到人们的喜爱。其原因是：映入人们眼帘的木材(木质材料)，它所具有的 $1/f$ 波谱涨落与人体中所存在的生物节律(节奏)的涨落一致时，人们就产生平静、愉快的心情而有舒适之感。就像人们听到一部优美的音乐作品一样心情舒畅。因为音乐作品的频率涨落具有 $1/f$ 型波谱，此时人体内的生物时钟的涨落与音乐之音的涨落刺激相吻合，因此用耳听到音乐作品时有舒适感。

自然界存在着各种各样的事物和现象，可以说是五彩纷呈。无论是有生命的，还是无生命的，无论是感觉上规则的，还是不规则的，总会有一个普遍的现象，那就是波动、变化，常称其为涨落(或摇晃)。

“涨落”是对正常状态的干扰、“污染”所产生的一种普遍现象，这也是自然界的微妙之处。例如：单一的正弦波纯音，听起来并不悦耳，而当各种频率的正弦波混合在一起时，才能产生气氛微妙的音乐，这是由于混合后使频率发生涨落的缘故，通过频率涨落，也可以得到类似于鸟、昆虫等的鸣叫声。再如：纯粹的化学药品 NaCl 是不能被用作食盐的，对人体健康没有益处，而天然的食盐是自然界稍加“污染”的产物，才有好的味道。

也有许许多多阻止(或抵制)涨落的例子。例如，人们都希望时钟的时刻表达要非常准确，但是时钟在计时长久时，也有“快”与“慢”的涨落，这主要是由于所在的环境温度或细微机构的变动所引起的，当达到一定极限时，就可能出现时钟计时的涨落，为此人们要设法阻止这种涨落。

根据资料记载，在非洲大蜗牛体内，具有会发出规则电位脉搏的巨大神经细胞，在该细胞中插入微小玻璃电极时，可将电位的变化保持原本状态，而记录下来，肉眼看上去，细胞的活动电位波动呈等间隔排列。但对其间隔的微小涨落进行能谱解析时，亦会得到 $1/f$ 型涨落分布。

人体的生物节律如何呢？

人在自然打手拍子时，其手拍子的间隔以体内时钟为基准，依此刻出等时间间隔，此时手拍子间隔的微小变化(涨落)可以说是人体内生理时钟的涨落。将此能谱进行解析，非常接近 $1/f$ 涨落，可见，人体内时钟的节奏刻度似乎是具有 $1/f$ 波谱特征。

在人的心律测定时，乍看起来，心跳间隔是一定的，但认真细致探讨时，会发现心跳间隔也有涨落现象，其跳动间隔大约会以 10%的幅度变长或变短，其能谱图为 $1/f$ 型，说明人的心律变异的涨落为 $1/f$ 分布。心跳时的脉搏间隔，宏观上可用平行线表示，如图 1-27(a)所示，在微观上，电气脉冲信号从生物体内由一个神经细胞传送到另一个神经细胞，其脉搏的涨落如图 1-27(b)所示。

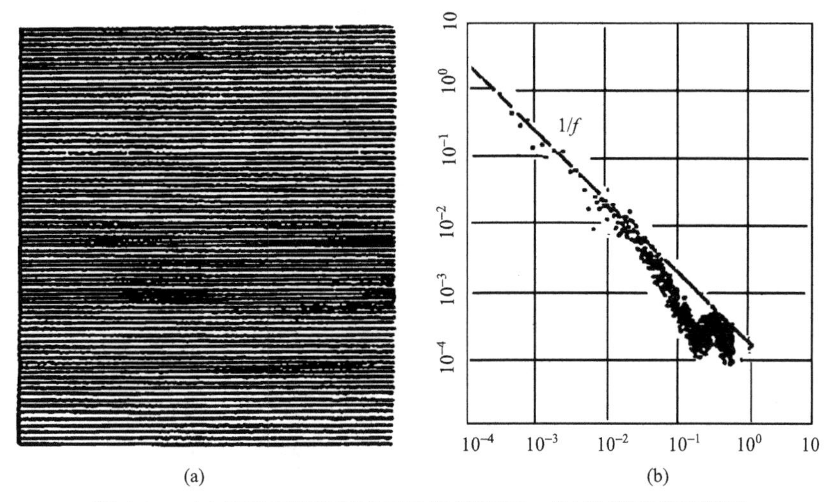

图 1-27　(a) 以平行线间隔表示的脉搏间隔；(b) 脉搏涨落能谱图

同样，脑波的涨落在一定的频率范围内也有类似的特性。在 8~13Hz 频率下的 α-脑波，其涨落波谱也为 $1/f$ 型。其频率范围因受验者的精神状态而异，当精神平和时，$1/f$ 谱呈现的频率范围较大。在用肉眼观察木材的结构、纹理和花纹时，可以得到不同木材切面上的纹理形貌；在刨切平滑的切面上可以清晰地看到木材的生长轮(年轮)呈现几乎彼此平行的并列条纹[与图 1-27(a) 相似]。若将这些并列的条纹做成能谱(功率谱)，就会得到具有 $1/f$ 涨落的和原木木材年轮雷同形貌的谱图(图 1-28)。这种偶合是十分有趣和具有重要科学意义的。

年轮间隔是树木生长过程和生命活动中正常的生理生化属性，只是在不同木材切面上所表征的形状不同，在径切面上呈现几乎平行的条纹状，而在横切面上呈现类似同心圆状。其年轮间隔(年轮宽度)的变化是赋予生长环境的变化所引起的，在风调雨顺、气候温暖之年，其年轮宽度大(适于树木生长)，即间隔大些，在干旱少雨、气候寒冷之年，其生长速度慢些，而年轮宽度窄些，即间隔较小。由于气候年复一年的变动，而使木材的宏观结构(年轮为表征)发生变化，使年轮间隔的能谱图呈现 $1/f$ 型涨落。

下面以木材(樟木)的横切面结构为例，来说明木材结构的 $1/f$ 涨落特征。图 1-29(a) 为樟木横切面在显微镜下观察得到的照片。这是比较典型的阔叶木材的宏观构造，清晰可见导管和木纤维等细胞的排列状态和年轮宽度(年轮间隔)。在此照片上采用多数水平线扫描时，将水平线与细胞壁记为“L”，不相交点记为“O”，即可求出此波形的能谱(功率谱)，如图 1-29(b) 所示。从图中结果可以看出，木材结构具有典型的 $1/f$ 涨落特征。

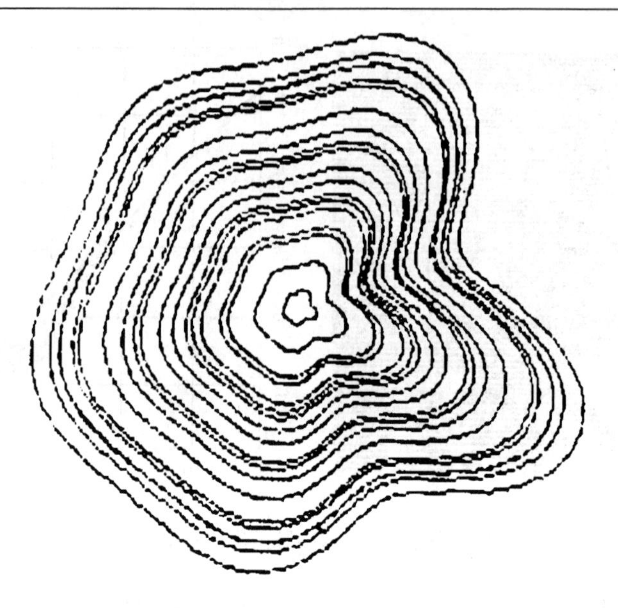

图 1-28　以 1/f 涨落做出的木材年轮形貌

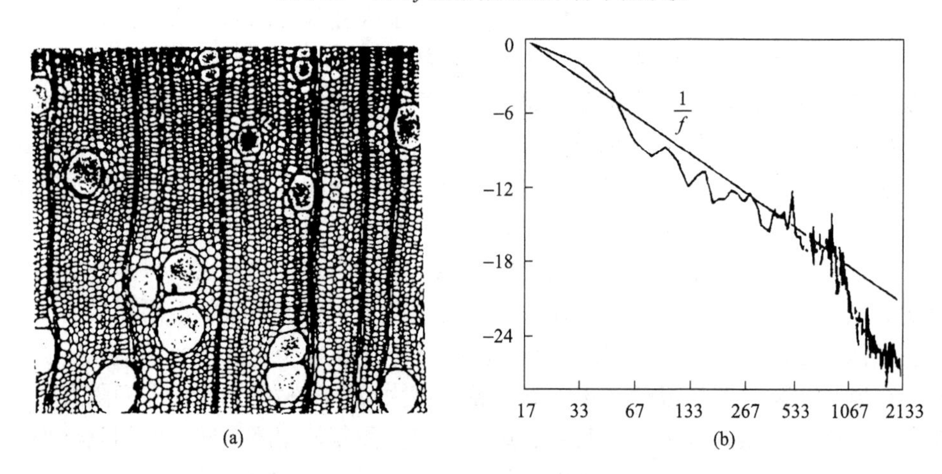

图 1-29　樟木横切面显微镜照片及其能谱图

(a) 樟木横切面显微镜照片；(b) 以水平扫描樟木横切面显微照片的能谱图

随着科学技术的进步，人们模仿木材的结构纹理和花纹制造出多种多样的非木材(木质材料)产品，或者将珍贵木材刨切成薄木(甚至薄到微米级)，将薄木粘贴到人造板或劣质木材表面上，其目的是让人们感到它们像木材一样的美丽和舒服。事实上，由于珍贵木材、花纹美丽的木材蓄积量的减少，这种仿木材制品也常常应用于室内装饰和公共场所之中，单从视觉而言，也具有良好的效果。因为在可视这些产品的表面性状时，人的心理感受也具有 1/f 型涨落特性。

1.3.5　木材的智能性调磁和减少辐射功能

木材具有调节“磁气”和减少辐射的智能性功能。尽人皆知，地球是一块大磁石。人类和地球上的全部生物体生活在地球磁场之中，地球提供给人类在地球表面生活所必需的适度的安定性“磁力”（“磁气”）。动物的感觉器官很敏锐，尤其对于微小磁场的变化也有所感知，这正表明其具有与“磁力作用”不可分离的关系，而磁力感觉是人类生活环境所必需的。空间中的钢筋混凝土或铁金属材料和器具会将地球磁力变弱或屏蔽，易引起生物体各种生物机能的紊乱或使生物体出现异常行为。相反，在木质环境中，因木材不能屏蔽地球磁力作用，所以生物体可以保持正常、安定的生活节奏。一些研究者已通过对小白鼠的试验对这种影响和作用进行证实。木材对于人体不足的磁气又具有自然补充的机能，所以可以促进自律神经活动，适宜的磁气对减少高血压、风湿症、肾病等多种疾病的发生有一定影响。因此，木结构住宅和室内木材设置较多的微环境空间有利于人居健康。

建筑过程和装修时所用的混凝土和石材，常用在地板和墙壁上。石材中含有辐射性元素——氡。冬季施工的建筑物，为了防止混凝土在低温下结冻，施工人员在混凝土中添加了一些防冻剂，其中主要是富氨类化合物。此外，所使用的涂料、油漆、染料等中含有刺激性物质等。

这些辐射性和挥发性有害物质影响室内空气质量且日复一日无形地伴随着人的生活、学习和工作，给人以危害，尤其是氡的辐射应引起普遍关注。氡辐射源于氡的裂变行为。α 射线，对生物体有很强的电离作用，尤其是人的支气管上皮组织，会使其染色体突变而引起肺癌。降低室内氡浓度最简单有效的办法就是经常开启门窗，使室内外空气对流，从而稀释室内氡浓度。比较常见的方法是相应增加室内木材设置，如地板、天花板、墙壁板等应尽量多地使用木材或木质材料。因为木结构建筑住宅氡的浓度远远低于砖混结构和钢混结构。混凝土、石材类材料比木质材料的氡放射量高数十倍。对于已经形成的混凝土和石材类地面、墙壁可采用木板或木质人造板贴面的方法屏蔽氡的辐射。

综上所述，木材(包括无污染的木质人造板及各类木质复合材料)用于室内微环境中，显示其优越的嗅觉品质，并具有杀菌、抑螨、减少辐射、调节“磁气”的作用，以净化室内环境，有益于人体健康。因此，设计师们要以保护人类健康为宗旨的“绿色设计”为理念，科学合理地在室内空间设置木材(木质材料)，以更好地构建清新、卫生的人居微环境。

1.3.6　木材是天然的气凝胶结构体

首先，木材是天然生长形成的多孔性有限膨胀胶体，是一种天然高分子凝胶材料。根据细胞壁微观形态学，Wardrop 等认为细胞壁由基质物质、构架物质和结壳物质 3 类基本构造物质组成。可塑性的基质形成后立即被纤维素纤丝增强；在后期阶段木质素形成结壳。按照细胞壁个体发育划分为 3 个阶段：①基质形成阶段；②凝胶由纤丝增强的阶段；③结壳作用阶段。木材的基质可认为是一种亲水的凝胶体，主要包括半纤维素和果胶。在最初阶段，细胞壁呈极端可塑性并表现如高度凝滞的流体一样，具有高度的膨胀度和塑性变形，在基质形成以后，可塑性的基质立即被纤维素纤丝增强，因而弹性被赋予该系统。Frey-Wysslir 等认为幼嫩细胞壁的最初阶段代表着一种各向同性、没有任何双折射的凝胶组成，此种各向同性物质称为细胞壁的基质。基质是一种所谓的干凝胶，即一种在干燥时硬化并变成半透明的凝胶。构成基质的碳水化合物(果胶、半纤维素等)通过化学提取或酶催化消化，将纤丝游离成气凝胶，易于接近空气的超微结构空间，由于光的折射，致使气凝胶呈白色。这与相关学科气凝胶和干凝胶的原理是一致的。木材细胞壁具备凝胶材料的基本条件和特征。

其次，从木材的组成和结构上看，木材细胞壁中约 50%是纤维素，半纤维素、果胶等占木材质量的 25%以上。纤维素除结晶区与无定形区以外，还包含许多空隙，形成空隙系统，空隙的大小一般为 1~10nm，最大可达 100nm，满足作为气凝胶网络纳米结构的基本条件。这与气凝胶材料的结构原理是一致的。

此外，一些木材的物理特性具备气凝胶材料的性质。例如，西印度轻木 balsa(*Ochroma pyramidale*)的热导率为 $0.055\text{W}\cdot\text{m}^{-1}\cdot\text{K}^{-1}$，密度为 $140.0\text{kg}\cdot\text{m}^{-3}$；软木塞的热导率为 $0.043\text{W}\cdot\text{m}^{-1}\cdot\text{K}^{-1}$，密度为 $160.0\text{kg}\cdot\text{m}^{-3}$；柏科木材横切面的热导率为 $0.097\text{W}\cdot\text{m}^{-1}\cdot\text{K}^{-1}$，密度为 $460.0\text{kg}\cdot\text{m}^{-3}$。常规人工合成二氧化硅气凝胶(silica aerogel)的热导率为 $0.024\text{W}\cdot\text{m}^{-1}\cdot\text{K}^{-1}$，密度为 $140.0\text{kg}\cdot\text{m}^{-3}$。

根据现代材料科学的理论，智能高分子凝胶是一类当外界环境条件如温度、光照、电场或特定化学物质发生变化时，其自身性质会发生明显改变的交联聚合物，并且这种变化是可逆的、不连续的。同理，气凝胶结构木材也具备同样的性能。国内外学者普遍认为木材的自我反应性是非常机敏的，木材具备作为智能材料的基本条件。例如，木材的吸湿解吸特性使之能够自我反应地调节人居室内环境的湿度，随着湿度变化产生湿胀干缩。另外，木材的冷暖感、步行感和音响感等均显示其在人居环境中有智能效应。因此，根据木材的这些感知、反馈和响应，可以被认为是结构、组成和性能连续变化的智能材料。

总之，木材具有制备气凝胶材料的物质基础和智能效应的理论依据。将木材制成为一种气凝胶材料，可以有效地解决原本气凝胶在实际应用方面存在的一些缺陷，同时也赋予木材新的功能，使木材功能性改良体现木材和纳米材料的双重属性，并强化气凝胶结构木材的智能效应和环境学特性，具有十分宽广的应用前景。

1.4　木材在现代科技发展中的新进展

1.4.1　木质基光学透明材料

光学透明材料由于与光电子技术的发展密切相关，因此成为一种日益重要的材料并拥有广泛的应用前景。但传统的光学透明高分子材料和无机光学材料，正如它们都有各自的优势一样，也都存在着固有的缺陷，因而如果新型光学透明材料的开发仅单方面局限于聚合物或无机材料，则难以克服其存在的缺点来完全满足光电子和其他应用领域的要求，从而限制光学透明材料的应用范围[138,139]。纤维素类纳米光学透明材料既有高分子材料的柔性，又有无机光学材料的刚性，从而为制备出高性能、功能化的光学透明材料提供了强有力的手段。如由木材产生的纤维素纳米晶体(CNC)具有有趣的光学性质，可在其悬浮液中形成手性向列相。从 CNC 悬浮液以及 CNC 薄膜和水凝胶中观察到不同的双折射图案，如图 1-30 所示。这些光学性质受 CNC 特性如形态的影响，CNC 尺寸分布的多分散性决定虹彩颜色和来自 CNC 薄膜的向列层的有序性[140−144]。

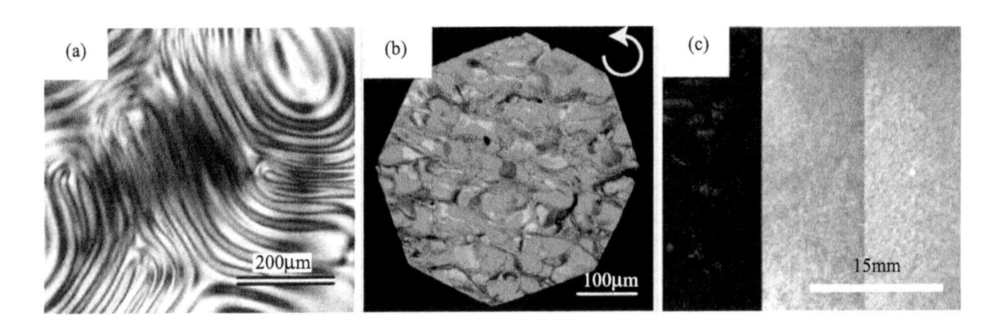

图 1-30　CNC 形成的双折射图案的手性向列性质

(a)直链硫酸水解 CNC 悬浮液的手性向列相中指纹图谱的固体含量为 5.4%；(b)CNC 的左旋圆偏振光光学显微镜照片；(c)彩色 PAAM 纳米复合水凝胶(66%CNC)的变化

Walther 等[145]利用天然可再生的纤维素纳米纤维制备了多功能和光学透明的光纤。当采用与纤维素纳米纤维折射率(1.54~1.62)相近的高分子树脂(1.53)进行填埋时，纤维素纳米纤维的透明度随着树脂的渗透率增加而增加[图 1-31(a)]，主要原因是由于相近的折射率有效降低了二者复合界面空腔间的折射率差，从而导致二者光折射界面间差异性减小，进而随着透明树脂渗透率的增大而折射率减少。作者还通过简单的共沉淀法，将纤维素纳米纤维浸入 $FeSO_4$ 和 $CoCl_2$ 混合溶液中，通过调控反应条件，纳米磁性 $CoFe_2O_4$ 颗粒可以有效沉积于纤维素纳米纤维表面，沉积的纳米 $CoFe_2O_4$ 颗粒导致纤维变成深棕色[图 1-31(b)]，扫描电镜分析显示平均粒径为 50~90nm 的磁性颗粒聚集在纤维表面上[图 1-31(b)内插图]。该磁性纤维的饱和磁化强度为 6.5emu · g^{-1}[图 1-31(c)]。使用磁铁可以轻易地操控该磁性纤维进行多方位移动[图 1-31(d)]。该磁性纤维是柔性的，在电磁屏蔽、磁致驱动生物复合材料、微波吸收等方面具有巨大的潜在应用。

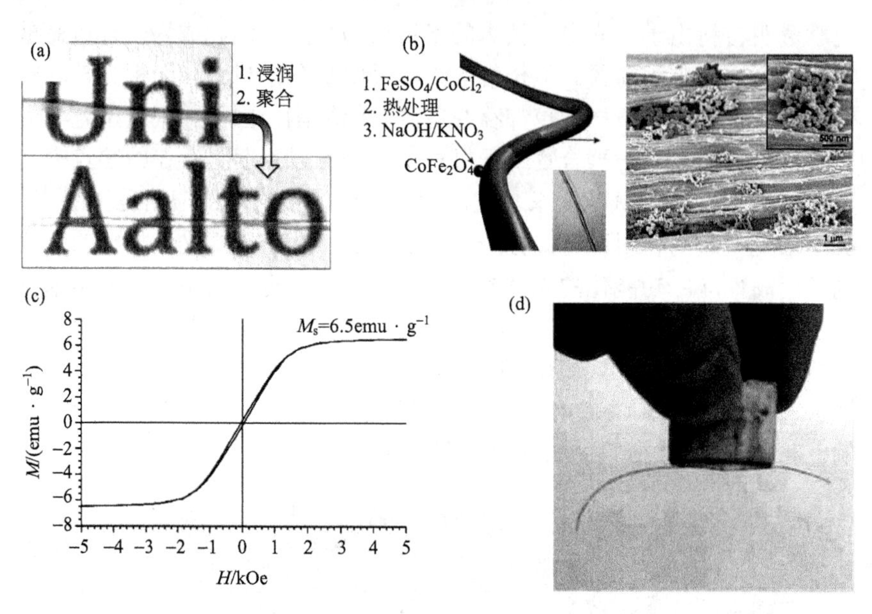

图 1-31　(a)纤维素纳米纤维/树脂光学图片；(b)磁性混合纤维的示意图及纤维和磁性颗粒形态的 SEM 图像；(c)磁性杂化丝的 SQUID 磁化回路；(d)外部操纵带有小家用磁铁的磁性灯丝

早在 19 世纪中期，人类就已经开始生产透明纸张，起初主要作为各种材料的支撑层。由于它优异的透明度以及相对较低的价格，广泛被建筑师、艺术家和工程师用于建筑绘图、绘画以及技术性艺术设计，这些作品存放在现代的图书馆、档案馆以及博物馆。随着社会的进步和科技的发展，光学透明纸因其优异的光学、力学以及阻隔性能而被广泛应用于食品包装、地图、可剥离标签纸、高档包装、装裱等领域。而光学透明纤维素纳米纸因其来源丰富、价格低廉、可生物降解、质轻、优异的柔韧性、性能可控以及可实现卷对卷生产等独一无二的性能引起了科研院所、企业和政府的广泛关注。它的厚度一般为 25~100μm，密度为 0.8~1.5g · cm^{-3}，具有优异的柔韧性、纳米级的表面粗糙度、较好的热稳定性、高的透明度、强的抗拉强度以及极好的阻隔性。这些优异的性能使得光学透明纤维素纳米纸能够满足制备下一代“绿色”、透明以及柔性电子器件的需求，可广泛应用于建筑、包装、柔性电子及能量存储设备等领域[146]。Nishino 等[147]采用氯化锂和 *N*, *N*-二甲基乙酰胺混合溶液溶解纤维表面纤维素，并将其制成全纤维素复合材料薄膜，制备的这种材料就具有优异的透明度和较高强度[图 1-32(a)]。Qi 等[148]在 2min

内将纤维素快速溶解在预冷却至–12℃的 NaOH/尿素水溶液中，然后将纤维素溶液铸涂到玻璃板上制备了再生纤维素透明薄膜，透明薄膜具有均匀的结构，优异的光透射率，良好的拉伸强度和全生物降解性[图 1-32(b)]。Yang 等[149]通过使用NaOH/尿素溶液在–12℃溶解纤维素，然后通过铸涂的方式制备再生纤维素薄膜，它的透明度达到 90%，抗拉强度达到 150MPa，同时具有优异阻隔氧气性能[图 1-32(c)]。Zhou 等[150]使用纤维素纳米晶体和丙三醇制备了一种适用于有机太阳能电池的透明纸，这种透明纸的表面粗糙度约为(1.8±0.6)nm，太阳能电池可达 2.7%的转换效率，同时这种纤维素纳米晶体太阳能电池可以在室温下轻松分离和再循环利用，具有良好的可回收性，为“绿色”电子器件提供了一个新的研究思路[图 1-32(d)]。Nogi[151]等以纤维素纳米纤维为原料制备了一种性能十分优异的透明纸，作者首先采用常用的制浆方法去除木材中的大部分木质素，然后将制得的纸浆用质量分数为 5%的氢氧化钾预处理以除去里面的半纤维素，最后通过机械研磨的办法制备出纤维素纳米纤维，通过真空抽滤制备成透明的纤维素纳米纸，该纸的透明度最高可达 71.6%，纸张的热膨胀系数也只有 $8.5\times10^{-6}K^{-1}$，抗拉强度达到了 223MPa[图 1-32(e)]。Zhu 等[152]通过四甲基哌啶氧化物（TEMPO）氧化体系预处理针叶木纤维，然后经过微射流均质机进行均质处理得到直径在 5~30nm 的纤维素纳米纤维，最后通过真空抽滤的方式制备成透明纸。这种透明纸的抗拉强度超过 200MPa,透明度超过 90%，均方根粗糙度只有 1nm，非常适合作为电子器件的基材[图 1-32(f)]。

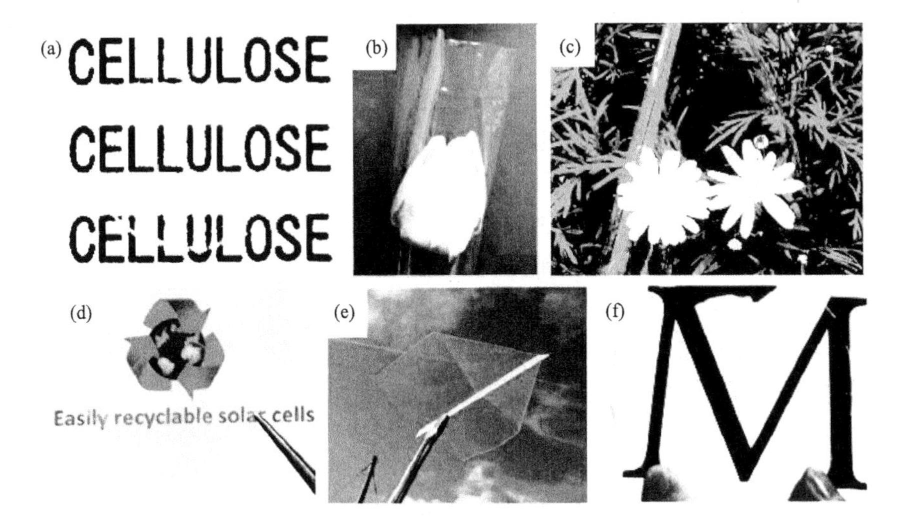

图 1-32　各种透明纸

(a)全纤维素复合材料；(b)和(c)再生纤维素薄膜；(d)CNC 制备的纳米纸；(e)纤维素纳米纤维制备的纳米纸；(f)纤维素纳米纤维制备的纳米纸

1.4.2 气体分离及水质净化

分离和纯化过程几乎涉及所有的工业和研究领域，特别是在气体分离、冶金、高纯或超纯材料制备、环境保护等领域中分离过程更是具有举足轻重的地位。近年来，人们越发认识到分离和纯化过程在工业生产过程中的重要性[153]。具有“绿色技术”之称的膜分离技术具有分离效率高、能耗低、操作简单、装置较小等优点，具有广阔的研究和应用前景[154]。气体分离膜的基本原理是混合气体中各组分在一定的化学式梯度(如压力差、浓度差、电势差)推动下透过膜的速率不同，从而实现对各组分的分离。一般来讲，气体通过多孔膜时遵循微孔扩散机理，通过无孔膜时遵循溶解-扩散机理[155]。利用可再生的生物质资源制备的纤维素基气体分离膜具有分布广泛、储量丰富、可再生、柔性可折叠等特点，在现代科学研究中引起了众多研究者的兴趣。同时，纤维素及其衍生物具有高亲水性、多种溶剂系统并存、亲和蛋白性、易化学修饰等特性，使得其在气体分离中显得尤为重要和突出。Fujisawa 等[156]以通过 TEMPO 催化氧化法制备得到的纤维素纳米纤维为原料，利用静态蒸发或者过滤干燥的方法成功地制备出 TOCN-COOH 和 TOCN-COONa 膜材料，TOCN-COOH 和 TOCN-COONa 膜材料具有相同的密度、柔韧性、较高的光学透过率以及拉伸强度。而 TOCN-COOH 膜材料还具有较低的含水量，较高的杨氏模量(10GPa)以及较小的伸长率(5.1%)。TOCN-COOH 和 TOCN-COONa 膜材料的氧气阻隔性能分别为 0.049μm · m^{-2} · day^{-1} · kPa^{-1}、0.0017μm · m^{-2} · day^{-1} · kPa^{-1}。纤维素纳米纤维的长度对纤维素纳米纤维膜材料的机械性能和氧气的阻隔性有较明显的影响，随着纤维素纳米纤维长度的增加纤维素纳米纤维膜的机械性能、氧气阻隔性能都有所增加。TOCN-COOH 膜材料对 N_2 以及 CO_2 等气体同样展现出良好的阻隔性能，而对 H_2 却表现出良好的透过性能。这表明 TOCN-COOH 膜不仅表现出良好的气体选择性，而且对选择透过的气体具有较高的透过性，这种优良的性能表明 TOCN-COOH 膜是理想的燃料电池隔膜材料[157,158]。透明纤维素纳米纸用肉眼看和传统的高分子透明膜没有明显的区别。然而，实际上在透明纤维素纳米纸中存在着大量尺寸在 10~50nm 之间的纳米级孔洞结构。当透明纤维素纳米纸经历弯曲过程时，这种层状纳米孔洞结构就可以有效地将由于弯曲产生的应力耗散掉，进而赋予透明纤维素纳米纸良好的柔韧性能[159]。

近期，Xiong 等[160]利用纤维素的亲水性、羟基反应性、高强度和刚度、低质量和生物降解性，创造性地开发了一种纤维素基吸附聚集体。并在此基础上制备了一种均一的、多级孔隙的、价格低廉的、高效率的水质净化材料——3D 钛酸盐气凝胶。纤维素基吸附聚集体不仅作为绿色的交联剂，而且通过羟基诱导促进放射性离子富集，辅助增强钛酸盐的吸附效率。理论上，1kg 钛酸盐气凝胶分别能

够处理浓度为 2.0×10^{-2}mmol · L^{-1} 含有放射性 Sr^{2+}和 Ra^{2+}的核废水 72t 和 61t。Chen 等[161]将椴木木材加工成 5mm 薄片，然后将具有催化功能的 5nm 的 Pd 负载在木材表面，制成一个木质基过滤薄膜，使染料废水通过膜的孔道时能够被催化降解。木材表面的木质素为 Pd(Ⅱ)提供了合适的还原剂，而纤维素表面富含的羟基则为 Pd 纳米粒子提供了很好的结合位点，木材导管中的纳米孔隙也为降解有机染料提供了便利，研究发现该木质基薄膜具有十分优异的染料降解功能，含有强还原剂 $NaBH_4$ 的亚甲基蓝溶液可以轻易地被该木质基薄膜降解为清澈的无色液体。该木质基过滤薄膜对在 40mg · L^{-1} 浓度以下的有机染料的降解效率均可达到 99.8%，同时具有非常宽的使用范围，在全 pH(1~14)范围内对有机染料的降解效率也同样在 99.8%以上。

1.4.3　木质基柔性晶体管

晶体管在电子器件中具有放大和切换电子信号和功率的重要作用，是各种电子器件的基本构件。如显示器、电子书、iPad 等移动设备都需要晶体管。近年来，柔性晶体管受到了极大的重视，因为和传统的玻璃衬底基板的显示屏相比，其具备轻薄、可弯曲和不易碎等特性[162,163]。纤维素因其本身独有的柔性和轻质使其在柔性晶体管方面有着良好应用。Huang 等[164]在由纤维素纳米纤维制备的纸张表面构建了第一个透明柔性晶体管。该晶体管以碳纳米管涂布的纳米纸为栅极和基底，其透明度达到 83.5%，同时具备优异的电学特性和机械柔韧性。Bao 等[165]创建了一种新型的晶体管双层膜，该膜的底层是由木纤维构建形成一个多孔结构，表层是由纤维素纳米纤维制备成一个光滑顶层，在这种新颖结构中，硫化钼、石墨烯等纳米物质同样平铺在膜光滑表层，同时利用底层多孔特性填充含水电解质，在毛细管作用下，电解质可随着环境特性的变化而充满整个材料，特别会随着 pH 的增加而移动，该装置可以潜在地用作生物医学中 pH 传感器晶体管，也可在柔性电子器件中发挥巨大作用。Fujisaki 等[166]报道了一种基于纳米纸构建的有机薄膜晶体管(OTFT)阵列，通过将纳米纸复合到玻璃上，将可溶性小分子有机半导体的 OTFT 阵列通过溶液型平板印刷形成。这种 OTFT 纳米纸可以轻易从承载的玻璃上剥离下来而不破坏器件。这些研究结果充分展现了以木材或者其他生物质材料中蕴含的纳米结构单元构建的纳米纸基晶体管在柔性、绿色电子器件领域的巨大应用前景。

1.4.4　木质基可触摸屏

随着计算机技术的发展和普及，在 20 世纪 90 年代初，出现了一种全新的人机交互技术，利用这种技术，用户只需要在显示屏上的图标或文字上轻轻一点，计算机就能按照我们的指示进行相关的各种操作，完全摆脱了键盘和鼠标的束缚，使人机交互更为直截了当，这种技术就是日新月异的触摸屏技术。作为一种全新的人机交互技术，触摸屏已经广泛地应用到手机、平板电脑、零售业、公共信息查询、多媒体信息系统、医疗仪器、工业自动控制、娱乐与餐饮业、自动售票系统、教育系统等许多领域[167]。由于纤维素得天独厚的优势，使得其在可触摸屏领域也有着非凡的表现。Preston 等[168]将纸浆通过 TEMPO 氧化预处理，随后均质处理得到纳米级纤维素，然后真空抽滤压榨干燥制成透明纳米纸，以透明纳米纸为透明电极设计和组装了一个四线模拟电阻式触摸屏。这种触摸屏主要有两层结构：导电聚对苯二甲酸乙二酯(PET)薄膜和导电玻璃，表面都沉积透明导电材料。他们采用透明导电纸作为四线模拟电阻式触摸屏的电极，取代沉积有氧化铟锡的 PET。图 1-33(a)给出了四线模拟电阻式触摸屏的示意图。制备触摸屏的模拟性能通过 eGalax Touch 软件进行测试，使用触控笔将“paper”写在触摸屏上，通过 USB 数据线传输到计算机屏幕上[图 1-33(b)]。纸基触摸屏的成功制备表明透明导电纸有较大的潜力替代现有的 PET 导电电极成为电子器件的重要组成部分。图 1-33(c)分别是纸基触摸屏和 PET 触摸屏。透明纳米纸具有可调节雾度的功能，而一定的雾度可赋予透明纸防炫性能，这对诸如显示器、太阳能电池等领域的应用具有重要意义。将纸基触摸屏和 PET 触摸屏同时放置在太阳光下，通过旋转将它们固定在一定的角度来评估触摸屏的防炫性能。结果表明纸基触摸屏具有较为优异的防炫性能。从图 1-33(d)可知纸基触摸屏具有较强的防炫性能，底部的

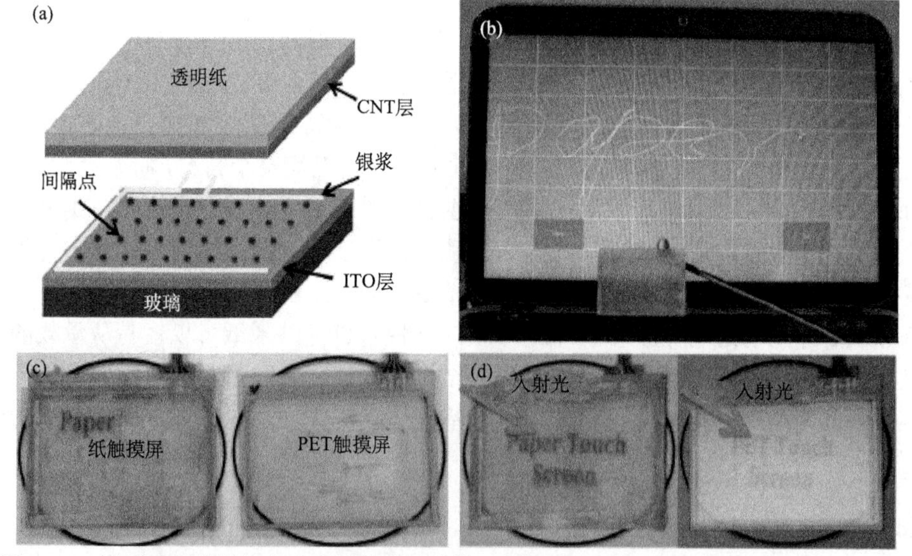

图 1-33　(a)透明四线模拟电阻式触摸屏的结构示意图；(b)组装好的纸基触摸屏通过 eGalax Touch 软件操控将“paper”模拟在计算机的显示屏上；(c)左边：纸基触摸屏，右边：PET 触摸屏；(d)两种类型触摸屏放置在户外，当两个触摸屏转到一定角度后：纸基触摸屏显示出一定的防炫光功能，而 PET 触摸屏不具备此功能

文字在旋转的过程中可以被清晰观察到，而对 PET 触摸屏，在一定的角度下，底部的文字因为产生强烈的炫光会变得模糊。透明纳米纸具有防炫光的主要原因有两个：①相对粗糙的纸张表面会使入射光发生漫反射；②透明纸的雾度。在光照充足的户外环境中，纸基触摸屏展示防炫功能对于很多器件是非常重要的，同时也是透明纸用于制备下一代绿色器件和显示器的一个优势所在。

1.4.5　木质基生物传感器

生物传感器一般具有四个优点：①质量轻、便携、一次性；②柔性、可折叠；③良好的可重复性、灵敏度和精度高；④不需要专业的医务人员或复杂的仪器[169]。Dungchai 等[170]率先使用纸基电化学装置材料来开展相关检测。在一个三电极纸基的微流体控制装置中，在装置中心的亲水区域将样品芯吸入三个单独的测试区，使其分别与葡萄糖、尿酸或乳酸发生独立的酶反应[图 1-34(a)]，其中银电极和接触焊盘由 Ag/AgCl 浆料制成，并且黑色电极部分是普鲁士蓝改性碳电极。内插图给出了纸张生物传感器电化学检测的基本组成，WE 是工作电极，CE 是对电极，RE 是参比电极。图 1-34(b)显示了纸基电化学生物传感器装置示意图，该传感器是将三个电极印刷在一张纸上。当该传感器印刷在一张疏水性的纸张，用于检测重金属含量时，该设备具有极其敏感的重金属离子感应特性，同时也非常易于携带，用完之后可当作一般的纸张垃圾进行丢弃并可被生物降解。这种廉价、便携、易使用的纸张生物传感器对于一些发展中国家以及在家庭保健设施中具有巨大的吸引力和应用价值。

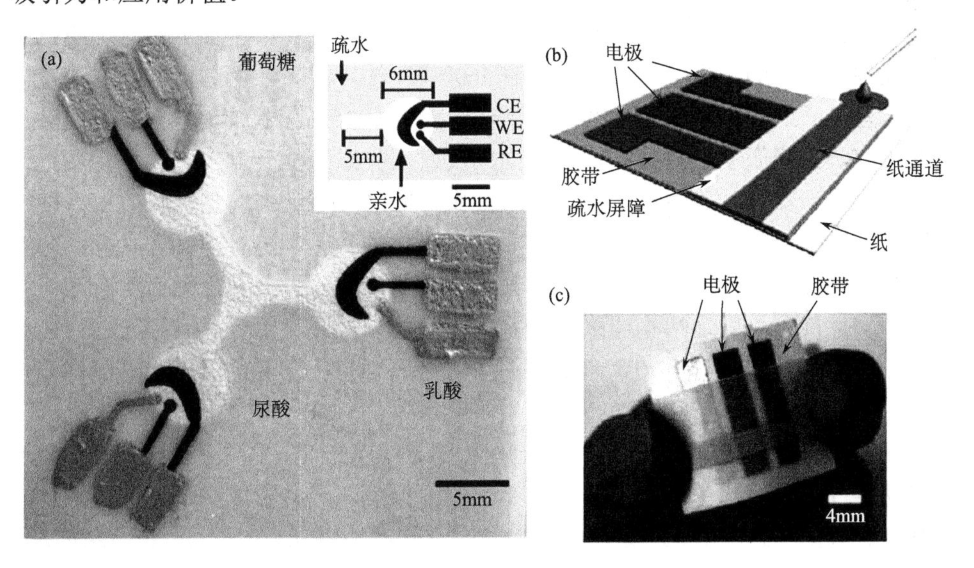

图 1-34　(a)三电极纸基微流体装置的图片；(b)纸基电化学装置示意图；(c)电化学传感装置分析葡萄糖

1.4.6 太阳能电池[146]

方志强等采用膜转移技术将纳米银线交叉网络转移到具有双层结构的高雾度高透明纸的光滑表面，制备出一种具有高散射性能的纸基透明导电电极，将高雾度高透明纸作为光控组件应用于太阳能电池。将该透明纸分别黏附到有机太阳能电池和砷化镓(GaAs)太阳能电池表面，它们的光电转化效率分别提高 10%和 23.91%。透明纸较低的折射指数，粗糙的表面以及强烈的光散射效应是太阳能电池光电转化效率增强的主要原因。此外，高雾度高透明纸在可见光区可以有效地降低太阳能电池对光线的反射，同时减少太阳能电池对入射光线角度的依赖。为了验证透明纸对光伏器件的光吸收效率的作用，他们制备了一个有机太阳能电池用于评价透明纸对太阳能电池的光电转化效率的增强作用。将透明纸通过简单的粘贴附于有机太阳能电池的基材背面，其结构如图 1-35(a)所示。在玻璃基板上依次沉积上 ITO 导电层、聚(3,4-亚乙二氧基噻吩):聚苯乙烯磺酸钠(PEDOT:PSS)层(30nm)、PCDTBT/PC70BM 层(90nm)、钙/铝。为了证实透明纸高的雾度可以降低光伏器件对光入射角的依赖，采用不同入射角的入射光照射光伏器件，然后测定所产生的光电流，其数据见图 1-35(b)，其中入射角角度定义为入射光与垂直于基材法线方向之间的夹角。当入射光沿着法线方向照射到光伏器件表面时，与没有透明纸的光伏器件相比，光电流有 3%的下降。造成这种下降的原因是由透明纸的高雾度所引起的，透明纸对透过的光线具有高度散射作用，这种散射作用降低了在垂直于基材方向区域的光密度，进而降低了该区域的光电流。当光线的入射角大于 7°时，粘贴有透明纸的光伏器件所产生的光电流大于不含透明纸的光伏器件所产生的光电流，当入射角在 60°~87°时，相比于空白样所产生的光电流，含有透明纸的光伏器件所产生的光电流要高出 15%。造成这种现象的原因是透明纸有效地降低了入射光在玻璃表面的反射，类似的抗反射效应在具有微结构阵列或纹理表面的光伏器件中也可以观察到，同时透明纸强的光散射效应，使得入射角有更广的角度分布[图 1-35(c)]。通过上面的数据和分析可知，含有透明纸的光伏器件在倾斜的入射光照射下，其对光线的捕集能力上升，因此含有透明纸的光伏器件能更有效地捕集周围光线。为了进一步验证透明纸对周围光线的捕集能力，采用能量密度为 13mW · cm^{-2} 的散射光照射光伏器件，然后通过测定光伏器件的能量
转化效率来比较光伏器件的性能。实验设计的方案示意图见图 1-35(d)。图 1-35(d)是光伏器件的电流与电压曲线图。当光伏器件覆盖一层透明纸时，其能量转化效率从 5.34%提高到了 5.88%，增长幅度达到 10%，这主要归因于覆盖一层透明纸后，光伏器件对光的捕集能力上升，提高了光的吸收效率，从而使得能量转化效率提高。透明纸会提高器件对周围光线的捕集能力，因此特别适合太阳能光伏应

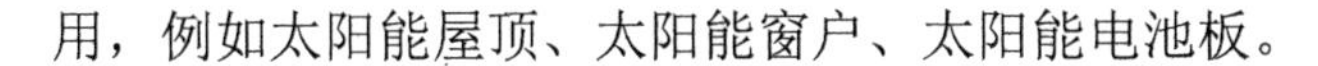

用，例如太阳能屋顶、太阳能窗户、太阳能电池板。

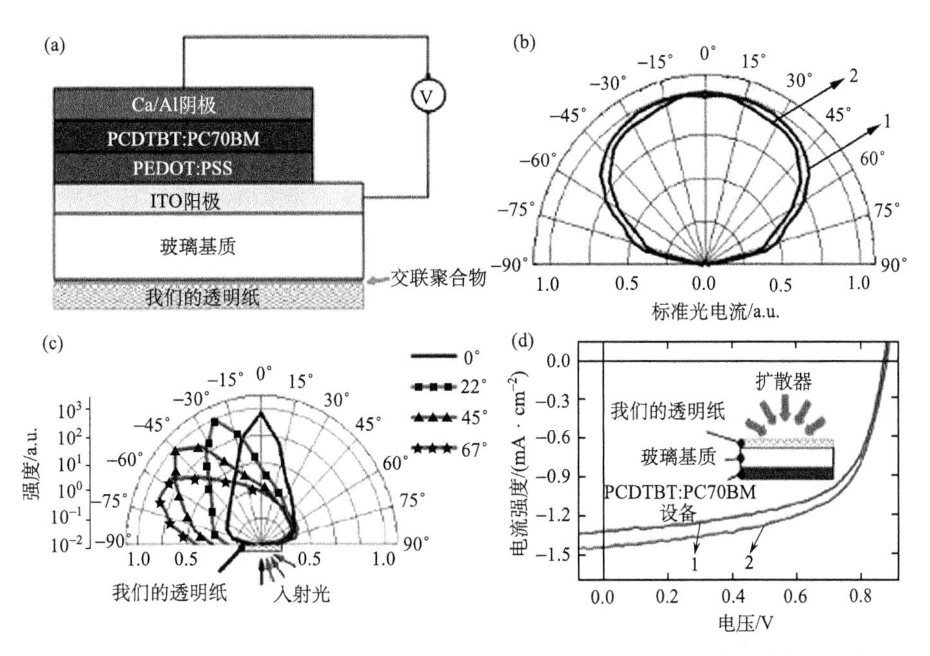

图 1-35　(a)表面附有透明纸的有机太阳能电池结构示意图；(b)有机光伏器件的光电流对光的入射角的依赖性，1 和 2 分别代表光伏器件含有透明纸和不含有透明纸；(c)由纸张雾度所引起的光的角度分布图，光在不同的角度入射；(d)在散射光照射下($13mW \cdot cm^{-2}$)，光伏器件的电流与电压曲线

1.4.7　木质基超级电容器

超级电容器是重要的储能器件之一，具有安全无污染、电容量大、功率密度高、循环寿命长、工作温度范围宽等特点，是一种新型的能量储存设备。随着科技的发展，寻找新的超级电容器材料显得愈加重要。最近，Chen 等[171]利用木材构建了一种全木制结构的非对称超级电容器器件，负极为活性木炭，隔膜为木制薄膜，正极为 MnO_2/木炭，并采用凝胶电解质。由于木材具有独特的各向异性结构，沿着生长方向有很多开放的孔道，可供离子直接传输，因此该电极材料不仅具有较大的负载量，而且变形性也小，该全木制超级电容器表现出相当高的能量/功率密度和循环稳定性，全木制材料价格低廉还可生物降解，是一种绿色可再生的储能器件。该研究为超级电容器的开发提供了一种“不改变化学组分而仅调节电极和器件结构”的全新设计理念，为开拓高性能储能器件提供了一个新的研究方向。来自木材的生物材料正在新能源、新材料中发挥着无与伦比的作用。这些材料，特别是纤维素、半纤维素和木质素，不仅具有生物相容性，而且含量丰富

可再生，取之不尽用之不竭。如何使木材在新兴绿色能源及储能材料中发挥更大的作用将是一个极富生命力的课题，也为木材仿生智能科学研究打开了一扇充满挑战的大门。

1.5 木材仿生智能科学展望

木材源于自然，拥有大自然赐予的精妙的多尺度分级结构，天然形成的精细分级多孔结构，以及调湿、调温、生物调节、调磁等多种智能性功能，木材的这些天然的自然属性为木材仿生科学奠基了坚实的理论基础，为仿生构筑高性能木质新材料提供了广阔的发展空间。将木材科学与现代仿生学、材料学、生物学、信息学、能源学及纳米科学等学科互相交叉融合，有效利用木材天然的独特结构和优越的性能，由木材宏观复合向微观复合发展，由木材结构特征复合向功能结构一体化发展，由木材一元体系向二元甚至向多元复合体系扩展，由木材单一传统利用向复合化、智能化、环境化和能动化的研究开发利用发展，进一步深入研究木材的内在结构和性能，进而抽象设计出木材仿生材料模型，彻底揭开木材内幕，是木材科学当前的一个关键性的课题。木材仿生科学的提出无疑会给传统木材科学造成一定的冲击，同时也会给木材科学带来重要的进步，具有里程碑式的重要意义，将极大地延伸木材科学的内涵，使得木材从更高层次上为人类服务。

木材仿生科学期望通过模仿具有特殊功能的自然界生物体的结构，充分利用自身独特的天然结构与属性，将其与纳米技术、分子生物学、界面化学、物理模型等相结合，从仿生学的角度出发，以自然界给予的各种现象为启发，制备具有特殊表面润湿性、电磁屏蔽效应、高机械强度的仿生高性能木质基新型材料；引入对热、pH、光或电等刺激有响应的智能元素，通过合理设计材料的组成及结构，制备木质基智能响应材料；发展木材表面仿生多尺度表面微观结构构建方法，探讨材料多尺度微结构对异质材料综合性能的调控机理，制备具有不同物质组成或多尺度微观结构的木质基新型复合材料；基于多尺度界面的仿生结构原理、调控界面分子、纳米及微米多尺度上的多重协同作用，构筑木质基新型微纳结构仿生智能材料。木材仿生智能科学将更深入地延伸木材科学的内涵，使得科研工作者从更深层次上通过认知、模拟与调控 3 个步骤揭开木材内幕，同时也为木材科学和其他学科间的交叉融合架起一座桥梁，实现“他山之石，可以攻玉”。

参 考 文 献

[1] 路甬祥. 仿生学的科学意义与前沿: 仿生学的意义与发展. 科学中国人, 2004, 4: 22-24.

[2] 李坚. 木材科学. 北京: 科学出版社, 2014.

[3] 王女, 赵勇, 江雷. 受生物启发的多尺度微/纳米结构材料. 高等学校化学学报, 2011, 32: 421-428.

[4] Barthlott W, Neinhuis C. Purity of the sacred lotus, or escape from contamination in biological surfaces. Planta, 1997, 202: 1-8.

[5] Feng L, Li S, Li Y, et al. Super-hydrophobic surfaces: From natural to artificial. Advanced Materials, 2002, 14: 1857-1860.

[6] Feng X J, Jiang L. Design and creation of superwetting/antiwetting surfaces. Advanced Materials, 2006, 18: 3063-3078.

[7] Gao X, Jiang L. Biophysics: Water-repellent legs of water striders. Nature, 2004, 432: 36.

[8] Xia F, Jiang L. Bio-inspired, smart, multiscale interfacial materials. Advanced Materials, 2008, 20: 1-2.

[9] Xi J, Feng L, Jiang L. A general approach for fabrication of superhydrophobic and superamphiphobic surfaces. Applied Physics Letters, 2008, 92(5): 144101.

[10] Xi J, Jiang L. Biomimic superhydrophobic surface with high adhesive forces. Indengchemres, 2008, 47: 6354-6357.

[11] Zhu W, Feng X, Feng L, et al. UV-manipulated wettability between superhydrophobicity and superhydrophilicity on a transparent and conductive SnO_2 nanorod film. Chemical Communications, 2006, 26: 2753-2755.

[12] 郭志光, 周峰, 刘维民. 溶胶凝胶法制备仿生超疏水性薄膜. 化学学报, 2006, 64(8): 761-766.

[13] Wang S, Li Y, Fei X, et al. Preparation of a durable superhydrophobic membrane by electrospinning poly(vinylidene fluoride)(PVDF) mixed with epoxy-siloxane modified SiO_2 nanoparticles: A possible route to superhydrophobic surfaces with low water sliding angle and high water contact. Journal of Colloid & Interface Science, 2011, 359: 380-388.

[14] Yuan Z, Bin J, Wang X, et al. Preparation and anti-icing property of a lotus-leaf-like superhydrophobic low-density polyethylene coating with low sliding angle. Polymer Engineering & Science, 2012, 52: 2310-2315.

[15] Yuan Z, Chen H, Tang J, et al. A novel preparation of polystyrene film with a superhydrophobic surface using a template method. Journal of Physics D: Applied Physics, 2007, 40: 3485.

[16] Yuan Z, Chen H, Tang J, et al. A stable porous superhydrophobic high-density polyethylene surface prepared by adding ethanol in humid atmosphere. Journal of Applied Polymer Science, 2010, 113: 1626-1632.

[17] Yuan Z, Wang X, Bin J, et al. Controllable fabrication of lotus-leaf-like superhydrophobic surface on copper foil by self-assembly. Applied Physics A, 2014, 116: 1613-1620.

[18] Jiang L, Zhao Y, Zhai J. A lotus-leaf-like superhydrophobic surface: A porous microsphere/nanofiber composite film prepared by electrohydrodynamics. Angewandte Chemie International Edition, 2004, 43: 4338.

[19] Zhao N, Xu J, Xie Q, et al. Fabrication of biomimetic superhydrophobic coating with a micro-nano-binary structure. Macromolecular Rapid Communications, 2005, 26: 1075-1080.

[20] Sun M, Luo C, Xu L, et al. Artificial lotus leaf by nanocasting. Langmuir, 2005, 21: 8978-8981.

[21] Zhu L, Feng Y, Ye X, et al. Tuning wettability and getting superhydrophobic surface by controlling surface roughness with well-designed microstructures. Sensors & Actuators A: Physical, 2006, 130: 595-600.

[22] Tserepi A D, Vlachopoulou M E, Gogolides E. Nanotexturing of poly (dimethylsiloxane) in plasmas for creating robust super-hydrophobic surfaces. Nanotechnology, 2006, 17: 3977.

[23] Xu J, Li M, Zhao Y. Control over the hydrophobic behavior of polystyrene surface by annealing temperature based on capillary template wetting method. Colloids & Surfaces A: Physicochemical & Engineering Aspects, 2007, 302: 136-140.

[24] Guo M, Peng D, Cai S. Highly hydrophilic and superhydrophobic ZnO nanorod array films. Thin Solid Films, 2007, 515: 7162-7166.

[25] Wu X, Zheng L, Wu D. Fabrication of superhydrophobic surfaces from microstructured ZnO-based surfaces via a wet-chemical route. Langmuir, 2005, 21: 2665-2667.

[26] Hou X, Zhou F, Yu B, et al. Superhydrophobic zinc oxide surface by differential etching and hydrophobic modification. Materials Science & Engineering A, 2007, 452-453 (24): 732-736.

[27] Lu Y, Sathasivam S, Song J, et al. Repellent materials. Robust self-cleaning surfaces that function when exposed to either air or oil. Science, 2015, 347: 1132-1135.

[28] 孙明霞, 郑咏梅, 梁爱萍. 昆虫体表疏水性研究进展. 中国科学院大学学报, 2011, 28(3): 275-287.

[29] 房岩. 蝴蝶翅膀表面鳞片形态及自清洁机理研究. 长春: 吉林大学, 2008.

[30] 张建军. 蛾翅膀表面润湿性及其机理研究. 长春: 吉林大学, 2008.

[31] 刘诗. 蝉翅表面疏水性及其结构性能的有限元分析. 长春: 吉林大学, 2009.

[32] 弯艳玲, 丛茜, 王晓俊. 蜻蜓翅膀表面疏水性能耦合机理. 农业机械学报, 2009, 40: 205-208.

[33] 弯艳玲, 丛茜, 金敬福, 等. 蜻蜓翅膀微观结构及其润湿性. 吉林大学学报(工), 2009, 39: 732-736.

[34] 姚昱星, 姚希, 李作林, 等. 蚊子体表面的微纳米结构与浸润性. 高等学校化学学报, 2008, 29: 1826-1828.

[35] Lawry J V. A scanning electron microscopic study of mechanoreceptors in the walking legs of the water strider, *Gerris remigis*. Journal of Anatomy, 1973, 116: 25-30.

[36] Bormashenko E, Bormashenko Y, Stein T, et al. Why do pigeon feathers repel water? Hydrophobicity of pennae, Cassie-Baxter wetting hypothesis and Cassie-Wenzel capillarity-induced wetting transition. Journal of Colloid & Interface Science, 2007, 311: 212-216.

[37] 任露泉, 尚广瑞, 杨晓东, 等. 禽羽结构及羽表脂质对其润湿性能的影响. 吉林大学学报(工), 2006, 36: 213-218.

[38] Zhang D Y, Li Y Y, Han X, et al. High-precision bio-replication of synthetic drag reduction shark skin. Science Bulletin, 2011, 56 (9): 938-944.

[39] Hansen W R, Autumn K. Evidence for self-cleaning in gecko setae. Proceedings of the National

Academy of Sciences of the United States of America, 2005, 102: 385-389.
[40] 张玉忠, 时东霞. 棉花纤维超微结构的扫描隧道显微镜观察. 生物化学与生物物理学报(英文), 2000, 5: 521-523.
[41] Pekala R W, Farmer J C, Alviso C T, et al. Carbon aerogels for electrochemical applications. Journal of Non-Crystalline Solids, 1998, 225: 74-80.
[42] Zhao S, Zhang Z, Sèbe G, et al. Multiscale assembly of superinsulating silica aerogels within silylated nanocellulosic scaffolds: Improved mechanical properties promoted by nanoscale chemical compatibilization. Advanced Functional Materials, 2015, 25(15): 2326-2334.
[43] Yang X, Cranston E D. Chemically cross-linked cellulose nanocrystal aerogels with shape recovery and superabsorbent properties. Chemistry of Materials, 2014, 26(20): 6016-6025.
[44] Cranston E D, Eita M, Johansson E, et al. Determination of Young's modulus for nanofibrillated cellulose multilayer thin films using buckling mechanics. Biomacromolecules, 2011, 12(4): 961-969.
[45] Huang H D, Liu C Y, Zhou D, et al. Cellulose composite aerogel for highly efficient electromagnetic interference shielding. Journal of Materials Chemistry A, 2015, 3: 4983-4991.
[46] Xu X, Zhou J, Nagaraju D H, et al. Flexible, highly graphitized carbon aerogels based on bacterial cellulose/lignin: Catalyst-free synthesis and its application in energy storage devices. Advanced Functional Materials, 2015, 25: 3193-3202.
[47] Wu X, Chabot V L, Kim B K, et al. Cost-effective and scalable chemical synthesis of conductive cellulose nanocrystals for high-performance supercapacitors. Electrochimica Acta, 2014, 138: 139-147.
[48] Shi Z, Gao H, Feng J, et al. In situ synthesis of robust conductive cellulose/polypyrrole composite aerogels and their potential application in nerve regeneration. Angewandte Chemie, 2014, 53: 5380.
[49] Carlsson D O, Nyström G, Zhou Q, et al. Electroactive nanofibrillated cellulose aerogel composites with tunable structural and electrochemical properties. Journal of Materials Chemistry, 2012, 22: 19014-19024.
[50] Yavari F, Chen Z, Thomas A V, et al. High sensitivity gas detection using a macroscopic three-dimensional graphene foam network. Scientific Reports, 2011, 1: 166.
[51] Qi H, Mäder E, Liu J. Electrically conductive aerogels composed of cellulose and carbon nanotubes. Journal of Materials Chemistry A, 2013, 1: 9714-9720.
[52] Huang Y, Zheng M, Lin Z, et al. Flexible cathodes and multifunctional interlayers based on carbonized bacterial cellulose for high-performance lithium–sulfur batteries. Journal of Materials Chemistry A, 2015, 3: 10910-10918.
[53] Wang M, Anoshkin I V, Nasibulin A G, et al. Modifying native nanocellulose aerogels with carbon nanotubes for mechanoresponsive conductivity and pressure sensing. Advanced Materials, 2013, 25(17): 2428.
[54] Korhonen J T, Hiekkataipale P, Malm J, et al. Inorganic hollow nanotube aerogels by atomic layer deposition onto native nanocellulose templates. ACS Nano, 2011, 5: 1967-1974.

[55] Nyström G, Marais A, Karabulut E, et al. Self-assembled three-dimensional and compressible interdigitated thin-film supercapacitors and batteries. Nature Communications, 2015, 6: 7259.

[56] Lu Y, Sun Q, Yang D, et al. Fabrication of mesoporous lignocellulose aerogels from wood via cyclic liquid nitrogen freezing-thawing in ionic liquid solution. Journal of Materials Chemistry, 2012, 22: 13548-13557.

[57] Li J, Lu Y, Yang D, et al. Lignocellulose aerogel from wood-ionic liquid solution (1-allyl-3-methylimidazolium chloride) under freezing and thawing conditions. Biomacromolecules, 2011, 12: 1860-1867.

[58] Yun L, Liu H, Gao R, et al. Coherent interface assembled Ag_2O anchored nanofibrillated cellulose porous aerogels for radioactive iodine capture. ACS Applied Materials & Interfaces, 2016, 8: 29179-29185.

[59] Tanaka T, Nishio I, Sun S T, et al. Collapse of gels in an electric field. Science, 1982, 218 (4571): 467.

[60] Suzuki A. Phase transition in polymer gels induced by visible light. Nature, 1990, 346 (6282): 345-347.

[61] Kost J, Horbett T A, Ratner B D, et al. Glucose-sensitive membranes containing glucose oxidase: Activity, swelling, and permeability studies. Journal of Biomedical Materials Research, 1985, 19: 1117-1133.

[62] Lee W F, Wu R J. Superabsorbent polymeric materials. Ⅱ. Swelling behavior of crosslinked poly[sodium acrylate-co-3-dimethyl (methacryloyloxyethyl) ammonium propane sulfonate] in aqueous salt solution. Journal of Applied Polymer Science, 1997, 64: 499-507.

[63] Kato N, Takahashi F. Acceleration of deswelling of poly (*N*-isopropylacrylamide) hydrogel by the treatment of a freeze-dry and hydration process. Bulletin of the Chemical Society of Japan, 1997, 70: 1289-1295.

[64] Chung J E, Yokoyama M, Yamato M, et al. Thermo-responsive drug delivery from polymeric micelles constructed using block copolymers of poly (*N*-isopropylacrylamide) and poly (butylmethacrylate). Journal of Controlled Release, 1999, 62: 115-127.

[65] Cheng X, Jin Y, Sun T, et al. An injectable, dual pH and oxidation-responsive supramolecular hydrogel for controlled dual drug delivery. Colloids & Surfaces B Biointerfaces, 2016, 141: 44-52.

[66] Lensen D, Vriezema D M, Hest J C M V. Polymeric microcapsules for synthetic applications. Macromolecular Bioscience, 2008, 8: 991-1005.

[67] Esserkahn A P, Odom S A, Sottos N R, et al. Triggered release from polymer capsules. Macromolecules, 2011, 44: 5539-5553.

[68] Chu L Y, Park S H, Yamaguchi T, et al. Preparation of thermo-responsive core-shell microcapsules with a porous membrane and poly (*N*-isopropylacrylamide) gates. Journal of Membrane Science, 2001, 192: 27-39.

[69] Wang W, Liu L, Ju X J, et al. A novel thermo-induced self-bursting microcapsule with magnetic-targeting property. Chemphyschem, 2009, 10: 2405-2409.

[70] Hocine O, Garybobo M, Brevet D, et al. Silicalites and mesoporous silica nanoparticles for photodynamic therapy. International Journal of Pharmaceutics, 2010, 402: 221.

[71] Sun Z, Liao T, Liu K, et al. Robust superhydrophobicity of hierarchical ZnO hollow microspheres fabricated by two-step self-assembly. Nano Research, 2013, 6: 726-735.

[72] Ricci-Júnior E, Marchetti J M. Zinc(Ⅱ)phthalocyanine loaded PLGA nanoparticles for photodynamic therapy use. International Journal of Pharmaceutics, 2006, 310: 187-195.

[73] Qian H S, Guo H C, Ho P C, et al. Mesoporous-silica-coated up-conversion fluorescent nanoparticles for photodynamic therapy. Small, 2009, 5: 2285-2290.

[74] Cong H P, He J J, Lu Y, et al. Water-soluble magnetic-functionalized reduced graphene oxide sheets: In situ synthesis and magnetic resonance imaging applications. Small, 2010, 6: 169-173.

[75] Dong Z, Jiang C, Cheng H, et al. Facile fabrication of light, flexible and multifunctional graphene fibers. Advanced Materials, 2012, 24: 1856-1861.

[76] Hou C, Duan Y, Zhang Q, et al. Bio-applicable and electroactive near-infrared laser-triggered self-healing hydrogels based on graphene networks. Journal of Materials Chemistry, 2012, 22: 14991-14996.

[77] Hou C, Zhang Q, Wang H, et al. Functionalization of PNIPAAm microgels using magnetic graphene and their application in microreactors as switch materials. Journal of Materials Chemistry, 2011, 21: 10512-10517.

[78] Hou C, Wang H, Zhang Q, et al. Highly conductive, flexible, and compressible all-graphene passive electronic skin for sensing human touch. Advanced Materials, 2014, 26: 5018-5024.

[79] Boributh S, Chanachai A, Jiraratananon R. Modification of PVDF membrane by chitosan solution for reducing protein fouling. Journal of Membrane Science, 2009, 342: 97-104.

[80] Marchand - Brynaert J, Jongen N, Dewez J L. Surface hydroxylation of poly(vinylidene fluoride)(PVDF) film. Journal of Polymer Science Part A Polymer Chemistry, 1997, 35: 1227-1235.

[81] Liu F, Du C H, Zhu B K, et al. Surface immobilization of polymer brushes onto porous poly(vinylidene fluoride) membrane by electron beam to improve the hydrophilicity and fouling resistance. Polymer, 2007, 48: 2910-2918.

[82] Suryanarayan S, Mika A M, Childs R F. The effect of gel layer thickness on the salt rejection performance of polyelectrolyte gel-filled nanofiltration membranes. Journal of Membrane Science, 2007, 290: 196-206.

[83] Hu K, Dickson J M. Development and characterization of poly(vinylidene fluoride)–poly(acrylic acid) pore-filled pH-sensitive membranes. Journal of Membrane Science, 2007, 301: 19-28.

[84] Ying L, Kang E T, Neoh K G, et al. Drug permeation through temperature-sensitive membranes prepared from poly(vinylidene fluoride) with grafted poly(*N*-isopropylacrylamide) chains. Journal of Membrane Science, 2004, 243(1-2): 253-262.

[85] Chen X, Shi C, Wang Z, et al. Structure and performance of poly(vinylidene fluoride) membrane with temperature-sensitive poly(*n* -isopropylacrylamide) homopolymers in

membrane pores. Polymer Composites, 2013, 34: 457-467.

[86] Zhang K, Huang H, Yang G, et al. Characterization of nanostructure of stimuli-responsive polymeric composite membranes. Biomacromolecules, 2004, 5: 1248-1255.

[87] Chu L Y, Li Y, Zhu J H, et al. Control of pore size and permeability of a glucose-responsive gating membrane for insulin delivery. Journal of Controlled Release, 2004, 97: 43-53.

[88] Meyers M A, McKittrick J, Chen P-Y. Structural biological materials: Critical mechanics-materials connections. Science, 2013, 339: 773-779.

[89] Jackson A, Vincent J, Turner R. The mechanical design of nacre. Proceedings of the Royal Society of London B: Biological Sciences, 1988, 234: 415-440.

[90] Cheng Q, Jiang L, Tang Z. Bioinspired layered materials with superior mechanical performance. Accounts of Chemical Research, 2014, 47: 1256-1266.

[91] Hummers Jr W S, Offeman R E. Preparation of graphitic oxide. Journal of the American Chemical Society, 1958, 80: 1339.

[92] Dikin D A, Stankovich S, Zimney E J, et al. Preparation and characterization of graphene oxide paper. Nature, 2007, 448: 457-460.

[93] Wang J, Cheng Q, Lin L, et al. Synergistic toughening of bioinspired poly (vinyl alcohol) –clay–nanofibrillar cellulose artificial nacre. ACS Nano, 2014, 8: 2739-2745.

[94] Podsiadlo P, Kaushik A K, Arruda E M, et al. Ultrastrong and stiff layered polymer nanocomposites. Science, 2007, 318: 80-83.

[95] Wang R, Suo Z, Evans A, et al. Deformation mechanisms in nacre. Journal of Materials Research, 2001, 16: 2485-2493.

[96] Wang J, Cheng Q, Lin L, et al. Understanding the relationship of performance with nanofiller content in the biomimetic layered nanocomposites. Nanoscale, 2013, 5: 6356-6362.

[97] Walther A, Bjurhager I, Malho J M, et al. Large-area, lightweight and thick biomimetic composites with superior material properties via fast, economic, and green pathways. Nano Letters, 2010, 10: 2742-2748.

[98] Walther A, Bjurhager I, Malho J M, et al. Supramolecular control of stiffness and strength in lightweight high-performance nacre-mimetic paper with fire-shielding properties. Angewandte Chemie International Edition, 2010, 49: 6448-6453.

[99] Das P, Walther A. Ionic supramolecular bonds preserve mechanical properties and enable synergetic performance at high humidity in water-borne, self-assembled nacre-mimetics. Nanoscale, 2013, 5: 9348-9356.

[100] Mao L-B, Gao H-L, Yao H-B, et al. Synthetic nacre by predesigned matrix-directed mineralization. Science, 2016, 354: 107-110.

[101] Huang Z, Li X. Origin of flaw-tolerance in nacre. Scientific Reports, 2013, 3 (4) : 1693.

[102] Shao Y, Zhao H-P, Feng X-Q, et al. Discontinuous crack-bridging model for fracture toughness analysis of nacre. Journal of the Mechanics and Physics of Solids, 2012, 60: 1400-1419.

[103] Barthelat F, Tang H, Zavattieri P, et al. On the mechanics of mother-of-pearl: A key feature in the material hierarchical structure. Journal of the Mechanics and Physics of Solids, 2007, 2:

306-337.

[104] Li Y Q, Yu T, Yang T Y, et al. Bio-inspired nacre-like composite films based on graphene with superior mechanical, electrical, and biocompatible properties. Advanced Materials, 2012, 24(25): 3426-3431.

[105] Li X, Huang Z. Unveiling the formation mechanism of pseudo-single-crystal aragonite platelets in nacre. Physical Review Letters, 2009, 102: 075502.

[106] Wang X, Bai H, Yao Z, et al. Electrically conductive and mechanically strong biomimetic chitosan/reduced graphene oxide composite films. Journal of Materials Chemistry, 2010, 20: 9032-9036.

[107] Bonderer L J, Studart A R, Gauckler L J. Bioinspired design and assembly of platelet reinforced polymer films. Science, 2008, 319: 1069-1073.

[108] Blakemore R. Magnetotactic bacteria. Science, 1975, 190(4212): 377-379.

[109] Frankel R B, Bazylinski D A. Biologically induced mineralization by bacteria. Reviews in Mineralogy & Geochemistry, 2003, 54: 95-114.

[110] Klokkenburg M, Vonk C, Claesson E M, et al. Direct imaging of zero-field dipolar structures in colloidal dispersions of synthetic magnetite. Journal of the American Chemical Society, 2004, 126: 16706-16707.

[111] 崔福斋. 生物矿化. 北京: 清华大学出版社, 2012.

[112] Moskowitz B M. Biomineralization of magnetic minerals. Reviews of Geophysics, 1995, 33: 123-128.

[113] Shebanova O N, Lazor P. Raman study of magnetite (Fe_3O_4): Laser-induced thermal effects and oxidation. Journal of Raman Spectroscopy, 2003, 34: 845-852.

[114] Sheparovych R, Sahoo Y, Motornov M, et al. Polyelectrolyte stabilized nanowires from Fe_3O_4 nanoparticles via magnetic field induced self-assembly. Chemistry of Materials, 2006, 18: 591-593.

[115] Philipse A, Maas D. Magnetic colloids from magnetotactic bacteria: Chain formation and colloidal stability. Langmuir, 2002, 18: 9977-9984.

[116] Cho K, Talapin D, Gaschler W, et al. Designing PbSe nanowires and nanorings through oriented attachment of nanoparticles. Journal of the American Chemical Society, 2005, 127: 7140-7147.

[117] Tripp S L, Dunin-Borkowski R E, Wei A. Flux closure in self-assembled cobalt nanoparticle rings . Angewandte Chemie International Edition, 2003, 42: 5591-5593.

[118] 杨红, 陶宝祺. 空心光纤用于纸蜂窝结构自修复的研究. 光纤与电缆及其应用技术, 2000, 6: 33-36.

[119] 赵晓鹏, 周本濂, 罗春荣, 等. 具有自修复行为的智能材料模型. 材料研究学报, 1996, 10: 101-104.

[120] 梁大开, 杨红. 采用空心光纤自诊断、自修复智能结构的研究. 压电与声光, 2002, 24: 261-263.

[121] Keller M W, White S R, Sottos N R. A self-healing poly(dimethyl siloxane) elastomer.

Advanced Functional Materials, 2007, 17: 2399-2404.
[122] John V R, Sybr V D Z. Autonomous damage initiated healing in a thermo-responsive ionomer. Polymer International, 2010, 59: 1031-1038.
[123] 钟约先, 袁朝龙, 马庆贤. 材料内部裂纹自修复中组织生长机制. 清华大学学报自然科学版, 2002, 42: 512-515.
[124] 张伟刚, 成会明, 周龙江, 等. 纳米陶瓷/炭复合材料自愈合抗氧化行为. 材料研究学报, 1997, 11: 487-490.
[125] Cordier P, Tournilhac F, Souliéziakovic C, et al. Self-healing and thermoreversible rubber from supramolecular assembly. Nature, 2008, 451: 977-980.
[126] 陶宝祺, 梁大开. 形状记忆合金增强智能复合材料结构的自诊断, 自修复功能的研究. 航空学报, 1998, 19: 123-125.
[127] Li Y, Li L, Sun J. Bioinspired self-healing superhydrophobic coatings. Angewandte Chemie, 2010, 49: 6129-6133.
[128] Haraguchi K, Uyama K, Tanimoto H. Self-healing in nanocomposite hydrogels. Macromolecular Rapid Communications, 2011, 32: 1253.
[129] Dry C. Procedures developed for self-repair of polymer matrix composite materials. Composite Structures, 1996, 35: 263-269.
[130] 顾红, 徐伟华, 宋鹏云, 等. 磁流体密封水介质的自修复研究. 摩擦学学报, 2002, 22: 214-217.
[131] 尉霞. 智能纺织品. 山东纺织科技, 2003, 44: 54-56.
[132] 建信. 金属磨损自修复材料. 建井技术, 2003, 6: 31-35.
[133] Ghosh B, Urban M W. Self-repairing oxetane-substituted chitosan polyurethane networks. Science, 2009, 323: 1458-1460.
[134] Amamoto Y, Kamada J, Otsuka H, et al. Repeatable photoinduced self-healing of covalently cross-linked polymers through reshuffling of trithiocarbonate units. Angewandte Chemie, 2011, 50: 1660-1663.
[135] Burattini S, Colquhoun H M, Fox J D, et al. A self-repairing, supramolecular polymer system: Healability as a consequence of donor-acceptor pi-pi stacking interactions. Chemical Communications, 2009, 44: 6717-6719.
[136] Harreld J H, Wong M S, Hansma P K, et al. Self-healing organosiloxane materials containing reversible and energy-dispersive crosslinking domains. US, US6783709BZCPJ. 2004.
[137] 赵广杰. 木材中的纳米尺度、纳米木材及木材-无机纳米复合材料. 北京林业大学学报, 2002, 24: 204-207.
[138] 官建国, 袁润章. 光学透明材料的现状和研究进展 I：光学透明高分子材料. 武汉理工大学学报, 1998, 2: 11-13.
[139] 官建国, 黄俊, 袁润章. 光学透明材料的现状和研究进展 II：有机-无机纳米复合光学透明材料. 武汉理工大学学报, 1998, 3: 11-13.
[140] Buining P A, Philipse A P, Lekkerkerker H N W. Phase behavior of aqueous dispersions of colloidal boehmite rods. Langmuir, 2002, 10: 2106-2114.

[141] Dumanli A G, Kooij H M V D, Kamita G, et al. Digital color in cellulose nanocrystal films. ACS Applied Materials & Interfaces, 2014, 6: 12302-12306.

[142] Beck-Candanedo S, Viet D, Gray D G. Triphase equilibria in cellulose nanocrystal suspensions containing neutral and charged macromolecules. Macromolecules, 2007, 40: 3429-3436.

[143] Roman M, Gray D G. Parabolic focal conics in self-assembled solid films of cellulose nanocrystals. Langmuir the ACS Journal of Surfaces & Colloids, 2005, 21: 5555-5561.

[144] Kelly J A, Shukaliak A M, Cheung C C, et al. Responsive photonic hydrogels based on nanocrystalline cellulose. Angewandte Chemie, 2013, 52: 8912-8916.

[145] Andreas W, Timonen J V I, Isabel D, et al. Multifunctional high-performance biofibers based on wet-extrusion of renewable native cellulose nanofibrils. Advanced Materials, 2011, 23(26): 2924.

[146] 方志强. 高透明纸的制备及其在电子器件中的应用. 广州: 华南理工大学, 2014.

[147] Nishino T N, Arimoto N. All-cellulose composite prepared by selective dissolving of fiber surface. Biomacromolecules, 2007, 8: 2712-2716.

[148] Qi H, Chang C, Zhang L. Properties and applications of biodegradable transparent and photoluminescent cellulose films prepared via a green process. Green Chemistry, 2009, 11: 177-184.

[149] Yang Q, Fukuzumi H, Saito T, et al. Transparent cellulose films with high gas barrier properties fabricated from aqueous alkali/urea solutions. Biomacromolecules, 2011, 12: 2766-2771.

[150] Zhou Y, Fuenteshernandez C, Khan T M, et al. Recyclable organic solar cells on cellulose nanocrystal substrates. Scientific Reports, 2013, 3: 1536.

[151] Nogi M. Optically transparent nanofiber paper. Advanced Materials, 2010, 21: 1595-1598.

[152] Zhu H, Parvinian S, Preston C, et al. Transparent nanopaper with tailored optical properties. Nanoscale, 2013, 5: 3787-3792.

[153] 白梅, 刘有智, 申红艳. 气体分离技术的最新研究进展. 化工中间体, 2011, 8: 1-4.

[154] 谭婷婷, 展侠, 冯旭东, 等. 高分子基气体分离膜材料研究进展. 化工新型材料, 2012, 40: 4-5.

[155] 苏毅, 胡亮, 刘谋盛. 气体膜分离技术及应用. 石油与天然气化工, 2001, 30(3): 113-116.

[156] Fujisawa S, Okita Y, Fukuzumi H. Preparation and characterization of TEMPO-oxidized cellulose nanofibril films with free carboxyl groups. Carbohydrate Polymers, 2011, 84: 579-583.

[157] Fukuzumi H, Saito T, Isogai A. Influence of TEMPO-oxidized cellulose nanofibril length on film properties. Carbohydrate Polymers, 2013, 93: 172-177.

[158] Fukuzumi H, Fujisawa S, Saito T, et al. Selective permeation of hydrogen gas using cellulose nanofibril film. Biomacromolecules, 2013, 14: 1705-1709.

[159] 高可政. 纤维素纳米纤维在储能材料上的基础应用研究. 北京: 北京理工大学, 2014.

[160] Xiong Y, Wang C, Wang H, et al. A 3D titanate aerogel with cellulose as the adsorption-aggregator for highly efficient water purification. Journal of Materials Chemistry A,

2017, 5: 5813-5819.

[161] Chen F, Gong A S, Zhu M, et al. Mesoporous, three-dimensional wood membrane decorated with nanoparticles for highly efficient water treatment. ACS Nano, 2017, 11, 4275-4282.

[162] 于欣格. 可用于柔性光电子器件的薄膜晶体管研究. 成都: 电子科技大学, 2015.

[163] 徐华. 氧化物薄膜晶体管研究. 广州: 华南理工大学, 2014.

[164] Huang J, Zhu H, Chen Y, et al. Highly transparent and flexible nanopaper transistors. ACS Nano, 2013, 7: 2106-2113.

[165] Bao W, Fang Z, Wan J, et al. Aqueous gating of van der waals materials on bilayer nanopaper. ACS Nano, 2014, 8: 10606-10612.

[166] Fujisaki Y, Koga H, Nakajima Y, et al. Flexible electronics: Transparent nanopaper-based flexible organic thin-film transistor array. Advanced Functional Materials, 2014, 24: 1656.

[167] 杨玉琴, 李亚宁. 触摸屏技术研究及市场进展. 信息记录材料, 2012, 13: 35-46.

[168] Preston C, Fang Z, Murray J, et al. Silver nanowire transparent conducting paper-based electrode with high optical haze. Journal of Materials Chemistry, 2014, 2: 1248-1254.

[169] Nie Z, Nijhuis C A, Gong J, et al. Electrochemical sensing in paper-based microfluidic devices. Lab on A Chip, 2010, 10: 477-483.

[170] Dungchai W, Chailapakul O, Henry C S. Electrochemical detection for paper-based microfluidics. Analytical Chemistry, 2009, 81: 5821-5826.

[171] Chen C, Zhang Y, Li Y, et al. All-wood, low tortuosity, aqueous, biodegradable supercapacitors with ultra-high capacitance. Energy & Environmental Science, 2017, 10: 538-545.

第 2 章　特殊润湿性功能生物质材料

2.1　引　　言

在新材料的制备以及应用方面，自然界的很多动植物体都会给人无限的启发，例如荷叶表面的自清洁特性、壁虎脚趾的优异黏附力、蜘蛛丝独特的力学性能以及变色龙皮肤的特殊变色机制等。通过对这些自然现象的研究，我们可以赋予基材表面新的理化特性，从而实现功能与结构的统一。超疏水表面的研究就是新材料研究中的一个重要分支，已成为仿生学领域的支柱性研究之一。

荷叶表面的自清洁效果被称为“荷叶效应(lotus effect)”，如图 2-1 所示。表现为表面具有超疏水性，即与水的接触角大于 150°；有很强的自清洁能力，即表面的污染物如灰尘可以被滚落的水珠带走而不留下任何痕迹。这种自清洁特性是由表面的微纳米级乳突以及表面疏水的蜡状物质的共同作用而引起的。

自然界中植物叶片表面的超疏水结构至少有两种，除荷叶这种宏观上看起来很光滑、在微小尺度上具有特殊微纳米级结构外，覆盖有绒毛的斗蓬草表面也能使水滴轻易地滚动。这种结构不是单纯利用了表面的粗糙结构，而是由于表面张力的作用，使绒毛趋向于聚集成簇而导致绒毛弯曲，从而聚集了弹性势能。此时，水和空气的界面就会被绒毛卡住，依靠弹性阻止水滴向下润湿表面。而与表皮相比绒毛表现出更强的亲水性，表皮上聚集的水一旦接触绒毛便立刻从表皮移到绒毛区。综上所述，植物叶表面的超疏水性可以通过叶子表面不同尺寸的粗糙度和覆盖在表面的弹性结构(绒毛)来解释。

一些有翅昆虫的翅膀表面分布有形状不同的微观结构，如蝉翅膀表面特殊的纳米凸起结构，使其不仅具有自清洁性，而且还具有减反射的功能，使其难以被察觉从而减少天敌的入侵。

水黾被喻为“池塘上的溜冰者”，因为它不仅能在水面上行走还能在水面上滑行，却不会划破水面浸湿腿脚。美国麻省理工学院的 Bush 教授研究小组[1]捕捉到不同昆虫在水上行走的过程，揭示了昆虫在水面行走的原因，是利用其三对多毛的长足，在水中制造出螺旋状的漩涡，借助漩涡的推动力快速向前走。水黾的腿部有数千根按同一方向排列的多层微米尺度刚毛，而刚毛表面形成螺旋状的纳米沟槽结构，吸附在沟槽的气泡形成气垫从而表现出超疏水特性[2]。

图 2-1 自然界中的超疏水现象

固体表面的润湿性根据水在其上面的接触角度数不同，一般分为 4 种。其中常见的两个是亲水和疏水，对应的接触角范围分别是 5°<θ<90°和 90°<θ<150°。疏水涂层被广泛地应用于工程领域，而亲水涂层则被广泛应用于涂料和油漆行业。尽管疏水和亲水有着广泛的应用领域，但是人们对于润湿性另外两个极端部分：超亲水和超疏水领域有着更浓厚的研究兴趣。超亲水，其水的接触角 θ<5°；超疏水，其水的接触角 θ>150°，且水基本不会润湿固体表面。另外，除了大于 150°的接触角，超疏水表面还表现出很低的接触角滞后(<10°)，较低的接触角滞后导致了水滴滴在超疏水表面时的滚动和弹跳，从而可以带走固体表面的污染物以达到自清洁的效果，这些都归因于超疏水表面较低的表面能和粗糙结构[3]。

研究发现，超疏水材料表面具有自清洁性[4,5]、抗污染[6]、抗结冰结霜[7,8]、流体减阻[9,10]、防水防腐蚀[11]等优异的特性，因此在过去的 20 年引起了科学家们的不断研究和探讨，现已成为仿生学中重点研究对象之一。

2.2 特殊润湿性功能生物质材料的构建及特性

2.2.1 特殊润湿性理论基础

一般固体表面的润湿性都以液体对固体表面的接触角作为衡量的标准，根据固体表面所处的介质环境的不同，润湿体系可以分为气/液/固三相和液/液/固三相。

2.2.1.1　气/液/固三相体系润湿性

接触角是指滴在固体表面的液体因不能完全润湿而与固体表面所成的角度，以 θ 表示。其具体定义为：液滴滴在固体表面达到稳定状态时(三相表面张力达到平衡时)，做气-液相界面的切线，该切线与液-固相交界线所成一定角度的夹角即为接触角[12,13]，如图 2-2 所示。接触角的大小反映了该种液体对某一固体表面的润湿能力。

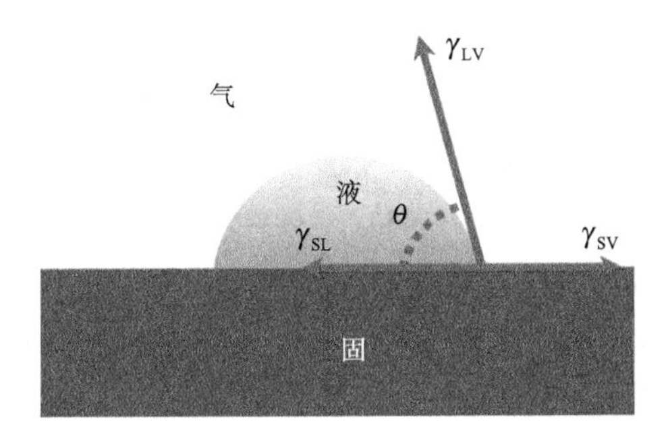

图 2-2　接触角示意图

当液滴滴在平滑的理想固体表面并达到平衡时，由三相表面张力三力平衡可推得接触角与三相表面张力的关系(Young's 方程[14])：

$$\gamma_{SV} = \gamma_{SL} + \gamma_{LV}\cos\theta \tag{2-1}$$

即

$$\cos\theta = \frac{\gamma_{SV} - \gamma_{SL}}{\gamma_{LV}} \tag{2-2}$$

式中，γ_{SV} 为固-气界面的表面张力；γ_{SL} 为固-液界面的表面张力；γ_{LV} 为气-液界面的表面张力；θ 为该固体表面的平衡接触角。

根据 θ 的大小可以判别液体对固体表面的润湿程度：

$\theta = 0°$　　绝对润湿，液体在固体表面完全展开

$0° < \theta < 90°$　　液体可润湿固体表面，且 θ 越小，效果越好

$90° < \theta < 180°$　　液体不润湿固体

$\theta = 180°$　　液体与固体表面排斥，收缩成球

杨氏方程只有在平滑、无变形、各向同性的理想表面上才可用，因为只有这样的表面才存在稳定的平衡接触角。而对于非理想固体表面，则需引入以下模型。

对粗糙固体表面液体的接触角进行测定，我们也可以得到一个接触角，我们用 θ_r 来表示，称之为固体表面的表观接触角。表观接触角不是材料表面的真实接

触角。θ_r 与界面张力的关系不能用杨氏方程描述，但它们的关系依然可以用热力学关系推导，推导如下。

假设液滴滴在粗糙表面上时表面上的凹坑可以被液体全部充满[图 2-3(a)]，且整个体系被置于恒温、恒压下，体系达到平衡状态。这时如果界面发生微小的变化，那么整个体系的自由能也会发生相应改变，变化值为

$$dE = r(\gamma_{SL} - \gamma_{SV})dx + \gamma_{LV}dx\cos\theta_r \tag{2-3}$$

式中，dE 为接触线移动 dx 需要的总能量；r 为粗糙度，定义为固-液相实际接触部分与固-液表观接触部分的面积比。

平衡时，dE=0，有

$$\cos\theta_r = r(\gamma_{SV} - \gamma_{SL}) / \gamma_{LV} \tag{2-4}$$

与杨氏方程[式(2-2)]关联可得

$$\cos\theta_r = r\cos\theta \tag{2-5}$$

此式由 Wenzel 于 1936 年发表，简称 Wenzel 方程[15]。通过 Wenzel 方程，我们可以发现，由于实际固体的表面是粗糙的，固-液实际接触面积总是要大于表观接触面积(表观接触面积即与固体表面接触的液体投影在固体表面上的面积)。

若固体表面不只由一种物质组成，其表观接触角是不能用 Wenzel 方程来描述的。考虑到实际固体表面的非理想性(表面粗糙且不均一)，Cassie 和 Baxter 对 Wenzel 方程进行了优化，认为实际固体表面是由多元材料构成的，液滴滴在这种表面上时并非像 Wenzel 模型描述的那样发生了全湿接触，而是发生了多元接触，如图 2-3(b)所示。

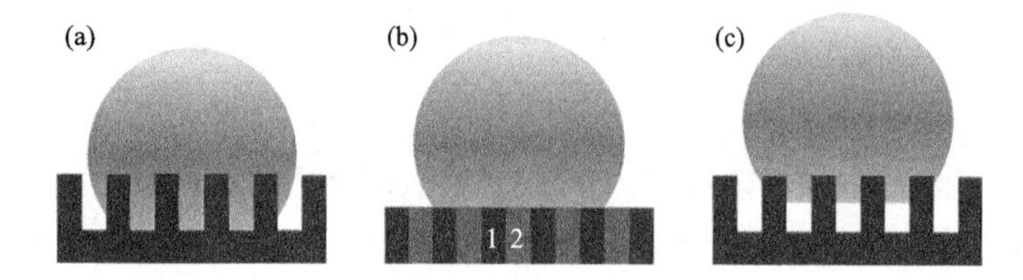

图 2-3　经典润湿性理论模型：(a) Wenzel 模型；(b) Cassie 模型；(c) Wenzel 态与 Cassie 态共存模型

假定材料的表面由物质 1 和物质 2 构成，又假定这两种物质以超细微粒的形态均匀分布于固体表面(每个超细微粒的尺寸都相同，且比液滴的尺寸小得多)。已知物质 1 的本征接触角为 θ_1，物质 2 的本征接触角为 θ_2，两种物质在固体表面上所占的表面积分数分别为 f_1 和 f_2(f_1+f_2=1)。又假设当液滴在固体表面铺展时两种物质所占的表面积分数是恒定的(即 f_1 和 f_2 始终保持恒定)。定义 θ_r 为该多元表面的表观接触角，将整个体系置于恒温、恒压下，且体系达到平衡状态，则体系

的自由能变化值为

$$dE = f_1(\gamma_{SL} - \gamma_{SV})_1 dx + f_2(\gamma_{SL} - \gamma_{SV})_2 dx + \gamma_{LV} dx \cos\theta_r \tag{2-6}$$

平衡时，$dE=0$，有

$$f_1(\gamma_{SV} - \gamma_{SL})_1 + f_2(\gamma_{SV} - \gamma_{SL})_2 = \gamma_{LV} \cos\theta_r \tag{2-7}$$

根据杨氏方程[式(2-2)]，式(2-7)可转化为

$$f_1 \cos\theta_1 + f_2 \cos\theta_2 = \cos\theta_r \tag{2-8}$$

此式即为 Cassie-Baxter 方程[16]。Cassie 和 Baxter 认为，当材料的疏水性足够强时，液滴在固体表面发生全不湿接触，此时液滴在上述表面的接触实质上分为液-固接触和液-气接触(即物质 2 为空气)，定义 f_1 为液-固接触所占表面积分数，f_2 为液滴与气孔或截留气层接触所占的表面积分数($f_1+f_2=1$)，液滴与空气的接触角为 180°，则上述方程变换为

$$\cos\theta_r = f_1 \cos\theta_1 - f_2 \tag{2-9}$$

由上述方程不难看出，f_2 增大时，即空气垫部分比例增加时，材料的疏水性也会增强。该方程假设与液滴接触的固体部分是光滑的理想表面[图 2-3(b)]，应该指出的是，上述这些方程只是一些理论模型，因此不能完全符合实际情况。实际中与液滴接触的固体部分并非是平滑的表面，液体在固体表面的润湿态往往介于 Wenzel 态和 Cassie 态之间[图 2-3(c)]。而且即便知道固体表面的粗糙因子，也不一定能用其修正，例如粗糙程度相同而具有不同形貌表面，各自呈现的表面润湿性是不尽相同的。

以上我们介绍了经典的气/液/固三相体系固体表面润湿理论，这些理论都是以接触角测量为基础而提出的。液体对固体表面的润湿性除用接触角表征外，还常用接触角滞后和滚动角加以更全面的描述。

将一定体积的液滴滴于固体表面，当增加液滴的体积时，液滴会发生扩张而有前进的趋势，定义此时液滴与固体表面的接触角为前进接触角，简称前进角[图 2-4(a)]，以 θ_A 表示；当增加的液滴体积足够多时，液滴会突然向前蠕动，在此蠕动刚要发生时的前进角称为最大前进角，以 $\theta_{A,max}$ 表示；当减少液体的体积(即以气-固界面取代液-固界面)时，液滴会发生收缩而有后退的趋势，定义此时液滴与固体表面的接触角为后退接触角，简称后退角[图 2-4(b)]，以 θ_R 表示；当抽走液体的量逐渐增加，直至某一时刻时液滴会突然发生收缩，在此收缩刚要发生时的后退角称为最小后退角，用 $\theta_{R,min}$ 表示；$\Delta\theta = \theta_A - \theta_R$，定义为接触角滞后[12]。接触角滞后越小，液滴越容易脱离固体表面，液滴对固体表面的润湿性就越差；接触角滞后越大，液滴越容易黏附在固体表面，液滴对固体表面的润湿性就越好。

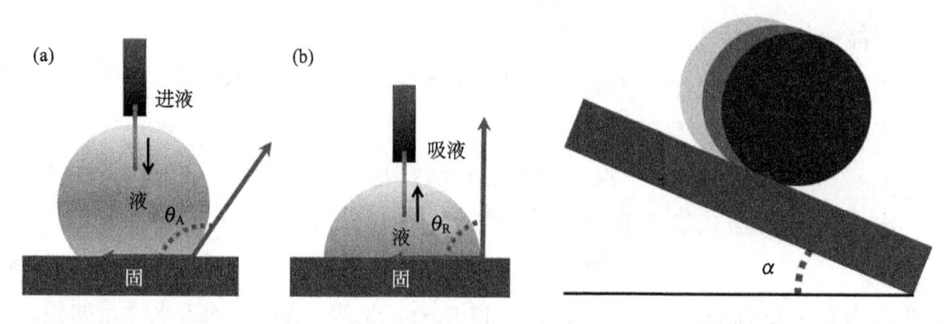

图 2-4　(a) 前进角；(b) 后退角　　图 2-5　滚动角示意图

液滴滴在不同的固体表面上，其发生滑动或滚动的难易程度是不同的，这个难易程度我们用滚动角来衡量。对于滚动角的定义，我们这样规定[17,18]：放置于固体表面的具有一定体积的液滴，在表面倾斜至液滴刚好发生滑动或滚动时，倾斜的表面与水平面之间的夹角，以 α 表示(图 2-5)。α 越小，液滴越容易离开固体表面，液滴对固体表面的润湿性就越差；α 越大，液滴对固体表面的润湿性就越好。

2.2.1.2　液/液/固三相体系润湿性

气/液/固三相体系润湿性的发展最早，杨氏方程是这一体系的理论基础，这一理论基础也可被推广至液/液/固三相体系中[19]。

这里所指的两个液相为互不相溶的两相，我们将其表示为液相 1(L_1)和液相 2(L_2)；固体表面为固相，以 S 表示；气相用 V 表示。我们将杨氏方程引入到如图 2-6 所示的三种三相体系中，可以得到以下三个方程：

$$\gamma_{SV} = \gamma_{SL_1} + \gamma_{L_1V}\cos\theta_1 \tag{2-10}$$

$$\gamma_{SV} = \gamma_{SL_2} + \gamma_{L_2V}\cos\theta_2 \tag{2-11}$$

$$\gamma_{SL_2} = \gamma_{SL_1} + \gamma_{L_1L_2}\cos\theta_3 \tag{2-12}$$

我们将以上三个方程联立，可得到以下方程[20,21]：

$$\cos\theta_3 = \frac{\gamma_{L_1V}\cos\theta_1 - \gamma_{L_2V}\cos\theta_2}{\gamma_{L_1L_2}} \tag{2-13}$$

其中，θ_1、θ_2 和 θ_3 分别是液体 1 在空气中对固体表面的接触角，液体 2 在空气中对固体表面的接触角以及液体 1 在液/液/固三相体系中对固体表面的接触角。这个方程可以描述平滑、无变形、各向同性的理想表面在液/液/固三相体系中的润湿行为。并且当所用液体已知时，我们就可以通过液体 1 和液体 2 在空气中对固体表面的接触角数值来推算固体表面在液/液/固三相体系中液体 1 对固体表面的接触角。

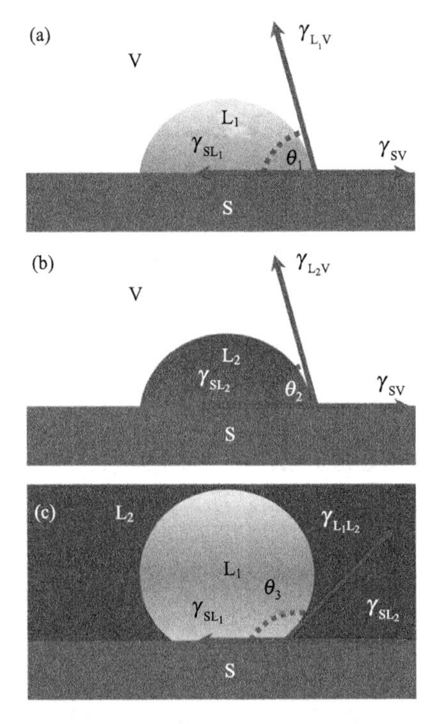

图 2-6　不同三相体系中液体的接触角示意图：(a)液体 1 在空气中；(b)液体 2 在空气中；(c)液体 1 在液体 2 中

对于粗糙表面的液/液/固三相体系润湿性模型，可以将 Cassie-Baxter 方程引入到液/液/固三相体系中进行推导。粗糙表面在液相中的状态可看作液体与固体表面形成的二元复合界面，从而另一液相与该表面的接触状态可视为 Cassie 态，如图 2-3(b)所示。定义 f_1 为液滴与固体表面接触时液-固接触所占表面积分数，f_2 为液滴与另一液相接触所占的表面积分数($f_1+f_2=1$)，液滴对另一液相的接触角视为 180°，则可得到粗糙表面的液/液/固三相体系润湿性方程：

$$\cos\theta_3' = f_1\cos\theta_3 + f_1 - 1 \tag{2-14}$$

式中，θ_3' 为液体 1 在液/液/固三相体系中对粗糙固体表面的接触角。

2.2.2　特殊润湿性材料简介及应用

2.2.2.1　超疏水/超亲油表面

超疏水的概念起源于 1996 年，由 Onda 等[22,23]首次提出。目前普遍接受的超疏水的定义为接触角大于 150°，接触角滞后或滑动角(也称滚动角)不超过 10°。尽管目前的超疏水研究很多都是受到大自然生物(如荷叶，水黾腿，蝉翼等)的启发，但早期的超疏水研究则是出于对材料表面防水和防冰的需求。在油水分离领域，超疏水/超亲油表面既可用于过滤，也可用于吸附。过滤则是让油水混合物中的油组分通过表面，而水组分则被截留于表面之上；吸附则是吸收油水混合物中的油组分，而不吸收其中的水组分。通常，过滤用的超疏水/超亲油材料常选用以下材料作为制备基材：不锈钢网，铜网，尼龙网，玻璃纤维布，滤纸，棉布，PVDF膜等任何具有孔隙的二维材料。吸附用的超疏水/超亲油材料常选用以下材料作为制备基材：海绵，棉花，树脂，气凝胶，各类粉末状物质等，其中对泡沫和海绵类物质的研究近几年最为火热。一般制备超疏水/超亲油表面的条件有两个：一是材料的表面能要介于水（$72mN \cdot m^{-1}$）和油（$20\sim30mN \cdot m^{-1}$）之间；二是材料表面要具有合适的粗糙结构。

最早将超疏水/超亲油表面用作过滤材料的是 Jiang 所带领的课题组。他们将含有聚四氟乙烯（PTFE）的乳液喷涂在不锈钢网表面[24]，并在 350℃下加热 30min，得到聚四氟乙烯包裹的不锈钢网（图 2-7）。复合网表面由于具有微纳二元结构，因而呈现超疏水性，对水的接触角达到 156.2°，而对油的接触角几乎为 0°，显示出超亲油的性质。该网仅在重力作用下就可以高效分离简单的油水混合物。他们的发现开启了后来对于超疏水/超亲油过滤材料的广泛制备和研究。

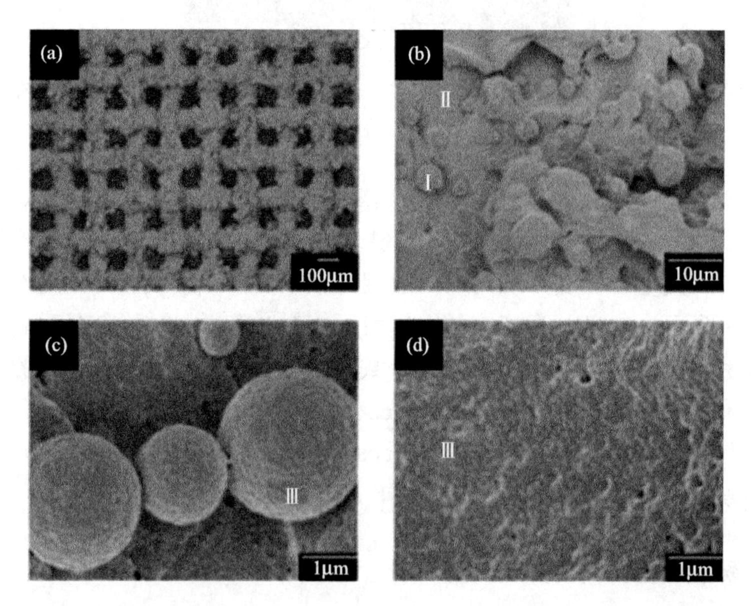

图 2-7　聚四氟乙烯包裹的不锈钢网的扫描电镜照片：（a）不锈钢网表面的低倍照片；（b）不锈钢网表面的高倍照片（Ⅰ：微球结构，Ⅱ：块状结构）；（c），（d）微球结构和块状结构的高倍照片（Ⅲ：表面具有类似火山口的纳米结构）[24]

对于超疏水/超亲油吸附材料，一般都以三维材料居多，因三维材料具有连续多孔的结构从而具有理想的吸油量和吸油速率。最具代表性的就是 Ruan 等所制备的超疏水/超亲油密胺海绵[25]。他们的研究发现当以密胺海绵为原材料时，即使不在海绵纤维表面构建额外的粗糙度也能使其具有超疏水性(图 2-8)。这主要是由于密胺海绵本身就具有相比其他海绵更精细的表面结构，因而当仅对海绵进行疏水改性后，就使海绵获得了超疏水/超亲油性。由于不借助额外的粗糙结构，他们所制备的海绵具有十分优异的机械和化学稳定性，这对于实际应用来说具有重要意义。

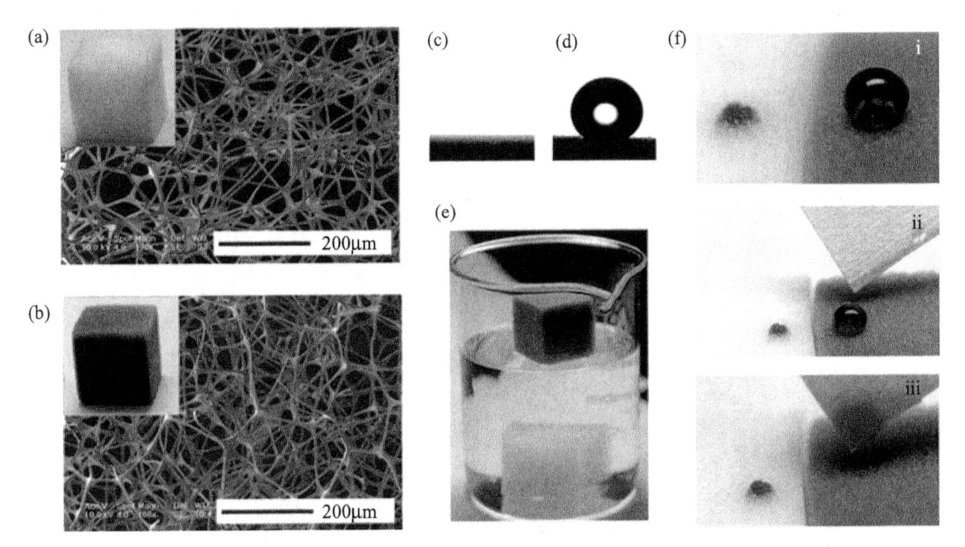

图 2-8　(a)未改性密胺海绵的扫描电镜照片(插图：未改性密胺海绵的照片)；(b)超疏水密胺海绵的扫描电镜照片(插图：超疏水密胺海绵的照片)；(c)原始密胺海绵对水的接触角；(d)超疏水密胺海绵对水的接触角(163.4°)；(e)原始密胺海绵和超疏水密胺海绵被置于水面上的照片；(f)被染色的水滴滴在原始海绵上时会被吸收，而在超疏水密胺海绵上则呈现准球形，并且海绵表面准球形的水滴可以通过滤纸完全移除，不会在海绵表面残留[25]

2.2.2.2　超双疏表面

所谓超双疏表面，就是在空气中既超疏水也超疏油的表面。这种表面主要被用于避免固体表面被水或油所污染。目前对于超疏油来说，其概念还没有被严格定义。宽泛地来说，这里的“油”指豆油、泵油、十六烷等表面张力低的油质；严格地说，“油”除包含以上油质外，还包含表面张力更低的有机溶剂，如乙醇、丙酮、正己烷等。对于前者，较容易实现，只需借助低表面能的含氟物质和微纳二元粗糙结构；而对于后者，目前还无法通过常规的方法进行大范围制备，但可以通过在固体表面制备特殊的粗糙结构来加以实现。

在 2007 年，Tuteja 等[26]首先发现并证明了在表面制备倒悬(overhang)的粗糙结构可有效赋予固体表面超双疏性[图 2-9(b)~(d)]。这类粗糙结构具有的特点就是上宽下窄。与之类似的结构还有倒梯形结构、蘑菇结构、反坡形结构等[27-32]。但是即使是这类表面也没有被证明可以对基本所有有机溶剂达到超疏状态。取得突破性进展的是 2014 年 Liu 等制备的具有伞状粗糙结构的表面[33]，在这些伞状结构的存在下，外界液体与表面固体的直接接触面积只有 5%，其余 95%为空气，从而实现超双疏的状态[图 2-9(e)~(i)]。更重要的是，这种伞状结构表面对所有液体都呈现出超疏性，并且这种超疏性不依赖于结构表面化学成分。他们的发现揭示了物理结构在超润湿领域的重要作用。但就目前而言，严格的超双疏表面尚无法大范围制备，因为其特殊的结构要求无法为常规方法所满足，因而在将来寻求温和的方法制备具有特殊物理结构的表面将会是实现严格超双疏表面大范围制备的根本途径。

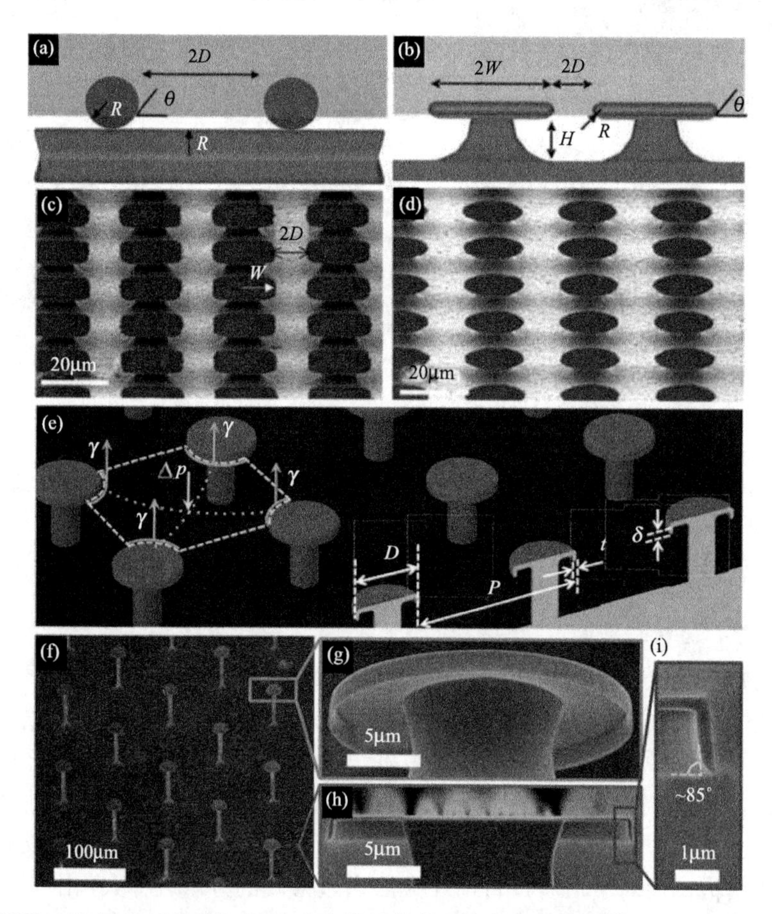

图 2-9　纤维结构(a)和倒悬结构(b)中存在的凹角曲率效应的示意图[26]；具有方形(c)和圆形(d)平台微柱表面的扫描电镜照片[26]；(e)具有双重凹角纳米倒悬结构微柱表面的示意图[33]；(f)~(i)所制备的具有双重凹角纳米倒悬结构微柱表面的扫描电镜照片[33]

2.2.2.3　超亲水/超疏油表面

超亲水/超疏油表面指的是在空气中固体表面对水超亲而对油超疏。这种表面一般只用于过滤。从理论上讲这种表面是无法实现的，但是通过调控固体表面化学成分，使固体表面对油和水具有不同的响应性，是可以实现这类表面的制备的。Tuteja 的课题组于 2012 年首次将这类表面用于油水乳液的分离[34]。通过将不锈钢网浸泡在聚乙二醇二丙烯酸酯(PEGDA)和氟化多面体低聚倍半硅氧烷(氟化 POSS)的混合物中，从而制备出了对水具有响应性的复合网。在空气中这种网对水的接触角可在一段时间后达到 0°，这是由于 PEGDA 链段与水之间形成氢键从而导致表面化学组分发生重排，PEGDA 链段更多地暴露于表面；在空气中和水下，网膜对油的接触角都大于 150°。这种网可以分离粒径较大的水包油和油包水乳液，其作用机理都是让水流过网膜而油被截留在网膜之上。然而这种网膜对油包水乳液的分离机理表明油包水乳液中的水滴是先被膜表面吸附然后才透过膜的，因此可以预见这种网膜(即使其孔径可以被制作得足够小)对于含有更小水滴且在体系中分散更均匀的油包水乳液是无法分离的。加之这种方法不能被用于滤膜材料，因此其在油水分离领域中的应用逐渐被水下超疏油表面和水下超疏油/油下超疏水表面所取代。

2.2.2.4　水下超疏油表面

水下超疏油表面是指在水下固体表面对油的接触角大于 150°的表面。这种表面一般用于过滤和水下防油黏附领域。2.2.2.3 节中介绍的超亲水/超疏油表面虽也属于此类，但因其在空气中对油的接触角大于 150°，因而单独拿出来作为一章节进行说明。一般来说，水下超疏油表面的制备需要材料具有较强的亲水性，且表面要有一定的粗糙结构。这样的表面一般在空气中对油的接触角都很低，且对其表面粗糙度的要求相比超疏水表面要低很多，因此水下超疏油表面更容易制备。需要注意的是，水下超疏油表面在空气中对水的接触角不一定是 0°，还有可能大于 0°甚至大于 90°。水下超疏油的概念是由 Jiang 的课题组于 2011 年首次提出的。他们通过光引发聚合过程将强亲水性的水凝胶包覆在不锈钢网上，从而制得了超亲水/水下超疏油复合网[35]。这种复合网可有效分离简单的油水混合物，在分离过程中，水可以轻易通过网膜，而油则被截留于网膜之上(图 2-10)。虽然水下超疏油表面在空气中对油的接触角为 0°，但是当其被浸没于水中时，水会被牢牢地吸附在网膜表面形成一层水膜，利用水和油不相容的原理，这层水膜可将油抵挡在网膜上方使其不能通过，而水组分则在重力和液桥原理的作用下源源不断地通过网膜。相比于超疏水/超亲油网膜易被油所污染的缺点，水下超疏油网膜所具有的强亲水性使其难以被油污所污染。他们的研究巧妙地利用了材料在液/液/固三相体系中的润湿性来实现油水混合物的分离。由于实际中大多数油水混合物都是以水为主体的，因而更适合采用水下超疏油表面进行分离。水下超疏油表面的出现引发了科学界对水下超疏油过滤材料的广泛研究，被视为油水分离领域的里程碑。

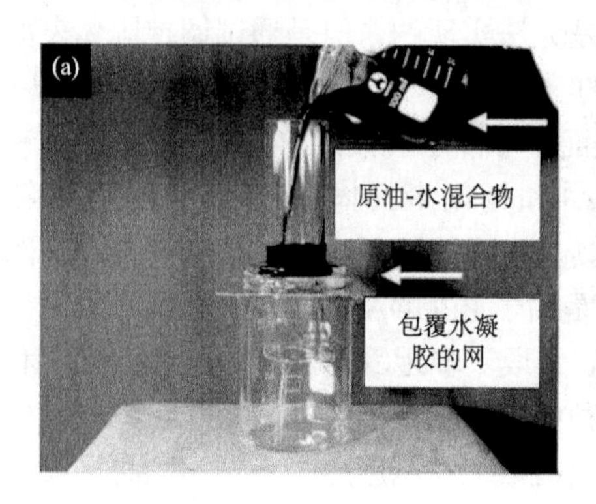

图 2-10 聚丙烯酰胺水凝胶包覆的不锈钢网的油水分离测试：(a)不锈钢网被固定在两个玻璃管之间，然后将原油和水的混合物从上方的玻璃管倒下；(b)水可以流过不锈钢网，而油则被截留于不锈钢网上方的玻璃管中[35]

2.2.2.5 水下超疏油/油下超疏水表面

一般超疏水/超亲油表面在油下也是超疏水的，更适合用于过滤油多水少的油水混合物；水下超疏油表面更适合过滤水多油少的混合物。而近几年，科学家们的眼光转向制备兼具以上两种润湿性质的过滤材料，即制备同时具有水下超疏油/油下超疏水性质的表面。这样的表面可能会拥有更加全面的油水分离能力。在2014 年，Jiang 的团队首次制备出兼有水下超疏油/油下超疏水性质的 PVDF 滤膜[36]。当膜预先被水润湿时，膜在水下呈现出超疏油性；当膜预先被油润湿时，膜在油下呈现出超疏水性[图 2-11(a)和图 2-11(b)]。具有这种性质的 PVDF 滤膜可有效分离各种水包油和油包水型乳液。这种膜的问世标志着“全能型”油水分离材料可能会得到大力发展。在此研究后，Tian 等对水下超疏油/油下超疏水表面进行了深入的理论分析[37]，他们认为，这种表面在热力学上是不成立的，但是可以通过合理的结构设计来实现。他们通过研究发现，当表面倒梯形结构和合适的表面化学组分相结合时，就可以实现材料表面的水下超疏油/油下超疏水。合适的材料对水的本征接触角应在 56°~74°之间[图 2-11(c)]。他们的研究提供了一种制备稳定水下超疏油/油下超疏水表面的方法。应当指出，即使可以通过合理的表面结构设计来实现固体表面的水下超疏油/油下超疏水性，材料在油下对水的黏附力还是要高于材料在水下对油的黏附力。除以上两个已报道的文献外，Li 等的工作也证实了这一点[38]。他们将土豆粉和水性聚氨酯混合喷涂在不锈钢网上从而制得了水下超疏油/油下(超)疏水复合网。这种复合网在水下对各种油的接触角大于150°，而在油下对水的接触角则取决于使用的油的类型，油的黏度越大，对水的接触角越大，在黏度较低的油下水的接触角只有约 140°。目前对于水下超疏油/油下超疏水表面的研究还不是很多，理论也还不够完善，但是目前的研究结果表明制备这类表面需要使用既具有亲水性基团又具有亲油性基团的材料。在以后的研究中，还会有更多的材料被开发出来用于水下超疏油/油下超疏水表面的制备。

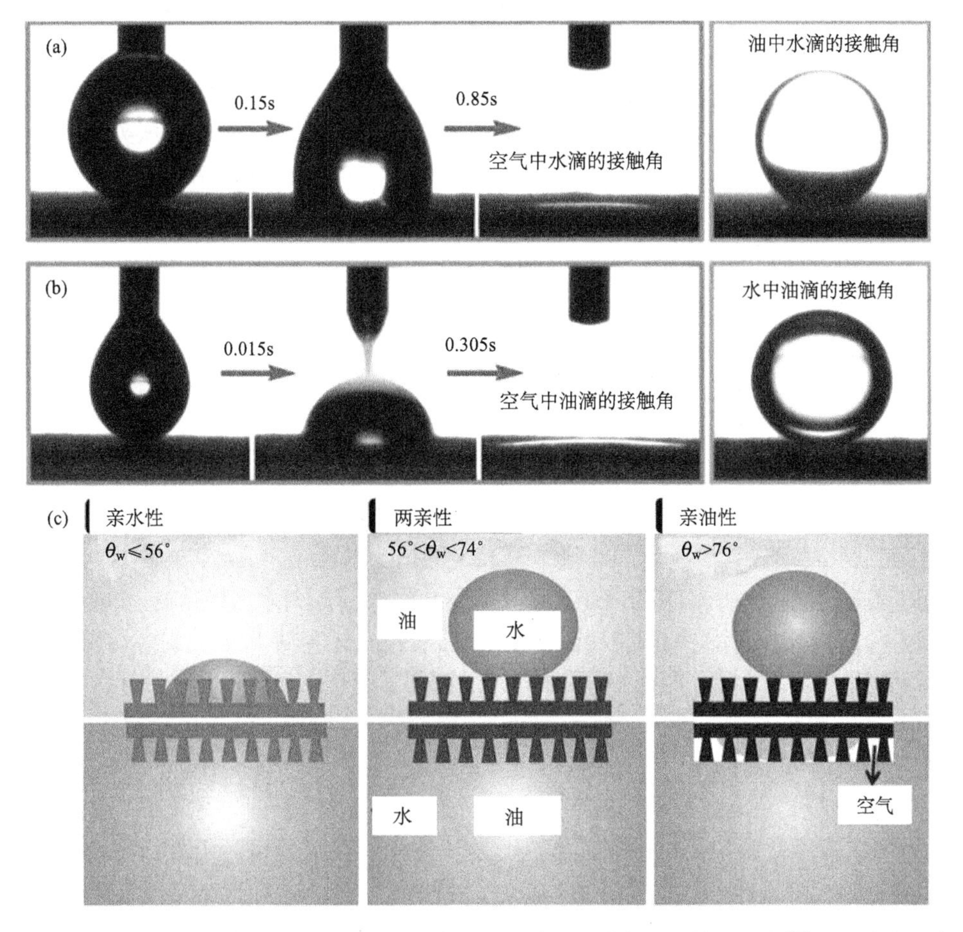

图 2-11　(a)膜在空气中对水的润湿性(左图)以及在油中对水的润湿性(右图)[36]；(b)膜在空气中对油的润湿性(左图)以及在水中对油的润湿性(右图)[36]；(c)所观测到的三种润湿模式的机理图[37]

2.3　特殊润湿性功能材料的制备方法

自然界中，有很多有着特殊性能的植物和动物，如荷叶表面的自清洁性、变色龙身体的变色功能、壁虎的爬墙功能、蜘蛛丝的承重功能，通过对这些生物的仿生研究可以实现结构与性能的完美统一。其中，对超疏水性表面的研究，在过去的 20 多年中，已成为仿生学的重要研究对象之一。

从基础学科的角度，固体表面的润湿性主要由两个因素共同决定：①表面化学组成；②表面粗糙度。科学家通过对具有超疏水性的荷叶表面的微观结构及成分研究发现，超疏水性表面的制备途径主要有以下两种：一种途径是在疏水性材料表面构造出一定尺度的粗糙结构；另一种途径是在一定尺度的粗糙结构上修饰低表面能物质。这两种途径中，在固体表面修饰低表面能物质在技术上相对比较容易实现。因此，制备超疏水性表面的关键点便是集中在如何在固体表面构建出适合的微观粗糙结构。随着科学家的不断深入研究，许多制备超疏水表面的方法也不断涌现出来。下面，将简单阐述这些制备方法。

2.3.1 刻蚀法

刻蚀法是一种比较简单且有效的制备超疏水表面粗糙结构的方法。到目前为止，已经有多种不同的刻蚀方法被应用于制备超疏水表面，如化学刻蚀、等离子体刻蚀、激光刻蚀等[39]。

Shiu 等[40]通过氧等离子体刻蚀的方法制备了一种可谐调的超疏水表面，其接触角可达 170°；Pan 等[41]利用十六烷基三甲基溴化铵和硝酸，在超声的条件下在铜基底上进行化学刻蚀，制备出了接触角达 155°的超疏水表面；Gao 等[42]通过辉光放电电解等离子体刻蚀法(GDEP)在锌片基底表面制备出了超疏水粗糙结构；Zhang 等[43]报道了一种通过胶体平版印刷和活性离子刻蚀的方法在硅基底表面制备均匀排列的硅锥阵列，从而形成了微纳米级的结构，并制得了超疏水表面(图 2-12)。

2.3.2 溶胶-凝胶法

溶胶-凝胶法(sol-gel)制备超疏水表面的粗糙结构是一种非常有效、低成本，且大多在常温常压下便可进行的方法。这一方法通常还可以用于大面积地制备超疏水表面。

Shang 等[44]通过溶胶-凝胶法，以不同成分(正硅酸乙酯、硅烷偶联剂 KH-570、甲基三乙氧基硅烷)的二氧化硅(SiO_2)溶胶作为前驱体，在基底表面制备出可通过水解和浓缩过程控制的粗糙结构，最后在粗糙结构表面修饰两种具有低表面能的单层膜，得到接触角达 165°的透明超疏水薄膜。Latthe 等通过溶胶-凝胶法，以三甲基乙氧基硅烷作为前驱体，在玻璃表面制备出了透明的 SiO_2 超疏水薄膜，该薄膜在 275℃的高温下其超疏水特性仍能稳定地存在。Wu 等[45]设计出包括溶胶-凝胶法的湿化学法，在硅片基底上合成了排列非常规则的纳米棒状 ZnO，再经过低表面能物质修饰后，制备出具有超疏水性的表面(图 2-13)。

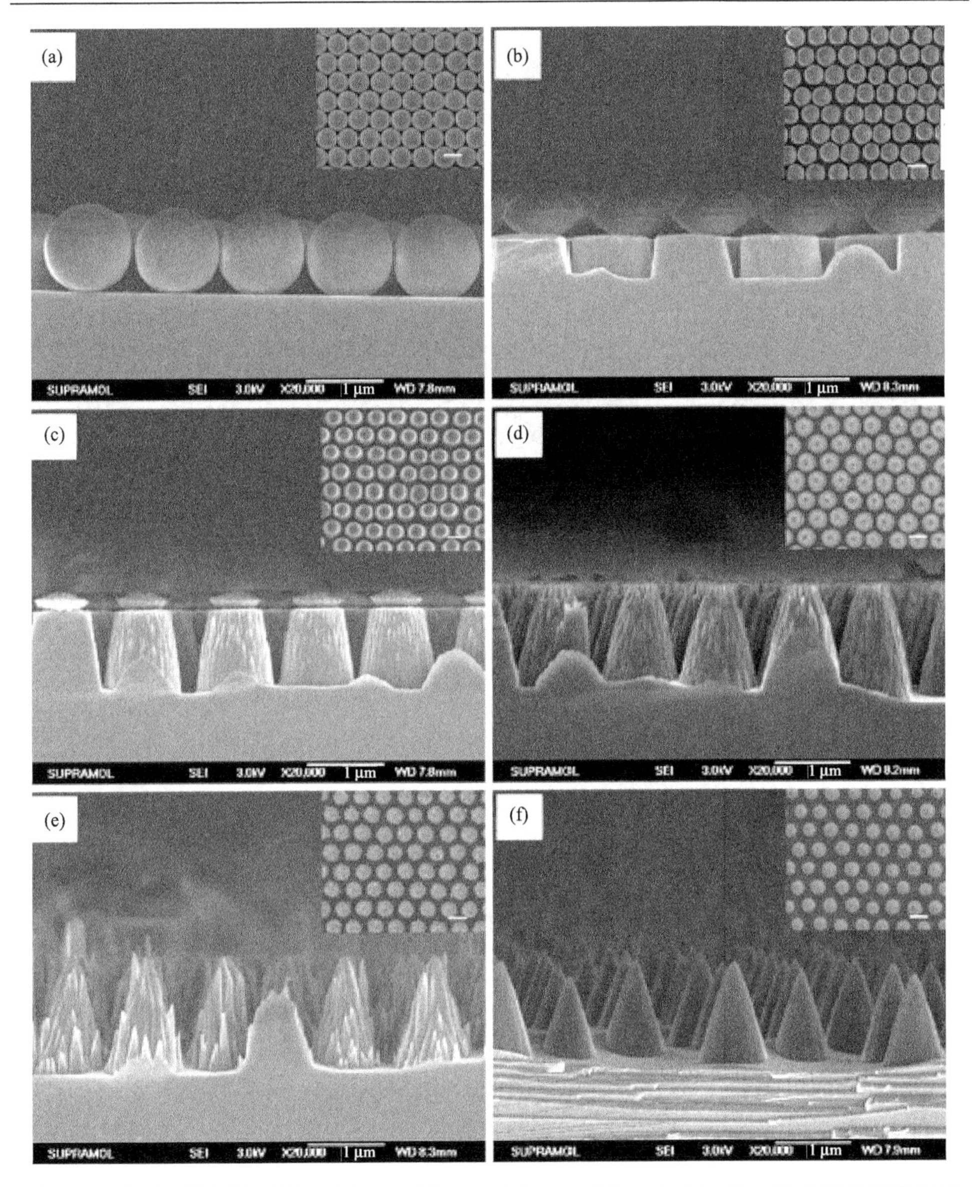

图 2-12　在不同的刻蚀时间 0s(a)，70s(b)，140s(c)，175s(d)，210s(e)，300s(f)后硅片基底表面的硅锥阵列

这里需要表明的是：通过溶胶-凝胶法所制备的超疏水表面，其可以稳定存在主要归因于溶胶-凝胶法生成的化合物涂层与基底表面之间形成的共价化学键[46]，从而使得这一超疏水层牢固且稳健[47]。

图 2-13　氧化锌微观结构表面的扫描电镜图片：(a) 低放大倍数；(b) 高放大倍数；(c) 六边形氧化锌纳米棒的特写镜头；(d) 剖视图

2.3.3　模板法

模板法是指选取一个具有一定特征的模板，将特征模板的表面进行复制，最后移去特征模板或取出复制品。理论上，特征模板可以是自然界中任何具有超疏水特性的生物，如昆虫的翅膀、爬行类动物的皮以及植物的叶子。Sun 等[48]以自然界中的荷叶为特征模板，通过纳米塑形的方法，在聚合物聚二甲基硅氧烷(PDMS) 表面上制得了类似于荷叶表面的微观结构，同时该涂层具有类似于荷叶表面的超疏水性和自清洁性(图 2-14)。

2.3.4　自组装法

自组装法是用于构建薄膜涂层时的一种简单且廉价的方法，一般这种方法通过静电相互作用和化学共价键完成多层物质之间的嫁接,它的优点在于可以通过控制自组装的次数来很好地控制薄膜涂层的厚度。到目前为止，自组装法已被大量科研工作者应用于制备超疏水表面的粗糙结构。

Amigoni 等[49]通过层层自组装法将基底分别浸泡于氨基化的二氧化硅溶液和环氧化的更小的二氧化硅溶液中，在基底表面构建出了有机/无机化涂层。他们发

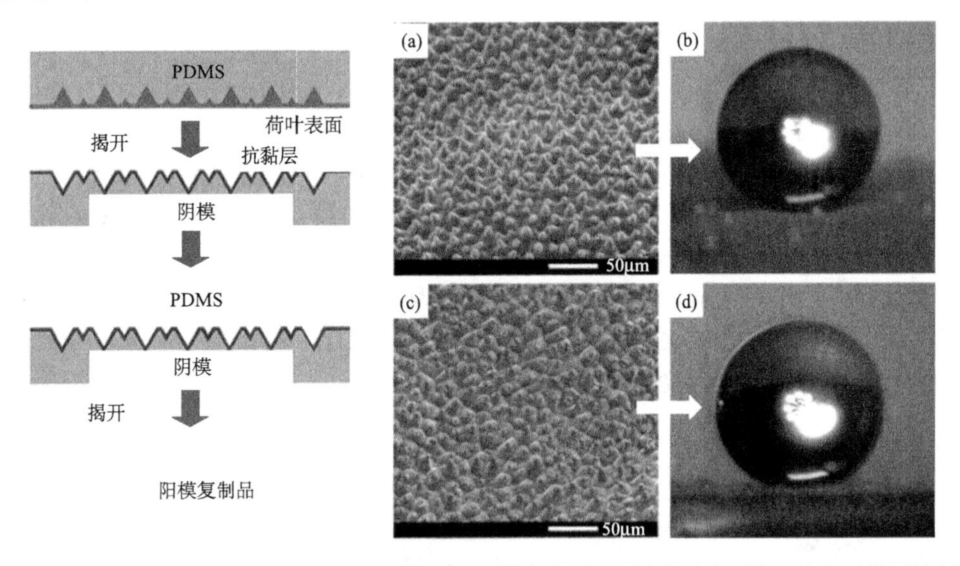

图 2-14 (左)以荷叶为特征模板制备超疏水表面的流程图；(右)荷叶表面(a，b)和以模板法制备所得的超疏水 PDMS 表面(c，d)的微观结构图及接触角图的对比图

现，涂层的疏水度随着浸泡循环的次数在增加，当循环次数增加到 9 层时，其表面的水接触角可达到 150°以上。Zhai 等[50]运用层层自组装法制备出了超疏水/超亲水可相互转换的表面，他们通过精确控制膜的厚度和粗糙度，在基底表面制备出 PAH 和二氧化硅纳米粒子的多层薄膜，之后基底表面再经过 PNIPAM 和低表面能物质修饰，便制得了可亲/疏转换的表面，这一方法在微流体管道方面有着非常潜在的应用价值。Genzer 等[51]通过机械自组装单层膜的方法，先用紫外光和臭氧处理 PDMS 形成羟基-硅基底，然后再用含氟的低表面能物质进行处理，最后制得了具有超疏水性的聚合物表面(图 2-15)。

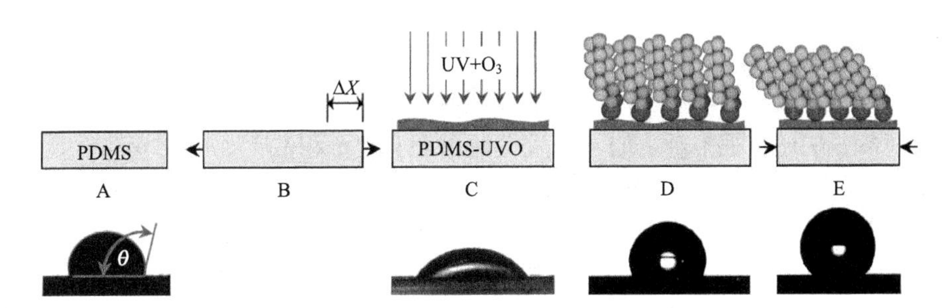

图 2-15 机械自组装超疏水性单层膜的制备方法

2.3.5　气相沉积法

Borras 等[52]报道了在低温下通过等离子体-化学气相沉积法(PECVD)，在银膜基底上制备出一层以 Ag/TiO_2 为核的纳米纤维，这些纤维是由被包覆 TiO_2 层的银纳米晶体形成的，所制备的超疏水表面的水接触角最大可近 180°。Hosono 等[53]通过化学沉积法(CBD)从 $CoCl_2$ 和 NH_2CO 水溶液中制备了具有纳米针状结构的薄膜，薄膜的水接触角高达 178°。Jung 等[54]为了提高超疏水表面的机械强度，将多层碳纳米管(CNTs)通过催化-气相沉积法沉积到微米级的硅片基底上，最终制得了接触角达 170°的超疏水表面(图 2-16)。

图 2-16　在微米级的硅片基底上通过催化-气相沉积法制备的多层碳纳米管(CNTs)

2.3.6　其他方法

到目前为止，已经有大量的方法被发明出来用于制备超疏水表面。超疏水表面的制备方法还有很多种，如异相成核法[23]、交替沉积法[55]、电化学法[56]、等离子体处理法[57]、溶剂-非溶剂法[58]、直接成膜法[59]、蒸汽诱导相位分离法[60]、电纺丝法[61]等，然而有些方法大多需要特殊的加工设备和复杂的工艺流程，不适合大规模的生产，且所制备的表面超疏水层的粗糙结构容易在外力的影响下遭到破坏。因此，寻找方便简单、可大规模生产且稳定性和耐久性好的超疏水材料表面制备方法，是当前研究的重要目标之一。

2.4　特殊润湿性功能生物质材料的制备

2.4.1　超疏水木材的制备

2.4.1.1　以 TiO_2/epoxy/OTS 为涂层制备超疏水木材

1) 实验方法

(1) 将杨木基材分别浸渍于去离子水、丙酮以及无水乙醇中进行洗涤，同时辅助以超声处理，时间分别为 15min，将洗涤完毕后的杨木基材取出，放于 60℃的恒温鼓风干燥箱中进行干燥，备用。

(2) 将 3mL 的钛酸丁酯溶解到 50mL 的无水乙醇中，得到 A 溶液；将 30mL 的无水乙醇加入到 100mL 的去离子水中，并通过浓度为 $1mol \cdot L^{-1}$ 的 NaOH 溶液调节 pH 到 9，得到 B 溶液；在磁力搅拌作用下，将 10mL 的 A 溶液缓慢滴加到 130mL 的 B 溶液中，继续搅拌 30min，将混合溶液在 40℃条件下进行超声处理 40min，从而使得溶液中的粒子分散更为均匀，粒径更小。随后继续磁力搅拌 2h，得到 TiO_2 溶胶。将 TiO_2 溶胶放置于 80℃的恒温鼓风干燥箱中干燥 8h，得到 TiO_2 干凝胶，将其仔细研磨后，得到 TiO_2 粉体。

(3) 首先，称取 0.1g 的 TiO_2 粉体，将其分散于 50mL 的无水乙醇中，得到 C 溶液，超声分散 10min 后待用。其次，用移液枪准确量取 1.5mL 的 3-氨基丙基三乙氧基硅烷（KH-550）、1.0mL 的去离子水以及 5mL 的无水乙醇于烧杯中混合，得到 D 溶液，即水解的 KH-550 溶液。然后在磁力搅拌作用下，将 D 溶液缓慢滴加到 C 溶液中，并在 60℃的水浴锅中持续搅拌 2h，从而促进 KH-550 与 TiO_2 粒子的键合，使得 TiO_2 粒子氨基化。图 2-17 展示的是 TiO_2 粒子的氨基化过程。

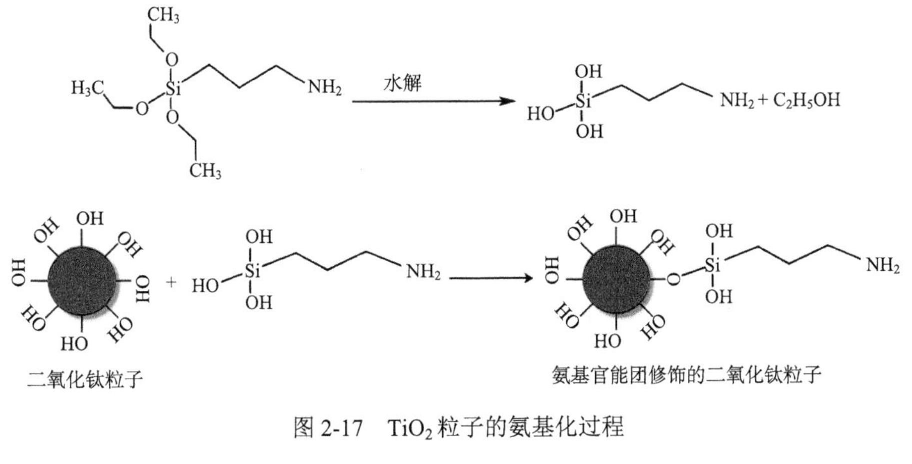

图 2-17　TiO_2 粒子的氨基化过程

(4)配制质量分数为 4%的环氧树脂丙酮溶液，将步骤(1)得到的杨木基材浸渍于其中 1h 后取出，用高纯度的氮气将其表面吹干，随后将得到的杨木基材浸渍于步骤(3)制备的氨基化 TiO_2 无机粒子溶液中 1h，取出后将其放置于 60℃的恒温鼓风干燥箱中干燥 8h。

(5)配制体积分数为 2%的 OTS-正己烷溶液，将之前干燥后的杨木基材浸渍于其中，保存于 60℃环境下进行改性，改性时间为 3h。改性结束后，将样品取出，放置于 60℃的恒温鼓风干燥箱中，待 8h 干燥后，即得到具有超疏水性能的杨木基材。

2)结果与讨论

a. TiO_2 粒子粒度分析

图 2-18 为实验中制备得到的 TiO_2 粒子的粒度分析。在进行粒度分析时，选取 TiO_2 粒子水溶液中的中层溶液进行分析，主要是因为当杨木基材浸渍于 TiO_2 粒子溶液中时，杨木基材所处的位置刚好位于溶液的中层，因此选取 TiO_2 粒子溶液的中层溶液能够最直接、最真实地反映沉积于杨木基材表面的 TiO_2 粒子的粒径。从图中可以看出，TiO_2 粒子的粒径较为均匀，主要集中在 200~400nm 之间，其平均粒径为 279nm。同时也有部分 TiO_2 粒子的粒径大于 1000nm，因为重力的作用，这部分粒子不会沉积在杨木基材的表面，反而会沉淀于 TiO_2 粒子溶液的底部。因此，在杨木基材表面沉积的 TiO_2 粒子粒径均匀，且其尺寸均为纳米级，这就为在杨木基材表面形成稳定的超疏水涂层提供了恰当的表面粗糙度，从而使得硅烷化 TiO_2/epoxy 改性杨木基材具有了尺寸稳定性的特征。

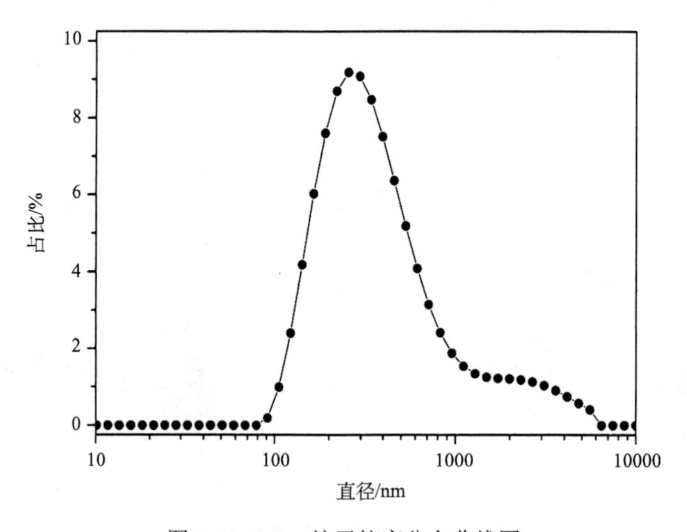

图 2-18　TiO_2 粒子粒度分布曲线图

b. 硅烷化 TiO_2/epoxy 改性杨木基材表面微观结构分析

图 2-19 为原始杨木基材与硅烷化 TiO_2/epoxy 改性杨木基材的横切面分别在低倍以及高倍放大倍数下的扫描电镜（SEM）照片。从图中可以看出，由于杨木基材切割的方式为物理切割，其横切面呈现出不规则的鳞片状结构。图 2-19(a)和图 2-19(c)分别为低放大倍数下的原始杨木基材以及硅烷化 TiO_2/epoxy 改性杨木基材的横切面照片，通过硅烷化 TiO_2/epoxy 改性后，杨木基材的表面发生了细微的变化，其表面涂覆了一层蜡状物质，这层物质即为环氧树脂。但同时硅烷化 TiO_2/epoxy 改性杨木基材仍然有着原始杨木基材的木材微观结构，这就从侧面保证了杨木基材的木材属性不被破坏。从高放大倍数扫描电镜照片上观察，我们可以看到，图 2-19(b)为原始杨木基材，其表面比较平整，在微观角度上没有粗糙的表面结构；图 2-19(d)为硅烷化 TiO_2/epoxy 改性杨木基材，其表面与原始杨木基材相比，除了涂覆有环氧树脂外，还可以观察到纳米尺度的 TiO_2 粒子被部分嵌入在了环氧树脂中，同时 TiO_2 粒子的粒径均匀，分布也较为均匀，这就使得改性后的杨木基材在微观角度上，其表面具有了纳米尺度的粗糙结构。而正是由于 TiO_2 粒子的粒径太小，在扫描电镜照片中判断其粒径尺寸较为困难，故而使用了粒度分析来对其粒径进行检测。综上，本实验通过浸渍法，在杨木基材表面均匀地附着了一层硅烷化 TiO_2/epoxy 改性涂层，该涂层在微观角度上使杨木基材表面具有纳米尺度的粗糙结构，但同时并没有影响杨木基材的木材属性，最终通过修饰低表面能物质后，杨木基材获得了超疏水的特性。

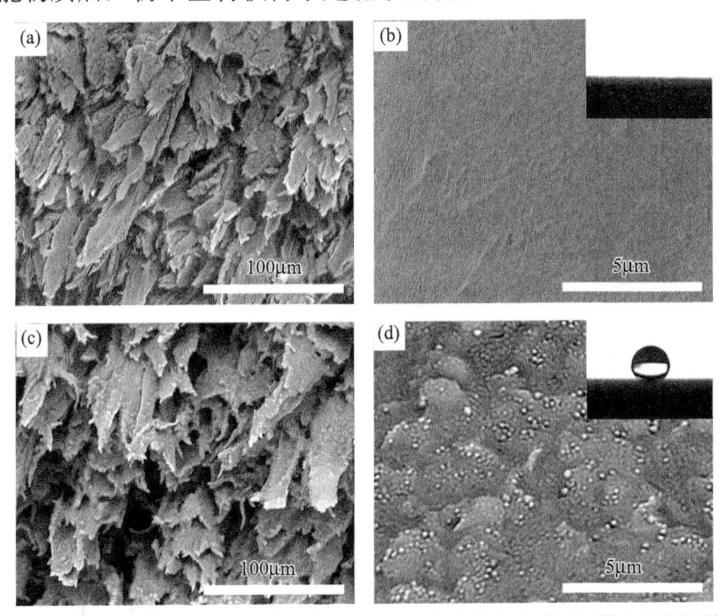

图 2-19　(a, b)原始杨木基材与(c, d)硅烷化 TiO_2/epoxy 改性杨木基材（横切面）低倍及高倍放大倍数下扫描电镜照片

c. 硅烷化 TiO_2/epoxy 改性杨木基材表面化学组分分析

图 2-20 为原始杨木基材以及硅烷化 TiO_2/epoxy 改性杨木基材表面的 X 射线光电子能谱(XPS)图。从原始杨木基材的谱图[图 2-20(a)]中可以看到，只有 C1s 以及 O1s 的峰出现，说明在原始杨木基材中，除了木材的基本组分外，并没有其他的化合物存在。而在硅烷化 TiO_2/epoxy 改性杨木基材的谱图[图 2-20(b)]中，我们可以看到，除了 C1s 以及 O1s 的峰之外，Si2p、Si2s、Cl2p 以及 Ti2p 的峰也被检测出来，这就证明了在硅烷化杨木基材的表面，附着有 TiO_2 粒子以及 OTS 改性剂。由于环氧树脂以及 OTS 中 C 元素的含量远远高于 O 元素的含量，因此硅烷化 TiO_2/epoxy 改性杨木基材的 XPS 谱图中，C1s 的峰面积也要远远大于 O1s 的峰面积。通过 XPS 谱图，可以得出结论，硅烷化 TiO_2/epoxy 改性杨木基材表面均匀地附着了一层 TiO_2/epoxy/OTS 超疏水改性涂层，从而使杨木基材具有了超疏水的特性。

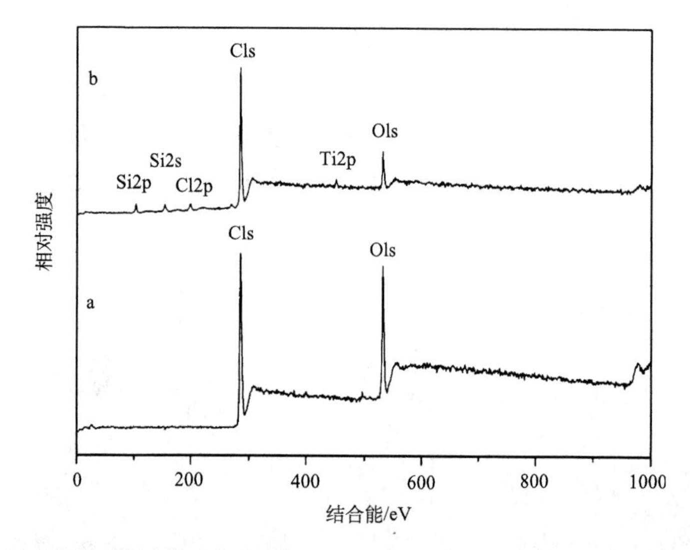

图 2-20　(a)原始杨木基材与(b)硅烷化 TiO_2/epoxy 改性杨木基材的 X 射线光电子能谱图

在本实验中，由于杨木基材分别浸渍于环氧树脂溶液以及 TiO_2 溶液中，同时环氧树脂会在杨木基材表面形成一层致密的涂层，进而使得硅烷化 TiO_2/epoxy 改性杨木基材表面的超疏水涂层不仅为几纳米的厚度。但由于 XPS 检测厚度为表层的 5~10nm，并不能全面地分析硅烷化杨木基材的表面信息，因此我们还通过能量色散 X 射线光谱(EDX)对样品进行表征，其检测厚度为表层的 100~1000nm 深度。

图 2-21 为原始杨木基材以及硅烷化 TiO_2/epoxy 改性杨木基材的 EDX 能谱分析图，在图中我们同时插入了被检测元素的质量分数值以及原子分数值。从图

2-21(a)可以看出，原始杨木基材表面只有 C、O 和 Au(来源于样品表面喷金)三种元素被检测出来，而从图 2-21(b)可以看出，在硅烷化 TiO_2/epoxy 改性杨木基材表面不仅有 C、O 和 Au 元素，同时被检测出来的还有 Ti、Si 以及 Cl 元素，其中 Ti 元素来源于涂层中的 TiO_2 粒子，Si 元素以及 Cl 元素来源于涂层中的 OTS 改性剂。这再一次证明了硅烷化 TiO_2/epoxy 改性杨木基材表面均匀地附着了一层 TiO_2/epoxy/OTS 超疏水改性涂层。对比改性前后杨木基材表面的元素含量，由于 Ti、Cl 和 Si 元素的增加，C 和 O 元素所占百分比相对减少，但同时也说明 TiO_2/epoxy/OTS 超疏水改性涂层中 TiO_2 以及 OTS 占有了比较多的比例。基于以上原因，硅烷化 TiO_2/epoxy 改性杨木基材表现出了优异的超疏水特性。

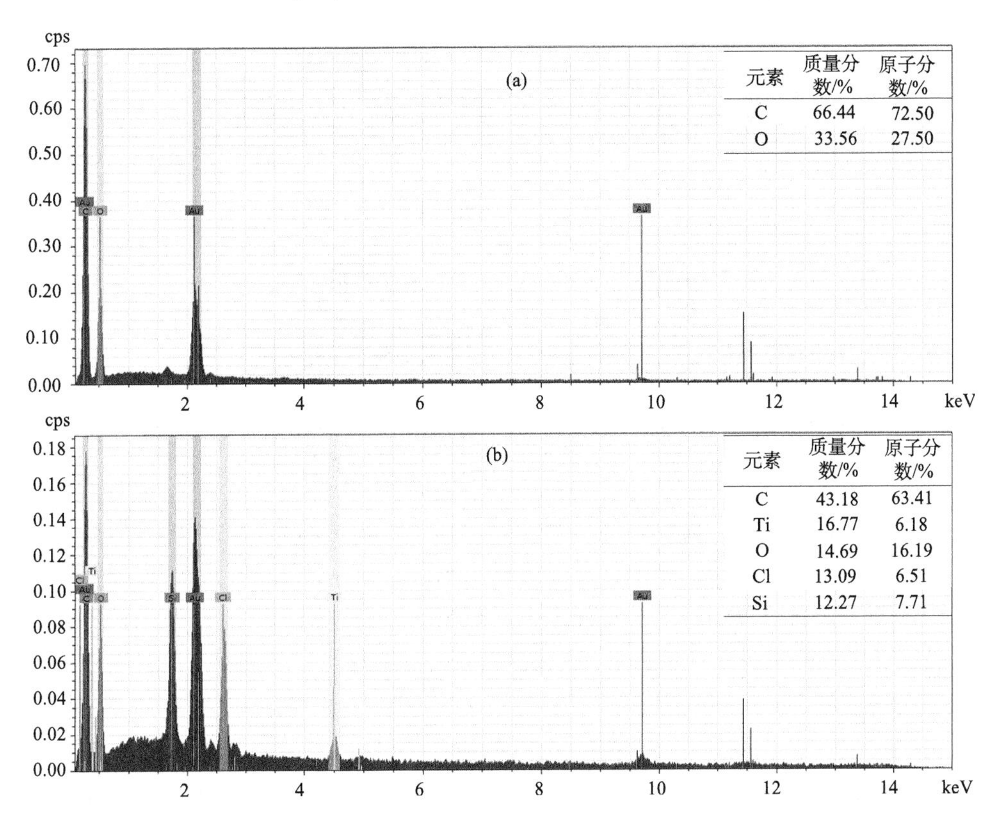

图 2-21　(a)原始杨木基材与(b)硅烷化 TiO_2/epoxy 改性杨木基材的能量色散 X 射线光谱图

d. 硅烷化 TiO_2/epoxy 改性杨木基材表面润湿性分析

如图 2-22 所示，分别为原始杨木基材、经过硅烷化 TiO_2/epoxy 浸渍后的杨木基材、OTS 处理后的杨木基材以及硅烷化 TiO_2/epoxy 改性杨木基材表面的水接触角照片。当杨木基材未经任何处理时，其表面呈现出超亲水的特性，水接触角为 0°；当杨木基材通过浸渍处理，使其表面附着有 TiO_2 粒子以及环氧树脂涂层后，虽然水接触角有所增大，但仍然是亲水性，水接触角为 81.5°；当杨木基材通过简单的 OTS 改性后，其表面的润湿性会发生明显变化，从超亲水转变为疏水，水接触角为 135°，但此时由于其表面不具有粗糙结构，因此尚不能达到超疏水的状态；只有先在杨木基材表面构建微观尺度的粗糙结构，随后进行低表面能处理，才能在其表面形成超疏水的结构，水接触角为 157°，同时其滚动角小于 5°。从以上润湿性分析我们可以得出，为了得到材料表面的超疏水现象，样品必须具有两个特征点：其一是从微观角度必须具有粗糙的表面结构；其二是样品表面应该具有较低的表面能。

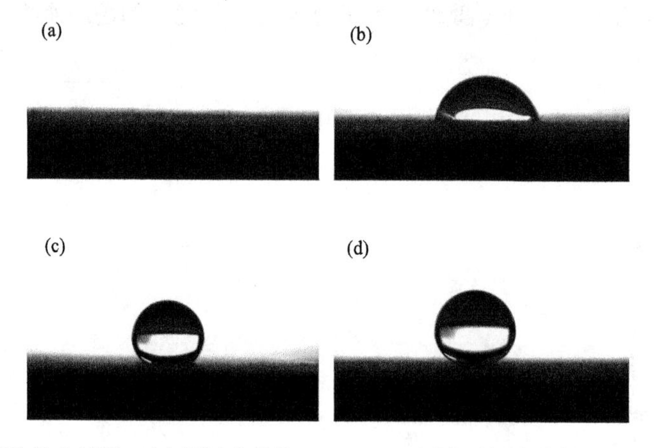

图 2-22　(a)原始杨木基材、(b)经过硅烷化 TiO_2/epoxy 浸渍后杨木基材、(c)OTS 处理后杨木基材以及(d)硅烷化 TiO_2/epoxy 改性杨木基材表面的水接触角照片

在理论研究方面，最早对固体表面润湿性进行阐述的为杨氏方程，但由于其只针对光滑的表面而言，因此具有局限性。随后，Wenzel 方程对杨氏方程进行了修正，可以将其应用于粗糙的表面。但是后来人们发现，具有润湿性现象的界面为复合界面，并不是单一的固体-液体界面，因此通过再次修正后，Cassie 方程被提出，其形式为

$$\cos\theta_c = f_s(\cos\theta + 1) - 1 \tag{2-15}$$

其中，f_s 为材料表面与水滴接触时的面积分数；θ_c 为水滴在超疏水材料表面的表观接触角，本实验中是 157°；θ 为表面光滑但具有较低表面能时材料表面的本征接触角，本实验为 135°。通过 Cassie 方程计算，得到 f_s 为 27%，即硅烷化 TiO_2/epoxy 改性杨木基材与水滴的接触面积仅为 27%，而空气与水滴的接触面积为 73%。因此可以看出，本实验制备得到的硅烷化 TiO_2/epoxy 改性杨木基材具有优异的超疏水性能，当其表面滴有水滴时，水滴所润湿的表面面积非常小。

e. 不同浓度 epoxy 对硅烷化 TiO_2/epoxy 改性杨木基材表面润湿性的影响

在实验中我们发现，环氧树脂溶液的浓度也会对硅烷化 TiO_2/epoxy 改性杨木基材表面的润湿性有一定影响，如图 2-23 所示，即为在不同浓度的环氧树脂溶液中浸渍得到的硅烷化 TiO_2/epoxy 改性杨木基材表面的润湿性状况。当环氧树脂溶液的浓度从 1%逐渐升高到 4%时，得到的硅烷化 TiO_2/epoxy 改性杨木基材表面的水接触角从 134°增加至 157°，这主要是因为随着环氧树脂溶液浓度的升高，可以将更多纳米级 TiO_2 粒子固定于硅烷化 TiO_2/epoxy 改性杨木基材表面，从而使其表面的粗糙度增加，提高了其超疏水特性。但是当环氧树脂溶液浓度从 4%继续增加到 6%时，硅烷化 TiO_2/epoxy 改性杨木基材表面的水接触角却出现了递减的态势，从 157°减小到 144.5°，产生这一现象是因为当环氧树脂的浓度继续增加时，虽然 TiO_2 粒子的留着率在提升，但是更多的 TiO_2 粒子被包覆在了环氧树脂内部，并没有附着在硅烷化 TiO_2/epoxy 改性杨木基材表面，从而其表面粗糙度不仅没有提升，反而减小了，超疏水性能自然也就减弱了。因此，选取恰当浓度的环氧树脂溶液在本实验中也体现出了其重要性，通过实验我们确定环氧树脂溶液浓度为 4%。此时，制备得到的硅烷化 TiO_2/epoxy 改性杨木基材表面具有最佳的表面粗糙度，其超疏水性也为最佳，水接触角达到了 157°。

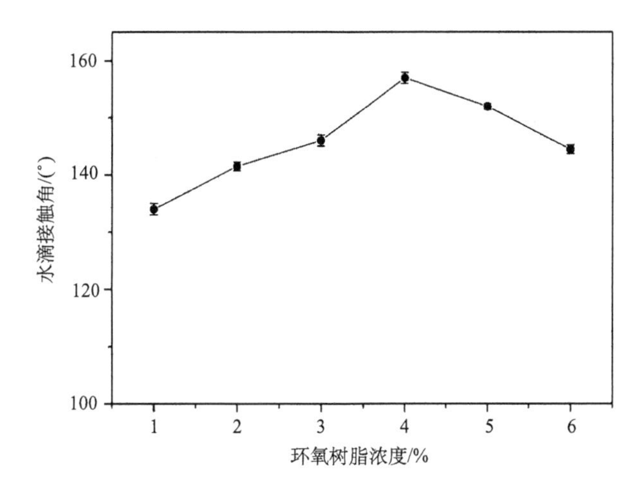

图 2-23　环氧树脂溶液浓度对硅烷化 TiO_2/epoxy 改性杨木基材表面润湿性影响变化曲线图

f. 硅烷化 TiO_2/epoxy 改性杨木基材尺寸稳定性分析

如图 2-24 所示，我们分别将原始杨木基材、浸渍环氧树脂后的杨木基材以及硅烷化 TiO_2/epoxy 改性杨木基材放置于水溶液中，对其进行润胀分析。从图中可以看出，原始杨木基材与浸渍环氧树脂后的杨木基材在前 30 天，其质量变化率增加明显，说明这两种样品在前 30 天吸水较多，而后逐渐趋于稳定；硅烷化 TiO_2/epoxy 改性杨木基材则是前期其质量变化率一直变化，在第 40 天以后，逐渐趋于平稳，说明硅烷化 TiO_2/epoxy 改性杨木基材润胀性有了明显提升，其吸水速率低于原始杨木基材以及环氧树脂浸渍后的杨木基材。同时，经过实验我们还观察到，当样品放置于水溶液中 90 天后，原始杨木基材与环氧树脂浸渍后的杨木基材质量变化率基本相同，也就是其吸水量基本相当，原始杨木基材为 228.54%，环氧树脂浸渍后的杨木基材为 226.89%，说明单纯进行环氧树脂改性，对杨木基材润胀性影响不大，不能够有效地防止其吸水膨胀。而硅烷化 TiO_2/epoxy 改性杨木基材在经过 90 天的吸水膨胀后，其质量变化率为 168.38%，虽没有达到完全不润湿的状态，但同原始杨木基材相比，有了明显提升，提升率为 26.32%。因此，通过 TiO_2/epoxy/OTS 改性处理之后的杨木基材在润胀性方面有了明显的提升，这主要是因为其超疏水表面相对稳定，进而防止了水分子进入到木材组分中去。

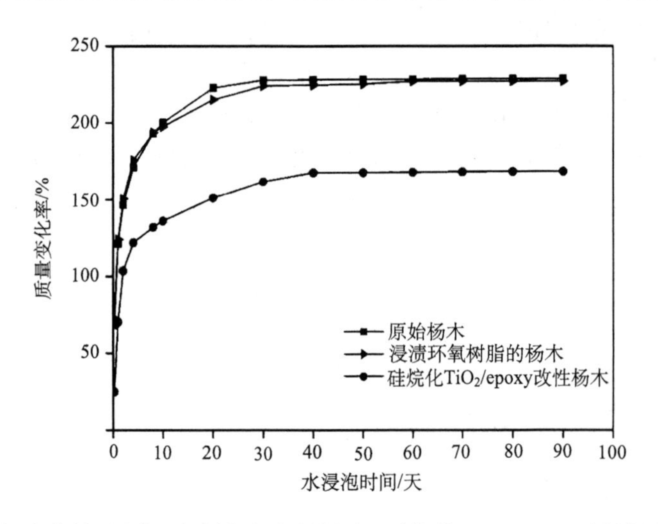

图 2-24　原始杨木基材、浸渍环氧树脂杨木基材以及硅烷化 TiO_2/epoxy 改性杨木基材水溶液润胀变化曲线图

同时，我们对硅烷化 TiO_2/epoxy 改性杨木基材的润胀性曲线也进行了非线性拟合，从拟合曲线来看，与之前的润胀性曲线有非常好的相关度，即拟合优度 R^2 为 0.9763。得到的非线性方程为

$$y = 89.21 + 19.51 \times \ln(x - 0.21) \tag{2-16}$$

其中，x 是时间，单位为天；y 是质量变化率，单位为%。

除了对原始杨木基材、环氧树脂浸渍后的杨木基材以及硅烷化 TiO_2/epoxy 改性杨木基材润胀性进行分析外，我们也对样品三个切向方向的尺寸稳定性进行了记录分析，如表 2-1 所示。与原始杨木基材相比，环氧树脂浸渍处理之后的杨木基材以及硅烷化 TiO_2/epoxy 改性杨木基材在三个切向方向上的尺寸稳定性均有了一定程度的提高，并且在水溶液中放置时间为 40 天后，其尺寸变化率趋于平稳。

结合润胀性曲线，可以得出结论，用不同方式处理后得到的杨木基材在水溶液中进行润胀时，第 40 天开始基本达到润胀饱和，随着时间的继续增加，变化将不再明显。

表 2-1　原始杨木基材、浸渍环氧树脂杨木基材以及硅烷化 TiO_2/epoxy 改性杨木基材水溶液浸泡 90 天三个切向尺寸变化表

样品处理方式		时间/天												
		1	2	4	8	10	20	30	40	50	60	70	80	90
原始杨木基材	Ⅰ/%	2.48	2.56	2.64	2.70	2.72	2.76	2.81	2.82	2.91	3.10	3.00	3.10	3.20
	Ⅱ/%	2.16	2.26	2.35	2.37	2.41	2.47	2.46	2.46	2.46	2.46	2.65	2.65	2.65
	Ⅲ/%	1.51	1.91	2.22	2.31	2.42	2.51	2.72	2.72	2.72	2.82	2.82	2.82	2.82
环氧树脂改性杨木基材	Ⅰ/%	2.23	2.43	2.44	2.33	2.23	2.23	2.33	2.43	2.53	2.73	2.63	2.73	2.73
	Ⅱ/%	0.38	0.44	0.48	0.59	0.69	0.78	0.69	0.78	0.78	0.78	0.78	0.79	0.88
	Ⅲ/%	0.84	1.02	1.07	1.13	1.20	1.23	1.34	1.25	1.34	1.34	1.35	1.34	1.34
硅烷化 TiO_2/epoxy 改性杨木基材	Ⅰ/%	1.10	1.30	1.34	1.40	1.65	1.72	1.70	1.65	1.80	1.80	1.82	1.80	1.82
	Ⅱ/%	0.79	0.86	0.99	0.97	1.09	1.16	1.19	1.19	1.18	1.39	1.29	1.39	1.39
	Ⅲ/%	1.10	1.40	1.40	1.16	1.20	1.20	1.20	1.34	1.46	1.40	1.50	1.60	1.60

g. 小结

本实验通过简单的浸渍处理方法，获得了具有良好尺寸稳定性以及润胀性的硅烷化 TiO_2/epoxy 改性杨木基材。该样品在常温常压下的接触角为 157°，滚动角小于 5°，呈现出良好的超疏水性能。

实验中，TiO_2 无机粒子通过偶联剂 KH-550 与环氧树脂进行接枝，从而使得 TiO_2 粒子在杨木基材的表面具有了良好的留着率。随后通过 OTS 改性，降低了杨木基材的表面能，得到了具有超疏水特性的样品。在尺寸稳定性方面，TiO_2 和环氧树脂进行协同作用，保证了硅烷化杨木基材不被水分所润湿，同时环氧树脂作为黏结剂，在杨木基材各个表面上分布均匀，使得其无论是横切向、径切向，还是弦切向，都有着良好的疏水特性，进而确保了样品各个切向方向上的尺寸稳定性。

将制备得到的硅烷化杨木基材与原始杨木基材进行尺寸稳定性测试，发现硅烷化杨木基材在长达三个月的时间内仍旧维持了较小的吸水膨胀率，这就使得该种基材拥有了广阔的使用前景，可以在抗污染、抗形变、防水、自清洁等实际环境中得到应用。

2.4.1.2　*以 TiO_2/$CaCO_3$/硬脂酸为涂层制备超疏水木材*

1) 实验方法

(1) 将杨木基片分别浸渍于去离子水、丙酮以及无水乙醇中，在浸渍的过程中同时进行超声清洗，超声清洗的时间为 15min。将清洗过后的杨木基片放置于 60℃的恒温鼓风干燥箱中进行干燥，时间为 3h。

(2) 本实验中，TiO_2 前驱体溶液是在常温下通过溶胶-凝胶法制得。在磁力搅拌作用下，向盛有 30mL 无水乙醇的烧杯中分别逐滴滴加 10mL 的钛酸丁酯与 2mL 的冰醋酸，待滴加完毕后继续搅拌 20min，得到 A 溶液。

在制备 A 溶液的同时，将 0.5mL 的硝酸、1mL 的去离子水以及 10mL 的无水乙醇充分混合均匀，得到 B 溶液。

在磁力搅拌作用下，将 B 溶液逐滴滴加到 A 溶液中，滴加结束之后继续搅拌 1h，使得 A 溶液与 B 溶液能够完全混合并进行反应，随后在室温下陈化 24h，从而得到 TiO_2 前驱体溶液。

(3) 称取 1.0g 的 $CaCO_3$，将其分散于 150mL 的去离子水中，常温下持续搅拌 0.5h，使 $CaCO_3$ 可以完全分散。在强力搅拌的作用下，将 18mL 的 TiO_2 前驱体溶液通过滴液漏斗缓慢滴加到 $CaCO_3$ 溶液中，所得到的乳浊液继续搅拌 3h，从而使 TiO_2 前驱体溶液完全水解，得到 TiO_2 包覆 $CaCO_3$ 复合粒子乳浊液。

(4) 在常温常压下，将杨木基片浸渍于步骤(3)得到的乳浊液中 24h，随后将其取出并用去离子水进行清洗，60℃条件下在恒温鼓风干燥箱中干燥 3h。重复以上的浸渍及干燥过程三次，使得杨木基片表面均匀沉积有复合粒子。

(5) 对沉积有复合粒子的杨木基片进行超疏水改性，是通过自组装的方式在其表面接枝一层硬脂酸单分子层来实现的。图 2-25 展示的即为硬脂酸分子自组

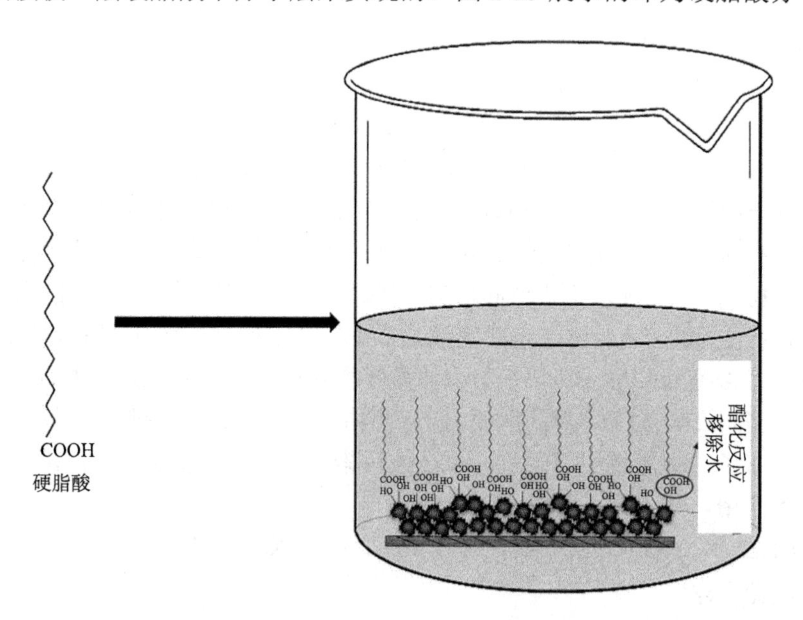

图 2-25　硬脂酸分子在附着有 TiO_2 包覆 $CaCO_3$ 微纳米复合粒子杨木基材表面的自组装过程

装的过程。简单来讲，0.3g 的硬脂酸溶解于 20mL 的无水乙醇中，随后将之前得到的杨木基片浸渍于其中，在 60℃环境下陈放 6h，用无水乙醇进行清洗，最后放置于 60℃的恒温鼓风干燥箱中进行干燥，时间为 3h。在该过程中，硬脂酸的羧基基团会与复合粒子表面的羟基基团发生酯化反应，从而将烷基链接枝到复合粒子表面，使材料表面呈现出超疏水特性，得到具有超疏水性能的杨木基片。

2) 结果与讨论

a. 复合杨木基片宏观色度分析

杨木基材表面所呈现出来的各向异性以及其微观结构已经在之前的很多文献中被报道[62,63]，因此该部分的讨论主要为杨木基片在处理之前以及处理之后，其表面的宏观变化以及色泽上所发生的改变。

原始杨木基片以及复合杨木基片的宏观照片以及其部分结构放大 10 倍后的照片如图 2-26 所示。将原始杨木基片[图 2-26(a)]与复合杨木基片[图 2-26(b)]进行对比，发现杨木基片表面制备得到的超疏水薄膜基本呈现出透明状。从宏观角度来看，原始杨木基片与复合杨木基片并没有明显的差异，后者仍然保留了前者的木材纹理以及木质原色。

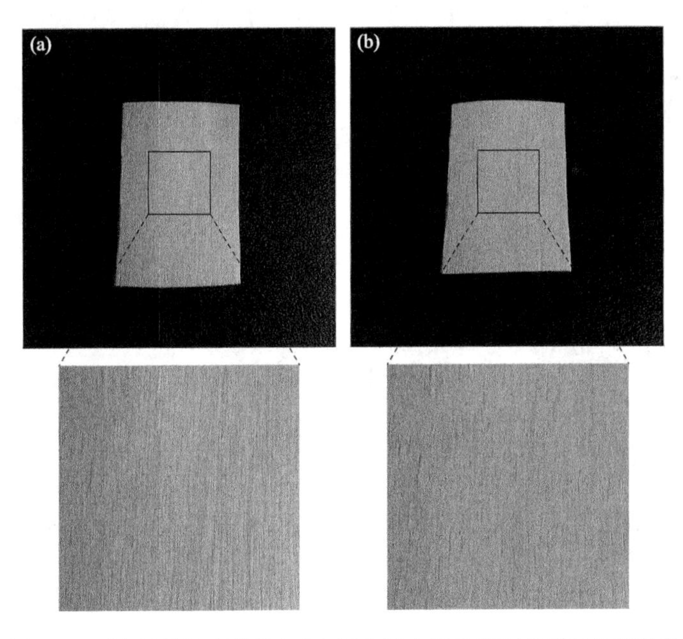

图 2-26　(a) 原始杨木基片与 (b) 复合杨木基片宏观色度对比照片图

b. 复合杨木基片表面微观结构分析

图 2-27 为原始杨木基片与复合杨木基片分别在低倍以及高倍放大倍数下的扫描电镜 (SEM) 照片。从图 2-27(a) 可以看出，原始杨木基片表面呈现出各向异

性，并且其为多孔性材料。同时，木材纹孔的直径为2~3μm。复合杨木基片的低倍扫描电镜照片如图2-27(b)所示，TiO_2包覆$CaCO_3$微纳米复合粒子均匀地沉积在杨木基片表面，同时杨木基片表面的纹孔部分也已经被微纳米复合粒子所填充。微纳米复合粒子能够稳定存在于杨木基片表面，是通过物理的吸附作用来实现，并且这种吸附力非常强，不会被轻易破坏。图2-27(c)为高倍下复合杨木基片的扫描电镜照片，可以看出大量的微纳米复合粒子均匀地分布于杨木基片表面。在尺寸方面，微纳米复合粒子的宽为200~300nm，长为600~800nm。并且部分复合粒子会与硬脂酸形成花束状的粗糙结构，从而增大了杨木基片的表面粗糙度。图2-27(d)所展示的是TiO_2包覆$CaCO_3$微纳米复合粒子在高倍扫描电镜下的照片，由于纳米尺度的TiO_2粒子将微米尺度的$CaCO_3$粒子包覆，从而使得复合粒子拥有了多尺度的粗糙表面结构，其尺寸为200~300nm。正是由于复合粒子的表面有了较大的粗糙度，当其沉积于杨木基片的表面上时，复合粒子之间以及复合粒子和样品表面之间会形成微小的空隙以及空腔，进一步提高了杨木基片表面的粗糙度，促使杨木基片呈现出微纳米多尺度的微观结构。

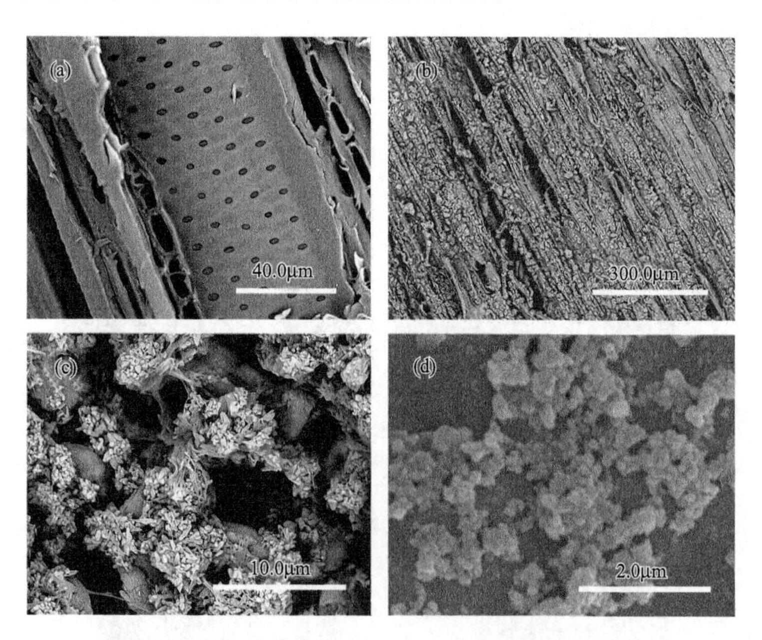

图2-27　低倍下原始杨木基片(a)与复合杨木基片(b)及高倍下复合杨木基片(c)与TiO_2包覆$CaCO_3$微纳米复合粒子(d)的扫描电镜照片图

c. 复合杨木基片表面化学组分分析

低表面能物质硬脂酸与微纳米复合粒子在杨木基片表面的依附方式是通过傅里叶变换红外光谱(FT-IR)来进行分析。原始杨木基片与复合杨木基片的红外光谱图如图 2-28 所示。3415cm^{-1}处比较宽的吸收峰以及 1637cm^{-1}处的吸收峰是由样品表面所含有的—OH 基团所产生[64,65]。而位于 2920cm^{-1}处以及 2850cm^{-1}处的两个比较强的吸收峰，则是由—CH_3 基团及—CH_2 基团的不对称伸缩振动以及对称伸缩振动所产生[66,67]，这就说明在杨木基片表面不仅有复合粒子的存在，也有长链烷基的存在，从而证实硬脂酸分子被附着在了复合粒子表面。此外，原始杨木基片表面在 2922cm^{-1}处出现了一个明显的吸收峰，该峰也是由—CH_3 基团的振动所引起，不同的是这一基团是由木材本身的组分所提供。在 1464cm^{-1}处，我们可以观察到一个微弱的增强峰，该峰是由硬脂酸分子与复合粒子表面的—OH 基团进行酯化反应后，得到的—COO—基团的对称伸缩振动所引起[45,68,69]，这就进一步证明了复合粒子的表面接枝了硬脂酸分子。在复合杨木基片的红外谱图[图 2-28(b)]中，873cm^{-1}处的吸收峰是方解石型 $CaCO_3$ 的典型红外峰[70,71]，该峰并不是非常容易被观察到，主要是因为 $CaCO_3$ 在杨木基片表面的含量较少，因此产生不了较强的吸收峰。同样，由于 TiO_2 的含量相比 $CaCO_3$ 更少，同时在 400~800cm^{-1}之间木材组分会有较强的吸收峰，故而 TiO_2 的吸收峰在图 2-28(b)中并没有被观察到。同图 2-28(a)相比，在图 2-28(b)中除了杨木基片、TiO_2、$CaCO_3$ 的吸收峰外，只有—COO—基团的吸收峰出现，这就说明在木材、复合粒子与硬脂酸之间只有酯键生成，复合粒子是通过物理吸附的作用沉积在杨木基片的表面，而硬脂酸分子是通过酯化反应接枝到复合粒子上。

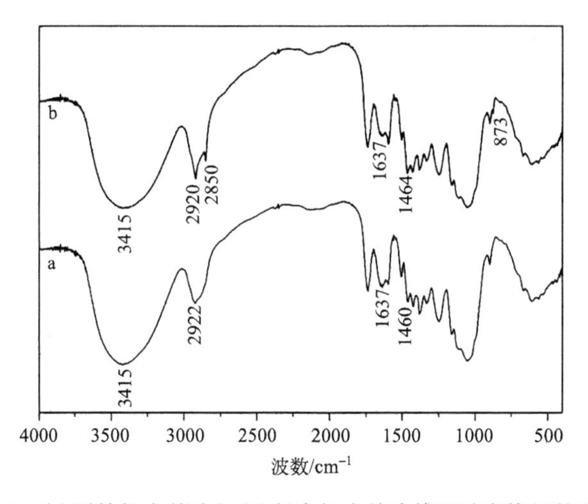

图 2-28　(a)原始杨木基片与(b)复合杨木基片傅里叶变换红外光谱图

原始杨木基片与复合杨木基片的表面化学元素是通过能量色散 X 射线光谱来进行分析，如图 2-29(a)可以看出，原始杨木基片表面的能谱图中只有 C、O 和 Au(来源于样品表面喷金)三种元素被检测到，表明样品中除了木材的基本组分，并没有其他的化合物。当杨木基片表面沉积了微纳米复合粒子，并经过硬脂酸改性之后，在能谱图[图 2-29(b)]中我们可以看到，元素 C、O、Ca、Ti 和 Au 被检测到，其中 Ca 元素和 Ti 元素来源于微纳米复合粒子，而 C 元素和 O 元素除了木材本身的组分提供之外，也部分来源于硬脂酸改性剂。

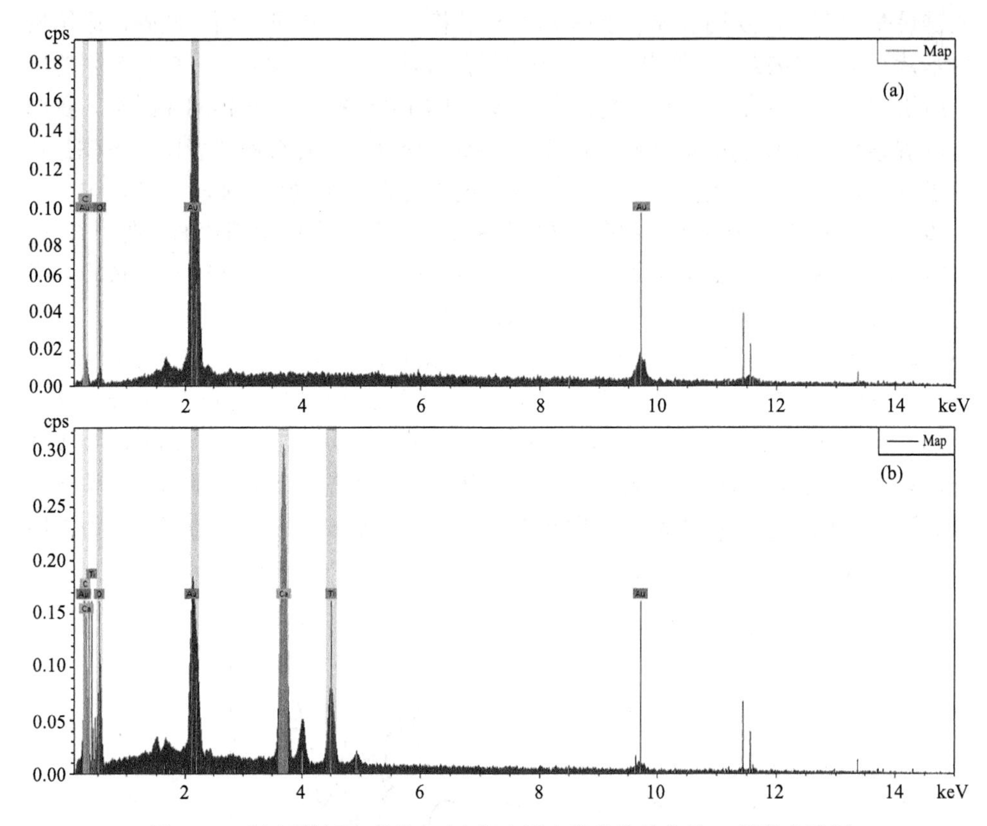

图 2-29　(a)原始杨木基片与(b)复合杨木基片能量色散 X 射线光谱图

通过以上红外谱图以及能谱图的分析得出结论，TiO_2 包覆 $CaCO_3$ 微纳米复合粒子是通过物理吸附的作用沉积在杨木基片表面，而硬脂酸分子则是通过羧基与羟基间的酯化反应接枝到微纳米复合粒子表面，进而降低了复合粒子薄膜的表面能，促使复合杨木基片表现出优异的超疏水性能。

d. 复合杨木基片表面润湿性分析

样品的润湿性是通过测量其表面水滴的接触角来进行表征的。图 2-30 分别为原始杨木基片、单一沉积微纳米复合粒子杨木基片、单一修饰硬脂酸杨木基片以及复合杨木基片的水接触角照片。对比四张接触角照片图可以看出，原始杨木基片表面呈现出亲水性，水接触角为 77°；杨木基片表面沉积有 TiO_2 包覆 $CaCO_3$ 微纳米复合粒子后，当水滴滴于其表面，可以迅速被杨木基片所吸收，呈现出超亲水特性，水接触角仅为 7°，这主要是因为复合粒子为亲水性，尚未通过低表面能物质对其进行修饰；杨木基片表面仅被硬脂酸修饰后，水接触角达到 120°，样品表面呈现出一定的疏水特性，但由于其表面尚未形成微观尺度的粗糙结构，因此不具有超疏水性能；然而，当杨木基片表面通过沉积微纳米复合粒子，再进行硬脂酸改性后，即可从亲水状态转变为超疏水状态，得到的水接触角为 155°，同时滚动角小于 4°，体现出了优异的超疏水特性。由此可见，制备超疏水表面的两个条件缺一不可，一个是表面粗糙结构，另一个是具有较低的表面能。

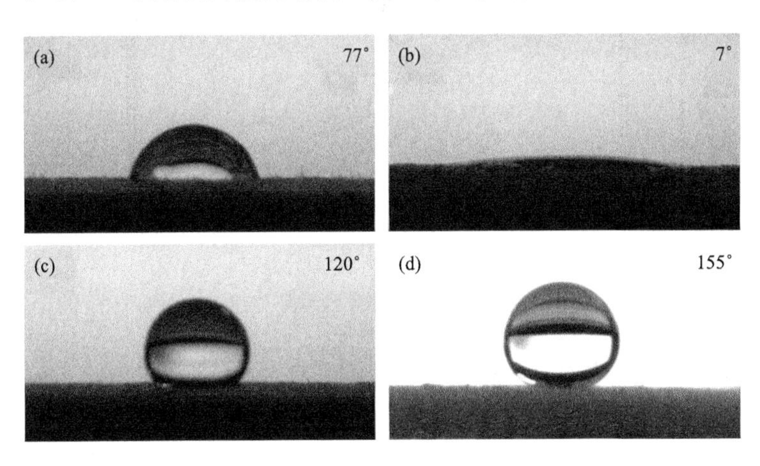

图 2-30　(a)原始杨木基片、(b)沉积 TiO_2 包覆 $CaCO_3$ 微纳米复合粒子杨木基片、(c)硬脂酸改性杨木基片以及(d)复合杨木基片表面接触角照片

e. 复合杨木基片热重分析

对于原始杨木基片以及复合杨木基片的热重(TGA)分析，如图 2-31 所示。从热重分析曲线中我们可以看出，原始杨木基片的热分解温度变化区域为 227.5~378.8℃，而复合杨木基片的热分解温度变化区域为 66.6~378.8℃。这就说明，从热分解的温度变化区域来看，复合杨木基片相比于原始杨木基片有了一个明显的增加。对于热分解温度变化区域为 30~70℃，最初的样品质量损失(~2.5%)，是由自然条件下存在于木材细胞内的结合水受到温度升高，逐渐蒸发所致。对于复合杨木基片，在热分解温度变化区域为 66.6~213.3℃内，主要为硬脂酸的热分解，相对应的质量分数从 96.51%减少到了 93.11%，因此可以看出，硬脂酸在复合杨木基片中所占有的质量分数为 3.4%。对于杨木基片，在经过超疏水表面涂层处理之后，当温度升高到 800℃，所留下来的残余物质量分数从 12.65%增加到了 13.65%，这就意味着微纳米复合粒子在复合杨木基片中所占有的质量分数为 1%。因此我们可以得出结论，复合杨木基片表面的超疏水涂层占复合杨木基片整体的

4.4%，虽然含量较少，但其对超疏水性能的改善却是显而易见的。不仅节约了原材料，而且显著提高了超疏水性。

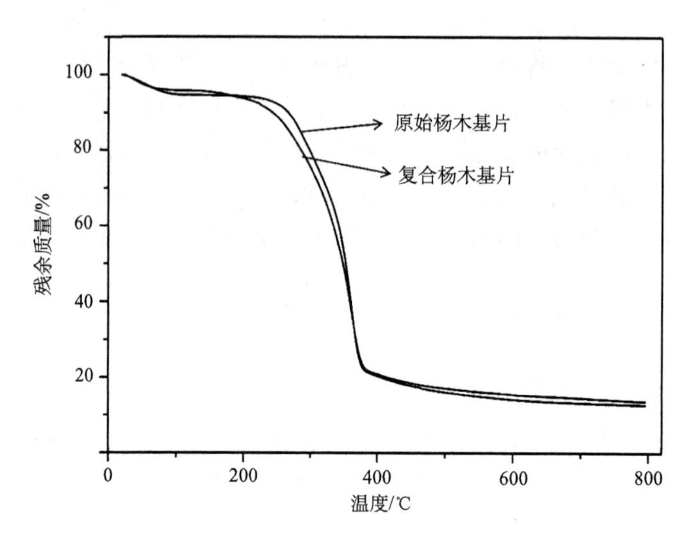

图 2-31　原始杨木基片以及复合杨木基片热重分析曲线图

f. 复合杨木基片表面化学稳定性以及耐久性分析

如图 2-32 所示，将复合杨木基片储存于常温环境中 6 个月后，其润湿性没有发生明显改变，水接触角仍为 155°，说明复合杨木基片在常温环境下有一个良好的稳定性以及耐久性。

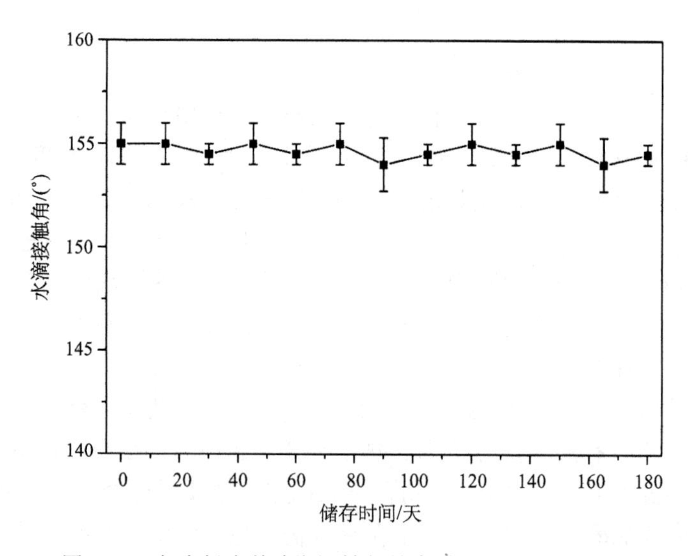

图 2-32　复合杨木基片润湿性与储存时间关系变化曲线图

为了在更为苛刻的化学环境中对所制备的复合杨木基片进行润湿性分析，我们将其放置于紫外光照射的环境下。在紫外光照射一定时间后，对复合杨木基片表面水接触角进行测量，并绘制了图 2-33。由图可知，在经过紫外光照射超过 30min 后，复合杨木基片的水接触角仅仅从 155°变为 153.5°，从而说明复合杨木基片在紫外光照射环境中依然保持了良好的稳定性以及耐久性。

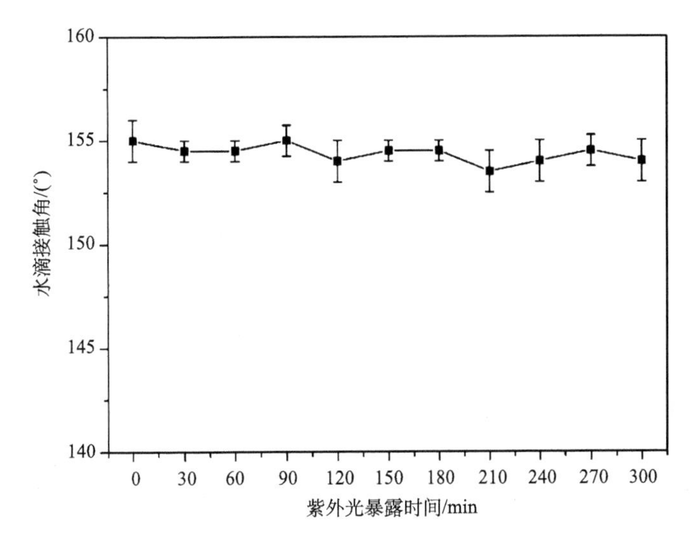

图 2-33　复合杨木基片润湿性与紫外光照时间关系变化曲线图

对于常温环境下的储存，复合粒子中的 $CaCO_3$ 起到了重要作用，当环境发生微小变化时，由于 $CaCO_3$ 具有稳定性，它在复合杨木基片的表面保持了相应的特性，从而保证了样品的超疏水性能不变。而当处于紫外光照射环境中，TiO_2 与 $CaCO_3$ 有着相同的作用，起到了协同作用来保持样品的超疏水特性。基于以上两种化学环境下的讨论，可以得出复合杨木基片的表面粗糙度以及其化学组分并没有因为环境的改变而发生变化，展现出了优异的化学稳定性以及耐久性。

同时，我们发现，复合杨木基片的超疏水性能不仅仅是针对纯水而言，当液体为酸性溶液或者碱性溶液等腐蚀性液体时，其依然表现出良好的超疏水特性。当溶液为不同的酸碱性(pH)时，复合杨木基片的润湿性如图 2-34 所示。溶液的 pH 范围为 2~13 时，复合杨木基片表面的水接触角始终大于 150°；仅仅当溶液为强酸性(pH=1)以及强碱性(pH=14)时，复合杨木基片表面测得的水接触角才会有轻微的减小，分别为 145°以及 144°。由于工程木材常常需要被应用到偏酸性或者偏碱性等腐蚀性环境中，因此这一耐酸耐碱的超疏水特性就尤为重要，本实验制备得到的复合杨木基片完全可以胜任。

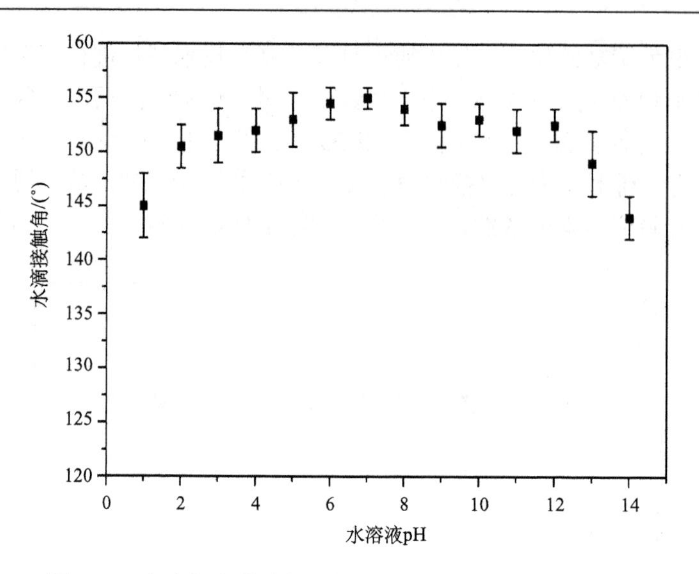

图 2-34　复合杨木基片润湿性与溶液酸碱性关系变化曲线图

复合杨木基片具有抗酸抗碱性的特征，主要是由两个因素所决定：TiO_2呈现出弱酸性，当 $CaCO_3$ 粒子被 TiO_2 粒子所包覆，这就保护了样品表面的粗糙度不被酸性条件所破坏，从而可以抵抗 pH 为 1~6 的液滴的侵蚀；$CaCO_3$ 呈现出弱碱性，同时 $CaCO_3$ 粒子并没有被 TiO_2 粒子完全包覆，仍有一部分表面裸露在外，这就使得在碱性环境下，样品表面的粗糙度依然可以得到维持，从而抵抗 pH 为 8~14 的液滴的侵蚀。正是由于 TiO_2 粒子与 $CaCO_3$ 粒子的协同作用，复合粒子形成的超疏水薄膜才可以在酸性或碱性等腐蚀性环境中依然保持其化学稳定性以及耐久性。

再者，我们也测试了复合杨木基片处于不同温度以及湿度环境下，其润湿性的变化情况。

图 2-35 为在不同温度环境条件下，复合杨木基片的润湿性变化曲线图。当温度从 5℃升高到 45℃时，样品的水接触角变化并不明显，这就说明在这一温度范围内，复合杨木基片的表面超疏水结构没有发生改变，其性能也没有因此而受到影响。当温度低于 0℃时，复合杨木基片表面的水接触角为 144°。当水滴滴于样品表面时，将会被冻结在其上面，水滴的状态从液态转变为了固态。此时复合杨木基片与水滴之间的界面发生了变化，其润湿性变差，水接触角变小。而由于硬脂酸的熔点为 56℃，因此当环境温度高于 55℃时，复合杨木基片表面硬脂酸的状态以及超疏水涂层的性质都将发生变化，甚至超疏水涂层的结构将会被破坏，样品表面的水接触角将会发生明显减小。当环境温度为 65℃时，样品表面的水接触角仅为 138°。故而，在适宜的温度环境下(高于 0℃，而低于硬脂酸的熔解温度)，

复合杨木基片将会呈现出优异的化学稳定性以及耐久性。

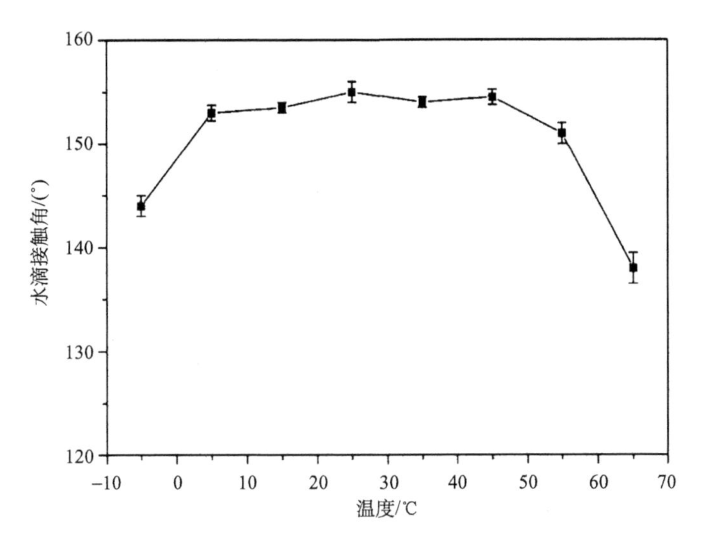

图 2-35　复合杨木基片润湿性与环境温度变化关系曲线图

当环境的湿度发生变化时，复合杨木基片表面的润湿性同样通过水接触角来进行表征。如图 2-36 所示，随着环境湿度的变化，样品表面的水接触角维持在155°左右，这就说明复合杨木基片在不同的湿度环境下，其依然表现出良好的化学稳定性以及耐久性。

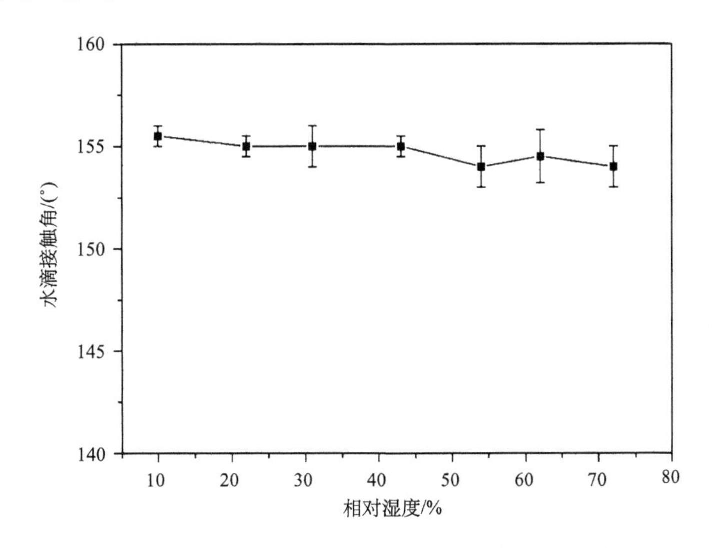

图 2-36　复合杨木基片润湿性与环境湿度变化关系曲线图

基于以上分析，本实验制备得到的复合杨木基片可以在常温常压环境下、紫外光照射环境下、酸或碱等腐蚀性环境下以及不同温度、湿度环境下，均具有良好的化学稳定性以及耐久性，从而具有了优良的使用价值和商业推广价值。

g. 小结

为了提高超疏水杨木基片表面的化学稳定性以及耐久性，本节实验主要探索使用合适的复合粒子来构建杨木基片表面的粗糙结构，同时使用硬脂酸对其进行低表面能改性，从而获得具有良好化学性能的复合杨木基片。

对于复合粒子的制备，我们在微米级的 $CaCO_3$ 粒子表面包覆了一层纳米级 TiO_2 粒子，从而得到了微纳米复合粒子。经过表面沉积后，微纳米复合粒子附着在杨木基片表面，随后使用硬脂酸对其进行低表面能修饰，最终得到了具有超疏水性能的杨木基片。实验中，涉及的主要实验手段均为浸渍处理，该种方法简单、能耗小，从而为复合杨木基片的工业化生产提供了可能性。在提高复合杨木基片的化学稳定性以及耐久性方面，$CaCO_3$ 粒子和 TiO_2 粒子形成的复合粒子起到了关键性的作用。当化学环境改变时，$CaCO_3$ 粒子和 TiO_2 粒子分别保证了样品表面的粗糙结构不被破坏，从而维持了超疏水结构，同时两者作为复合粒子还进行协同工作，来面对更加苛刻的环境变化，保证了复合杨木基片表面的超疏水特性。

我们在不同的化学环境下测试了复合杨木基片的化学稳定性以及耐久性，发现无论是常温储存、紫外光照射、酸碱环境下还是在不同的温度以及湿度环境下，其均表现出优异的稳定性和耐久性，这就为超疏水木材在工业上的应用提供了基础，相信其未来会有更为广阔的发展空间。

2.4.1.3　以 $PVA/SiO_2/OTS$ 为涂层制备超疏水木材

1）实验方法

将杨木基片依次浸泡于去离子水、丙酮、去离子水中，超声清洗 20min，取出，置于 50℃的烘箱中干燥，备用。

本实验中的 SiO_2 粒子是通过溶胶-凝胶法（sol-gel）合成制备的[72]。首先，将 10mL 正硅酸乙酯（TEOS）、10mL 去离子水、90mL 无水乙醇混合，室温下置于磁力搅拌器上搅拌均匀。其次，将 5mL 氨水逐滴加入上述混合液中，室温下搅拌 2h 后，静置 12h。最后，将上述混合液离心，得到白色的 SiO_2 固体，并置于 60℃的烘箱中干燥，研磨，备用。

将 4g PVA 加入 100mL 的去离子水中，90℃下电动搅拌 2h 溶解后，冷却至室温。称取 1.2g SiO_2 固体，加入到 PVA 溶液中，置于超声波清洗机中超声处理 2h，之后再磁力搅拌 12h，得到均匀的杂化溶液，备用。

将杨木基片水平放于实验台上，量取 0.5mL 杂化溶液，滴涂于样品表面，通过流延法均匀成膜，待水分彻底蒸发后，得到覆有 PVA/SiO_2 杂化薄膜的样品。

配制 1.5mL/100mL 的 OTS-正己烷改性溶液，将杨木基片覆有 PVA/SiO_2 杂化薄膜一面朝下浸泡于改性液中，在 60℃的烘箱中静置 2h，取出后用正己烷漂洗 3 次，经氮气吹干后，便得到覆有 PVA/SiO_2 杂化薄膜的超疏水木材。

2) 结果与讨论

a. 木质基表面 PVA/SiO_2 超疏水涂层的微观结构

图 2-37 为原始杨木表面、涂覆有纯 PVA 的木材表面以及涂覆有 PVA/SiO_2 杂化复合涂层的超疏水木材表面的低倍和高倍扫描电镜图。由图 2-37(a) 可以看出原始杨木是一种不均相、多孔且有一定粗糙度的材料。图 2-37(b) 木材表面涂覆纯的 PVA(4%)，表面非常平整，这不能满足构建超疏水表面的条件之一：粗糙的表面微纳级结构。图 2-37(c) 和图 2-37(d) 展示了 PVA/SiO_2 超疏水涂层在木材样品表面的微观结构：大量的花瓣状的结构随机地分布在木材样品表面，从而构建出一个非常粗糙的表面，花瓣状的 PVA/SiO_2 杂化材料的宽度在 2~5μm，厚度在 30nm 左右。这一花瓣状的杂化材料随机分布构建出大量的腔和空隙，明显地增强了木材样品表面的粗糙度。

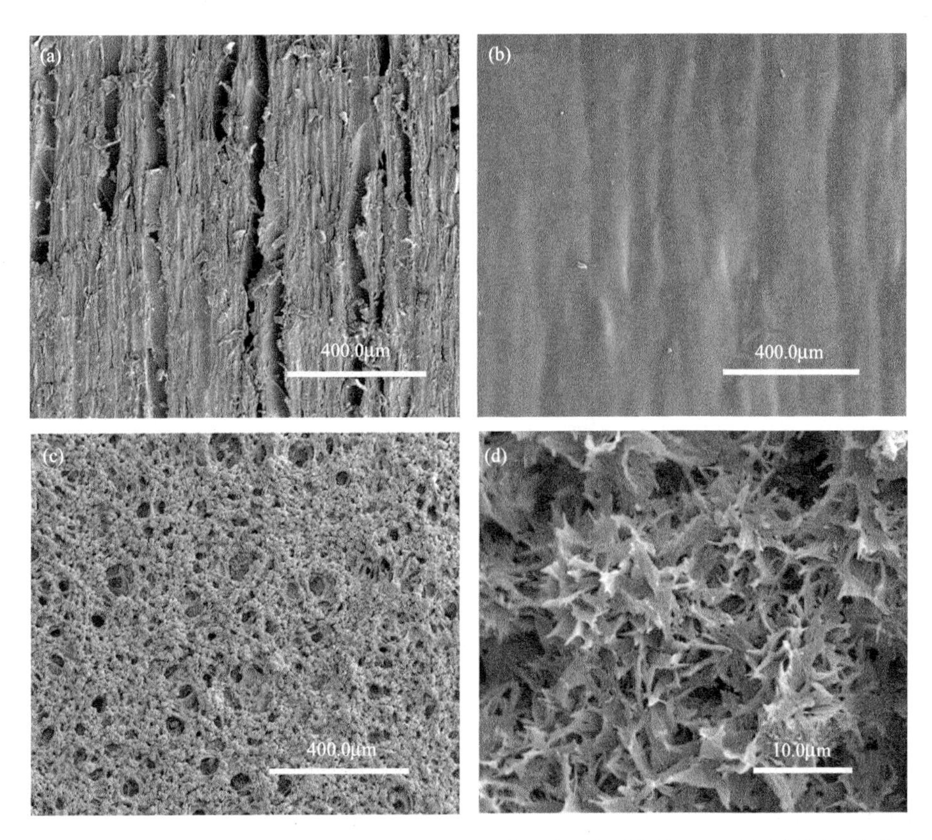

图 2-37　扫描电镜图：(a) 原始杨木表面的微观形貌；(b) 涂覆有纯 PVA 的木材样品的微观形貌；涂覆有 PVA/SiO_2 杂化复合涂层的超疏水木材表面的低倍 (c) 和高倍 (d) 放大倍数的形貌图

图 2-38 描述了木材表面 PVA/SiO_2 超疏水涂层的制备过程。原始木材样品，经过处理后，表面具备了超疏水的性能，不能被水滴所浸湿，这是由于 PVA/SiO_2 杂化涂层的高表面粗糙度以及 OTS 的低表面能共同作用的结果。在这种高表面粗糙度和低表面能共同作用的结果下，当水滴滴在超疏水木材表面时，大量的空气被截留在表面的空腔和空隙中，水滴主要与被截留的空气接触(水滴与空气垫的接触角为 180°)，从而水滴在超疏水木材表面有很高的接触角。

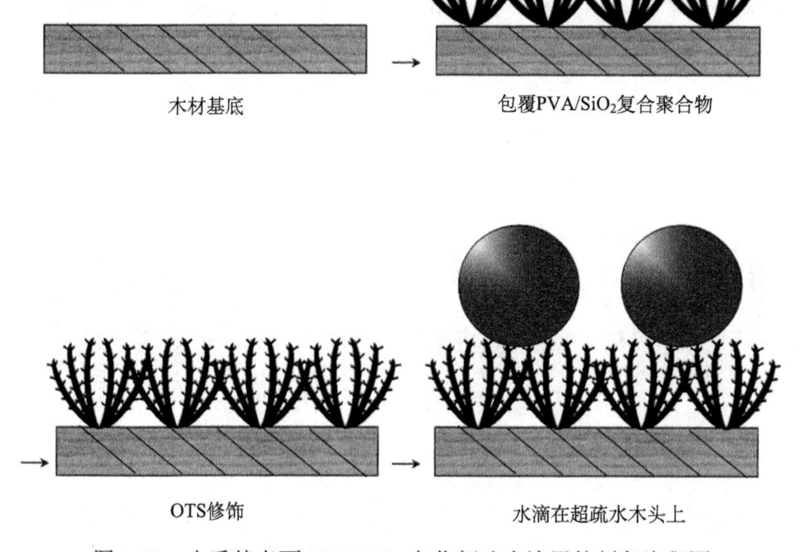

图 2-38　木质基表面 PVA/SiO_2 杂化超疏水涂层的制备流程图

b. 木质基表面 PVA/SiO_2 超疏水涂层的润湿性

固体表面的润湿性是通过液体在其表面的接触角来表征的。水滴在固体表面时，当其接触角小于 90°时，这种材料便是亲水性材料；当其接触角大于 90°小于 150°时，这种材料便是疏水性材料；当其接触角大于 150°，这种材料便是超疏水性材料。

图 2-39 为水滴在本实验木材表面的接触角图。由图 2-39(a)可以看出，原始木材是一种亲水性材料，其水接触角只有 69°。当原始木材经过 OTS 低表面能改性后，其接触角也仅为 122°[图 2-39(b)]，虽然一定程度上有了疏水性，但是还达不到超疏水，证明原始木材表面的粗糙度还达不到超疏水的条件。如图 2-39(c)和图 2-39(d)所示，当木材表面仅涂覆一层纯 PVA 时，其接触角为 53°，表现出亲水特性，当涂覆纯 PVA 的木材经 OTS 改性后，其接触角仅为 93°，结合图 2-37(b)的电镜图，可以得出，当固体表面平整且没有粗糙结构或粗糙结构不佳时，即使

经过低表面能改性，其表面也达不到超疏水，由此可见适当的粗糙结构是构成超疏水表面的必要条件之一。

与图 2-39(c)和图 2-39(d)形成对比的是图 2-39(e)和图 2-39(f)。当木材表面涂覆了 PVA/SiO_2 复合聚合物且未经低表面能改性时，水滴滴在其表面时便迅速地铺展开，接触角为 0°[图 2-39(e)]；而经 OTS 低表面能改性后，木材表面展示出了超疏水性，接触角达到了 159°[图 2-39(f)]。OTS 低表面能改性过程中，OTS 水解出大量的羟基基团，这些羟基基团与木材表面粗糙结构的 PVA/SiO_2 复合涂层的羟基脱水结合，长链的疏水烷基便与花瓣状的复合聚合物连接在一起(图 2-40)。木材表面的润湿性在粗糙结构和低表面能的结合作用力下从亲水转换成了超疏水：接触角达到 159°，接触角滞后仅 4°。

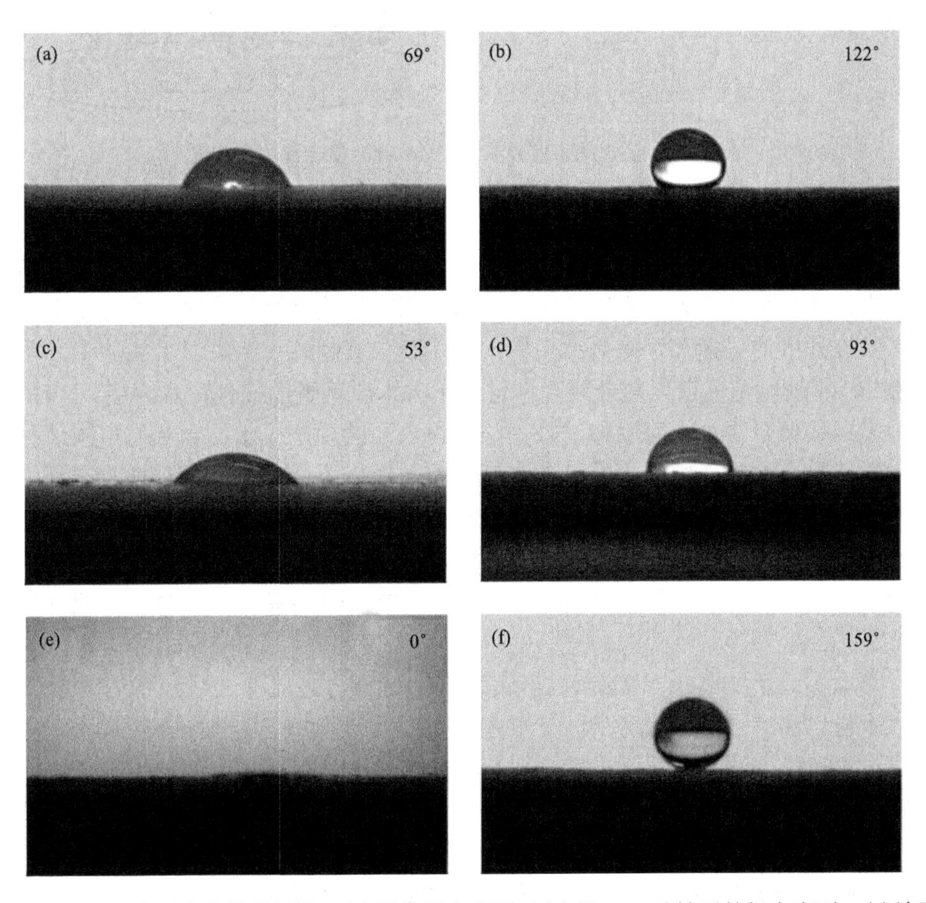

图 2-39　不同表面水滴的形貌图：(a)原始杨木表面；(b)经 OTS 改性后的杨木表面；(c)涂覆有纯 PVA 的木材表面；(d)经改性后涂覆纯 PVA 的木材表面；(e)涂覆有 PVA/SiO_2 复合涂层的木材表面；(f)超疏水木材表面

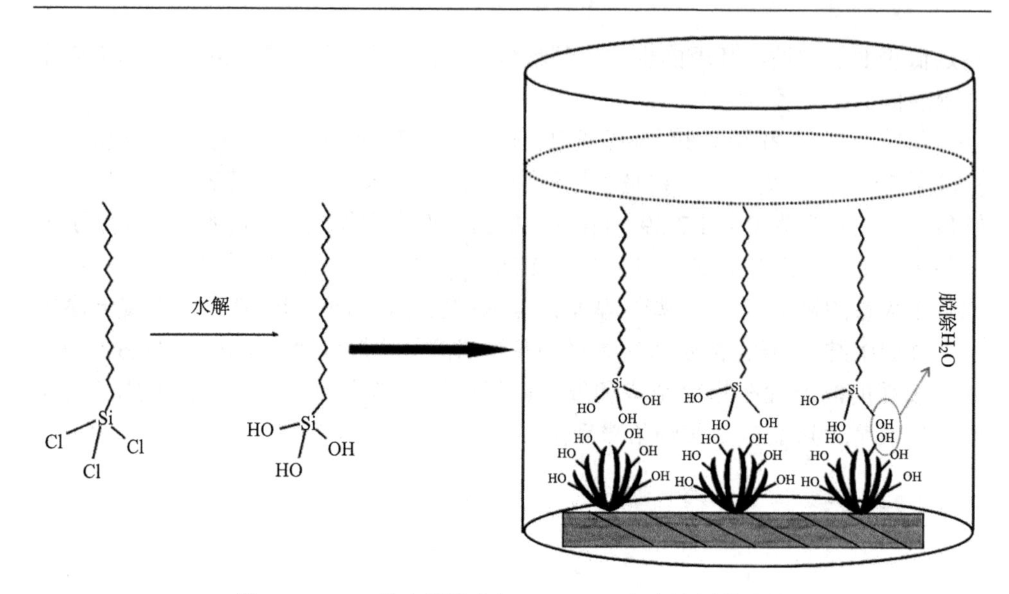

图 2-40　OTS 的水解及其与 PVA/SiO_2 复合涂层的改性

c. 木质基超疏水涂层的稳定性

根据以往的文献可知，超疏水表面在实际商业应用过程中的一大限制就是它的稳定性和耐久性较差。由于超疏水表面的粗糙结构是微纳米级，这种粗糙结构很容易被外界的碰撞和摩擦力而损坏，从而丧失其超疏水特性。本实验中，利用 PVA/SiO_2 有机–无机杂化复合聚合物材料制备木质基表面的超疏水涂层。PVA 是一种多羟基聚合物，它可以通过羟基与木材表面的羟基脱水结合从而牢固地黏附在木质基表面，然而由于它的机械强度较差，所以不能直接应用到各类产品中。但是 PVA/SiO_2 有机–无机杂化复合聚合物有很好的机械强度[73-75]，这是由于将一定量的微米级 SiO_2 掺入到聚合物 PVA 时，SiO_2 起到了一种固体塑化剂的作用，从而增强了 PVA 的化学和机械特性，提高了 PVA/SiO_2 杂化复合材料的尺寸稳定性[76]。

将本实验所制备的“PVA/SiO_2-超疏水木材”与之前课题组制备的“ZnO-超疏水木材”和“SiO_2-超疏水木材”进行磨损对比实验[77,78]。“ZnO-超疏水木材”是通过湿化学方法在木质基表面生成片状的 ZnO，随后再用硬脂酸进行低表面能修饰，得到接触角达 151°的超疏水木材。“SiO_2-超疏水木材”是通过溶胶–凝胶法在木质基表面生成球状的 SiO_2 粒子，随后再用 OTS 进行低表面能修饰，得到接触角高达 164°的超疏水木材。磨损实验的结果见表 2-2。

对于“ZnO-超疏水木材”和“SiO_2-超疏水木材”，磨损实验后的接触角都低于 130°，且接触角滞后也都超过 60°，它们的超疏水特性在磨损实验后都已经丧失，自清洁功能同样也消失了，甚至将磨损实验后的木材翻转后，水滴依然黏在上面。相反，对于“PVA/SiO_2-超疏水木材”，磨损实验后，其接触角仅有微小的变化(从 159°变成 157°)，接触角滞后也仅有微小的上升(从 4°变成了 6°±1.5°)。

表 2-2　各超疏水木材磨损实验的结果

超疏水木材	实验前接触角	实验前接触角滞后	实验后接触角	实验后接触角滞后
PVA/SiO_2-超疏水木材	159°	4°	(157±1.5)°	(6±1.5)°
ZnO-超疏水木材	151°	~5°	(120±5)°	>60°
SiO_2-超疏水木材	164°	~3°	(122±4)°	>60°

图 2-41(a)为“SiO_2-超疏水木材”表面形貌图。“SiO_2-超疏水木材”表面经过磨损实验后，如图 2-41(b)所示，表面的微观结构发生了很大的变化，垂直聚集的 SiO_2 粒子已经被磨损掉了。很明显，这种无机氧化物 SiO_2 没有足够的抗磨损强度以便维持超疏水表面的粗糙度。在磨损后的新的表面，不仅原先维持粗糙度的粗糙结构消失了，且其表面能也迅速上升，这两点是导致接触角降低和接触角滞后上升的直接原因，从而也是超疏水特性丧失的直接原因。但是，用 PVA/SiO_2 杂化涂层制备所得的“PVA/SiO_2-超疏水木材”在磨损实验后，它的表面形貌没有发生太大的变化，PVA/SiO_2 杂化复合涂层依旧一致地覆盖在木质基表面，如图 2-42(b)所示，因此其接触角和接触角滞后并未发生太大的变化(表 2-2)。

(a) 磨损前　　(b) 磨损后

图 2-41　磨损实验前后“SiO_2-超疏水木材”表面形貌图(25cm 的磨损长度)

(a) 磨损前

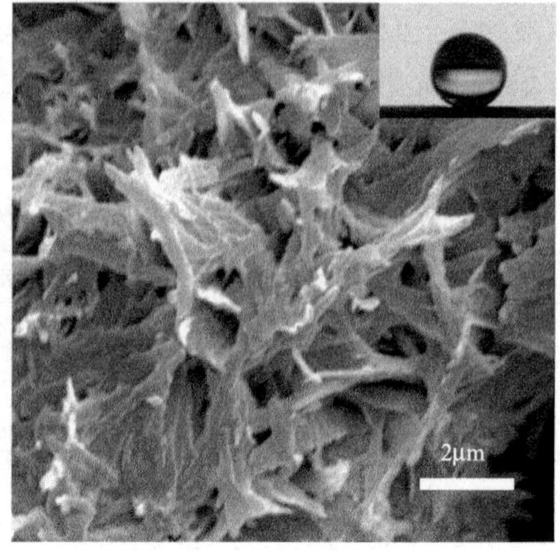

(b) 磨损后

图 2-42　磨损实验前后“PVA/SiO_2-超疏水木材”表面形貌图(25cm 的磨损长度)

当片状的 ZnO 和球状的 SiO_2 沉积在木质基表面时，由于这种无机氧化物的脆性[74]，它们很容易被外力所折断。而 PVA 是一种柔软的聚合物，它没有脆性和硬度。但是 PVA/SiO_2 有机-无机杂化聚合物却能表现出一种介于 PVA 与无机氧化物 ZnO 和 SiO_2 之间的机械强度，它不像无机氧化物那样脆硬易折断，也不像 PVA 那样柔软。因此，相比“SiO_2-超疏水木材”和“ZnO-超疏水木材”，“PVA/SiO_2-超疏水木材”表面花瓣状的 PVA/SiO_2 杂化材料不易被外力损坏，从而超疏水性能能很好地保持。

“PVA/SiO_2-超疏水木材”在不同的拉动距离(0~200cm)和不同的压力(0~10 000Pa)情况下的接触角和接触角滞后变化见图 2-43 和图 2-44。在较高压力或较长拉动距离下，变化最明显的是接触角滞后。在 5000Pa 的压力下拉到 0~200cm 的距离和在 0~10 000Pa 压力下拉动 25cm 的距离后，“PVA/SiO_2-超疏水木材”表面花瓣状的杂化聚合物被磨损得弯曲，使得“花瓣”弯向了木材表面，如图 2-45 所示，从而在拉动的过程中，弯曲的“花瓣”表面的一层低表面能物质(OTS)被磨损掉，亲水性增强，因此导致接触角的降低以及接触角滞后的上升。但是，从提升木质基超疏水表面的机械稳定性的角度来说，且相比之前制备木质基超疏水涂层的几种方法，用 PVA/SiO_2 杂化复合材料制备超疏水涂层无疑是成功的。

d. 小结

本节主要是从提升木质基超疏水涂层机械稳定性的角度出发，阐述了通过 PVA/SiO_2 杂化复合材料在木质基表面制备超疏水涂层。通过滴涂法将 PVA/SiO_2 杂化复合材料的水溶液滴涂到木质基表面，干燥后再用 OTS 试剂进行低表面能改性，最终得到具有较高的水接触角(159°)和较低的接触角滞后(~4°)且机械稳定性

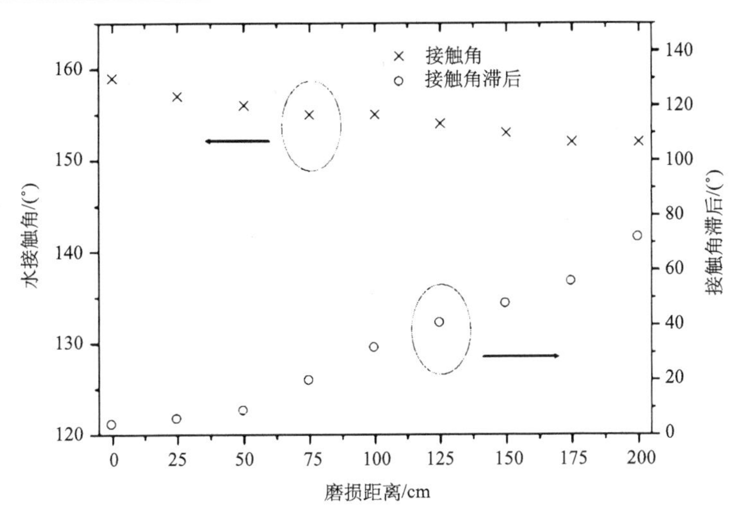

图 2-43 “PVA/SiO_2-超疏水木材”在 5000Pa 的压力下拉到 0~200cm 距离的接触角和接触角滞后变化情况

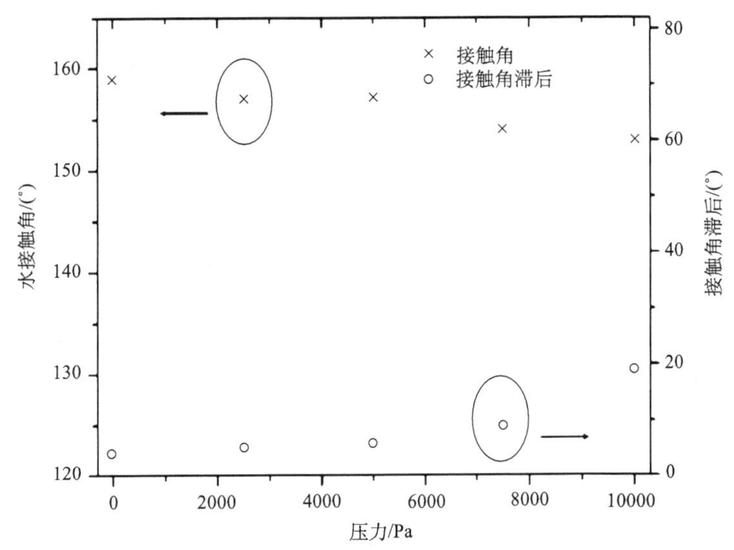

图 2-44 “PVA/SiO_2-超疏水木材”在 0~10 000Pa 压力下拉动 25cm 距离的接触角和接触角滞后变化情况

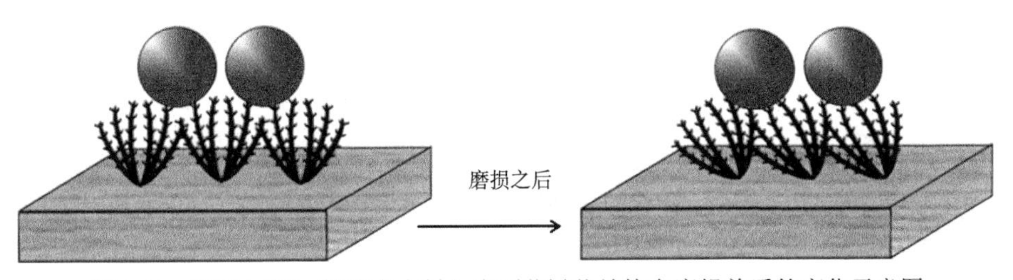

图 2-45 “PVA/SiO_2-超疏水木材”表面花瓣状结构在磨损前后的变化示意图

较好的超疏水涂层。其原因主要归功于：PVA/SiO_2杂化复合材料在木质基表面花瓣状的结构提供了制备超疏水涂层的粗糙度；OTS为表面提供了低表面能；SiO_2作为一种固体塑化剂添加到聚合物PVA中，提高了PVA的机械强度，从而使得所制备的超疏水涂层有很好的稳定性和耐久性。通过磨损实验测试，并与本课题组之前所制备的几种超疏水木材进行比对，得出由PVA/SiO_2杂化复合材料所制备的超疏水木材在机械稳定性方面有了很大的提升，从而使得超疏水木材在防水、自清洁，以及防污染等领域有了更大的潜在的应用前景。

2.4.1.4　以epoxy/SiO_2/OTS为涂层制备超疏水木材

1）实验方法

将松木基片、滤纸基片以及棉布依次浸泡于去离子水、丙酮、去离子水中，超声清洗20min，取出，置于50℃的烘箱中干燥，备用。本实验中的SiO_2粒子是通过溶胶-凝胶法（sol-gel）合成制备的。首先，将10mL正硅酸乙酯（TEOS）、10mL去离子水、90mL无水乙醇混合，室温下置于磁力搅拌器上搅拌均匀。其次，将10mL氨水逐滴加入上述混合液中，室温下搅拌2h后，静置12h。最后，将上述混合液离心，得到白色的SiO_2固体，并置于60℃的烘箱中干燥，研磨，备用。

第一，配制A液：取5mL KH-550、5mL去离子水、25mL无水乙醇于250mL烧杯中混合，室温下磁力搅拌1.5h，得水解的KH-550溶液。第二，配制B液：称取4.73g SiO_2，溶于100mL乙醇中，超声20min，分散完全。第三，在水浴65℃下，将A液缓慢加入到B液中，磁力搅拌4h，静置。第四，将静置后上层清液弃掉，所得固体用乙醇清洗4次，70℃烘箱中烘干，即得到氨基化的SiO_2（NH_2-SiO_2），称量，备用。如图2-46所示为SiO_2粒子的氨基化过程。

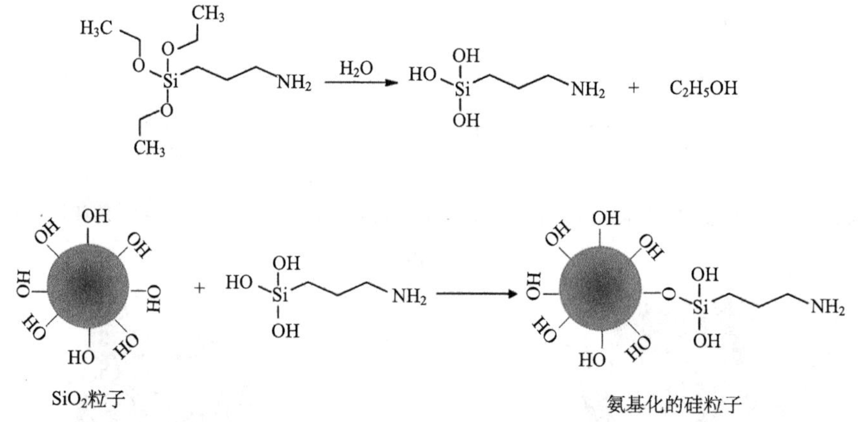

图2-46　SiO_2粒子的氨基化过程

各生物质基表面的 epoxy/SiO_2 涂层的制备是通过两步溶液浸泡法完成的。首先，将裁剪好的松木基片、滤纸基片以及棉布样品浸泡在 4%的环氧树脂丙酮溶液中，室温下浸泡 1.5h，取出，用氮气吹干；其次，将吹干后的各基片浸泡于 0.5%的氨基化的 SiO_2 水溶液中，室温下保持 1.5h，取出，置于 50℃烘箱中烘干，备用；再次，将烘干的各样品浸泡于 2mL/100mL 的 OTS-无水乙醇改性液中，60℃下静置 4h；最后，将各样品取出，用无水乙醇清洗 3 次，用氮气吹干，得到最终的超疏水松木、超疏水/超亲油滤纸及棉布。图 2-47 为各生物质基表面超疏水 epoxy/SiO_2 涂层的制备过程。

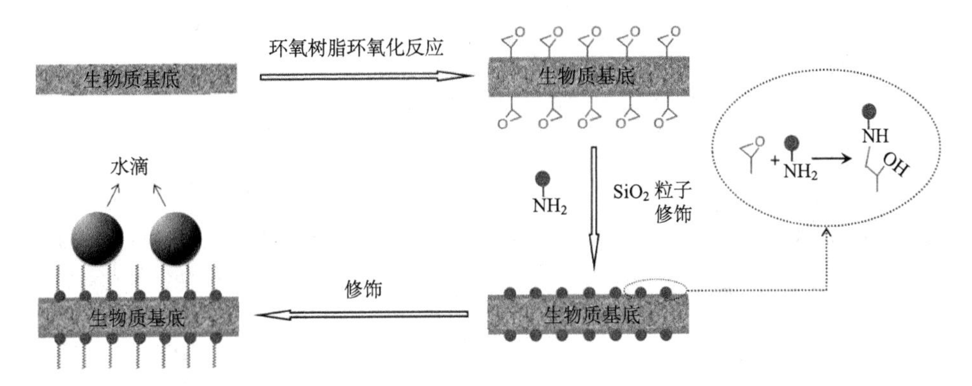

图 2-47　各生物质基表面超疏水 epoxy/SiO_2 涂层的制备过程

2) 结果与讨论

a. 各生物质基表面的形貌分析

图 2-48 为原始松木、滤纸和棉布样品表面以及超疏水松木、超疏水滤纸和超疏水棉布样品表面的低倍和高倍扫描电镜图。图 2-48(a1)、(b1)、(c1)和(a2)、(b2)、(c2)分别为原始松木、滤纸、棉布的低倍和高倍扫描电镜图。由图 2-48(a2)、(b2)、(c2)未处理样品的高倍图可以看出，这三种样品表面比较平整，并没有满足理论上制备超疏水表面所需的微纳米级的粗糙结构。图 2-48(a3)、(b3)、(c3)和(a4)、(b4)、(c4)分别为超疏水木材、超疏水滤纸和超疏水棉布的低倍和高倍电镜图。由图 2-48(a4)、(b4)、(c4)超疏水表面的高倍电镜图可以看出，通过在环氧树脂丙酮溶液和氨基化的 SiO_2 溶液中浸泡，SiO_2 球形粒子被引入到这几种生物质基表面，一层均匀的 epoxy/SiO_2 涂层黏覆在了各基底表面。在这一浸泡涂覆过程中，环氧树脂作为一种胶黏剂将 SiO_2 粒子牢固地固定在各生物质基表面，同时环氧树脂本身可通过较强的黏附力黏附在各基底表面。

由图 2-48(a4)、(b4)、(c4)高倍电镜图还可以看出，大量的 SiO_2 粒子嵌入各基底表面的环氧树脂层中，它们以 300~500nm 的粒径整齐地排列于各基底表面，大

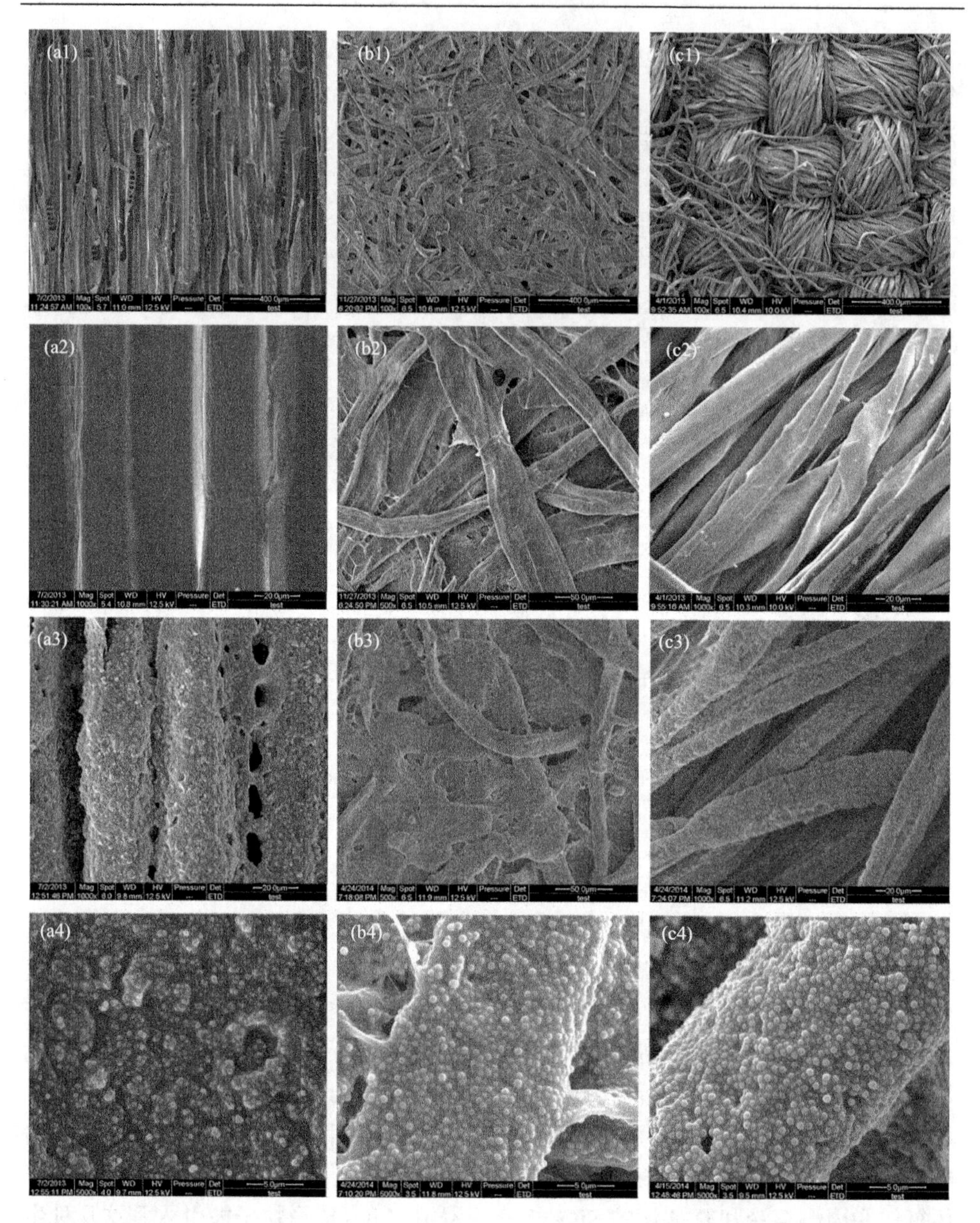

图 2-48　原始未处理的松木(a1, a2)、滤纸(b1, b2)和棉布(c1, c2)的低倍和高倍电镜图以及本实验所制备的超疏水松木(a3, a4)、超疏水滤纸(b3, b4)和超疏水棉布(c3, c4)的低倍和高倍电镜图

大地粗化了各基底表面，从而满足了理论上制备超疏水表面所需的粗糙结构。当用 OTS 低表面能试剂对各基底进行改性后，长链的疏水烷基基团被接枝到了 epoxy/SiO_2 涂层表面，这又满足了理论上制备超疏水表面所需的低表面能。综合

粗糙结构和低表面能这两个因素，当水滴滴在各超疏水生物质基表面时，大量的空气被截留在表面粗糙结构所构成的空隙中，从而水滴大部分是与空气接触(水与空气的接触角可视为 180°)。因此，具有超疏水特性和防水特性的各生物质基表面被成功制备出。

b. 各生物质基表面的润湿性分析

在本实验中，对原始未处理的松木、滤纸和棉布，仅经 OTS 疏水改性的松木、滤纸和棉布，覆有一层 epoxy/SiO_2 涂层但未经 OTS 改性的松木、滤纸和棉布，以及最终实验所得的超疏水松木、超疏水滤纸和超疏水棉布的润湿性进行测试，如图 2-49 所示为各样品的水接触角示意图。从图 2-49(a1)、(b1)和(c1)可以清楚地看出，原始的松木、滤纸和棉布的水接触角小于 90°，因此它们都是亲水性的材料。当原始的松木、滤纸和棉布经过 OTS 疏水改性后，它们的接触角达到 120°以上，但仍小于 150°，如图 2-49(a2)、(b2)和(c2)，说明原始未处理的各样品经疏水改性后一定程度上可以疏水，但仍达不到超疏水的状态。

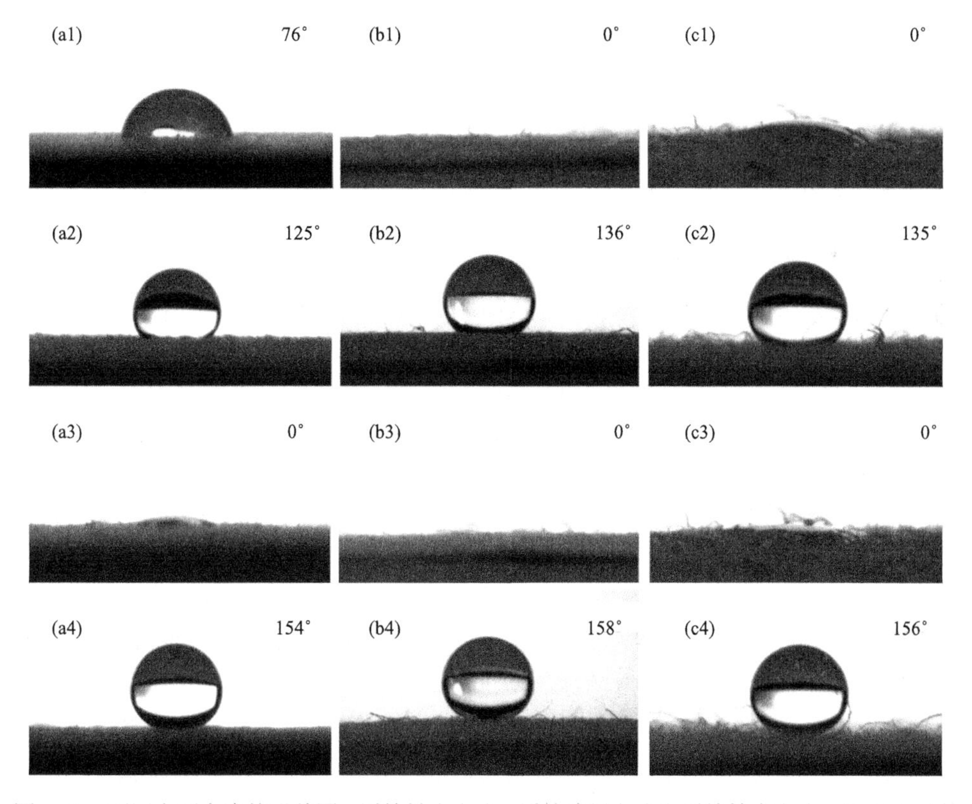

图 2-49　不同表面水滴的形貌图：原始松木(a1)、原始滤纸(b1)和原始棉布(c1)；经 OTS 改性后的松木(a2)、滤纸(b2)和棉布(c2)；涂覆有 epoxy/SiO_2 涂层的松木(a3)、滤纸(b3)和棉布(c3)；涂覆 epoxy/SiO_2 涂层后经 OTS 改性的松木(a4)、滤纸(b4)和棉布(c4)

当松木、滤纸和棉布经本实验方法，在各样品表面黏覆一层 epoxy/SiO_2 涂层后，各样品的水接触角均为 0°，如图 2-49(a3)、(b3)和(c3)。然而，当黏覆 epoxy/SiO_2 涂层的各样品经过 OTS 疏水改性后，如图 2-49(a4)、(b4)和(c4)，各样品的水接触角均达到 150°以上，表现出优异的超疏水特性。黏覆 epoxy/SiO_2 涂层的各样品经过 OTS 疏水改性时，OTS 水解液中的活性羟基基团分别与各样品表面 SiO_2 的氨基基团和环氧树脂的环氧基团反应，从而将长链的疏水基团接枝在了各样品表面。结合 epoxy/SiO_2 涂层这一粗糙结构和 OTS 疏水基团引入的低表面能，原始未处理的松木、滤纸和棉布由亲水转变成了超疏水：各超疏水样品的水接触角均大于 150°，接触角滞后小于 10°。由于各超疏水生物质基样品表面 epoxy/SiO_2 涂层的粗糙结构而构成大量的腔和空隙，当水滴滴在其表面时，空气被截留在这些腔和空隙中。因此，此时水滴所接触的表面可被认为是 epoxy/SiO_2 涂层和空气的复合体。

c. 各超疏水生物质基表面的稳定性分析

在现实生活中，超疏水性材料的耐久性以及表面微观结构的稳定性是评价其实际应用价值的一个最重要的指标。由于超疏水材料表面存在微纳米级的粗糙结构，在外界作用力下这种粗糙结构很容易被破坏，从而丧失其超疏水及其自清洁特性。

在本实验中，分别对所制备的超疏水木材、超疏水棉布和超疏水滤纸表面微观结构的稳定性以及各自的耐久性进行分析。

(1)超疏水木材表面稳定性的分析。

图 2-50(a)为本实验所制备的木材样品的接触角和接触角滞后随环氧树脂浓度的变化图。从图中可以看出，当环氧树脂的浓度为 0.5%时，木材样品的接触角为 146°，接触角滞后为 18°；当环氧树脂的浓度升到 1.0%时，样品的接触角达到最大值 159°，接触角滞后达到最低值 4°；之后随着环氧树脂浓度的升高，接触角呈下降的趋势，接触角滞后呈上升趋势，当环氧树脂的浓度上升到 5.0%后，接触角降到 150°以下，接触角滞后上升到 19°以上。很显然，从接触角和接触角滞后的角度判断，环氧树脂的浓度在 1.0%时，木材样品的超疏水效果最好。

但是，当不同浓度的环氧树脂所制备的超疏水木材样品经过漏沙实验进行检测后，接触角和接触角滞后又呈现出另一种变化趋势，如图 2-50(b)所示。从图中可以看出，超疏水木材样品的接触角只有在环氧树脂浓度是 4.0%时仍保持在 150°以上，环氧树脂其余浓度的样品的接触角都降至 150°以下；各样品的接触角滞后也只有在环氧树脂浓度为 4.0%时仍保持在 10°以下，其余样品的接触角滞后都上升到 10°以上。因此，在本实验中，采取 4.0%而非 1.0%的环氧树脂来制备机械稳定的超疏水木材；同时，可以得出，环氧树脂的浓度是影响本实验超疏水木块样品表面微观结构稳定性的关键因素。

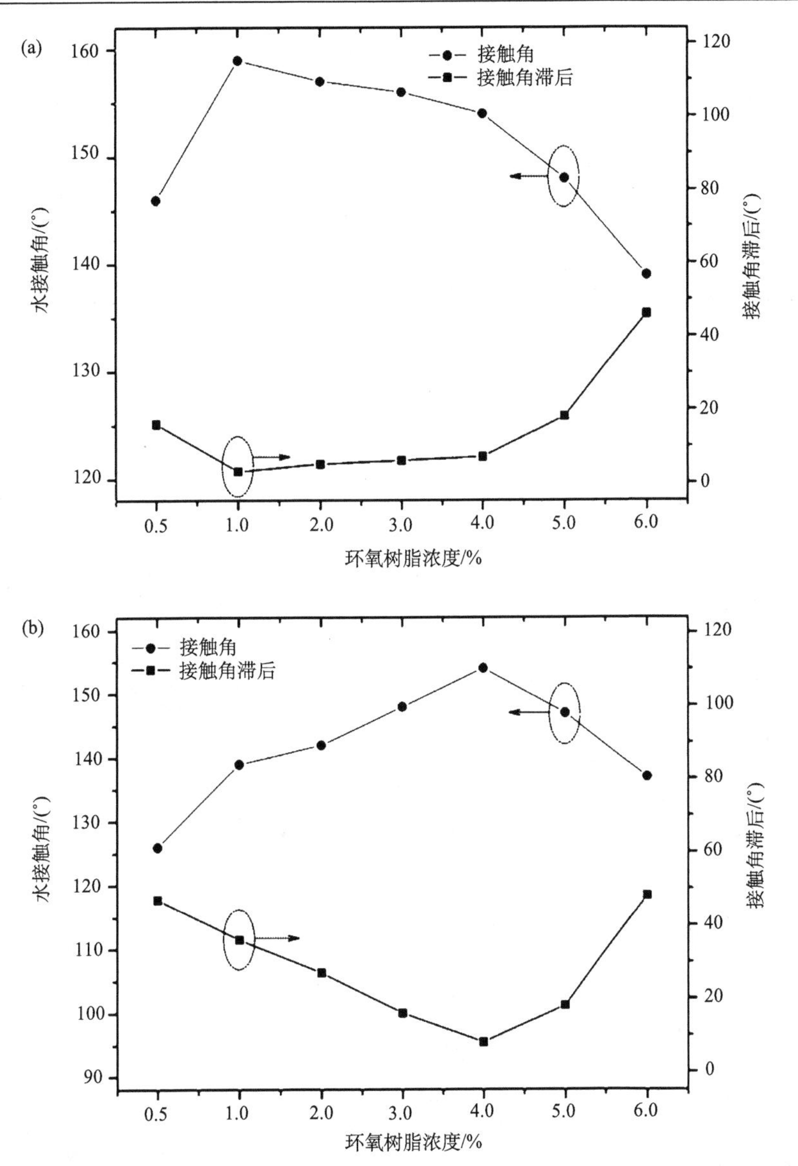

图 2-50　不同的环氧树脂浓度所制备的超疏水木材样品表面在漏沙实验前(a)和漏沙实验后(b)的接触角和接触角滞后的变化图

此外，通过对比各样品在漏沙实验前后的电镜图可以看出环氧树脂浓度对本实验超疏水涂层的影响。如图 2-51 所示，图 2-51(a)、图 2-51(b)，以及图 2-51(e)、图 2-51(f)分别是环氧树脂浓度在 1.0%和 4.0%时漏沙实验前后的超疏水木材样品电镜图。从图 2-51(a)和图 2-51(e)可以看出，环氧树脂在 1.0%和 4.0%时所制备的样品表面都有 SiO_2 颗粒形成的凹槽，但是浓度为 4.0%时要比浓度为 1.0%时的凹槽浅，这是由于 SiO_2 微球“陷进”环氧树脂中的部分多。正是由于这一点，在漏沙实验对木材样品表面撞击时，SiO_2 颗粒不容易被撞击掉，粗糙结构不会被轻易破坏[图 2-51(f)]，从而使样品表面保留其超疏水性(另外，从凹槽深浅这一角度也解释了为什么环氧树脂在 1.0%时的接触角比 4.0%时大)。

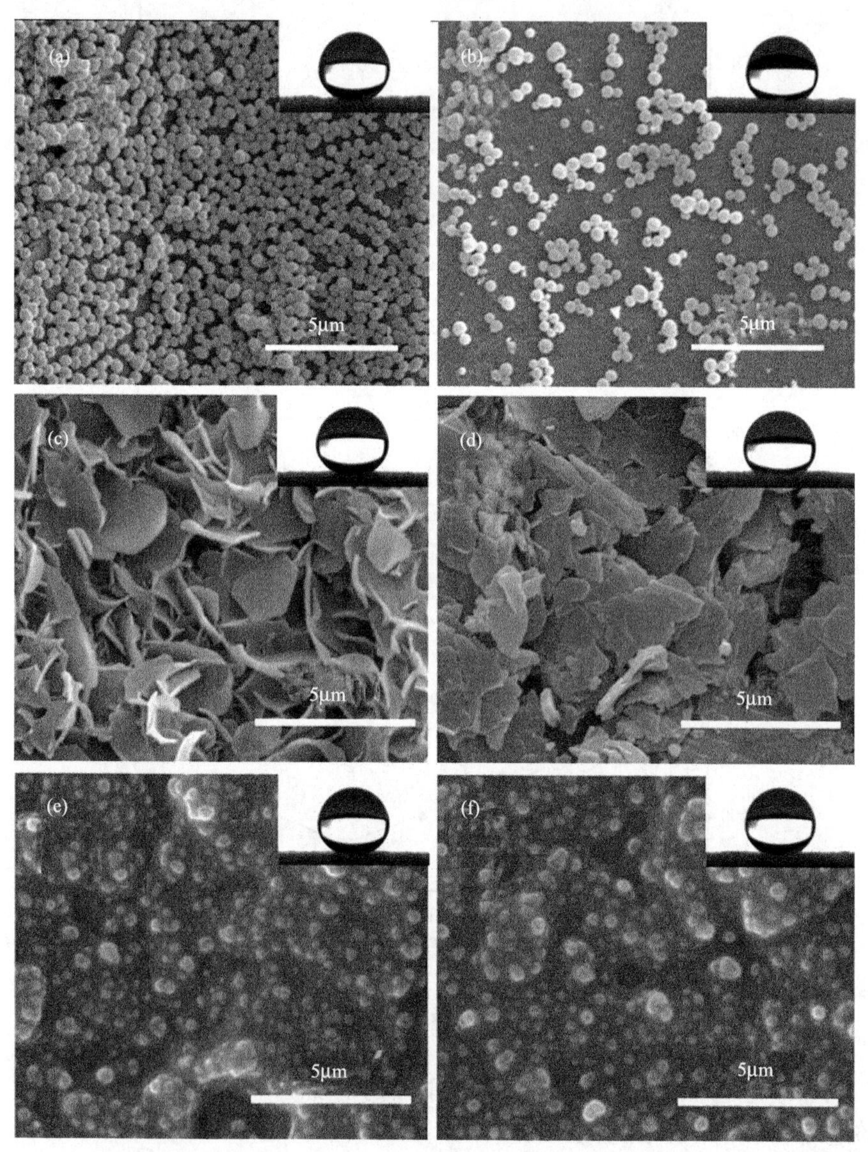

图 2-51　各超疏水木材样品表面的高倍电镜图：本实验中环氧树脂浓度为 1.0%时的样品在漏沙实验前(a)和漏沙实验后(b)的电镜图；ZnO-超疏水木材样品在漏沙实验前(c)和漏沙实验后(d)的电镜图；本实验中环氧树脂浓度为 4.0%时的样品在漏沙实验前(e)和漏沙实验后(f)的电镜图

为了体现本实验所制备的超疏水木材表面涂层在机械稳定性方面的提升，作为对比，还通过漏沙实验检验了本课题组之前所制备的两种超疏水木材[77,78]。实验结果见表 2-3。

表 2-3 各超疏水木材样品在漏沙实验前后的接触角和接触角滞后的变化

不同物质修饰的木材表面	文献	接触角/(°)		接触角滞后/(°)	
		之前	之后	之前	之后
epoxy/SiO_2	目前的工作	154±1.5	153±1.5	7	8±1.5
ZnO	[77]	151	135±5	~5	>60
SiO_2	[78]	164	124±3	~3	>60

从表中可以看出，ZnO-超疏水木材和 SiO_2-超疏水木材这两种样品在经过漏沙实验后，失去了超疏水特性：接触角从 150°以上下降到 140°以下，接触角滞后则上升至 60°以上。水滴滴在这两种样品表面时，即使将样品倒立，水滴也不会脱落，也就是说，这两种超疏水木材样品在经过漏沙实验后其自清洁性彻底丧失了。对于 ZnO-超疏水木材在漏沙实验前后表面形貌的变化可以从图 2-51(c)和图 2-51(d)中看出：原先的粗糙结构已经被破坏，规律垂直排列的片状 ZnO 已经被撞击成碎片。而本实验所制备的 epoxy/SiO_2-超疏水木材样品表面的 epoxy/SiO_2 涂层的结构基本没有发生变化[图 2-51(f)]，球状的 SiO_2 依然规则地“陷入”环氧树脂中。

(2)超疏水滤纸表面稳定性的分析。

对于超疏水滤纸表面 epoxy/SiO_2 涂层的稳定性和耐久性的测试，同样采用漏沙实验。通过对比漏沙实验前后的接触角和接触角滞后数据发现，环氧树脂浓度对超疏水滤纸表面接触角及接触角滞后的影响趋势与其对超疏水木材表面接触角及接触角滞后的影响趋势非常相似：当环氧树脂的浓度在 4.0%时，所制备的超疏水滤纸样品在经过漏沙实验后，其表面的接触角仍能达到 150°，其表面的接触角滞后仍能保持在 10°以下。图 2-52 为所制备的超疏水滤纸在漏沙实验前后的高倍电镜图，从图中可以看出，漏沙实验对超疏水滤纸表面的形貌影响很小，球状的 SiO_2 规则地“陷入”环氧树脂中。通过本测试的分析，一定程度上说明本实验所制备的超疏水滤纸在实际使用过程中，有一定的稳定性和耐久性。

(3)超疏水棉布表面稳定性的分析。

对于超疏水棉布表面 epoxy/SiO_2 涂层稳定性和耐久性测试，本实验主要采取了两个方法，分别是超声实验和机洗实验。通过对比超声实验前后的接触角和接触角滞后数据发现，环氧树脂浓度对超疏水棉布表面接触角及接触角滞后的影响趋势与其对超疏水木材和超疏水滤纸表面接触角及接触角滞后的影响趋势非常相

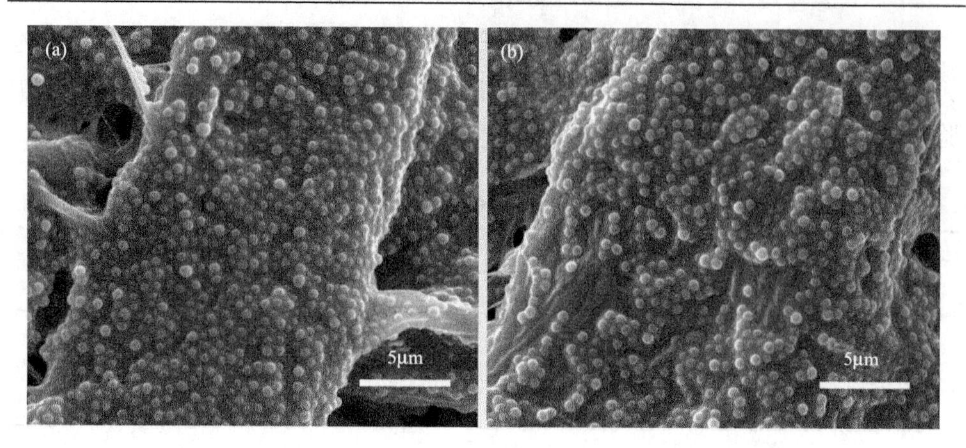

图 2-52　超疏水滤纸在漏沙实验前(a)、后(b)的高倍电镜图

似：当环氧树脂的浓度在 4.0%时，所制备的超疏水棉布样品在经过超声实验后，其表面的接触角仍能达到 150°，其表面的接触角滞后仍能保持在 10°以下。

同时，为了体现本实验所制备的超疏水棉布表面涂层在稳定性和耐久性方面的提升，作为对比，超声实验和机洗实验还被用于检验文献[79]所制备的 SiO_2-超疏水棉布及本课题组之前所制备的 PDMDAAC/SiO_2-超疏水棉布[80]。实验结果见表 2-4 和表 2-5。

表 2-4　各超疏水棉布样品在超声实验前后的接触角和接触角滞后的变化

不同物质修饰的棉布表面	文献	接触角/(°)		接触角滞后/(°)	
		之前	之后	之前	之后
epoxy/ SiO_2	目前的工作	156±1.5	155±1.5	7	8±1.5
PDMDAAC/SiO_2	[80]	157	154±1.5	~5	~8
SiO_2	[79]	152	120±4	~4	>60

表 2-5　各超疏水棉布样品在机洗实验前后的接触角和接触角滞后的变化

不同物质修饰的棉布表面	文献	接触角/(°)		接触角滞后/(°)	
		之前	之后	之前	之后
epoxy/ SiO_2	目前的工作	156±1.5	153±1.5	7	9±1.5
PDMDAAC/SiO_2	[80]	157	147±1.5	~5	~12
SiO_2	[79]	152	112±3	~4	>60

从表中可以看出，根据文献[79]所制备的 SiO_2-超疏水棉布在经过超声实验和机洗实验后，其表面的超疏水性能完全丧失；PDMDAAC/SiO_2-超疏水棉布和本实

验所制备的 epoxy/SiO_2-超疏水棉布在经过超声实验后，其表面的超疏水性虽有小幅度的降低，但其接触角仍能保持在 150°以上、接触角滞后仍能保持在 10°以下。当 PDMDAAC/SiO_2-超疏水棉布在经过比超声实验强度稍大的机洗实验时，虽仍能表现出较好的疏水效果，但其表面的接触角下降到 150°以下，接触角滞后也有较高的上升，而 epoxy/SiO_2-超疏水棉布在经过机洗实验后，其表面接触角仍保持在 150°以上，接触角滞后仍保持在 10°以下，超疏水性能仍保持很好。

图 2-53 是 PDMDAAC/SiO_2-超疏水棉布和 epoxy/SiO_2-超疏水棉布在机洗实验前后的电镜图对比。从图中也可以看出，PDMDAAC/SiO_2-超疏水棉布棉纤维表面的 SiO_2 粒子有很大一部分被“甩掉”，遭到了一定程度的破坏，而本实验所制备的 epoxy/SiO_2-超疏水棉布在经过机洗实验后[图 2-53(d)]，其表面形貌基本未发生改变，球状的 SiO_2 依旧规则地“陷入”环氧树脂层中。

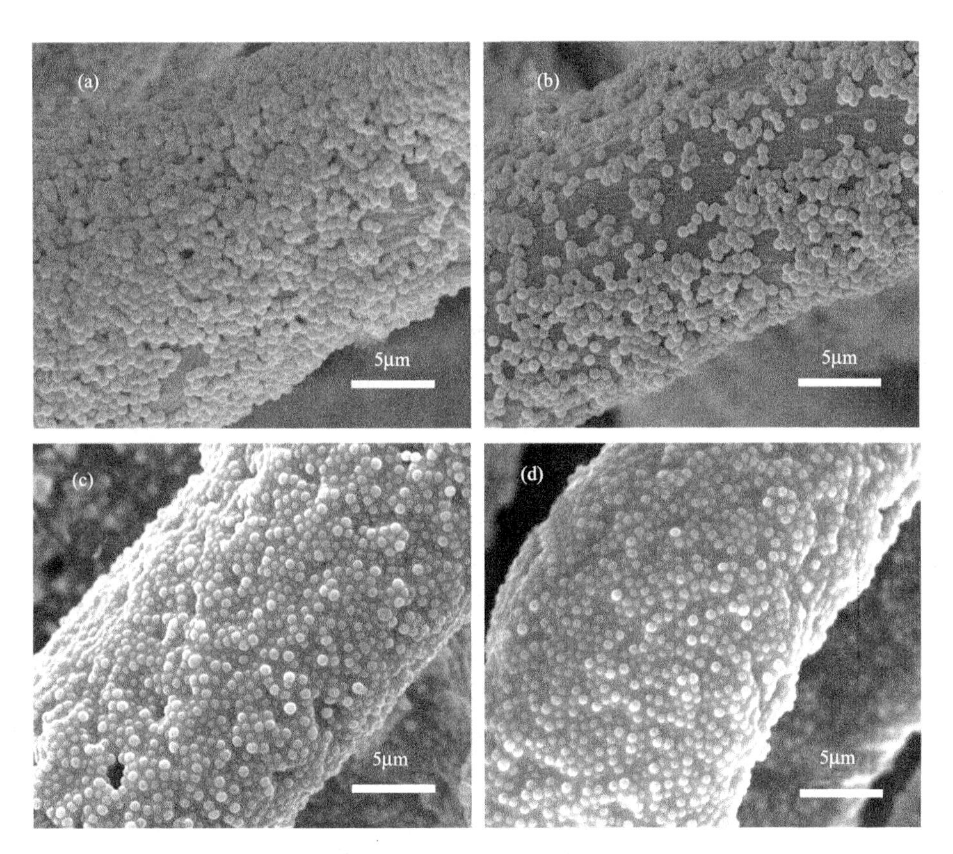

图 2-53　PDMDAAC/SiO_2-超疏水棉布在机洗实验前(a)和机洗实验后(b)的高倍电镜图；epoxy/SiO_2-超疏水棉布在机洗实验前(c)和机洗实验后(d)的高倍电镜图

实际上，实验室所制备的超疏水木材、超疏水滤纸以及超疏水棉布的实际应用仍是一个很大的难题。这是因为当这些超疏水材料在实际应用时被暴露在环境中，容易被污垢、杂物，尤其是一些硬物所碰撞，从而造成其超疏水特性的丧失。到目前为止，还没有可行的用于检验超疏水材料表面机械稳定性的标准方法。本实验用于检验超疏水木材、超疏水滤纸和超疏水棉布表面稳定性和耐久性所采用的漏沙实验、超声实验和机洗实验主要是受到一些国际或国内标准例如 Standard ASTM D 968-05(2005)和 ISO6330:2000 等启发。需要说明的是，在本实验中所制备的超疏水木材、超疏水滤纸和超疏水棉布表面的 epoxy/SiO_2 涂层并不是牢不可破的，但是相对于已知的文献，它的稳定性和耐久性已有了很大的提升。

d. 小结

在本节中，在三种生物质基基底木材、棉布和滤纸表面构建超疏水的 epoxy/SiO_2 涂层，同时赋予这一涂层较好的稳定性和耐久性。将三种生物质材料基底浸泡在环氧树脂溶液中，使其表面黏覆一层环氧树脂；再通过在接枝有氨基的二氧化硅溶液中浸泡，使得二氧化硅上的氨基与环氧树脂的环氧基团发生反应，从而使二氧化硅黏附在环氧树脂表面形成微纳二级结构；最后将基底进行 OTS 疏水改性，得到具有超疏水性且有较好的稳定性和耐久性的三种生物质基材料。通过实验分析可知，环氧树脂可将 SiO_2 粒子牢固地黏附在各基底表面，其浓度是影响本实验超疏水样品表面微观结构稳定性和耐久性的关键因素。

2.4.2 超疏水超亲油玉米秸秆纤维的制备

2.4.2.1 浸渍法制备超疏水超亲油秸秆纤维

1) 实验方法

首先，将玉米秸秆粉碎并取粒径于 60~80 目之间的秸秆纤维，分别用超纯水和无水乙醇超声清洗，干燥至恒重。然后，配制 1%的过氧化氢水溶液，用氢氧化钠调节溶液 pH 至 12，将秸秆纤维加入到该溶液中，在室温条件下，磁力搅拌 12h。最后，使用等体积的盐酸和水的混合溶液，调节溶液的 pH 至中性，经过超纯水和无水乙醇清洗，置于 50℃烘箱中，干燥至质量不变，得到原始秸秆纤维。后续章节 2.4.2.2~2.4.2.4 节使用的所有秸秆纤维都是按照这个实验步骤获得的。

用量筒依次量取 80mL 无水乙醇、2mL 超纯水、2mL 正硅酸乙酯和 1mL 氨水加入到 250mL 烧杯中，室温条件利用磁力搅拌器充分混合，将 0.5g 秸秆纤维加入同一烧杯中，均匀搅拌 5h，经超纯水和无水乙醇清洗，用尼龙网过滤，在 45℃真空烘箱中干燥至质量不变，即得到表面负载二氧化硅粒子的秸秆纤维。

在剧烈搅拌条件下，将 1.6g 氢氧化钠溶解于 240mL 超纯水中，加热该溶液至 70℃。保持温度和搅拌速度不变，称取 1.2g 硝酸锌加入到氢氧化钠溶液中，保持反应进行 8h 后，停止搅拌，自然冷却至室温，放入 50℃恒温箱中干燥，得到氧化锌粒子。

取 9mL 无水乙醇、1mL 超纯水、0.3mL 辛基三乙氧基硅烷、0.2mL 乙酸，在室温磁力搅拌条件下，混合均匀，得到辛基三乙氧基硅烷改性液。然后，将 0.1g 氧化锌粒子超声分散于改性液中。最后，将 0.1g 表面负载二氧化硅粒子的秸秆纤维浸入到混合液中，将混合物放在加热磁力搅拌器上，设置搅拌速度为 800r·min^{-1}，加热温度为 60℃，反应 2h 后，取出并依次用超纯水、无水乙醇冲洗，置于恒温箱中于 40℃干燥至恒重，得到目标超疏水超亲油秸秆纤维。图 2-54 为整个实验的制备流程图。

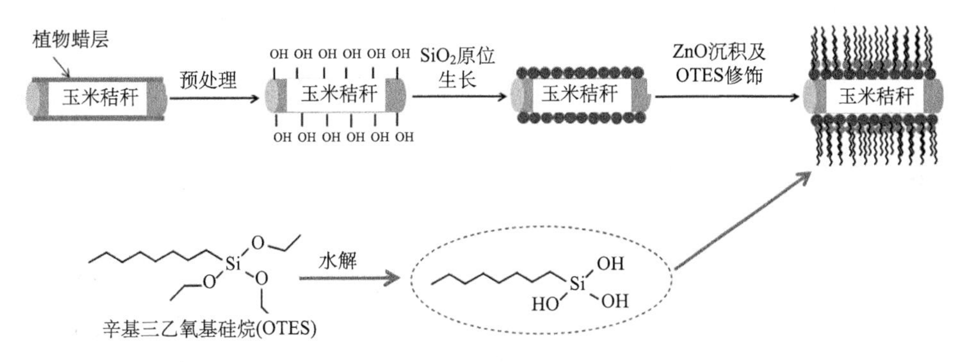

图 2-54　超疏水超亲油秸秆纤维的制备流程及辛基三乙氧基硅烷的水解示意图

2）结果与讨论

a. 超疏水超亲油秸秆纤维的微观形貌

图 2-55 分别为原始秸秆纤维和超疏水超亲油秸秆纤维的低分辨率和高分辨率的扫描电镜照片。图 2-55(a) 和图 2-55(b) 显示出原始秸秆纤维样品具有较光滑的纤维结构。从图 2-55(c) 可看出，经过处理后的秸秆纤维表面分布着一层均匀且致密的 SiO_2/ZnO 复合粒子。从高放大倍数的电镜图 2-55(d) 和图 2-55(e) 中，我们可以清楚地看到，大量的粒子随机分布在秸秆纤维表面，这些颗粒的直径在 20~80nm 之间，使超疏水超亲油秸秆纤维拥有更加粗糙的表面形貌，其表面形成类似荷叶的微纳复合阶层结构[81,82]。由于秸秆纤维表面形成了这种微纳结合的微观结构，增加了秸秆纤维表面粗糙度，结合辛基三乙氧基硅烷的修饰，大大提升了秸秆纤维的疏水性，最终制备的秸秆纤维产品表现出显著的超疏水性和超亲油性。

b. 超疏水超亲油秸秆纤维的润湿性能

为了验证制备的秸秆纤维同时具有超亲油性和超疏水性，我们测试了秸秆纤维表面与水及油的接触角，所用水滴及油滴的体积均为 5μL，选取样品表面六个不同的位置，接触角的值为六个位置的平均值。图 2-56(a) 为原始秸秆纤维与水滴的静态接触角图，可以看出，在原始秸秆纤维上的水滴，很快浸入纤维表面中，

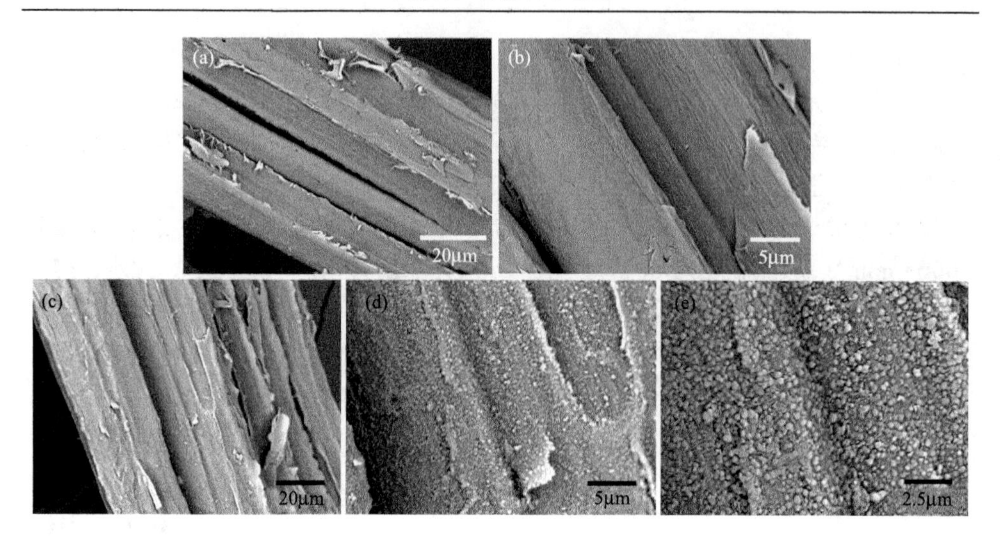

图 2-55　原始秸秆纤维的低放大倍数电镜图(a)及高放大倍数电镜图(b)；超疏水超亲油秸秆纤维的低放大倍数电镜图(c)及高放大倍数电镜图(d, e)

与水的接触角接近 0°，说明原始秸秆纤维是超亲水的，这是因为含有丰富羟基基团的纤维素和半纤维素是秸秆纤维的主要组成成分。图 2-56(b)显示了超疏水超亲油秸秆纤维的水接触角照片，可以观察到，通过浸渍法制备的秸秆纤维样品，表现出超疏水的性质，水滴不会浸润其表面，在其表面是球形的，水接触角为152°，主要是因为制备的秸秆纤维样品表面形成了高的粗糙度并具有低的表面能，有效提高了秸秆纤维的抗水性。当柴油接触到改性后的秸秆纤维样品表面，油滴会沿着样品表面铺展开，秸秆纤维与油的接触角为 0°[图 2-56(c)]，证明了所制备的秸秆纤维具有优异的超亲油特性。

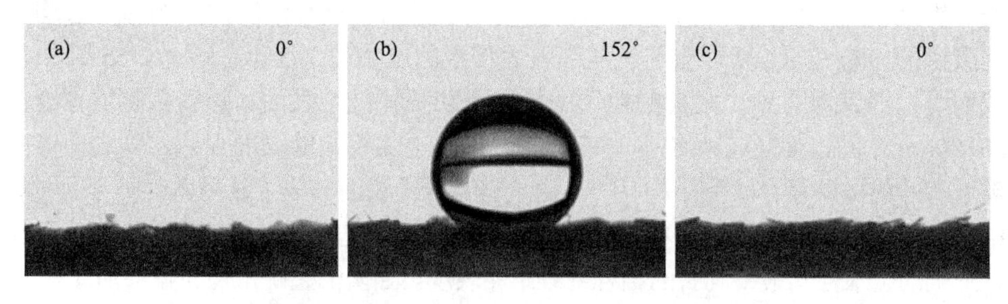

图 2-56　原始秸秆纤维表面上水滴(a)、超疏水超亲油秸秆纤维表面水滴(b)及油滴(c)的照片

c. 超疏水超亲油秸秆纤维的能谱分析

鉴于材料化学组成对固体表面润湿性有重要的影响。我们采用能量色散 X 射线光谱分析了超疏水超亲油秸秆纤维的表面化学元素。图 2-57(a)是原始秸秆纤维的能谱图，显示了碳元素(C)和氧元素(O)的存在。图 2-57(b)是经辛基三乙氧

基硅烷修饰后的秸秆纤维的能谱图，与未处理的秸秆纤维对比，我们可以发现，谱图中出现了非常明显的锌元素(Zn)和硅元素(Si)的峰，说明二氧化硅和氧化锌复合粒子成功沉积在超疏水超亲油秸秆纤维样品的表面，赋予秸秆纤维类似于荷叶表面的微纳双重粗糙结构，有利于秸秆纤维表面超疏水性和超亲油性能的获得。

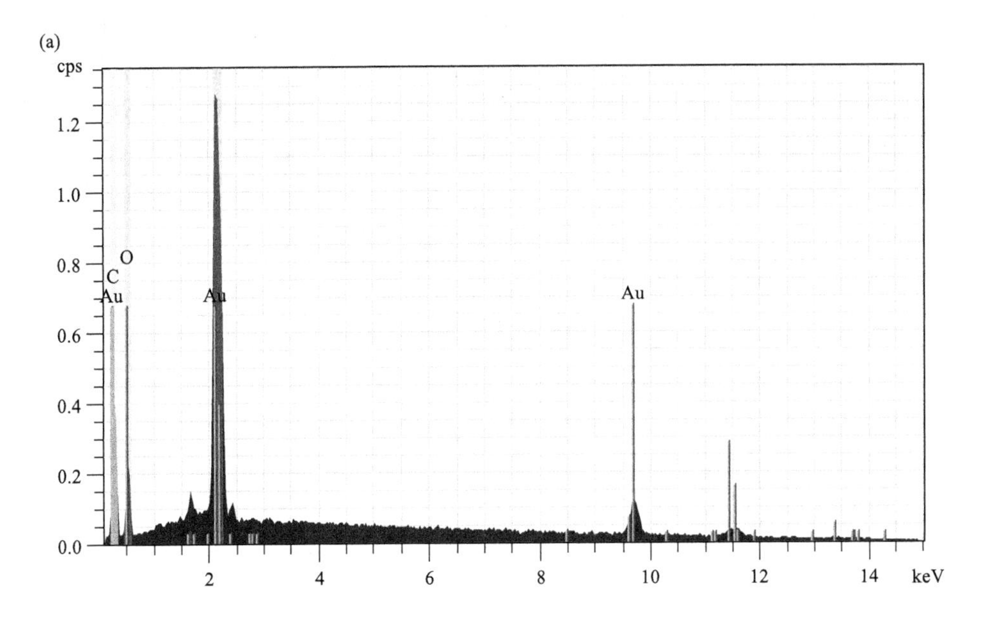

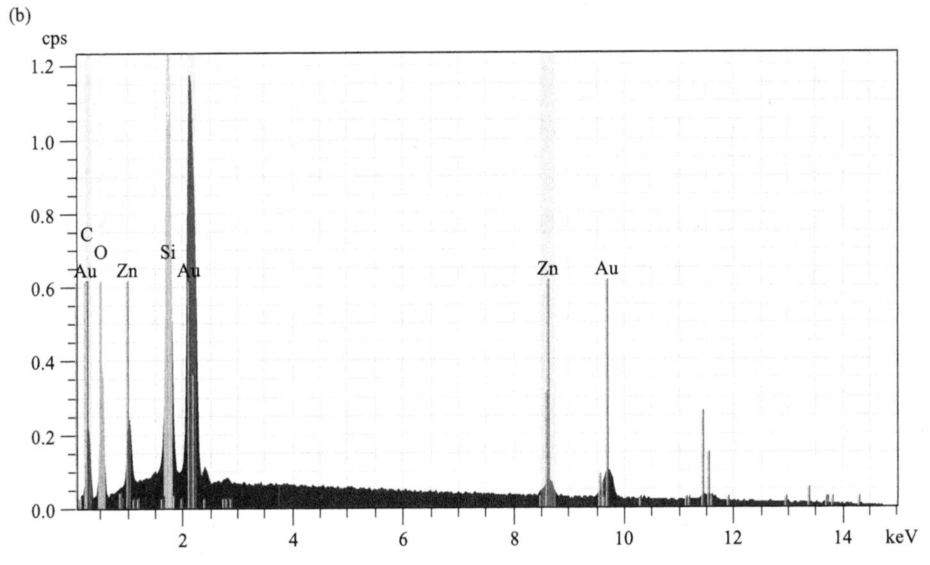

图 2-57　(a)原始秸秆纤维及(b)超疏水超亲油秸秆纤维的 EDX 谱图

d. 超疏水超亲油秸秆纤维的稳定性研究

将超疏水超亲油秸秆纤维浸泡于不同 pH 的水溶液中一段时间后，取出测试其水接触角和油接触角。图 2-58(a)代表了制备的超疏水超亲油秸秆纤维的接触角随溶液 pH 变化的关系曲线。可以清楚地看到，在不同 pH 的腐蚀性溶液中浸泡后，秸秆纤维表面的水接触角和油接触角几乎都没有变化，秸秆纤维表面仍然显示出超疏水和超亲油的特性，说明超疏水超亲油秸秆纤维具有卓越的耐酸耐碱性能。此外，我们将超疏水超亲油秸秆纤维放置在空气环境中，每隔 10 天，测试样品表面的水接触角及油接触角，结果如图 2-58(b)所示。由图可知，在空气环

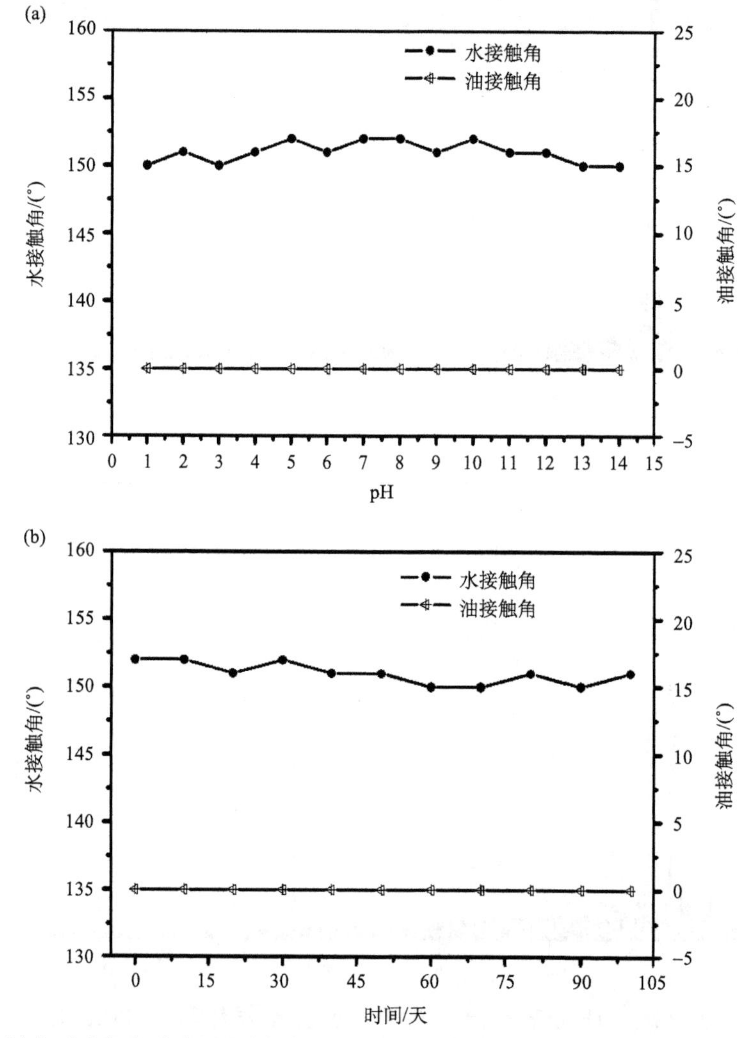

图 2-58　(a)超疏水超亲油秸秆纤维接触角随水溶液 pH 的变化图；(b)超疏水超亲油秸秆纤维接触角与在环境条件下放置时间的关系图

境中放置3个月后，秸秆纤维表现出优良的环境稳定性，水滴在其表面的接触角范围为 150°~152°，油滴在其表面的接触角不变，表明所制备的秸秆纤维的超疏水性和超亲油性仍然稳定存在。

e. 超疏水超亲油秸秆纤维的最大吸油量

本实验分别对原始秸秆纤维及制备的超疏水超亲油秸秆纤维进行了最大吸油量的测试。由图2-59可知，超疏水超亲油秸秆纤维对氯仿、豆油、原油和柴油的吸附量相对较大，分别为自身质量的23.5、22.6、20.8和18.5倍；对正己烷、甲苯、正辛烷和汽油的吸附量相对较小，分别为自身质量的15.2、17.3、15.9和16.4倍，这与不同种类的油品及有机溶剂的黏度和密度有关，油品的黏度和密度越大，则秸秆纤维的饱和吸附量越大[83]。相对于原始秸秆纤维，超疏水超亲油产品的吸附量得到了大幅度提高，对于同种油品及有机溶剂，所制备的超疏水超亲油秸秆纤维的最大吸油量大约是原始秸秆纤维的三倍，归其原因主要是与超疏水超亲油秸秆纤维表面沉积的大量粒子相关，样品表面粗糙度的增加，不仅使得秸秆纤维获得了超疏水超亲油的性能，还提升了秸秆纤维的吸附能力。

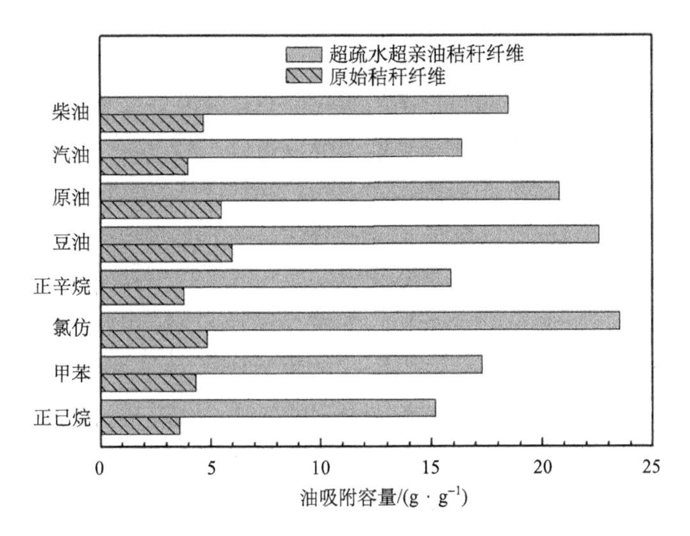

图2-59 原始秸秆纤维及超疏水超亲油秸秆纤维对不同种类油品及有机溶剂的最大吸附量

f. 小结

本节通过简单的浸渍方法，利用氧化锌和二氧化硅复合粒子在秸秆纤维表面的沉积，结合辛基三乙氧基硅烷的表面改性，使得秸秆纤维获得超疏水和超亲油特性，水滴在其表面的接触角可达到152°，油滴完全润湿其表面，油接触角为0°。研究表明，秸秆纤维表面均匀生长的大量颗粒增加了其粗糙度，辛基三乙氧基硅烷的疏水改性降低了样品的表面能，两者共同作用实现了秸秆纤维的超疏水性和超亲油性。此外，超疏水超亲油秸秆纤维表现出良好的环境稳定性和优异的耐酸碱腐蚀性，对各类油品和有机溶剂具有较高的吸附量。

2.4.2.2　*原位合成法制备超疏水超亲油秸秆纤维*

1) 实验方法

将 2mL 正硅酸乙酯、80mL 无水乙醇、2mL 超纯水和 1mL 氨水置于烧杯中，混合均匀后，称取 0.5g 秸秆纤维浸入到混合液中，在室温搅拌条件下，反应 4h 后，将秸秆纤维取出，并用大量的无水乙醇漂洗，于 40℃烘箱中干燥，得到表面均匀负载二氧化硅粒子的秸秆纤维。

首先，配制十六烷基三甲氧基硅烷的改性液，将 0.2mL 十六烷基三甲氧基硅烷滴入 10mL 甲醇和 0.1mL 乙酸的混合液中，得到改性液。然后，取 0.15g 上述负载二氧化硅的秸秆纤维浸入到该混合液中，于 60℃机械搅拌分散 1.5h。最后，将秸秆纤维取出，分别经过超纯水和无水乙醇洗涤，放在温度为 40℃的干燥箱中烘干，得到具有超疏水性和超亲油性的秸秆纤维样品。

2) 结果与讨论

a. 秸秆纤维的微观结构与润湿性能分析

本节使用扫描电镜观察了秸秆纤维的表面形貌。图 2-60(a) 和图 2-60(b) 是原始秸秆纤维的电镜图，可以看出，未经处理的秸秆纤维，其表面是相对光滑且干净的。通过接触角测量仪分析表面的润湿性，可以观察发现，水滴落在原始秸秆纤维表面，会立即被秸秆纤维吸收，说明原始秸秆纤维是超亲水的，其与水的接触角为 0°，如图 2-61(a) 所示。图 2-60(c) 和图 2-60(d) 是超疏水超亲油秸秆纤维的电镜图，从图中可知，对于超疏水超亲油样品，每根秸秆纤维的表面存在大量的直径在 40~80nm 之间的粒子。这样秸秆纤维材料表面就由微米级纤维和纳米级二氧化硅粒子构成，具有了二元微纳复合结构，与荷叶的表面形貌结构极其相似。当样品经过十六烷基三甲氧基硅烷试剂的表面改性处理后，我们测试了水和柴油在处理后秸秆纤维表面的润湿情况。秸秆纤维表面由原来的超亲水性转变为超疏水性，水滴在其表面呈现球形，与水的接触角达到 153°[图 2-61(b)]。落在改性后秸秆纤维表面的油滴，会立即扩展并完全被样品吸收，秸秆纤维表面与油的接触角接近 0°[图 2-61(c)]，表现出超亲油的特性。因此，我们可以得出结论，在微纳双重结构与低表面能十六烷基三甲氧基硅烷的共同作用下，所制备的秸秆纤维具有良好的超疏水性和超亲油性，在秸秆纤维样品表面吸附了大量的空气，当水与秸秆纤维样品表面接触时，主要与粗糙结构中滞留的空气接触，水滴不能够润湿秸秆纤维表面，进而具有了超疏水的性质。

b. 秸秆纤维的红外谱图分析

为了分析所制备的秸秆纤维样品中含有的化学基团，对原始秸秆纤维和超疏水超亲油秸秆纤维进行了傅里叶变换红外光谱分析，结果如图 2-62。在两个谱图

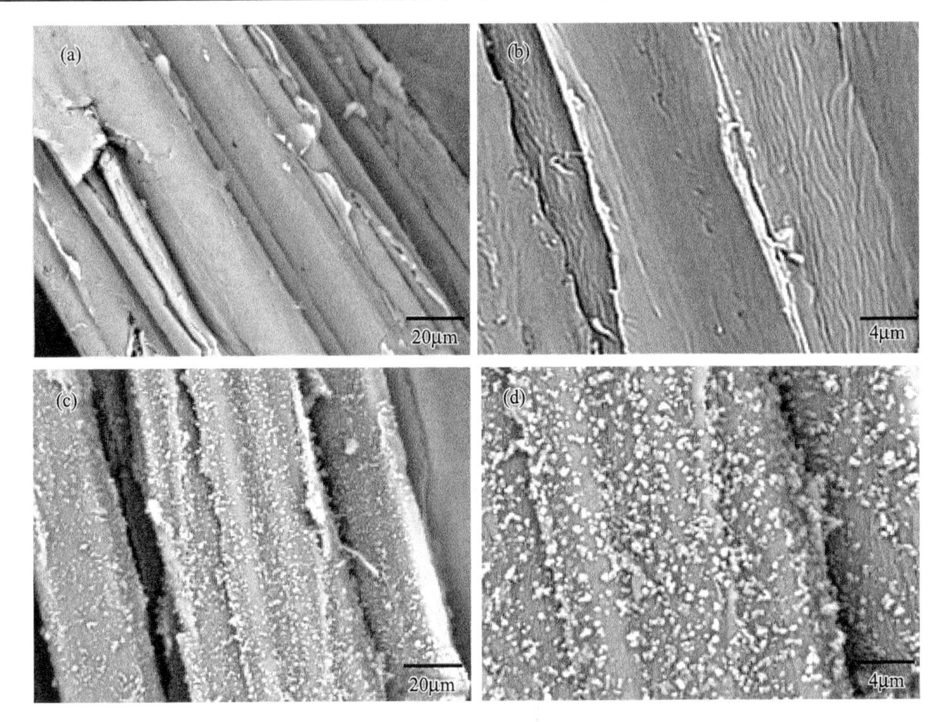

图 2-60　原始秸秆纤维(a，b)和超疏水超亲油秸秆纤维(c，d)的扫描电镜照片

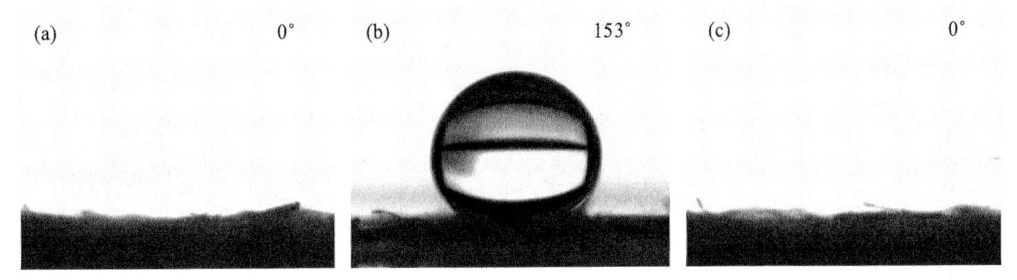

图 2-61　水滴在原始秸秆纤维表面(a)和超疏水超亲油秸秆纤维表面(b)的照片；(c)油滴在超疏水超亲油秸秆纤维表面的照片

中的 $3332cm^{-1}$ 处都体现了羟基的特征峰，改性秸秆纤维中该吸收峰的强度低于原始秸秆纤维，这是因为低表面能物质修饰后的秸秆纤维表面羟基基团数量大大降低，使得制备的秸秆纤维样品表面疏水性能显著提高。从超疏水超亲油秸秆纤维的红外谱图[图 2-62(b)]中，在 $797cm^{-1}$ 处有一个明显的强峰，归属于 Si—OH 的伸缩振动，表明二氧化硅粒子的存在。此外，还可以观察到 $2923cm^{-1}$ 和 $2852cm^{-1}$ 处的吸收峰，是硅烷链中—CH 的非对称伸缩振动和对称伸缩振动所致，证实了十六烷基三甲氧基硅烷的存在。红外谱图中的这些峰值充分说明了十六烷基三甲氧基硅烷成功改性的二氧化硅粒子沉积在超疏水超亲油秸秆纤维样品表面。

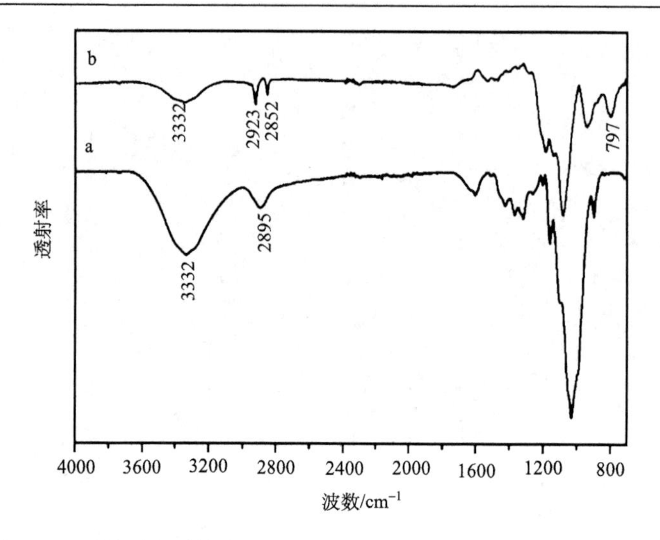

图 2-62　原始秸秆纤维(a)及超疏水超亲油秸秆纤维(b)的红外光谱图

c. 秸秆纤维的耐腐蚀性及长时间稳定性

图 2-63(a)显示了在不同 pH 的溶液浸泡后，超疏水超亲油秸秆纤维表面接触角的变化。可以观察到，在溶液的 pH 为 1~14 的广泛范围内，样品表面与水的接触角均大于 150°，与油的接触角仍然是 0°，表明秸秆纤维表面在酸性和碱性条件下维持了超疏水和超亲油的性能，证实了超疏水超亲油秸秆纤维具有良好的耐酸碱性。此外，超疏水超亲油秸秆纤维表面的水接触角及油接触角随着在空气环境中放置时间的变化关系如图 2-63(b)。在空气环境中，经过 3 个月的存储后，秸秆纤维表面的水接触角变化很小，油接触角保持为 0°，说明秸秆纤维表面的超疏水性和超亲油性在空气中是稳定的。超疏水超亲油秸秆纤维的耐腐蚀性和稳定性在实际应用中有很重要的意义。

d. 秸秆纤维的吸油性能

图 2-64 是超疏水超亲油秸秆纤维对柴油、汽油、原油、豆油、正己烷、正辛烷、甲苯和氯仿的饱和吸附量的柱状图。可以观察到，超疏水超亲油秸秆纤维对各种油品及有机溶剂的吸附量可达自身质量的 15~23 倍，显示了较好的吸附性能。其中，对氯仿的饱和吸附量最高，对正己烷的饱和吸附量最低，这主要是因为各种油品和有机溶剂的密度和黏度不同。对于同种油品或有机溶剂，超疏水超亲油秸秆纤维的吸油量大约为原始秸秆纤维的三倍，可以看出，本实验方法不仅使得秸秆纤维具备了超疏水性和超亲油性，同时也显著提升了秸秆纤维的吸附量。造成这一现象的原因主要是超疏水超亲油秸秆纤维表面原位合成了大量的二氧化硅粒子，使得其表面粗糙度提高，进而提升了秸秆纤维对各类油品的吸附能力。

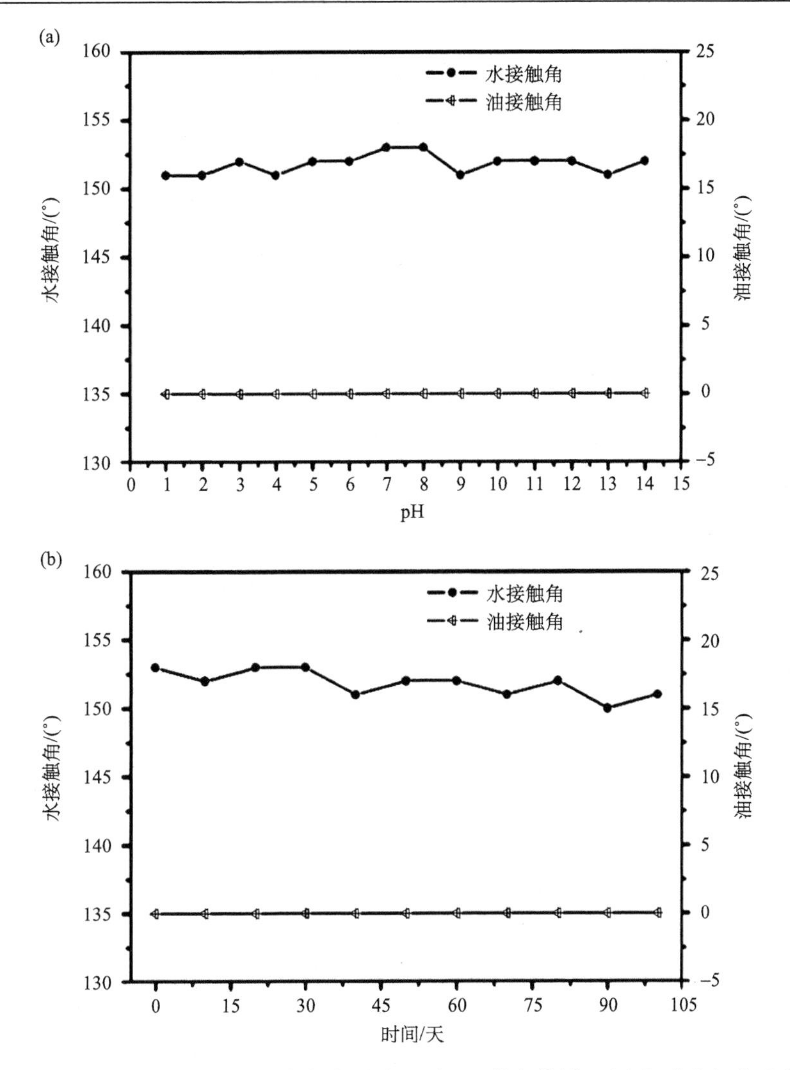

图 2-63　(a)超疏水超亲油秸秆纤维接触角随水溶液 pH 的变化图；(b)超疏水超亲油秸秆纤维接触角与在环境条件下放置时间的关系图

e. 小结

本节采用原位合成法，制备出表面沉积有二氧化硅粒子的秸秆纤维，然后利用十六烷基三甲氧基硅烷进行表面改性处理，使得秸秆纤维具有超疏水和超亲油的特性。分析了水滴及油滴在超疏水超亲油秸秆纤维表面的润湿性能。通过扫描电镜、红外等手段表征秸秆纤维的微观形貌和化学成分。研究了所制备的秸秆纤维的耐腐蚀性和环境稳定性。结果显示，在秸秆纤维表面原位合成的二氧化硅粒子提供了微纳米复合结构，增加了表面粗糙度，十六烷基三甲氧基硅烷的修饰，降低了材料的表面张力。超疏水超亲油秸秆纤维具有优异的稳定性和良好的吸油

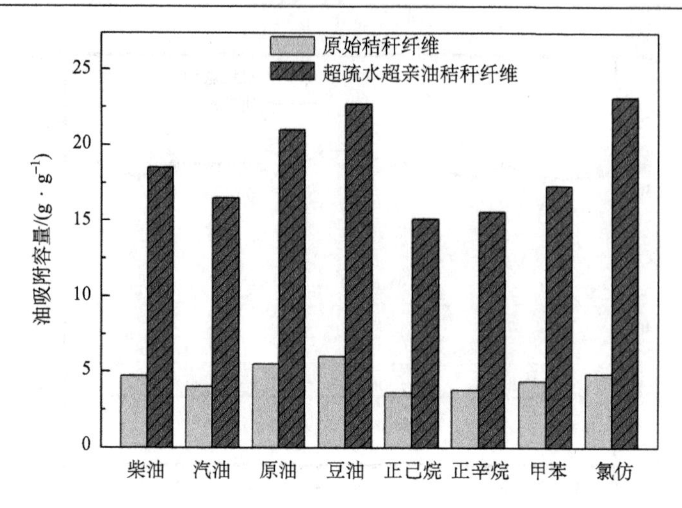

图 2-64　超疏水超亲油秸秆纤维对不同种类油品及有机溶剂的最大吸油量

性能。在强酸强碱的环境下，或经过长时间空气存储后，所制备的秸秆纤维仍然保持良好的超疏水性和超亲油性。

2.4.2.3　溶胶-凝胶法制备超疏水超亲油秸秆纤维

1)实验方法

本研究采用溶胶-凝胶法制备二氧化硅粒子[84]，其中以正硅酸乙酯作为前驱体，氨水作为催化剂，主要过程如下：首先，量取 2.5mL 氨水置于分液漏斗中，在室温磁力搅拌条件下，逐滴加入到装有 5mL 正硅酸乙酯、45mL 无水乙醇和 5mL 超纯水的烧杯中，滴加完毕后，将烧杯于室温下静置陈化 12h，反应结束后，经无水乙醇洗涤，使用离心机进行分离，将离心管中下层的乳白色沉淀物取出，60℃下真空干燥，制备得到粒径均一且分散性较好的二氧化硅粒子。

室温中，将 0.1g 二氧化硅超声分散于 10mL 乙醇、0.025mL 超纯水、0.03mL 十七氟癸基三乙氧基硅烷(FAS-17)和 0.005mL 冰醋酸的混合液中进行疏水改性。然后，称取 0.1g 秸秆纤维加入到上述混合液中，在磁力搅拌条件下，反应 5h，停止搅拌，在 65℃烘箱中放置 3h。最后，用尼龙过滤网将秸秆纤维滤出，利用无水乙醇冲洗多次，置于真空干燥箱中至质量不变，得到超疏水超亲油秸秆纤维样品。

2)结果与讨论

a. 二氧化硅粒子的制备及疏水改性机理

本研究根据 Stöber 法制备了二氧化硅粒子，其中正硅酸乙酯作为前驱体，氨水作为催化剂。实验中，严格控制氨水浓度及反应温度，进而有效控制二氧化硅粒子的粒径。整个化学反应分为两个过程，包括正硅酸乙酯的水解反应和水解中间体的缩聚反应[84-86]。二氧化硅具体的形成过程如下。

(1) 正硅酸乙酯的水解反应：

$$Si(OC_2H_5)_4 + 4H_2O \xrightarrow{OH^-} Si(OH)_4 + 4C_2H_5OH$$

(2) 醇缩合反应

$$Si—(OH)_4 + Si—(OC_2H_5)_4 \longrightarrow \equiv Si—O—Si \equiv + 4C_2H_5OH$$

(3) 水缩合反应

$$Si—(OH)_4 + Si—(OH)_4 \longrightarrow \equiv Si—O—Si \equiv + 4H_2O$$

由以上方法制备的二氧化硅粒子表面含有丰富的羟基，能够与秸秆纤维表面的羟基基团在氢键作用下吸附结合，进而实现二氧化硅在秸秆纤维表面的负载。本研究中使用十七氟癸基三乙氧基硅烷(FAS-17)对秸秆纤维表面沉积的二氧化硅粒子进行疏水改性，其分子结构式为 $CF_3(CF_2)_7$-CH_2-CH_2-Si$(OCH_2CH_3)_3$[图 2-65(c)]，是一种重要的憎水偶联剂。由于 FAS-17 官能团中的三个硅乙氧基可水解，生成的硅醇基[Si$(OH)_3$]可与二氧化硅表面的羟基发生化学反应，进而 FAS-17 的长链含氟官能团接枝到二氧化硅表面，降低了秸秆纤维的表面自由能，实现了对秸秆纤维的疏水改性。图 2-65 为超疏水超亲油秸秆纤维的制备流程图。

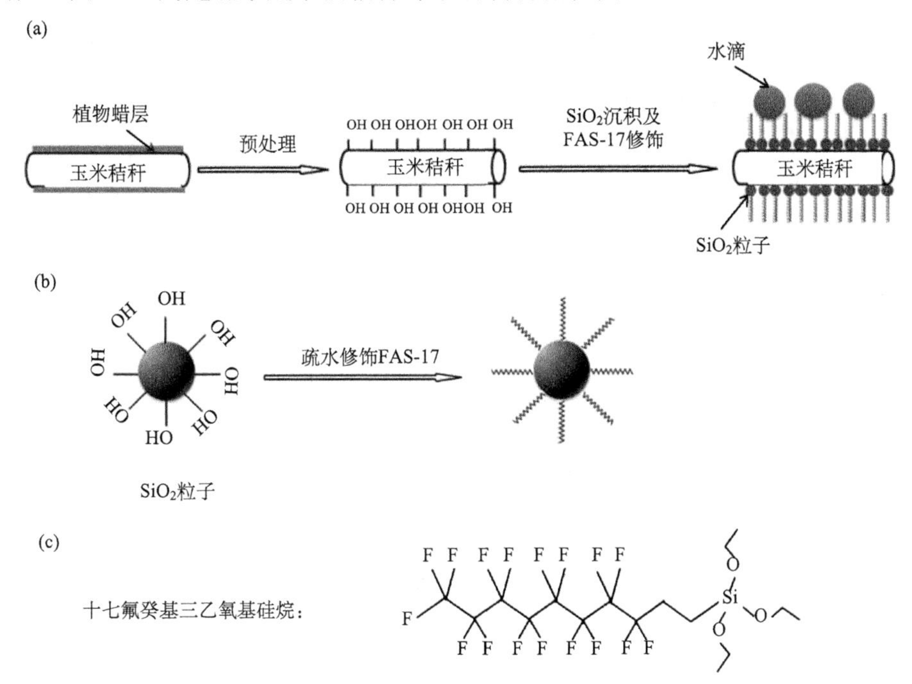

图 2-65　(a)超疏水超亲油秸秆纤维的制备流程和水滴在其表面的状态；(b)十七氟癸基三乙氧基硅烷改性二氧化硅的示意图；(c)十七氟癸基三乙氧基硅烷的化学结构

b. 表面微观形貌分析

对比图 2-66(a)和图 2-66(c)，我们可以发现，原始秸秆纤维表面是相对平整且光滑的，其直径为 100~140nm。从图 2-66(c)我们可以观察到，秸秆纤维表面分布着一层球形粒子。改性后样品的高倍电镜照片[图 2-66(d)]，更加直观地表明了秸秆纤维表面生成的二氧化硅粒子尺寸较均匀，平均粒径为 40~50nm，分散性较好，无团聚现象。秸秆纤维自身的微米级纤维结构与纳米级粒子相结合，构成了微纳阶层结构，类似于天然荷叶表面的微观形貌特征，是引起秸秆纤维材料表面超疏水特性的根本原因。

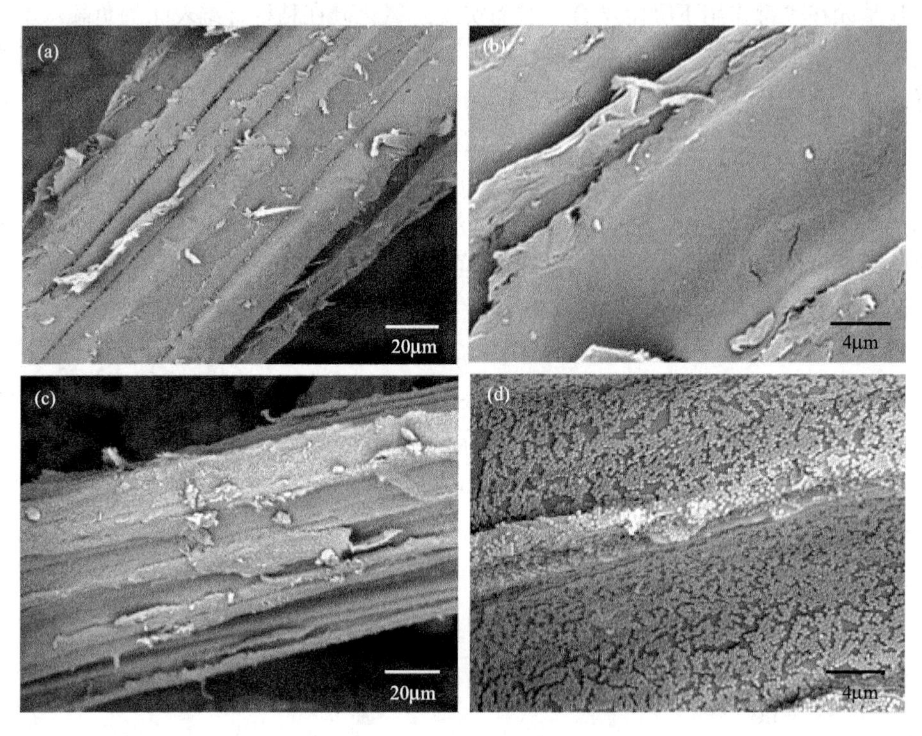

图 2-66　不同放大倍数下的原始秸秆纤维(a，b)及超疏水超亲油秸秆纤维(c，d)的扫描电镜图

c. 接触角测试

在室温条件下，我们测量了原始秸秆纤维的接触角大小，将水滴滴在其表面，可以观察到水滴逐渐塌陷，很快被秸秆纤维样品吸收，水接触角接近于 0°[图 2-67(a)]，具有超亲水性，是由于组成秸秆纤维的植物细胞壁的主要成分是富含羟基基团的纤维素和半纤维素以及木质素，具有很强的极性。用十七氟癸基三乙氧基硅烷对表面沉积二氧化硅的秸秆纤维进行疏水修饰后，具有粗糙结构的秸秆纤维表面的自由能大大降低，疏水性随之增强，取 5μL 的水滴滴于秸秆纤维表面，

水滴呈现近似球形，样品表面与水的接触角达到 152°[图 2-67(b)]，根据超疏水性的定义，可以知道我们制备的秸秆纤维是超疏水性的。图 2-67(c)为经十七氟癸基三乙氧基硅烷修饰的秸秆纤维样品上油滴的照片，油滴在秸秆纤维表面上立即铺展并完全润湿，观察显示样品与油的接触角接近 0°，证明了改性后的秸秆纤维具有超亲油的特性。秸秆纤维显著的超疏水性和超亲油性为其在油水分离领域的应用研究提供了一定的保障。

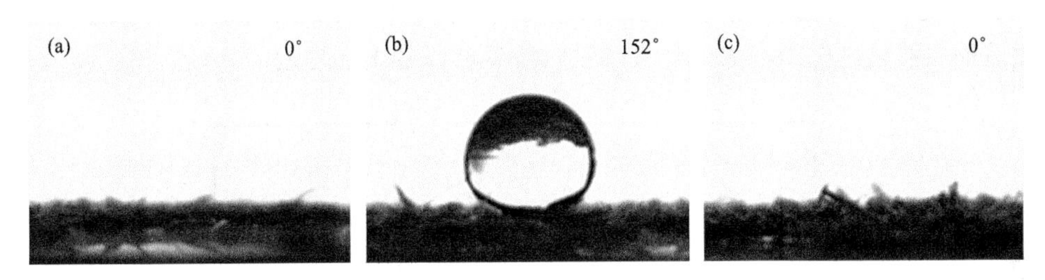

图 2-67　(a)水滴在原始秸秆纤维表面的照片；(b)水滴和(c)油滴在超疏水超亲油秸秆纤维表面的照片

d. 化学成分分析

超疏水超亲油秸秆纤维的化学成分是利用傅里叶变换红外光谱仪、X 射线光电子能谱仪和能量色散 X 射线光谱仪进行综合表征的。原始秸秆纤维及超疏水超亲油秸秆纤维的红外谱图见图 2-68。对于两个谱图，在 $3332cm^{-1}$ 附近的吸收峰是羟基的特征吸收峰，与图 2-68(a)相比，图 2-68(b)中该吸收峰的强度有所降低，其原因是 FAS-17 改性后的样品表面的羟基数量大大减少，赋予秸秆纤维较强的疏

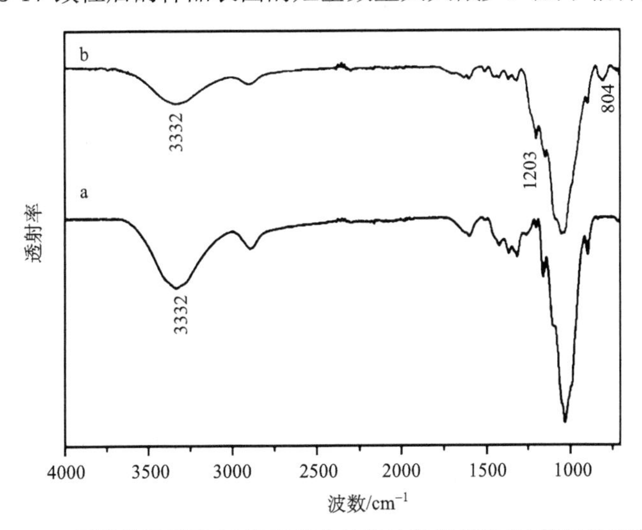

图 2-68　原始秸秆纤维(a)及超疏水超亲油秸秆纤维(b)的红外光谱图

水性。在图 2-68(b)中，804cm^{-1} 处新的吸收峰归因于 Si—O—Si 对称伸缩振动[87]，1203cm^{-1} 处的峰归属于 FAS-17 中 C—F 的特殊峰，说明了超疏水超亲油秸秆纤维表面上二氧化硅和 FAS-17 的存在[88]。

通过 X 射线光电子能谱仪进一步表征秸秆纤维中所含的化学元素，相应的结果显示在图 2-69 中。图 2-69(a)表明，原始秸秆纤维谱图中，只有碳元素(C)和氧元素(O)检出。与图 2-69(a)比较，图 2-69(b)显示了四个新的峰，分别是 Si2p、Si2s、F1s 和 F KLL，由此可推断超疏水超亲油秸秆纤维表面沉积了一层 FAS-17 改性的二氧化硅粒子，大大降低了秸秆纤维样品的表面自由能。

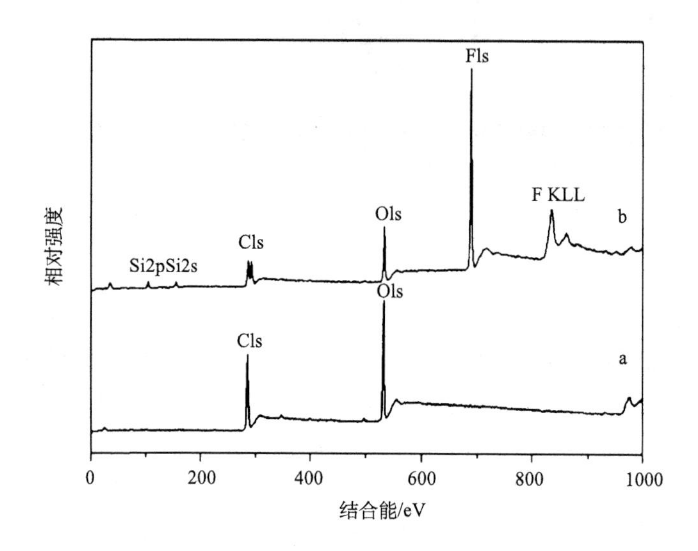

图 2-69　原始秸秆纤维(a)及超疏水超亲油秸秆纤维(b)的能谱图

采用能量色散X射线光谱对原始秸秆纤维及超疏水超亲油秸秆纤维的表面元素进行了表征。从图 2-70(a)可知，原始秸秆纤维中只有碳元素(C)和氧元素(O)。经过改性后的秸秆纤维，出现了新的硅元素(Si)和氟元素(F)的特征峰[图 2-70(b)]，证实了 FAS-17 改性的二氧化硅粒子沉积在所制备秸秆纤维样品表面。

根据以上的测试结果，可以推断二氧化硅粒子成功被 FAS-17 修饰，且附着于超疏水超亲油秸秆纤维样品表面。

e. 化学稳定性及时间耐久性

使用氢氧化钠和盐酸配制不同 pH 的水溶液。如图 2-71(a)所示，pH 为 1~14 的水溶液在秸秆纤维表面的接触角始终保持在 150°以上。测完水接触角后，我们在样品相同位置测试了油接触角，秸秆纤维的油接触角也未发生改变，说明超疏水超亲油秸秆纤维表现出良好的耐腐蚀性能。图 2-71(b)为超疏水超亲油秸秆纤维在室温环境中放置后接触角的变化，每隔 15 天进行一次接触角测试。结果发

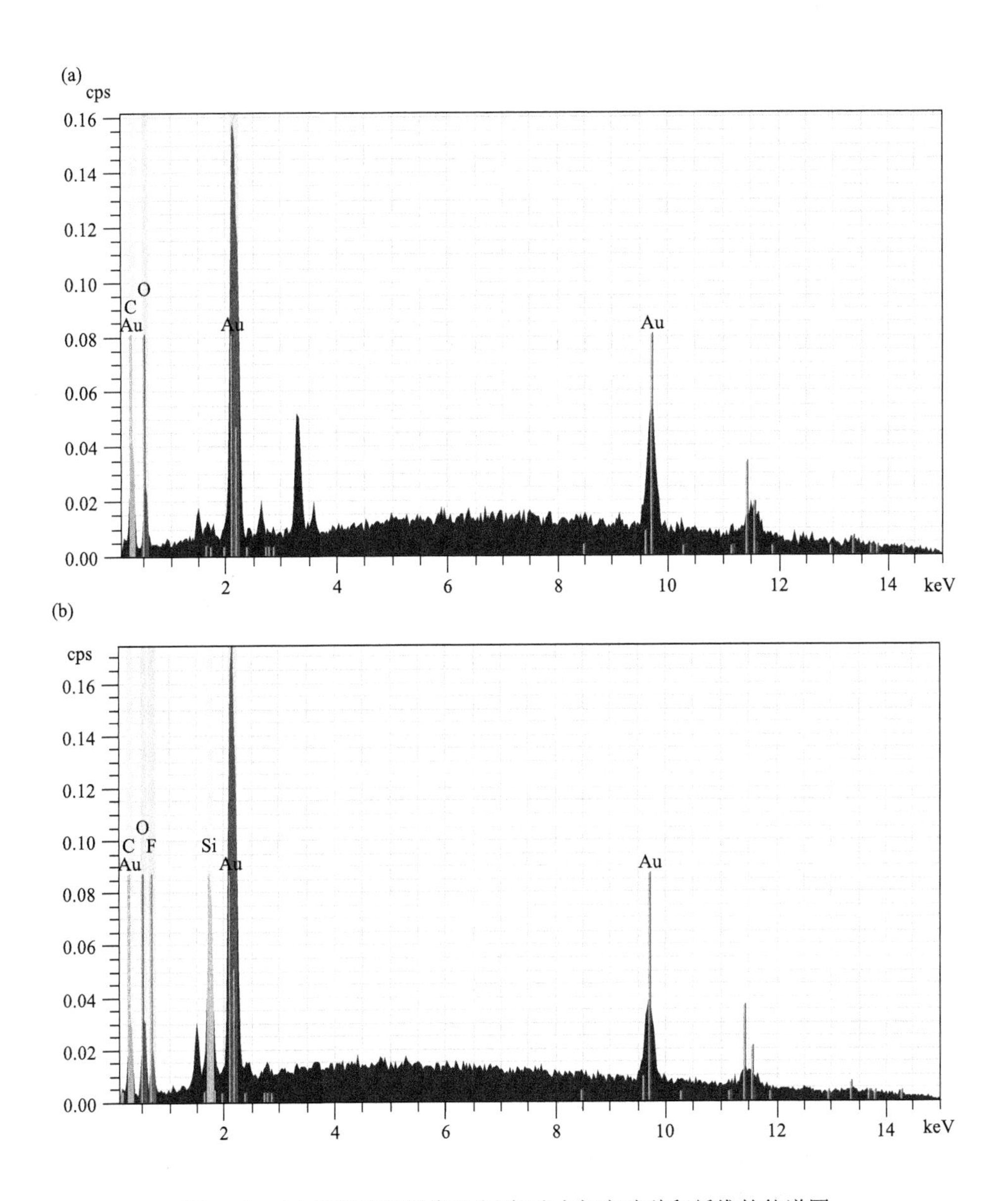

图 2-70　(a)原始秸秆纤维及(b)超疏水超亲油秸秆纤维的能谱图

现，经过 5 个月后，秸秆纤维表面的水接触角及油接触角基本没有改变，展示了超疏水超亲油秸秆纤维在空气中的长时间稳定性。以上研究结果表明，制备的超疏水超亲油秸秆纤维具有优良的化学稳定性和环境耐久性。

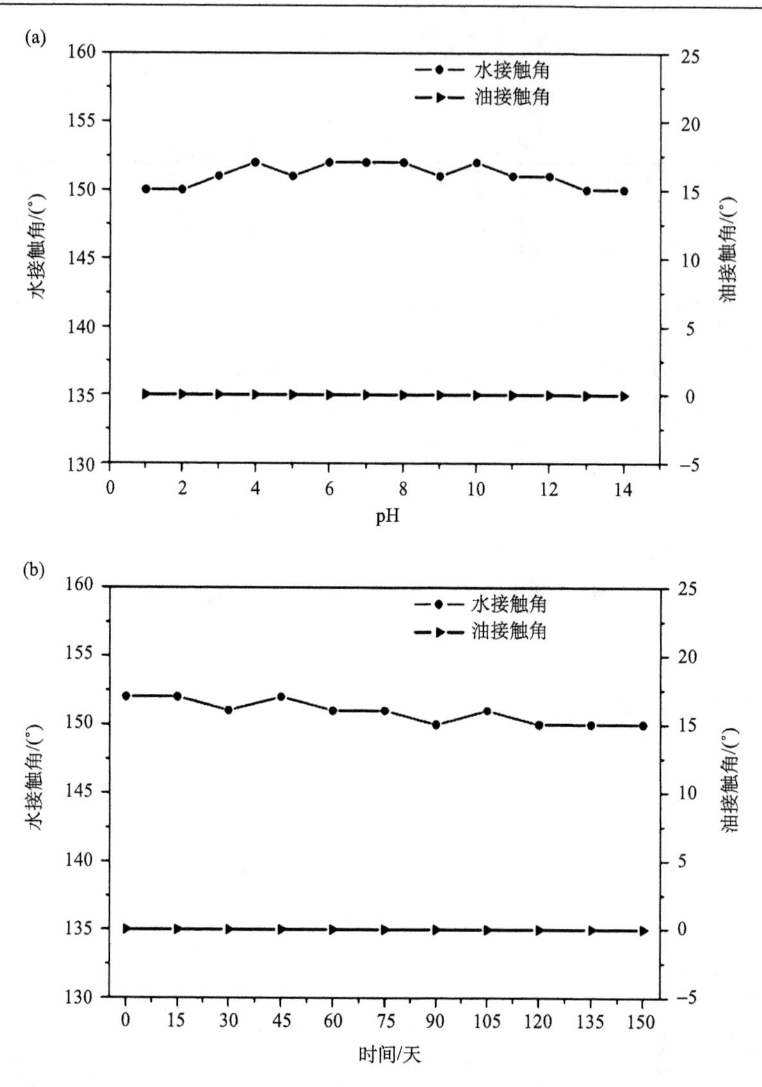

图 2-71　(a)超疏水超亲油秸秆纤维的水接触角及油接触角与溶液 pH 的关系曲线；(b)超疏水超亲油秸秆纤维的接触角随在空气环境中放置时间的关系曲线

f. 对不同种类油品及有机溶剂的饱和吸附量

制备的超疏水超亲油秸秆纤维可用作吸油剂，较好的吸油能力是其实际应用的一个重要指标。因此，使用超疏水超亲油秸秆纤维对汽油、原油、柴油、机油、甲苯、氯仿和正己烷进行最大吸附量的测试。图 2-72 是超疏水超亲油秸秆纤维对不同油品及有机溶剂的吸油量柱状图。从图中可以看出，超疏水超亲油秸秆纤维可吸收自身质量 12~25 倍的油品和有机溶剂，对不同油品及有机溶剂吸附能力的差别，主要是由于不同种油品及有机溶剂自身的黏度和密度差异所致。与原始秸秆纤维对比，超疏水超亲油秸秆纤维的饱和吸附量得到了提升，主要是因为超疏水超亲油秸秆纤维的表面粗糙度较大，其表面沉积的二氧化硅粒子间存在大量的空隙，有助于吸附油类物质。因此，超疏水超亲油秸秆纤维可作为吸油材料，应用于海洋溢油的清理领域。

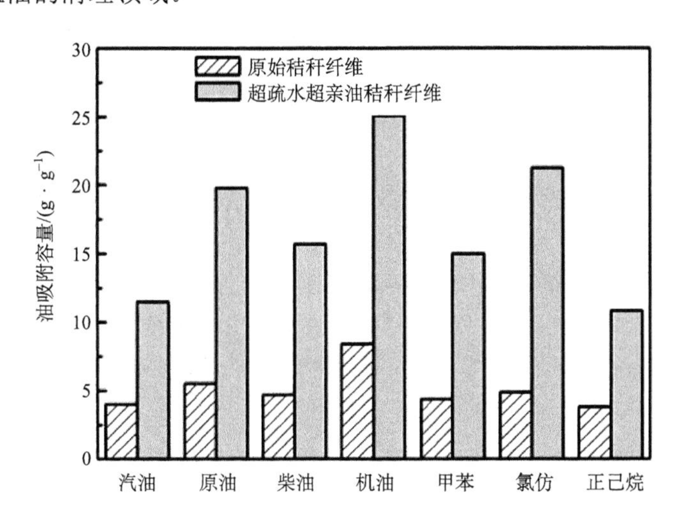

图 2-72　原始秸秆纤维及超疏水超亲油秸秆纤维对不同种类的油和有机物的吸附容量

g. 小结

在本节中，通过溶胶-凝胶法，以正硅酸乙酯为硅源，氨水为催化剂，制备了粒径为 40~50nm 的二氧化硅球形粒子。选用十七氟癸基三乙氧基硅烷作为改性剂，利用超声技术将二氧化硅分散于改性液中，将秸秆纤维浸入到改性液中，制备得到超疏水超亲油秸秆纤维。对秸秆纤维样品的微观结构和宏观润湿性进行了研究，测试了超疏水超亲油秸秆纤维对腐蚀性溶液的稳定性。结果表明，制备的秸秆纤维的表面粗糙度是由其本身微米级纤维与纳米级二氧化硅颗粒组成的，具有优异的超疏水性和超亲油性。此方法获得的秸秆纤维与水的接触角为 152°，表现出优异的抗水性，与油的接触角为 0°，油滴在其表面迅速铺展开。超疏水超亲油秸秆纤维的稳定性能较好，且其对油品及有机溶剂的吸附容量得到了大幅度提升。

2.4.2.4　自组装法合成超疏水超亲油秸秆纤维

1) 实验方法

称取 1.6g 氢氧化钠，加入到盛有 80mL 超纯水的烧杯中，置于水浴锅中加热至 65℃，并使用搅拌器匀速搅拌至氢氧化钠完全溶解。然后，称取 1.2g 硝酸锌与该氢氧化钠水溶液混合，在相同反应条件下，继续恒温反应 20h。取出烧杯，室温放置 6h 后，经过离心分离，然后用超纯水洗涤至中性，用无水乙醇冲洗，以除去未反应的物质及生成的副产物。在 60℃的真空干燥箱中烘干 5h，经研磨得到的白色粉末即为氧化锌粒子。

用移液管依次量取 10mL 甲醇、0.1mL 乙酸、0.4mL 超纯水和 0.2mL 十六烷基三甲氧基硅烷，加入到同一烧杯中。接着，称取 0.01g 十二烷基苯磺酸钠，用玻璃棒搅拌，与上述混合液混合均匀后，得到改性液。然后，在室温条件下，称取 0.1g 秸秆纤维、0.1g 氧化锌颗粒分散于配制的改性液中，剧烈搅拌并反应 5.5h。最后，将秸秆纤维取出，用无水乙醇清洗，在 40℃的烘箱中干燥至质量恒定，获得超疏水超亲油秸秆纤维吸附剂。

图 2-73 描述的是超疏水超亲油秸秆纤维的合成路线、十六烷基三甲氧基硅烷的化学式及其水解示意图。本研究中，采用十六烷基三甲氧基硅烷作为改性剂，其疏水机理为：十六烷基三甲氧基硅烷水解产生的羟基基团与氧化锌粒子表面的羟基基团发生脱水缩合反应，氧化锌表面的亲水羟基被替换为疏水长链基团，导致秸秆纤维的表面能更低，有利于超疏水和超亲油性能的获得。

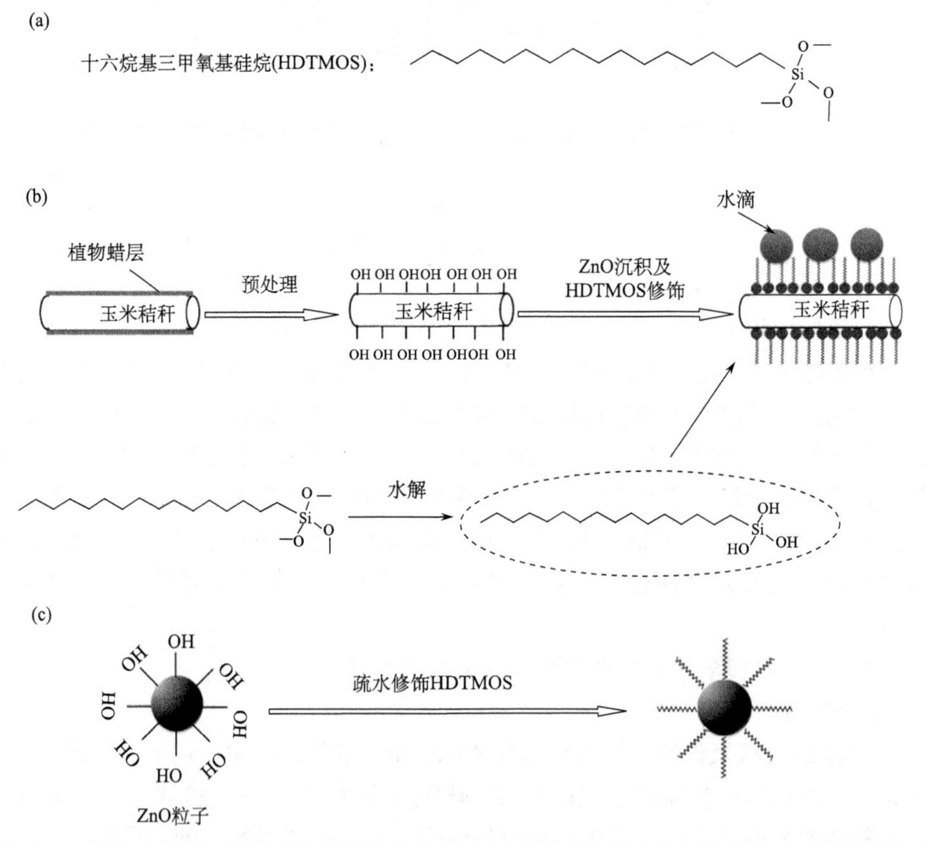

图 2-73　(a) 十六烷基三甲氧基硅烷的化学结构；(b) 超疏水超亲油秸秆纤维的合成路线图及水滴在其表面的形状；(c) 十六烷基三甲氧基硅烷改性氧化锌粒子的示意图

2) 结果与讨论

a. 秸秆纤维的表面形貌表征

图 2-74 为原始秸秆纤维表面及超疏水超亲油秸秆纤维表面的扫描电子显微镜照片。在低分辨率的电镜图中[图 2-74(a)和图 2-74(b)]，可以看出超疏水超亲油秸秆纤维的结构及表面形貌与原始秸秆纤维相似。从图 2-74(a)中可以观测到，原始秸秆纤维表面较平整，由图 2-74(b)可知，经过十六烷基三甲氧基硅烷改性修饰后，超疏水超亲油秸秆纤维表面变得粗糙，这是由于其表面均匀沉积了一层氧化锌颗粒。在高放大倍数下，图 2-74(c)和图 2-74(d)更清楚地显示了超疏水超亲油秸秆纤维表面被大量的粒子覆盖，这些粒子是中空球形的，直径约为 5μm，随意分布在秸秆纤维表面，所以秸秆纤维具有足够的粗糙度来获得超疏水和超亲油性。可以看出，中空球形氧化锌粒子的生成在超疏水超亲油秸秆纤维制备过程中发挥重要的作用。结合低表面能物质十六烷基三甲氧基硅烷的疏水改性，大量的空气滞留在处理后秸秆纤维表面的空隙结构中。当水滴落在微纳米复合结构的样品表面，主要与滞留的空气接触，导致了表面超疏水润湿性的产生。

图 2-74　原始秸秆纤维(a)和所制备的超疏水超亲油秸秆纤维(b~d)在不同放大倍数下的扫描电镜图

b. 表面润湿性能表征

对未处理的原始秸秆纤维及处理后的超疏水超亲油秸秆纤维进行了接触角测试，相应的接触角照片见图 2-75。图 2-75(a)显示的是原始秸秆纤维的水接触角照片，可以看出，水滴在原始秸秆纤维表面是完全润湿的状态，接触角大小为 0°，说明未处理的秸秆纤维是超亲水性材料，原因是秸秆纤维内部分子结构中的主要成分纤维素和半纤维素含有大量的羟基亲水基团。如图 2-75(b)所示，当样品表面沉积氧化锌粒子，增加了秸秆纤维的表面粗糙度，经十六烷基三甲氧基硅烷修饰后，在秸秆纤维表面形成了一层自组装单层，有效减小了材料的表面自由能，秸秆纤维的润湿性由超亲水性变为超疏水性，水滴在其表面呈现球形，且极易滚动，样品表面与水的接触角可达到 155°，说明改性后的秸秆纤维具有良好的超疏水性。此外，我们测试了样品的油润湿性，柴油在很短的时间内渗透到修饰后的秸秆纤维中，秸秆纤维表面与柴油的接触角几乎为 0°[图 2-75(c)]，显示了秸秆纤维良好的超亲油润湿性能。以上结果证明了粗糙结构与低表面能物质修饰共同导致了秸秆纤维样品具有显著的超疏水性和超亲油性。

图 2-75　液滴在不同样品表面的照片：(a) 5μL 水滴在原始秸秆纤维表面及(b)超疏水超亲油秸秆纤维表面的照片，水接触角分别为 0°和 155°；(c)油滴在超疏水超亲油秸秆纤维表面的照片，油接触角为 0°

c. 化学组成分析

为了证实超疏水超亲油秸秆纤维表面成功接枝十六烷基三甲氧基硅烷改性的氧化锌粒子，采用傅里叶变换红外光谱仪和 X 射线光电子能谱仪，对处理前后秸秆纤维样品的表面化学成分进行分析。图 2-76 为原始秸秆纤维及超疏水超亲油秸秆纤维的红外吸收光谱。在谱图中，我们都可以在 3337cm^{-1} 处观察到一组来自于羟基的特征吸收峰，与图 2-76(a)相比，图 2-76(b)中该峰值明显降低，是由于处理后超疏水超亲油秸秆纤维中的亲水羟基基团数量大大减少，表面疏水性随之提高。在超疏水超亲油样品的红外图谱中[图 2-76(b)]，位于 2920cm^{-1} 和 2851cm^{-1} 处的吸收峰，分别对应于—CH_2—和—CH_3 的非对称伸缩振动和对称伸缩振动[89]，说明超疏水超亲油秸秆纤维表面存在疏水的长链烷基，证实了十六烷基三甲氧基硅烷结构中长链烷基端成功接枝到秸秆纤维上。原始秸秆纤维的 EDX 谱图见图 2-77(a)，谱图中只出现了碳元素(C)和氧元素(O)的衍射峰。图 2-77(b)为超疏水超亲油秸秆纤维的能谱分析图，与图 2-77(a)相比，可以观察到归属于锌元素(Zn)和硅元素(Si)的特征峰，表明十六烷基三甲氧基硅烷改性的氧化锌粒子成功沉积在秸秆纤维表面。综上所述，我们可以得出结论，在超疏水超亲油秸秆纤维的制备过程中，经十六烷基三甲氧基硅烷改性的氧化锌粒子负载在秸秆纤维表面，降低了样品的表面自由能，使具有类似荷叶微纳结构的秸秆纤维表现出超疏水和超亲油的性质。

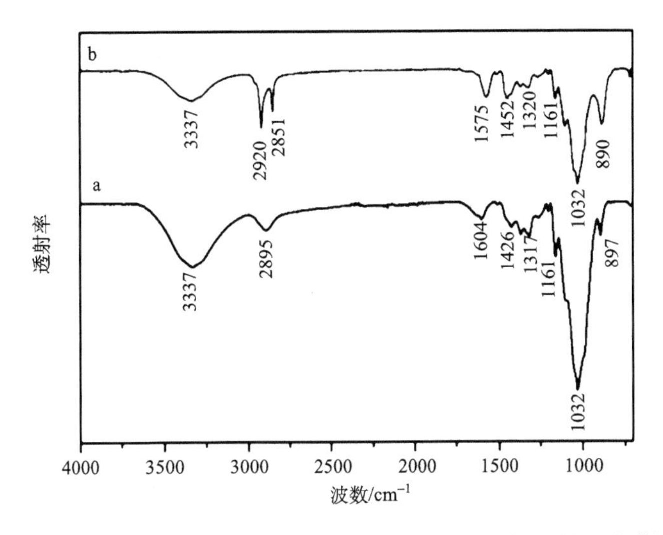

图 2-76　原始秸秆纤维(a)及超疏水超亲油秸秆纤维(b)的红外谱图

d. 超疏水超亲油秸秆纤维的稳定性

选用 pH 为 1~14 的水溶液替代纯水，进行超疏水超亲油秸秆纤维的水接触角测量。图 2-78(a)为水接触角和油接触角随溶液 pH 变化的关系曲线。由图可知，随着溶液 pH 的增加，所测得的水接触角没有明显的改变且均大于 150°，油接触角始终为 0°，超疏水超亲油秸秆纤维仍然保持良好的超疏水性和超亲油性。此外，在室温环境中，我们将制备的超疏水超亲油秸秆纤维放置 5 个月，然后测试秸秆纤维表面的水接触角及油接触角，如图 2-78(b)所示。从图中可以看出，秸秆纤维表面与水接触角均在 150°以上，与油的接触角始终为 0°，秸秆纤维仍然具有超疏水性和超亲油性。综上所述，超疏水超亲油秸秆纤维表现出优异的耐腐蚀性能和良好的环境稳定性，使得所制备的秸秆纤维吸附材料具有广阔的应用前景。

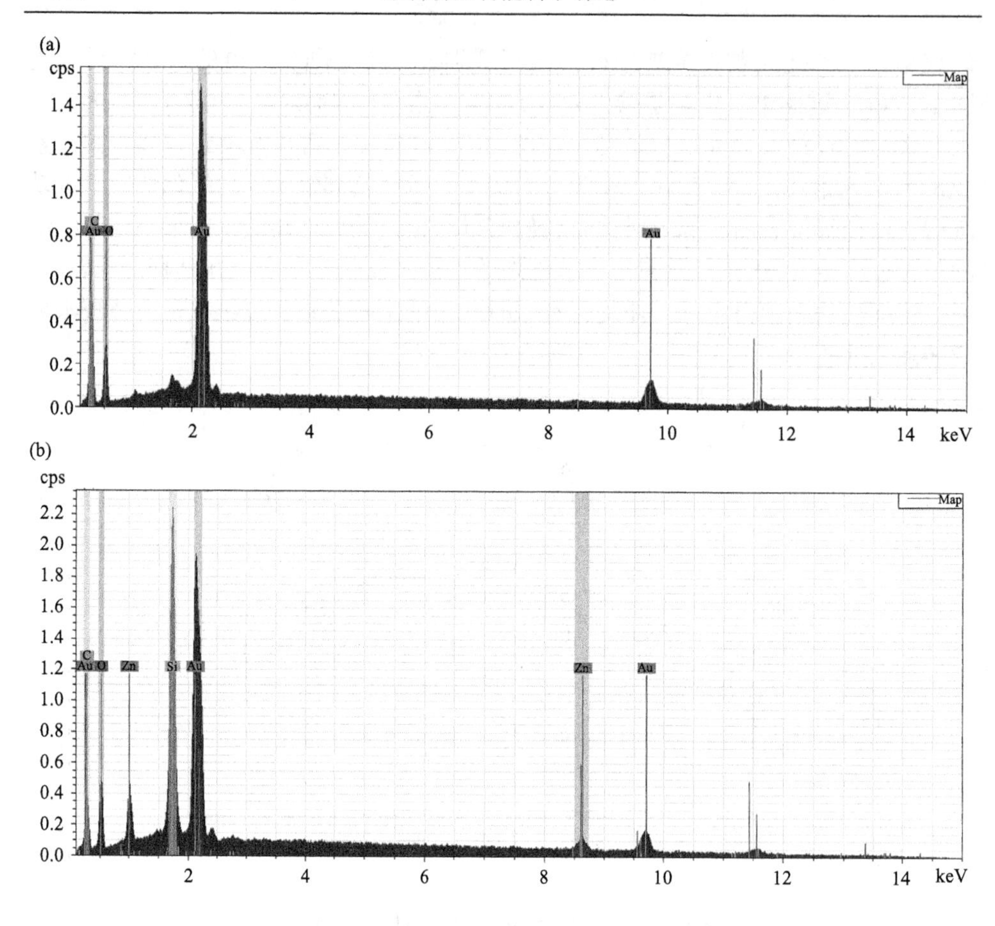

图 2-77　(a)原始秸秆纤维及(b)超疏水超亲油秸秆纤维的 EDX 谱图

e. 超疏水超亲油秸秆纤维在油水分离中的应用

由于制备的秸秆纤维具有优异的超疏水性、超亲油性和稳定性，超疏水超亲油秸秆纤维可作为吸附材料，用于含油废水的处理。图 2-79 显示的是利用超疏水超亲油秸秆纤维对水面浮油进行分离的过程。图 2-79(a)为本研究制备的超疏水超亲油秸秆纤维的照片。具体的实验过程是：在 50mL 烧杯中，加入 5mL 汽油和 30mL 水，由于汽油不溶于水，且汽油的密度小于水的密度，上层为汽油层，下层为水层。为了便于观察，使用苏丹Ⅲ将汽油染成红色，如图 2-79(b)和图 2-79(c)所示。将超疏水超亲油秸秆纤维加入到油水混合物中，秸秆纤维选择性吸附红色的汽油，在很短的时间就达到吸附饱和状态，由于秸秆纤维的密度较小且浮力大，吸油后的秸秆纤维仍然浮于水面，如图 2-79(d)所示。吸油完成后，使用药匙将秸秆纤维取出，图 2-79(f)为吸附了红色汽油的秸秆纤维。由以上实验可以看出，超疏水超亲油秸秆纤维可用于去除水面上的油类污染物，是一种具有良好应用前景的吸附材料。

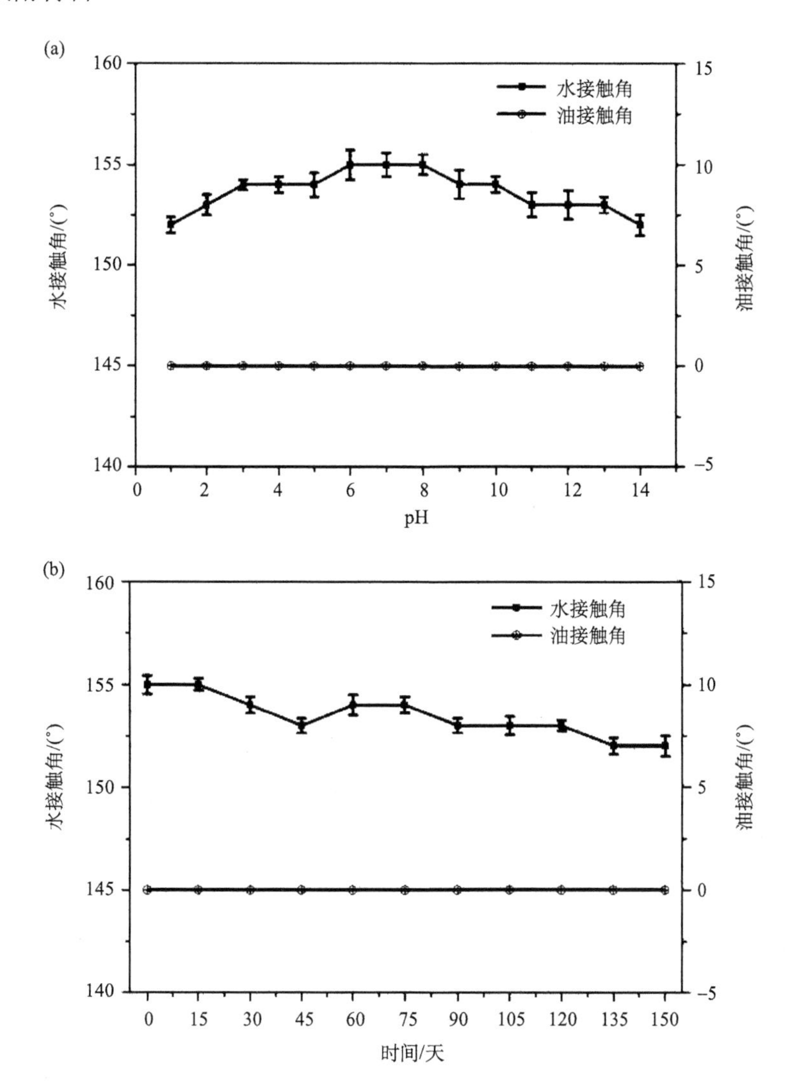

图 2-78　(a)超疏水超亲油秸秆纤维的水接触角及油接触角随溶液 pH 的变化关系；(b)置于空气环境中后，超疏水超亲油秸秆纤维的水接触角及油接触角随时间变化的关系曲线

从扫描电子显微镜图[图 2-80(a)]我们可以观察到，吸油后的超疏水超亲油秸秆纤维表面沉积的中空球形氧化锌粒子数量并未明显减少，证明十六烷基三甲氧基硅烷改性的氧化锌粒子在秸秆纤维表面沉积得很牢固。因此，超疏水超亲油秸秆纤维可反复用于油品的吸收。此外，我们测试了吸油后的秸秆纤维对水的接触角，结果如图 2-80(b)，可见吸附完成后的秸秆纤维样品仍然具有超疏水性，其

与水的接触角为 152°。

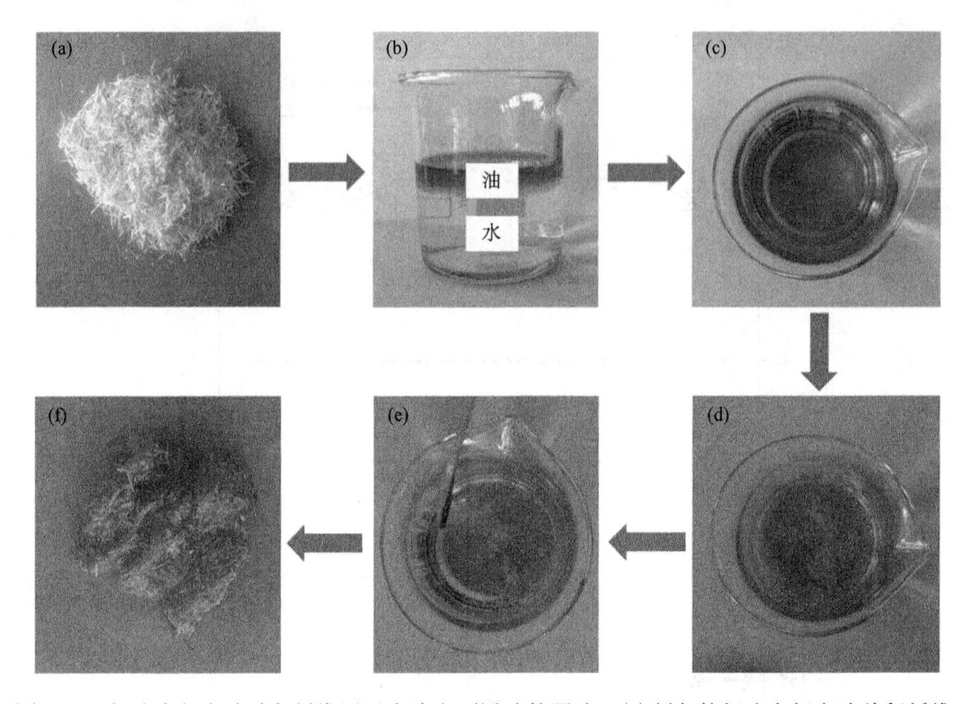

图 2-79　超疏水超亲油秸秆纤维用于去除水面浮油的照片：(a)制备的超疏水超亲油秸秆纤维；(b, c)汽油和水的混合物(为了便于观察，汽油用苏丹Ⅲ染红)；(d)汽油被秸秆纤维吸收；(e)用药匙取出吸附饱和后的秸秆纤维；(f)吸附了红色汽油的秸秆纤维

图 2-80　(a)吸油后的超疏水超亲油秸秆纤维的电镜图；(b)水滴在吸油后秸秆纤维表面的照片

f. 超疏水超亲油秸秆纤维的吸油性能研究

在超疏水超亲油秸秆纤维的应用研究中，我们选取柴油、汽油、原油、豆油、

正己烷、正辛烷、甲苯和氯仿进行了最大吸油量的测试，以评估超疏水超亲油秸秆纤维的吸油性能，结果见图 2-81(a)。从图中我们可以观察到，对于同类型的油品或有机溶剂，超疏水超亲油秸秆纤维的吸油能力明显高于原始秸秆纤维及预处理秸秆纤维，最大吸油量大约是原始秸秆纤维的三倍，说明超疏水超亲油秸秆纤维的吸油性能得到了较大的改善。

除了对纯油系统的吸附量测试，我们还分析了制备的秸秆纤维样品对油水混合物的分离效率，超疏水超亲油秸秆纤维对不同质量比的油水混合物的分离效率如图 2-81(b)。理论上，超疏水超亲油秸秆纤维几乎完全不吸收水，由于吸油量实验中存在误差，并且当油水混合物中水的含量增大，在磁力搅拌条件下进行油水分离，秸秆纤维吸油的同时很可能有少部分的水被吸收，图 2-81(b)也证实了这一点，可以看出，随着油水质量比的增大，制备的超疏水超亲油秸秆纤维的分离效率发生了明显下降，造成该现象的主要原因是秸秆纤维吸油时，有很少部分的水也被吸收[90]，说明了秸秆纤维优异的油水分离效率，适用于不同种类的油水混合物的分离。

基于吸油剂的重复利用性能对油水分离应用的重要影响。我们研究了超疏水超亲油秸秆纤维对柴油、豆油、正己烷和氯仿的重复使用性。将吸附后的秸秆纤维经丙酮和水洗后，重新放入纯油系统中进行吸油量的测试，按此步骤进行八次重复吸油实验。从图 2-81(c)可以清楚地观察到，重复进行三次吸油量的实验后，秸秆纤维对各种油品及有机溶剂的吸油量为最大吸油量的 77%~89%，导致吸油量降低的最主要原因可能是吸油后有部分油品残留在秸秆纤维中[91]。重复使用三次后，随着吸油次数的增加，超疏水超亲油秸秆纤维吸油量改变很小，表现出良好的可重复利用性。

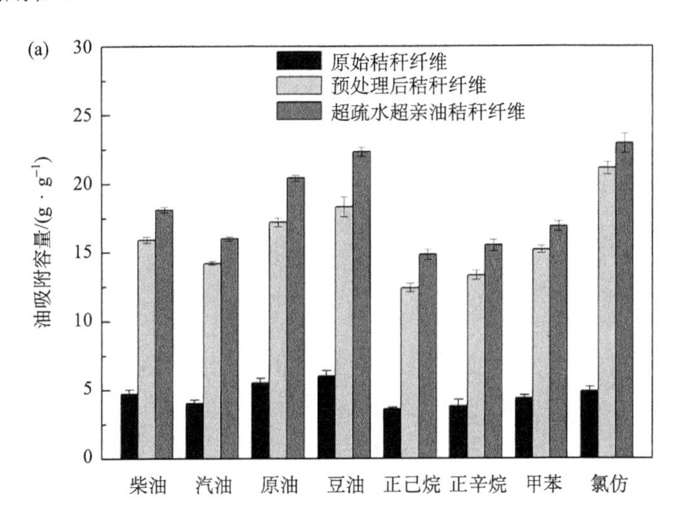

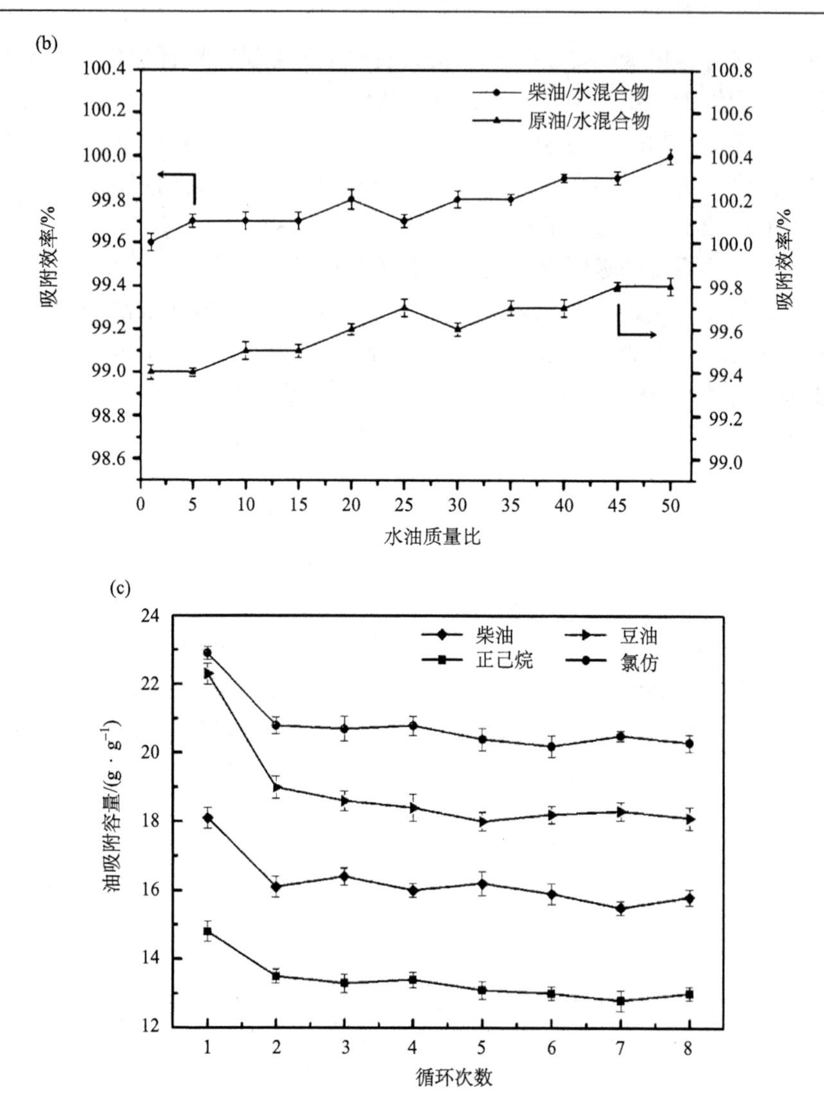

图 2-81　(a)原始秸秆纤维及超疏水超亲油秸秆纤维的最大吸油量；(b)超疏水超亲油秸秆纤维对不同质量比的油水混合物的分离效率；(c)超疏水超亲油秸秆纤维对柴油、豆油、正己烷和氯仿的重复使用性

g. 小结

本节利用氧化锌粒子在秸秆纤维表面构建粗糙结构后，再利用十六烷基三甲氧基硅烷的单分子层自组装对氧化锌粒子进行疏水改性，制备出兼具超疏水和超亲油性能的秸秆纤维。腐蚀性液滴在样品表面的接触角结果说明了超疏水超亲油秸秆纤维良好的稳定性。在室温环境中，制备的秸秆纤维的超疏水性和超亲油性长时间保持不变。超疏水超亲油秸秆纤维能够吸附自重 20.4 倍的原油。在油水分

离实验中，超疏水超亲油产品选择性吸附水面的油品，吸油后的秸秆纤维浮于水面，有利于秸秆纤维的回收。此外，吸油后的秸秆纤维表面的疏水性氧化锌粒子并不会脱落，经过丙酮和水洗后，可重复利用多次，这对超疏水超亲油秸秆纤维在实际中的应用是很重要的，可广泛应用于海上溢油的处理。

2.4.2.5　超疏水超亲油磁性玉米秸秆碳粉的制备

1) 实验方法

在 2.4.4.1 节中我们制备了超亲水玉米秸秆碳粉，现取 0.5g 该样品放于含 $FeCl_3$ 和 $FeCl_2$ 的水溶液中，两者在水中总浓度为 $0.06mol \cdot L^{-1}$，浓度比$[Fe^{2+}]$∶$[Fe^{3+}]$=1∶2。接下来向该溶液中逐滴滴加 25%的氨水，直至 pH 调至 10 左右，整个过程需不断搅拌(在氨水加入后溶液会有黑色沉淀物析出，属正常现象)。随后将调好 pH 的溶液转入以聚四氟乙烯为内衬的反应釜中，在 110℃下加热 8h。在水热过程结束后，最开始的黑色沉淀物转化为铁氧纳米粒子，这些粒子负载于碳粉纤维表面，得到的产物为 γ-Fe_2O_3/碳粉复合物(以下简称磁性碳粉)。使用磁铁回收磁性碳粉，并使用超纯水冲洗三次，放入 80℃的鼓风干燥箱中干燥 24h。为了进一步获得超疏水磁性碳粉，磁性碳粉被浸没到含有 1%十八烷基三氯硅烷的正己烷溶液中，浸泡 10min 左右，随后样品通过滤纸过滤回收，用正己烷冲洗 3 次，最后在 120℃下干燥 1h，即得到超疏水超亲油磁性玉米秸秆碳粉(以下简称超疏水磁性碳粉)。整个过程中涉及的实验步骤如图 2-82(a)和图 2-82(b)所示。

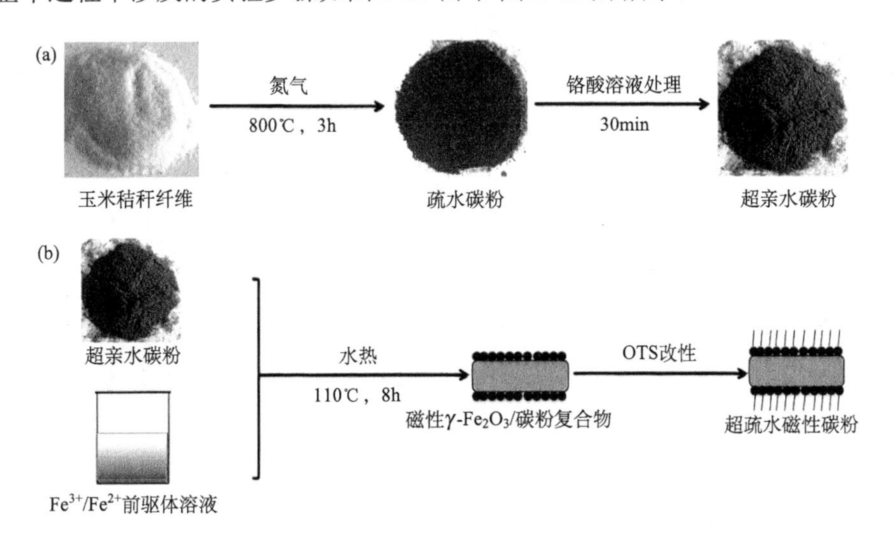

(c) (i) $Fe^{2+}+2Fe^{3+}+8NH_3 \cdot H_2O = Fe_3O_4\downarrow + 8NH_4^+ + 4H_2O$

(ii) $Fe_3O_4 \xrightarrow{\text{氧化}} \gamma\text{-}Fe_2O_3$

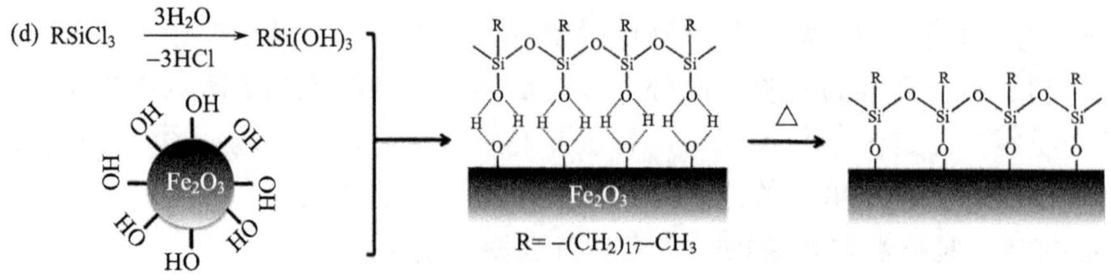

(d) $RSiCl_3 \xrightarrow[-3HCl]{3H_2O} RSi(OH)_3$

Fe_2O_3 $\triangle$

$R= -(CH_2)_{17}-CH_3$

图 2-82　超疏水磁性碳粉的制备流程及相关化学反应机理

2）结果与讨论

a. 超疏水磁性碳粉的表面形貌

使用台式扫描电子显微镜（SEM）对磁性碳粉[图 2-83（a）和图 2-83（b）]以及超疏水磁性碳粉[图 2-83（c）和图 2-83（d）]进行观察，并各自取低倍和高倍的电镜图各一张。将图 2-83（a）和图 2-83（b）与图 2-118（c）和图 2-118（f）中超亲水碳粉的表面形貌进行对比，发现碳粉经过水热过程后表面变得十分粗糙，有许多微小粒子分布，证明在水热过程中磁性粒子被成功负载于碳粉表面。将图 2-83（a）和图 2-83（b）与图 2-83（c）和图 2-83（d）进行对比，发现磁性碳粉与超疏水磁性碳粉两者的表面形貌无明显差异，说明 OTS 改性过程中磁性碳粉的物理结构未发生变化。

图 2-83　SEM 图像：（a），（b）磁性碳粉；（c），（d）超疏水磁性碳粉

b. 超疏水磁性碳粉的润湿性研究

经硅烷化处理后的磁性碳粉对水的接触角可达 156°，证明其具有超疏水性[图 2-84(a)]。这种超疏水性是微米级碳粉和 γ-Fe_2O_3 纳米粒子所形成的微纳二元粗糙结构以及低表面能硅烷层共同作用的结果。如图 2-84(b)所示，超疏水磁性碳粉对油的接触角为 0°，证明其具有超亲油性。当超疏水磁性碳粉表面被置于油中时，水滴在该表面仍呈现出超疏性(水在油下的接触角为 151°)，证明其具有油下超疏水性[图 2-84(c)]。

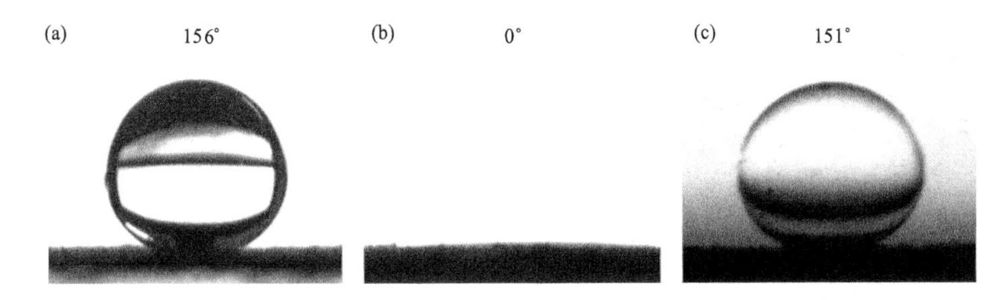

图 2-84　超疏水磁性碳粉在空气中(a)对水和(b)对油的接触角；(c)超疏水磁性碳粉的油下水接触角

c. 超疏水磁性碳粉表面化学成分分析

我们对磁性碳粉和超疏水磁性碳粉的红外谱图进行了测定，如图 2-85 所示。两个光谱中均在 586cm^{-1} 处出现了 Fe—O 的伸缩振动峰，侧面证明了 γ-Fe_2O_3 的

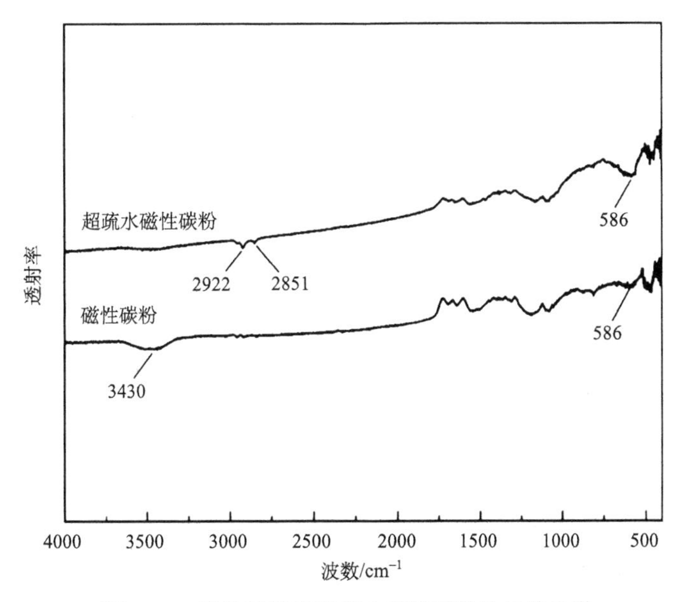

图 2-85　磁性碳粉和超疏水磁性碳粉的红外光谱

存在。对于磁性碳粉的红外光谱，$3430cm^{-1}$ 处的吸收峰为 O—H 的伸缩振动峰，证明 γ-Fe_2O_3 表面存在羟基。对于超疏水磁性碳粉的红外光谱，在 $2922cm^{-1}$ 和 $2851cm^{-1}$ 处的两个小峰归属于十八烷基中—CH_2—与—CH_3 的 C—H 伸缩振动峰，证明在经过 OTS 改性之后，磁性碳粉表面被成功接枝上硅烷；Si—O—Si 的伸缩振动峰(位于 1100~$800cm^{-1}$ 范围之间)在谱图中没有明显体现，可能是由于与碳粉本身的 C—O 伸缩振动峰重合所导致。

X 射线光电子能谱(XPS)被用来进一步表征超疏水磁性碳粉表面相关化学元素的存在形态。图 2-86(a)给出了超疏水磁性碳粉的 XPS 全谱图，从图中可以找到 Si、C、O、Fe 四种元素的信号峰，并且 C 元素的含量相对较高。图 2-86(b)~图 2-86(d)分别给出了 Fe2p、O1s 和 Si2p 三者的精细谱图。在图 2-86(b)中，结合能在 711.2eV 和 724.9eV 处的信号峰为 Fe2p 的自旋-轨道耦合分裂谱峰，对应 γ-Fe_2O_3 中 Fe $2p_{3/2}$ 和 Fe $2p_{1/2}$ 的峰[92]。结合能在 719.5eV 处的卫星峰也表明 Fe^{3+} 的存在。在图 2-86(c)中，O1s 的谱线表现为三组峰，分别对应三种不同类型的含

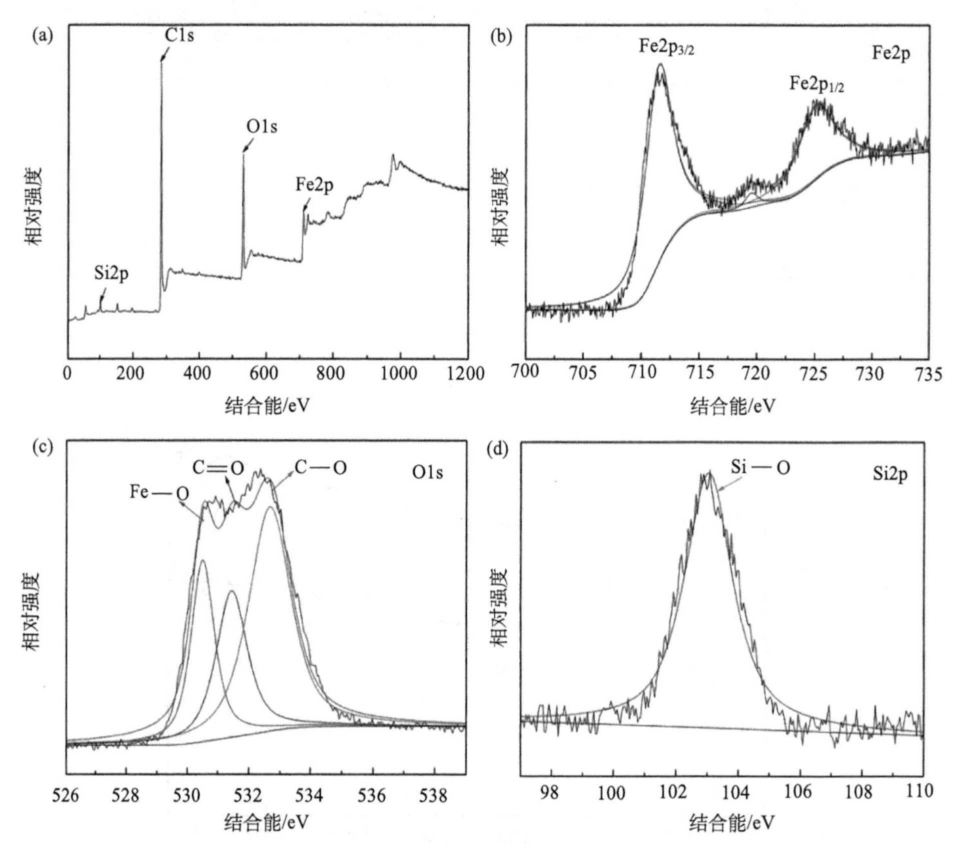

图 2-86　超疏水磁性碳粉的 XPS 谱图：(a)全谱图；(b)Fe2p 的精细谱图；(c)O1s 的精细谱图；(d)Si2p 的精细谱图

氧化合物：532.6eV 处的峰对应 C—O—C 中的氧；531.7eV 处的峰对应 C═O 中的氧[93]；530.6eV 处的峰对应 γ-Fe_2O_3 中与铁键合(Fe—O)的氧[94]。在图 2-86(d)中，Si2p 的信号峰对应 Si—O—Si 中的硅，证明碳粉在经过 OTS 改性之后表面成功生长了有机硅烷层。

因为在超疏水磁性碳粉的制备过程中合成了金属氧化物，因此采用 X 射线衍射图谱(XRD)来分析不同样品的晶体结构。图 2-87 给出了原始秸秆纤维、炭化后的秸秆纤维以及磁性碳粉的 XRD 谱图。对于原始秸秆纤维的谱图，在 2θ=15°和 22°处的衍射峰分别归属于纤维素的(101)和(002)晶面[95]。对于炭化后的秸秆纤维的谱图，在 2θ=22°处的衍射峰归属于无定形石墨结构的(002)晶面，此处的衍射峰产生于石墨堆叠，峰形较宽且不对称，说明碳粉中的石墨层沿 c 轴呈现乱层堆叠，并且晶格畸变严重[96]。对于磁性碳粉的谱图，位于 2θ=30°、35°、43°、57°和 62°处的衍射峰分别归属于 γ-Fe_2O_3 立方晶胞的(220)、(311)、(400)、(511)和(440)晶面(对比于磁赤铁矿 γ-Fe_2O_3 的 JCPDS 标准卡片 No. 39-1346)，证明磁性的 γ-Fe_2O_3 粒子成功沉积于碳粉表面。

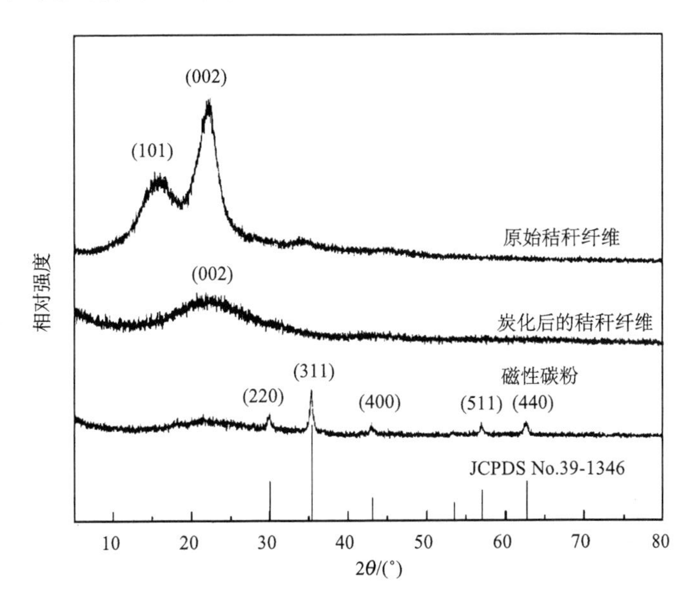

图 2-87 原始秸秆纤维，炭化后的秸秆纤维以及磁性碳粉的 XRD 谱图

d. 超疏水磁性碳粉的磁性分析

通过测定原始秸秆纤维、超疏水磁性碳粉以及纯 γ-Fe_2O_3 纳米粒子的磁滞回线来比较三者的磁性能(图 2-88)。原始秸秆纤维的磁化强度始终为 0，表明原始秸秆纤维是非磁性材料。超疏水磁性碳粉以及纯 γ-Fe_2O_3 纳米粒子的磁滞回线表明两者为典型的铁磁性材料，超疏水磁性碳粉的饱和磁化强度为 21.8emu · g^{-1}，

小于纯 $\gamma\text{-}Fe_2O_3$ 纳米粒子的饱和磁化强度(59.05emu · g^{-1})，主要是由于非磁性碳粉的存在引起的。尽管磁性有所下降，但也足够应用于后续的油水分离实验。

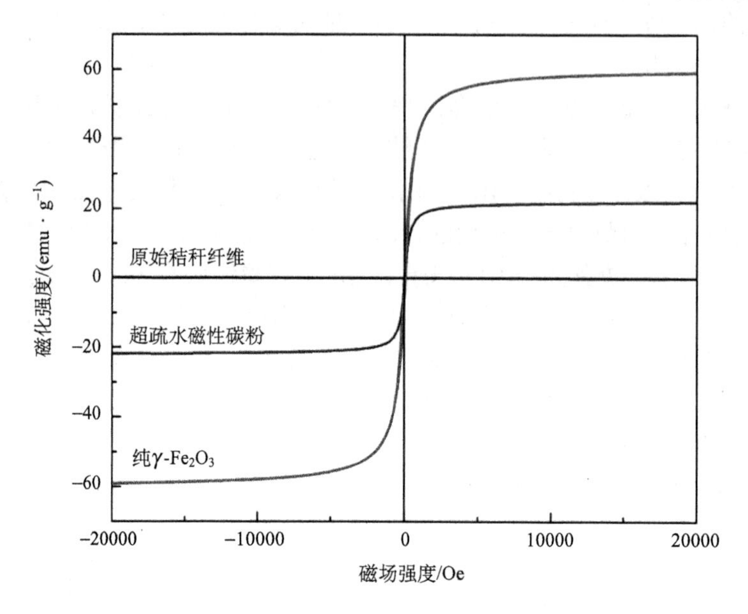

图 2-88　原始秸秆纤维、超疏水磁性碳粉以及纯 $\gamma\text{-}Fe_2O_3$ 纳米粒子的磁滞回线

e. 超疏水磁性碳粉油水分离能力的研究

(1)超疏水磁性碳粉对简单油水混合物的分离。

我们以水面上的玉米油[红色，图 2-89(a)]和水下的四氯化碳[深蓝色，图 2-89(b)]作为吸附质来检测超疏水磁性碳粉的油水分离能力。当超疏水磁性碳粉被置于玉米油/水混合物表面时，玉米油在几秒内被吸附完全，吸收油后的碳粉由于其疏水性和较低的密度而漂浮在水面上。当使用磁铁靠近吸油后的碳粉时，碳粉和吸附的油会一同被吸离水面，从而使水面澄清。对于四氯化碳则不能使用这种方式进行移除，因为四氯化碳的密度大于水，会沉于水底，为此我们先用磁铁吸附一定的超疏水磁性碳粉，然后将其强制浸没于水下去接触水底的四氯化碳。当超疏水磁性碳粉被浸没于水中时，可以明显地看到其表面有一层光亮的镜面反射层，这个反射层源于超疏水磁性碳粉表面被困住的空气和这些被困空气周围的水所构成的界面。空气层的存在也证明了超疏水磁性碳粉在水下拥有优异的拒水性。当超疏水磁性碳粉与水底的四氯化碳液滴完全接触时，四氯化碳被全部吸附进碳粉中。以上的实验过程说明超疏水磁性碳粉不仅可用于水面上和水下油污的清理，还可在磁场驱动下进行高效回收。

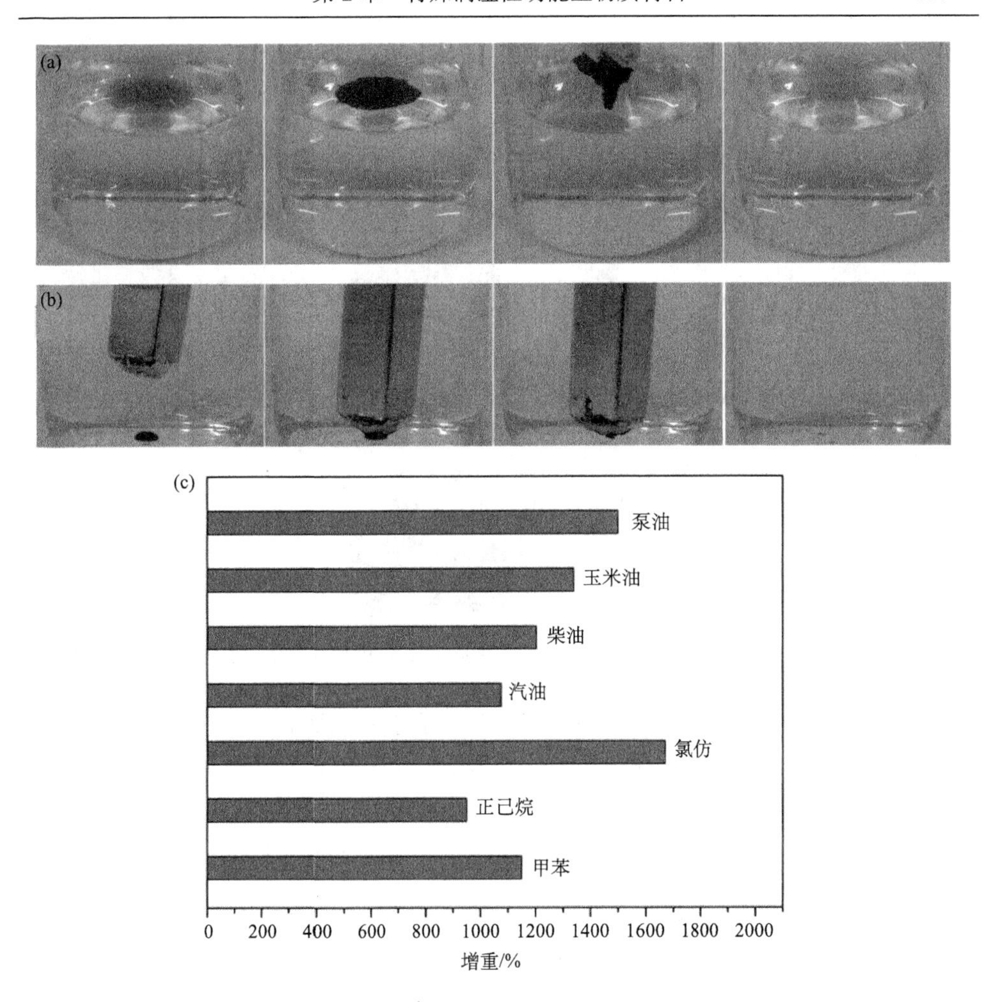

图 2-89　超疏水磁性碳粉对油和有机溶剂的吸附能力：超疏水磁性碳粉对水面玉米油 (a) 和水下四氯化碳 (b) 的吸收和移除过程照片；(c) 超疏水磁性碳粉对各种油质和有机溶剂的吸油量

我们进一步测试了超疏水磁性碳粉对常见油质和有机溶剂的吸油量，从图 2-89 (c) 中可知，超疏水磁性碳粉的吸油量为其自身质量的 9.5~16.7 倍，要远高于传统吸油材料和大多数超疏水粉末材料的吸油量。其较高的吸油量主要归因于原始秸秆纤维在炭化过程中密度发生显著下降所致。

(2) 尼龙/超疏水磁性碳粉夹层膜乳液分离能力的研究。

为拓展超疏水磁性碳粉的应用，我们制备了尼龙/超疏水磁性碳粉夹层膜，并将其用于过滤油包水型乳液。通过光学显微镜观察甲苯包水乳液过滤前后的油样，如图 2-90 所示。在所观察的滤液中未发现可见的水滴，说明原始乳液中分散的水滴经膜过滤后被除去。

图 2-90　尼龙/超疏水磁性碳粉夹层膜对甲苯包水乳液的分离效果

我们进一步采用水分测定仪对经尼龙/超疏水磁性碳粉夹层膜过滤的各种油包水型乳液进行滴定，以检测其中的水含量，得到的结果如图 2-91 所示。所有油包水型乳液的滤液中油纯度均高于 99.97%，表明尼龙/超疏水磁性碳粉夹层膜对油包水型乳液具有极佳的分离效率。类似地，对于同种油质配成的两种乳液来说，

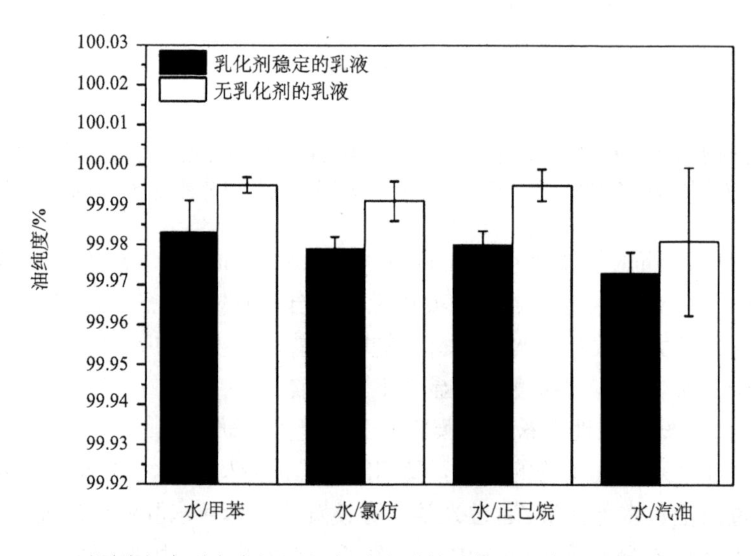

图 2-91　不同油包水型乳液经尼龙/超疏水磁性碳粉夹层膜过滤后滤液中油的纯度

乳化剂稳定的乳液的滤液中水含量总是高于无乳化剂乳液的滤液中水含量，可能是因为加入乳化剂后水在油相中的溶解度增加，而膜过滤是无法将油中的溶解水滤去的。

我们进一步对膜通量进行了测定，结果如图 2-92 所示。所有油包水型乳液的膜通量均低于 250L · m^{-2} · h^{-1}，数值上并不理想。对于水/甲苯、水/正己烷和水/汽油乳液来说，其膜通量的数值主要与油相的黏度有关：三种油中甲苯的黏度最大，因而通量最低；正己烷的黏度最低，因而通量最高。而这三种油配制的乳液的通量又要明显低于水/氯仿乳液的通量，其原因是：在膜过滤过程中，油相中分散的微小水滴在经过比其更小的膜孔道时会被阻拦于孔道外，这些被阻拦的水滴粒子会堵住部分膜孔道，从而使膜通量下降；另一方面，这些被阻拦的微小水滴粒子之间也会不断发生聚并，从而形成尺寸更大的水滴，对于密度比水小的油来说(甲苯，正己烷以及汽油)，当聚并的水滴足够多时，就会在膜表面形成水层，从而使膜孔道被严重堵塞，膜通量下降严重，而对于水/氯仿乳液而言，尽管其黏度与甲苯相当，但由于氯仿的密度大于水，在过滤过程中当膜表面聚并的水滴足够大时，水滴就会在浮力的作用下漂浮上升，从而重新打开被堵塞的膜孔道，因此密度比水大的油配制的乳液的通量总是倾向高于密度比水小的油配制的乳液的通量。对于同种油质配成的两种乳液来说，无乳化剂乳液的膜通量也总是高于乳化剂稳定的乳液的膜通量，这是因为对于乳化剂稳定的乳液，其体系中分散的水滴粒子尺寸更小且更稳定，在过滤过程中这些更小的水滴倾向于使膜表面的有效孔发生更严重的堵塞，因而膜通量相比无乳化剂乳液会更低。

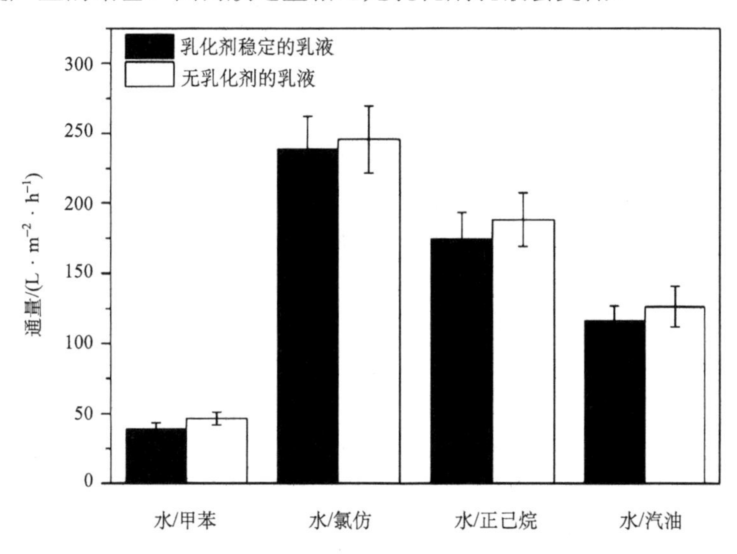

图 2-92　尼龙/超疏水磁性碳粉夹层膜对不同油包水型乳液的膜通量(操作压力：–0.09MPa)

尼龙/超疏水磁性碳粉夹层膜的防污染能力通过反复过滤水/甲苯乳液来测试。在一个周期中，取 10mL 的乳化剂稳定的水/甲苯乳液进行过滤，过滤完成后分别使用 20mL 的无水乙醇和 30mL 的超纯水进行过滤清洗。这个过程重复进行 15 次，通过测定每次过滤的膜通量和滤液的油纯度，我们可以得到膜通量和油纯度随循环次数的变化关系，如图 2-93 所示。由图可知在高达 15 次的循环测试中膜通量始终没有发生明显变化且滤液中油的纯度始终保持在 99.95%以上，证明尼龙/超疏水磁性碳粉夹层膜拥有良好的重复使用性。

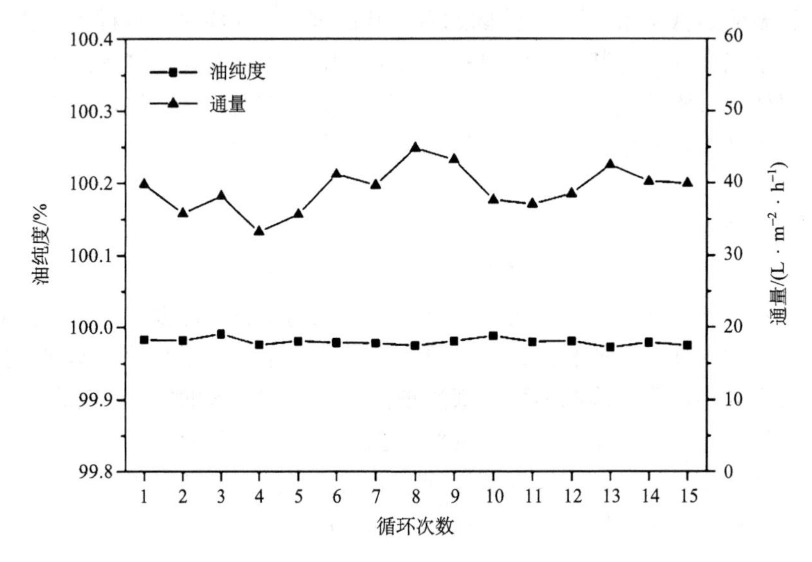

图 2-93　尼龙/超疏水磁性碳粉夹层膜的膜通量和滤液的油纯度随循环次数的变化关系

(3) 超疏水磁性碳粉乳液分离能力的研究。

在偶然的一次实验中，我们发现超疏水磁性碳粉可以用来分离无乳化剂的水包油型乳液。这与以往使用超亲水材料(主要是滤膜)进行分离在思路上有着本质区别。尽管无乳化剂的水包油型乳液一般被认为是不稳定的，可在重力的作用下自行破乳，但是随着油黏度的增加和体系密闭程度的增加，这类乳液的稳定性也会极大地增强。图 2-94 给出了无乳化剂的二甲苯/水乳液(左瓶：白色)和豆油/水乳液(右瓶：红色)随时间推移宏观形态的变化，其中乳液被放置于密闭玻璃瓶中。由图可知这两种乳液在密闭的环境中十分稳定，即使于正常环境下静置七天，其反乳化程度也极为有限，因此研究如何对这类乳液进行快速高效地破乳仍然是十分必要的。

图 2-94 无乳化剂的二甲苯/水乳液(左瓶)和豆油/水乳液(右瓶)随静置时间推移的静态照片

使用超疏水磁性碳粉分离无乳化剂水包油型乳液是在磁力搅拌下完成的。我们将 0.1g 的超疏水磁性碳粉加入到含有 15mL 二甲苯/水乳液和磁力搅拌子的小玻璃瓶中，此时的超疏水磁性碳粉是漂浮于乳液表面的。随后开启磁力搅拌器，以 $1000r \cdot min^{-1}$ 的转速搅拌乳液，原本漂浮在表面的碳粉此时会被搅入乳液之中。搅拌 30s 后，关闭磁力搅拌器，原本浑浊的乳液变得十分澄清，吸了油的碳粉大部分被吸附于搅拌子表面，还有少量漂浮于水体表面。整个过程如图 2-95 所示。

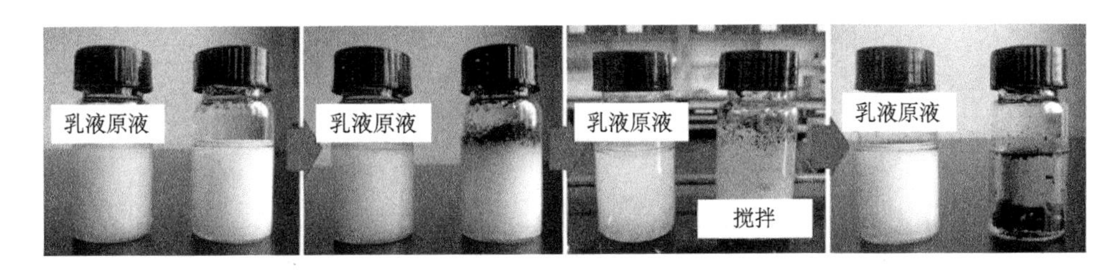

图 2-95 使用超疏水磁性碳粉在磁力搅拌下分离无乳化剂水包二甲苯乳液的动态照片

我们对超疏水磁性碳粉分离无乳化剂水包油型乳液的机理进行了分析，如图 2-96 所示。由于磁性碳粉的超疏水性，当其被置于乳液表面时，碳粉纤维表面与所接触的乳液之间会形成空气层，加之超疏水磁性碳粉的密度较低，碳粉会漂浮于液面之上。当开启磁力搅拌时，由于水流产生的机械力和搅拌子磁性的共同作用，碳粉会被充分地搅入乳液之中，与乳液中的油滴进行充分的碰撞，原本碳粉与乳液间的空气层(黑色箭头所指)会因为被油代替而不断以气泡的形式脱除，进而将油滴不断吸附于碳粉表面(红色箭头所指)。由于超疏水磁性碳粉自身的强疏水性，被吸附的油滴在磁力搅拌过程中不会因机械力而脱附。搅拌结束后，吸附了油的碳粉由于搅拌子的磁性而被其吸附于搅拌子表面。

为表征超疏水磁性碳粉对二甲苯/水乳液的分离效果，我们测定了分离前后乳液样品的红外光谱，如图 2-97 所示。从全谱图[图 2-97(a)]二甲苯/水乳液的谱线中我们难以看出二甲苯的相关吸收峰。分离前后乳液的谱图中都显示了水的吸收峰。$3296cm^{-1}$ 处的吸收峰归属于水中 O—H 的伸缩振动；$1636cm^{-1}$ 处的吸收峰

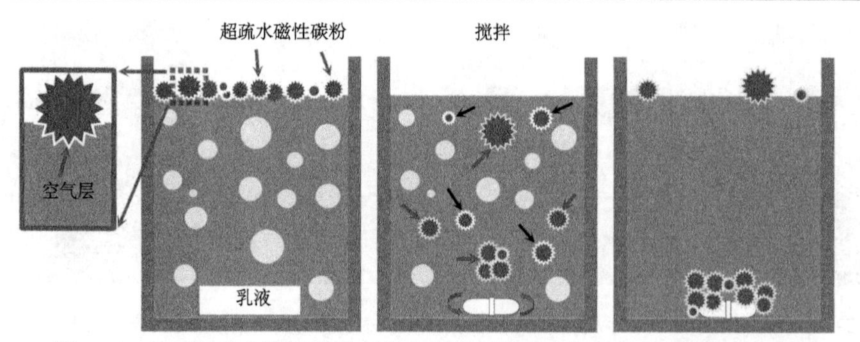

图 2-96　使用超疏水磁性碳粉在磁力搅拌下分离水包二甲苯乳液的机理图

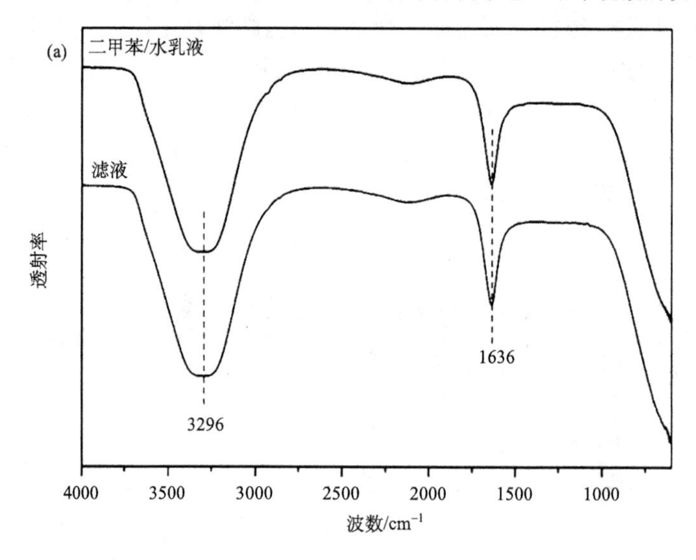

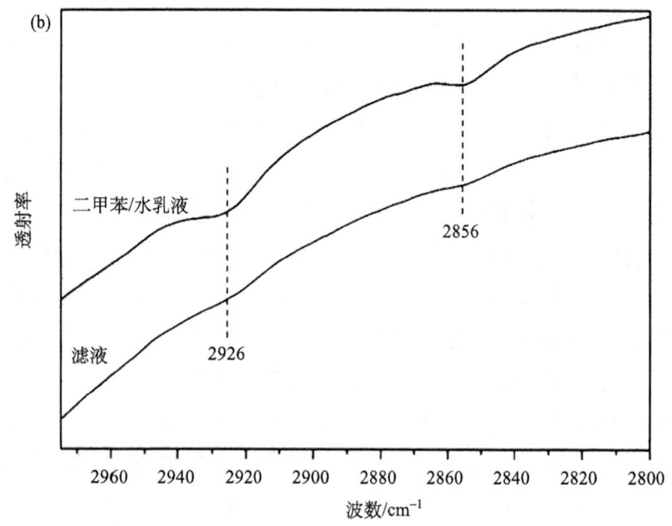

图 2-97　二甲苯/水乳液及其滤液的红外谱图

归属于水中 O—H 的弯曲振动。我们进一步对 2800~2975cm^{-1} 范围内的红外谱图进行了放大观察[图 2-97(b)]，其中在二甲苯/水乳液的谱线中，2926cm^{-1} 和 2856cm^{-1} 处的吸收峰归属于甲基中 C—H 的伸缩振动，而在滤液的谱线中这两处的峰基本消失，证明二甲苯/水乳液中的甲苯在经过超疏水磁性碳粉处理后基本被全部移除。除此之外，我们没有发现分离前后的谱线有任何其他峰形的变化，主要是由于二甲苯的吸收峰大部分被水所掩盖。

f. 超疏水磁性碳粉的再生性能研究

油水分离材料的循环使用和再生能力对于实际应用具有重要的意义。由于较高的回收成本和复杂的回收过程，大多数粉末状的吸附材料难以在实际应用中被反复使用。而我们制备的超疏水磁性碳粉在吸油后可以通过简单廉价的方法进行快速回收。对于沸点较低或者价格较贵的有机溶剂和油质，如正己烷、汽油等，可以通过蒸馏进行回收。

对于高沸点或者非贵重的有机溶剂和油质，直接燃烧可能是最好的选择。为此，我们以乙醇为吸附质测试了超疏水磁性碳粉通过燃烧方式进行再生的能力。对吸收乙醇后的超疏水磁性碳粉进行燃烧回收的过程如图 2-98(a)所示。我们直接点燃吸收乙醇后的超疏水磁性碳粉，在燃烧结束后，碳粉的形貌宏观上并未发生肉眼可见的变化。并且，我们使用连续的水流来冲击燃烧后碳粉的表面[图 2-98(b)]，发现表面不会被水润湿，并且接触角测试显示燃烧后碳粉对水的接触角为 153°[图 2-98(c)]，证明超疏水磁性碳粉在燃烧后仍能保持超疏水性。为进一步探究再生后超疏水磁性碳粉吸油量的变化，我们分别通过蒸馏和燃烧两种方式对超疏水磁性碳粉进行了循环再生实验。在蒸馏循环实验中，异辛烷被用作吸附质，实验结果如图 2-98(d)所示，由图可知，超疏水磁性碳粉对异辛烷的吸附量在 5 次循环测试中均未发生明显变化，证明了蒸馏回收的可行性。在燃烧循环实验中，乙醇被用作吸附质，实验结果如图 2-98(e)所示，由图可知，在经过 5 次循环测试后超疏水磁性碳粉对乙醇的吸附量仍保持在最初吸附量的 79.5%，侧面证明了超疏水磁性碳粉具有良好的热稳定性。以上结果表明，蒸馏和燃烧可以被用来回收超疏水磁性碳粉，并且回收后的碳粉依然保有良好的吸附能力。

g. 超疏水磁性碳粉的化学稳定性研究

超疏水磁性碳粉的化学稳定性主要通过pH稳定性和环境耐久性测试来表征。图 2-99(a)为超疏水磁性碳粉经过不同 pH 水溶液浸泡 1h 并干燥后其对水和油的接触角。从图中可以看出油的接触角始终为 0°，而水的接触角在 pH<10.0 时大于 152°，在 pH>10.0 后迅速下降，说明超疏水磁性碳粉表面生长的硅烷对酸腐蚀具有很好的抵抗性而不耐受强碱，这与之前的报道相一致[97]。图 2-99(b)为超疏水磁性碳粉在实验室大气环境(23℃，相对湿度 38%)中放置不同时间后其对水和油的接触角。从图中可以看出，在经过 90 天的空气暴露之后，超疏水磁性碳粉对水和油的接触角均没有发生明显变化，证明超疏水磁性碳粉具有极好的环境稳定性。

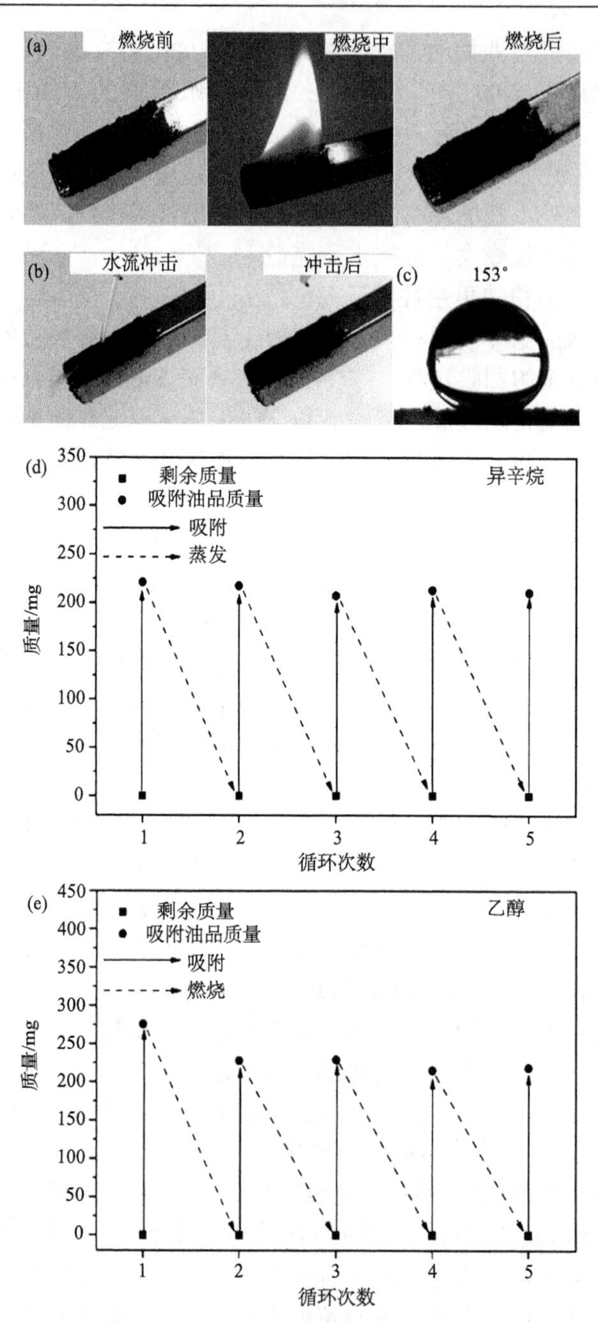

图 2-98　(a)吸附饱和的超疏水磁性碳粉通过燃烧进行再生的照片，乙醇为吸附质；(b)水流喷射在燃烧后的超疏水磁性碳粉表面，喷射结束后，表面没有液体残留；(c)燃烧后的超疏水磁性碳粉表面在空气中对水的接触角；(d)蒸馏循环实验中超疏水磁性碳粉对异辛烷的吸油量变化；(e)燃烧循环实验中超疏水磁性碳粉对乙醇的吸油量变化

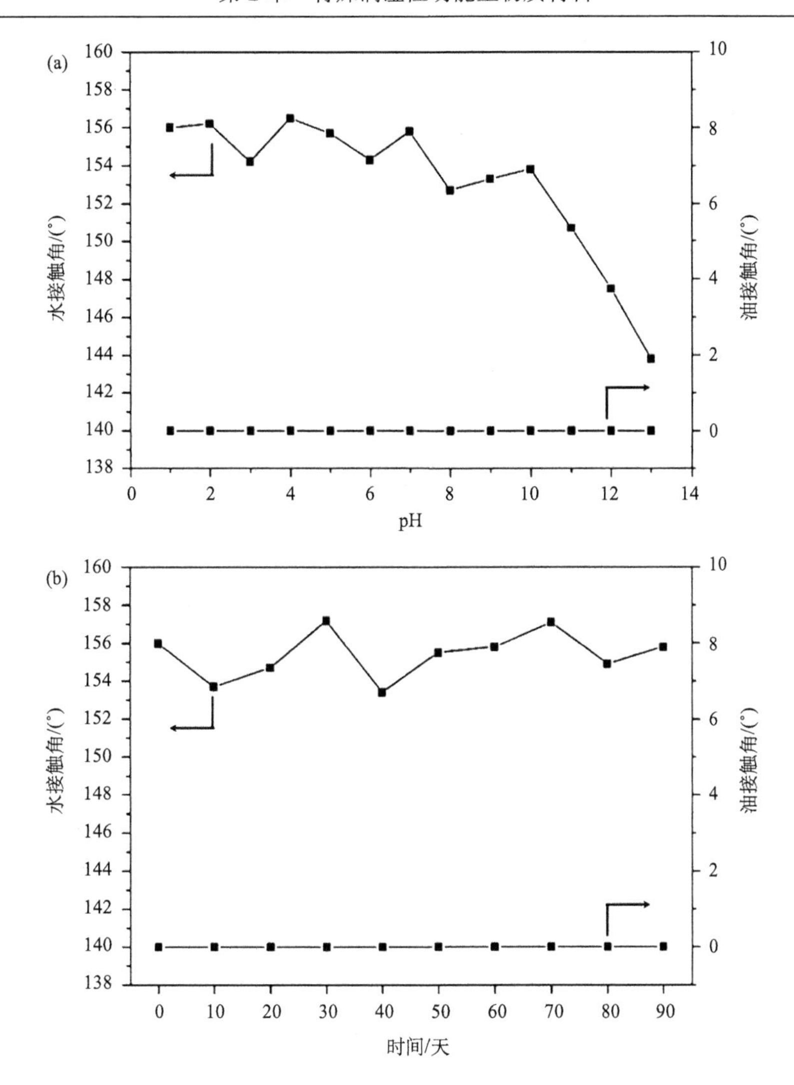

图 2-99　(a)超疏水磁性碳粉在空气中水和油的接触角与溶液 pH 间的关系曲线；(b)超疏水磁性碳粉在空气中水和油的接触角与暴露时间的关系曲线

2.4.3　超疏水棉花纤维的制备

2.4.3.1　以 SiO_2/OTS 为涂层制备油水分离超疏水/超亲油棉花

1)实验方法

首先，将棉花用去离子水超声清洗 3 次，每次 20min，去除棉花表面的一些杂质；其次，将水清洗后的棉花浸泡于浓度为 2%的 NaOH 溶液中，加热煮沸 NaOH 溶液 10min；再次，将棉花取出后，用去离子水冲洗，直到冲洗液的 pH 达到中性；最后，将棉花放置于 50℃的烘箱中烘干，备用。

棉花纤维表面的 SiO_2 纳米粒子是通过溶胶-凝胶法制备的。将一定量的棉花浸泡于 45mL 无水乙醇、5mL 正硅酸乙酯(TEOS)、5mL 去离子水和 3mL 氨水(催化剂)的混合溶液中，在 400r · min^{-1} 的速度下磁力搅拌 0.5h。注意：在搅拌的过程中，为了让 SiO_2 纳米粒子均匀地生长在棉花纤维表面，将一个自制的多孔聚乙烯挡板挡在磁子与棉花之间。

反应结束后，将棉花样品取出，用无水乙醇冲洗 3 次，再用 N_2 吹干，置于 50℃的真空干燥箱中干燥 12h。此时，在棉花纤维表面合成的 SiO_2 纳米粒子是亲水的，其表面有大量羟基基团。

棉花纤维表面的 SiO_2 纳米粒子的表面改性是通过 OTS 单分子层的自组装来完成的。首先，配制 OTS-无水乙醇改性液：将 100mL 无水乙醇、2mL OTS、0.25mL 去离子水搅拌混合，再加入 0.05mL 的冰醋酸，在室温下磁力搅拌 4h 后，得到改性液。其次，将上步中的棉花样品浸泡在改性液中，60℃下静置 4h。最后，将棉花样品取出，用无水乙醇清洗 3 次，用 N_2 吹干，得到最终的超疏水/超亲油棉花样品。

2)结果与讨论

a. 超疏水/超亲油棉花纤维表面的形貌分析

图 2-100 描述的是超疏水/超亲油棉花样品的制备过程。在这一过程中，在棉花纤维表面附着的 SiO_2 纳米粒子主要是起构建粗糙度的作用。SiO_2 纳米粒子是通过溶胶-凝胶法制备的：正硅酸乙酯在氨的存在下水解缩合生成 SiO_2。这一过程描述如下[77,86]：

(1)水解

$$Si—(OC_2H_5)_4 + 4H_2O \longrightarrow Si—(OH)_4 + 4C_2H_5OH$$

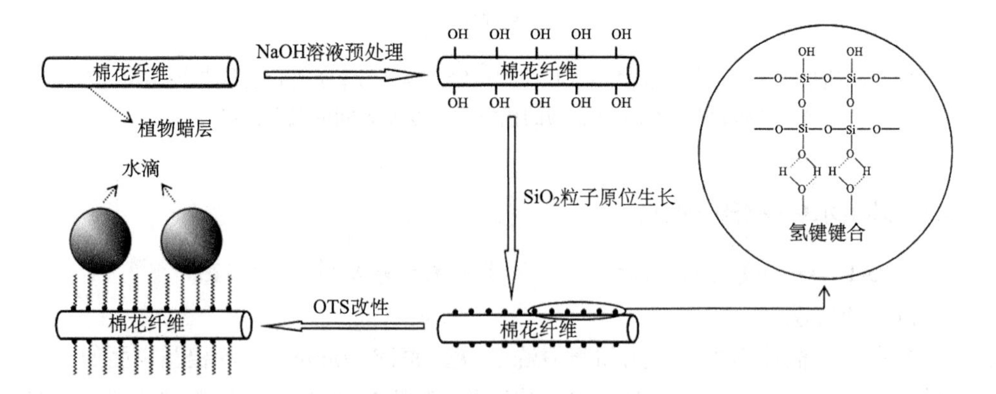

图 2-100　超疏水/超亲油棉花的制备过程

(2) 醇缩合反应

$$Si—(OH)_4 + Si—(OC_2H_5)_4 \longrightarrow \equiv Si—O—Si\equiv + 4C_2H_5OH$$

(3) 水缩合反应

$$Si—(OH)_4 + Si—(OH)_4 \longrightarrow \equiv Si—O—Si\equiv + 4H_2O$$

通过此方法在棉花纤维表面合成的 SiO_2 纳米粒子，其表面有大量的羟基。棉花纤维表面的羟基基团在制备超疏水/超亲油棉花纤维表面中有着很重要的作用[98,99]。然而，根据图 2-101 (a) 所示，由于原始棉花纤维表面有一天然蜡层[100]，其表面比较光滑且没有羟基，所以 SiO_2 纳米粒子不容易附着于棉花纤维表面[101]。图 2-101 (b) 所示，当通过 NaOH 对原始棉花进行预处理后，许多纵向的皱纹和空隙出现在棉花纤维表面，说明蜡层已被除去，羟基基团暴露出来，棉花纤维也变得更加亲水。此外，这些纵向的皱纹和空隙的出现，还使得 SiO_2 溶胶能够容易地嵌入其中生成 SiO_2 纳米粒子[102]。在这些皱纹和空隙中，通过棉花纤维上暴露出的羟基与水解了的硅烷羟基之间的化学键作用力，SiO_2 纳米粒子牢固地黏附在棉花纤维表面。图 2-101 (c) 和图 2-101 (d) 分别为超疏水/超亲油棉花纤维表面的低倍和高倍扫描电镜图。可以看出，100nm 左右的 SiO_2 纳米粒子密集地、一致地覆盖

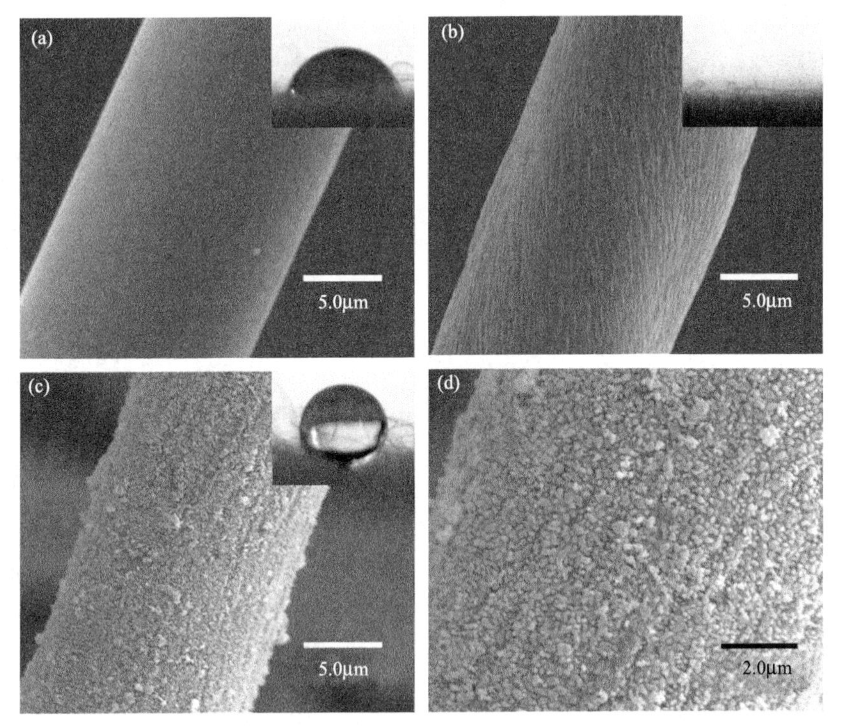

图 2-101　各样品的扫描电镜图：(a) 原始棉花纤维；(b) 预处理后的棉花纤维；超疏水/超亲油棉花纤维表面的低倍 (c) 和高倍 (d) 扫描电镜图。插图为对应的棉花样品上的水接触角

在棉花纤维表面，非常有效地构造出纤维表面的粗糙结构。当用 OTS 低表面能试剂进行改性后，棉花纤维表面的水接触角得到了很大的提升，达到了 156°。经 OTS 低表面能处理后，OTS 水解后生成的大量羟基与 SiO_2 纳米粒子和预处理后棉花纤维表面的羟基发生脱水反应，长链的疏水烷基就被接枝到了棉花纤维表面。综合棉花纤维表面的粗糙结构和低表面能这两个因素，棉花纤维便不能被水浸湿，表现出了很好的超疏水特性。

b. 超疏水/超亲油棉花的润湿性

为能直观反映各棉花样品的疏水和亲油特性，本实验对原始棉花样品、预处理后的棉花样品及超疏水/超亲油棉花样品表面的润湿性进行了调查，如图 2-102 所示。当红色的油滴滴在三种样品表面时，它们被迅速吸收，其接触角为 0°，说明这三种样品都有超亲油性。当蓝色的水滴滴在各样品上时，呈现出不同的接触状态。在原始棉花表面，水滴接触角为 78°[图 2-101(a)和图 2-102(1a)]，但在 NaOH 预处理的棉花表面，水迅速地被吸收，其接触角为 0°，说明经过预处理过程，原始棉花纤维表面的天然蜡层被成功除去，大量的亲水羟基基团已暴露出来。对于只经过 OTS 疏水改性的棉花样品，它能够达到的最大接触角只有 124°，一定程度上表现出疏水特性，但是还达不到超疏水。覆盖了 SiO_2 纳米粒子并经过疏水改性的棉花样品，表现出高达 156°的水接触角[图 2-101(c)和图 2-102(1c)]，很明显比原始棉花样品的接触角大，说明经过实验处理后，原始棉花样品由亲水已转变成了超疏水。

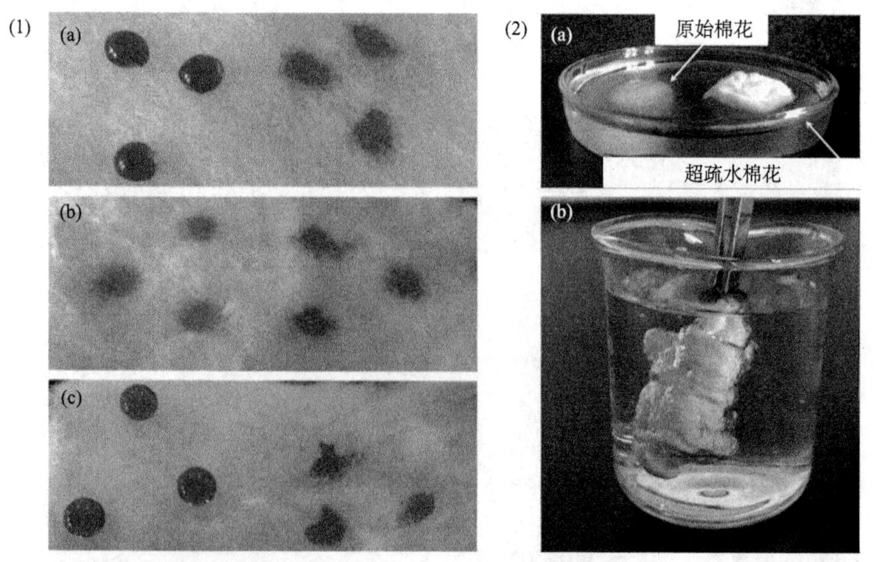

图 2-102　各棉花样品润湿性对比的光学图片：(1) 水滴(用亚甲基蓝染色)和汽油油滴(用苏丹Ⅲ染色)在(a)原始棉花表面、(b)预处理的棉花表面、(c)超疏水/超亲油棉花表面的不同状态；(2) (a)原始棉花和超疏水/超亲油棉花被放在水面上的不同状态图，原始棉花被完全浸湿，沉在了水面下，但是超疏水/超亲油棉花却能够漂在水面上不被浸湿，(b)借用外力将超疏水/超亲油棉花完全浸没在水中

当原始棉花和所制备的超疏水/超亲油棉花同时放在水面时，原始棉花被完全浸湿，沉在了水面下，但是超疏水/超亲油棉花却能够漂在水面上不被浸湿，如图 2-102(2a)。当借用外力将超疏水/超亲油棉花完全浸没在水中时，棉花样品表面出现了一层银镜状的表面，如图 2-102(2b)。这一光学现象是由于超疏水/超亲油棉花与水之间有一层被捕捉的空气，这一银镜状的表面就是被截留的空气[103]。当外力移去时，超疏水/超亲油棉花直接漂到水面上，且经过称量后，发现没有水被超疏水/超亲油棉花吸收，说明所制备的超疏水/超亲油棉花有很好的浮力和防水性。

c. 表面化学组分分析

原始棉花样品和超疏水/超亲油棉花样品在 700~4000cm^{-1} 范围内的红外光谱图见图 2-103(1)。在 3283~3335cm^{-1} 范围内两样品都有一较宽的吸收峰，主要归因于样品表面—OH 的伸缩振动峰。然而，超疏水/超亲油棉花样品的这一伸缩振动峰很明显比原始棉花样品表面的低。说明经过实验处理后，原始棉花样品表面的羟基数量减少，相应的亲水性也必定降低。如图 2-103(1b)，在超疏水/超亲油棉花样品的红外光谱图上，低频区 796cm^{-1} 处的吸收峰主要归因于 Si—O—Si 的不对称伸缩振动峰[104,105]；在高频区，在 2840~2910cm^{-1} 和 2910~2940cm^{-1} 处的两个强的吸收峰主要是—CH_3 和—CH_2—的不对称伸缩振动峰和对称伸缩振动峰[68,106]，说明样品在 OTS 疏水改性后 SiO_2 纳米粒子表面有长链烷基存在[107]。通过对比这些变化，可以得出在超疏水/超亲油棉花纤维表面，—OH 数量明显降低，亲水性明显降低，疏水的 SiO_2 纳米粒子成功地覆盖于棉花纤维表面。

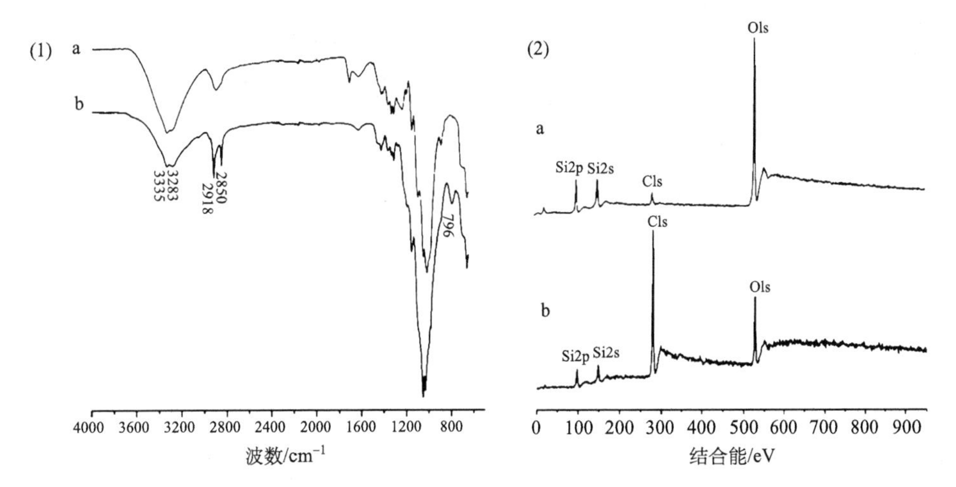

图 2-103　(1)原始棉花样品(a)和超疏水/超亲油棉花样品(b)的红外光谱图；(2)附着有 SiO_2 纳米粒子的棉花纤维在 OTS 改性前(a)和改性后(b)的 XPS 频谱图

此外，附着有 SiO_2 纳米粒子的棉花纤维在 OTS 改性前后的化学状态及组成由 XPS 频谱分析得到，见图 2-103(2)。图中可以清晰地看到 Si2p、Si2s、C1s 和 O1s 四种元素的存在，相对于 OTS 改性前的样品，超疏水/超亲油棉花样品表面的 C/Si/O 的比例从 12.61/29.21/58.18 变成了 70.95/10.77/18.27。很明显 C 元素的含量提升了，说明经 OTS 改性后，棉花纤维样品表面已成功地接枝了长链的烷基基团。

d. 各棉花样品最大吸油量的测量

本实验分别对原始棉花、只经 OTS 改性后的原始棉花和超疏水/超亲油棉花三种样品的最大吸油量进行测量，实验结果如图 2-104 所示。图中可以看出，原始棉花在改性前后样品的最大吸油量基本相同，再根据之前对这两种样品的润湿性的比较，可以说明，对于光滑的表面，低表面能改性只能提升其疏水性，对其亲油性无法加强。对于本实验所制备的超疏水/超亲油棉花样品，其最大吸油量是其自身质量的 20~50 倍。对比这三种样品，超疏水/超亲油棉花样品表现出了最高的吸油量，说明棉花样品的超疏水处理对于吸油棉的制备起了很大的作用。

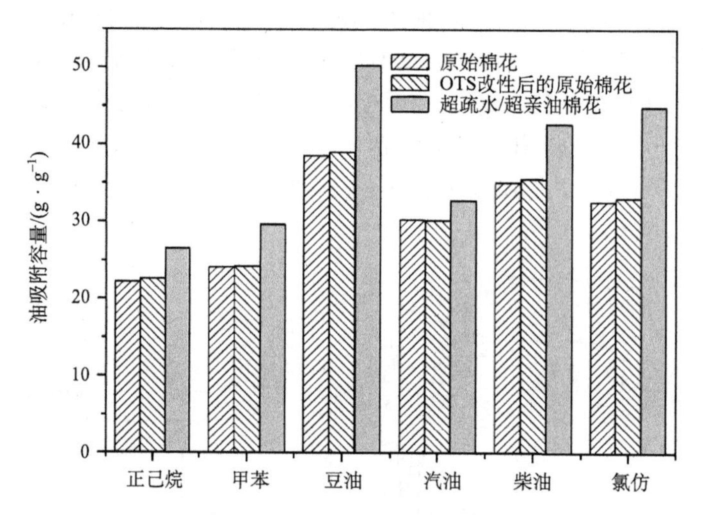

图 2-104　原始棉花样品、经 OTS 改性后的原始棉花样品及超疏水/超亲油棉花样品对几种油类和有机溶剂的最大吸油量

根据 Wenzel 方程和 Casssie 方程，表面粗糙结构的构造不仅可以使得疏水的表面变得更加疏水甚至超疏水，而且也可以把光滑的亲油的表面变得更加亲油甚至超亲油。在本实验中，通过在棉花纤维表面构建适当的粗糙结构以及随后的低表面能改性处理，不仅亲水的棉花具有了超疏水性，而且其吸油量也得到了很大的提升。由此可以得出，适当的表面粗糙结构的构造和低表面能改性对于制备超疏水/超亲油棉花有着至关重要的作用。

e. 棉花样品的重复使用性及所吸油类的回收再使用

超疏水/超亲油棉花是否能够被重复使用且仍有较高的吸油量，所吸的油是否能回收，这些对其是否能在实际生活中应用有着至关重要的影响。为了能够回收所吸的油且再次重复使用超疏水/超亲油吸油棉，在真空泵的帮助下，将吸了油的吸油棉抽真空挤压(图 2-105 的插图)，回收所吸的油，且将除去了油的吸油棉在下一个“吸油/解吸”中重复使用。

图 2-105 为超疏水/超亲油吸油棉对正己烷和氯仿的“吸油/解吸”过程中吸油后和解吸后的吸油量的变化。在十次“吸油/解吸”过程中，对于最大吸油量，有一个很轻微的降低，而对于解吸后的吸油量一直保持在 2~3g · g^{-1}。换句话说，超疏水/超亲油吸油棉的最大吸油量在十次“吸油/解吸”循环过程后没有太大的降低，而且在每一次循环过程后，超过 90%所吸的油能被解吸回收。

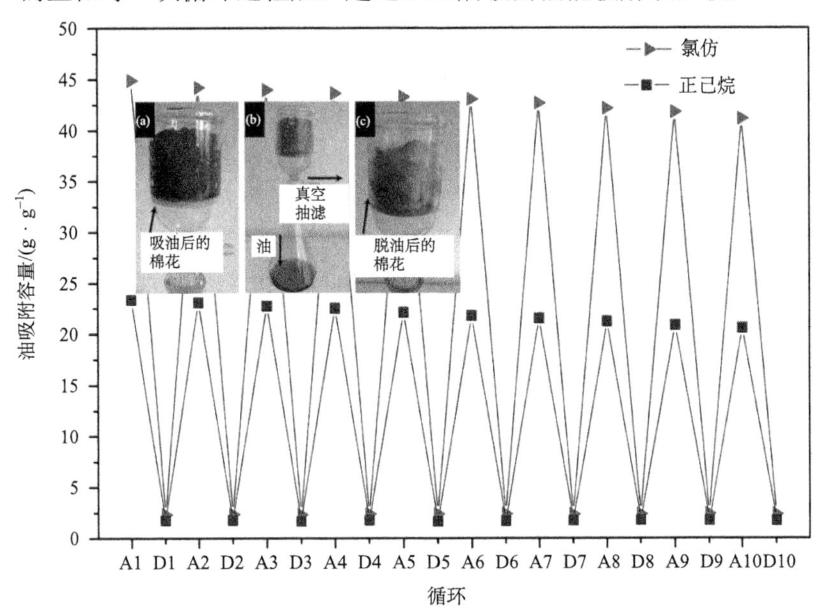

图 2-105　超疏水/超亲油吸油棉的重复使用性——对于氯仿和正己烷的“吸油/解吸”过程(A1~A10=吸油过程；D1~D10 =解吸过程)；插图为吸油后的超疏水/超亲油吸油棉在真空泵的帮助下收集所吸的油的实验过程

通过溶胶-凝胶法所制备的超疏水表面，其可以稳定存在主要归因于溶胶-凝胶法生成的化合物涂层与基底表面之间形成的化学键[46]，从而使得这一超疏水层牢固且稳健。当原始棉花用 NaOH 溶液预处理后，原始棉花纤维表面的天然蜡层被移除，大量的羟基基团暴露出来，同时其表面也出现了许多皱纹和空隙[图 2-101(b)]。当预处理后的棉花浸泡在 SiO_2 溶胶中时，SiO_2 溶胶嵌入这些皱纹和空隙中，生成的 SiO_2 纳米粒子通过水解了的硅烷羟基与棉花纤维表面的羟基反应，牢固地黏附在棉花纤维表面。当超疏水/超亲油吸油棉被重复用于吸油时，SiO_2纳米粒子牢固地黏附在棉花纤维表面，且不易脱落，说明在吸油棉再次重复使用后，其表面的微观结构不会有太大的变化，因此所制备的吸油棉有较好的重复使用性和较高的吸油量。

f. 油水分离实验

首先，通过将本实验所制备的超疏水/超亲油棉花放置于油水混合物中来检验其油水分离效果。为了直观地表现其吸油性，将原始棉花样品作为对比，也进行了同样的操作。这两种样品的油水分离效果如图 2-106 所示。

在之前的实验中，可知超疏水/超亲油棉花样品不能被水所浸湿，且当它浸泡在水中时没有水被吸收。当超疏水/超亲油棉花样品放置在油水混合物的液面时，样品迅速地将液面上的油吸收并漂浮在液面上，如图 2-106(b2)所示。之后，将吸了油的棉花样品用镊子取出，油水混合物液面的油便被完全移去，并且液面上没有残留的油存在，如图 2-106(b3)。与超疏水/超亲油棉花样品的吸油效果形成对比，对于原始棉花样品，当其放置于油水混合物液面时，仅 $15g \cdot g^{-1}$(油/样品)的油无法完全吸收，并且当吸了油的样品取出时，“油淋现象”非常严重，如图 2-106(a3)和(a4)。

为了更好地检验所制备的超疏水/超亲油棉花样品的油水分离效果及展示其在实际中的应用，本实验还进行了如图 2-107(1)的实验。将超疏水/超亲油棉花样品剪切成小块，将这些小块样品置于装有水和氯仿混合液的烧杯中；之后，烧杯中放置磁子，开始磁力搅拌，人为模仿海浪的运动[108]。实验结果表明，小块的超疏水/超亲油棉花样品可将水中的氯仿快速地吸收并与水分离开。

另外，本实验还设想，可以将所制备的超疏水/超亲油棉花纺织成布，既可以将其用来制作防水的衣物，又可以将其应用于油水分离设备中。本实验中，将超疏水/超亲油棉花简单地纺织成一片布，用于检验其油水分离效果。图 2-107(2)为整个实验过程：混合液中包括 50mL 的氯仿和 100mL 的水(用亚甲基蓝染色)，将混合液倒在固定有超疏水/超亲油棉花所纺织的布的过滤装置中。如图所示，氯仿可以自由地透过布并迅速地掉入到装置下面的烧杯中，但是水不能透过布，它被截留在了布表面。实验结果说明，本实验制备的超疏水/超亲油棉花可纺成布用于油水分离过程中，这无疑增加了其在实际生活中的应用。

g. 小结

本节中，通过在棉花纤维表面生成 SiO_2 纳米粒子，随后再进行 OTS 低表面能改性，成功地制备出了同时具有超疏水和超亲油两个特性的棉花。所制备的超疏水/超亲油棉花可以被应用于油水分离过程，它表现出了防水、吸油量大、好的浮力和重复使用性以及易制备等特性。本实验提供了一种可用于油水分离领域的超疏水/超亲油棉花的制备过程。

图2-106　原始棉花样品(a)和超疏水/超亲油棉花样品(b)对漂浮在水面上的甲苯(用苏丹Ⅲ染色)的清除对比。(a1)和(b1)：甲苯漂浮在水面上；(a2)和(b2)：甲苯分别被原始棉花和超疏水/超亲油棉花吸收；(a3)和(b3)：将吸了甲苯的原始棉花和超疏水/超亲油棉花移出烧杯后的液面；(a4)和(b4)：将吸了甲苯的原始棉花和超疏水/超亲油棉花放置在表面皿上

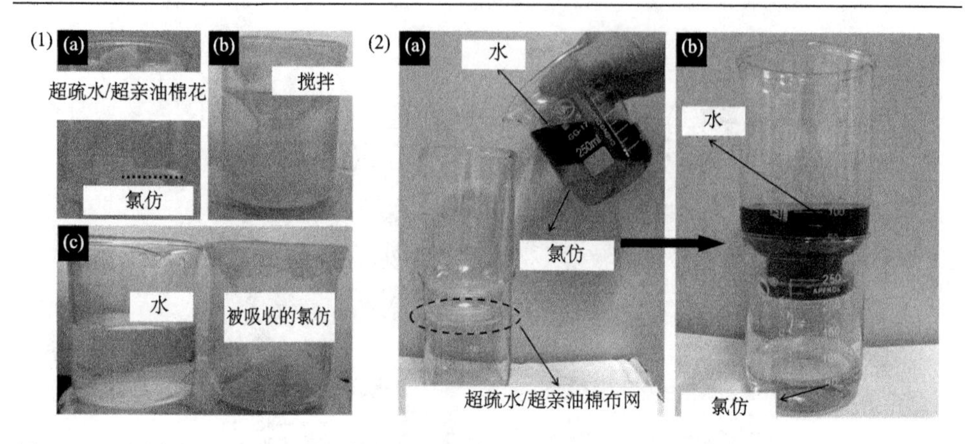

图 2-107　(1)超疏水/超亲油棉花样品被切成小块，对氯仿和水混合液的分离(磁力搅拌振荡操作被用于这一实验过程)；(2)超疏水/超亲油棉花被简单纺成布用于油水分离过程(其中水用亚甲基蓝染色)

2.4.3.2　超疏水/超亲油磁性炭化棉花的制备

1)实验方法

首先将原始棉花用超纯水清洗 3 次，然后置于 60℃的电热鼓风干燥箱中干燥 12h。干燥完毕后将棉花放入石英管式反应器中，在氮气气氛下(流量为 $100cm^3 \cdot min^{-1}$)以 $5℃ \cdot min^{-1}$ 的升温速率加热到 800℃，并在该温度下保持 2h。待样品冷却至室温后将样品取出，得到炭化棉花。

配制体积比为 7∶3 的丙三醇/水溶液，称量，并向其中加入 Fe_3O_4 纳米粒子至其在溶液中的浓度为 30%(质量分数)，充分搅拌溶液使纳米粒子分散均匀，备用。

配制含有 1%(质量分数)单组分聚氨酯的丙酮溶液，并将炭化棉花置于其中浸泡半小时，随后将吸附有胶黏剂溶液的炭化棉花小心地从溶液中取出(不能挤压)，并置于 60℃的真空干燥箱中在真空度为−0.09MPa 下干燥 2h。然后将干燥后的炭化棉花完全浸泡于之前配好的 Fe_3O_4 纳米粒子的分散液中，并将溶液转移至真空干燥箱中，于常温真空度为−0.09MPa 下保持 3h。最后将样品从溶液中取出，并反复用超纯水冲洗直至样品内部残余的溶液被清洗干净，置于 60℃的电热鼓风干燥箱中干燥 12h，得到负载磁性粒子的炭化棉花(以下简称磁性炭化棉花)。

将磁性炭化棉花浸没到含有 1%(质量分数)十八烷基三氯硅烷的甲苯溶液中，浸泡 10min 左右，随后将样品取出，用甲苯清洗 3 次，最后在 60℃下干燥 6h，得到超疏水/超亲油磁性炭化棉花(以下简称超疏水磁性炭化棉花)。

上述过程中，丙三醇被用作增稠剂来提高 Fe_3O_4 纳米粒子在溶液中分散的均匀性；Fe_3O_4 纳米粒子的负载主要是通过单组分聚氨酯胶黏剂与 Fe_3O_4 纳米粒子直接的黏接过程实现的。单组分聚氨酯胶含有大量的异氰酸酯基(—N═C═O)，一方面异氰酸酯基可以和 Fe_3O_4 表面含活泼氢的—OH 反应从而形成化学键合，另一方面又可与 Fe_3O_4 纳米粒子分散液中的水分发生交联反应，从而进行固化。这两个过程同时进行，最终完成 Fe_3O_4 纳米粒子在炭化棉花纤维表面的负载。

2)结果与讨论

a. 超疏水磁性炭化棉花的表面形貌

如图 2-108(a)所示，原始棉花在宏观上呈现三维的网络交错结构，其单根纤维的直径尺寸分布较窄，且有不同程度的扭曲，而纤维在长度上可达几厘米甚至更长。放大后的图片显示原始棉花纤维表面较为光滑[图 2-108(b)]，除了一些细微的褶皱纹理外没有其余的粗糙结构。经过高温热解后，炭化棉花在宏观上依然呈现三维的网络交错结构，但单根纤维直径明显降低，且扭曲程度明显增加[图 2-108(c)]；放大后的图片显示炭化棉花纤维表面形成了炭化层，原有的褶皱纹理消失，取而代之的是表面分布不均的粒状凸起结构[图 2-108(d)]。在制备磁性炭化棉花时，我们使用了胶黏剂来黏接 Fe_3O_4 纳米粒子。从图 2-108(e)中我们发现制备出的磁性炭化棉花依然完好保存了之前的三维网络结构，并且纤维上均匀负载了一层 Fe_3O_4 纳米粒子[图 2-108(f)]。进一步的 OTS 疏水改性没有进一步改变磁性炭化棉花的整体结构和微观结构[图 2-108(g)和图 2-108(h)]。

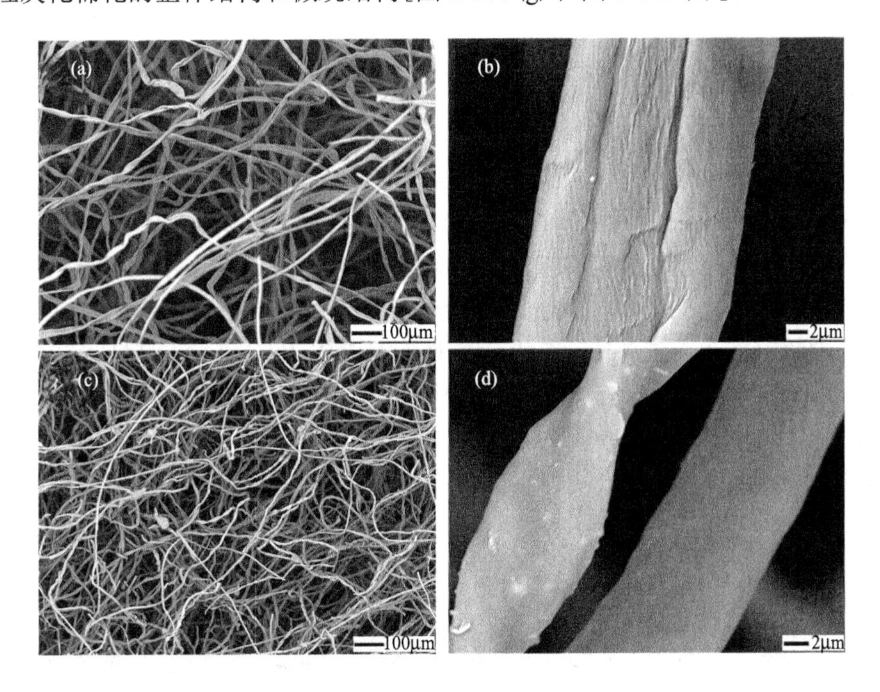

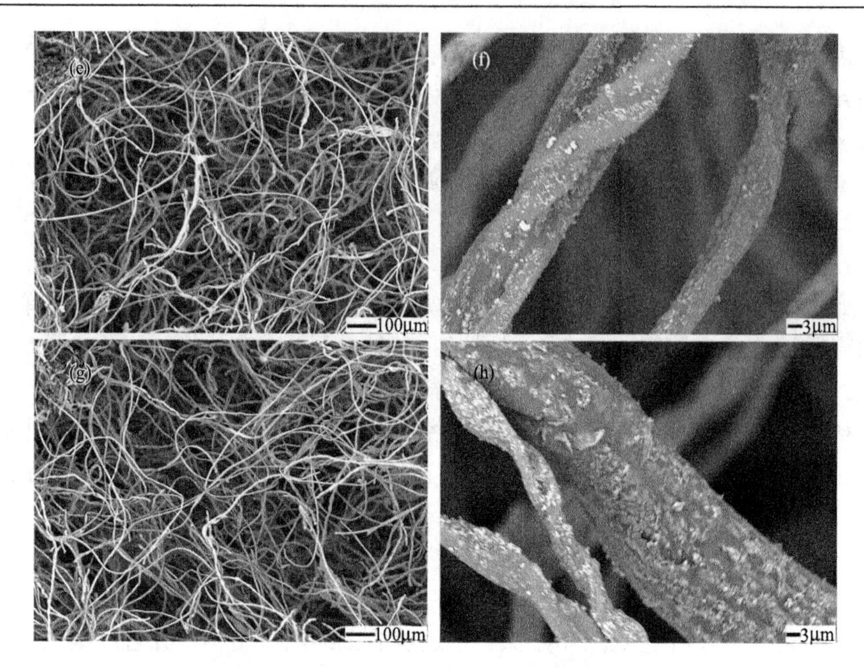

图 2-108　SEM 图像：(a)，(b)原始棉花纤维；(c)，(d)炭化棉花纤维；(e)，(f)磁性炭化棉花纤维；(g)，(h)超疏水磁性炭化棉花纤维

b. 超疏水磁性炭化棉花的润湿性研究

我们对制备过程中各个阶段得到的产品对水的接触角进行了表征。经过惰性气氛高温炭化的棉花呈现出强疏水性，对水的接触角为 148.5°[图 2-109(a)]。这是由于在 800℃的惰性气氛下，棉花表面原有的亲水基团会全部分解所致。而经过纳米粒子负载后，由于聚氨酯和 Fe_3O_4 纳米粒子本身具有亲水性，且在炭化棉花纤维表面形成相当高的粗糙度，导致磁性炭化棉花呈现超亲水的性质，对水的接触角为 0°[图 2-109(b)]。在经过 OTS 疏水处理后，磁性炭化棉花表面从超亲水态转变为超疏水态，对水的接触角高达 159.5°[图 2-109(c)]，证明 OTS 分子被成功接枝于磁性炭化棉花表面。超疏水磁性炭化棉花对油的接触角为 0°[图 2-109(d)]，证明其具有超亲油的性质。

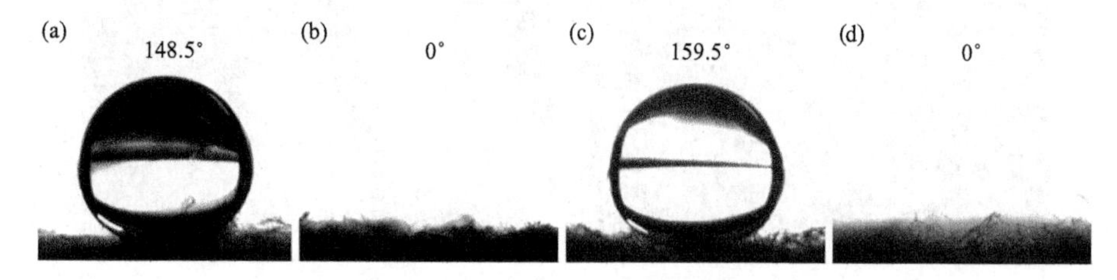

图 2-109　水滴在炭化棉花表面(a)，磁性炭化棉花表面(b)以及超疏水磁性炭化棉花表面(c)的照片；(d)油滴在超疏水磁性炭化棉花表面的照片

c. 超疏水磁性炭化棉花的表面化学成分分析

我们选用衰减全反射傅里叶变换红外光谱和能量色散X射线光谱对超疏水磁性炭化棉花进行表面化学成分分析。在对谱峰分析归属前，我们对比了磁性炭化棉花和超疏水磁性炭化棉花两者红外谱图在峰形上的差异(图 2-110)。在磁性炭化棉花的谱图中[图 2-110(a)]，2916cm^{-1} 和 2864cm^{-1} 处的两个吸收峰分别归属于 C—H 的反对称伸缩振动和对称伸缩振动，后者在超疏水磁性炭化棉花的谱图中红移至 2850cm^{-1} 处。超疏水磁性炭化棉花谱图中这两种峰的峰强度要明显高于磁性炭化棉花谱图中对应的峰强度，且这两种峰在两个谱图中峰形差异也很大，因

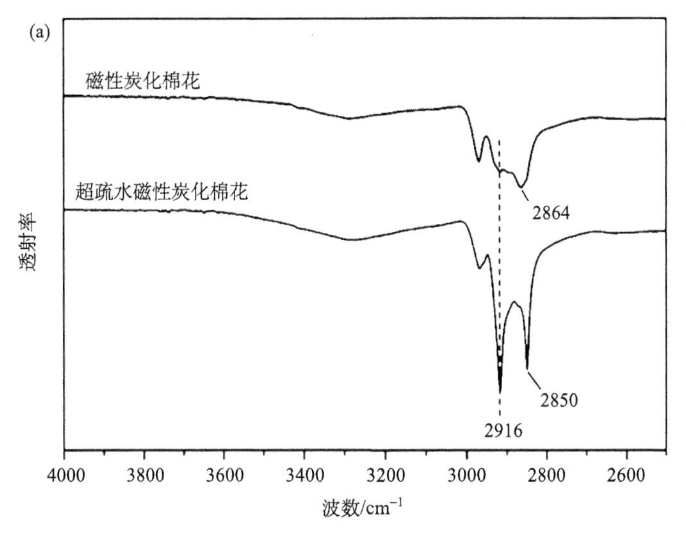

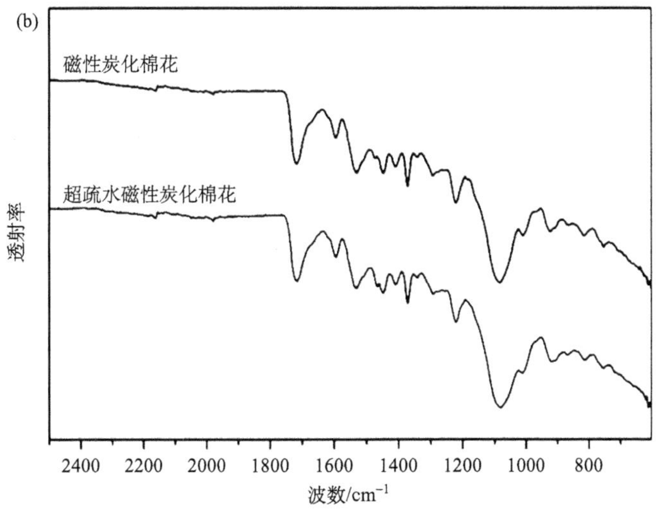

图 2-110　磁性炭化棉花和超疏水磁性炭化棉花的红外光谱

而可以初步判断 OTS 分子被成功接枝于磁性炭化棉花表面。两个谱图除在 C—H 的伸缩振动峰上有所差异外，其余的峰位置和峰形基本完全一致[图 2-110(b)]。

我们通过能量色散 X 射线光谱分析进一步给出 OTS 接枝成功的直接证据。在磁性炭化棉花的能谱图中[图 2-111(a)]，只检测到 C、O、Fe 元素的存在，而在超疏水磁性炭化棉花的能谱图中[图 2-111(b)]，除检测到以上元素外，还检测到低含量的 Cl、Si 元素。Cl 元素的存在可能是由于 OTS 水解产生的氯化氢(HCl)

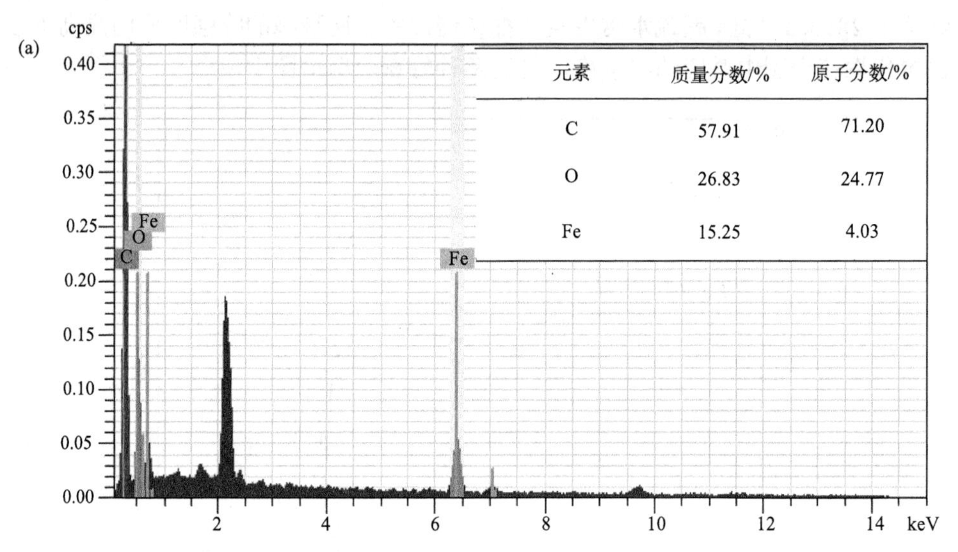

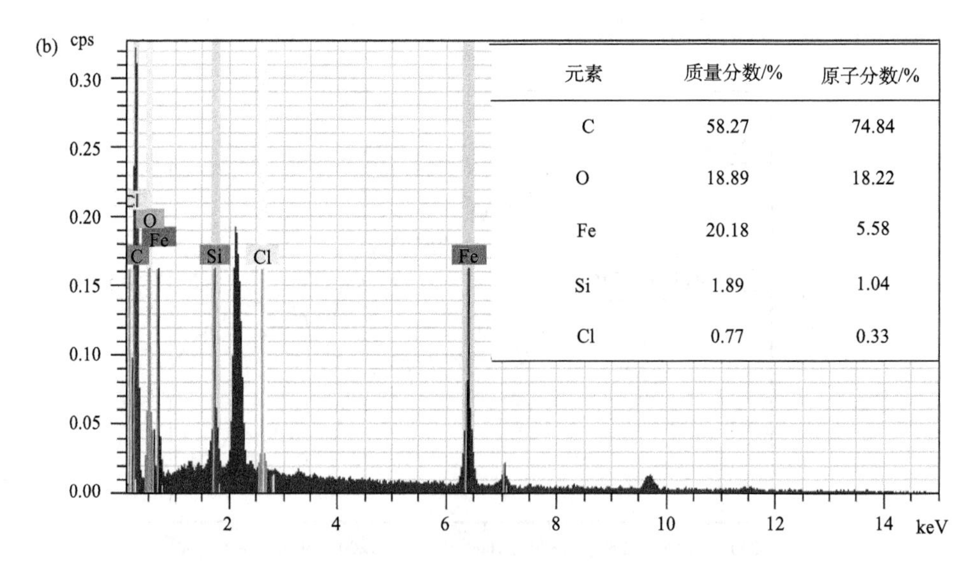

图 2-111　EDX 谱图：(a)磁性炭化棉花；(b)超疏水磁性炭化棉花。图中表格为对应炭化棉花表层中元素的归一化质量分数和原子分数

分子被聚氨酯所吸收，从而残留在聚氨酯表层中。Cl、Si 元素的存在直接证明 OTS 分子被成功接枝于磁性炭化棉花表面。

d. 超疏水磁性炭化棉花的机械性能研究

我们进一步通过一个简单的承载演示实验来证明超疏水磁性炭化棉花具有良好的机械性能。如图 2-112(a)和图 2-112(b)，一个质量为 18.54g 的玻璃瓶被分别放置于原始棉花和超疏水磁性炭化棉花上。通过观察可以明显发现原始棉花在承载后高度下降超过原始棉花高度的 50%，而超疏水磁性炭化棉花的高度下降不超过 35%，证明超疏水磁性炭化棉花具有良好的机械性能。

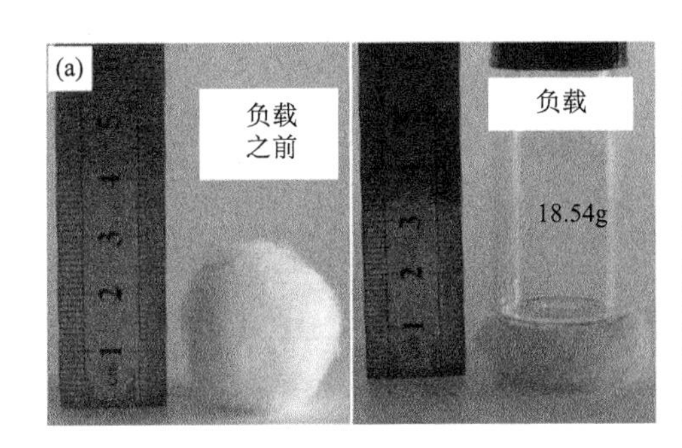

图 2-112　(a)原始棉花在负载质量为 18.54g 的玻璃瓶前(左图)和负载后(右图)的照片；(b)超疏水磁性炭化棉花在负载质量为 18.54g 的玻璃瓶前(左图)和负载后(右图)的照片

e. 硅烷化效率及硅烷化处理时间对样品接触角的影响研究

表 2-6 对比了具有不同硅烷化处理时间样品的硅烷化效率和接触角。通过表格我们发现硅烷化过程在最初的 10min 内迅速进行，并在 20min 时基本达到饱和，证明硅烷化过程具有很高的效率。硅烷的最大负载量低于 0.5%(质量分数)，证明接枝的硅烷层厚度很薄，对样品表面的粗糙度基本没有影响。接触角测试的结果表明即使 0.218%(质量分数)的硅烷负载量也足以赋予磁性炭化棉花超疏水性，进一步证明 OTS 疏水改性过程是非常快速而且高效的。

表 2-6　具有不同硅烷化处理时间的磁性炭化棉花的硅烷负载量和对水的接触角

浸泡时间/min	硅烷负载量/%(质量分数)	接触角/(°)
5	0.218	156.8
10	0.341	158.5
20	0.396	159
30	0.404	156
40	0.406	157.2

f. 超疏水磁性炭化棉花的磁性分析

通过测定炭化棉花、超疏水磁性炭化棉花以及纯 Fe_3O_4 纳米粒子的磁滞回线来比较三者的磁性能(图 2-113)。炭化棉花的磁化强度始终为 0，表明其为非磁性材料。超疏水磁性炭化棉花以及纯 Fe_3O_4 纳米粒子的磁滞回线表明两者为铁磁性材料，超疏水磁性炭化棉花的饱和磁化强度为 6.4emu·g^{-1}，远小于纯 Fe_3O_4 纳米粒子的饱和磁化强度(73.8emu·g^{-1})，主要是由于 Fe_3O_4 纳米粒子在超疏水磁性炭化棉花中含量较低所引起的。尽管磁性较低，但其在磁场作用下仍能够用于清理水面的浮油。

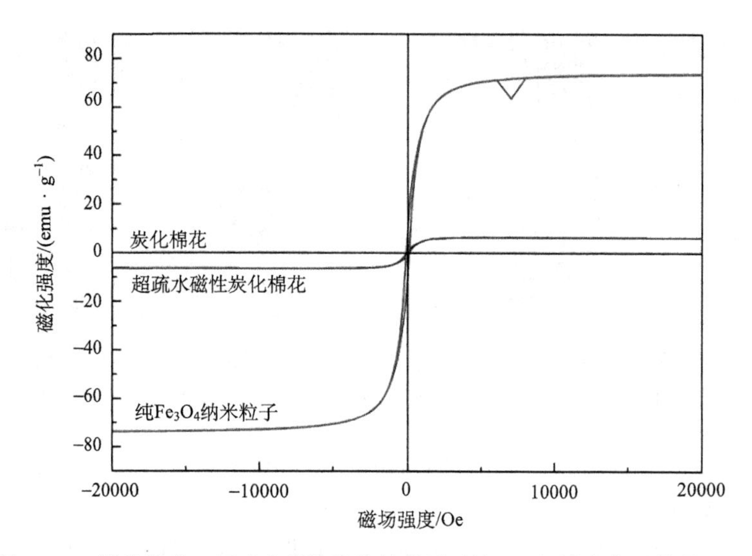

图 2-113　炭化棉花、超疏水磁性炭化棉花以及纯 Fe_3O_4 纳米粒子的磁滞回线

g. 超疏水磁性炭化棉花油水分离能力的研究

以水面上漂浮的随机分布的变压器油[红色，图 2-114(a)]和水下的氯仿[水为深蓝色，氯仿为无色，图 2-114(b)]作为吸附质来检测超疏水磁性炭化棉花的油水分离能力。将一小块超疏水磁性炭化棉花放置于变压器油/水混合物表面。由于变压器油在水面上随机分布，静置的超疏水磁性炭化棉花无法将这些浮油全部吸附，为此，我们用一块磁铁来吸引超疏水磁性炭化棉花来使其在水面上来回移动，从而将分散的浮油逐一进行吸附，吸附完成后，水面上只剩余一些很小的油滴没有被除去，证明使用超疏水磁性炭化棉花在磁场作用下清除水表面浮油是可行的，并且清洁效果理想。考虑到实际中油污大都是随机分散在水体表面的，不会形成理想的连续相，因而使用磁性吸附材料对表面浮油进行清理有广阔的应用前景。由于超疏水磁性炭化棉花的磁性太低，对于水下的氯仿不能通过磁场操控进行回收，为此，我们采用机械搅拌的方式对比水重的油进行回收。首先我们将几块超

疏水磁性炭化棉花放置于氯仿/水混合物表面，此时超疏水磁性炭化棉花样品会漂浮于水面上。为了让样品充分接触氯仿以达到回收的目的，我们对氯仿/水混合物进行了强力的磁力搅拌，在搅拌过程中，原本漂浮在水体表面的棉花样品由于机械力的作用被搅入整个氯仿/水混合物，并对水中的氯仿进行吸附。搅拌大约 30s 后，关闭磁力搅拌装置，此时吸附了氯仿的棉花样品漂浮在水体表面。虽然氯仿的密度大于水，但本实验中所使用的棉花样品是过量的，在棉花样品本体中还含有大量未被氯仿占据的空间，因而样品在吸附氯仿后会漂浮在水面上，方便于进一步的取出和回收。通过对经超疏水磁性炭化棉花处理的水体的下层进行观察，我们发现氯仿已被基本除去，只在玻璃容器底部黏附着一些极细小的氯仿液滴，从而证明超疏水磁性炭化棉花对水下油质也能很好地分离。

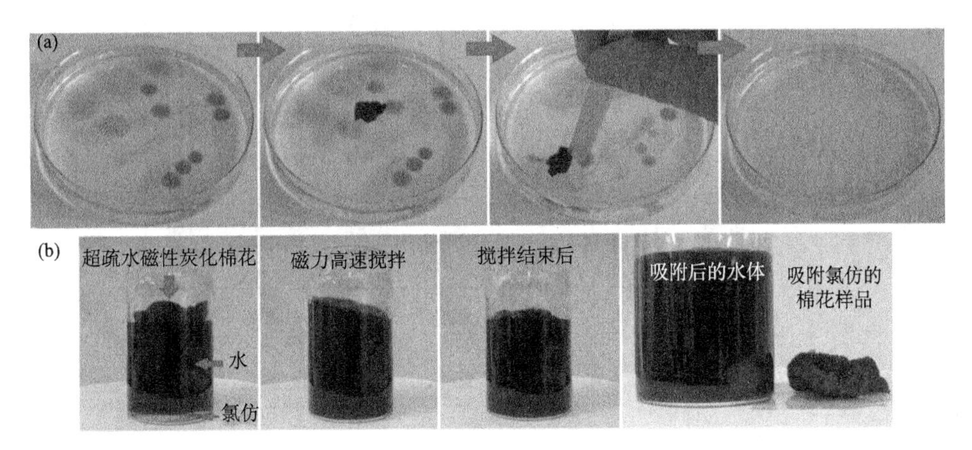

图 2-114　(a)超疏水磁性炭化棉花在外界磁场作用下吸收水面漂浮的变压器油的动态照片(为了便于观察，变压器油被染成红色)；(b)超疏水磁性炭化棉花在机械搅拌作用下吸收水下氯仿的动态照片(为了便于观察水被染成蓝色)

h. 超疏水磁性炭化棉花的饱和吸油量

饱和吸油量($g \cdot g^{-1}$)是衡量吸油材料吸油性能的一个重要指标，其数值越大，单位质量材料吸收的油品越多，其吸油能力越强。图 2-115(a)和图 2-115(b)分别给出了超疏水磁性炭化棉花对各种有机溶剂和油质的饱和吸油量。对于有机溶剂来说，饱和吸油量在 27.2~46.2$g \cdot g^{-1}$之间，由于有机溶剂的黏度普遍较低，对于吸油材料保油率的提升有限，因而其饱和吸油量主要取决于自身的密度，密度越高的有机溶剂(如氯仿，四氯化碳)对应的饱和吸油量也越高。对于油质来说，饱和吸油量在 28.7~40.9$g \cdot g^{-1}$之间，由于油质的密度普遍较低(一般都小于水)且相差不大，黏度却相差较大，因而其饱和吸油量更多地取决于油质自身的黏度。油质的黏度越大(如液压油)，吸油材料对其保油率也越高，即吸收的油质会更多地滞留于材料的孔结构之间而更少地在重力作用下滴落。以上的规律只针对同一种吸油材料而言。通过将超疏水磁性炭化棉花的饱和吸油量和传统吸油材料的吸油量比较，我们发现超疏水磁性炭化棉花的饱和吸油量要远高于传统吸油材料的吸油量，这主要是由于材料本身呈三维结构，并且拥有发达的孔隙，这些孔隙在毛细力和低表面能的共同作用下可有效吸收有机溶剂和油质，并将吸收的油品储藏于孔隙之中。

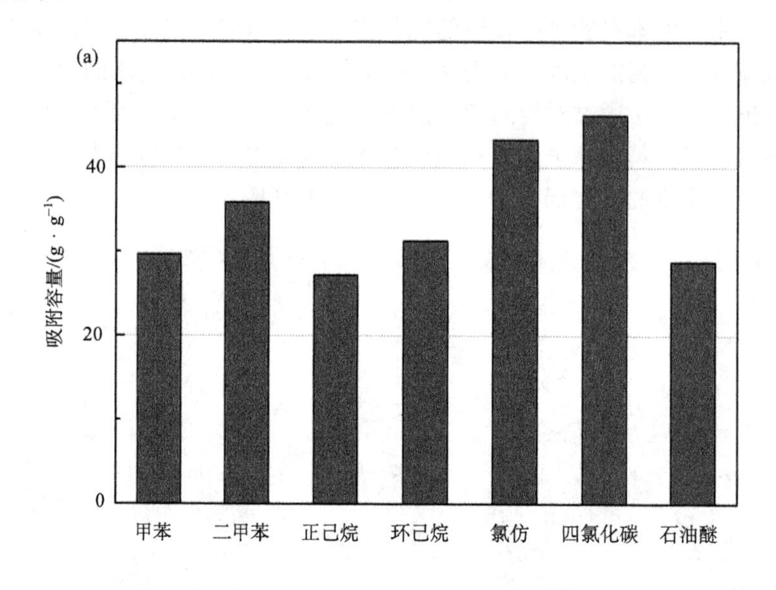

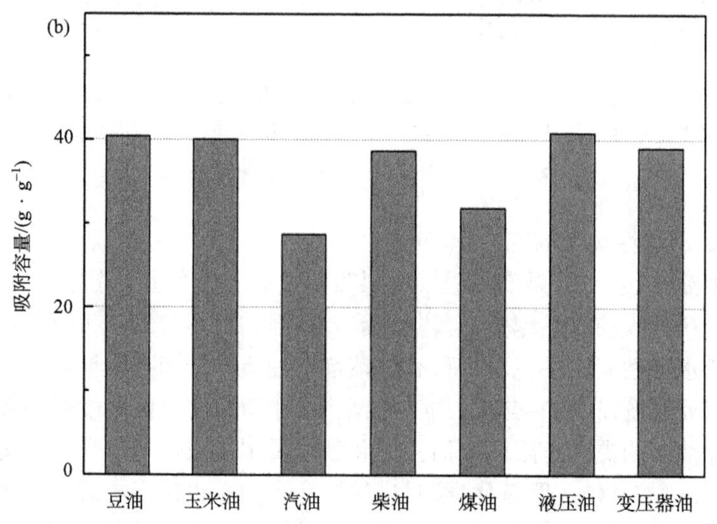

图 2-115　超疏水磁性炭化棉花对各种有机溶剂(a)和油质(b)的饱和吸油量

i. 超疏水磁性炭化棉花的吸油速率研究

我们通过记录超疏水磁性炭化棉花只在重力作用下完全沉没到油品液面以下所需要的时间来粗略评价超疏水磁性炭化棉花的吸油速率，当油品完全没过样品时，基本可以认为样品已经达到吸油饱和。从图 2-116 可知本实验所使用的超疏水磁性炭化棉花样品对于各种黏度的油质均能在 60s 内完全沉没到油品液面以下，证明其具有良好的吸油速率。吸油速率主要与油质黏度有关，油质的黏度越大(如泵油，液压油)，其吸油速率就越小；油质的黏度越小(如变压器油)，其吸油速率就越大。应当指出，除油质种类外，本实验测定样品的吸油时间还与材料的质量和形状密切相关，尤其对于形状因素我们难以准确控制，因此本实验只是粗略地对超疏水磁性炭化棉花的吸油速率进行评价。

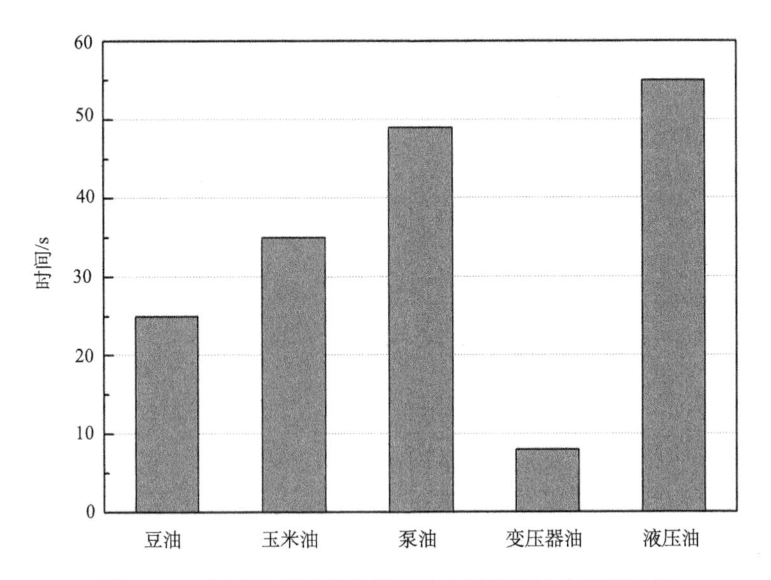

图 2-116　超疏水磁性炭化棉花完全浸没于油中所需时间

j. 超疏水磁性炭化棉花的溶剂稳定性研究

我们将超疏水磁性炭化棉花浸泡在甲苯中，并衡量其对甲苯的吸油量和对水的接触角随浸泡时间的变化，结果如图 2-117 所示。在长达 12h 的总浸泡时间内，超疏水磁性炭化棉花对甲苯的吸油量和对水的接触角都没有发生明显变化，证明其物理结构和表面化学组分均未改变，因而超疏水磁性炭化棉花对甲苯具有很好的耐受性。

k. 小结

在本节中，我们以棉花为原料制备了超疏水磁性炭化棉花，并对其油水分离和吸油性能进行了较为全面的研究，主要得出以下结论：

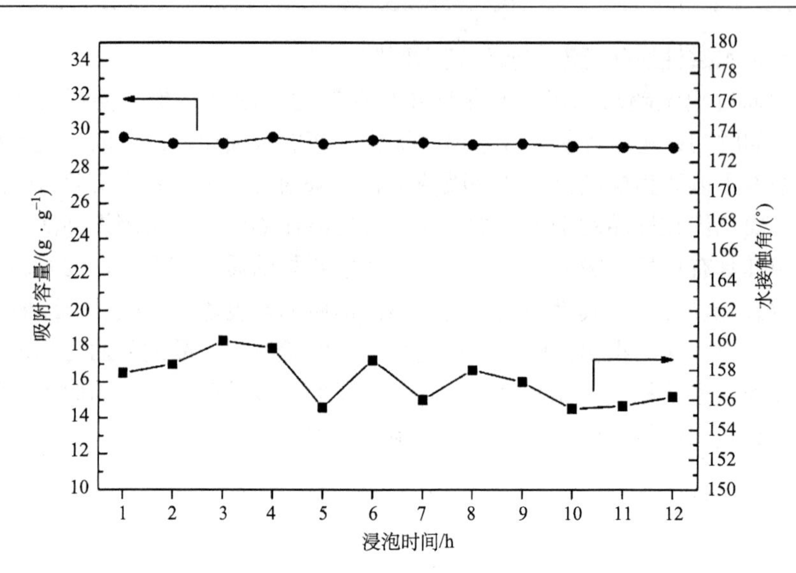

图 2-117　超疏水磁性炭化棉花对甲苯的吸附量和对水的接触角随浸泡时间变化的关系

(1) 超疏水磁性炭化棉花相比原始棉花拥有更好的机械强度，更能满足实际油水分离的需求。

(2) 超疏水磁性炭化棉花的铁磁性较弱，但仍可以在磁场作用下吸附水体表面随机分布的浮油，而传统的超疏水吸油材料在没有外界驱动力的情况下无法对分散的浮油进行吸附，因此从实际角度出发超疏水磁性炭化棉花具有更好的应用前景。

(3) 超疏水磁性炭化棉花对有机溶剂和油质均有良好的吸油量和吸油速率，并且其对甲苯长期稳定，证明其适用于大多数油水分离的场合。

2.4.4　仿生水下超疏油材料的制备

2.4.4.1　超亲水/水下超疏油玉米秸秆碳粉的制备

1) 实验方法

使用中草药粉碎机将玉米秸秆充分磨碎打粉，然后依次使用 60 目和 80 目的标准检验筛筛选玉米秸秆纤维，将得到的秸秆纤维分别用去离子水和无水乙醇各超声清洗两次，并用 120 目的尼龙网进行收集，随后置于 80℃的电热鼓风干燥箱中干燥 48h。秸秆粉的高温炭化是按照以下步骤进行的：将 2.4g 干燥后的玉米秸秆纤维均匀装入 6 个陶瓷燃烧舟中，然后将燃烧舟放入石英管式反应器中，在氮气气氛下(流量为 100cm^3 · min^{-1}) 以 5℃ · min^{-1} 的升温速率加热到 800℃，并在该温度下保持 3h。待样品冷却至室温后取出，并使其在室温下暴露于空气中 1h，随后将样品收集并储藏于干燥器中。随后配制含有三氧化铬(100g · L^{-1}) 和硫酸

($100g \cdot L^{-1}$)的水溶液(该过程使用的铬酸溶液可用其他类型的酸溶液代替，如盐酸、硫酸溶液等，可降低成本和环境污染，但铬酸溶液可以更彻底地清除碳粉中的难溶有机污染物，为此本节实验选用铬酸溶液制备)，并将制备好的玉米秸秆碳粉置于其中，充分搅拌 30min 后使用滤纸进行抽滤收集，并用无水乙醇和超纯水各抽滤清洗 3 次，待样品在电热鼓风干燥箱中完全干燥后即得到超亲水/水下超疏油玉米秸秆碳粉(简称超亲水玉米秸秆碳粉或超亲水碳粉)。

2)结果与讨论

a. 超亲水玉米秸秆碳粉的表面形貌

为表征制备工艺对玉米秸秆形貌产生的影响，我们使用台式扫描电子显微镜(SEM)对原始玉米秸秆纤维[图 2-118(a)和图 2-118(d)]、炭化的玉米秸秆纤维[图 2-118(b)和图 2-118(e)]以及超亲水玉米秸秆碳粉[图 2-118(c)和图 2-118(f)]进行了观察，并各自取低倍和高倍的电镜图各一张。通过观察我们发现原始的玉米秸秆纤维具有较高的长径比，其表面有较明显的纤维沟壑，纤维的尺寸呈无序分布。秸秆在高温惰性气氛中炭化以后，纤维表面的沟壑基本消失，纤维发生了明显的卷曲，纤维尺寸大幅降低，并且表面变得十分光滑。铬酸处理过的秸秆碳粉和未经酸处理的秸秆碳粉在形貌上基本相同，说明酸处理对于秸秆碳粉物理结构不会产生明显影响。

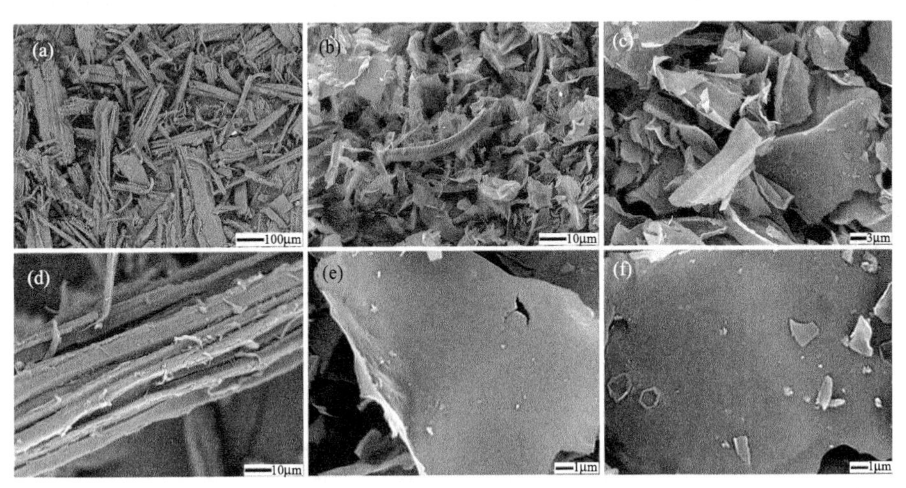

图 2-118　SEM 图像：(a)，(d)原始玉米秸秆纤维；(b)，(e)炭化后的玉米秸秆纤维；(c)，(f)超亲水玉米秸秆碳粉

b. 超亲水玉米秸秆碳粉的润湿性研究

炭化后的玉米秸秆纤维表面对水的接触角为 144°，证明其具有高度的疏水性[图 2-119(a)]。经过酸处理后的玉米秸秆碳粉对水的接触角可在几秒内达到 0°，证明表面是超亲水的[图 2-119(b)]。超亲水玉米秸秆碳粉在水下时对油的接触角为 160°，证明其具有水下超疏油的特性[图 2-119(c)]。与空气中超疏油的表面不

同，水下超疏油体系不依靠低表面能物质来实现超疏油，而是依靠水油两相的排斥力以及亲水粗糙表面对水的“捕捉”能力来实现水/油/固三相体系中的超疏油性。在水下时，酸处理的碳粉表面会将水牢牢吸附在表面的粗糙结构中，从而形成“水垫”。这些“水垫”会极大地减小油滴与碳粉表面的直接接触面积，从而使油滴在碳粉表面呈现超疏态。

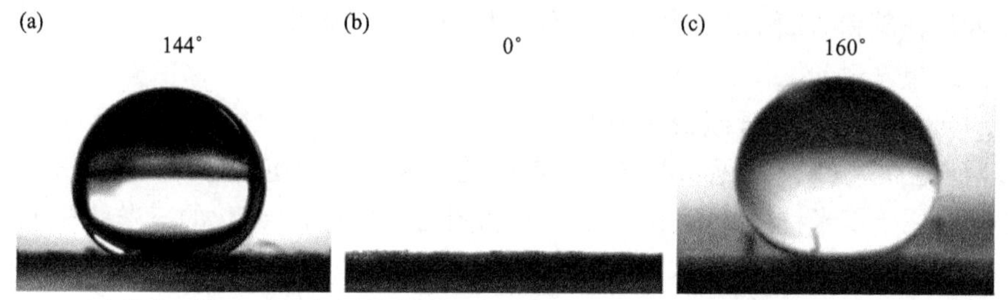

图 2-119　(a)炭化后的玉米秸秆纤维表面和(b)超亲水玉米秸秆碳粉表面在空气中对水的接触角；(c)超亲水玉米秸秆碳粉表面的水下油接触角

c. 超亲水玉米秸秆碳粉对油黏附性质的研究

微电子天平系统可以准确地反映出超亲水玉米秸秆碳粉在水下对不同油的黏附力的大小，测量值可低至零点几微牛。我们用一系列的油对超亲水玉米秸秆碳粉表面进行测量，包括汽油、柴油、正己烷、豆油、泵油和石油醚，这些油滴在接触和脱离超亲水玉米秸秆碳粉表面的过程中均没有发生油滴断裂现象，且对油滴的黏附力均小于 2μN(图 2-120)，所有油的接触角均大于 150°，证明超亲水玉米秸秆碳粉在水下是超疏油的，且对油滴显示出极低的黏附行为。即使用(85±6.7) μN 的力将油滴挤压于超亲水玉米秸秆碳粉表面，它也表现出极低的油黏附特性，黏附力始终低于 5μN。

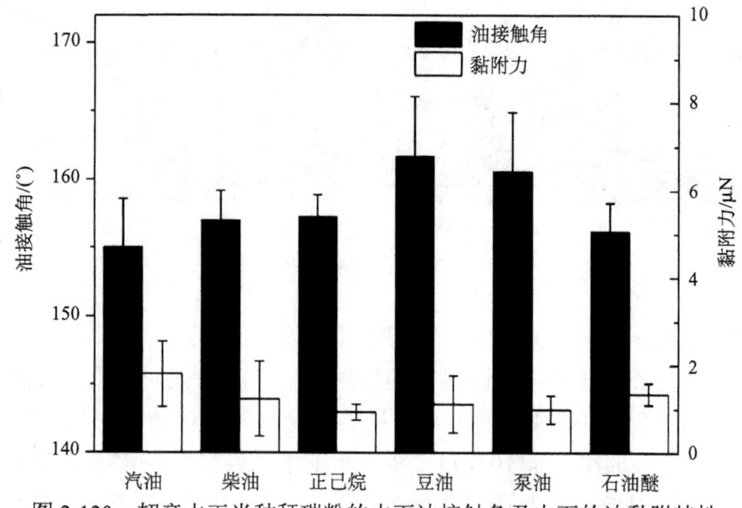

图 2-120　超亲水玉米秸秆碳粉的水下油接触角及水下的油黏附特性

d. 超亲水玉米秸秆碳粉表面化学成分分析

对于超亲水玉米秸秆碳粉我们选用衰减全反射傅里叶变换红外光谱(ATR-FTIR)进行表面分析。原始玉米秸秆纤维和超亲水玉米秸秆碳粉的红外光谱如图 2-121(a)所示，炭化后的玉米秸秆纤维的红外光谱如图 2-121(b)和图 2-121(c)所示。对于原始玉米秸秆纤维的红外谱图，$3430cm^{-1}$ 和 $2905cm^{-1}$ 处的峰分别归属于 O—H 和 C—H 的伸缩振动峰，其他标注的峰分别归属于纤维素($1160cm^{-1}$ 和 $895cm^{-1}$)，半纤维素($1743cm^{-1}$ 和 $1053cm^{-1}$)以及木质素($1593cm^{-1}$ 和 $1260cm^{-1}$)[109]。高温氮气处理(800℃)首先使原始玉米秸秆纤维炭化，随后样品在空气中暴露使得碳粉表面吸收(化学吸附)空气中的氧而呈现碱性[110–114]。原始玉米秸秆纤维表面绝大多数的纤维素、半纤维素、木质素以及全部的酸性含氧官能团的特征峰在经过高温炭化后都已消失，表明玉米秸秆纤维被高度地炭化，只有少数不明显的峰可以在图 2-121(b)和图 2-121(c)中被识别。$2162cm^{-1}$ 处的峰被指定给 C≡C 键的伸缩振动[113]，$1080cm^{-1}$ 和 $827cm^{-1}$ 处的峰分别属于 C—O 的伸缩振动峰以及苯环上 C—H 的弯曲振动(面外弯曲振动)。为了使原本疏水的碳粉变得高度亲水，我们将碳粉浸泡于铬酸溶液中，并加以搅拌。这种处理方式使得呈碱性的碳粉可以极大地吸附酸溶液中的质子[110]，从而使碳粉的润湿性由疏水转变为超亲水[图 2-119(b)]。质子的吸附(化学吸附)主要归因于碳粉表面吡喃酮型的碱性基团[115,116]和可提供自由 π 电子的芳香环无氧碳位点[110]的存在。应当指出，尽管铬酸溶液具有强氧化性，且氧化处理倾向于使炭表面产生高度亲水的酸性基团(主要是羧基，酸酐，内酯，酚羟基等)[117,118]，但是在本实验中铬酸溶液只起

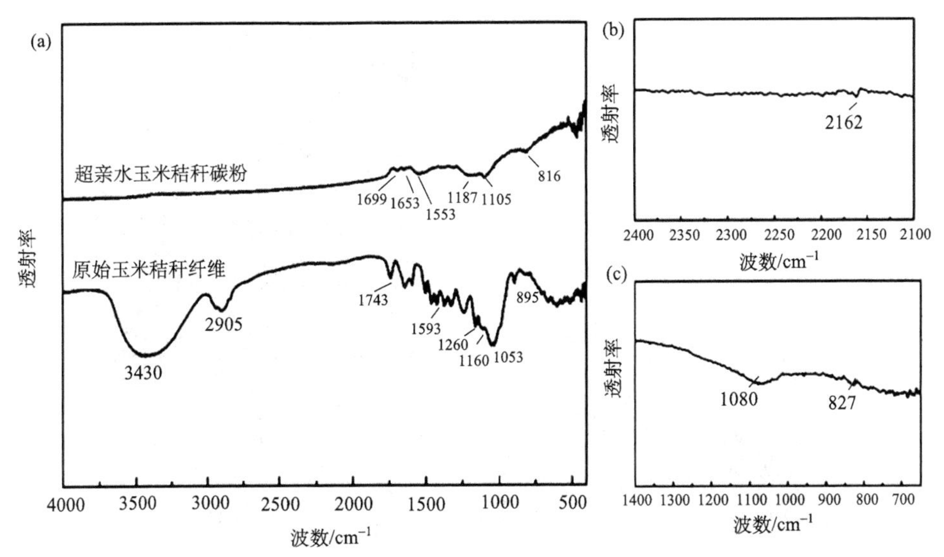

图 2-121　衰减全反射傅里叶变换红外光谱(ATR-FTIR)：(a)原始玉米秸秆纤维和超亲水玉米秸秆碳粉；(b)，(c)炭化后的玉米秸秆纤维

到提供质子的作用，而不起氧化的作用，这是因为所制备的碳粉是经过 800℃惰性气氛处理而成，在这个温度下，所有的易被氧化的基团都已经被脱除，这点也被超亲水玉米秸秆碳粉的红外光谱所证实：在超亲水玉米秸秆碳粉的红外谱图中，缺少羧酸、羧酸酐和酚羟基的特征吸收峰，说明在铬酸处理的过程中碳粉表面没有发生或发生了极其微弱以致无法检测到的氧化反应。1699cm^{-1} 处的吸收峰归属于 C═O 的伸缩振动。1653cm^{-1} 和 1553cm^{-1} 处的吸收峰归属于苯环骨架的 C═C 伸缩振动(环呼吸振动)。1187cm^{-1} 和 1105cm^{-1} 处的吸收峰与 C—O 的伸缩振动有关，但无法详细区分。以上的谱图信息主要说明了以下两点：①玉米秸秆纤维在经过 800℃氮气气氛热解后产生了惰性的炭表面；②碳粉表面的亲水化主要是由于质子吸附作用引起的而并非氧化作用。

2.4.4.2　尼龙/超亲水碳粉夹层膜的制备

1)实验方法

将 0.06g 的超亲水碳粉均匀分散于 20mL 的无水乙醇中，通过砂芯过滤装置(规格：1L)使分散液中的碳粉均匀分布于商业尼龙滤膜表面，形成一层滤饼，所使用的过滤装置如图 2-122(a)所示：一片商业尼龙微孔滤膜(直径 50mm，孔径 3.0μm)被置于砂芯之上[图 2-122(b)]，随后用夹具将滤膜固定在砂芯和上方的圆筒形玻璃漏斗之间[图 2-122(c)]，然后将含有碳粉的乙醇分散液倒入上方的漏斗中，使装置接通真空循环水泵，待乙醇被抽干后在尼龙滤膜上会形成一层碳粉滤饼，随后关闭循环水泵，小心地卸下夹具并移走上方的玻璃漏斗，将另一片相同规格的尼龙滤膜小心地覆盖于滤饼之上，从而得到尼龙/超亲水碳粉夹层膜，如图 2-123 所示。

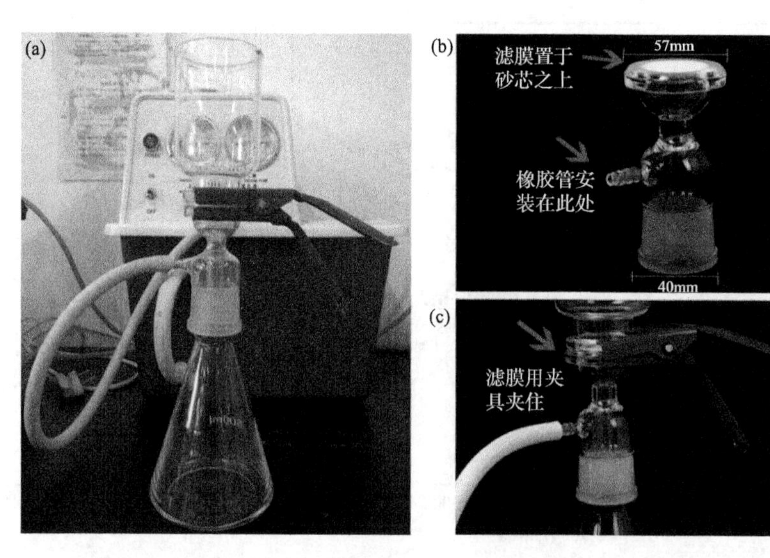

图 2-122　制备尼龙/超亲水碳粉夹层膜所使用的抽滤装置

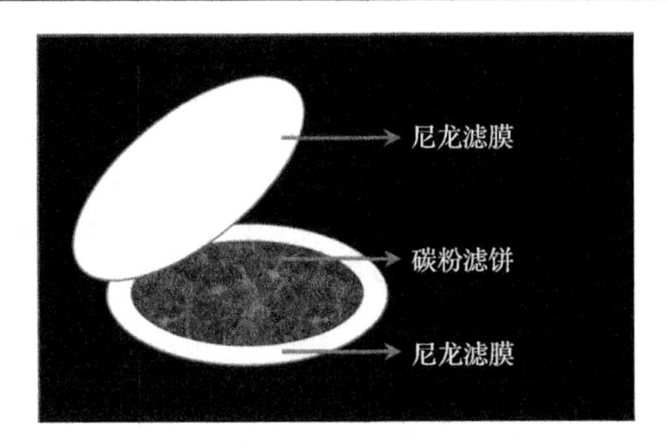

图 2-123　尼龙/超亲水碳粉夹层膜示意图

2) 尼龙/超亲水碳粉夹层膜乳液分离能力的研究

尼龙/超亲水碳粉夹层膜主要用于分离水包油型乳液，分离能力则通过膜通量和分离效果两个指标来体现。

使用尼龙/超亲水碳粉夹层膜对乳化剂稳定和无乳化剂的水包甲苯乳液进行过滤，乳液和滤液通过光学显微镜进行观察，显微镜照片如图 2-124 所示。照片显示两种乳液中均有肉眼可见的油滴，这些油滴的大小不等，随机分布在乳液中，乳化剂稳定的乳液中油滴的分散程度要高于无乳化剂乳液中油滴的分散程度；经过尼龙/超亲水碳粉夹层膜过滤后，两种滤液中均没有肉眼可见的油滴，说明原始乳液中的油滴经膜过滤后已被除去。

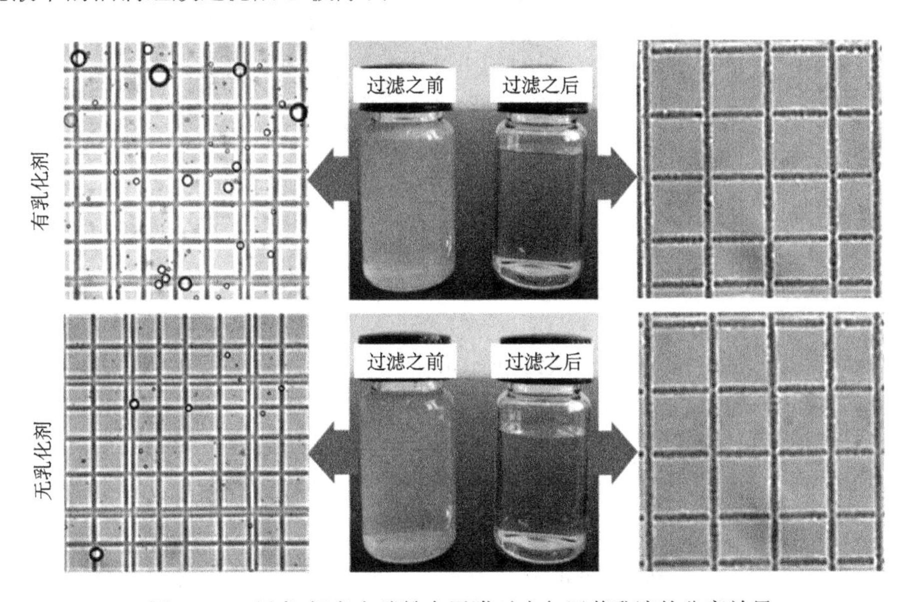

图 2-124　尼龙/超亲水碳粉夹层膜对水包甲苯乳液的分离效果

光学显微镜照片虽然可以初步反映膜对乳液的分离效果，但因其观察液体的量和视野都有限，难以精确反映膜对乳液的分离效果。为此，我们又采用总有机碳分析和衰减全反射傅里叶变换红外分析来分别检测滤液中的含油量及滤液中是否含有可检测到的油质。所测试的乳液为乳化剂稳定和无乳化剂的甲苯/水、氯仿/水、豆油/水和柴油/水八种水包油型乳液，使用总有机碳分析仪检测其滤液中的油含量，得到的结果如图 2-125 所示。由图可知，所有滤液中油的含量均低于 $40mg \cdot L^{-1}$，证明尼龙/超亲水碳粉夹层膜具有很好的分离效率。另外，对于同种油质配成的两种乳液来说，乳化剂稳定乳液的滤液中的油含量总是高于无乳化剂乳液的滤液中的油含量，这是因为在总有机碳测试中滤液中的乳化剂组分也会被当作油质计入最终结果中，因而所得到的总有机碳值为乳化剂和油的总和；另外加入乳化剂后，也会提升油在水中的溶解度。

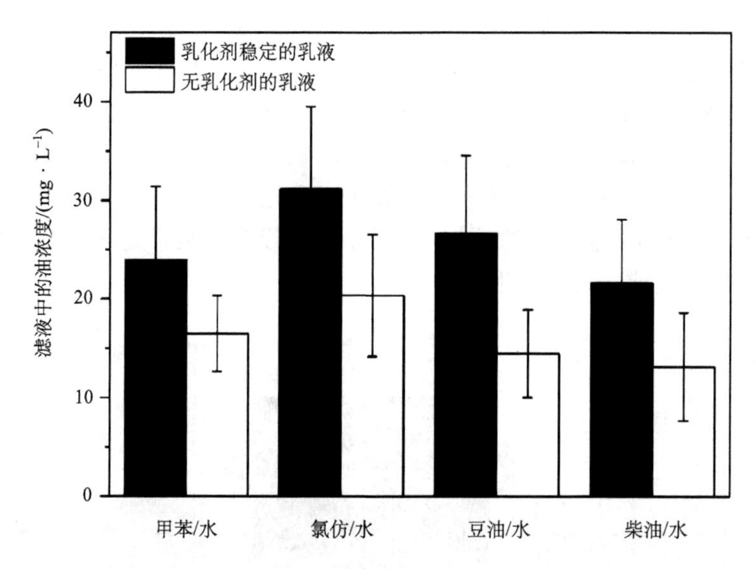

图 2-125　不同水包油型乳液经尼龙/超亲水碳粉夹层膜过滤后滤液中的油含量

通过衰减全反射傅里叶变换红外分析来测定乳化剂稳定的甲苯/水乳液经尼龙/超亲水碳粉夹层膜过滤前后的红外谱图。为便于对谱图进行分析，我们首先测定了甲苯的红外光谱，如图 2-126 所示。图中 $3026cm^{-1}$ 处的吸收峰归属于芳香环骨架上 C—H 的伸缩振动；$2920cm^{-1}$ 和 $2873cm^{-1}$ 处的吸收峰归属于甲基 C—H 的伸缩振动；$1604cm^{-1}$ 和 $1495cm^{-1}$ 处的吸收峰归属于芳环骨架的伸缩振动（环呼吸振动）；$1457cm^{-1}$ 和 $1379cm^{-1}$ 处的吸收峰归属于甲基中 C—H 的弯曲振动；$726cm^{-1}$ 和 $692cm^{-1}$ 处的吸收峰归属于一取代苯环上 C—H 的面外弯曲振动。通过进一步将甲苯、甲苯/水乳液以及滤液的红外谱图进行对比，我们可以定性分析膜对乳液的分离效果。

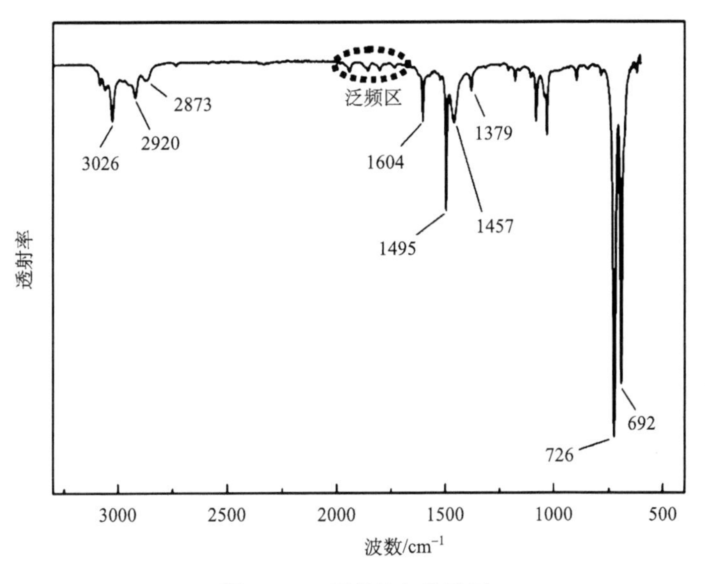

图 2-126　甲苯的红外谱图

图 2-127 对比了甲苯、甲苯/水乳液以及滤液的红外谱图，对比的波数范围应包含甲苯的特有吸收峰，主要是芳香环呼吸振动峰和一取代苯的 C—H 面外弯曲振动峰。从图中可以看出，甲苯/水乳液中含有芳香环呼吸振动峰和一取代苯的 C—H 面外弯曲振动峰，但其峰强度较纯甲苯谱图中的峰强度明显减弱，并且由于水的存在，甲苯 $1604cm^{-1}$ 处的吸收峰在甲苯/水乳液中基本完全被水掩盖[图 2-127(a)]。在滤液的谱图中，均未发现甲苯的特有吸收峰，从而从侧面证明尼龙/超亲水碳粉夹层膜对甲苯/水乳液的分离效果良好。但应当指出的是，由于水的大量存在，油或有机溶剂自身的特征吸收峰会极大地被水掩盖，尤其当油含量较低时，红外谱图可能无法准确反映滤液中是否含有油分，因此用红外谱图来检测膜的过滤效果的灵敏度较低。

我们进一步对膜通量进行了测定，结果如图 2-128 所示。本节中所有的膜通量均是在操作压力为–0.09MPa(真空度)的条件下测量获得的，以后不另作特别强调。所测试的乳液为乳化剂稳定和无乳化剂的甲苯/水、氯仿/水、豆油/水和柴油/水八种水包油型乳液，这几种乳液的膜通量均低于 $250L \cdot m^{-2} \cdot h^{-1}$，显示出较低的膜通量。对于同种油质配成的两种乳液来说，无乳化剂乳液的膜通量总是高于乳化剂稳定的乳液的膜通量，可能原因如下：在膜过滤的过程中，水中分散的微小油滴在经过比其更小的膜孔道时会被阻拦于孔道外，这些被阻拦的油滴粒子会堵住部分膜孔道，从而使膜通量下降；另外，这些被阻拦的微小油滴粒子之间也会发生聚并，从而形成尺寸更大的油滴，对于密度比水小的油来说，当油滴足够大时，就会在浮力的作用下漂浮上升，从而重新打开被堵塞的膜孔道，在膜分

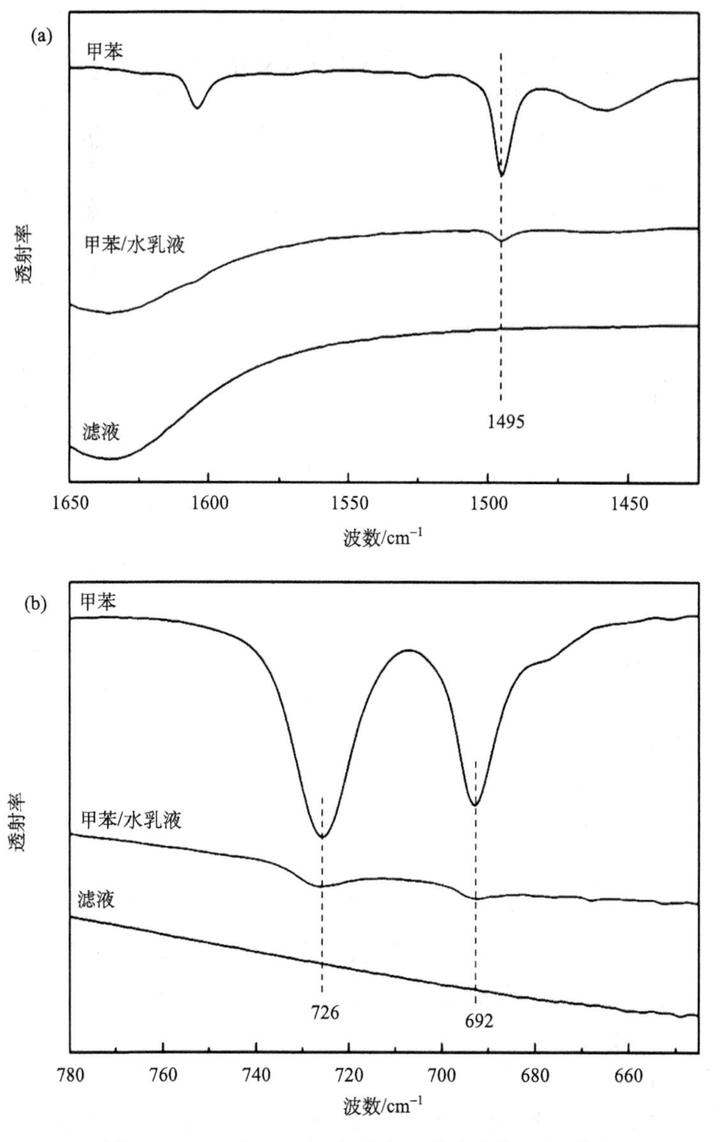

图 2-127　甲苯、甲苯/水乳液及其滤液的红外谱图

离过程中油滴堵塞、聚并、上升的过程是反复发生的。一般来说，油滴堵塞的程度要高于油滴聚并和上升的程度，因而实时膜通量是会随着时间的推移而不断下降的。对于乳化剂稳定的乳液，其油滴粒子尺寸更小且更稳定，在过滤过程中这些稳定的油滴更难以聚并，从而使堵塞更严重，因而膜通量相比无乳化剂乳液会更低。应当指出以上只是一种可能的膜通量下降解释，实际发生的过程要更加复杂，可能包含多种过程，目前学术界对此尚未有严格解释。豆油/水乳液的通量要

低于甲苯/水乳液和柴油/水乳液，可能原因是豆油的黏度较高，乳液中油滴聚并后上升的速度较慢，导致油滴在孔道口处停留的时间更长，从而使膜通量降低。但是，豆油/水乳液的膜通量没有很明显的下降，说明油黏度对于通量的影响并不大。氯仿/水乳液的膜通量最低，低于 100L · m^{-2} · h^{-1}，主要是由于氯仿密度大于水引起的。在氯仿/水乳液过滤的过程中，聚并的氯仿液滴无法漂浮上升，只能停留于膜表面，这些聚并的氯仿液滴会严重堵塞膜孔道，从而阻止水的通过，且随着时间延长堵塞会越来越严重，导致膜通量急剧下降。虽然尼龙/超亲水碳粉夹层膜的通量较低，但考虑到其可以分离纳米尺度的乳液(乳化剂稳定的氯仿/水乳液的油滴粒径可达 4~110nm[36])及简单的制备工艺，故仍然有望在小批量的乳液分离过程中得到应用。

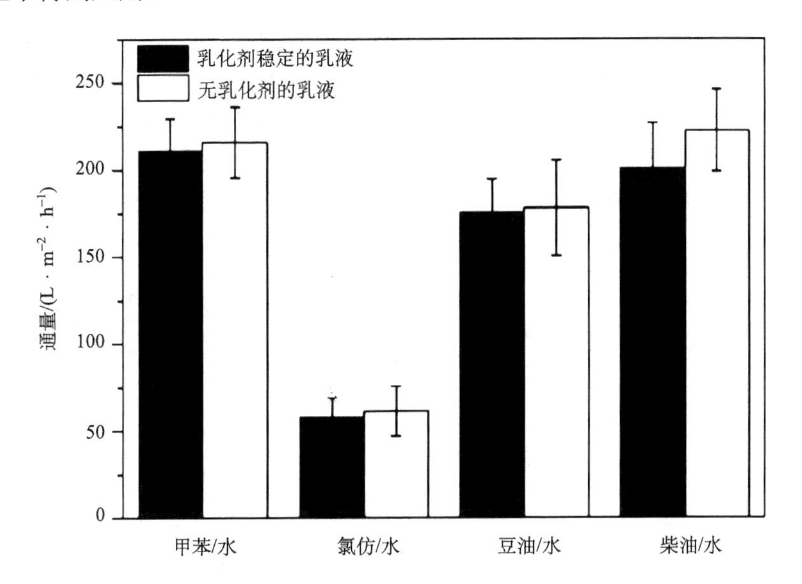

图 2-128　尼龙/超亲水碳粉夹层膜对不同水包油型乳液的膜通量(操作压力：–0.09MPa)

2.4.4.3　超亲水/水下超疏油尼龙/滤纸复合膜的制备

1) 实验方法

配制 15%(质量分数)尼龙 6 的甲酸溶液，随后将一片定性滤纸(直径 7cm，滤速：中速)浸泡于该溶液中，并置于真空干燥箱中在–0.06MPa 的真空度下常温保持 10min，随后取出溶液，将滤纸以 2mm · s^{-1} 的速度从甲酸溶液中垂直提拉抽出，并迅速转移至四氢呋喃中，应注意滤纸要垂直放入四氢呋喃中。10min 后，将滤纸从四氢呋喃中取出，并转移至大量的纯水中浸泡。在浸泡 48h 后，将滤纸取出，并于空气中完全干燥，即得到超亲水/水下超疏油尼龙/滤纸复合膜。

2) 结果与讨论

a. 超亲水/水下超疏油尼龙/滤纸复合膜的表面形貌

原始滤纸表面由大量植物纤维堆叠交错而成[图 2-129(a)]，并且植物纤维表面也具有一定的粗糙纹理[图 2-129(d)]。滤纸与尼龙进行复合成膜后，滤纸表面的形貌完全被尼龙膜所覆盖，如图 2-129(b)所示，尼龙膜表面形貌为连续发达的孔结构，且分布均匀。经过放大[图 2-129(e)]，我们可观察到膜表面主要由几微米的大孔和纳米级别的小孔构成，这些孔无固定形状，且相互交错分布于膜表层，而尼龙纤维表面则具有大量的褶皱和细丝纤维，拥有较高的粗糙度。我们进一步观察了复合膜的断面[图 2-129(c)]，发现膜断层的中间区域(红色双箭头指示区域)十分致密，没有连续的孔道。这一层主要是滤纸和尼龙紧密结合的区域，由于滤纸纤维尺寸较大，且在相转化过程中滤纸层处于膜正中间的位置，其吸附的尼龙溶液与非溶剂交换的速率要明显低于表层溶液与非溶剂进行交换的速率，因而膜的断面呈现出这种致密的结构。而在滤纸层的外侧，则是由离滤纸较远的表层铸膜液所形成的连续孔道结构[图 2-129(c)中虚线外侧]，其结构十分疏松，孔隙发达[图 2-129(f)]。因而超亲水/水下超疏油尼龙/滤纸复合膜是由表层的疏松结构和内层的致密结构共同构成。

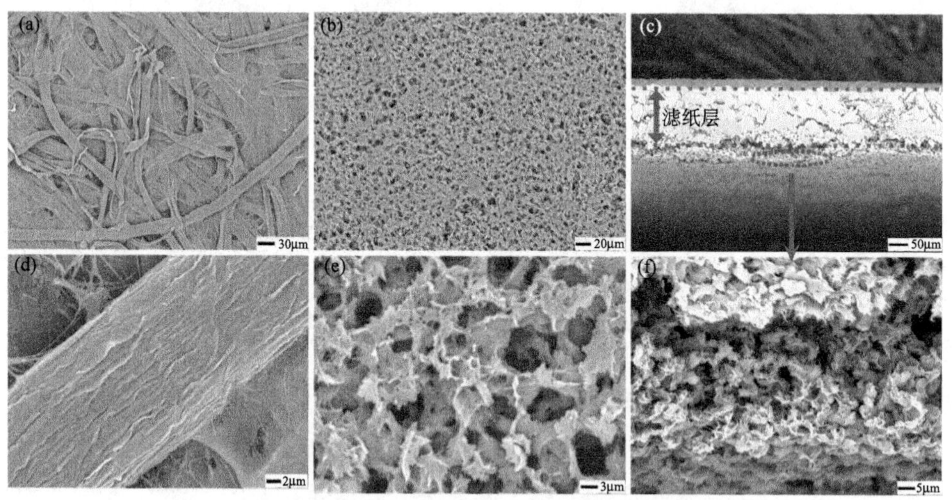

图 2-129　SEM 图像：(a)，(d)定性滤纸；(b)，(e)超亲水/水下超疏油尼龙/滤纸复合膜表面；(c)，(f)超亲水/水下超疏油尼龙/滤纸复合膜横断面

b. 超亲水/水下超疏油滤纸复合膜的润湿性研究

所制备的尼龙/滤纸复合膜在尼龙本身的强亲水性和表面粗糙结构的作用下，对水呈现出完全润湿态，接触角为 0°[图 2-130(a)]。当尼龙/滤纸复合膜被置于水下时，其对油的接触角达到 156°，证明尼龙/滤纸复合膜具有水下超疏油的性质[图 2-130(b)]。

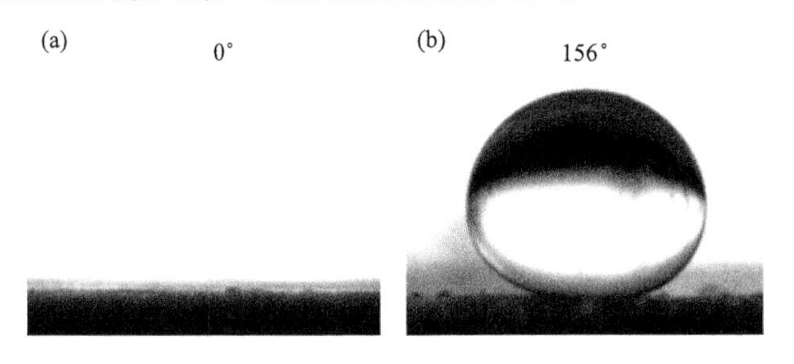

图 2-130　(a)超亲水/水下超疏油尼龙/滤纸复合膜在空气中对水的接触角；(b)超亲水/水下超疏油尼龙/滤纸复合膜的水下油接触角

c. 超亲水/水下超疏油尼龙/滤纸复合膜乳液分离能力的研究

超亲水/水下超疏油尼龙/滤纸复合膜主要用于分离水包油型乳液，乳化剂稳定及无乳化剂的豆油/水乳液和滤液通过光学显微镜进行观察，显微镜照片如图 2-131 所示。对于乳化剂稳定的乳液，其原乳液中油滴的大小不等，随机分布在乳液中；对于无乳化剂的乳液，其原乳液中油滴的尺寸更加均匀，分布更加致密，且油滴尺寸远小于乳化剂稳定的乳液中的油滴尺寸(需放大照片进行观察)。这种反常现象主要是由于豆油的黏度较大引起的：由于豆油的黏度较高，在超声过程中被均匀打散的油滴粒子在乳液中更加稳定，不易聚并(反乳化)，显示出高度分散的特性。这种特性是低黏度油类和有机溶剂不具有的。两种乳液经过超亲水/水下超疏油尼龙/滤纸复合膜过滤后，滤液中均没有肉眼可见的油滴，说明原始乳液中的油滴经膜过滤后已被除去。

图 2-131　超亲水/水下超疏油尼龙/滤纸复合膜对水包豆油乳液的分离效果

总有机碳分析仪对各种水包油型乳液滤液中油含量的测定结果如图 2-132 所示。由图可知，所有滤液中油的含量均低于 60mg · L^{-1}，证明超亲水/水下超疏油尼龙/滤纸复合膜具有很好的分离效率。

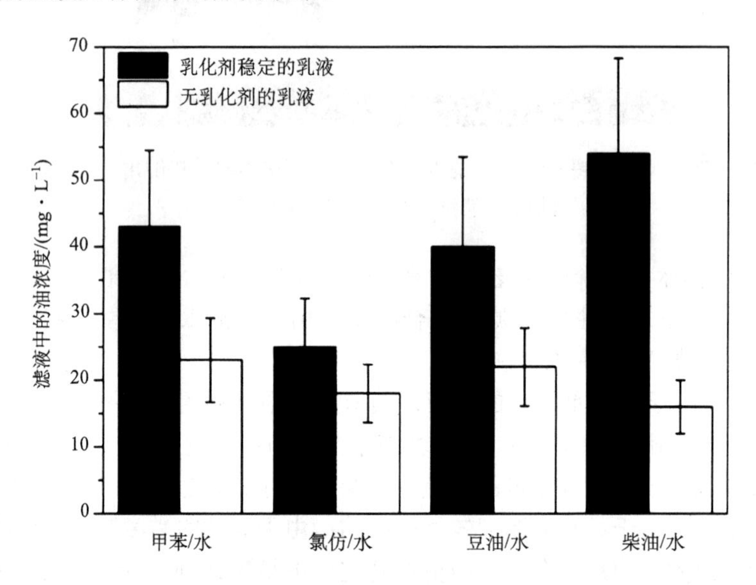

图 2-132 不同水包油型乳液经超亲水/水下超疏油尼龙/滤纸复合膜过滤后滤液中的油含量

在 2.4.4.2 节中我们使用了总有机碳分析和衰减全反射傅里叶变换红外分析来分别检测滤液中的含油量及滤液中是否含有可检测到的油质。然而通过分析我们发现红外测试的结果并不理想，因而我们采用紫外-可见吸收光谱来代替红外吸收光谱。通过紫外-可见吸收光谱分析来测定无乳化剂和乳化剂稳定的甲苯/水乳液经超亲水/水下超疏油尼龙/滤纸复合膜过滤前后的紫外光谱图。其中原乳液和滤液分别稀释 500 倍和 50 倍后进行测试，测试结果如图 2-133。从图中可知，两种乳液即使经过 500 倍的稀释后仍能检测出其中的甲苯吸收峰，表明紫外吸收光谱对于水中油质的检测具有极高的灵敏度，相对于红外光谱更适合水中油质的检测。在两种乳液的滤液中甲苯的吸收峰均消失，证明超亲水/水下超疏油尼龙/滤纸复合膜对甲苯/水乳液具有优异的分离效果。

我们进一步对膜通量进行了测定，结果如图 2-134 所示。这几种乳液的膜通量均低于 400L · m^{-2} · h^{-1}，只稍高于之前制备的夹层膜的通量，数值依然较低。造成通量较低的主要原因是由于超亲水/水下超疏油尼龙/滤纸复合膜中滤纸层的有效孔不够发达所致。在超亲水/水下超疏油尼龙/滤纸复合膜的制备过程中，滤纸层中滤纸纤维和尼龙进行了紧密的复合，从而使滤纸纤维表面的孔隙被尼龙堵住，即使在经过相转化过程后，尼龙与纤维的结合程度依然紧密，导致纤维表面

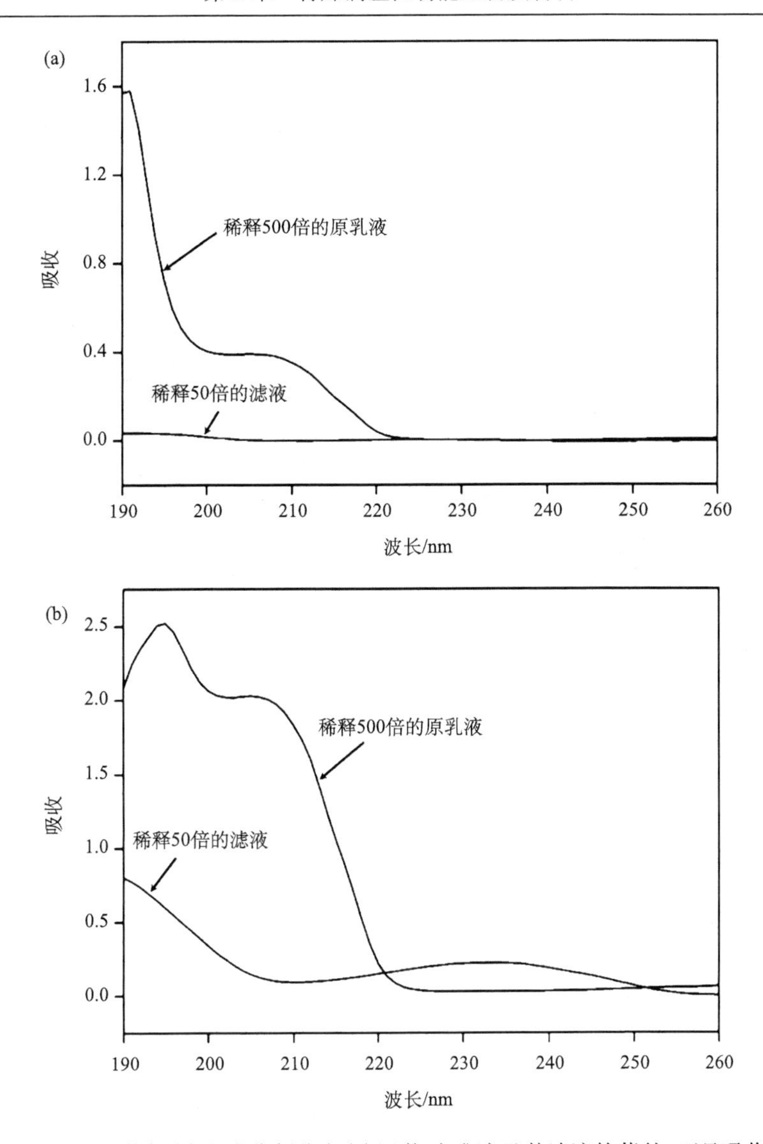

图 2-133 无乳化剂(a)和乳化剂稳定(b)甲苯/水乳液及其滤液的紫外-可见吸收光谱

孔隙被打开的程度依然有限，从而导致了较低的膜通量。但是我们早期的研究发现单纯的尼龙 6 相转化膜的过滤能力有限，无法分离包含几纳米尺寸油滴的乳液(此部分研究内容未写入本书)，而当尼龙与滤纸复合时，复合膜对于纳米乳液也能很好的分离，这可能是由于在滤纸层中，滤纸纤维表面的孔隙虽然被尼龙堵住，但并未完全堵死。剩余的孔道(尼龙在滤纸纤维表面孔隙中形成的孔隙，或者是尼龙未完全盖住滤纸纤维而在尼龙和纤维之间形成了空隙)虽然不够发达，但其孔径极低，这些更加微小的孔道的存在被认为是超亲水/水下超疏油尼龙/滤纸复合膜具有高分离效率的主要原因。

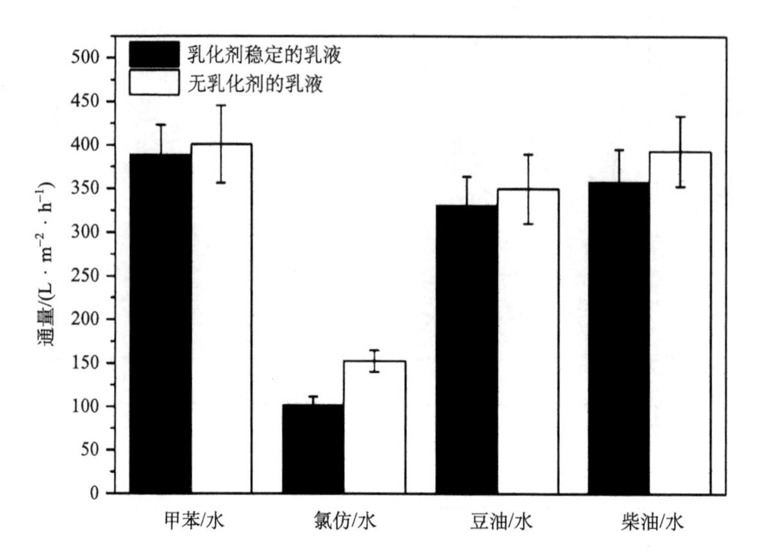

图 2-134　超亲水/水下超疏油尼龙/滤纸复合膜对不同水包油型乳液的膜通量(操作压力：–0.09 MPa)

参 考 文 献

[1] Hu D L, Chan B, Bush J W M. The hydrodynamics of water strider locomotion. Nature, 2003, 424(6949): 663-666.

[2] Gao X, Jiang L. Biophysics: Water-repellent legs of water striders. Nature, 2004, 432(7013): 36.

[3] Boinovich L B, Emelyanenko A M. Hydrophobic materials and coatings: Principles of design, properties and applications. Russian Chemical Reviews, 2008, 77(7): 583-600.

[4] Parkin I P, Palgrave R G. Self-cleaning coatings. Journal of Materials Chemistry, 2005, 15(17): 1689-1695.

[5] Crick C R, Parkin I P. A single step route to superhydrophobic surfaces through aerosol assisted deposition of rough polymer surfaces: Duplicating the lotus effect. Journal of Materials Chemistry, 2009, 19(8): 1074-1076.

[6] Guo F, Su X, Hou G, et al. Bioinspired fabrication of stable and robust superhydrophobic steel surface with hierarchical flowerlike structure. Colloids and Surfaces A: Physicochemical and Engineering Aspects, 2012, 401: 61-67.

[7] 周艳艳,于志家. 铝基超疏水表面抗结霜特性研究. 高校化学工程学报,2012,(6): 929-933.

[8] 冯杰,卢津强,秦兆倩. 超疏水表面抗结冰性能研究进展. 材料研究学, 2012,(4): 337-343.

[9] Zheng N, Liu K, Li X, et al. Preparation of super-hydrophobic nano-silica aqueous dispersion and study of its application for water resistance reduction at low-permeability reservoir. Micro & Nano Letters, 2012, 7(6): 526-528.

[10] Cui Y, Paxson A T, Smyth K M, et al. Hierarchical polymeric textures via solvent-induced phase transformation: A single-step production of large-area superhydrophobic surfaces. Colloids and Surfaces A: Physicochemical and Engineering Aspects, 2012, 394: 8-13.

[11] Xu X, Zhang Z Z, Yang J. Study on the superhydrophobic poly (methyl methacrylate) /silver thiolate composite coating with absorption of UVA light. Colloids and Surfaces A: Physicochemical and Engineering Aspects, 2010, 355 (1): 163-166.

[12] Adamson A W, Gast A P. Physical Chemistry of Surfaces. New York: John Wiley & Sons, Inc., 1997.

[13] 傅献彩,沈文霞,姚天扬. 物理化学. 北京: 高等教育出版社, 1990.

[14] Young T. An essay on the cohesion of fluids. Philosophical Transactions of the Royal Society of London, 1805, 95: 65-87.

[15] Wenzel R N. Resistance of solid surfaces to wetting by water. Industrial & Engineering Chemistry, 1936, 28 (8): 988-994.

[16] Cassie A B D, Baxter S. Wettability of porous surfaces. Transactions of the Faraday Society, 1944, 40: 546-551.

[17] Furmidge C G L. Studies at phase interfaces. Ⅰ. The sliding of liquid drops on solid surfaces and a theory for spray retention. Journal of Colloid Science, 1962, 17 (4): 309-324.

[18] Richard D, Quéré D. Viscous drops rolling on a tilted non-wettable solid. Europhysics Letters, 1999, 48 (3): 286.

[19] Järn M, Granqvist B, Lindfors J, et al. A critical evaluation of the binary and ternary solid-oil-water and solid-water-oil interaction. Advances in Colloid and Interface Science, 2006, 123: 137-149.

[20] Liu M, Zheng Y, Zhai J, et al. Bioinspired super-antiwetting interfaces with special liquid-solid adhesion. Accounts of Chemical Research, 2009, 43 (3): 368-377.

[21] Liu M, Wang S, Wei Z, et al. Bioinspired design of a superoleophobic and low adhesive water/solid interface. Advanced Materials, 2009, 21 (6): 665-669.

[22] Onda T, Shibuichi S, Satoh N, et al. Super-water-repellent fractal surfaces. Langmuir, 1996, 12 (9): 2125-2127.

[23] Shibuichi S, Onda T, Satoh N, et al. Super water-repellent surfaces resulting from fractal structure. The Journal of Physical Chemistry, 1996, 100 (50): 19512-19517.

[24] Feng L, Zhang Z, Mai Z, et al. A super-hydrophobic and super-oleophilic coating mesh film for the separation of oil and water. Angewandte Chemie International Edition, 2004, 43 (15): 2012-2014.

[25] Ruan C, Ai K, Li X, et al. A superhydrophobic sponge with excellent absorbency and flame retardancy. Angewandte Chemie International Edition, 2014, 53 (22): 5556-5560.

[26] Tuteja A, Choi W, Ma M, et al. Designing superoleophobic surfaces. Science, 2007, 318 (5856): 1618-1622.

[27] Tuteja A, Choi W, Mabry J M, et al. Robust omniphobic surfaces. Proceedings of the National Academy of Sciences, 2008, 105 (47): 18200-18205.

[28] Choi W, Tuteja A, Chhatre S, et al. Fabrics with tunable oleophobicity. Advanced Materials, 2009, 21(21): 2190-2195.

[29] Tuteja A, Choi W, McKinley G H, et al. Design parameters for superhydrophobicity and superoleophobicity. MRS Bulletin, 2008, 33(08): 752-758.

[30] Joly L, Biben T. Wetting and friction on superoleophobic surfaces. Soft Matter, 2009, 5(13): 2549-2557.

[31] Srinivasan S, Chhatre S S, Mabry J M, et al. Solution spraying of poly(methyl methacrylate) blends to fabricate microtextured, superoleophobic surfaces. Polymer, 2011, 52(14): 3209-3218.

[32] Yang J, Zhang Z, Men X, et al. A simple approach to fabricate superoleophobic coatings. New Journal of Chemistry, 2011, 35(3): 576-580.

[33] Liu T, Kim C J. Turning a surface superrepellent even to completely wetting liquids. Science, 2014, 346(6213): 1096.

[34] Kota A K, Kwon G, Choi W, et al. Hygro-responsive membranes for effective oil-water separation. Nature Communications, 2012, 3: 1025.

[35] Xue Z, Wang S, Lin L, et al. A novel superhydrophilic and underwater superoleophobic hydrogel-coated mesh for oil/water separation. Advanced Materials, 2011, 23(37): 4270-4273.

[36] Tao M, Xue L, Liu F, et al. An intelligent superwetting PVDF membrane showing switchable transport performance for oil/water separation. Advanced Materials, 2014, 26(18): 2943-2948.

[37] Tian X, Jokinen V, Li J, et al. Unusual dual superlyophobic surfaces in oil-water systems: The design principles. Advanced Materials, 2016, 28(48): 10652-10658.

[38] Li J, Li D, Yang Y, et al. A prewetting induced underwater superoleophobic or underoil (super) hydrophobic waste potato residue-coated mesh for selective efficient oil/water separation. Green Chemistry, 2016, 18(2): 541-549.

[39] Dong C, Gu Y, Zhong M, et al. Fabrication of superhydrophobic Cu surfaces with tunable regular micro and random nano-scale structures by hybrid laser texture and chemical etching. Journal of Materials Processing Technology, 2011, 211(7): 1234-1240.

[40] Shiu J Y, Kuo C W, Chen P. Fabrication of tunable superhydrophobic surfaces. Proceedings of SPIE-The International Society for Optical Engineering, 2005, 5648: 325-332.

[41] Pan L, Dong H, Bi P. Facile preparation of superhydrophobic copper surface by HNO_3 etching technique with the assistance of CTAB and ultrasonication. Applied Surface Science, 2010, 257(5): 1707-1711.

[42] Gao J, Li Y, Li Y, et al. Fabrication of superhydrophobic surface of stearic acid grafted zinc by using an aqueous plasma etching technique. Central European Journal of Chemistry, 2012, 10(6): 1766-1772.

[43] Zhang X, Zhang J, Ren Z, et al. Morphology and wettability control of silicon cone arrays using colloidal lithography. Langmuir, 2009, 25(13): 7375-7382.

[44] Shang H M, Wang Y, Limmer S J, et al. Optically transparent superhydrophobic silica-based films. Thin Solid Films, 2005, 472(1): 37-43.

[45] Wu X, Zheng L, Wu D. Fabrication of superhydrophobic surfaces from microstructured ZnO-based surfaces via a wet-chemical route. Langmuir, 2005, 21(7): 2665-2667.

[46] Xue C H, Jia S T, Zhang J, et al. Large-area fabrication of superhydrophobic surfaces for practical applications: An overview. Science and Technology of Advanced Materials, 2010, 11(3): 033002.

[47] Xiu Y, Hess D W, Wong C P. UV and thermally stable superhydrophobic coatings from sol-gel processing. Journal of Colloid and Interface Science, 2008, 326(2): 465-470.

[48] Sun M, Luo C, Xu L, et al. Artificial lotus leaf by nanocasting. Langmuir, 2005, 21(19): 8978-8981.

[49] Amigoni S, Taffin de Givenchy E, Dufay M, et al. Covalent layer-by-layer assembled superhydrophobic organic-inorganic hybrid films. Langmuir, 2009, 25(18): 11073-11077.

[50] Chunder A, Etcheverry K, Londe G, et al. Conformal switchable superhydrophobic/hydrophilic surfaces for microscale flow control. Colloids and Surfaces A: Physicochemical and Engineering Aspects, 2009, 333(1): 187-193.

[51] Genzer J, Efimenko K. Creating long-lived superhydrophobic polymer surfaces through mechanically assembled monolayers. Science, 2000, 290(5499): 2130-2133.

[52] Borras A, Barranco A, González-Elipe A R. Reversible superhydrophobic to superhydrophilic conversion of Ag@TiO_2 composite nanofiber surfaces. Langmuir, 2008, 24(15): 8021-8026.

[53] Hosono E, Fujihara S, Honma I, et al. Superhydrophobic perpendicular nanopin film by the bottom-up process. Journal of the American Chemical Society, 2005, 127(39): 13458-13459.

[54] Jung Y C, Bhushan B. Mechanically durable carbon nanotube-composite hierarchical structures with superhydrophobicity, self-cleaning, and low-drag. ACS Nano, 2009, 3(12): 4155-4163.

[55] Ji J, Fu J, Shen J. Fabrication of a superhydrophobic surface from the amplified exponential growth of a multilayer. Advanced Materials, 2006, 18(11): 1441-1444.

[56] Jiang L, Zhao Y, Zhai J. A lotus - leaf - like superhydrophobic surface: A porous microsphere/nanofiber composite film prepared by electrohydrodynamics. Angewandte Chemie, 2004, 116(33): 4438-4441.

[57] Fresnais J, Chapel J P, Poncin-Epaillard F. Synthesis of transparent superhydrophobic polyethylene surfaces. Surface and Coatings Technology, 2006, 200(18): 5296-5305.

[58] Lu X, Zhang C, Han Y. Low-density polyethylene superhydrophobic surface by control of its crystallization behavior. Macromolecular Rapid Communications, 2004, 25(18): 1606-1610.

[59] Wang S, Feng L, Jiang L. One-step solution-immersion process for the fabrication of stable bionic superhydrophobic surfaces. Advanced Materials, 2006, 18(6): 767-770.

[60] Yuan Z, Chen H, Tang J, et al. Facile method to fabricate stable superhydrophobic polystyrene surface by adding ethanol. Surface and Coatings Technology, 2007, 201(16): 7138-7142.

[61] Wang L, Yang S, Wang J, et al. Fabrication of superhydrophobic TPU film for oil-water separation based on electrospinning route. Materials Letters, 2011, 65(5): 869-872.

[62] Nguyen T T H, Li S, Li J, et al. Micro-distribution and fixation of a rosin-based micronized-copper preservative in poplar wood. International Biodeterioration & Biodegradation, 2013, 83:

63-70.

[63] Pattanotai T, Watanabe H, Okazaki K. Gasification characteristic of large wood chars with anisotropic structure. Fuel, 2014, 117: 331-339.

[64] Wang S, Wang C, Liu C, et al. Fabrication of superhydrophobic spherical-like α-FeOOH films on the wood surface by a hydrothermal method. Colloids and Surfaces A: Physicochemical and Engineering Aspects, 2012, 403: 29-34.

[65] Chakradhar R P S, Kumar V D, Rao J L, et al. Fabrication of superhydrophobic surfaces based on ZnO-PDMS nanocomposite coatings and study of its wetting behaviour. Applied Surface Science, 2011, 257(20): 8569-8575.

[66] Ciou C Y, Li S Y, Wu T M. Morphology and degradation behavior of poly(3-hydroxybutyrate-co-3-hydroxyvalerate)/layered double hydroxides composites. European Polymer Journal, 2014, 59: 136-143.

[67] Akbarinezhad E, Ebrahimi M, Sharif F, et al. Evaluating protection performance of zinc rich epoxy paints modified with polyaniline and polyaniline-clay nanocomposite. Progress in Organic Coatings, 2014, 77(8): 1299-1308.

[68] Wang Y, Li B, Xu C. Fabrication of superhydrophobic surface of hierarchical ZnO thin films by using stearic acid. Superlattices and Microstructures, 2012, 51(1): 128-134.

[69] Wang H, Xue Y, Ding J, et al. Durable, self-healing superhydrophobic and superoleophobic surfaces from fluorinated-decyl polyhedral oligomeric silsesquioxane and hydrolyzed fluorinated alkyl silane. Angewandte Chemie International Edition, 2011, 50(48): 11433-11436.

[70] Fu L H, Ma M G, Bian J, et al. Research on the formation mechanism of composites from lignocelluloses and $CaCO_3$. Materials Science and Engineering: C, 2014, 44: 216-224.

[71] Li B, Li S M, Liu J H, et al. The heat resistance of a polyurethane coating filled with modified nano-$CaCO_3$. Applied Surface Science, 2014, 315: 241-246.

[72] Stöber W, Fink A, Bohn E. Controlled growth of monodisperse silica spheres in the micron size range. Journal of Colloid and Interface Science, 1968, 26(1): 62-69.

[73] Wang J, Chen X, Kang Y, et al. Preparation of superhydrophobic poly(methyl methacrylate)-silicon dioxide nanocomposite films. Applied Surface Science, 2010, 257(5): 1473-1477.

[74] Peng Z, Kong L X, Li S D. Dynamic mechanical analysis of polyvinylalcohol/silica nanocomposite. Synthetic Metals, 2005, 152(1-3): 25-28.

[75] Singh V, Singh D. Polyvinyl alcohol-silica nanohybrids: An efficient carrier matrix for amylase immobilization. Process Biochemistry, 2013, 48(1): 96-102.

[76] Yang C C, Li Y J, Liou T H. Preparation of novel poly(vinyl alcohol)/SiO_2 nanocomposite membranes by a sol-gel process and their application on alkaline DMFCs. Desalination, 2011, 276(1): 366-372.

[77] Wang S, Liu C, Liu G, et al. Fabrication of superhydrophobic wood surface by a sol-gel process. Applied Surface Science, 2011, 258(2): 806-810.

[78] Wang S, Shi J, Liu C, et al. Fabrication of a superhydrophobic surface on a wood substrate. Applied Surface Science, 2011, 257(22): 9362-9365.

[79] 高琴文,刘玉勇,朱泉,等. 棉织物无氟超疏水整理. 纺织学报, 2009, 30(5): 78-81.

[80] Zhang M, Wang S, Wang C, et al. A facile method to fabricate superhydrophobic cotton fabrics. Applied Surface Science, 2012, 261: 561-566.

[81] 陈钰,徐建生,郭志光. 仿生超疏水性表面的最新应用研究. 化学进展, 2012, 24(05): 696-708.

[82] Darmanin T, Guittard F. Recent advances in the potential applications of bioinspired superhydrophobic materials. Journal of Materials Chemistry A, 2014, 2(39): 16319-16359.

[83] Guo P, Zhai S, Xiao Z, et al. One-step fabrication of highly stable, superhydrophobic composites from controllable and low-cost PMHS/TEOS sols for efficient oil cleanup. Journal of Colloid and Interface Science, 2015, 446: 155-162.

[84] Hegde N D, Rao A V. Organic modification of TEOS based silica aerogels using hexadecyltrimethoxysilane as a hydrophobic reagent. Applied Surface Science, 2006, 253(3): 1566-1572.

[85] Latthe S S, Imai H, Ganesan V, et al. Superhydrophobic silica films by sol-gel co-precursor method. Applied Surface Science, 2009, 256(1): 217-222.

[86] Bae G Y, Min B G, Jeong Y G, et al. Superhydrophobicity of cotton fabrics treated with silica nanoparticles and water-repellent agent. Journal of Colloid and Interface Science, 2009, 337(1): 170-175.

[87] Hsieh C T, Chen W Y, Wu F L, et al. Superhydrophobicity of a three-tier roughened texture of microscale carbon fabrics decorated with silica spheres and carbon nanotubes. Diamond and Related Materials, 2010, 19(1): 26-30.

[88] Zhou X, Zhang Z, Xu X, et al. Facile fabrication of superhydrophobic sponge with selective absorption and collection of oil from water. Industrial & Engineering Chemistry Research, 2013, 52(27): 9411-9416.

[89] Wang Q, Zhang B, Qu M, et al. Fabrication of superhydrophobic surfaces on engineering material surfaces with stearic acid. Applied Surface Science, 2008, 254(7): 2009-2012.

[90] Arbatan T, Fang X, Shen W. Superhydrophobic and oleophilic calcium carbonate powder as a selective oil sorbent with potential use in oil spill clean-ups. Chemical Engineering Journal, 2011, 166(2): 787-791.

[91] Zhu Q, Pan Q, Liu F. Facile removal and collection of oils from water surfaces through superhydrophobic and superoleophilic sponges. The Journal of Physical Chemistry C, 2011, 115(35): 17464-17470.

[92] Liu S, Zhou J, Zhang L. In situ synthesis of plate-like Fe_2O_3 nanoparticles in porous cellulose films with obvious magnetic anisotropy. Cellulose, 2011, 18(3): 663-673.

[93] Wang K, Song Y, Yan R, et al. High capacitive performance of hollow activated carbon fibers derived from willow catkins. Applied Surface Science, 2017, 394: 569-577.

[94] Yamashita T, Hayes P. Analysis of XPS spectra of Fe^{2+} and Fe^{3+} ions in oxide materials. Applied Surface Science, 2008, 254(8): 2441-2449.

[95] Li J, Lu Y, Yang D, et al. Lignocellulose aerogel from wood-ionic liquid solution(1-allyl-3-

methylimidazolium chloride) under freezing and thawing conditions. Biomacromolecules, 2011, 12(5): 1860-1867.

[96] Mahajan M, Singla G, Singh K, et al. Synthesis of grape-like carbon nanospheres and their application as photocatalyst and electrocatalyst. Journal of Solid State Chemistry, 2015, 232: 108-117.

[97] Aswal D K, Lenfant S, Guerin D, et al. Self assembled monolayers on silicon for molecular electronics. Analytica Chimica Acta, 2006, 568(1): 84-108.

[98] Li S, Zhang S, Wang X. Fabrication of superhydrophobic cellulose-based materials through a solution-immersion process. Langmuir, 2008, 24(10): 5585-5590.

[99] Vince J, Orel B, Vilčnik A, et al. Structural and water-repellent properties of a urea/poly (dimethylsiloxane) sol-gel hybrid and its bonding to cotton fabric. Langmuir, 2006, 22(15): 6489-6497.

[100] Schmutz A, Jenny T, Ryser U. A caffeoyl-fatty acid-glycerol ester from wax associated with green cotton fibre suberin. Phytochemistry, 1994, 36(6): 1343-1346.

[101] Wang J, Zheng Y, Wang A. Superhydrophobic kapok fiber oil-absorbent: Preparation and high oil absorbency. Chemical Engineering Journal, 2012, 213: 1-7.

[102] Lim T T, Huang X. Evaluation of kapok (*Ceiba pentandra* (L.) Gaertn.) as a natural hollow hydrophobic-oleophilic fibrous sorbent for oil spill cleanup. Chemosphere, 2007, 66(5): 955-963.

[103] Nguyen D D, Tai N H, Lee S B, et al. Superhydrophobic and superoleophilic properties of graphene-based sponges fabricated using a facile dip coating method. Energy & Environmental Science, 2012, 5(7): 7908-7912.

[104] Hsieh C T, Wu F L, Chen W Y. Superhydrophobicity and superoleophobicity from hierarchical silica sphere stacking layers. Materials Chemistry and Physics, 2010, 121(1): 14-21.

[105] Vinogradova E, Estrada M, Moreno A. Colloidal aggregation phenomena: Spatial structuring of TEOS-derived silica aerogels. Journal of Colloid and Interface Science, 2006, 298(1): 209-212.

[106] Wang C, Piao C, Lucas C. Synthesis and characterization of superhydrophobic wood surfaces. Journal of Applied Polymer Science, 2011, 119(3): 1667-1672.

[107] Zhang M, Wang C, Wang S, et al. Fabrication of coral-like superhydrophobic coating on filter paper for water-oil separation. Applied Surface Science, 2012, 261: 764-769.

[108] Choi S J, Kwon T H, Im H, et al. A polydimethylsiloxane (PDMS) sponge for the selective absorption of oil from water. ACS Applied Materials & Interfaces, 2011, 3(12): 4552-4556.

[109] Gierlinger N, Goswami L, Schmidt M, et al. In situ FT-IR microscopic study on enzymatic treatment of poplar wood cross-sections. Biomacromolecules, 2008, 9(8): 2194-2201.

[110] Leon C A L, Solar J M, Calemma V, et al. Evidence for the protonation of basal plane sites on carbon. Carbon, 1992, 30(5): 797-811.

[111] Pereira M F R, Soares S F, Órfão J J M, et al. Adsorption of dyes on activated carbons: Influence of surface chemical groups. Carbon, 2003, 41(4): 811-821.

[112] Boehm H P. Some aspects of the surface chemistry of carbon blacks and other carbons. Carbon, 1994, 32(5): 759-769.

[113] Menéndez J A, Xia B, Phillips J, et al. On the modification and characterization of chemical surface properties of activated carbon: Microcalorimetric, electrochemical, and thermal desorption probes. Langmuir, 1997, 13(13): 3414-3421.

[114] Lahaye J. The chemistry of carbon surfaces. Fuel, 1998, 77(6): 543-547.

[115] Papirer E, Li S, Donnet J B. Contribution to the study of basic surface groups on carbons. Carbon, 1987, 25(2): 243-247.

[116] Papirer E, Dentzer J, Li S, et al. Surface groups on nitric acid oxidized carbon black samples determined by chemical and thermodesorption analyses. Carbon, 1991, 29(1): 69-72.

[117] Figueiredo J L, Pereira M F R, Freitas M M A, et al. Modification of the surface chemistry of activated carbons. Carbon, 1999, 37(9): 1379-1389.

[118] Otake Y, Jenkins R G. Characterization of oxygen-containing surface complexes created on a microporous carbon by air and nitric acid treatment. Carbon, 1993, 31(1): 109-121.

第3章　功能性光催化材料

3.1　光催化概述

光催化(photocatalysis)是一种化学术语，通常被定义为由催化剂或共同存在的分子吸收光子而引起化学反应速率加快的过程。这是目前最被大众所接受的定义，它涵盖了光催化领域的各个方面。光催化剂(photocatalyst)是一种通过高效吸收光能而发生相应反应的材料。从历史看来，光催化已是一种古老的现象，它存在于常见的现象中，如植物的光合作用[1]。

目前，随着世界人口的增长和经济发展的继续急速，能源问题及环境污染成为人类面临的首要问题和挑战。半导体材料在光的照射下直接吸收光子能量，在表面发生催化反应。它将许多需要在严苛条件下发生的化学反应转化为在温和的条件下进行，为解决上述两个问题提供一种理想的途径，如：光催化水/空气净化，水解制氢及高效、低成本的太阳能电池的开发等[2, 3]。目前，光催化剂研究和应用中最广泛的是半导体光催化剂，其代表是 TiO_2。本章主要论述半导体光催化，简称光催化。

3.1.1　光催化材料的研究进展

TiO_2 粉末自古以来就被广泛用作白色颜料，具有价廉、化学稳定性好、无毒及不吸收可见光等特点。然而，TiO_2 的化学稳定性仅能存在于黑暗中，它在紫外光的照射下具有活性，并且会引发一些化学反应。通过在太阳光长期照射下，掺入 TiO_2 墙面漆的剥落和纤维的降解可以得知这些反应的存在。在 20 世纪初就已有对 TiO_2 光催化性能的科学报道。例如：1938 年就有相关研究报道了 TiO_2 在紫外光辐射和氧气存在的状态下漂白染料这一现象，同时发现该光反应过程中 TiO_2 本身并未发生任何改变。然而，由于当时科研条件的限制，这一现象被简单地归因于紫外光触发使 TiO_2 表面产生活性氧化物种的作用[4]。直到 1956 年，日本科学家 Mashio 等[5]发表了题为“TiO_2 作为光催化剂的自氧化作用”(autooxidation by TiO_2 as a photocatalyst)等一系列报道后，人们开始了对 TiO_2 光催化性能的研究。Mashio 等将 TiO_2 粉末分散在不同的有机溶剂中，如醇和碳氢化合物中，然后用汞灯发射出的紫外光照射。他们观察到在室温条件下溶剂的自氧化并伴随着 H_2O_2 的生成。值得注意的是，他们对比了 12 种商业用锐钛矿型 TiO_2 和 3 种金红

石型 TiO_2 的光催化活性，得出的结论是锐钛矿型的自氧化活性远远高于金红石型。这对于光催化的研究来说是相当大的进步。然而，在当时的年代，TiO_2 光催化性能仅吸引了催化和光化学领域的科学家们的关注，这一局限性使得 TiO_2 光催化的研究无论是在学术界还是工业界都没有得到广泛的发展。

20 世纪 60 年代末期，Fujishima 等采用 TiO_2 半导体单晶电极开始了光电解水的研究，研究表明 TiO_2 具有足够多正电荷的价带边缘可以使水发生氧化还原反应产生氧气。相比于其他类型已尝试过的材料，即使是在电解质水溶液中，TiO_2 也具有更好的稳定性。这是第一次证明太阳能进行光电解的可能性，装置如图 3-1 所示[6]。随后，1972 年，Fujishima 等在 *Nature* 上发表了在紫外光辐射下 TiO_2 电极分解水产氢的报道[7]。与此同时，原油价格的突然飙升和未来原油的匮乏成为当时社会非常严重的问题，爆发了第一次“石油危机”。因此，利用太阳能分解水制氢这一绿色清洁能源的开发成为极具吸引力的研究方向，使得国内外众多相关领域的科学家投入该方向的研究。

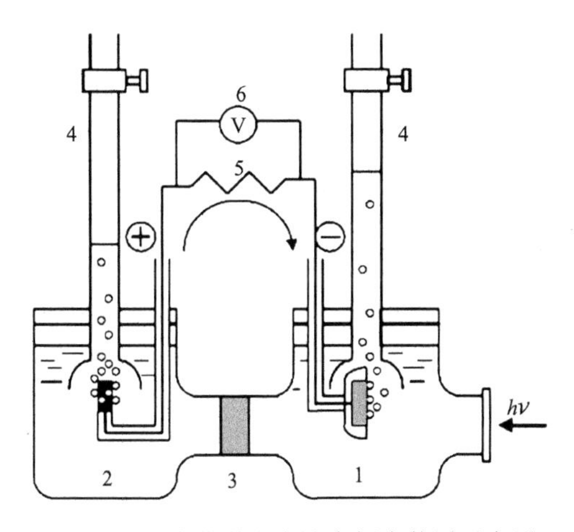

图 3-1　电化学光电池电解水装置示意图

1.n 型 TiO_2 电极；2.铂黑计数电极；3.离子导电隔板；4.气体量管；5.负载电阻；6.电压表

20 世纪 80 年代初期，如何提高光解水的效率及光催化的机理探索成为研究的热点。从概念上讲，这是两个短路的电化学反应的组合，类似于腐蚀过程。从腐蚀的角度看，两个反应可能是阳极金属溶解，并伴随着阴极上 H_2 的产生或 O_2 的还原。研究者们采用锐钛矿 TiO_2 粉体负载 Pt 作为阴极催化剂光催化分解水，结果发现，虽然在粉体系统中存在几个实验可以证明 H_2 和 O_2 同时产生，但是这样的实验依然不能重复实现，并且反应效率非常低。1980 年，Kawai 和 Sakata 在镀 Pt 的 TiO_2 悬浮液中加入有机化合物[8]。在这种情况下，水分子减少，在 Pt 上产生 H_2，在 TiO_2 上的光生空穴氧化有机化合物而不是水分子。在乙醇的存在下，

H_2 的产生效率有了惊人的提升，具有超过 50%的量子产率。然而，即使反应效率非常高，但 TiO_2 仅能吸收太阳光光谱中的紫外光波段，而这部分光仅占太阳光的 3%。由太阳光分解水制氢的角度看，TiO_2 光催化剂并不适用。因此，研究者们展开了对其他具有窄禁带宽度的半导体材料的研究，如 CdS 和 CdSe 等，然而它们的效率和稳定性要远低于 TiO_2。

20 世纪 90 年代，随着各国经济的迅猛发展，重工业的开发严重破坏了人们的生活环境，水体和空气污染日趋严重。光催化的研究重点随之转移到利用 TiO_2 较强的光致氧化分解污染物上。1977 年，Frank 和 Bard 第一次对光催化降解污染物进行了研究，结果表明在 TiO_2 悬浮水溶液中氰化物可通过光催化被分解[9]。随后，粉体 TiO_2 作为废水和空气污染的有效净化方法用于降解水体和空气中各种有害化合物。在 20 世纪 90 年代末期，为了更好地回收处理光催化剂，Matthews 教授首次在玻璃管上负载 TiO_2 透明薄膜，并系统地研究了紫外灯驱动下对芳香族化合物(苯酚、苯甲酸等)、氯代有机物(4-氯苯酚、2-氯苯酚)、染料、有机酸(水杨酸)等有机物的光催化降解性能[10]。尽管在 90 年代已有很多对 TiO_2 光催化净化废水和空气的研究，但是 TiO_2 催化剂也未能发展到真正的工业化阶段。

1990 年，Fujishima 课题组与日本 TOTO 公司合作，重新分析 TiO_2 实际应用上的技术问题，总结 TiO_2 作为光催化剂在能量收集和大量水体或空气处理上存在的本质问题：光的能量密度低，并且 TiO_2 可利用的紫外光仅占太阳光的极少部分。基于上述原因，他们将光催化剂的降解对象设定为吸附在其表面的物质，也就是说，把存在于二维表面上的物质作为分解对象，而不是在三维空间中的物质，如水或空气。在吸附物质量减少的情况下，在普通环境中只需相对较弱强度的紫外光就足够保持 TiO_2 表面的清洁。因此，Fujishima 等确定了光催化自清洁材料的新概念，即一种负载 TiO_2 光催化剂薄膜的材料。1992 年，Fujishima 教授在瓷砖板上负载一层 TiO_2 薄膜实现光催化自清洁材料的制备。采用这种技术生产的第一个商业化产品之一是自清洁轨道灯玻璃盖。目前，这种光照下光催化分解特性也逐渐用于其他各种商业产品的制造生产中，如百叶窗。此外，在 1985 年，Matsunaga 等首先报道了 Pt/TiO_2 光催化剂在金卤灯的照射下抑制嗜酸乳杆菌、酵母菌和大肠杆菌细胞的呼吸，从而完全杀灭细菌[11]。直至今日，光催化剂在抑菌、杀菌等研究上仍是光催化领域中至关重要的部分。

3.1.2 光催化原理

光催化反应是一个复杂的物理化学过程，主要包括光生电子和空穴的产生、分离、复合、迁移和底物的捕获等几个过程。

3.1.2.1 *半导体光催化剂的光吸收——光生电子和空穴的产生*

光通过固体时，与固体中存在的电子、激子、晶格振动及杂质和缺陷等相互作用而产生光的吸收。理想半导体在绝对零度时，价带是完全被电子占满的，因此价带内的电子不可能被激发到更高的能级。唯一可能的条件是吸收足够能量的光子使电子激发，跃过禁带迁入空的导带，而在价带留下一个空穴，光生电子和空穴因库仑作用仍然和价带中的空穴联系在一起，因而束缚形成电子-空穴对。这种由于电子在带与带之间的跃迁所形成的光吸收过程称为本征吸收。本征吸收所产生的电子-空穴对称为激子。半导体光催化剂产生本征吸收是发生光催化反应的先决条件。

由于最高的满带能级和最低的空能级是间隔开的，因此半导体光催化剂要发生本征吸收，入射光子能量($h\nu$)必须大于或等于半导体的带隙能(E_g)，即：$h\nu \geqslant E_g$，其中 h 为普朗克常量，ν 为光的频率。因 $\lambda = c/\nu$，则本征吸收存在一个波长极限，即 $\lambda_0 \leqslant ch/E_g$。波长大于此值，不能产生光生载流子；波长小于此值，光子的能量大于能带间隙，使一个电子从价带激发至导带，在导带上产生带负电的高活性电子(e_{cb}^-)，在价带上留下带正电荷的空穴(h_{vb}^+)，这样就形成电子-空穴对，这种状态称为非平衡状态。处于非平衡状态的载流子不再是原始的电子和空穴的浓度(n_0和 p_0)，而是比它们多出一部分，多出的这部分载流子称为非平衡载流子(也称为过剩载流子)。由于价带基本上是满的，导带基本上是空的，因此非平衡载流子的产生率 G 不受 n_0 和 p_0 的影响。非平衡状态下，电子和空穴浓度(n 和 p)，仅是温度的函数并与半导体的电子结构有关：

$$n = N_c \exp\left(-\frac{E_c - E_F^n}{k_0 T}\right) = n_0 \exp\left(-\frac{E_F^n - E_F}{k_0 T}\right) = n_i \exp\left(-\frac{E_i - E_F^n}{k_0 T}\right) \tag{3-1}$$

$$p = N_v \exp\left(-\frac{E_F^p - E_v}{k_0 T}\right) = p_0 \exp\left(\frac{E_F - E_F^n}{k_0 T}\right) = p_i \exp\left(\frac{E_i - E_F^p}{k_0 T}\right) \tag{3-2}$$

其中，N_c 和 N_v 分别表示导带和价带的有效态密度；n_i 表示本征载流子浓度(n_i 只是温度的函数)；E_F^n 和 E_F^p 分别表示电子和空穴的准费米能级，代表了非平衡状态下电子和空穴浓度，与外加作用强度有关(如光的强度、外加电压等)；E_i 代表了本征费米能级。

光在含半导体的介质中传播时，光的强度 I 按如下指数形式衰减

$$I = I_0 \exp(-\alpha l) \tag{3-3}$$

其中，I_0 为入射光的强度；l 为入射光的穿透距离(单位为 cm)；α 为吸收长度的倒数。例如：TiO_2 在 320nm 处的 α 值为 $2.6 \times 10^4 cm^{-1}$，这意味着波长为 320nm 的光在 TiO_2 中通过 385nm 的距离后强度衰减 90%。在吸收带边，α 随着光子能量的增加而增加。

$$(\alpha h\nu)^n = A(h\nu - E_g) \tag{3-4}$$

其中，A 为常数；当半导体为直接跃迁时，指数 $n=2$；当半导体为间接跃迁时，指数 $n=0.5$。与本征吸收有关的电子跃迁分为直接跃迁和间接跃迁。在直接跃迁的情况下，导带势能面的能量最低点垂直位于价带势能面的最高点，吸收能量 $h\nu \geqslant E_g$ 的光子时，发生由价带向导带的垂直跃迁[图 3-2(a)]；在间接跃迁的情况下，导带的势能面相对于价带发生漂移，这时除了基态向激发态的电子跃迁，还伴随发生声子的吸收或发射跃迁，这种间接跃迁为非垂直跃迁[图 3-2(b)]。图中 E_p 为声子的能量，由晶格振动产生。由于声子的能量很小，所以带隙间的间接跃迁能量仍然接近禁带宽度。

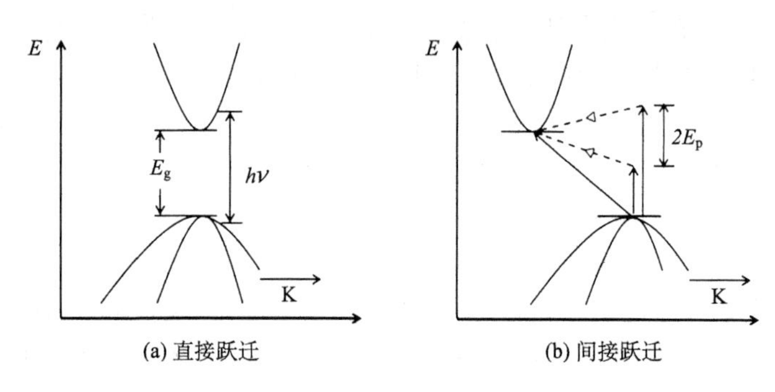

(a) 直接跃迁　　(b) 间接跃迁

图 3-2　直接跃迁和间接跃迁示意图

3.1.2.2　半导体光生电子和空穴的分离

激子中的电子和空穴通过扩散作用或在外场作用下，克服彼此之间的静电引力达到空间上的分离，这个分离过程即为电子-空穴的分离过程。由半导体中空间电荷层内产生的内建电场是影响光生载流子分离的主要因素，而电荷层的厚度取决于载流子的密度，同时催化剂中载流子的累积会进一步影响其分离，使得光催化过程中光生电子和空穴的分离效率降低。半导体中空间电荷层内产生的电场分布受材料结构与形状的影响。例如：钨酸铋(Bi_2WO_6)是一种简单的 Aurivillius 化合物，由共角的 WO_6 八面体层和$[Bi_2O_2]^{2+}$离子层相互交替的层状结构构成。相比于其他类型的化合物，层状化合物由于层间的电场作用，有利于电子和空穴的分离，且其反应位点在层状结构的表面和边缘，光生空穴能够快速达到层状结构的表面而被层间隙的氢氧根等所捕获，从而可以有效地抑制光生电子-空穴对的复合，降低光生载流子的复合率，展现出良好的光催化活性。

分离效率可以用半导体载流子的寿命来直观表示。当外界作用消失后，非平衡载流子在导带和价带中有一定的生存时间，其平均生存时间称为非平衡载流子的寿命(τ)，理论推导为非平衡载流子浓度衰减到原来数值 $1/e$ 所经历的时间。在稳态下复合率等于产生率，产生率(激发概率 G)与光电子寿命和非平衡载流子浓度(Δn)关系如下：

$$G = I\alpha\beta = \Delta n / \tau \tag{3-5}$$

式中，I 为单位时间内通过单位面积的光子数；α 为吸收系数；β 为每个光子产生的电子-空穴对量子产量。

3.1.2.3　半导体光生电子和空穴的复合

光生电子-空穴对的寿命是影响半导体材料光催化性能的一个重要因素，而电子-空穴对中载流子的复合方式直接影响着光生电子-空穴对的寿命。在光催化过程中，被激活的电子和空穴在粒子的内部或内表面附近可能重新相遇而发生湮灭，将其能量通过辐射或非辐射的方式散发掉，这个相遇的情况称为光生电子和空穴的复合，这种概率称为复合概率，由关系式(3-5)可以得到复合概率为$\tau/\Delta n$。其中，辐射方式以释放光子为其基本特征，这些辐射信号可通过荧光光谱分析得到；而非辐射方式以释放热为其基本特征，与半导体内电子和空穴的弛豫过程有较大的关系。通常，非辐射方式复合远快于辐射方式复合，因而整个复合的控制过程可归结为辐射方式复合。半导体的复合使光诱导产生的激发态跳跃回到基态，而复合的方式也分为直接复合和间接复合两种，直接复合是导带上电子直接跳跃回到价带与光生空穴复合。间接复合是光生电子或空穴被存在的捕获剂、表面缺陷或其他作用(如电场作用)所捕获，此时存在两种情况，一是导带上光生电子被捕获后先由导带或价带转移至陷阱能级上，再从陷阱能级跳跃到价带与空穴复合；二是价带上光生空穴被陷阱捕获后，陷阱能级上原本被束缚的电子跃迁到半导体的价带上，此时陷阱能级上产生空穴，半导体导带上的电子跃迁到陷阱能级上与空穴复合。

3.1.2.4　半导体中电子和空穴的迁移

与分离过程紧密联系的是电子-空穴在半导体内的迁移过程。根据电子和空穴在半导体内的浓度不同，其迁移的主要形式是扩散和漂移。扩散电流是少子的主要电流形式，漂移电流是多子的主要电流形式。无外加电场时，扩散是非平衡载流子在半导体内迁移的一种重要运动形式，尽管作为少数载流子的非平衡载流子的数目很少，但它所形成的浓度梯度很大，能够产生出很大的扩散电流。扩散电流密度定义为单位时间内通过垂直于单位面积的载流子数，用 S_p 表示。则在半导体内深度为 x 处的电流密度 S_p 为

$$S_p(x) = -D_p \frac{d\Delta p(x)}{dx} \tag{3-6}$$

式中，D_p 为扩散系数，其大小与材料本身特性(杂质含量、载流子的有效质量、载流子迁移率)有关。在半导体中扩散系数与载流子迁移率之间符合爱因斯坦关系式：

$$\frac{D}{\mu}=\frac{k_0 T}{q} \tag{3-7}$$

扩散运动的能力同样也可以用扩散长度来表示。扩散长度就是指非平衡载流子从注入浓度$(\Delta p)_0$，边扩散边复合降低到$(\Delta p)_0/e$ 所经过的距离，其大小为

$$L_p=\sqrt{D_p \tau_p} \tag{3-8}$$

对于光催化过程来说，光激发载流子(电子和空穴)扩散至半导体的表面并与电子给体/受体发生作用才是有效的，而对同一材料来说，扩散长度是一定的。因此，减小材料的粒子尺寸使其小于非平衡载流子的扩散长度，可有效地减少复合，提高迁移效率，从而增大扩散至表面的非平衡载流子浓度，提高光催化活性和效率。

当光照射在半导体表面时，光激发电子发生跃迁，产生光生载流子的电子-空穴对，在这个激发过程中，光生载流子会有纳秒(ns)的寿命，这个时间足够使它们由禁带向来自溶液或气相中吸附在半导体表面上的物种转移电荷。如果半导体保持完整，并且向吸附的物种转移电荷是连续的并伴随着放热，那么，这样的过程就称为多相光催化。

以半导体为光催化剂时，有机和无机化合物的多相光催化以在半导体颗粒中产生电子-空穴对为基础。图 3-3 为半导体光催化剂在吸收能量大于或等于其禁带能量的光子后电子由价带跃迁至导带的激发过程，随后光生载流子发生分离，在光生载流子分离后产生电子和空穴的迁移过程中主要有以下四个途径，如图 3-3 所示：①电子与空穴迁移到半导体表面后复合[图 3-3(a)]；②电子与空穴在半导体内部体相复合[图 3-3(b)]；③电子迁移到半导体表面后与表面吸附的电子受体(在含空气的溶液中常常是氧分子)发生还原反应[图 3-3(c)]；④空穴迁移到半导体表面后与表面吸附的电子给体发生氧化反应[图 3-3(d)]。对于电子和空穴来说，电荷迁移过程的概率和速率取决于各个导带和价带边的位置以及吸附物种的

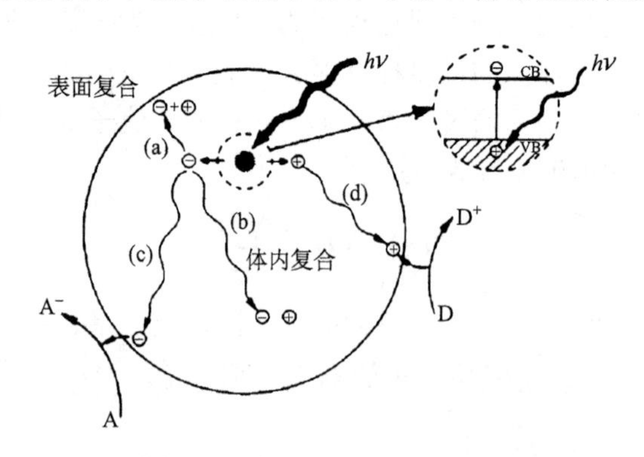

图 3-3　固体中光激发和脱激过程

氧化还原电位。从热力学角度看，受主物种的相关位能需要低于半导体导带的位能，即受主物种位能的位置比半导体导带的更正，而向空穴提供电子的供主物种的位能则要高于半导体价带的位能，即供主物种位能的位置比半导体价带的更负。

光诱发电子向吸附在半导体表面上的有机或无机物种或溶剂的转移是电子和空穴向半导体表面迁移的结果。如果物种已预先吸附在半导体表面上，则光生电子转移过程将更加有效。和电荷想吸附物种转移(c 和 d 过程)竞争的是电子和空穴的复合过程(a 和 b 过程)，而由于电子和空穴的复合导致光催化效率的降低，c 和 d 过程才是光催化反应的目标反应。因此当催化剂表面上的反应速率大于电子与空穴的复合反应速率时，半导体光催化反应才能顺利进行。因而在这个较为复杂的反应体系中，目标反应速率(皮秒级)大于复合反应速率(纳秒级)，才能够使光生电子和空穴与吸附在半导体表面的物种发生氧化还原反应。

对于一个理想的系统，半导体的光催化作用可以用量子效率来评价。量子效率 ϕ 指每吸收一个光子体系发生的变化数，实际常用每吸收 1mol 光子反应物转化的量或产物生成的量来衡量。它取决于载流子的复合和界面电荷转移这对互相竞争的过程，与电荷转移过程的速率 k_{CT} 及电子与空穴复合(体内和表面的)速率 k_R 有如下关系：

$$\phi = \frac{k_{CT}}{k_{CT} + k_R} \tag{3-9}$$

Hoffmann 等根据激光闪光光解的研究结果对 TiO_2 半导体光催化剂在光辐射作用下的电子–空穴氧化还原过程做了总结，涵盖了每步的基本特征和特征时间[12, 13]：

(1) 光激发 TiO_2 产生载流子

$$TiO_2 + h\nu \longrightarrow e_{cb}^- + h_{vb}^+ \quad 快 \tag{3-10}$$

(2) 载流子的捕获：电子和空穴分离后向催化剂表面移动，空穴被表面羟基($Ti^{IV}OH$)捕获，形成表面捕获空穴($\{>Ti^{IV}OH^\bullet\}^+$)；电子被表面羟基捕获，形成表面捕获电子($\{>Ti^{III}OH\}$)

a. $h_{vb}^+ + >Ti^{IV}OH \longrightarrow \{>Ti^{IV}OH^\bullet\}^+$　　快(10ns)　　(3-11)

b. $e_{cb}^- + >Ti^{IV}OH \longleftrightarrow \{>Ti^{III}OH\}$　　浅层捕获，动态平衡(100ps)　　(3-12)

c. $e_{cb}^- + >Ti^{IV} \longrightarrow Ti^{III}$　　深层捕获，可逆(10ns)　　(3-13)

(3) 光生电子–空穴的复合

a. $e_{cb}^- + \{>Ti^{IV}OH^\bullet\}^+ \longrightarrow Ti^{IV}OH$　　慢(100ns)　　(3-14)

b. $h_{vb}^+ + \{>Ti^{III}OH\} \longrightarrow Ti^{IV}OH$　　快(10ns)　　(3-15)

(4) 界面电荷的转移(interfacial charge transfer)，表面捕获空穴和表面捕获电

子分别与吸附在催化剂表面的还原剂和氧化剂发生氧化还原反应

a. $\{>Ti^{IV}OH^{\bullet}\}^{+} + Red \longrightarrow Ti^{IV}OH + Red^{\bullet +}$　　慢(100ns)　　(3-16)

b. $e_{tr}^{-} + Ox \longrightarrow >Ti^{IV}OH + Ox^{\bullet -}$　　很慢(ms)　　(3-17)

以上各式中，$>Ti^{IV}OH$ 表示 TiO_2 表面功能化的基团；e_{cb}^{-}表示导带电子；e_{tr}^{-}表示捕获的导带电子；h_{vb}^{+}表示价带空穴；Red 是电子给体(还原剂)；Ox 是电子受体(氧化剂)；$\{>Ti^{IV}OH^{\bullet}\}^{+}$是表面捕获的价带空穴(表面结合的羟基)；$\{>Ti^{III}OH\}$是表面捕获的导带电子；反应式的时间是通过激光脉冲光解实验测定的每一步反应的特征时间。反应式(3-12)表示在导带边缘浅层捕获导带电子的可逆过程，以限制在室温条件下 e_{tr}^{-}转移回到导带。

3.1.3 半导体的电子性质

3.1.3.1 半导体的能带结构

通过求解薛定谔方程(Schrödinger equation)可推算出固态多电子体系在晶格绝热近似和单电子近似条件下相当准确的电子能态分布，即电子能带结构。晶体能带是由 1 个充满电子的低能价带(valence band, VB)和 1 个空的高能导带(conduction band, CB)构成，电子在价带和导带中是非定域化的，可以自由移动。由量子化学计算可知，在分子或离子分散的能级中每两个电子形成一个电子对，在高于某一能量值的能级上是空的。已占有电子的最高能级称为最高已占(highest occupied, HO)能级，未占有电子的最低能级称为最低未占(lowest unoccupied, LU)能级。分子被氧化是从 HO 能级释放电子，被还原时在 LU 能级接受电子。半导体分子的 HO 能级和 LU 能级分别构成能带结构的价带顶和导带底，在理想的半导体中，价带顶与导带底之间的带隙不存在电子状态，这种价带和导带之间的能量差值就是带隙能(E_g)。

一个物理量如果有最小的单元而不可连续的分割，就说这个物理量是量子化的，并把最小的单元称为量子。在半导体中，电子和空穴也可称为量子。在量子力学中，描述量子系统状态的名词称为量子态(quantum state)。实际半导体中，由于半导体材料中不可避免地存在杂质和各类缺陷，使其量子(电子和空穴)束缚在其周围，成为捕获电子和空穴的陷阱，产生局域化的量子态。

我们假设将所有的费米子(费米子可以是电子、质子、中子)从这些量子态上移开。之后再把这些费米子按照一定的规则(泡利原理)填充在各个可供占据的量子能态上，并且这种填充过程中每个费米子都占据最低的可供占据的量子态。最后一个费米子占据着的量子态即为费米能级(Fermi energy, E_F)。也就是说，费米能级位于禁带之中(即位于价带之上，导带之下)，费米能级是量子态是否被电子占据的分界线。能量高于费米能级的量子态基本是空的，能量低于费米能级的量子态基本上全部被电子所占据。在绝对零度时，电子占据的最高能级就是费米能级。在本征半导体和绝缘体中，因为它们的价带填满了价电子（占据概率为 100%），导带是完全空着的（占据概率为 0），则它们的费米能级正好位于禁带中央（占据概率为 50%），因此费米能级的物理意义为该能级上的一个状态被电子占据的概率为 1/2。

费米能级距导带底较近的，则电子为多数载流子，半导体为 n 型半导体。费米能级距价带顶较近的，空穴为多数载流子，半导体为 p 型半导体。费米能级的位置可以通过适当掺杂加以调节，例如：对于 p 型半导体，因为价带中有较多的自由空穴（多数载流子），则 E_F 在价带顶（E_v）之上，且必将靠近 E_v，这时价带越靠近 E_F 的能级，被空穴占据的概率越大，同时掺入受主的杂质浓度越高，E_F 就越靠近 E_v。同样，对于 n 型半导体，其费米能级靠近导带底（E_c），过高杂质浓度的掺杂会进入导带。

3.1.3.2　半导体的带边位置

半导体导带上的电子具有还原性，价带上的空穴具有氧化性，因而具有相应的氧化还原电势。不同半导体能带上的电子和空穴的氧化还原电势不同，通过光电测试方法可以确定其相对大小，常用相对于标准氢电极电位以及真空能级的位置表示，这个位置即被称为带边位置。光生电子和空穴是光催化反应的活性物种，其迁移过程的概率和速率取决于半导体导带和价带边的位置以及吸附物的氧化还原电位。因此，带边位置也反映了半导体内部形成的能带上电子和空穴的还原和氧化能力的强弱。从半导体的带边位置来看，我们可以确定一个光化学反应在热力学上是允许发生的。从热力学上讲，受主物种的相关位能需要低于半导体导带的位能，即其位能更负于半导体导带位能。例如：图 3-4 所示为在光和半导体光催化剂的共同作用下光催化制氢的实现过程。

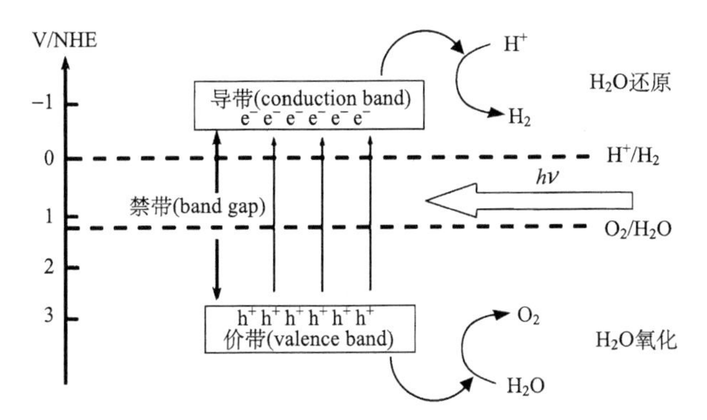

图 3-4　半导体光催化制氢的热力学原理

水是一种非常稳定的化合物。从水这一反应物到氢气和氧气产物的变化是一个吉布斯(Gibbs)自由能增加的非自发反应过程($\Delta G = 238\text{kJ} \cdot \text{mol}^{-1}$)。也就是说，在标准状态下，若要把1mol的水分解为氢气和氧气，则需要238kJ的能量。当半导体光催化剂受到其能量相当或高于该禁带宽度的光辐照时，半导体内的电子受激发从价带跃迁到导带，从而在导带和价带分别产生自由电子和电子空穴。水在电子-空穴对的作用下发生电离，生成H_2和O_2。必须指出的是，并非其位于价带的电子能被光激发的半导体都能分解水。从理论上分析，分解水的能量转化系统需要满足下面的热力学要求：①半导体光催化剂的禁带宽度要大于水的电解电压(理论值1.23eV)，即可吸收光子的能量必须大于或等于从水分子中转移一个电子所需的能量1.23eV；②电化学方面，价带和导带的位置必须要分别与H_2/H_2O和O_2/H_2O的电极电位相匹配。也就是说，半导体价带的位置应比O_2/H_2O的电位更正(即在它的下部，E_v>1.23eV),而导带的位置应比H_2/H_2O更负(即在它的上部，$E_c < 0\text{eV}$)。

图3-5是几种半导体材料在pH = 1的电解质水溶液中的带隙和带边位置。这也表明了许多半导体材料不能进行光解水的原因所在。当然，半导体光催化制氢除了需要满足热力学的要求外，还需满足动力学方面的要求。

大量的实验研究结果表明，光催化反应过程可以用Langmuir-Hinshelwood动力学方程来表征。在多相界面反应过程中，反应物的光解速率可表达为

$$R = \frac{\mathrm{d}c}{\mathrm{d}t} = \frac{kKc}{1 + Kc} \tag{3-18}$$

式中，R为反应物底物初始降解速率($\text{mol} \cdot \text{L}^{-1} \cdot \text{min}^{-1}$)；$c$为反应物底物的初始浓度($\text{mol} \cdot \text{L}^{-1}$)；$k$为反应物体系物理常数，即溶质分子吸附在光催化剂表面的速率常数($\text{mol} \cdot \text{min}^{-1}$)；$K$为反应底物的光解速率常数($\text{mol}^{-1}$)。

(1)低浓度时，$Kc \ll 1$，则

$$R = kKc = K'c \tag{3-19}$$

即反应速率与溶质浓度成正比。

(2)求解两个常数k和K

$$\frac{1}{R} = \frac{1}{k} + \frac{1}{kK}\frac{1}{c} \tag{3-20}$$

式中，c和R可以通过化学方法测定，作$1/R$和$1/c$的直线关系图，求解两个常数。

在实际反应体系中，还存在着其他的物质，如溶剂、反应中间产物、反应产物及其他溶质等，这些物质也会在光催化剂表面发生吸附，但是其他物质的吸附较弱，因而可以忽略它们的影响，而只考虑反应物，其反应速率仍可用反应式(3-18)表述。

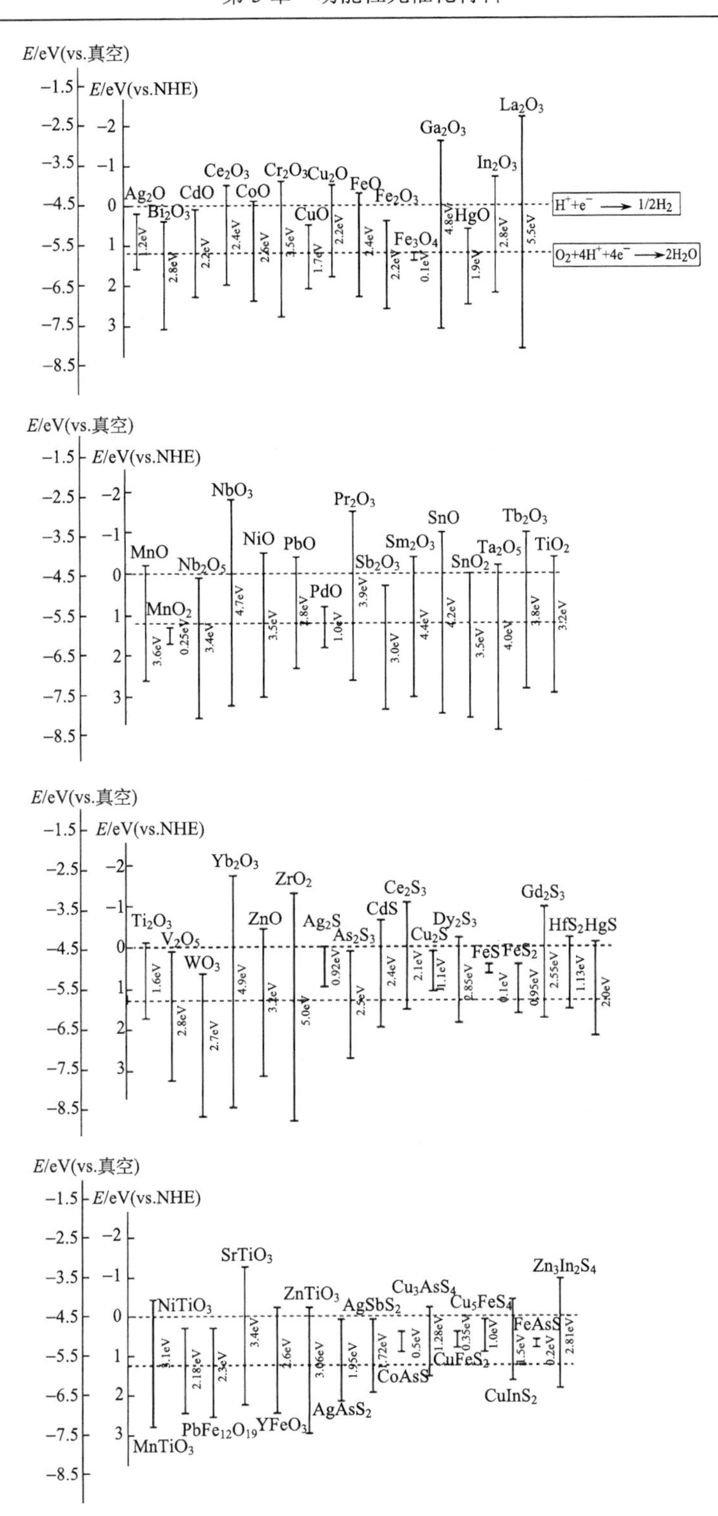

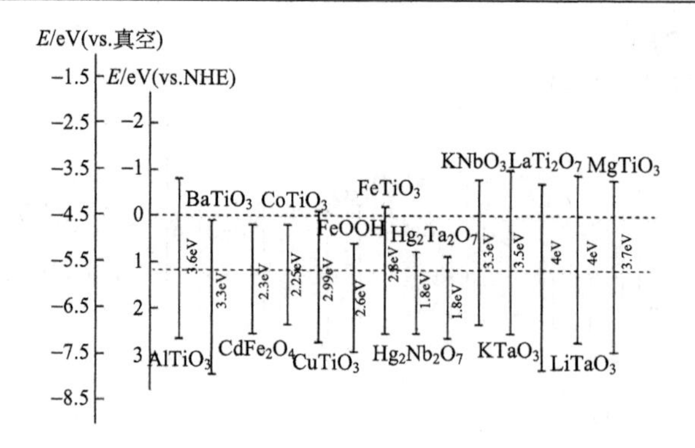

图 3-5　几种半导体材料在 pH = 1 的电解质水溶液中的带隙和带边位置

3.1.3.3　量子尺寸效应

当粒子尺寸下降到某一值时，费米能级附近的电子能级由准连续变为离散能级的现象及纳米半导体微粒存在不连续的最高被占据分子轨道和最低未被占据的分子轨道能级，能隙变宽现象均称为量子尺寸效应。早在 20 世纪 60 年代，Kubo 采用电子模型研究金属纳米晶粒时，提出著名的能级间距公式：

$$\delta = \frac{4E_F}{3N} \tag{3-21}$$

式中，E_F 为费米能级；N 为粒子中总电子数。从公式可以得出能级的平均间距与组成粒子中的自由电子总数成反比。能带理论表明，金属费米能级附近电子能级一般是连续的，这一点只有在高温或宏观尺寸情况下才成立。对于只有有限个导电电子的超微粒子来说，低温下能级是离散的，对于宏观物质包含无限个原子(即导电电子数 $N \to \infty$)，由上式可得能级间距 $\delta \to 0$，即对大粒子或宏观物体能级间距几乎为零；而对纳米粒子，所包含原子数有限，N 值很小，这就导致 δ 有一定的值，即能级间距发生分裂。当能级间距大于热能、磁能、静磁能、静电能、光子能量或超导态的凝聚能时，必须考虑量子尺寸效应。

对于半导体光催化剂来说，量子尺寸效应会导致其带隙变宽，并使吸收能带蓝移(吸收峰向短波长移动)，其荧光光谱也随颗粒半径减小而蓝移。量子尺寸效应可用 Brus 公式[14]更为清楚地表达：

$$E(R) = E_g(R = \infty) + A + B + C \tag{3-22}$$

其中

$$A = \frac{h^2\pi^2}{2\mu R^2}, \quad \mu = \left(\frac{1}{m_{e^-}} + \frac{1}{m_{h^+}}\right)^{-1} \tag{3-23}$$

$$B = -\frac{1.786e^2}{\varepsilon R} \tag{3-24}$$

$$C = -0.248E^*_{\mathrm{Ry}}, \quad E^*_{\mathrm{Ry}} = \frac{\mu e^4}{2e^2 h^2} \tag{3-25}$$

式中，$E(R)$为半导体纳米粒子的吸收带隙；$E_g(R=\infty)$为体相半导体带隙能；R 为粒子半径；h 为普朗克常量；μ为激子的折合质量，其中 m_{e^-}和 m_{h^+}分别为电子和空穴的有效质量；e 为基元电荷；ε为半导体的介电常数；E^*_{Ry} 为有效里德伯能量。A 项为激子束缚能，正比于 $1/R^2$，B 项为电子-空穴对的库仑作用能，C 项反映了空间修正效应。由于导致能量升高的束缚能远大于使能量降低的库仑作用，所以粒子尺寸越小，激发态能位移越大，发生吸收带边位移的程度也越大，即吸收光谱发生蓝移。由量子尺寸效应引起禁带变化是十分显著的，例如：当 CdS 颗粒直径为 2.6nm 时，其禁带宽度由 2.6eV 增至 3.6eV。量子尺寸效应还会导致纳米半导体光催化剂拥有一些新的光学性质。例如，当经过表面修饰的纳米颗粒的粒径小到一定值时，会导致其表面能带结构发生变化，允许发生原来不可以实现的禁带跃迁。

3.1.3.4　空间电荷层和能带弯曲

当体相半导体材料与含有氧化还原电对(O/R)的电解液(以下简称“电对”)接触时，如果半导体的费米能级与电对的电极电位不同，电子就会在半导体和电解液的界面发生流动，直至电荷达到平衡。电荷转移导致电荷在半导体表面的分布有所不同，半导体的能带在表面发生弯曲，这个区域称之为空间电荷层。相对地，电解液一侧产生双电层：紧密层(Helmholtz 层)和扩散层(Gouy-Chapman 层)，即半导体与溶液界面由空间电荷区域、Helmholtz 层、Gouy-Chapman 层三部分组成。

当半导体的费米能级与电对的电极电位相等，在两者的界面没有电子转移发生，在半导体的表面不能形成空间电荷层，半导体的能带不能发生弯曲。如图 3-6 所示，以 n 型半导体为例，与溶液接触前，其费米能级靠近导带底，说明当电子从半导体表面移进或移出时，在不同的电位范围内，半导体表面可出现三种不同的空间电荷层，对于 p 型半导体，上述情况正好相反。

(1) 当半导体的费米能级比电对的电极电位偏正(相对于标准氢电极)，即半导体所带电荷相对于溶液中少，电子将从溶液流向半导体的表面，直至半导体表面的费米能级与电对的电极电位平衡。界面电子转移使半导体表面的能带相对于本体向下弯曲，形成“积累层”。

(2) 当半导体的费米能级比电对的电极电位偏负，半导体的多数载流子(电子)就会从表面流向溶液，半导体中过剩的正电荷分布在空间电荷层。空间电荷层的正电荷引起能带能量变得更负，即半导体表面的能带相对于本体向上弯曲，形成“耗尽层”。在该电场的作用下，空间电荷层中产生的空穴将向表面移动，而电子向体相移动，与存在的电场方向一致。为了使光生载流子迅速分离，将一定的电位差加到半导体/溶液两相界面间，电极上出现过电位，半导体溶液一侧紧密层的电位没有变化，氧化态和还原态物质的能级也没有变化，但过电位改变了半导体内部空间电荷层的电位降(即能带弯曲量)，从而改变了半导体空间电荷层宽度，减少了光生载流子的复合，使半导体表面上的载流子浓度增大，促进在半导体/溶液界面进行有效的光催化反应。

(3) 在耗尽层的基础上，电子继续从半导体向溶液中转移，导致在半导体表面的多数载流子的浓度小于本征半导体中电子的浓度。此时形成了“反型层”。

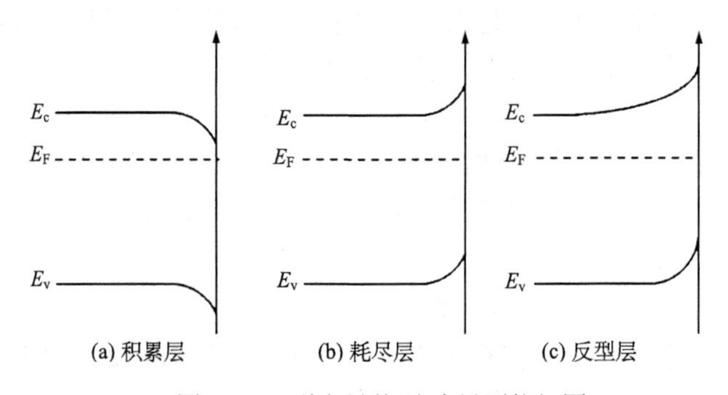

图 3-6　n 型半导体/溶液界面能级图

3.1.3.5　平带电位

当体相半导体与电解液接触时，由于两者的费米能级不同，半导体一侧将会形成空间电荷层，而电解液一侧将会形成 Helmholtz 层，从而半导体的能带在表面发生弯曲。如果对半导体电极施加一定电位的电压进行极化，改变半导体的费米能级，使半导体能带拉平，这个额外施加的电位称为平带电位(flat band potential, V_{fb})。平带电位是半导体/电解液体系的重要特征，是确定半导体能带位置的重要物理量。

平带电位是通过测量半导体空间电荷层电容的变化来得到的。在半导体同电解液相接触的体系中，电容(C)由空间电荷层电容(C_{SC})与溶液的 Helmholtz 层电容(C_H)串联而成。通常，电解液中的 C_H 与 C_{SC} 相比可以忽略不计，因此，$C \approx C_{SC}$。改变半导体的外加电压(V_m)可以改变半导体空间电荷层电容。

对于半导体材料而言，可以通过 Mott-Schottky (M-S) 公式推算空间电荷层电容(C_{SC})与外加电压(V_m)的线性关系：

$$C_{SC}^{-2} = \frac{2}{eN_d \varepsilon \varepsilon_0 A^2}\left(V_m - V_{fb} - \frac{kT}{e}\right) \text{(n 型半导体)} \tag{3-26}$$

$$C_{SC}^{-2} = \frac{2}{eN_a\varepsilon\varepsilon_0 A^2}\left(V_m - V_{fb} + \frac{kT}{e}\right) \text{（p 型半导体）} \tag{3-27}$$

式中，N_d为供主载流子浓度；N_a为受主载流子浓度；ε 为相对介电常数；ε_0为真空介电常数；A 为电极表面积；k 为 Boltzmann 常数；T 为绝对温度；e 为电荷电量。

如果以 C_{SC}^{-2} 为纵坐标对 V_m 作图，图中直线部分的切线与电位轴的交叉点所对应的电位值即为半导体电极的平带电位，直线在横坐标的截距 $V_0 = V_{fb} + kT/e$，直线的斜率 $r = 2/(\varepsilon\varepsilon_0 N)$，从而可以计算出 V_{fb}和 N（N 为载流子的浓度）。

测得平带电位即可得到半导体在平带状态下的费米能级，即 $V_{fb} = E_F$。随后，利用费米能级和导带位置（E_c）（n 型半导体为导带，p 型半导体为价带）的关系式计算出 n 型半导体的导带位置：

$$E_c = E_g - kT\ln(N_c/N) \tag{3-28}$$

$$N_c = 2.51\times10^{19}(m_c/m_0)^{3/2}(T/300)^{3/2} \tag{3-29}$$

式中，m_c为半导体价带上电子的有效质量；m_0为自由电子的质量。

对于半导体材料而言，可以通过 Mott-Schottky 公式推算，通过作图大体上计算出其平带电位，如图 3-7 所示。但是对于纳米级别的半导体材料则主要是通过仪器的直接测定。平带电位的测试方法有如下两种[15]：

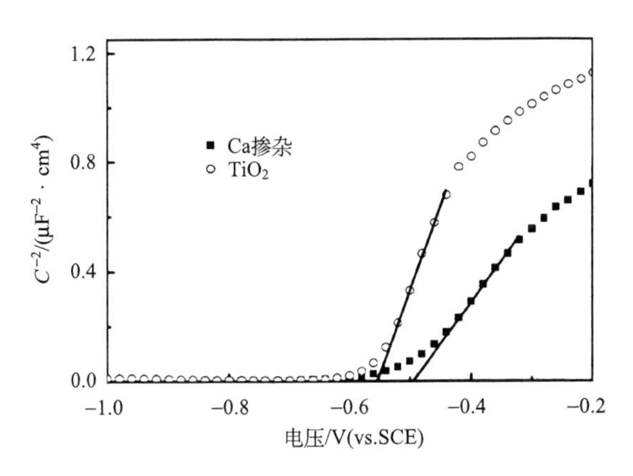

图 3-7　纯 TiO_2 和 2.0% Ca 掺杂 TiO_2 的 M-S 曲线

（1）电化学测试方法。在三电极体系中，入射光激发半导体电极时，改变电极的电势。当施加的电位比平带电位偏负时，光生电子不能进入外部电路，不会产生短路光电流。相反，当施加的电位比平带电位偏正时，光生电子则能进入外部电路，进而产生光电流。所以开始产生光电流时的电势即为该半导体的平带电位。

（2）光谱电化学测试方法。该方法同样在三电极体系中，对半导体电极施加不同电位，测量其在固定光波长下吸光度的变化。其基本原理与电化学测试方法基本相同。当电极电位比平带电位偏正时，吸光度不发生变化；偏负时，则吸光度急剧上升。吸光度开始急剧上升的电位即为半导体的平带电位。

3.1.3.6　肖特基势垒的形成

当半导体表面与金属接触时，电子就会不断地从半导体转移到金属，直到两者的费米能级相等。在两者接触后形成的空间电荷层中，金属表面将获得多余的负电荷，而在半导体表面上则有多余的正电荷。如此，半导体的能带就将向上弯曲，表面形成损耗层，这种在金属-半导体界面上形成的能垒称为肖特基势垒(Schottky barrier)，也是光催化中可以阻止电子-空穴再结合的一种能捕获电子的陷阱。当半导体表面和半导体接触时，光生电子和空穴界面转移的驱动力主要取决于催化剂与修饰的半导体导带和价带的能级差。

3.1.4　半导体的光学性质

3.1.4.1　光的吸收波长

半导体的本征吸收是一种重要的光吸收过程，它是指价带中的电子受光子激发跃迁到导带，在价带中产生空穴，同时光子湮灭的过程。要发生本征吸收，光子的能量必须大于或等于半导体材料的带隙能 E_g，因而对于每种半导体材料，均有一个本征吸收的波长极限λ_0：

$$\lambda_0 = \frac{1240}{E_g} \tag{3-30}$$

式中，E_g 的单位为 eV。

在求解半导体的 E_g 时，可以利用紫外-可见漫反射光谱测量的吸光度与波长数据作图，通过截线法求出λ_0，再经关系式(3-30)而得到。同时，通过下列关系式可以确定半导体的价带位置(E_v)：

$$E_g = E_c - E_v \tag{3-31}$$

3.1.4.2　光吸收的强度

从理论上讲，能量大于光催化剂禁带宽度的光子均能激发光催化活性。因此，光源选择比较灵活。如高压汞灯、黑光灯、紫外杀菌灯和氙灯等，波长一般在250~800nm 可调，应用方便。光强越大，提供的光子越多，光催化氧化分解污染物的能力越强。但是，当光强增大到一定的程度之后，光催化氧化分解的效率反而会降低，这可能是因为尽管随着光强的增大，有更多的光生电子和空穴对产生，但是不利于光生电子和空穴的迁移，从而复合的机会增加。由于存在中间氧化物在催化剂表面的竞争性复合，光强过强的光催化效果并不一定就好。

研究表明，光强(I)、反应速率(v)和光量子产率(ϕ)三者的关系为：低光强时，v 随 I 而变，ϕ 为常数；中光强时，v 随 $\sqrt{I}$ 而变，ϕ 随 $\sqrt{I}$ 而变；高光强时，v

为常数，ϕ 随 $1/I$ 而变。

3.1.5　半导体光催化剂的应用及机理

能源问题和环境问题一直以来是影响人类社会发展的两个重要因素，关系到整个人类社会的可持续发展。然而，目前人类广泛使用的能源，如煤、石油、天然气等，均属不可再生资源。同时，科学技术和社会经济的发展带来的环境污染日趋严重，包括空气污染、水体污染、土壤污染等，直接威胁人们的生存发展和身体健康，因此寻找新能源和治理环境污染的问题已成为全球关注的主要焦点。

3.1.5.1　光催化降解有机污染物

经过同位素示踪等实验，研究者们已对光催化过程中的活性氧物种(h^+、H_2O_2、$\cdot OH$、O_2^-)有了一定的了解。如图 3-8 所示，在光催化初期，光生电子和空穴会分别与 O_2 和表面的 OH^- 接触转化为具有氧化性的超氧自由基和羟基自由基。

如图 3-8 所示，当 TiO_2 表面暴露在空气中并被紫外光照射时，在一个合适的电子供体，如乙酸的存在下，导带电子与分子氧发生氧化还原反应而产生过氧化氢，反应机理式如下：

$$e_{cb}^- + O_2(ads) \longrightarrow \cdot O_2^- \tag{3-32}$$

$$\cdot O_2^- + H^+ \longrightarrow HO_2\cdot \tag{3-33}$$

$$2HO_2\cdot \longrightarrow H_2O_2 + O_2 \tag{3-34}$$

$$H_2O_2 + \cdot O_2^- \longrightarrow \cdot OH + OH^- + O_2 \tag{3-35}$$

图 3-8 给出了光催化反应中电子和空穴分别与半导体表面吸附的氧、羟基和有机或无机化合物反应的过程。在光催化反应体系中，被催化剂表面捕获的电子容易与体系中的氧和水反应，最后形成羟基、羟基自由基和活性氧自由基。表面捕获的空穴能够直接和吸附在催化剂表面的 OH^-或 H_2O 发生电荷交换，使其羟基化形成各种活性氧自由基。这些自由基具有非常强的氧化能力，可以将有机物氧化分解，直至完全矿化为 CO_2 和 H_2O。在这个过程中，由于均裂作用，中间产物 H_2O_2 可作为直接电荷受体或直接羟基自由基，因此 H_2O_2 有助于降解有机或无机化合物电子给体。

我们需要注意的是，由于电子–空穴的氧化还原电位，理论上 H_2O_2 是以两种不同的方式生成的，反应式如下：

$$O_2 + 2e_{cb}^- + 2H^+ \longrightarrow H_2O_2 \tag{3-36}$$

$$2H_2O + 2h_{vb}^+ \longrightarrow H_2O_2 + 2H^+ \tag{3-37}$$

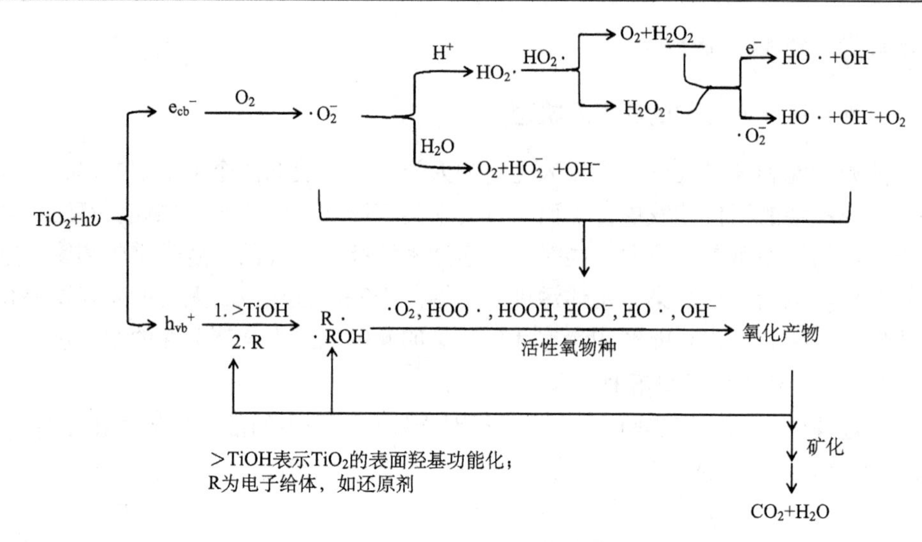

图 3-8　在光催化反应中活性氧物种的继发反应

然而，根据系统中•OH 含量，H_2O_2 既可作为•OH 来源[反应式(3-35)]，加速反应进行；也会成为•OH 的清除剂 [反应式(3-38)、式(3-39)]，降低反应速率。

$$H_2O_2 + \cdot OH \longrightarrow H_2O + HO_2\cdot \quad (3\text{-}38)$$

$$HO_2\cdot + \cdot OH \longrightarrow H_2O + O_2 \quad (3\text{-}39)$$

在液相光催化反应体系中，溶解于水中的氧(溶解氧)和水分子均会与电子及空穴发生作用，最终产生具有高度活性的超氧自由基和羟基自由基，这些活性基团(空穴、羟基自由基、超氧自由基)一起与有机物中的碳结合，破坏碳碳双键、芳香环，使其裂解，最终将有机物分子矿化成二氧化碳和水。例如，在 TiO_2 光催化降解三氯甲烷的液相反应体系中，•OH 氧化起到主要作用，而溶解氧、超氧自由基起辅助作用：

$$TiO_2 + h\nu \longrightarrow h^+ + e^- \quad (3\text{-}40)$$

$$OH^- + h^+ \longrightarrow \cdot OH \quad (3\text{-}41)$$

$$e^- + O_2 \longrightarrow \cdot O_2^- \quad (3\text{-}42)$$

$$\cdot OH + HCCl_3 \longrightarrow H_2O + \cdot CCl_3 \quad (3\text{-}43)$$

$$\cdot CCl_3 + O_2 \longrightarrow \cdot O_2CCl_3 \quad (3\text{-}44)$$

$$2\cdot O_2CCl_3 \longrightarrow 2\cdot OCCl_3 + O_2 \quad (3\text{-}45)$$

$$\cdot O_2^- + \cdot OCCl_3 \longrightarrow OCCl_3^- + O_2 \quad (3\text{-}46)$$

$$OCCl_3^- \longrightarrow OCCl_2 + Cl^- \tag{3-47}$$

$$OCCl_2 + H_2O \longrightarrow CO_2 + 2H^+ + 2Cl^- \tag{3-48}$$

目前，挥发性有机物(VOCs)是空气污染的主要来源之一，采用光催化技术处理气相有机污染物的研究逐渐成为热点。在 1985 年，Schiavello 等就曾对气相烃类有机物的光催化进行了系统研究[16]。与液相光催化反应相比，气相光催化反应的应用范围较广，体系简单，副反应少，矿化容易，光利用率高，且气相光催化的反应器设计要相对简单。

3.1.5.2　光解水制氢

利用太阳能光催化分解水制氢被称为“21 世纪梦的技术”，受到了国内外科学家的高度关注。光催化反应包括，光生电子还原电子受体 H^+ 和光生空穴氧化电子给体 D^- 的电子转移反应，这两个反应分别称为光催化还原和光催化氧化[17]。不同于光催化降解有机污染物的原理，光解水制氢的原理是利用光生电子的还原性。光解水时光生电子由 H^+俘获产生 H_2，h^+由牺牲性溶剂俘获或由 OH^-俘获产生 O_2。常用的牺牲性溶剂有 EDTA-Na、Na_2SO_3、Na_2S、KI、CH_3OH 等电子给体，以及 $AgNO_3$ 等电子受体[18]。在光解水反应中，由于释放一分子 H_2 要两个电子，而四个空穴才能释放出一分子的 O_2，因此在催化剂表面会有大量的空穴积累，造成半导体微粒上产生的电子-空穴对极易复合。这样不但降低了转换效率，而且影响光解水产氢的速率。针对这个问题，现阶段的解决办法是，加入助催化剂作为氧化或还原的活性中心。常见的助催化剂有贵金属如 Pt、Pd、Ru、Rh、Au、Ir 等；氧化物如 RuO_2、NiO、$Rh_xCr_{1-x}O_3$；硫化物如 MoS_2、WS_2、PdS 等；复合型的如 Ni/NiO 和 Rh/Cr_2O_3。其中金属助催化剂的作用机制主要功能是聚集和传递电子，同时降低 H_2 的过电位，促进光还原水产氢反应；而氧化物助催化剂主要是在吸收可见光后，将电子注入光催化剂的导带中，使电子、空穴分别转移到助催化剂和催化剂的表面，提升了电子和空穴的分离效率，促进 H_2 生成。同时，溶液中添加的牺牲性溶剂，消耗掉迁移至光催化剂表面的部分光生空穴，也可以减少光生电荷复合的概率。值得一提的是 MoS_2 作为廉价的非贵金属材料担载在 CdS 上用于分解乳酸水溶液时，其产氢活性竟然比贵金属 Pt 担载时还要高。从面向工业应用的角度来讲，探索价廉的非贵金属助催化剂也是一个非常值得研究的方向。

3.1.5.3　半导体氧化物纳米传感器——气敏元件

近年来，随着纳米技术的迅速发展，通过监测敏感材料在环境中的电导变化来获得有害物质，特别是对气态环境中有毒、可燃性以及有机挥发性气体的相关信息的研究十分活跃。气敏传感器作为一种气体检测工具已被广泛应用于工业生产、家庭安全、环境监测和医疗等领域的气体监测和报警。气敏传感器是一种检测特定气体的传感器，它将气体种类及其与浓度有关的信号转换成电信号，根据这些电信号的强弱获得与待测气体在环境中存在情况有关的信息。它一般由敏感元件、传感元件和其他辅助元件组成。气敏传感器主要包括半导体气敏传感器、接触燃烧式气敏传感器和电化学气敏传感器等。早期对各种气体的检测主要采用电化学或光学法，其检测速度慢、设备复杂、成本高、使用不方便。随着各种气体灾害的危害性增加，需要对各种易燃、易爆、有毒性气体进行及时检测，原有的方法不能满足这一要求。20 世纪 60 年代初人们开始发现半导体金属氧化物材料具有气敏特性，从而开创了气体传感器研究的新领域，相继开发并获得应用的主要气敏元件，如 SnO_2、ZnO、TiO_2、Fe_2O_3、WO_3、In_2O_3 等(n 型半导体)；NiO、CoO、Cr_2O_3、Cu_2O 等(p 型半导体)[19]。

半导体气敏元件的基本原理可以简述为：待测气体分子与气敏元件接触时，便在气敏元件表面发生吸附和化学反应，根据元件的电学性质随之改变(电阻变化)来获得检测和传感的功能，即可以检测环境中特殊气体的存在和浓度的变化。根据材料导电的形式(电子、空穴)，半导体氧化物气敏元件可分为 n 型半导体气敏元件和 p 型半导体气敏元件。在一定的工作温度下，n 型半导体材料吸附空气中的氧分子，而在材料的表面产生氧负离子，并形成一个电子消耗层，导致粒子间产生一个高的势垒。然而，当处于还原性气体氛围中，如 H_2、CO，还原性气体会与氧负离子反应生成 H_2O、CO_2，残留的电子会进入半导体内部从而降低材料的电阻。以 SnO_2 为例，在加热条件下空气中的氧会从 SnO_2 的供主能级夺走电子，并在晶体表面吸附氧负离子，使表面电位增高，从而阻碍电子的移动，因此 SnO_2 气敏元件在空气氛围中表现出较高的电阻。当与还原性气体接触时，还原性气体与半导体表面吸附的氧负离子发生氧化还原反应，此时的电子被释放，半导体表面电位降低，导致传感器的电阻减小；反之，当与氧化性气体接触时，传感器的电阻则增大。对于 p 型半导体气敏元件，在还原性气体与氧负离子的反应过程中多余电子的注入导致电荷载体浓度降低，从而使元件的电阻增大。

3.1.6 光催化活性的影响因素

根据基元反应原理，光催化剂的活性受光催化剂本征特性，如光的吸收波长、光的吸收效率、激子的激发效率、光生载流子的分离和迁移效率以及污染物的吸附特性等影响。

3.1.6.1 光催化剂的晶型和晶面

晶相结构的差异是影响光催化剂性能的主要因素之一。如何有效地调控光催化剂的晶型和形貌得到高活性的光催化剂，一直都是材料和催化领域研究的热点[20]。例如，TiO_2 通常有 3 种晶型结构：锐钛矿(anatase)、金红石(rutile)和板钛矿(brookite)，禁带宽度分别为 3.2eV、3.0eV 和 3.3eV。不同的晶体结构不仅能影响光催化剂的禁带宽度，还能影响光催化剂光生载流子的分离和迁移效率等。大量的研究表明，锐钛矿光催化活性要大于金红石，原因在于锐钛矿的光生空穴更易于被俘获，以及对有机物有更强的吸附能力。

对于同一种晶型，不同晶面的吸附特性不同，光生载流子的复合率也是不同的[21]。对于光催化反应来讲，不同晶面对应着不同的反应能力。例如，理论计算表明，锐钛矿型 TiO_2 的(101)晶面热力学上稳定但是活性较低，而(001)晶面反应活性最高，但不稳定。在多数研究中，锐钛矿型 TiO_2 的表面主要是被具有热力学稳定的(101)晶面所占据(94%以上)，而活性较高的(001)晶面较少，这便导致 TiO_2 的光催化性能差。Yang 等[22]利用氢氟酸作为保护剂和形貌调控剂制备了具有高活性的 TiO_2 单晶，其(001)晶面占有 47%的比例，同时，晶面的稳定性在该氟端基表面上发生逆转，即(001)晶面的稳定性强于(101)晶面。

3.1.6.2　光催化剂的结晶性

由半导体理论可知，任何半导体均存在本征缺陷，而缺陷对于半导体载流子传输的作用是相对的，具体是有利还是不利，还需要根据缺陷的浓度和类型来判断。但总的来说，结晶性的增大对光催化反应是有利的。一般来说，只有结晶性高的材料才具有共有化的电子，有利于载流子的运输。Amano 等[23]通过两种不同结晶状态的 Bi_2WO_6 对乙醛气体的氧化降解实验证明了结晶钨铋矿型 Bi_2WO_6 比无定形 Bi_2WO_6 光催化活性高，这是因为钨铋矿型 Bi_2WO_6 的光吸收边红移，且光生电子寿命长，因此可以吸收较多的光子。

3.1.6.3　光催化剂的比表面积和颗粒尺寸

催化剂的颗粒尺寸对其催化性能有较大影响，尺寸越大，比表面积越小，催化剂的有效接触面积减小，因而催化活性会降低[24]。当粒子尺寸进入纳米数量级时，其粒子的磁、光、声、热、电以及超导性与宏观物体显著不同。当半导体颗粒的大小为 10~100Å 时，就可能出现量子尺寸效应。量子尺寸效应会导致禁带变宽，并使吸收能带蓝移，其荧光光谱也随颗粒半径减小而蓝移。

3.1.6.4　反应温度

经研究证明，温度对液相光催化降解有机污染物的影响并不大，它主要影响的是底物的吸附和脱附，它们并不对光催化反应速率造成过多的影响。而对于气相光催化体系而言，反应温度还是有一定的影响。由速率方程可知，提高温度有利于反应速率增加，同时也会增加底物的脱附速率，因而降低反应速率。因此，在气相光催化反应体系中，存在一个最佳的反应温度，可使系统的反应速率达到最大。Zorn 等[25]通过 TiO_2/ZrO_2 光催化降解丙酮气体的研究发现，当反应温度为 30~77℃时，反应速率随温度的升高而增加；当反应温度为 77~113℃时，反应速率没有明显变化。因为反应温度对光催化速率有一定的影响，因此为准确测定反应速率应该避免光源的热辐射效应，使得反应尽量在恒温下进行，在光催化反应器的设计中应该注意该问题。

3.1.6.5　体系 pH

在液相光催化反应体系中，溶液的 pH 对光催化过程有较大的影响，主要有以下四点：①pH 可以影响半导体表面的电荷情况，进而影响其对底物的吸附性。例如，TiO_2 在水中的等电点大约是 pH = 6.8，当 pH 高于等电点时，TiO_2 表面带负电，则有利于阳离子染料(如亚甲基蓝)的吸附降解；当 pH 低于等电点时，TiO_2 表面带正电，则有利于阴离子染料(如甲基橙)的吸附降解。②pH 影响半导体的能带位置，根据能斯特方程，pH 越高，其价带和导带能级位置上移，使空穴的氧化能力下降，不利于光催化氧化反应的进行。③光催化氧化反应中•OH 是主要活性物种，所以碱性条件下 OH^-较多，有利于•OH 生成。而光催化还原如制氢反应中 H^+含量是产氢的关键，所以在酸性条件下光催化活性较高。④pH 还影响光催化剂的稳定性，如 Bi_2WO_6 在酸性条件下会转化为 H_2WO_4 而失活。

3.1.7　光催化材料的表征方法

材料的成分、微观结构、显微形貌及其基本的物理化学特性决定了材料的电、磁、光、声、热、力等宏观物理性能。因此对材料微观特性的表征是深入研究材料性能及其应用的基础。本节主要介绍在光催化材料研究中所涉及的各种表征方法。然而，由于材料科学的表征范围十分广泛，所用到的实验技术种类繁多。现将有关光催化材料的表征实验技术，按常规分类简述如表 3-1 所示，并在本节对下列部分表征方法进行简单介绍。

表 3-1　仪器分析方法的分类

被测材料物理性质	分析方法
成分	X 射线荧光光谱(XRF)、原子吸收光谱法(AAS)、电感耦合等离子体质谱(ICP-MS)
物相结构	X 射线衍射(XRD)、选区电子衍射分析(SAED)、激光拉曼光谱分析(LRS)
表面态与价键	傅里叶变换红外光谱(FT-IR)、X 射线光电子能谱(XPS)、俄歇电子能谱(AES)
分散度及形貌	扫描电子显微镜(SEM)、透射电子显微镜(TEM)、原子力显微镜(AFM)、粒度分析仪
光吸收性能	紫外-可见漫反射光谱(UV-Vis)
热分析	热重差热分析(TGA-DTA)
比表面和孔分布	比表面积仪(BET)
光催化机理研究	紫外-可见漫反射光谱(UV-Vis)、光致发光光谱(PL)、表面光电压谱(SPS)、表面光电流谱、交流阻抗谱(EIS)、平带电位、自由基与空穴捕获研究、时间分辨光电导谱(TRPC)
光催化反应中产物分析	高效液相色谱分析(HPLC)、色谱/质谱联用技术、离子色谱(IC)、总有机碳分析(TOC)

3.1.7.1　成分分析

在成分分析中，常量与微量分析是就样品中元素含量而言的。常量分析常用 X 射线荧光光谱(XRF)技术，这一技术对于不同元素分析的下限在 0.1%左右，样品通常为固相。微量与痕量成分分析通常采用原子光谱技术及无机质谱技术，其分析元素含量下限可以达到 10^{-9} 至 10^{-12}，但是仪器要求样品必须是液体，因此微波消解技术是这些样品前处理方法中比较重要的一种，特别是对于难溶氧化物及有机物样品。

1) XRF

基本原理：原子中的内层电子(如 K 层)被 X 射线辐射电离后在 K 层产生一个正空穴。外层(L 层)电子填充 K 层空穴时，会释放出一定的能量，当该能量以 X 射线辐射释放出来时就可以发射特征 X 射线荧光。

XRF 可以用于固体材料的分析，如矿物成分分析、环境材料分析、陶瓷材料分析、催化剂成分分析、薄膜厚度测定，电子产品中 Pb、Hg、Cd、Cr 和 Br 的快速精确分析。

XRF 仪有两种基本类型：波长色散型和能量色散型。能量色散型 XRF 是采用高分辨的半导体检测器直接测量 XRF 线的能量，结构小，检测灵敏度可以提高 2~3 个数量级，不存在高次衍射谱线的干扰，一次全分析样品中的所有元素，对轻元素的分辨率不够，一般不能分析轻元素。

俄歇效应与 X 射线荧光发射是两种相互竞争的过程。对于原子序数小于 11 的元素，俄歇电子的产率高。随着原子序数的增加，发射 X 射线荧光的产率逐渐增加。重元素主要以发射 X 射线荧光为主。XRF 仪能分析原子序数为 4~92 的所有元素，选择性高，分析微量组分时受基体的影响小，重现性好，测量速度快，灵敏度高。

常建平等[26]采用 C 固定道和 Ti、Al、Si 扫描道，以 99.999%石墨及纯 Al、Ti、SiO_2 做标样，对玻璃基材上含有 C 元素的 TiO_2 薄膜厚度及成分进行了测试分析，并将不同溅射时间制备薄膜的厚度测定结果与用 nkd 干涉仪和光学干涉峰计算法的测试结果做对比(表 3-2)。

表 3-2　XRF 成分分析结果及不同方法测试薄膜厚度对比

样品编号	成分分析结果(XRF)		薄膜厚度/nm			误差/%		
	TiO_2/%	C/%	nkd 仪器	XRF	干涉峰计算法	nkd 仪器	XRF	干涉峰计算法
1	88.16	11.84	1043	967	973	4.89	2.75	2.15
2	93.7	6.3	1099	950	1484	6.68	19.33	26.01
3	94.46	5.54	1268	1360	1499	7.83	1.14	8.96
4	94.42	5.58	3004	3465	2866	3.46	11.36	7.89

续表

样品编号	成分分析结果(XRF)		薄膜厚度/nm			误差/%		
	TiO_2/%	C/%	nkd 仪器	XRF	干涉峰计算法	nkd 仪器	XRF	干涉峰计算法
5	90.85	9.15	1036	983	1238	4.57	9.46	14.03
6	89.07	10.93	976	1018	1227	9.09	5.18	14.28
7	91.15	8.85	781	843	851	5.33	2.18	3.15
8	87.13	12.87	892	923	985	4.43	1.11	5.54
9	90.47	9.53	772	843	779	3.26	5.64	2.38
10	85.12	14.88	571	551	577	0.82	2.71	1.88
11	92.00	18.00	740	833	856	8.60	2.88	5.72
12	85.77	14.23	341	338	304	4.069	3.15	7.22
误差平均值						5.25	5.57	8.27

结果表明，XRF 方法测定薄膜厚度的相对误差平均值为 5.57%，略高于 nkd 干涉仪法(5.25%)，优于干涉峰计算法(8.27%)。因此，用 XRF 的 FP-Multi 软件，测定玻璃基材上含 C 元素的 TiO_2 薄膜厚度及其成分不仅可行，而且由于 XRF 还可以同时测定薄膜成分，因此更具优势。

2)原子吸收光谱法(AAS)

基本原理：原子吸收是一个受激吸收跃迁的过程。当有辐射通过自由原子蒸气，且入射辐射的频率等于原子中外层电子由基态跃迁到较高能态所需能量的频率时，原子就产生共振吸收。AAS 就是根据物质产生的原子蒸气对特定波长光的吸收作用来进行定量分析的。当光源发射的某一特征波长的辐射通过原子蒸气时，被原子中的外层电子选择性吸收，使透过原子蒸气的入射辐射强度减弱，其减弱程度与蒸气相中钙元素的原子浓度成正比。

AAS 分析可用于单晶硅表面金属污染分析、葡萄酒中铅(Pb)的浓度分布、废水中 Pb 的定量及高温镍基合金中硒(Se)和锡(Sn)的测定等。目前应用最广的是石墨炉电热原子化法。例如，谷晓稳等[27]以石墨烯/二氧化钛复合材料为吸附剂，结合石墨炉 AAS，建立了 Pb^{2+}和 Cd^{2+}的检测方法。对 Pb^{2+}和 Cd^{2+}的检出限分别为 0.086μg · L^{-1} 和 0.006μg · L^{-1}，相对标准偏差分别为 3.2%和 2.5%。该方法可应用于矿石标准样品的测定，测定结果与标准值相符；用于茶叶实际样品的测定，回收率为 96.8%~105.0%。

3)电感耦合等离子体质谱(ICP-MS)

基本原理：ICP-MS 是利用电感耦合等离子体(ICP)作为离子源的一种元素质谱分析方法，仪器的基本构造由离子源、接口装置和质谱仪三部分组成[28]。样品的进样量大约为 1mL · min^{-1}，样品溶液是靠蠕动泵送入雾化器的。该离子源产生的样品离子经质谱的质量分析器和检测器后得到质谱数据。此方法主要是利用

ICP 技术把待测元素进行电离形成离子，然后通过质谱对离子的质荷比进行测定。不仅可以很容易地鉴别元素成分，还可以获得很好的定量分析结果。

ICP-MS 可用于岩矿超痕量镧系和锕系元素的分析以及枪击残留物分析等。陆美斌等[29]利用 ICP-MS 测定谷物中重金属 As、Pb、Hg 和 Cd 的含量，测定元素标准曲线相关系数均在 0.9999 以上，各元素检出限在 0.0006~0.016mg・L^{-1}之间，回收率在 90%~110%之间，方法的精密度在 5%以内，研究表明，该方法线性范围宽、精密度好、准确性高，适用于快速测定谷物中重金属元素 As、Pb、Hg 和 Cd。

3.1.7.2　物相结构的表征

1) X 射线衍射

X 射线衍射(X-ray diffraction, XRD)物相分析是基于多晶样品对 X 射线的衍射效应，对样品中各组分的存在形态进行分析测定的方法。XRD 广泛应用于晶格参数测定、物相鉴定、晶粒度测定、薄膜厚度测定、介孔结构测定、残余应力分析和定量分析等。

a. 物相结构的确定

材料的成分和组织结构是决定其性能的基本因素，元素成分分析能给出材料的基本成分，而 XRD 分析可得出材料中物相的结构及元素的存在状态。物相分析包括定性分析和定量分析两部分。

定性分析可以鉴别出待测样品是由哪些物相所组成。任何一种结晶物质(包括单质元素、固溶体和化合物)都具有特定的晶体结构(包括晶格类型，晶胞形状和尺寸，晶胞中原子、离子或分子的品种、数目和位置)。在一定波长的 X 射线照射下，每种晶体物质都给出自己特有的衍射花样(衍射线的位置和强度)，每一种晶体物质和它的衍射花样都是一一对应的，不可能有两种晶体物质给出完全相同的衍射花样。如果样品中存在两种以上不同结构的物质时，每种物质所特有的衍射花样不变,多相样品的衍射花样只是由它所含物质的衍射花样机械叠加而成。

定量分析可以对纳米催化剂的分散状态以及分散量进行研究。其依据是：各相衍射线的强度随该相含量的增加而增加，即物相的相对含量越高，则衍射线的相对强度也越高。在研究性能和各相含量的关系、检查材料的成分配比及随后的处理规程是否合理等方面都得到广泛应用。

b. 晶粒大小的测定

对于 TiO_2 纳米粉体材料，其主要衍射峰 2θ为 21.5°，可指标化为(101)晶面。当采用 Cu Kα作为 X 射线源时，X 射线波长为 0.154nm。如图 3-9 所示为 TiO_2/木材的 XRD 谱图，2θ 为 25.2°。

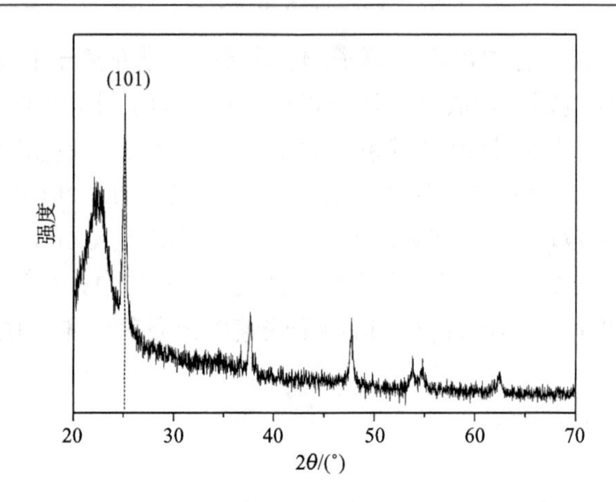

图 3-9　TiO_2/木材的(101)晶面衍射峰的示意图

由测试结果得到，TiO_2(101)晶面的半高宽 $B_{1/2}$ 为 0.375°，晶面间距 d_{101} 为 0.352nm。根据 Scherrer 公式 $D = K\lambda / (B_{1/2}\cos\theta)$，其中，Scherrer 常数 K 取 0.89，θ 为衍射角，λ 为 X 射线波长 0.154nm，代入 $B_{1/2}$，得到晶粒的尺寸 $D_{101} = 21.5$nm。此外，根据晶粒大小还可以计算出晶胞的堆垛层数。根据 $Nd_{101} = D_{101}$，d_{101} 为(101)面的晶面间距，由此可以获得 TiO_2 晶粒在垂直于(101)晶面方向上晶胞的堆垛层数 $N = D_{101} / d_{101} = 21.5 / 0.352 = 61$。

2)选区电子衍射分析(SAED)

电子衍射分析(ED)技术是透射电镜附带的一种重要功能，通过电子衍射来确定晶体的结构，通过晶格振动与晶体结构的关系来确定晶相结构，可以提供样品特定微区的物相结构信息，与 XRD 相比是两种互补的技术，对纳米光催化材料物相结构的研究尤为重要。电子衍射主要研究金属、非金属以及有机固体的内部结构和表面结构，主要用于确定物相和它们与基体的取向关系以及材料中的结构缺陷等。

透射电镜可得到电子衍射图，图中每一斑点都分别代表一个晶面族，不同的电子衍射谱图又反映出不同的物质结构。电子衍射原理与 XRD 原理相同，遵循布拉格方程，然而不同之处在于：电子束衍射的角度小，测量精度差；测量晶体结构不如 XRD；电子束很细，适合做微区分析。

SAED 是借助设置在物镜像平面的选区光栏，对产生衍射的样品区域进行选择，并对选区范围的大小加以限制，从而实现形貌观察和电子衍射的微观对应，使人可以在高倍下选择微区进行晶体结构分析，弄清微区的物相组成。

3)激光拉曼光谱分析

激光拉曼光谱(LRS)分析属于分子振动光谱。LRS 能提供物相、晶粒大小、介孔结构等信息。LRS 可用于生物分子、高聚物、半导体、陶瓷、药物等分析，尤其是纳米材料分析。

基本原理：当一束激发光的光子与作为散射中心的分子发生相互作用时，大部分光子仅是改变了方向，发生散射，而光的频率仍与激发光源一致，这种散射称为瑞利散射。但是，也存在很微量的光子不仅改变了光的传播方向，而且也改变了光波的频率，这种散射称为拉曼散射。其散射光的强度约占总散射光强度的 10^{-10}~10^{-6}。拉曼散射产生的原因是光子与分子之间发生了能量交换，改变了光子的能量。

拉曼位移取决于分子振动能级的变化，不同的化学键或基态有不同的振动方式，决定了其能级间的能量变化，因此与之对应的拉曼位移是特定的。拉曼位移也与晶格振动有关，可根据此研究晶体材料的结构特征。这是拉曼光谱进行分子结构定性分析和晶体结构分析的理论依据。

然而，并非所有的分子结构都具有拉曼活性。分子振动是否出现拉曼活性主要取决于分子在运动过程中某一固定方向上极化率的变化。对于分子振动和转动来说，拉曼活性都是根据极化率是否改变来判断的。对于全对称振动模式的分子，在激发光子的作用下，肯定会发生分子极化，产生拉曼活性，而且活性很强；对于离子键的化合物，由于没有分子变形发生，不能产生拉曼活性。

Ohsaka 等[30]采用拉曼光谱仪对天然锐钛矿和人工合成的锐钛矿型 TiO_2 进行测试。研究发现，天然锐钛矿虽然含有少量的杂质，但拉曼光谱测试结果与人工合成的锐钛矿型 TiO_2 并没有区别。根据对称性分析，锐钛矿型 TiO_2 共有 15 个光学活性振动模式，其简正振动模式表示为 $1A_{1g} + 1A_{2u} + 2B_{1g} + 1B_{2u} + 3E_g + 2E_u$。其中，$A_{1g}$（$519cm^{-1}$）、$B_{1g}$（$399cm^{-1}$ 和 $519cm^{-1}$）和 E_g（$144cm^{-1}$、$197cm^{-1}$ 和 $639cm^{-1}$）模式具有拉曼活性，A_{2u} 和 E_u 模式具有红外活性，而 B_{2u} 模式同时具有拉曼活性和红外活性。

这里需要注意的是，拉曼光谱和红外光谱同源于分子振动光谱，前者是散射光谱，后者是吸收光谱，这两种技术是相互补充的。红外光谱对极性基团的振动和分子的非对称性振动敏感，适合于分子端基的测定；拉曼光谱适合于分子骨架测定，如含有不饱和基团的分子、同原子键（S—S、N═N 等）、C—S、C═S、S—H、C—N、N—H、金属键等。如果分子的振动形式对红外和拉曼都是有活性的，那么它们的基团频率是等效和通用的。

此外，拉曼散射法可测量纳米材料的平均粒径，如

$$D = 2\pi (B / \Delta\omega)^{1/2} \tag{3-49}$$

其中，B 为常数；$\Delta\omega$为纳米晶拉曼光谱中某一晶峰的峰位相对于同样材料的常规晶粒的对应晶峰峰位的偏移量。因此，只要分别测量出纳米晶粒和大块晶粒的拉曼位移，利用二者的差值，即可计算出纳米晶粒的大小。

3.1.7.3　表面与价键分析

价键分析主要分析其基团以及化学键性质，与分子结构有关。价键分析主要研究键的振动转动状态，以红外光谱为主要表征手段。而光催化过程主要是在催化剂表面进行，因此催化剂的表面以及界面结构对催化材料的性能具有重要影响。在本节中主要介绍常用的X射线光电子能谱(XPS)和俄歇电子能谱(AES)分析。

1)傅里叶变换红外光谱

当用红外光照射物质时，物质的分子吸收红外光后不仅引起振动能级的变化，而且伴随着一系列分子转动能级的跃迁，因此所测得的吸收光谱即为红外光谱(IR)，它是由连续谱带组成的振动-转动光谱。红外光谱的吸收频率、吸收峰的数目及强度与分子结构有关，因此可以借助红外光谱鉴定物质的分子结构和化学基团。根据测定原理的不同，红外光谱仪分为两种类型，即采用光栅分光的色散型红外光谱仪(IR 光谱仪)和采用迈克尔逊干涉仪的干涉型傅里叶变换红外光谱仪(FT-IR 光谱仪)。FT-IR 光谱与色散型 IR 光谱相比，具有检测灵敏度高、信噪比高、测量精度高、分辨率高、测定速度快及测定波段宽并且全波段内分辨率一致等优势。

红外光谱可用于分析光催化剂的结构缺陷、表面修饰基团等。例如，Zhang等[31]利用 FT-IR 分析 PANI/ZnO 杂化光催化剂的结构，图 3-10 是不同 PANI 负载量的 PANI/ZnO 光催化剂的 FT-IR 光谱。通过分析 C—H 弯曲振动、醌环振动和苯环振动，证明 PANI 与 ZnO 之间通过化学键紧密相连，而这种杂化可以提高光生载流子的分离效率，从而提高光催化性能。

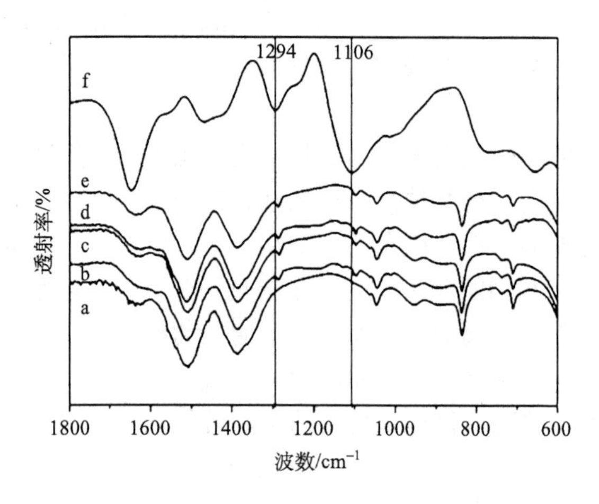

图 3-10　PANI/ZnO 杂化光催化剂的 FT-IR 光谱

a. ZnO；b. PANI/ZnO(0.5%)；c. PANI/ZnO(1.0%)；d. PANI/ZnO(2.0%)；e. PANI/ZnO(3.0%)；f. PANI

2) X 射线光电子能谱

X 射线光电子能谱(XPS)也被称为化学分析用电子能谱(ESCA)。基本原理：基于光电离作用，当一束光子辐射到样品表面时，光子可以被样品中某一元素原子轨道上的电子所吸收，使得该电子脱离原子核的束缚，以一定的动能从原子内部发射出来，变成自由的光电子，而原子本身则变成一个激发态的离子。这种现象就称为光电离作用。用 X 射线照射固体时，由于光电效应，原子某一能级的电子被击出物体之外，此电子称为光电子。当固定激发源能量时，其光电子的能量仅与元素的种类和所电离激发的原子轨道有关。因此，我们可以根据光电子的结合能定性分析物质的元素种类。

XPS 在光催化材料的分析中可以提供以下信息：利用结合能进行定性分析；利用化学位移进行价态分析；利用强度信息进行定量分析；利用表面敏感性进行深度分布等。

3) 俄歇电子能谱(AES)

基本原理：当具有足够能量的粒子(光子、电子或离子)与一个原子碰撞时，原子内层轨道上的电子被激发出后，在原子的内层轨道上产生一个空穴，形成了激发态正离子。这种激发态正离子是不稳定的，必须通过退激发而回到稳定态。在此激发态粒子的退激发过程中，外层轨道的电子可以向该空穴跃迁并释放出能量，该释放出的能量又可以激发同一轨道层或更外层轨道的电子使之电离而逃离样品表面，这种出射电子就是俄歇电子。从上述过程中可以看出，至少有两个能级和三个电子参与俄歇过程，所以氢原子和氦原子不能产生俄歇电子。同样孤立的锂原子因为最外层只有一个电子，也不能产生俄歇电子。但是在固体中价电子是共用的，所以在各种含锂化合物中可以看到从锂发生的俄歇电子。

俄歇电子的动能只与元素激发过程中涉及的原子轨道能量有关，而与激发源的种类和能量无关，是元素的固有特征。俄歇电子的能量可以从跃迁过程设计的原子轨道能级的结合能来计算。根据形成初始穴壳层、随后弛豫及出射俄歇电子壳层的不同，在元素周期表中从锂到铀元素形成了 KLL、LMM、MNN 三大主跃迁系列，依据每个元素俄歇跃迁谱主峰所对应的动能大小就可以标识出元素的种类，用于元素的定性分析；根据样品中所检测到的各元素谱峰的相对强度，在经过适当的校正，便可获得样品中各元素的相对含量，进行定量分析。

俄歇电子的强度是俄歇电子能谱进行元素定量分析的基础。然而，由于俄歇电子在固体中激发过程的复杂性，到目前为止还难以用俄歇电子能谱来进行绝对的定量分析。俄歇电子的强度除与元素的存在量有关外，还与原子的电离截面、俄歇产率以及逃逸深度等因素有关。

相对于 X 射线光电子能谱，俄歇电子能谱检测极限约为 10^{-3} 原子单层，其采样深度为 0.5~2.5nm，比 X 射线光电子能谱要浅，更适合于表面元素定性和定量分析。表 3-3 是对两种常用的表面和界面分析方法的比较。

表 3-3　两种常用的表面和界面分析方法比较

技术	XPS	AES
测量类型	能量	能量
主要	元素、化学键	元素
辅助	深度分布、价带结构、shake-up	成像、化学键、Plasmon 结构、深度分布
深度分辨率	1~3nm	0.5~2.5nm
空间分辨率	<3 μm	<10nm
灵敏度(原子分数)	$10^{-3} \sim 10^{-2}$	$10^{-3} \sim 10^{-2}$
不能检测元素	H、He	H、He

3.2　半导体光催化剂

3.2.1　存在的问题和发展趋势

光催化剂的数量非常多，可分为以下几类：半导体基光催化剂、复合材料、复杂氧化物、多金属氧酸盐及复杂的有机或有机金属化合物。近年来，紫外光响应型光催化剂已成为目前研究较为成熟的一种光催化材料。由于紫外光波长较短(< 400nm)，频率较大，可以激发一些带隙大于 3.0eV 的半导体(如 TiO_2、ZnO 等)价带上的电子使其发生跃迁而形成光生电子-空穴对。由于 TiO_2 具有稳定、价廉、无毒等特点，是目前研究最多且理论认知最为深入、实际应用最为广泛的一类光催化剂。

然而，这种对紫外光响应的光催化剂还不够理想，存在诸如 TiO_2 由于其禁带宽度为 3.2eV，仅能吸收波长大于 400nm 的紫外光，而这部分紫外光仅占太阳光的 4%，导致可见光利用率低，并且颗粒、粉状的催化剂不易回收、制备条件苛刻、成本高等问题。因此，目前国内外开展了大量新型光催化剂的探索工作。现阶段主要从以下三个方面改进光催化过程中催化剂的活性和能效，进而达到提高的效果。

(1)对现有催化剂的结构和组成进行改性，主要包括：减小晶粒尺寸、过渡金属离子掺杂、贵金属表面沉积、非金属离子掺杂、表面光敏化、半导体复合、制备中孔结构光催化剂等；

(2)开发新型的光催化剂，如层状结构的 Bi_2MO_6(M = W、Mo)和钙钛矿型复合氧化物 $LaFeO_3$、$LaFe_{1-x}Cu_xO_3$ 等；

(3)将光催化过程与外场进行耦合，主要包括微波、超声波、热场、电场。

半导体光催化的应用形式并非仅限于光催化剂呈分散态的悬浮体系。从实际应用角度来看，将催化剂固定在载体上和光催化剂的薄膜化方面的实验探索越来越多。而其应用范围也不再局限于环境保护这一重要课题，已拓展至新能源开发、医疗卫生、食物保鲜、物质分离与纯化、同位素分离等许多方面。

3.2.2　单一半导体光催化剂

常见的单一化合物光催化剂为金属氧化物或硫化物半导体材料[32]。例如 TiO_2、WO_3、ZnO、SnO_2、ZnS、CdS 等，它们具有较高的禁带宽度，能使化学反应在较大的范围内进行。用于有机化合物降解的良好的半导体光催化剂的关键是 H_2O/·OH 的还原电位小于金属材料的禁带宽度，并且能在相当一段时间内保持稳定。在上述单一化合物半导体材料中，金属硫化物和氧化铁的多晶型物易受到光阴极腐蚀而影响其活性和寿命，因而不是最佳的光催化材料。而 ZnO 性质不稳定，部分溶解后生成的 $Zn(OH)_2$ 覆盖在 ZnO 颗粒表面使催化剂部分失活。相对而言，TiO_2 因其化学性质稳定、抗光腐蚀能力强、难溶、无毒、成本低，是研究中使用最广泛的光催化材料，它能很好地利用 390nm 以下的紫外光，以下对光催化剂的改性以 TiO_2 作为研究对象进行。然而，TiO_2 的禁带宽度为 3.2eV，其对应的吸收波长为 387.5nm，光吸收仅局限于紫外光区。但这部分光尚达不到照射到地面太阳光谱的 5%，且 TiO_2 量子效率最多不高于 28%，因此太阳能的利用效率仅在 1%左右，大大限制了对太阳能的利用。

为促使光生电子与空穴的分离，抑制其复合，从而提高量子效率扩展至激发光的波长范围，以便充分利用太阳能提高光催化剂的稳定性，目前有数种常用的半导体光催化剂的改性技术，主要包括过渡金属离子掺杂、贵金属沉积、非金属元素掺杂、半导体光催化剂的复合和其他新型光催化剂的开发等。

3.2.3　过渡金属离子掺杂

过渡金属离子掺杂是在半导体中掺杂不同价态的过渡金属离子。从化学角度看，掺杂过渡金属离子可以在半导体晶格中引入缺陷位置或改变其结晶度，从而形成电子或空穴的陷阱而延长光催化剂寿命[33]。用于掺杂的金属离子主要有 W^{6+}、Mo^{5+}、Fe^{3+}、Cu^{2+}、Sn^{4+}、Zr^{4+}、Cr^{3+}等，掺杂离子与 TiO_2 中 Ti 原子价态和半径越接近，越容易得到均匀掺杂的 TiO_2 光催化剂。

Choi 等[34]研究了 19 种过渡金属离子分别掺杂在纳米 TiO_2 中，并对其光催化活性进行了测试研究，研究结果表明，掺杂 0.1%～0.5%的 Fe^{3+}、Mo^{5+}、Ru^{3+}、Os^{3+}、Re^{5+}、V^{4+}及 Rh^{3+}后，使得改性后的 TiO_2 光催化能力均有一定的提高，但并非所有金属离子掺杂后都可以提高 TiO_2 的光催化活性，如 Co^{3+}和 Al^{3+}的掺杂会阻碍催化剂对有机物的光催化氧化。并且离子的掺杂浓度存在一个最佳值，当小于最佳浓度时，半导体中因俘获载流子的陷阱不足而达不到最佳活性；当大于最佳浓度时，由于随掺杂物质含量的增加，导致陷阱之间的平均距离降低，光催化活性因复合而呈下降趋势。

此外，Srinivasan 等[35]采用溶胶-凝胶法制备了 Fe^{3+}/Zn^{2+}掺杂 TiO_2光催化剂，研究表明，掺杂后的催化剂吸收波长红移到可见光区域，并对有机物苯酚光催化降解率提高了 35%。Wilke 等[36]研究了 W^{6+}和 Ca^{2+}掺杂 TiO_2光催化降解酸性橙的活性，结果表明，高价离子(W^{6+})的掺杂可使费米能级向上迁移，表面势垒变高，空间电荷层变窄，光生电子-空穴在强电场下得到了有效分离，从而提高了光催化降解效果，而低价离子(Ca^{2+})的作用则与其相反。

3.2.4 贵金属沉积

贵金属沉积是通过浸渍还原、表面溅射等方法将贵金属形成原子簇沉积于半导体表面。当贵金属与半导体接触后，由于金属和半导体的费米能级差，载流子将重新分布，直至费米能级持平，即电子从半导体向金属流动，因此金属表面储存过量的负电荷，而半导体表面留下过量的空穴，半导体和金属之间形成能捕获光生电子的肖特基势垒(Schottky barrier)，从而抑制电子-空穴的复合。当前研究中 Ag、Au、Pt、Pd、Ru 等是较为常用的贵金属，而贵金属的修饰对光催化活性具有一定的提高[32]。

Su 等[37]通过静电纺丝和溶剂热法在 TiO_2纳米纤维上沉积 Ag 纳米粒子，结果表明，沉积 Ag 纳米粒子后将光催化响应的光域扩展至可见光范围，并且在可见光照射下 Ag/TiO_2对罗丹明 B 的降解明显增强，证明了沉积的 Ag 纳米粒子可作为电子捕获剂，提高光生电子和空穴的分离，从而提高其光催化性能。Yu 等[38]研究了 Pt 沉积在 TiO_2纳米片后光催化产氢性能的情况，发现其产氢速率显著提高了。

3.2.5 非金属元素掺杂

非金属元素掺杂是将非金属元素引入到 TiO_2晶格内部，改变 TiO_2相应的能级结构，在其内部形成新的掺杂能级，从而使 TiO_2更容易受光激发产生光催化活性。掺杂的非金属元素主要有 N、C、S、B 和 P 等，这些非金属元素的原子半径与氧原子较为接近。从 20 世纪 80 年代开始，人们就对开发制备具有可见光响应特性的半导体材料进行了相关的探索研究。早在 1986 年 Stao 等[39]就发现氮掺杂后能够使 TiO_2在可见光照射下表现出光催化活性，但之后的十几年间没有引起人们的重视，直到 2001 年，Asahi 等[40]通过理论计算给出了氟、氮、碳、硫、磷等非金属元素掺杂锐钛矿 TiO_2的电子结构，经过与实验研究结果相结合，最终提出了开发具有可见光催化活性 TiO_2的新技术方法来实现非金属元素掺杂，并首次报

道了氮掺杂 TiO_2，在 *Science* 上发表了一篇有关非金属氮掺杂 TiO_2 的文章，实现了 TiO_2 可见光催化活性，并且非金属元素掺杂因为具有低的载流子复合中心和高的热稳定性，而在催化科研领域中有着非常大的意义，这一发现引起了研究者们对 TiO_2 非金属元素掺杂改性的研究风暴。这一重要工作使 TiO_2 在可见光诱导特性方面的研究重新受到广泛关注。2002 年，Khan 等[41]通过在天然气中高温处理钛金属片，实现了 TiO_2 的碳掺杂。

3.2.6 半导体光催化剂复合

半导体复合是将两种半导体材料在微观层面通过某种方式使二者结合，形成具有一定微观结构性能的复合半导体，这将改变它们二者原有的一些特有的性质。复合半导体对于载流子的分离作用不同于单一半导体材料，由于具有 2 种不同能级的导带和价带，复合半导体光照激发后电子和空穴将分别被迁移至 TiO_2 的导带和复合材料的价带，从而实现载流子的有效分离。目前报道的二元复合光催化剂有 SnO_2/TiO_2、ZnO/TiO_2、WO_3/TiO_2、SiO_2/TiO_2、CdS/TiO_2、SnO_2/ZnO、V_2O_5/Al_2O_3 等体系。但复合半导体的能带结构必须相匹配，这样才能通过复合来提高其光电转换效率。例如，两种半导体材料 SnO_2 和 TiO_2，它们的禁带宽度 E_g 分别为 3.15eV 和 3.2eV，在 pH 为 7 时，SnO_2 的导带比 TiO_2 的导带低，故前者能聚集光生电子并充当电子转移中心，而空穴的运动方向与电子的运动方向相反，空穴聚集在 TiO_2 的价带。即光激发 TiO_2 产生的电子从其较高的导带迁移至 SnO_2 较低的导带，而空穴则从 SnO_2 的价带迁移至 TiO_2 的价带，从而实现电子与空穴的良好分离，有利于提高反应速率。

3.2.7 共掺杂及自掺杂改性

共掺杂是指两种或两种以上金属、非金属离子掺杂到 TiO_2 晶格中，或者离子掺杂后与金属氧化物复合，提高其光催化活性的方法。研究表明，多种原子掺杂或复合可产生协同作用，在拓宽吸光范围、抑制载流子复合、提高催化剂表面羟基含量等方面有重要作用。对 TiO_2 进行掺杂，当掺杂的元素合适时，可在 TiO_2 的禁带中引入掺杂能级，使其禁带窄化，能量较小的光子可以激发电子发生跃迁，即能吸收波长较长的光，光吸收带边红移，扩宽了光响应范围，提高了量子效率，从而有助于光催化效率的提高。双元素共掺杂时，进一步加强其可见光响应，光吸收红移程度加大。一般来说，更能促使 TiO_2 可见光响应的掺杂元素以非金属元素为主，其中氮、氟、硫等非金属元素研究较多。自从 Asahi 等[40]研究发现氮掺杂的 TiO_2 可以吸收波长小于 500nm 的可见光以来，就开启了氮与非金属元素共掺杂的研究，如氟氮[42, 43]、硫氮[44, 45]以及磷氮[46]共掺杂等。一般认为，少量氮原子进入 TiO_2 晶格中，氮将会替代 TiO_2 中的 O，在 TiO_2 价带上方产生新的杂质能级，使其带隙能变窄，有利于催化剂对可见光的吸收。Xie 等[42]发现氟氮共掺杂 TiO_2 的光吸收带边红移到可见光区，在可见光下具有比 TiO_2 P25 和纯 TiO_2 更高的光催化活性。Huang 等[43]将氟氮共掺杂入 TiO_2，发现其具有很强的可见光吸收特性，表面呈现强酸性，光催化降解效率分别是 TiO_2 P25、氮单掺杂 TiO_2 和氟单掺杂 TiO_2 的 1.75 倍、1.25 倍和 1.5 倍，他们将这种较高的光催化活性归结为 N 2p 在 TiO_2 禁带中引入的新能级和氮氟共掺杂的协同作用。

一些研究结果表明，金属元素与氮共掺杂也能产生协同作用，促使 TiO_2 的可见光响应，如铜氮[47]、铅氮[48]、铂氮[49]、铁氮[50]、铈氮[51]等的共掺杂。例如，Song 等[47]发现铜氮共掺杂 TiO_2 的光吸收带边红移，在可见光区具有强吸收，其光催化活性高于单掺杂和不掺杂的 TiO_2。王振华等[48]研究了铅氮共掺杂 TiO_2 纳米晶，结果表明铅氮共掺杂可以起到协同作用，降低 TiO_2 的带隙能，从而在可见光区域具有较高的光催化活性。Cong 等[50]通过均质沉积-水热法制备铁氮共掺杂的 TiO_2 纳米粒子。结果证明，铁的掺杂可使 TiO_2 的光吸收带边向可见光区移动；氮掺杂后这种移动趋势更强；铁氮共掺杂时，光吸收带边的红移比单掺杂更强。其原因是铁氮的共掺杂在 TiO_2 的带隙中引入了新的能级，使 TiO_2 的禁带窄化。

从杂原子掺杂的碳基催化剂得到启发，N、S、P、B 等不同原子掺杂进碳晶格中，由于原子半径、电负性等差异，致使与杂原子相邻的碳原子上带有更多的正电荷，而这种电荷分布变化，有利于氧气的吸附。研究者们通过大量实验探索研究，对含杂原子化学制剂前驱体进行高温碳化，后处理及电化学等方法进行处理，意在实现杂原子在碳晶格中的掺杂，以期改变其电荷分布及物理化学特性，提高其催化性能。而这些反应过程一般都涉及利用合成的化学制剂做碳源及其他杂原子来源，涉及比较苛刻的反应条件或者比较低的产出率等，带来一定程度的环境污染及高能消耗等问题。因此寻求一种简单便捷，低投入高产出的绿色合成方法来实现具有商业可行性的碳基材料的制备是值得关注的。生物质是地球上最为广泛存在的物质，包括植物、农作物、林产物、海产物等。生物质具有谱系广泛、组成及结构各具特色、富含大量结构特别的且含有杂元素的分子以及微量元素等重要优点，用生物质直接制备含氮碳基材料做活性炭、超级电容器及锂离子电池材料等已有相关文献报道[52-56]。可以断定：一些生物质无疑是制备掺杂活性碳基催化剂的良好前驱体材料[57]。

Yin 等[58]研究表明，在煅烧过程中以巴黎翠凤蝶蝶翅为模板制备的 C 元素掺杂的 $BiVO_4$ 光催化剂，通过调整煅烧温度可以控制 C 的掺杂量在 0.6%~2.4%（质量分数）范围内，该方法制备的样品具有优异的光催化降解染料（亚甲基蓝）和光催化分解水产氧的性能。Song 等[59]则不使用任何模板剂，直接在惰性气体氛围下，通过温度优化（800~1100℃），高温下焙烧裙带菜制备了一种新型的海藻碳，这种海藻碳结构中掺杂了海藻本身所固有的氮元素及硫元素，形成一种共掺杂结构。

研究同时还发现，制备合成的海藻碳具有较高的比表面积及电化学导电性，在碱性介质中其氧化还原催化性能基本能赶上商业铂碳催化剂，其抗甲醇渗透性及稳定性比商业铂碳优越。

3.2.8　其他新型光催化剂

自光催化材料的研究起，国内外有关光催化剂的研究大多数都是以 TiO_2 或者改性 TiO_2 作为光催化剂的。然而，其实用化研究进程长期以来未有较大的突破。近些年来，一些研究者开展了新型光催化剂的探索工作，并取得了一些重要进展。例如，傅希贤等[60, 61]对 $AA'BB'O_3$ 钙钛矿型光催化材料进行了大量的研究，除了钛酸盐外，还有 $LaFeO_3$、$LaCoO_3$ 及其掺杂物 $La_{1-x}Ca_xFeO_3$ 和 $LaFe_{1-x}Cu_xO_3$ 等稀土钙钛矿复合氧化物均可作为光催化剂。Liu 等[62]用溶胶-凝胶方法制得 $TiO_2/Zr_xTi_{1-x}O_2$ 复合光催化剂，通过研究发现其光催化性能和稳定性都比纯 TiO_2 和 TiO_2 P25 薄膜高得多。尤其是 Yao 等[63, 64]分别提出 $Bi_2Ti_2O_7$、$Bi_{12}TiO_{20}$ 等材料作为一种新型的光催化剂，通过分解甲基橙来测定其光催化性能，结果表明，在可见光区具有一定的光催化性能，而在紫外光区光催化性能显著提高。

3.3　生物质基光催化材料的制备

自然界一直以来都是广大科研工作者和工程技术人员创新灵感的重要来源之一，回顾科学技术的发展历程，每次对自然认识的深入都伴随着诸多科学发明和技术进步，从早期的模仿生物宏观外形设计交通工具，到目前借鉴生物微观结构改善材料性能，对自然界的学习令我们受益匪浅。

由于纳米材料具有不同于宏观物质材料的性质，量子尺寸效应、小尺寸效应、宏观量子隧道效应等奇异的物理化学性质，掀起了国内外广泛的研究狂潮。纳米材料在催化、气敏、锂离子电池、太阳能电池、医药、光电、磁介质等新材料领域具有重要的应用前景。为了满足人们的需求，制备符合要求的纳米材料等问题急需解决，故涌现了多种多样的制备方法，如水热法、溶胶-凝胶法、模板法、气相沉积法、高能球磨法和微乳液法等。为了得到尺寸可控、无团聚的纳米材料，研究学者发现了“窍门”，通过有效地干涉化学反应的过程来得到纳米材料。这种“窍门”就是模板法。其制备方法简单易操作、成本低廉、具有可控性等优点引起了人们广泛的重视。近年来，随着生物技术的迅猛发展，在生物技术和材料学间出现了一种以生物体为模板合成纳米材料的技术。在自然界中，天然复合材料比比皆是。从高级植物到动物牙齿，它们皆具有复杂的纳米至亚微米尺度的多级结构单元，无机质为功能中心，有机聚合物起双向作用，即结构模板作用和改善材料综合性能的作用。许多生物体自身拥有人工技术无法比拟的精细的分级结构等优点，也正是如此，生物模板技术作为学习和借鉴自然的一种新尝试，才崭露头角就已经受到了广泛的关注。

3.3.1 生物模板法简介

生物模板法就是采用具有一定结构的生物组织或者生物大分子为模板，利用自组装以及其空间限域效应，通过物理、化学等方法按照设计要求形成具有新结构的仿生材料[65]。生物材料经历数千年自然选择和竞争淘汰，被赋予了丰富多样的各种特定的形貌结构。师法大自然母亲，将这些丰富且廉价的结构作为生物模板来制备纳米材料，对材料结构-性能耦合关系的研究有着重要的意义。生物模板是近年来在结构仿生研究基础上提出的材料结构研究的一条新思路，即利用天然结构作为模板来实现特殊材料结构的高效制备。与结构仿生相比，生物模板技术更注重研究生物结构本身的应用前景，而不局限于模仿这些结构在生物体中对应的某方面性质。因此，它不仅丰富了特殊材料结构制备的手段，也拓展了生物结构在材料领域的应用。

3.3.2 生物模板法原理

生物模板合成纳米材料是指少量有机大分子完成和操纵无机小分子成核、生长，最后形成纳米结构材料。生物模板合成的原理实际上非常简单。设想存在一个纳米尺寸的笼子(纳米尺寸的反应器)，让原子的成核和生长在该“纳米反应器”中进行。在反应充分进行后，“纳米反应器”的大小和形状就决定了作为产物的纳米材料的尺寸和形状。无数个“纳米反应器”的集合就是模板合成技术中的“模板”。生物模板法就是通过物理、化学等方法在保留原始模板多级多尺度结构的同时，引入新的组成成分，从而赋予材料新的功能。

3.3.3 生物模板法分类

生物模板具有形貌重复性高以及廉价易得、原料丰富、可再生、环境友好等特点。生物模板法已成为材料领域的一个充满活力的研究方向，发展迅速，已取得一系列鼓舞人心的研究成果。目前常用的生物模板主要分为四类。

1)生物组织模板

目前，用于生物组织模板的有植物组织模板(如树叶)和动物组织模板(如蛋膜)等。Yang 等[66]以鸡蛋膜为模板通过溶胶-凝胶浸渍法合成了纳米管组成的高度有序大孔网状结构的锐钛矿晶型 TiO_2。鸡蛋膜上含有的胺、氯化物和表面羟基基团把钛的前驱体吸附在膜纤维的表面，形成一层薄膜，通过 500℃热处理除去模板，并使 TiO_2 晶化，最终得到蛋膜形状的 TiO_2。Dong 等[67, 68]也同样利用鸡蛋膜通过简单的浸渍涂覆和煅烧处理合成了交织状的 SnO_2、ZnO 纳米纤维。Zhou

等[69]以植物树叶为模板，通过两次渗透作用复制绿叶天然的精细结构，并且绿叶中的 N 以自掺杂的方式加入光催化剂中，制备了具有原始树叶分级多孔结构的 N 掺杂的 ZnO，相比于同类光催化剂，其光吸收边红移且在可见光波段的吸收提高了 84%以上。此外，其在太阳光的照射下光降解甲基蓝的效果显著。

2) 生物分子模板

以生物分子为模板合成无机半导体纳米材料，能够很好地控制材料的结构、形状和颗粒大小。目前，有很多研究表明生物分子为模板合成纳米材料的可行性，用于生物分子模板的有蛋白质分子模板、DNA 分子模板、氨基酸分子模板、多糖分子模板、微生物分子模板以及一些生物组织中的天然结构等。1995 年，Coffer 等[70]首先提出应用 DNA 模板进行 CdS 纳米粒子自组装，并以小牛胸腺 DNA 为模板合成出了平均直径为 5.6nm 的 CdS 纳米粒子。严晶晶[71]等以酪蛋白和蛋清蛋白为模板制备均匀分散的 ZnO 和 TiO_2 纳米小颗粒，结果表明，产物的光催化效果比 TiO_2 P25 更优异。

3) 活体生物模板

仿生结构材料的制备是指利用自然界生物特殊的结构为模板，实现模板的完整复制，达到结构与性能一体化。活体模板包括生活中常见的花粉颗粒、蝴蝶翅膀、海带、硅藻、蜘蛛丝、棉花纤维和竹子等。海带生活在海水中，依赖透射到海底的有限的太阳光进行光合作用，其独特的组织结构提高了太阳光的利用率。Shi 等[72]以海带为模板，海带的组织中含有 N 和 I，通过简单的一步渗透法制备了具有原始海带分级多孔结构的 TiO_2 光催化剂，同时，可使 N 和 I 以自掺杂的方式加入 TiO_2 催化剂中。结果表明，N 和 I 的共掺杂使 TiO_2 的禁带宽度变窄，提高了它对可见光的利用率，多孔结构则增加了样品对光的多重散射和吸收，从而提高了光捕获效率，并获得了良好的光催化降解有机物效果。

蝴蝶为了满足捕食求偶等生存需要，蝶翅通常呈现出不同的颜色，这是由于蝶翅的主要成分甲壳素与其填充其间的空气具有不同的折射率，对入射的光线产生散射、干涉、衍射等光学作用，另外蝶翅的结构还有特殊的捕捉光的能力。Yao 等[73]以巴黎翠凤蝶蝶翅为模板，采用简单的浸渍、煅烧的方法制备具有蝶翅结构的 Bi_2WO_6，结果表明具有蝶翅结构的 Bi_2WO_6 分级结构的优异特性，其对可见光的吸收性能要高于单纯的 Bi_2WO_6。Peng 等[74]通过水热合成法，以异型紫斑蝶和巴黎翠凤蝶的蝶翅为模板，制备具有蝶翅结构的纳米 Fe_3O_4，并证明制备的 Fe_3O_4/蝶翅优异的磁响应和光学响应特性是生物模板结构和磁性材料的综合作用得到的。Yin 等[58]研究表明，在煅烧过程中以巴黎翠凤蝶蝶翅为模板制备的 C 元素掺杂的 $BiVO_4$ 光催化剂，通过调整煅烧温度可以控制 C 的掺杂量在 0.6%~2.4%(质量分数) 范围内，而该方法制备的样品具有优异的光催化降解染料(亚甲基蓝)和光催化分解水产氧的性能。Song 等[75]报道了以蝶翅为模板制备的多孔分级 SnO_2 在较低工作温度(170℃)时，对乙醇的挥发物具有高响应性和灵敏性。

4)微生物模板

微生物包括病毒、细菌以及真菌，这些物质具有独特而有趣的结构，能够迅速、廉价地再生，这些特性使得它们成为材料合成中富有吸引力的一种模板。Zhou等[76]采用微生物细胞为模板，以简单沉淀法合成了一种新型的介孔复合 Fe_2O_3 光催化材料。这种介孔复合 Fe_2O_3 材料具有无序介孔结构，高的比表面积和高的光催化活性。微生物在生物矿化中，细胞分泌的自组装的有机物对无机物半导体的形成起到模板作用，使无机矿物具有一定的形状、尺寸、取向和结构，从分子水平控制无机矿物相的析出，从而使生成物具有特殊的组装方式和多级结构。

3.3.4 生物模板法合成纳米材料的应用

利用生物模板合成纳米材料，生物模板不仅赋予了材料多尺度多层次的结构，还引进了特定的组分，给予了材料许多功能性。自然界中的生物，尤其是植物组织，具有多孔结构，气孔分布广泛，是制备多孔材料最佳的模板选择。生物模板构筑的多孔材料大的比表面积，精细的分级结构，表面易于修饰，可用作吸附剂、催化剂、气敏元件，并在光子晶体、生物医药等领域有巨大的应用潜力和价值。

利用各种生物精细结构作为模板合成半导体纳米功能材料，不仅能创造出丰富的微观纳米分级结构，还能利用材质和结构的共同耦合作用提高材料的性能，为今后设计高效的纳米功能材料开拓一条新的道路。但目前研究中涉及的生物结构和半导体种类还很有限，对模板转化机理不是特别清楚，还需要我们进行深入的探究，接下来需要不断尝试更多生物结构和材质并寻找更加高效的自然结构-材质组合，以期达到理想的效果。

3.4 半导体负载的木质基功能材料

木材作为一种天然的有机复合材料，具有结构层次分明、构造复杂有序、分级结构鲜明、多孔结构精细等特性，同时具有各向异性、低密度、高弹性、机械性能优良和来源丰富、可再生等特点，是一种多功能的环境友好型材料，与人们的生活息息相关，广泛应用于人类生活的各个领域，如室内外家具、木质建筑材料、装饰材料等。但同时木材本身也存在着一些自然缺陷。例如，由于木材具有大量的亲水基团和丰富的孔隙结构，长期置于潮湿环境中易产生开裂变形、霉变、腐朽、降解等，极大地限制了木材的使用范围。近年来，在“荷叶滴水不沾”这一自然特性的启发下，众多科研工作者开展了仿生“荷叶滴水不沾”特性的研究工作，经研究证明，荷叶表面的微纳米多级结构和低表面能的蜡质物是使其具有超疏水和自清洁功能的根本原因[77]。因此，在材料表面构筑仿生功能薄膜，通常先在材料表面制备一层粗糙薄膜，如 TiO_2、ZnO、SiO_2、V_2O_5、CeO_2 等无机纳米材料[78]，再对薄膜用低表面能物质进行表面修饰。

在本节中，我们以大青杨的边材锯切好的小木块为原料，负载半导体薄膜(TiO_2、Cu_2O、Ag 沉积改性 TiO_2 及 TiO_2 和 Cu_2O 复合)，并探索低表面能物质改性处理后，赋予木材的超疏水、超疏油、抑菌、耐久等性能。

3.4.1 pH 调控润湿性的 TiO_2/木材

目前，关于 TiO_2 的制备已有很多报道。例如，Matsuda 等[79]用改进的溶胶-凝胶法，在 100℃以下制备出透明的多孔锐钛矿纳米 TiO_2 薄膜；Lee 等[80]采用溶剂热法制备出具有较高光催化活性的透明 TiO_2 薄膜；Nagayama 等[81]提出利用水热合成法即利用过饱和溶液制备金属氧化物薄膜，Deki 等[82]又利用这种方法制备出 TiO_2 薄膜，王晓萍等[83]系统地介绍了该方法用于制备氧化物薄膜，并以氟钛酸铵和硼酸的混合溶液为前驱体，在载玻片上制备出亲水性 TiO_2 光催化薄膜；赵文宽等[84]在氟钛酸铵和硼酸的前驱体溶液中加入锐钛矿 TiO_2 纳米晶作结晶诱导剂，在 35~65℃的温度条件下，在玻璃基材上得到透明性好且具有光催化活性的 TiO_2 薄膜，这为利用水热合成法实现低温下在有机底物上负载 TiO_2 功能薄膜奠定了基础。

3.4.1.1　*材料与方法*

1) 原料

木材选自东北地区常见树种大青杨的边材部分，锯切成 20mm(长)×20mm(宽)×30mm(厚)的锯材试样，实验前，用酒精和蒸馏水依次清洗木材后烘干备用，实验中所用氟钛酸铵、硼酸、盐酸、氢氧化钠和蒸馏水均为分析纯，购自天津科密欧化学试剂开发中心。

2) 不同 pH 的 TiO_2 前驱体溶液的配制

采用氟钛酸铵与硼酸的反应体系，将 $0.4mol \cdot L^{-1}$ 的氟钛酸铵和 $1.2mol \cdot L^{-1}$ 的硼酸溶于蒸馏水中，室温下磁力搅拌至完全溶解，用 pH 计测得此时溶液的 pH 约为 6.53。随后，分别用 $0.1mol \cdot L^{-1}$ 的盐酸和 $0.1mol \cdot L^{-1}$ 的氢氧化钠溶液调节溶液的 pH 为 1~6 和 7~14。

3) TiO_2/木材的制备

分别取不同 pH 的 TiO_2 前驱体溶液 75mL 置于 100mL 聚四氟乙烯反应釜中，每个反应釜中放入 2 个木块，将反应釜放入 90℃的鼓风烘箱中，反应 5h 后取出，自然冷却至室温。将木块从溶液中取出，用蒸馏水超声清洗 30min，并于 80℃真空干燥 24h。即得到不同 pH 调控制备的 TiO_2/木材。同时选取木材素材试样进行对照分析。

3.4.1.2　表征手段

利用 Quanta 200 型场发射扫描电子显微镜(FE-SEM，荷兰 FEI 公司)对样品的表面形貌进行表征；采用 D8 Advance 型 X 射线衍射仪(德国 Bruker 公司)进行物相分析，X 射线源为 Cu 射线，扫描范围 5°~80°，步宽 0.02°，扫描速率 4° $\cdot$ min^{-1}；采用 OCA40 型接触角测定仪(德国 Dataphysics 仪器公司)在室温下对样品表面的水接触角进行测试，液滴量为 5μL，每个样品至少选取 5 个不同点进行测量，取其平均值。

3.4.1.3　结果与讨论

1)润湿特性分析

图 3-11 为前驱体溶液 pH 为 1~14 时制备的 TiO_2/木材表面的水接触角(WCA)的变化图。由图可知，当前驱体溶液 pH 为 1~10 时，TiO_2/木材表面的水接触角均小于 90°，即表现为亲水性；当前驱体溶液 pH 为 11 时，TiO_2/木材表面的水接触角开始大于 90°，即样品表面开始转变为疏水性。这是因为当前驱体溶液 pH 为 11~14 时，TiO_2/木材表面上 TiO_2 的含量减少，表面的亲水基团减少，因此减弱了样品表面的亲水性。此外，当前驱体溶液 pH 为 14 时，TiO_2/木材表面的水接触角达到 132.7°，然而疏水性不稳定，一段时间后疏水性能下降。

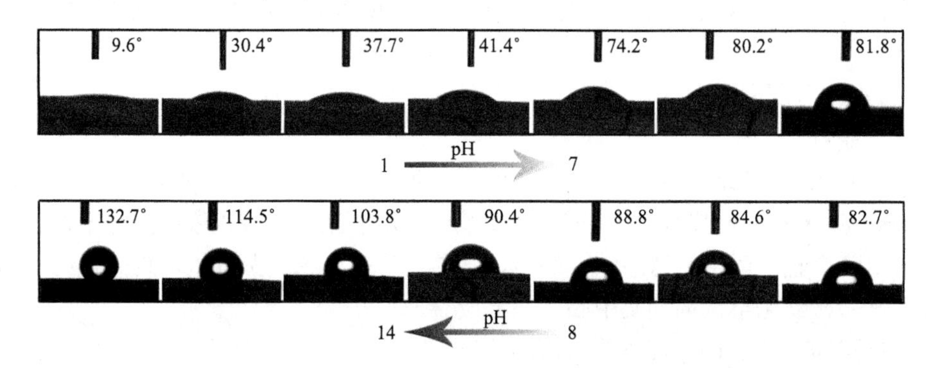

图 3-11　前驱体溶液 pH 为 1~14 时制备的 TiO_2/木材表面的水接触角(WCA)的变化图

2)微观形貌分析

图 3-12 展示了木材素材及前驱体溶液 pH 为 1~14 时制备的 TiO_2/木材表面的 SEM 图像。图 3-12(a)为木材素材的表面形貌，可以清楚地看到木材表面光滑且无任何杂质。当前驱体溶液 pH 为 1~6 时[图 3-12(b)~(g)]，样品表面负载的粒子形貌由球形转变为圆柱形，说明当用盐酸调控前驱体溶液 pH 为 1~6 时，应用该方法可得到木材表面负载均匀致密的球形 TiO_2 粒子。当用氢氧化钠调控前驱体溶液 pH 为 7~10 时[图 3-12(h)~(k)]，木材表面依然负载多数的球形 TiO_2 粒子；当前驱体溶液 pH 为 11~14 时[图 3-12(l)~(o)]，样品表面越来越光滑。因此，前驱

体溶液 pH ≥ 11 可以限制球形 TiO_2 粒子在木材表面的生长。

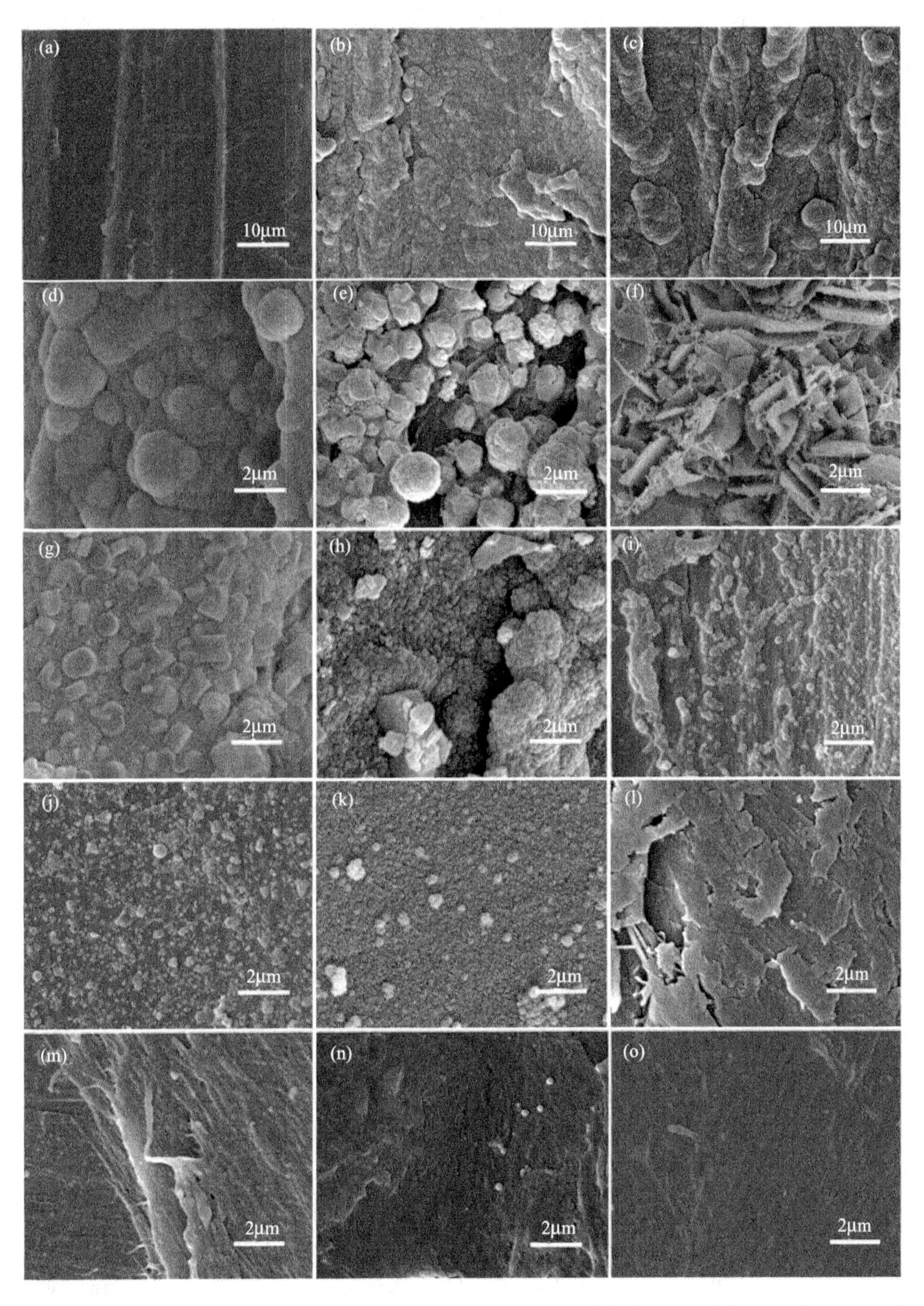

图 3-12　(a) 木材素材及 (b~o) 前驱体溶液 pH 为 1~14 时制备的 TiO_2/木材表面的 SEM 图像

3) 晶体结构分析

图 3-13 显示了木材素材及不同前驱体溶液 pH 下制备的 TiO_2/木材的 XRD 图谱。由图可见，2θ为 14.8°和 22.5°的衍射峰对应木材纤维素结构的(101)和(002)晶面。2θ为 25.3°、37.8°、48.0°、53.8°、54.8°和 62.5°的衍射峰分别对应锐钛矿型 TiO_2 的典型晶面(101)、(004)、(200)、(105)、(211)和(204)，与锐钛矿型 TiO_2 的标准衍射图谱(JCPDS card No. 21-1272)相吻合。当前驱体溶液 pH 为 1 和 6 时，样品的衍射峰大致相同，然而当前驱体溶液 pH 为 6 时，衍射峰的强度均有降低，并且缺少 54.8°处的衍射峰。而当前驱体溶液 pH 为 11 和 14 时，未见 TiO_2 晶体的衍射峰，说明这时在木材表面并未负载上 TiO_2 晶粒。

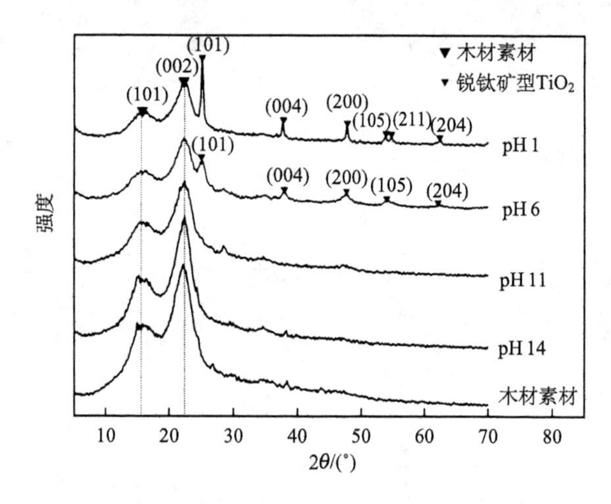

图 3-13　木材素材及不同前驱体溶液 pH 制备的 TiO_2/木材的 X 射线衍射图

4) 前驱体溶液 pH 对样品表面润湿特性的影响机理分析

图 3-14(b)是初始前驱体溶液和木材素材的体系示意图，如图所示，初始前驱体溶液中含有$[TiF_6]^{2-}$、H^+和 H_2O，而木材素材表面连接很多羟基基团(OH)。在体系中主要发生以下的平衡反应式：

$$[TiF_6]^{2-} + nH_2O \longrightarrow [TiF_{6-n}(OH)_n]^{2-} + nH^+ + nF^- \ (n=0\sim6) \tag{3-50}$$

$$H_3BO_3 + 4HF \longrightarrow HBF_4 + 3H_2O \tag{3-51}$$

$$[TiF_{6-n}(OH)_n]^{2-} + (2-n)H_2O \longrightarrow TiO_2 + (4-n)H^+ + (6-n)F^- \tag{3-52}$$

反应式(3-50)为$[TiF_6]^{2-}$的水解；反应式(3-51)为硼酸与反应式(3-50)中产生的 F^-的反应，F^-在反应式(3-51)中被消耗，导致反应式(3-50)向右进行；反应式(3-52)是$[TiF_{6-n}(OH)_n]^{2-}$进一步水解为 TiO_2。如图 3-14(a)所示，当滴加盐酸调控体系 pH 时，溶液中的 H^+增加，加速反应式(3-51)的进行。F^-消耗增加，反应式

(3-50)加速，就会有越多的$[TiF_{6-n}(OH)_n]^{2-}$产生，因此木材表面就会生成更多的TiO_2粒子。由于TiO_2的羟基化，使木材表面连接更多的亲水基团(OH)，则木材表面的亲水性增强。也就是说，当用盐酸调节前驱体溶液 pH 时，滴加的盐酸量越多，pH 越小，样品表面的亲水性越强，水接触角越小。如图 3-14(c)所示，当滴加氢氧化钠调控体系 pH 时，溶液中 OH^-增加，抑制反应式(3-52)中$[TiF_{6-n}(OH)_n]^{2-}$的水解，反应式(3-50)和式(3-51)的进行也受到抑制。因此，木材表面上 TiO_2 粒子的生长被抑制，而木材表面上的羟基基团与溶液中过多的 OH^-反应，随着氢氧化钠滴加量的增多，木材表面的水接触角增大。

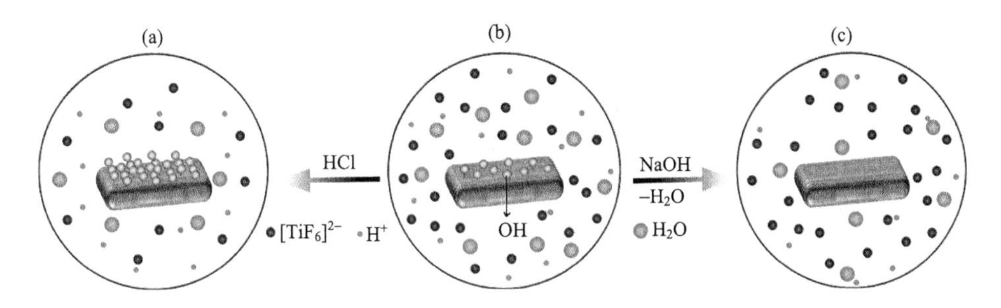

图 3-14　通过盐酸或氢氧化钠调控前驱体溶液 pH 制备 TiO_2/木材的机理示意图

采用氟钛酸铵与硼酸的反应体系，在低温下进行水热反应，通过调节体系的pH，从而设计出可 pH 调控的木材表面润湿性。当反应体系的 pH 为 1~14 时，木材表面的水接触角由 9.6°升至 132.7°，这种具有可调控润湿性的木材可选择性应用于不同湿度的环境中。然而，该实验存在的问题是：当反应体系的 pH 为 11~14 时，木材为疏水的，但疏水性不稳定，一段时间后疏水性能下降。因此，需进一步探索并改进实验方案及制备工艺。

3.4.2　光控润湿性可逆的 TiO_2/木材

近年来，由于TiO_2涂层具有光响应表面润湿性可逆转换的特性，且具有较高的光催化活性，在众多的工业领域中具有重要的研究价值，如自清洁、防雾材料等[85]。材料表面可逆润湿性开关的控制方法也是多种多样的，例如：光，热，电，溶剂或酸碱度变化等外界刺激[86]。经研究证明，TiO_2材料在紫外灯的照射下产生较高亲水性的表面，接触角约为 0°，而当其放在黑暗中存放一段时间后，表面恢复相对疏水特性。

因此，在 3.4.1 节实验的基础上，我们通过低温水热合成法在木材表面上制备出超亲水 TiO_2 薄膜，并采用十八烷基三氯硅烷(OTS)作为疏水改性剂，制备出超疏水的 TiO_2/木材复合材料表面，并在紫外灯照射下使其表面转变为超亲水，在黑暗中存放一段时间后表面恢复超疏水，即在紫外灯照射和黑暗存放交替过程中，木材表面实现润湿性由超疏水至超亲水的可逆转换。

3.4.2.1　材料与方法

1) 原料

木材选自东北地区常见树种大青杨的边材部分，锯切成 20mm(长)×20mm(宽)×30mm(厚)的锯材试样，实验前，用酒精和蒸馏水依次清洗木材后烘干备用，实验中所用氟钛酸铵、硼酸、盐酸、OTS 和蒸馏水均为分析纯，购自天津科密欧化学试剂开发中心。

2) TiO_2/木材的制备

采用氟钛酸铵与硼酸的反应体系，将 0.4mol · L^{-1} 的氟钛酸铵和 1.2mol · L^{-1} 的硼酸溶于蒸馏水中，室温下磁力搅拌至完全溶解，随后分别用 0.1mol · L^{-1} 的盐酸调节溶液的 pH 为 3。取 TiO_2 前驱体溶液 75mL 置于 100mL 聚四氟乙烯反应釜中，每个反应釜中放入 2 个木块，将反应釜放入 90℃的鼓风烘箱中，反应 5h 后取出，自然冷却至室温。将木块从溶液中取出，用蒸馏水超声清洗 30min，并于 80℃真空干燥 24h，即得到 TiO_2/木材。同时选取木材素材试样进行对照分析。

3) 超疏水改性处理

将一定比例的 OTS 和乙醇进行混合，在室温下搅拌 5min，将 TiO_2/木材置于混合溶液中，室温下磁力搅拌 24h，最后将样品取出，蒸馏水反复冲洗后，45℃下真空干燥 24h，即得到超疏水的 TiO_2/木材。

4) TiO_2/木材表面光控润湿性转换实验及测试

TiO_2/木材表面润湿性转换性能测试，以水滴与样品表面接触角大小的变化衡量。采用 OCA40 型接触角测定仪(德国 Dataphysics 仪器公司)在室温下进行测试，液滴量为 5μL，每个样品至少选取 5 个不同点进行测量，取其平均值，其中水与样品表面的接触角记为 WCA。测定样品初始接触角后，以紫外灯(36W，波长为 400nm，中国)作为紫外光光源，对样品表面照射一段时间，样品与紫外灯的垂直距离约为 10cm，分别测试光照后样品表面的水接触角。

3.4.2.2　表征方法

采用原子力显微镜(美国 Veeco 公司)以探针轻敲式成像模式来测定样品的表面形貌和粗糙度；采用 D8 Advance 型 X 射线衍射仪(德国 Bruker 公司)进行物相分析，X 射线源为 Cu 射线，扫描范围 5°~80°，步宽 0.02°，扫描速率 4° · min^{-1}；将固体样品打磨成粉末，取约 0.1mg 的样品粉末与溴化钾粉末混合并充分研磨，随后置于 Magna-IR 560 型傅里叶变换红外光谱仪(美国 Nicolet 公司)中，对样品表面化学组分的变化进行表征分析，扫描范围 4000~500cm^{-1}，分辨率 4cm^{-1}。

3.4.2.3　结果与讨论

采用原子力显微镜(AFM)扫描可清楚观察到木材表面 TiO_2 颗粒的大小、形状及分布情况。图 3-15 为样品表面的 AFM 图片。与木材素材[图 3-15(a)]相比，负载 TiO_2 后木材表面[图 3-15(b)]呈现均匀的微球结构，这些微球形成一个相对平坦但更加致密的表面结构，并且表面的粗糙度有所增加。OTS 改性的 TiO_2/木材[图 3-15(c)]是由较高的“山脉”和较低的“山谷”组成。材料表面的粗糙度可由 AFM 测试结果中粗糙度数值的均方根(root mean square，rms)反映，rms 等于 Z 值的标准偏差，Z 值为分析面上的总高度范围。因此，得到木材素材表面、TiO_2/木材表面和 OTS 改性的 TiO_2/木材表面的粗糙度分别为 23.5nm、48.1nm 和 94.8nm。该结果证明了本实验构建的粗糙表面可以得到超疏水特性。

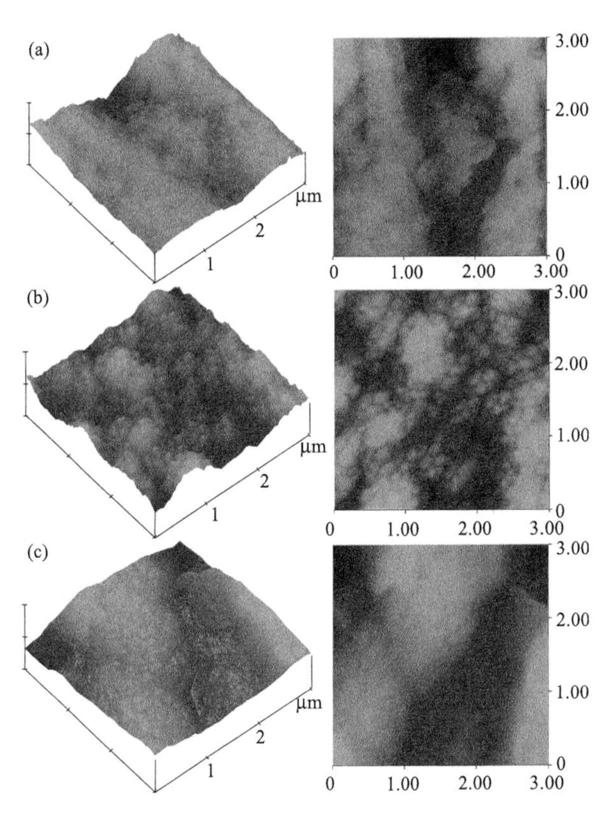

图 3-15　(a)木材素材表面、(b)TiO_2/木材表面及(c)OTS 改性的 TiO_2/木材表面的 AFM 图片

图 3-16 为木材素材和 TiO_2/木材的 X 射线衍射图谱。图 3-16(a)中，在 15°和 22°的衍射峰为木材纤维素的特征峰；从图 3-16(b)可以看出，经过 TiO_2 处理后，图谱中出现了新的衍射峰，表明木材上形成了新的晶体结构，而在 25.3°、37.8°、48.0°、54.2°和 62.7°的衍射峰，分别属于锐钛矿型 TiO_2 的(101)、(004)、(200)、(105)和(204)晶面(JCPDS card No. 21-1272)。此外，由于该图谱中未出现其他衍射峰值，证明木材上形成的物质为纯的锐钛矿型 TiO_2，这进一步说明了 EDS 谱

图中的含 Ti 物质为 TiO_2。

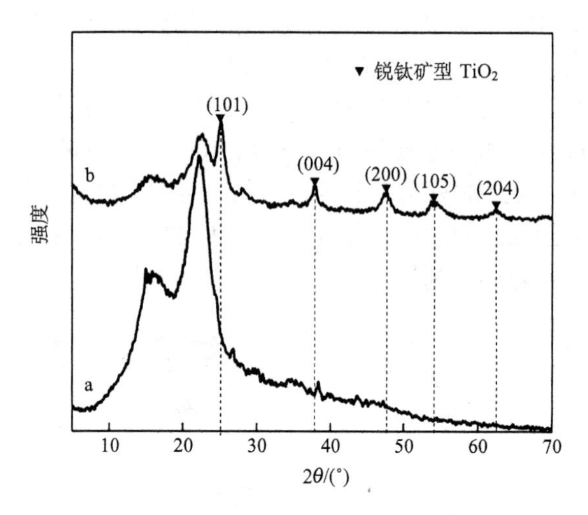

图 3-16　木材素材(a)和 TiO_2/木材(b)的 XRD 图谱

图 3-17 是木材素材和 OTS 改性的 TiO_2/木材的 FT-IR 图谱。图 3-17(a)中 3340cm^{-1} 处的峰为木材素材中的羟基(OH)伸缩振动峰，而图 3-17(b)显示，该峰在 OTS 改性的 TiO_2/木材中发生红移，并且峰的强度相对减小，说明 OTS 改性的 TiO_2/木材的化学组分中亲水基团(羟基)数目减少，即样品的亲水性降低。纤维素的主要特征峰分别为：2903cm^{-1} 处 CH_3 和 CH_2 中 C—H 的伸缩振动峰；1426cm^{-1} 和 1372cm^{-1} 处 CH_2 和 CH 中 C—H 的弯曲振动峰；1163cm^{-1} 和 1058cm^{-1} 处 C═O 的伸缩振动峰。1030~1320cm^{-1} 是纤维素中典型的 C—O 伸缩吸收峰。此外，图 3-17(b)中，在 2920cm^{-1} 和 2850cm^{-1} 两处的吸收峰是 OTS 在木材表面附着形成的长链烷基，这代表了典型的超疏水表面的结构峰。

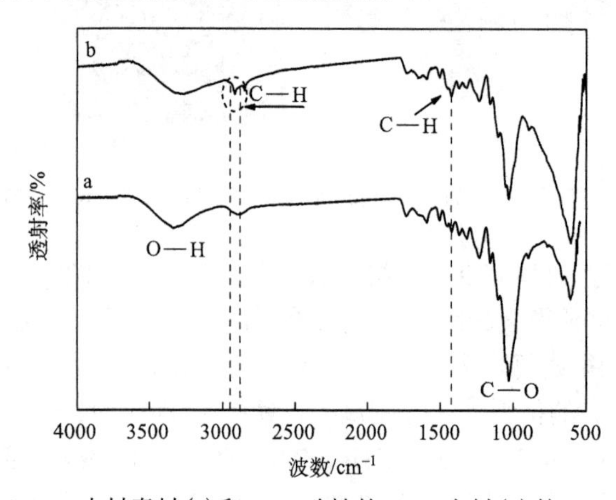

图 3-17　木材素材(a)和 OTS 改性的 TiO_2/木材(b)的 FT-IR 图谱

水接触角(WCA)测定表征了木材表面超疏水-超亲水光控可逆转换的润湿性，结果如图 3-18 所示。图 3-18(a)为木材素材的接触角，约为 52°；图 3-18(b)为经过水热反应后木材表面接触角变为 0°，这是第一次由亲水转换为超亲水；如图 3-18(c)所示，当 OTS 修饰处理后，其接触角为 158°，由超亲水转变为超疏水；图 3-18(d)为制备的超疏水木材放在紫外灯下照射 8h 后，其表面润湿性转换为超亲水，且接触角为 0°；图 3-18(e)为在黑暗中存放 4 周后的木材表面水接触角图像，木材表面从超亲水又恢复至超疏水，接触角为 152°。即实现了紫外光控木材智能型超疏水-超亲水润湿性的可逆转换。以上实验结果证明，经 OTS 改性的 TiO_2/木材表面具备紫外光控润湿性转换能力，即木材表面的复合薄膜显示出良好的光控润湿性转换特性，而紫外光便是材料表面发生物性转变的可逆开关。

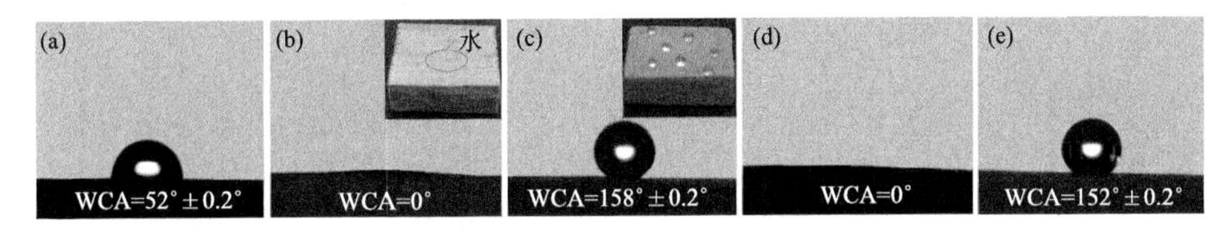

图 3-18　木材表面的水接触角(WCA)测定结果：(a)木材素材；(b)负载 TiO_2 后的木材表面；(c)负载 TiO_2 的木材经 OTS 改性后的表面；(d)紫外灯照射 8h 后由超疏水转换为超亲水的木材表面；(e)放在黑暗中存放 4 周后恢复超疏水的木材表面

图 3-19 给出了该实验的构思战略，即通过构建具有光响应的无机氧化物粗糙薄膜，加之有机物表面活性剂改性，得到功能化的木材表面。首先，木材素材[图 3-19(a)]负载锐钛矿型 TiO_2 微球，木材上的羟基和 TiO_2 微球上的羟基发生反应，木材表面连接了具有丰富的表面羟基(OH)的超亲水无机 TiO_2 薄膜[图 3-19(b)]，因此超亲水 TiO_2 薄膜的负载提高了木材表面的亲水性($WCA_b < WCA_a$)；随后，用 OTS 改性，木材表面呈现超疏水性($WCA_c > WCA_b$)，如图 3-19(c)所示，可能是由于薄膜表面的羟基基团与水解后 OTS 中的 Si—OH 发生反应，使得木材表面羟基减少。紫外灯照射后，木材表面润湿性转换为超亲水($WCA_d < WCA_c$)，这是因为 TiO_2 薄膜表面结构的改变。众所周知，TiO_2 是一种禁带宽度为 3.2eV 的半导体材料，可在波长小于 400nm 的紫外光下发生电子跃迁，产生的电子-空穴对还原 TiO_2，并生成氧空位，同时水分子占据这些氧空位，产生吸附的羟基基团，使得表面具有超亲水性[图 3-19(d)]。在黑暗存放过程中，TiO_2 表面发生逆反应，恢复为超疏水性[图 3-19(c)]，即木材表面的接触角增加($WCA_c > WCA_d$)。总之，光控木材表面超疏水-超亲水可逆润湿性的转换主要是依靠 TiO_2 薄膜上表面羟基的吸附和解吸来完成。

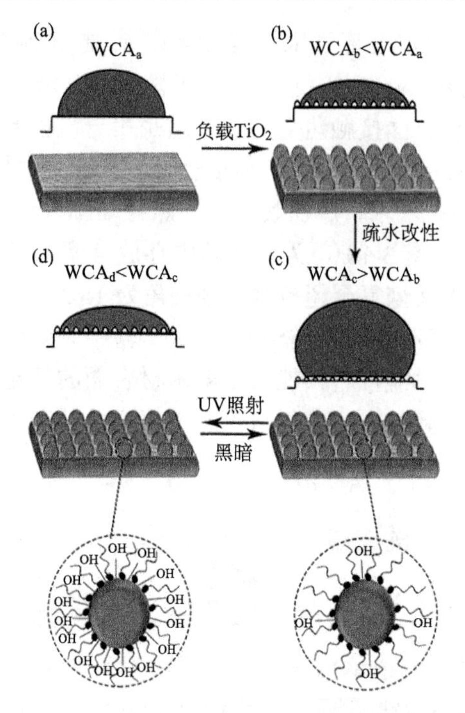

图 3-19　基于 TiO_2 薄膜的木材表面光控可逆润湿性转换的机理示意图

3.4.3　耐久、耐酸、抗高温高湿的超双疏木材

木材作为一种天然材料，在人们生活的各个领域中使用广泛，然而木材长期暴露在大气环境中易被紫外光、水分、酸或碱及微生物等腐蚀，发生降解[87, 88]。为了提高木材的综合利用率，延长木材的使用寿命，赋予木材新的功能特性，我们继续对半导体负载的木材功能特性进行探索研究。

对于材料表面，与水接触角大于 150°称为超疏水表面，而超疏油表面被定义为材料表面可以抗拒表面张力小于 35mN · m^{-1} 液滴(如十六烷，γ_{lv}=27.5mN · m^{-1})的浸润[89]。超双疏表面则是在同一材料的表面同时具有超疏水和超疏油的性能，这种具有超双疏性的材料在防止海洋生物腐蚀、耐冰冻、耐腐蚀、自清洁、生物医药等方面具有重要作用。自然界中，如荷叶表面是通过其表面蜡质层不断的新陈代谢，从而一直保持其表面的超疏水性。然而，荷叶表面的这种特有的新陈代谢是很难模仿的，在一些实际应用中要求超疏水表面具有耐久性。

材料尤其是日常用的材料会通过老化、磨损、断裂等方式失去它表面独特的性能。我们常说的耐久性能是指植物的叶面在受到破坏后通过表皮蜡质层的再生保持其超拒水拒油特性。受这种植物叶面表皮蜡质层再生恢复超拒水拒油现象的启发，本实验通过人工构建超双疏表面所需的表面粗糙度和低表面能，使木材具有耐久的超双疏性能。

3.4.3.1　材料与方法

1) 原料

木材选自东北地区常见树种大青杨的边材部分，锯切成 20mm(长)×20mm(宽)×30mm(厚)的锯材试样，实验前，用酒精和蒸馏水依次清洗木材后烘干备用，实验中所用氟钛酸铵、硼酸、盐酸、十七氟癸基三乙氧基硅烷(FAS-17)和蒸馏水均为分析纯，购自天津科密欧化学试剂开发中心。

2) Cu_2O/木材的制备

取适量的乙酸铜溶液，将一定量的聚乙烯吡咯烷酮、葡萄糖加入溶液中，并持续搅拌 1h 后，将木材和混合溶液置于聚四氟乙烯反应釜中，在 180℃的烘箱内进行水热合成，反应 2h 后取出，自然冷却至室温，用蒸馏水冲洗木材表面，放置烘箱内烘干，即得到 Cu_2O/木材。

3) 超疏水改性处理

将一定比例的 FAS-17 和甲醇混合溶液溶于 3 倍体积的蒸馏水中，在室温下搅拌 5min，将 Cu_2O/木材置于混合溶液中，室温下磁力搅拌 24h，最后将样品取出，蒸馏水冲洗后，烘干，即得到氟硅烷改性的 Cu_2O/木材。

4) 耐久、耐酸、抗高温高湿实验

分别对制备的超疏水样品进行以下损坏实验：分别放入 pH 为 1 的盐酸溶液中 24h，经 20g 沙粒以 20cm 的高度对其进行冲击磨损实验，以及在 100℃的沸水中蒸煮 30h。实验结束后，将样品依次取出，用蒸馏水冲洗，在 60℃真空烘至绝干。

3.4.3.2　表征方法

热重-差热分析(TG-DTA)是利用 SDT Q600 型同步热分析仪进行检测。在空气中称取 10mg 样品，在流速为 150mL·min^{-1} 的干燥氮气环境中，以 10℃·min^{-1} 的升温速率从25℃至700℃进行检测；采用OCA40型接触角测定仪(德国Dataphysics仪器公司)在室温下进行测试，液滴量为 5μL，每个样品至少选取 5 个不同点进行测量，取其平均值，其中水与样品表面的接触角记为 WCA，十六烷液滴与样品表面的接触角记为 OCA。除了接触角外，滚动角(α)是表征材料表面润湿性的另一重要方法，本实验以液滴在倾斜表面刚好发生滚动时，倾斜表面与水平面所形成的临界角度进行计算。本实验亦以损坏实验后材料表面的接触角变化判断超双疏材料的耐久性。

3.4.3.3　结果与讨论

图 3-20 为样品的热分析结果。图 3-20(a)中所有曲线在 50~160℃的均有失重，失重小于 5%，这是材料内所含吸附水在热分析仪升温过程中的失重。在这之后，

根据图 3-20(b)中 DTG 曲线可知，木材素材存在两次分解：①在 295℃时出现第一个分解峰，归因于半纤维素或果胶的热解(此时失重为 15%)；②第二个主要的分解峰在 375℃处，归因于纤维素的分解(此时失重为 62%)。然而，对于氟硅烷改性的 Cu_2O/木材，图 3-20(b)中 DTG 曲线仅见一个主要分解峰(380℃)，这是由于改性剂 FAS-17 对木材起到保护作用，同时，其具有更高的分解温度是因为样品表面具有疏水特性，可抑制纤维素的降解。此外，图 3-20(a)中由 TG 曲线可知，木材素材和氟硅烷改性的 Cu_2O/木材在 800℃热处理后碳残余量分别为 16.4%和 22.8%。因此，Cu_2O 和氟硅烷疏水薄膜的负载为木材提供了一层保护屏障。

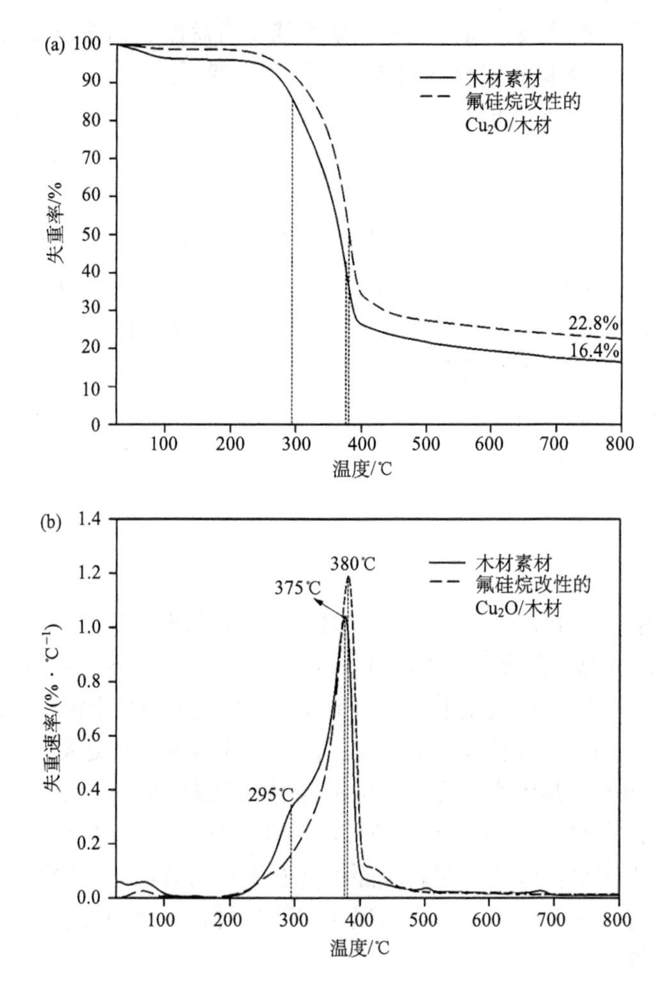

图 3-20　木材素材和氟硅烷改性的 Cu_2O/木材的 TG(a)和 DTG(b)曲线

图 3-21 为 Cu_2O/木材经氟硅烷改性前后的水接触角(WCA)和油接触角(OCA)图片。目前，人们对超疏水材料的定义为材料表面的接触角要大于 150°，

并且滚动角(α)小于10°。图3-21(a)中Cu_2O/木材表面的WCA为130.6°，α为13.7°，图 3-21(c)中 Cu_2O/木材表面的 OCA 为 0°，则 Cu_2O/木材为疏水亲油性。经氟硅烷改性后，材料表面的疏水性增强至超疏水性，如图 3-21(b)所示，WCA 达到 153.8°，α仅为 3.6°，同时氟硅烷改性后的 Cu_2O/木材也具有超疏油特性，OCA 为 152.1°且α为 4.5°[图 3-21(d)]，则氟硅烷改性后的 Cu_2O/木材为超疏水、超疏油性，即超双疏性。

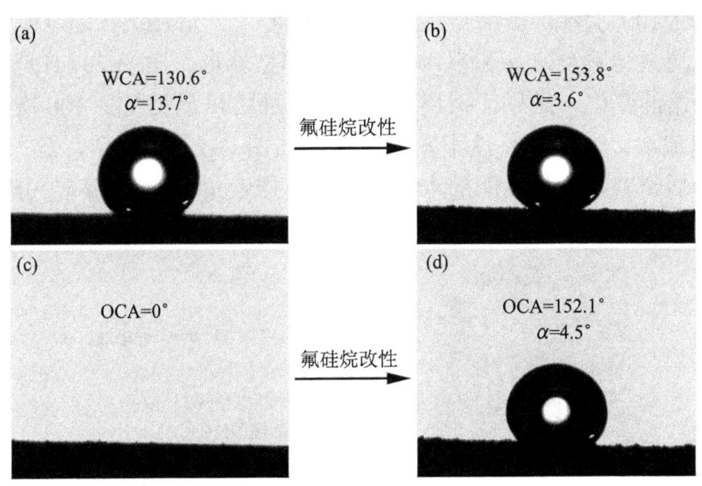

图 3-21　(a)，(b) Cu_2O/木材氟硅烷改性前后的水接触角及滚动角图片；(c)，(d) Cu_2O/木材氟硅烷改性前后的油接触角及滚动角图片

在室外应用中，超双疏的木材表面需要克服恶劣的环境。因此，本实验对木材表面的超双疏涂层的耐机械性能进行了测试，如图 3-22(a)所示为沙冲击磨损实

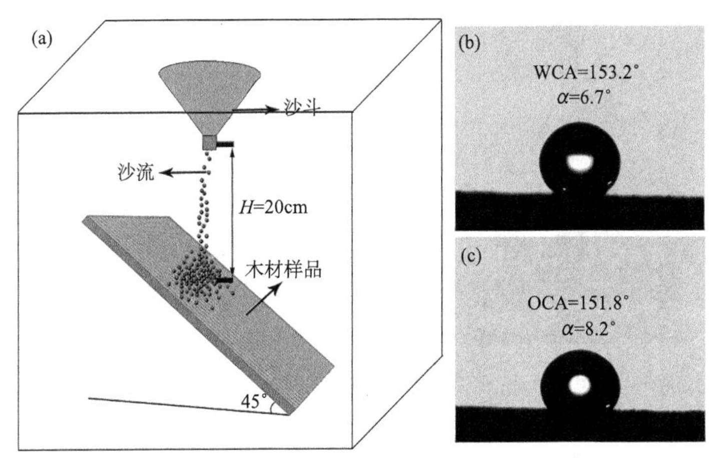

图 3-22　(a)沙冲击磨损实验示意图；(b)，(c)分别为经沙冲击磨损实验后氟硅烷改性的 Cu_2O/木材的水接触角和油接触角图片

验示意图。沙粒直径为 100~300μm，重为 20g，测试时由距离样品表面 20cm 处释放沙粒，使沙粒自由落下。经沙磨损实验后，超双疏木材表面仍保持超疏水和超疏油性能，WCA 和 OCA 分别为 153.2°和 151.8°，并且滚动角均小于 10°。说明该方法制备的超双疏木材经沙冲击磨损后，其表面的超双疏涂层可以保持物理稳定性。

为了评估材料表面超双疏涂层的耐久性，沙冲击磨损实验循环进行 100 次。图 3-23(a)为 100 次沙冲击磨损实验后，水滴和十六烷液滴在超双疏木材表面的照片，可以清楚地看到水滴和十六烷的液滴都呈球形。图 3-23(d)是沙磨损循环实验中接触角的变化，结果证明超双疏木材表面可以承受至少 100 次的沙磨损实验，并且超疏水、超疏油特性不发生改变。如图 3-23(e)所示，放入 HCl 溶液(pH=1)24h 后超双疏木材表面的水接触角和油接触角均略有下降，分别由 153.8°

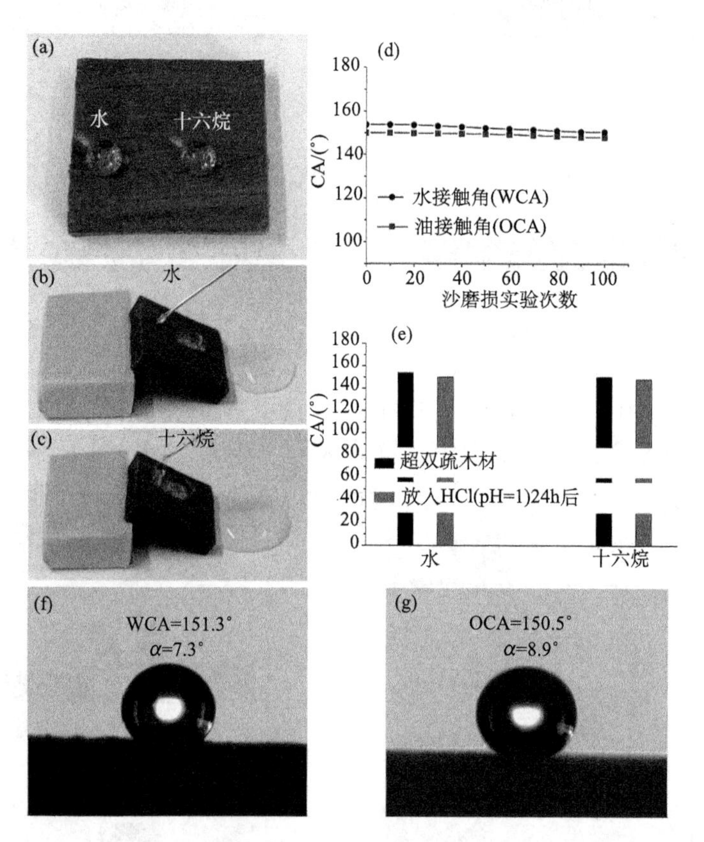

图 3-23　(a)进行 100 次沙冲击磨损实验后水滴和十六烷液滴在超双疏木材表面的照片；(b)和(c)水流和十六烷液滴在超双疏木材表面流动的照片；(d)沙冲击磨损循环实验中接触角的变化；(e)放入 HCl 溶液(pH=1)24h 前后超双疏木材表面接触角的变化；(f)和(g)100℃水煮 30h 后超双疏木材表面的水接触角和油接触角

和 152.1°降至 151.6°和 150.1°。此外，图 3-23(b)和图 3-23(c)为水流和十六烷液滴在超双疏木材表面流动的照片，它们反映出超双疏木材表面可以使液滴自由滚落并保证不被润湿，说明超双疏木材表面具有自清洁功能，雨后可将其表面的灰尘冲刷掉。由图 3-23(f)和图 3-23(g)可见，100℃水煮 30h 后超双疏木材表面的水接触角和油接触角分别为 151.3°和 150.5°，仍保持超疏水性和超疏油性。上述结果有力地证明了由 Cu_2O 和 FAS-17 构成的超双疏薄膜可以作为一种屏障，有效地避免木材被酸等降解。因此，木材上负载该薄膜后具有耐久、耐酸、抗高温高湿的超双疏性能。

3.4.4　贵金属沉积改性及其光催化降解有机污染物

作为一种挥发性有机污染物(VOCs)，甲醛(HCHO)被认为是最重要的室内环境污染物之一，严重威胁着人类的健康。木制品，如人造板制品，由于其在健康、外观和环境方面的友好特性，被归类于天然材料而广泛应用于建筑、家居产品和工艺品等。然而，在一些人造板制品(刨花板、中密度纤维板、胶合板等)的生产及使用中，由于产品中脲醛树脂与木材组分发生反应释放 HCHO 气体[90]，长期使用将对人体造成严重的疾病。因而，采用有效的途径和方法对 HCHO 进行消除已成为目前的研究热点。近来，很多研究报道了 HCHO 可以通过吸附剂或催化剂除去[91, 92]。然而，回收粉末状或颗粒状的催化剂在实际应用中具有关键性意义，这将影响除污、净化和除臭等环境技术的发展。基于以上的考虑，采用木材与催化剂薄膜进行复合，此方法不仅提供了一种新型的降解有毒有机污染物的催化剂，同时从根本上对木材进行改性，减少室内 HCHO 气体释放的污染源。

TiO_2 作为一种 n 型半导体氧化物，因其价格低廉、无毒，并且在不添加其他试剂的情况下可降解有毒污染物，现已作为光催化剂广泛应用于自清洁、自降解等领域。同时，越来越多的研究关注于提升 TiO_2 的物理化学性能，这也将进一步促进深刻理解材料特性间的作用。在这个需求的推动下，研究者们进行了大量的新技术的探索以期为不同领域开发出具有特定功能的新型半导体复合材料。可选用的方法有：金属元素掺杂、非金属元素掺杂等。其中，由于银纳米粒子具有无毒、来源广泛等特点，银掺杂的 TiO_2 光催化剂特别适合工业应用。此外，银纳米粒子良好的吸光能力可以扩展 TiO_2 对可见光的响应性。

本研究以气体 HCHO 为目标降解污染物，以木材为基质材料，通过水热合成法和银镜反应负载 TiO_2 微球和 Ag 纳米粒子，旨在实现可见光照射下室内有机污染物的降解并改性木材从而减少污染源的产生。

3.4.4.1　材料与方法

1) 原料

木材选自东北地区常见树种大青杨的边材部分，锯切成 20mm(长)×

20mm（宽）×30mm（厚）的锯材试样，实验前，用酒精和蒸馏水依次清洗木材后烘干备用，实验中所用氟钛酸铵、硼酸、硝酸银、氨水、葡萄糖和蒸馏水均为分析纯，购自天津科密欧化学试剂开发中心。

2）以木材为基质制备 TiO_2 微球

取适量的氟钛酸铵和硼酸溶于蒸馏水中，室温下磁力搅拌 30min，然后将木材和混合溶液置于聚四氟乙烯反应釜中，在 90℃的烘箱内进行水热合成过程，反应 5h 后取出，自然冷却至室温，用蒸馏水冲洗木材表面，放置烘箱内烘干，即在木材基质上得到 TiO_2 微球。

3）在 TiO_2/木材上沉积 Ag 纳米粒子

Ag/TiO_2 复合薄膜负载木材的制备过程如图 3-24 所示。取一定浓度的硝酸银水溶液，用氨水逐滴加入溶液中直至溶液变透明，即为银氨溶液。TiO_2 负载的木材表面上连接着丰富的羟基（—OH），将 TiO_2/木材置于银氨溶液中浸泡并持续搅拌 1h，此时大量的$[Ag(NH_3)]^+$很容易负载在基质材料的表面上。然后将处理的木材转移到一定浓度的葡萄糖溶液中处理 5min 后，将剩余的银氨溶液加入葡萄糖溶液中，继续反应 15min，此时基质材料表面上的$[Ag(NH_3)]^+$被原位还原成 Ag 粒子，并与 TiO_2 粒子连接负载在木材基质表面上。反应结束后，将木材取出，用蒸馏水冲洗后烘干，即得到 Ag/TiO_2 复合薄膜负载的木材。

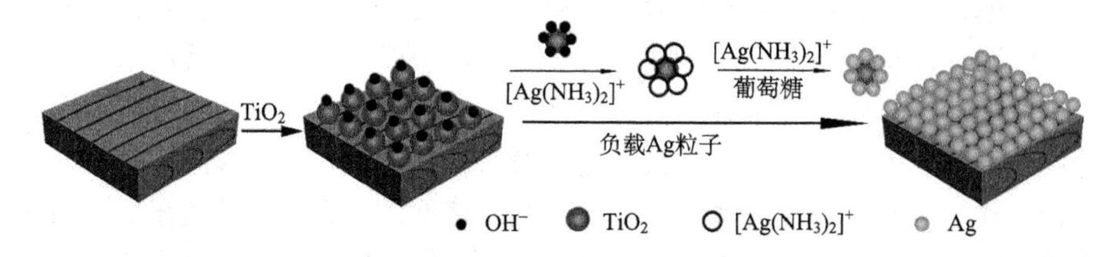

图 3-24　Ag/TiO_2 复合薄膜负载木材的制备过程示意图

3.4.4.2　表征方法

利用 Quanta 200 型场发射扫描电子显微镜（荷兰 FEI 公司）和 Tecnai G20 型透射电子显微镜（美国 FEI 公司）对样品的表面形貌进行表征；采用 D8 Advance 型 X 射线衍射仪（德国 Bruker 公司）进行物相分析，X 射线源为 Cu 射线，扫描范围 5°~80°，步宽 0.02°，扫描速率 4° · min^{-1}；选用 Thermo ESCALAB 250XI 型 X 射线光电子能谱仪（美国赛默飞世尔科技）对样品的化学组成和化学状态进行分析；将固体样品打磨成粉末，取约 0.1mg 的样品粉末，采用硫酸钾粉末作对照，随后置于 TU-190 型紫外光分光光度计（中国 Purkinje 公司）中，对样品的光学性能进行表征分析。

3.4.4.3 可见光降解甲醛实验

可见光降解甲醛实验装置示意图如图 3-25 所示。实验在尺寸为 500mm(长)×300mm(宽)×300mm(高)的密闭装置内进行，一个平面型 LED 灯(波长在 400~760nm 范围内，光强度大约为 3.6mW·cm^{-2})安置在装置顶部以模拟可见光。开始时，用甲醛检测仪检测密闭装置内无甲醛；随后将一定量的气体甲醛注入装置内，待 30min 后装置内的气体甲醛达到吸附平衡，甲醛检测仪测定甲醛的质量浓度为 1.5~2.5mg·m^{-3}；然后，将 LED 灯打开照射样品。可见光降解甲醛的实验持续 10h，每隔 2h 记录一次装置内甲醛检测仪的数值。

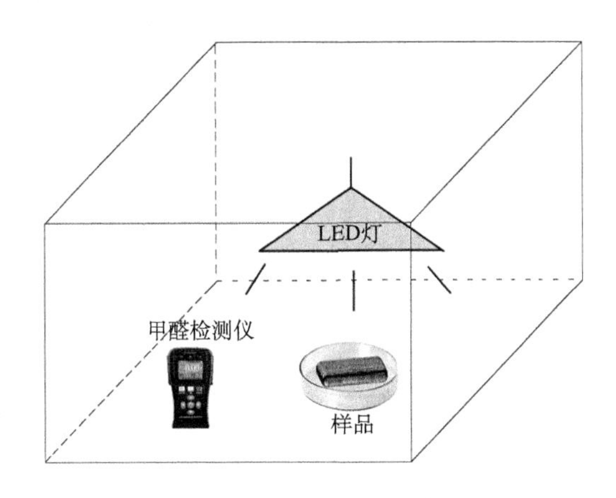

图 3-25 实验装置示意图

3.4.4.4 结果与讨论

图 3-26(a)为木材素材的表面形貌，由图可知，木材的表面多孔且粗糙不平。图 3-26(b)是 TiO_2/木材的表面形貌，木材表面负载着 TiO_2 微球，TiO_2 微球分布均匀且平均直径约为 1.5μm。图 3-26(c)与图 3-26(b)相比，增加了 Ag 纳米粒子，膜层相对致密，膜层表面的 Ag 纳米粒子的平均直径约为 130nm，分布均匀。对比图 3-26(c)与图 3-26(b)可知，经过银镜反应后，样品表面较为平整，将木材基质表面完全覆盖。如图 3-26(d)所示，Ag/TiO_2 复合薄膜负载木材的 TEM 图片中黑色粒子为 Ag 纳米粒子，可以更加清楚地观察到大量的 Ag 纳米粒子铺覆在 TiO_2/木材的表面。

图 3-27 显示了 Ag/TiO_2 复合薄膜负载木材的 XRD 图谱。其中，14.8°和 22.5°处的峰对应木材纤维素结构的典型晶面(101)和(002)。25.2°、47.8°和 54.2°处的衍射峰对应锐钛矿型 TiO_2 的典型晶面(101)、(200)和(211)，并且与锐钛矿型 TiO_2 的标准衍射图谱(JCPDS card No. 21-1272)相吻合；除锐钛矿型 TiO_2 的衍射峰可见，Ag(JCPDS card No. 04-0783)晶体(111)、(200)、(220)和(311)面的衍射峰分

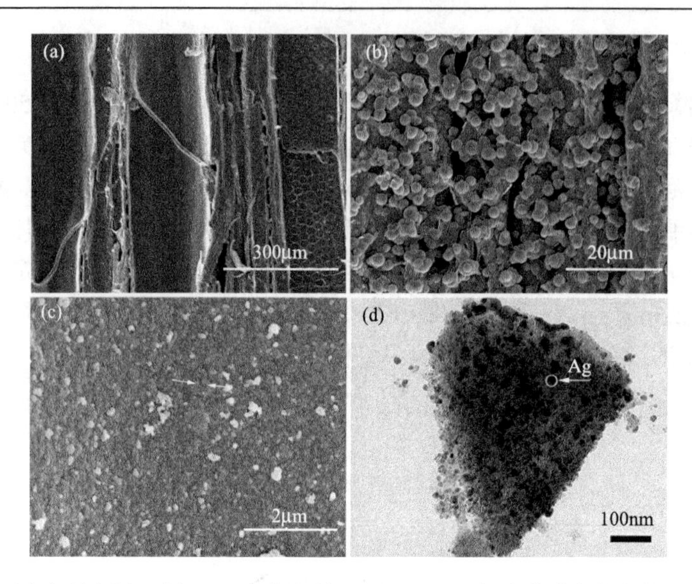

图 3-26　(a)木材素材、(b) TiO_2 负载木材及(c) Ag/TiO_2 复合薄膜负载木材的 SEM 图片；(d) Ag/TiO_2 复合薄膜负载木材的 TEM 图片

别位于 38.1°、44.2°、64.4°和 77.4°，且 Ag 的结晶度很高。除此之外无其他杂质的衍射峰可见，结果表明，通过水热合成法和银镜反应，以木材为基质，可成功制备出 Ag/TiO_2 微纳米复合薄膜。

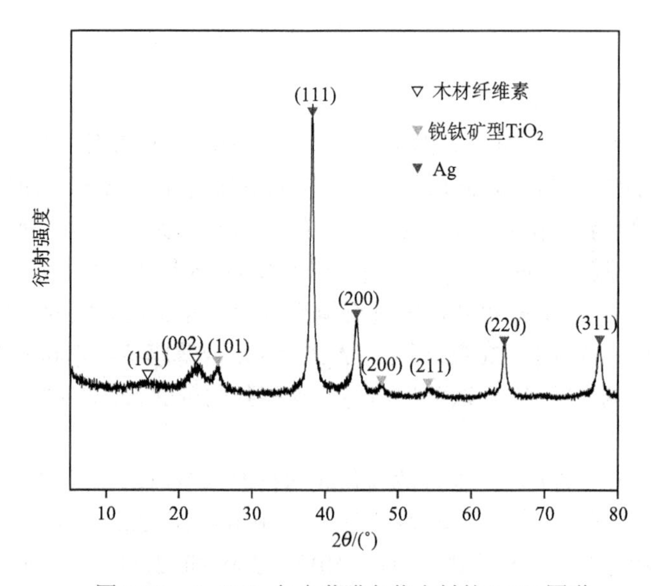

图 3-27　Ag/TiO_2 复合薄膜负载木材的 XRD 图谱

图 3-28 进一步确定了样品的化学组成，并解释了样品在每一阶段中元素的化学状态。图 3-28(a)为 TiO_2/木材和 Ag/TiO_2 复合薄膜负载木材的全波长扫描 XPS 图谱。由图可知，Ag/TiO_2 复合薄膜负载的木材中含有 Ag、Ti、O 和 C 元素，其中 C 元素可能来自木材基质中的成分或样品表面沾染上的污染物的成分。

图 3-28(b)为 TiO_2/木材和 Ag/TiO_2 复合薄膜负载木材中 Ti 2p 的 XPS 图谱，TiO_2/木材中 459.0eV 和 464.8eV 处的峰分别归属于 Ti $2p_{3/2}$ 和 Ti $2p_{1/2}$ 的结合能。同时，两峰间距为 5.8eV，证明了 Ti^{4+}氧化态的存在。然而，Ag/TiO_2 复合薄膜负载木材中两峰平移至较高的结合能。这是因为负载了 Ag 纳米粒子后，Ti 元素的电子密度较低，同时说明了样品中金属 Ag 和 TiO_2 间的强相互作用。

如图 3-28(c)所示，Ag/TiO_2 复合薄膜负载木材中的 Ti $2p_{3/2}$ 的峰可拟合成两部分，一个为 459.3eV 处 Ti^{4+}物种，另一个为 458.9eV 处 Ti^{3+}物种，进一步说明了 Ag 纳米粒子与 TiO_2 微球间具有强相互作用。而 Ti^{3+}物种的能级位于 TiO_2 微球的导带和价带之间，有利于提高 Ag/TiO_2 复合薄膜负载木材在可见光照射下的光催化活性。

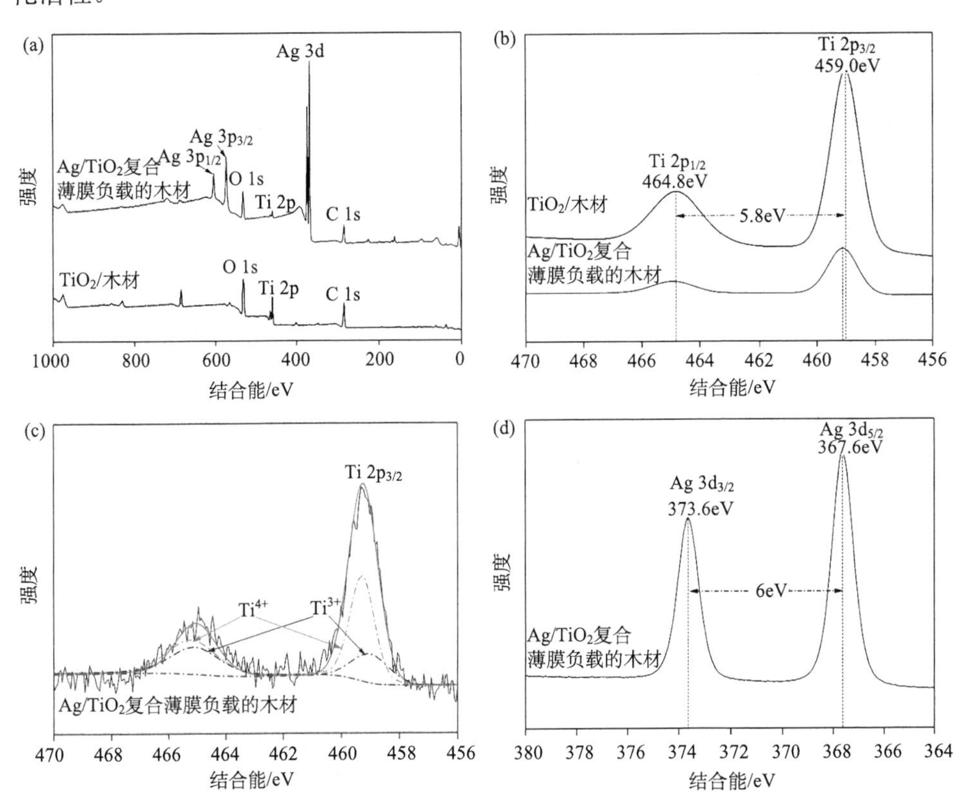

图 3-28　(a)木材样品全波长扫描的 XPS 图谱；(b)木材样品中 Ti 2p 的 XPS 图谱；(c)Ag/TiO_2 复合薄膜负载的木材中 Ti 2p 拟合图谱；(d)木材样品中 Ag 3d 的 XPS 图谱

如图 3-28(d)所示，Ag/TiO_2 复合薄膜负载木材中的 Ag $3d_{5/2}$ 和 Ag $3d_{3/2}$ 的结合能分别位于 367.6eV 和 373.6eV，两峰间距为 6.0eV 是金属 Ag 的典型特征，证明此样品中无 Ag 离子，复合样品中的 Ag 离子被全部还原成金属 Ag。此外，与 Ag 的特征峰(Ag $3d_{5/2}$ 位于 368.3eV，Ag $3d_{3/2}$ 位于 374.3eV)相比，样品中 Ag 3d 的结合能蓝移，表明电子可能从 TiO_2 微球迁移至金属 Ag，进一步证明了在该异质结构的界面 Ag 纳米粒子与 TiO_2 微球的强相互作用。

简而言之，Ag 纳米粒子成功生长在 TiO_2 负载的木材上，而且 Ag 纳米粒子与 TiO_2 微球间具有强相互作用。此外，Ag 纳米粒子可作为电子接收器用于光生电子–空穴对的分离，而该异质结构可以阻止电子–空穴对的复合，提高产品的光催化活性。

为了研究样品的吸光性能，图 3-29(a)描述了 TiO_2/木材和 Ag/TiO_2 复合薄膜负载木材的 UV-Vis 图谱。从图中可见，TiO_2/木材的主要吸收波段在 350nm 以下，而 Ag/TiO_2 复合薄膜负载的木材在 380~800nm 范围内的光吸收性能较强，表明负载 Ag 纳米粒子后样品的吸收波段红移至可见光范围内。此外，值得注意的是 Ag/TiO_2 复合薄膜负载木材的异质结构在可见光区域内的吸收意味着其在光催化中具有较高的活性。

图 3-29(b)为可见光照射下密闭装置内每 2h 记录的甲醛质量浓度，反应持续 10h。反应初始，对于 TiO_2/木材和 Ag/TiO_2 复合薄膜负载的木材，甲醛的初始质量浓度分别为 $1.83mg \cdot m^{-3}$ 和 $2.14mg \cdot m^{-3}$。由图可知，对于 Ag/TiO_2 复合薄膜负载的木材，甲醛的降解速率显著增加，反应 6h 后，降解速率略微下降，但始终高于 TiO_2/木材的甲醛降解速率，最后剩余的甲醛质量浓度为 $0.11mg \cdot m^{-3}$。对于 TiO_2/木材，反应 6h 后，TiO_2/木材的甲醛降解速率趋近于 0，剩余的甲醛质量浓度为 $0.48mg \cdot m^{-3}$。众所周知，国家标准规定公共场所的室内甲醛质量浓度应在 $0.12mg \cdot m^{-3}$ 以下，居民处的室内甲醛质量浓度应在 $0.08mg \cdot m^{-3}$ 以下。结果证明 Ag/TiO_2 复合薄膜负载木材降解甲醛的效率可以达到国家标准。

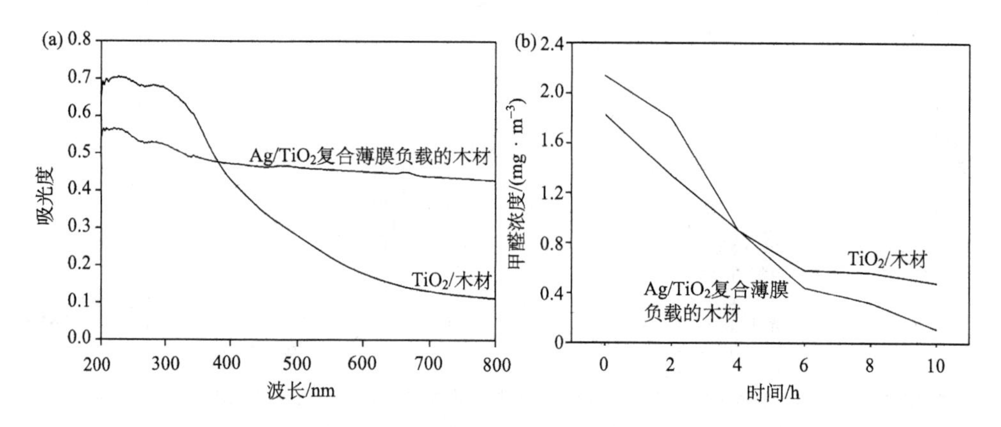

图 3-29　(a)木材样品的 UV-Vis 图谱；(b)木材样品在可见光照射下甲醛的降解曲线

图 3-30(a)为 Ag/TiO_2 复合薄膜负载的木材在可见光照射下光致电荷分离和迁移过程的模拟图。由图 3-30 可见，在可见光照射下，光生电子由 Ag 纳米粒子的表面迁移至 TiO_2 微球的导带(CB)，此外，由于 Ag 纳米粒子的高结晶度，电子迁移的阻力下降从而减少电子和空穴的复合。TiO_2 微球导带上的电子和空穴分别吸附空气中的氧气分子(O_2)和水分子(H_2O)或氢氧根离子(OH^-)，在其表面产生丰富的高度氧化物种，即超氧化物自由基($\cdot O_2^-$)和氢氧根自由基($\cdot OH$)，可将其表面吸附的有毒有机污染物(HCHO)在光催化和氧化还原的作用下转换成二氧化碳和水。而且，根据 XPS 的结果可知，Ti^{3+}的产生是由于 TiO_2 微球和 Ag 纳米粒子间的强相互作用。Ti^{3+}物种的能级位于 TiO_2 微球的导带和价带之间，促进新价带(VB′)中的电子被激发至 TiO_2 微球的导带，有利于提高 Ag/TiO_2 复合薄膜负载的木材在可见光照射下的光催化活性。因此，Ag 纳米粒子可作为 TiO_2 微球导带的电子捕获中心，减少光生电荷载体并提高样品的光催化活性。基本的反应如下：

$$TiO_2/Ag + h\nu \longrightarrow e^- + h^+ \tag{3-53}$$

$$TiO_2 + h\nu \longrightarrow e^- + h^+ \tag{3-54}$$

$$e^- + O_2 \longrightarrow \cdot O_2^- \tag{3-55}$$

$$h^+ + OH^- \longrightarrow \cdot OH + H^+ \tag{3-56}$$

根据文献中记载的 TiO_2 薄膜降解甲醛的机理，结合以上分析，Ag/TiO_2 复合薄膜负载的木材在可见光照射下降解甲醛的反应示意图如图 3-30(b)所示。在光催化过程中甲醛降解时产生的甲酸(HCOOH)为中间产物。甲醛降解的相关反应如下：

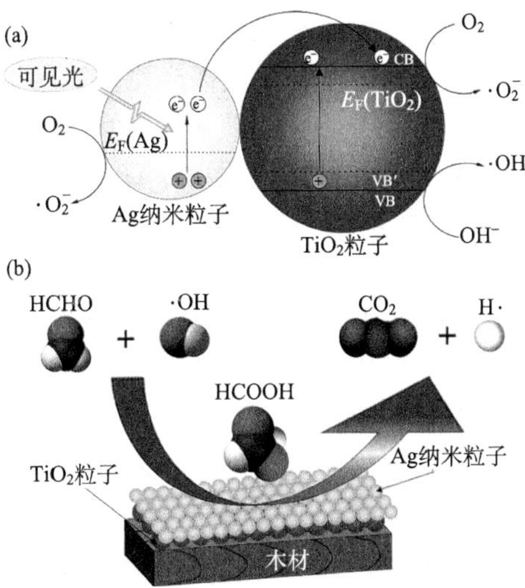

图 3-30　(a) Ag/TiO_2 复合薄膜负载的木材在可见光照射下光致电荷分离和迁移过程的模拟图；(b) Ag/TiO_2 复合薄膜负载的木材表面甲醛的降解示意图

$$HCHO + e^- \longrightarrow H\cdot + HCO \quad (3\text{-}57)$$

$$HCHO + O\cdot \longrightarrow \cdot OH + HCO \quad (3\text{-}58)$$

$$HCHO + \cdot OH \longrightarrow HCO\cdot + H_2O \quad (3\text{-}59)$$

$$HCO\cdot + \cdot OH \longrightarrow HCOOH \quad (3\text{-}60)$$

$$HCOOH + h^+ \longrightarrow CO_2 + 2H\cdot \quad (3\text{-}61)$$

3.4.5　半导体催化剂复合改性及其释放负氧离子的行为

在机械、光、静电作用下，大气中的分子和原子会发生空气电离，产生正离子和负离子。正离子是分子失去电子后形成，负离子是空气中的中性分子与脱离出来的电子相结合后产生。虽然空气中有很多气体分子，但是被电离的自由电子大部分被氧气所获得，所以人们常常把空气负离子统称为“负氧离子(O_2^-)”[93, 94]。由于负氧离子对人类健康和生态环境具有重要影响，负氧离子也被称为“空气维生素”。据统计，20 世纪初地球上的空气中正、负离子的比例为 1∶1.2，然而，一个多世纪后，这个平衡的比例发生了明显的改变，正、负离子的比例变为 1.2∶1，使得人们的生活环境被大量的正离子包围。因此，采用有效的手段提高空气中负离子的比例是当前研究的热点。

负氧离子的获得途径主要有紫外光照射法、负离子激励法、热离子发射法、电晕放电和电气石等天然矿物原料等[95]。紫外光照射法是采用石英汞灯产生的紫外光电离空气，其电子通过光电效应在附近的金属或灰尘粒子上产生，并附着形成负氧离子。负离子激励法即利用光线或紫外光照射光触媒材料，或者利用天然矿物激励剂，激发能量使空气中的水分子电离产生负氧离子。本节结合紫外光照射法和负离子激励法，采用 n 型半导体光催化剂二氧化钛(TiO_2)与 p 型半导体光催化剂氧化亚铜(Cu_2O)复合，在紫外光照射下释放负氧离子。Cu_2O 与 TiO_2 复合形成 np 异质结，可有效地降低电子和空穴的复合，提高样品的光催化活性。同时，在紫外光照射下，电子迁移产生电子和空穴，电子和空穴分别和空气中的氧分子和水分子反应产生超氧化物(O_2^-)和羟基自由基($\cdot OH$)，产生的 O_2^- 即负氧离子。

木材作为一种天然材料，具有低密度、可再生、热绝缘等优良特性，被广泛用于室内外结构用材，特别是室内的地板用材和家具装饰用材。木制品在使用过程中会产生甲醛等有害气体，危及人们的健康，而负氧离子对环境具有许多有益作用，包括除尘、抑菌和除臭等[96]。因此，负氧离子木制品材料在多功能型绿色环保材料的开发中具有广阔的前景。

本节首次报道了木材表面负载 TiO_2/Cu_2O 薄膜及其释放负氧离子的行为。以木材为基质材料，通过两步水热合成法负载锐钛矿 TiO_2 粒子和 Cu_2O 粒子，旨在实现紫外光照射下释放负氧离子及抑菌等性能。

3.4.5.1　*材料与方法*

1) 原料

木材选自东北地区常见树种大青杨的边材部分，锯切成 20mm(长)×20mm(宽)×30mm(厚)的锯材试样，实验前，用酒精和蒸馏水依次清洗木材后烘干备用，实验中所用氟钛酸铵、硼酸、乙酸铜、聚乙烯吡咯烷酮、葡萄糖均为分析纯，购自天津科密欧化学试剂开发中心。

2) 以木材为基质制备 TiO_2 微球

取适量的氟钛酸铵和硼酸溶于蒸馏水中，室温下磁力搅拌 30min，然后将木材和混合溶液置于聚四氟乙烯反应釜中，在 90℃的烘箱内进行水热合成过程，反应 5h 后取出，自然冷却至室温，用蒸馏水冲洗木材表面，放置烘箱内烘干，即在木材基质上得到 TiO_2 微球。

3) 制备 TiO_2/Cu_2O 复合薄膜负载的木材

取适量的乙酸铜溶液，将一定量的聚乙烯吡咯烷酮、葡萄糖加入溶液中，并持续搅拌 1h 后，将木材和混合溶液置于聚四氟乙烯反应釜中，在 180℃的烘箱内进行水热合成过程，反应 2h 后取出，自然冷却至室温，用蒸馏水冲洗木材表面，放置烘箱内烘干，即得到 TiO_2/Cu_2O 复合薄膜负载的木材。

3.4.5.2　*表征方法*

利用 Quanta 200 型场发射扫描电子显微镜(荷兰 FEI 公司)和 Tecnai G20 型透射电子显微镜(美国 FEI 公司)对样品的表面形貌进行表征;采用 D8 Advance 型 X 射线衍射仪(德国 Bruker 公司)进行物相分析，X 射线源为 Cu 射线，扫描范围 5°~80°，步宽 0.02°，扫描速率 $4° \cdot min^{-1}$；选用 Thermo ESCALAB 250XI 型 X 射线光电子能谱仪(美国赛默飞世尔科技)对样品的化学组成和化学状态进行分析；将固体样品打磨成粉末，取约 0.1mg 的样品粉末，采用硫酸钾粉末作对照，随后置于 TU-190 型紫外光分光光度计(UV-Vis，中国 Purkinje 公司)中，对样品的光学性能进行表征分析；采用三电极体系，其中饱和甘汞电极为参考电极、铂为辅助电极，pH 4.9 的 $1.0mol \cdot L^{-1}$ Na_2SO_4 溶液为电解液，CHI660C 电化学工作站，应用电化学阻抗谱(EIS) Mott-Schottky (M-S) 曲线以固定频率为 10^3Hz 的方式分析样品的平带电位。

3.4.5.3　*紫外光照射释放负氧离子实验*

实验在尺寸为 500mm(长)×300mm(宽)×300mm(高)的密闭装置内进行，一个紫外灯(波长 365nm，光强度大约为 $1.5mW \cdot cm^{-2}$)安置在装置顶部以模拟紫外光，采用 AIC1000 型负氧离子检测仪，分辨率为 10 个 $\cdot cm^{-3}$。初始时，负氧离子检测仪必须归零，并且保证测试前的数值 5s 内不变；然后，将紫外灯打开照射样品。紫外光照射释放负氧离子的实验持续 60min，每隔 5min 记录一次装置内负氧离子检测仪的数值。

3.4.5.4　TiO_2/Cu_2O 复合薄膜负载木材的抑菌实验

木材样品的抑菌活性采用细菌抑制环法进行表征分析（琼脂扩散实验/CEN/TC 248 WG 13）。样品的抑菌活性选用大肠杆菌（ATCC 25923）评估。实验步骤如下：采用马铃薯、葡萄糖为营养物质制备细菌培养基。取去皮洗净马铃薯 200g，切成小块，加入 1000mL 水，煮沸 30min，滤去马铃薯块，将滤液用蒸馏水补足到 1000mL，倒入 500mL 锥形瓶中，加入葡萄糖 20g，琼脂 15g，加热熔化后密封，待用。将上述马铃薯琼脂放于电炉上熔化灭菌，制成琼脂培养基，冷却后将样品放入琼脂培养皿内，在恒温恒湿箱中培养 24h。

3.4.5.5　结果与讨论

图 3-31（a）为木材素材的表面形貌，由图可知，木材的表面光滑没有其他杂质。图 3-31（b）是 TiO_2 /木材，木材表面负载着致密且均匀的 TiO_2 粒子。当负载 TiO_2 /Cu_2O 薄膜后，由图 3-31（c）可见膜层表面增加了立方形的粒子。

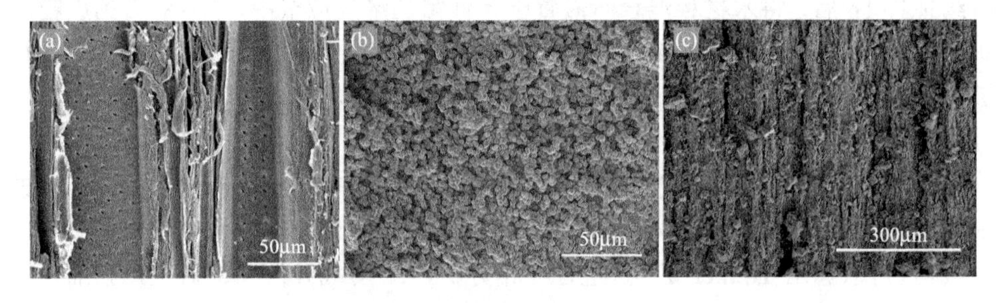

图 3-31　（a）木材素材、（b）TiO_2/木材及（c）TiO_2/Cu_2O 复合薄膜负载木材的表面 SEM 图片

图 3-32 显示了 TiO_2/Cu_2O 复合薄膜负载木材的 XRD 图谱。由图可见，2θ为 14.8°和 22.5°的衍射峰对应木材纤维素结构的（101）和（002）晶面。2θ为 25.2°、38.0°、47.8°、54.2°、68.8°的衍射峰分别对应锐钛矿型 TiO_2 的典型晶面（101）、（004）、（200）、（211）和（116），与锐钛矿型 TiO_2 的标准衍射图谱（JCPDS card No. 21-1272）相吻合；此外，除锐钛矿型 TiO_2 的衍射峰可见，赤铜矿型 Cu_2O（JCPDS card No. 05-0667）（111）、（200）、（220）和（311）晶面的衍射峰分别位于 36.4°、42.3°、61.6°和 73.8°，且赤铜矿型 Cu_2O 的结晶度很高。除此之外无其他杂质的衍射峰可见，结果表明，通过两步水热合成法，以木材为基质，可成功制备出 TiO_2/Cu_2O 复合薄膜。

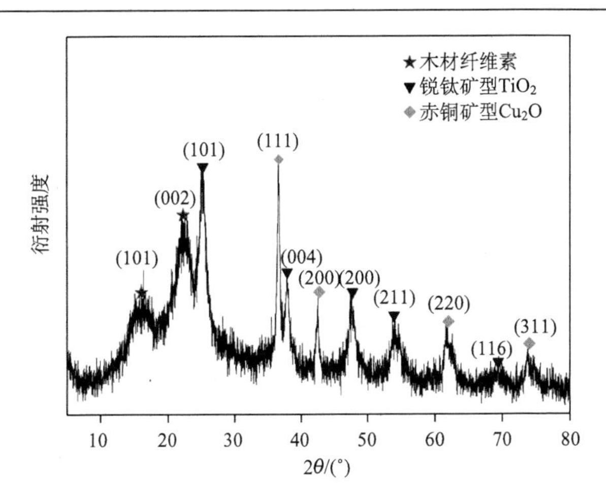

图 3-32　TiO_2/Cu_2O 复合薄膜负载木材的 XRD 图谱

图 3-33(a)为 TiO_2/木材和 TiO_2/Cu_2O 复合薄膜负载木材的全波长扫描 XPS 图谱。图中可见，TiO_2/木材中含有 F、Ti、O 和 C 元素，TiO_2/Cu_2O 复合薄膜负载的木材中含有 F、Cu、Ti、O 和 C 元素。其中，F 元素来自 TiO_2 前驱体溶液中的氟钛酸铵，C 元素可能来自木材基质中的成分或样品表面沾染上的污染物成分，此结果与 EDS 及 XRD 结果相吻合。

图 3-33(b)为 TiO_2/木材和 TiO_2/Cu_2O 复合薄膜负载木材中 Ti 2p 的 XPS 图谱，TiO_2/木材中 459.0eV 和 464.8eV 处的峰分别归属于 Ti $2p_{3/2}$ 和 Ti $2p_{1/2}$ 的结合能。同时，两峰间距为 5.8eV，证明了 Ti^{4+}氧化态的存在。然而，在 TiO_2/Cu_2O 复合薄膜负载木材中两峰平移至较高的结合能。这是因为负载了 Cu_2O 薄膜后，Ti 元素的电子密度较低，同时说明样品中 Cu_2O 和 TiO_2 间的强相互作用。

图 3-33(c)为紫外光照射后 TiO_2/Cu_2O 复合薄膜负载木材中 Ti $2p_{3/2}$ 的拟合图谱，按照高斯拟合进行分峰，得到 458.2eV 和 459.0eV 处的峰，分别归属于 Ti^{3+} 和 Ti^{4+}。因此，在紫外光照射后，TiO_2/Cu_2O 复合薄膜负载木材中的确存在 Ti^{3+}，而 Ti^{3+}氧化物种具有较窄的禁带宽度，并且能级位于 TiO_2 的价带和导带之间，有利于提高 TiO_2/Cu_2O 异质结构的光催化活性。

如图 3-33(d)所示，TiO_2/Cu_2O 复合薄膜负载木材中 952.6eV 和 932.9eV 处的峰分别对应 Cu_2O 中 Cu $2p_{1/2}$ 和 Cu $2p_{3/2}$ 的结合能，证明 Cu 的价态是+1。

图 3-34 描述了不同环境下负氧离子的浓度及紫外光照射不同样品 60min 后装置内的负氧离子浓度。如图 3-34(a)所示，60min 内每 5min 记录一次负氧离子检测仪的读数，取其平均值，得到电脑旁边负氧离子浓度为 380 个 · cm^{-3}，过低浓度的负氧离子会引起人类的生理障碍和严重的疾病。对于木材素材和 TiO_2/木材在紫外光照射后，装置内的负氧离子浓度分别为 600 个 · cm^{-3} 和 900 个 · cm^{-3}，然

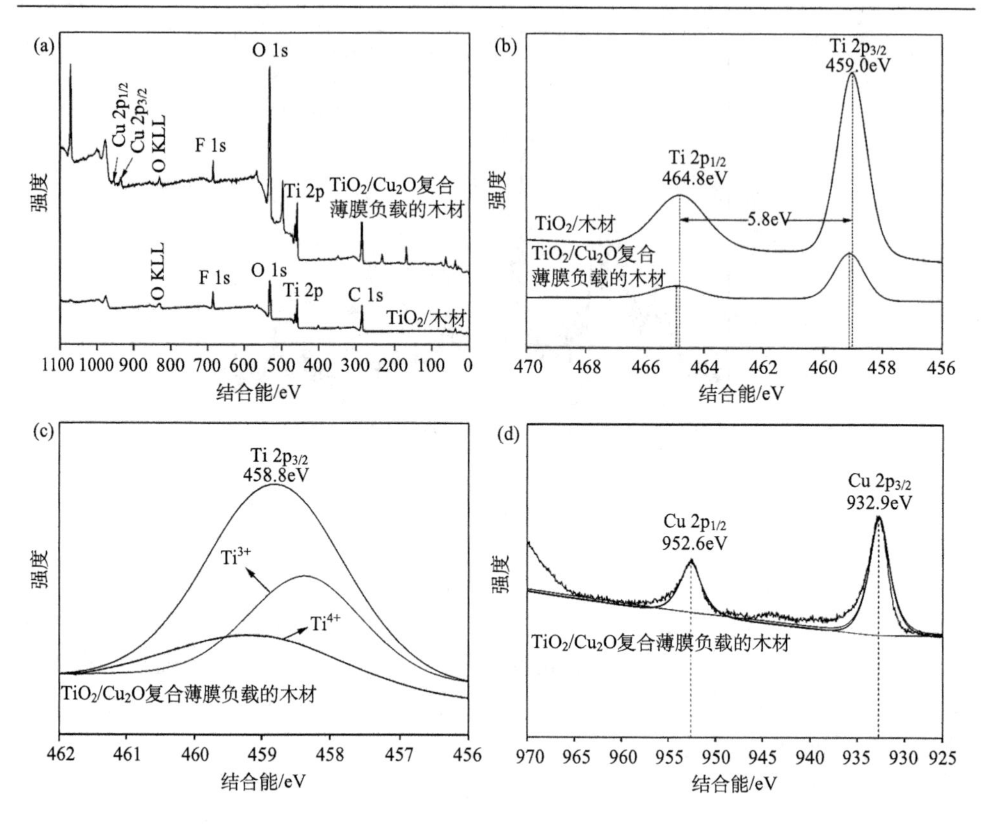

图 3-33　(a)木材样品全波长扫描 XPS 图谱；(b)木材样品中 Ti 2p 的 XPS 图谱；(c)紫外光照射后木材样品中 Ti 2p 拟合图谱；(d)木材样品中 Cu 2p 拟合图谱

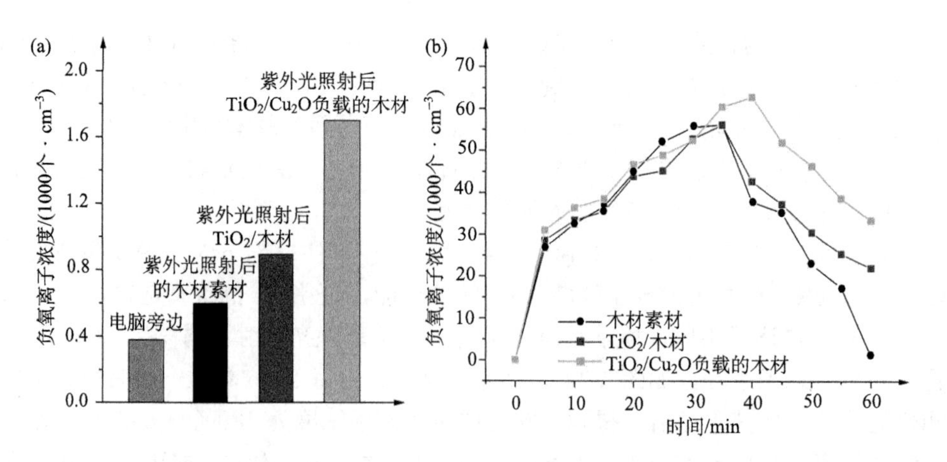

图 3-34　(a)不同环境下负氧离子浓度；(b)不同样品在紫外光照射下装置内负氧离子浓度

而对于疏水后 TiO_2/Cu_2O 复合薄膜负载的木材，装置内的负氧离子浓度可以达到 1700 个 · cm^{-3}。说明 Cu_2O 薄膜的负载可以显著提高样品的光催化活性和负氧离子的产生。世界卫生组织规定，当空气中负氧离子浓度达到 1000~1500 个 · cm^{-3} 以上时，这种空气被认为是"新鲜空气"[97]。因此，疏水后 TiO_2/Cu_2O 复合薄膜负载的木材在紫外光照射后产生的负氧离子浓度达到了新鲜空气的标准。

图 3-34(b) 中，对于每个样品测试前均确保装置内的负氧离子浓度为 0。对于 TiO_2/木材和 TiO_2/Cu_2O 复合薄膜负载的木材，负氧离子浓度都显著提高，在 35min 或 40min 的紫外光照射后，浓度下降但都始终高于木材素材。浓度下降的原因是由于当空气中负氧离子浓度达到一定数量时，其浓度不会继续上升，而空气中正负离子因静电作用相互吸引中和，使得离子在产生的同时伴随着消失，自然界中正负离子的浓度介于 700~4000 个 · cm^{-3}，也就是说，空气中的负离子浓度会维持在一个水平，浓度饱和达到一定程度时其产生会被抑制。

图 3-35 进一步确定了 TiO_2 和 Cu_2O 的能带排列，从而确定 TiO_2/Cu_2O 复合薄膜负载木材中 TiO_2 和 Cu_2O 之间的电子转移过程。图 3-35 中 TiO_2/木材和 TiO_2/Cu_2O 复合薄膜负载木材的 Mott-Schottky(M-S) 曲线中样品的平带电位(V_{fb})和电荷载体密度(N_A)是由下列方程计算得到：

$$C^{-2} = 2(V - V_{fb} - k_B T/e) / \varepsilon_0 \varepsilon_r e N_A \tag{3-62}$$

其中，C 是半导体的空间电荷电容；ε_0 是真空介电常数($\varepsilon_0 = 8.85\times 10^{-14}$ F · cm^{-1})；ε_r 是介电常数；V 是外加电压；T 是温度；k_B 是玻耳兹曼常量($k_B = 1.38\times 10^{-23}$ J · K^{-1})。由图中 C^{-2}-V 的线性拟合得到，TiO_2/木材和 TiO_2/Cu_2O 复合薄膜负载木材的平带电位分别是−0.46eV(vs. SCE)和−0.55eV(vs. SCE)，即图 3-35(b) 中的平带电位相对图 3-35(a) 负移，由此说明，负载 Cu_2O 薄膜后的样品需要克服的势垒减小，也就是说负载 Cu_2O 薄膜有利于光生电子和空穴的产生，从而提高了样品的光催化性能。

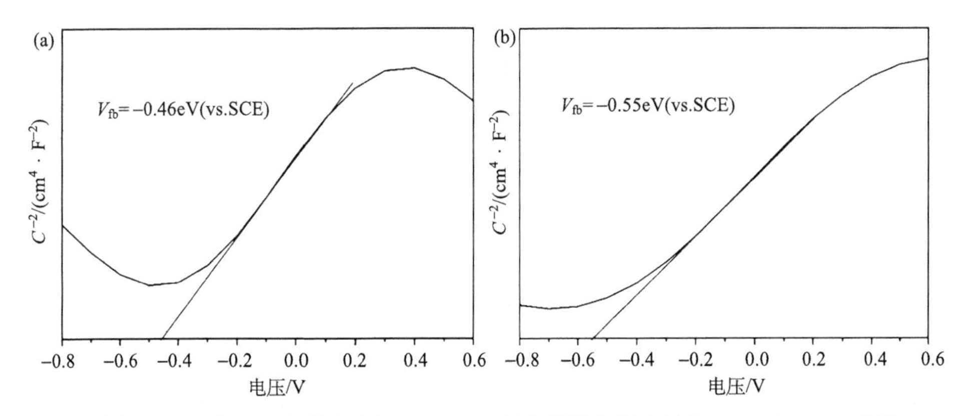

图 3-35　(a) TiO_2/木材和 (b) TiO_2/Cu_2O 复合薄膜负载木材的 Mott-Schottky 曲线

由于 TiO_2 和 Cu_2O 的禁带宽度分别是 3.2eV 和 2.0eV，根据图 3-35 中结论，TiO_2/Cu_2O 异质结构的能带排列如图 3-36(a)所示。当 TiO_2 和 Cu_2O 相连接时，其界面上产生 np 结。TiO_2 的导带位于−0.2eV，Cu_2O 的导带位于−1.4eV。因此，当紫外光照射复合薄膜表面时，Cu_2O 导带上的光生电子被 TiO_2 中的 Ti^{4+}所捕获，Ti^{4+}又进一步被氧化成 Ti^{3+}，Ti^{3+}具有很长的生命周期，又相当于一种能量支撑着光生电子的产生。电子转移过程如方程式(3-63)和式(3-64)所示：

$$Cu_2O + h\nu \longrightarrow h_{vb}{}^+ + e_{cb}{}^- \tag{3-63}$$

$$e_{cb}{}^- + Ti^{4+} \longrightarrow Ti^{3+} \tag{3-64}$$

然而，在 TiO_2/Cu_2O 异质结构中，正价的空穴氧化吸附水或羟基得到·OH 和 H^+[图 3-36(b)]，同时负价的电子被氧分子捕获生成负氧离子(O_2^-)，此外，Ti^{3+}中储存的能量可以促进电子的捕获，进而在无光照条件下产生负氧离子。在紫外光照射下，负氧离子的产生过程如式(3-65)~式(3-67)所示：

$$TiO_2/Cu_2O + h\nu \longrightarrow h^+ + e^- \tag{3-65}$$

$$h^+ + OH^-/H_2O \longrightarrow \cdot OH + H^+ \tag{3-66}$$

$$e^- + O_2 \longrightarrow O_2^- \tag{3-67}$$

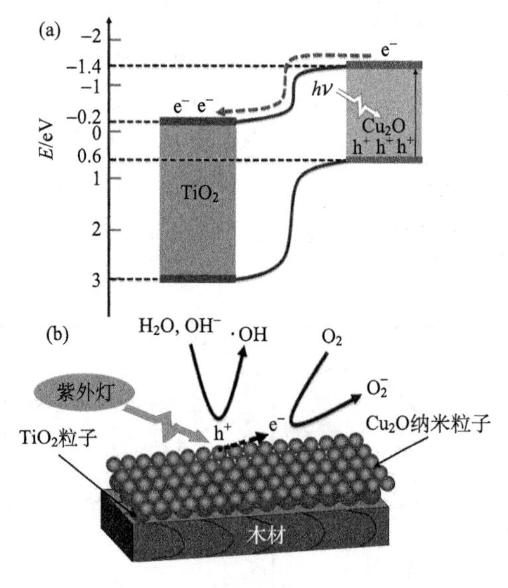

图 3-36　TiO_2/Cu_2O 复合薄膜负载木材的光催化机理示意图

图 3-37 为 TiO_2/木材、Cu_2O/木材及 TiO_2/Cu_2O 复合薄膜负载木材在大肠杆菌培养皿中的抑菌性能。如图 3-37(a)和(b)所示，单纯的 TiO_2/木材和 Cu_2O/木材对

大肠杆菌没有抑菌性，而从图 3-37(c) 可以很清楚地看见 TiO_2/Cu_2O 复合薄膜负载木材在大肠杆菌培养皿中的抑菌圈，在样品周围形成宽度约为 2.5mm 的抑菌圈。抑菌圈的产生可能是由于 TiO_2/Cu_2O 复合薄膜负载的木材在自然条件也会产生一定数量的负氧离子，负氧离子在周围环境中具有杀菌的功能。也就是说，抑菌圈的存在证明了该样品具有的杀菌活性归因于负氧离子的作用。

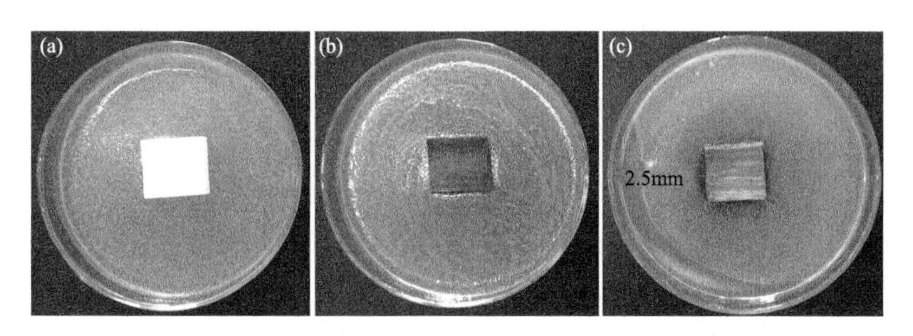

图 3-37　(a) TiO_2/木材、(b) Cu_2O/木材及 (c) TiO_2/Cu_2O 复合薄膜负载木材在大肠杆菌培养皿中的抑菌性能

3.5　以木材为模板制备光催化材料

木材是一种天然生长的有机材料，主要由纤维素、半纤维素、木质素和木材抽提物组成[98]。其中，纤维素是木材的主要成分，约占木材质量的 50%，它是构成植物细胞壁的结构物质，是由活着的生物体而产生的一种非常重要的天然有机物。据统计，在活的有机体中的碳含量在整个生物界约有 27×10^{10}t，而含在植物中的碳占 99%以上。其中，含在植物中的碳约有 40%是结合在纤维素中的。木材中纤维素的含碳量均为 40%~50%。Schmalzl 等[78, 99]研究表明，木材等纤维素基高分子聚合物表面的大量羟基可以为无机粒子提供成核和生长基质。此外，Colón 等[100]报道了在 TiO_2 粒子的制备过程中碳的存在可以使粒子的晶体直径减小，且比表面积增大，更利于合成光催化活性较高的催化剂。郭孝东等[101]采用碳粉保护煅烧法制备磷酸钒锂，由于碳的还原性较强可以充当其他物质的抗氧化剂，因此在制备过程中将反应物置于碳环境中可以保护反应物避免被氧化，产生的 CO 等还原性气体还能起到还原反应物促进反应进行的作用，同时产生的 CO 和 CO_2 等气体向外部扩散也阻止了空气等进入反应系统，为反应提供一个低氧化性气体含量的环境。

3.5.1　以木材为模板制备 WO_3/TiO_2 光催化剂

WO_3 是一种 n 型半导体氧化物，禁带宽度较窄，仅为 2.8eV，具有优异的电学、化学和光学性能。因此，本实验选用 WO_3 与 TiO_2 复合，复合 WO_3 可以扩展光催化剂的响应光域至可见光范围，并且提高光催化剂的活性。而 WO_3 的价带边和导带边均低于 TiO_2 的价带边和导带边，WO_3/TiO_2 光催化剂中禁带边位置的不同在复合物的界面产生电位梯度，则可以促使载流子的分离，并且抑制载流子的复合。

以木粉作为基质材料，可以提高光催化剂的比表面积。此外，木粉具有丰富的孔道，煅烧后光催化剂中残留的 C 元素可吸附更多的分子。本实验中以木粉为基质，负载 WO_3/TiO_2 复合薄膜，通过高温煅烧的方式除去木粉模板，得到新型 WO_3/TiO_2 光催化剂，并探究其对多种有机染料的降解活性。

3.5.1.1　*材料与方法*

1) 原料

木粉取自东北地区常见树种大青杨，实验前，用酒精和蒸馏水依次清洗木粉，抽滤后烘干备用，实验中所用氟钛酸铵、硼酸、盐酸、钨酸钠、无水乙醇、浓硫酸和蒸馏水均为分析纯，购自天津科密欧化学试剂开发中心。

2) 制备 TiO_2/木粉

取适量的氟钛酸铵和硼酸溶于蒸馏水中，室温下磁力搅拌 30min，然后将木粉和混合溶液置于聚四氟乙烯反应釜中，在 90℃的烘箱内进行水热合成过程，反应 5h 后取出，自然冷却至室温，重复三次蒸馏水冲洗-抽滤的过程后，放置烘箱内烘干，即得到 TiO_2/木粉。

3) 制备 WO_3/TiO_2-木粉

取适量的钨酸钠溶于一定比例的乙醇和蒸馏水的混合溶液中，持续磁力搅拌至完全溶解，用浓硫酸将上述溶液的 pH 调节至 1。将 TiO_2/木粉和混合溶液置于聚四氟乙烯反应釜中，在 110℃的烘箱内进行水热合成过程，反应 24h 后取出，自然冷却至室温，重复三次蒸馏水冲洗-抽滤的过程后，放置烘箱内烘干，即得到 WO_3/TiO_2-木粉，此时样品中 C 含量约为 36.6%。随后，将 WO_3/TiO_2-木粉置于马弗炉中，在流动空气中 500℃下煅烧 3h，得到煅烧后的 WO_3/TiO_2-木粉。

3.5.1.2　*表征方法*

利用 Quanta 200 型场发射扫描电子显微镜（荷兰 FEI 公司）对样品的表面形貌进行表征；采用 D8 Advance 型 X 射线衍射仪（德国 Bruker 公司）进行物相分析，X 射线源为 Cu 射线，扫描范围 5°~80°，步宽 0.02°，扫描速率 $4° \cdot min^{-1}$；BET（Brunauer-Emmet-Teller）比表面积是通过测试每个样品在−196℃下的氮吸附-脱附等温线（3H-2000PS2unit，Beishide Instrument 日本 Shinadazu 公司）得到；将固体样品打磨成粉末，取约 0.1mg 的样品粉末，采用硫酸钾粉末作对照，随后置于 TU-190 型紫外光分光光度计（中国 Purkinje 公司）中，对样品的光学性能进行表征分析；PL 发射光谱的测定是利用 FluoroMax 4 fluorescence 测定仪（法国 HORIBA Jobin Yvon 公司）以 350nm 波长的光为激发光在室温下测试的，扫描速率为 600nm · min^{-1}。

3.5.1.3 光催化性能测试

样品的光催化性能是通过室温下降解罗丹明 B（RhB）、亚甲基蓝（MB）及甲基橙（MO）染料进行评价的。取 10mg 的 RhB、MB 和 MO 染料溶于 1L 的蒸馏水中。将一定量的样品分散至上述染料及苯酚溶液中。在黑暗中磁力搅拌 1h，使染料分子在样品表面达到吸附-脱附平衡。然后将溶液放在 500W 高压汞灯（波长为 425nm）下进行光催化实验。每隔 15min 取 5mL 的溶液，经离心后取上层清液在紫外-可见分光光度计上进行分析。

3.5.1.4 结果与讨论

图 3-38 为样品的 XRD 图谱。图 3-38（a）为 WO_3/TiO_2-木粉的 XRD 图谱，其中 14.8°和 22.5°处的衍射峰对应木材纤维素结构的（101）和（002）晶面，25.5°、38.0°、48.3°、54.2°、55.3°和 62.9°的衍射峰分别对应锐钛矿型 TiO_2 的典型晶面（101）、（004）、（200）、（105）、（211）和（204），与锐钛矿型 TiO_2 的标准衍射图谱（JCPDS card No. 21-1272）相吻合；此外，除锐钛矿型 TiO_2 的衍射峰以外，WO_3（JCPDS card No. 75-2187）（100）、（001）、（200）、（111）、（201）、（220）、（221）和（400）晶面的衍射峰分别位于 14.2°、23.1°、28.4°、33.8°、36.9°、49.9°、55.7°和 58.4°。图 3-38（b）为煅烧后的 WO_3/TiO_2-木粉，可见其衍射峰的位置与图 3-38（a）中一致，而 TiO_2 衍射峰的强度增加。结果表明，采用空气煅烧的方式有利于提高样品的结晶度。

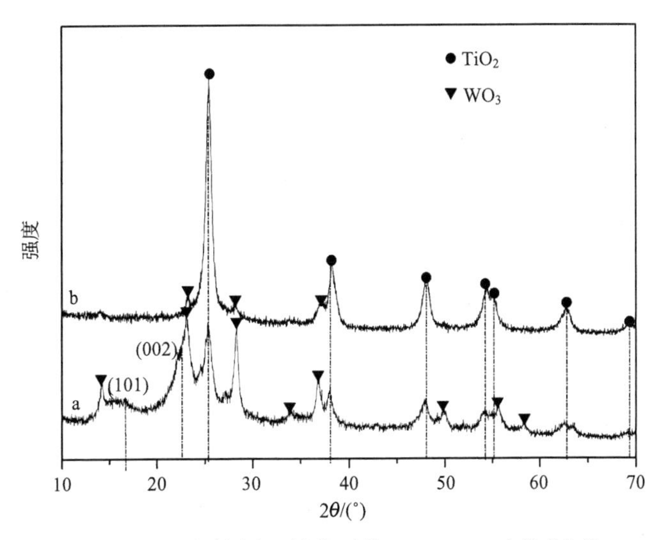

图 3-38 WO_3/TiO_2-木粉（a）及煅烧后的 WO_3/TiO_2-木粉（b）的 XRD 图谱

木粉表面负载的球形 TiO_2 粒子[图 3-39(a)]在煅烧后转换成菱形[图 3-39(c)]。而 TiO_2/木粉表面复合的 WO_3 呈放射状的花[图 3-39(b)和(d)]。与煅烧前的样品形貌[图 3-39(a)和(b)]相比，煅烧后的样品[图 3-39(c)和(d)]结构变得更加致密。结果表明，在木粉存在的情况下，对样品进行煅烧处理可以提高纳米粒子的长径比。

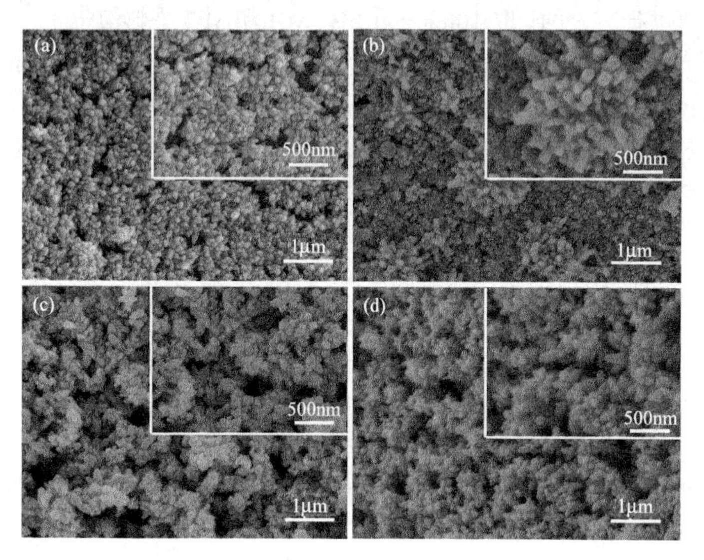

图 3-39 (a) TiO_2/木粉、(b) WO_3/TiO_2-木粉、(c)煅烧后的 TiO_2/木粉及(d)煅烧后的 WO_3/TiO_2-木粉的 SEM 图片

比表面积分析(BET)可以更好地表征样品的孔结构。图 3-40 中三个样品的 N_2 吸附-脱附曲线，它们都有较小的磁滞回线，属于Ⅳ型曲线，是介孔材料(介孔直径为 2~50nm)。煅烧后的 WO_3/TiO_2-木粉在相对压力为 0.4~0.9 的范围呈现典型的 H1 型磁滞回线，意味着样品中含有均匀的球形粒子聚集体，在相对压力为 0.9~1.0 的范围呈现 H3 型磁滞回线，说明样品中含有裂隙孔材料。此外，插图也进一步说明了相应样品的孔径分布。相对于煅烧后的 WO_3/TiO_2 及煅烧后的 TiO_2/木粉，煅烧后的 WO_3/TiO_2-木粉具有较宽的孔径范围。

由表 3-4 可知，以木粉为模板通过煅烧等方式制备的 WO_3/TiO_2 催化剂，其比表面积高于经煅烧得到的单纯的 WO_3/TiO_2(大约是 3.6 倍)；而煅烧后的 TiO_2/木粉比表面积为 $81.70m^2 \cdot g^{-1}$。因此，在木粉存在的情况下，制备的光催化剂的比表面积均大于 $80m^2 \cdot g^{-1}$，也就是说本实验所采用的方法以木粉为模板可以产生一个异质结构的体系。同时，由于煅烧后的 WO_3/TiO_2-木粉具有较高的比表面积，它可以提供更多的光催化反应位点，吸附更多的反应物分子，提高光催化反应中电子和空穴的分离效率，即提高催化剂的光催化活性。

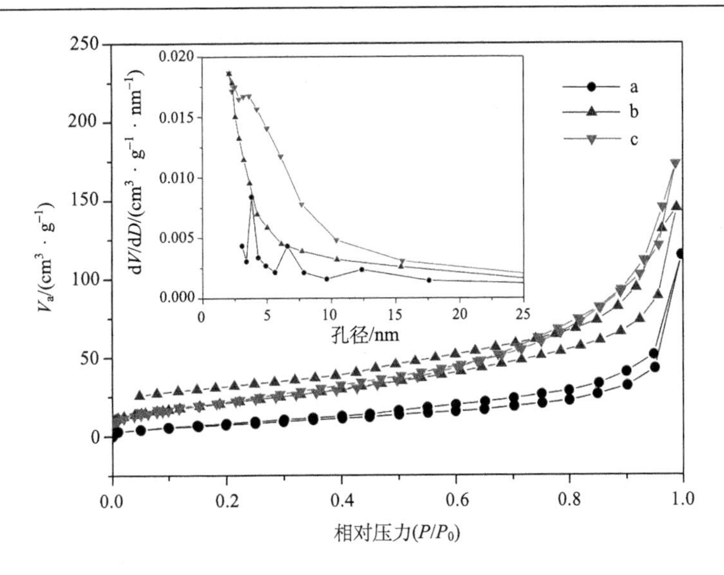

图 3-40　煅烧后的 WO_3/TiO_2(a)、煅烧后的 TiO_2/木粉(b)及煅烧后的 WO_3/TiO_2-木粉(c)的 N_2 吸附-脱附曲线；插图为各样品的孔径分布曲线

表 3-4　样品的结构参数

样品	比表面积/($m^2 \cdot g^{-1}$)	孔径/ nm	孔容/($cm^3 \cdot g^{-1}$)
煅烧后的 WO_3/TiO_2	25.98	3.83	0.17
煅烧后的 TiO_2/木粉	81.70	5.18	0.21
煅烧后的 WO_3/TiO_2-木粉	92.95	4.98	0.26

图 3-41(a)~(c)为分别采用 50mg 催化剂对 RhB、MB 及 MO 染料进行光催化降解实验中染料的浓度分数与时间的关系图。由图可知，对于降解 RhB，煅烧后的 WO_3/TiO_2-木粉仅需 30min，而煅烧后的 TiO_2/木粉需要 45min；煅烧后的 WO_3/TiO_2-木粉和煅烧后的 TiO_2/木粉降解 RhB 的速率分别为 99.8%和 97.2%。同样地，对于降解 MB 和 MO，煅烧后的 WO_3/TiO_2-木粉表现出较为优异的光催化降解性能。煅烧后的 WO_3/TiO_2-木粉对三种染料的降解效率排列为：RhB > MB > MO。

图 3-41(d)中一级速率常数 k(min^{-1})是通过下列关系式计算得到的：

$$\ln(C_0/C) = kt \tag{3-68}$$

其中，C_0 为溶液中染料的初始浓度，C 为时间 t 时溶液中的染料浓度。由图可知，煅烧后的 WO_3/TiO_2-木粉对三种染料的一级速率常数均分别大于煅烧后的 TiO_2/木粉的一级速率常数。

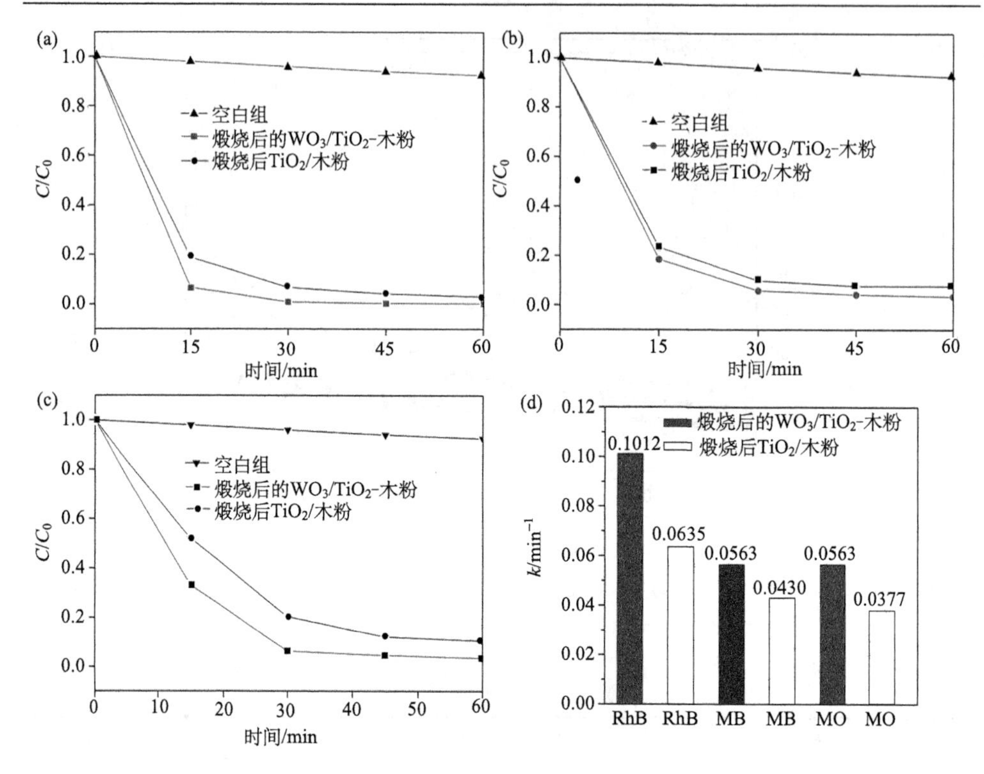

图 3-41　空白组及样品光催化降解(a)罗丹明 B(RhB)；(b)亚甲基蓝(MB)；(c)甲基橙(MO)的浓度分数 C/C_0 与时间的关系图；(d)样品光催化降解有机染料的一级速率常数 $k(\mathrm{min}^{-1})$

在光催化过程中产生的活性物种主要包括空穴(h^+)、羟基自由基(·OH)和超氧自由基($\cdot O_2^-$)。为了评估不同活性物种在光催化过程中的作用，采用不同的自由基清除剂，包括草酸铵(AO)、叔丁醇(TBA)及 1,4-苯醌(BQ)，在紫外光的催化体系中分别清除 h^+、·OH 和 $\cdot O_2^-$ 物种。如图 3-42 所示，当加入 TBA(·OH 清

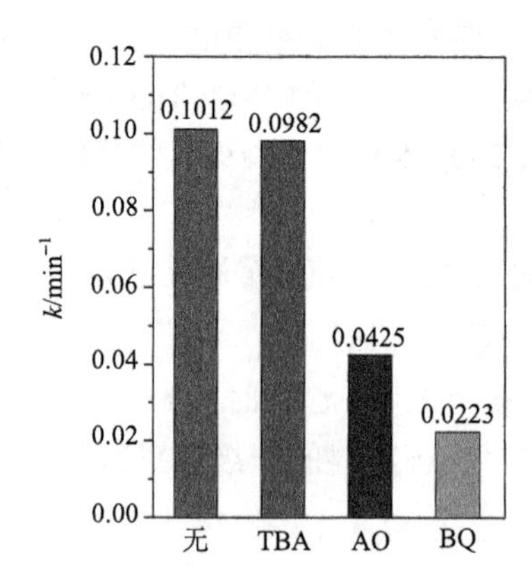

图 3-42　在紫外光照射下自由基清除剂对煅烧后的 WO_3/TiO_2-木粉光降解 RhB 的影响

除剂)时，反应速率基本没有变化；然而，当加入BQ(·O_2^-清除剂)和AO(h^+清除剂)时，降解速率分别降至原来的22%和42%。由此说明，在煅烧后的WO_3/TiO_2-木粉光降解RhB的体系中空穴(h^+)和超氧自由基(·O_2^-)起到关键性作用。

PL发射光谱是表征半导体光催化材料载流子捕获、转移和分离效率以及理解光催化过程中载流子运动轨迹的重要手段之一。如图3-43所示为煅烧后的TiO_2/木粉和煅烧后的WO_3/TiO_2-木粉的PL发射光谱。在紫外光区域[图3-43(a)]，煅烧后的WO_3/TiO_2-木粉的PL峰强度低于煅烧后的TiO_2/木粉，说明在煅烧后的WO_3/TiO_2-木粉中光生电子和空穴的分离效率高于煅烧后的TiO_2/木粉；换句话说，相对煅烧后的TiO_2/木粉来说，煅烧后的WO_3/TiO_2-木粉的光生载流子的复合受到抑制。此外，图3-43(b)中470nm处的发射峰属于2.5eV禁带宽度的半导体，相当于煅烧后的WO_3/TiO_2-木粉的禁带宽度。

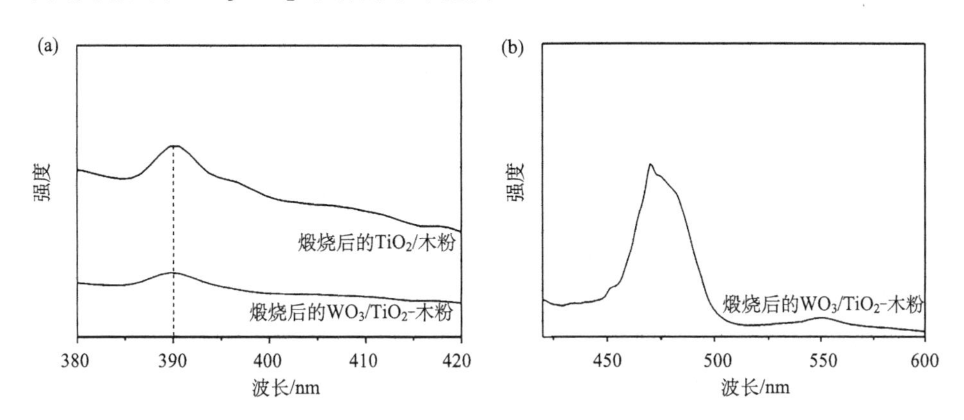

图3-43　(a)样品的在紫外光区域的PL光谱；(b)样品在可见光区域的PL光谱

3.5.2　生物质衍生C掺杂的Bi_2WO_6气敏元件

钨酸铋(Bi_2WO_6)是奥里维里斯(Aurivillius)结构材料中最简单的化合物之一。Aurivillius材料的基本结构式为$(Bi_2O_2)^{2+}(A_{n-1}B_nO_{3n+1})^{2-}$，基中A、B为金属离子(A=Ca、Sr、Ba、Pb、Bi、Na、K，B=Ti、Nb、Ta、Mo、W、Fe)，n代表铋氧层间类钙钛矿氧八面体层的数目。它具备如压电、铁电、热释电及催化等物理化学性能，使其在离子半导体、铁磁材料、催化、气敏元件等诸多领域有着广泛的应用。

以木材为生物质模板，通过一步水热合成法及煅烧等步骤，制备新型介孔性生物质衍生C掺杂的Bi_2WO_6气敏元件，该气敏元件对含有羰基的有机挥发物气体具有较好的响应性，这是由于：①介孔结构具有高比表面积和孔容，可使吸附的气体分子自由进出。②气敏元件中多孔性的碳具有吸附作用，可以吸附更多的氧分子，与其导带上的电子反应产生 O_2^- 和 O^- 氧自由基。当元件暴露在有机挥发物气体中，氧自由基与气体分子反应产生电子，即增加了元件中的载流子浓度，降低了元件的电阻。③羰基的吸电子能力强于羟基，羰基可以与更多的氧分子反应，释放更多的电子，从而降低元件的电阻。这种新型的气敏元件对气体的选择响应性增强，扩展了木质材料的研究领域并为气敏材料的开发提供了一种新的方法。

3.5.2.1 材料与方法

1)原料

木粉取自东北地区常见树种大青杨，实验前，用酒精和蒸馏水依次清洗木粉，抽滤后烘干备用，实验中所用硝酸铋、乙二醇、钨酸钠和蒸馏水均为分析纯，购自天津科密欧化学试剂开发中心。

2)以木粉为模板制备生物质衍生 C 掺杂的 Bi_2WO_6

首先，取一定量的硝酸铋完全溶解于 40mL 乙二醇溶液中。再将一定量的钨酸钠溶于上述溶液中，持续搅拌至完全溶解，得到透明的混合溶液。将 5g 木粉和混合溶液(约为 45mL)置于聚四氟乙烯反应釜中，在 160℃的烘箱内进行水热反应，12h 后取出，自然冷却至室温，重复三次蒸馏水冲洗-抽滤的过程后，放置烘箱内烘干，即得到 Bi_2WO_6/木粉。随后，将 Bi_2WO_6/木粉置于马弗炉中，500℃空气中煅烧处理 3h，即得生物质衍生 C 掺杂的 Bi_2WO_6，产物中 C 含量为 58.9%。

3.5.2.2 表征方法

利用 Quanta 200 型场发射扫描电子显微镜(荷兰 FEI 公司)对样品的表面形貌进行表征；采用 D8 Advance 型 X 射线衍射仪(德国 Bruker 公司)进行物相分析，X 射线源为 Cu 射线，扫描范围 5°~80°，步宽 0.02°，扫描速率 $4° \cdot min^{-1}$；选用 Thermo ESCALAB 250XI 型 X 射线光电子能谱仪(美国赛默飞世尔科技)对样品的化学组成和化学状态进行分析；BET(Brunauer-Emmet-Teller)比表面积是通过测试每个样品在−196℃下的氮吸附-脱附等温线(3H-2000PS2unit，Beishide Instrument 日本 Shinadazu 公司)得到。

3.5.2.3 气敏元件的制备和测试

测试系统如图 3-44(a)所示，它呈现出气敏元件的工作机制。测试时，元件的输出电压设置为 5V，元件的气敏性能检测时在 WS-30A 测试系统(郑州炜盛电子科技有限公司)上进行。气敏元件的制作过程如下：将样品粉末与适量的乙醇充分研磨成浆料，均匀涂覆在陶瓷管上，使其完全覆盖金电极。图 3-44(b)为元件基本构造示意图。将 Ni-Cr 加热丝置于陶瓷管中，最后将陶瓷管和加热丝焊接在导电底座上。所有的元件均在 300℃下老化 3 天以提高元件的稳定性。气敏性能的测试在尺寸为 320mm × 320mm × 250mm 的测试箱中进行。待测气体浓度是通过测试箱内的加热器蒸发适量的液体获得。灵敏度(S)定义为 $R_a / R_g \times 100\%$，其中，R_a 是未通待测气体时气敏元件在空气中的电阻，R_g 是通入待测气体时气敏元件的电阻。响应时间和恢复时间衡量的是气敏元件对被测气体通入和消失时的反应速度。

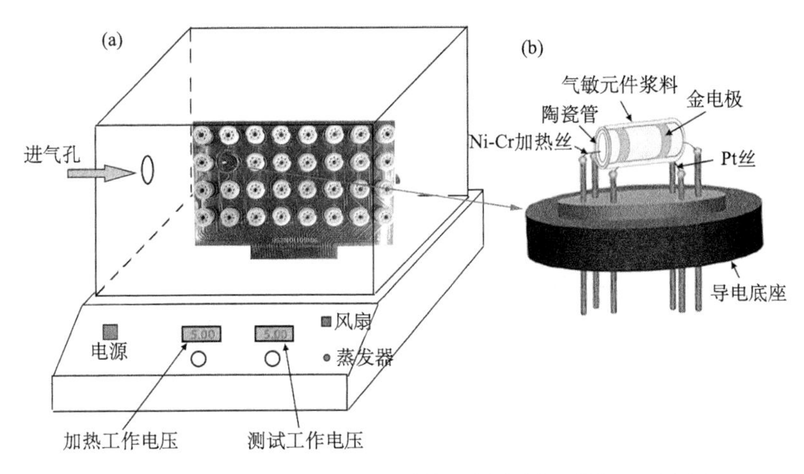

图 3-44　(a)气敏元件测试系统和(b)气敏元件构造示意图

3.5.2.4　结果与讨论

图 3-45 为样品的 XRD 图谱。图 3-45(a)为 Bi_2WO_6/木粉的 XRD 图谱，其中 14.8°和 22.5°的衍射峰对应木材纤维素结构的(101)和(002)晶面，28.4°、33.0°、47.2°、55.4°和 76.1°的衍射峰分别对应斜方晶系 Bi_2WO_6 的典型晶面(131)、(020)、(220)、(208)和(333)，晶格常数 a = 5.464(8) Å, b = 5.432(5) Å，c = 16.44(1) Å (JCPDS card No. 73-1126)。图 3-45(b)中为煅烧后得到的生物质衍生 C 掺杂的 Bi_2WO_6，可见其衍射峰的位置与图 3-45(a)中一致，并且增加了 36.1°、58.7°、69.0°和 78.5°的衍射峰，这些峰分别对应 Bi_2WO_6 的(115)、(0110)、(040)和(046)晶面。结果表明，采用空气煅烧的方式有利于提高 Bi_2WO_6 的结晶度。

图 3-46 提供了生物质衍生 C 掺杂的 Bi_2WO_6 中 Bi 4f、W 4f、O 1s 和 C 1s 的 XPS 图谱。如图 3-46(a)所示，Bi $4f_{7/2}$ 和 Bi $4f_{5/2}$ 的峰分别位于 158.66eV 和 163.95eV，归属于 Bi^{3+}的峰。图 3-46(b)中 W $4f_{7/2}$ 和 W $4f_{5/2}$ 的峰分别位于 34.93eV 和 37.09eV，能量间距为 2.16eV，属于 W^{6+}价态中的 W。图 3-46(c)中 O 1s 可以拟合分为 3 个峰，分别位于 529.69eV、532.30eV 和 534.91eV，它们分别归属于 Bi_2WO_6 晶体结构中$[Bi_2O_2]^{2+}$和$[WO_4]^{2-}$层中的晶格氧和以 OH^-形式吸附在样品表面上的吸附氧。上述结果进一步证实了样品为 Bi_2WO_6。图 3-46(d)为样品 C 1s 的 XPS 图谱及其拟合结果，C 1s 峰可以拟合分为 3 个峰：284.8eV 处的峰为非氧化环中的 C，286.3eV 处的峰为 C—O 键，另外一个位于 289.1eV 处的峰为 C═O

键，代表的是样品表面吸附的 C。此外，C 峰的存在意味着煅烧处理后样品中含有 C。

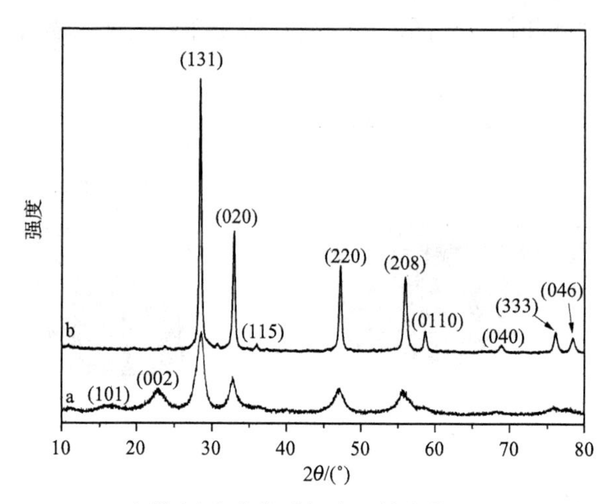

图 3-45　Bi_2WO_6/木粉(a)和生物质衍生 C 掺杂的 Bi_2WO_6(b)的 XRD 图谱

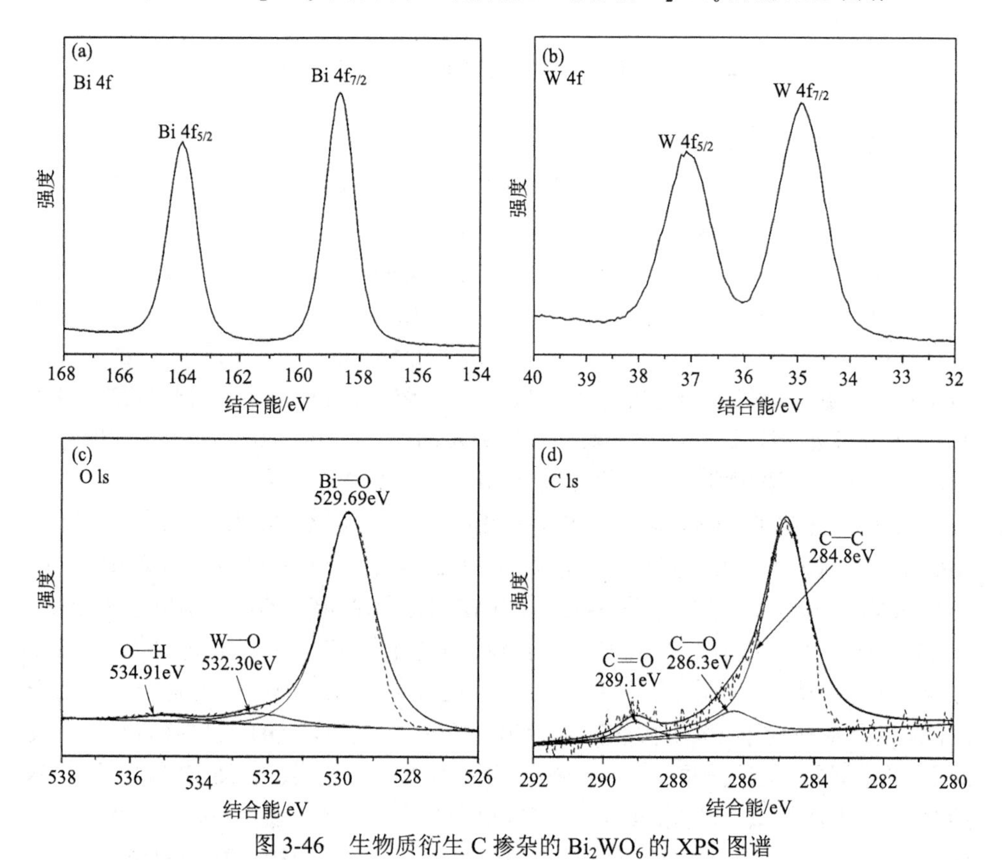

图 3-46　生物质衍生 C 掺杂的 Bi_2WO_6 的 XPS 图谱

与单纯的 Bi_2WO_6[图 3-47(a)]相比，以木粉为模板制备的 Bi_2WO_6/木粉[图 3-47(c)]粒子分散较为均匀；煅烧处理后，单纯的 Bi_2WO_6 转变成不规则形状的粒子，而煅烧后的 Bi_2WO_6/木粉较为均匀致密。

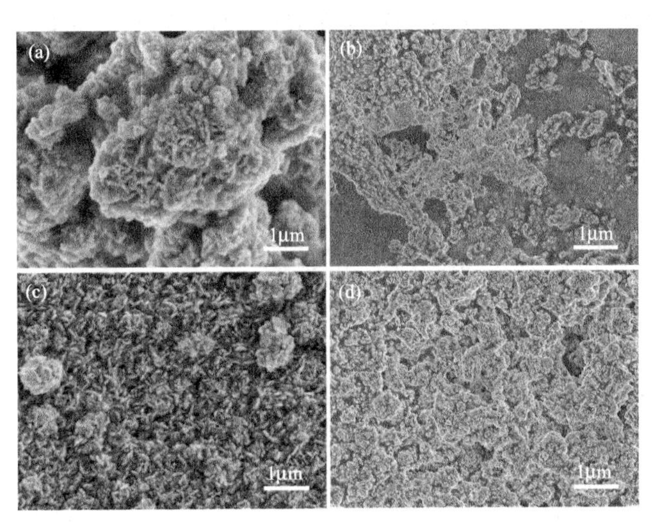

图 3-47　(a)，(b)单纯的 Bi_2WO_6 煅烧前后及(c)，(d)Bi_2WO_6/木粉煅烧前后的 SEM 图片

从图 3-48 样品的 N_2 吸附-脱附曲线可以看出两者均为Ⅳ型曲线，含有大量介孔。煅烧后单纯的 Bi_2WO_6 比表面积仅为 $22.84m^2 \cdot g^{-1}$，而煅烧后的 Bi_2WO_6/木粉的比表面积为 $52.77m^2 \cdot g^{-1}$。因此，说明以木粉为模板可以得到高比表面积的 Bi_2WO_6。

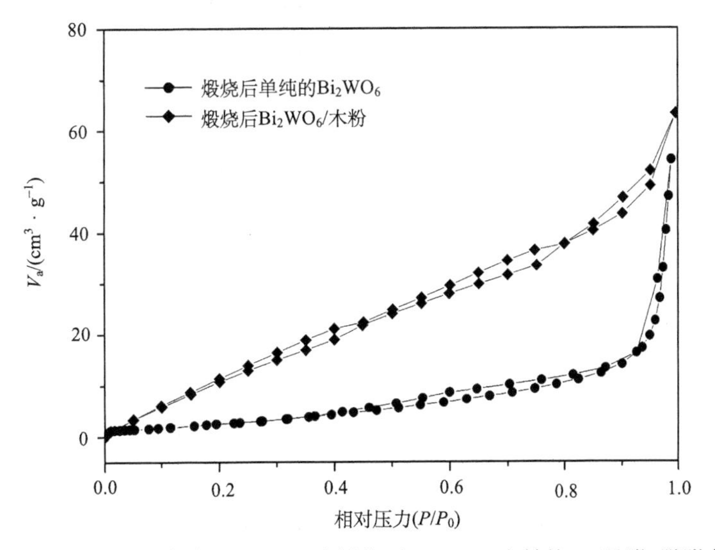

图 3-48　煅烧后单纯的 Bi_2WO_6 和煅烧后 Bi_2WO_6/木粉的 N_2 吸附-脱附曲线

为了确定生物质衍生 C 掺杂的 Bi_2WO_6 气敏元件的最佳工作温度，图 3-49(a) 给出元件对浓度为 50ppm（1ppm=1mg · L^{-1}）的四种不同气体的温度响应性，从而得到元件的最佳工作温度为 370℃。图 3-49(b) 为元件对不同浓度的气体的响应性，随着气体浓度的增加，元件的响应性增强，而生物质衍生 C 掺杂的 Bi_2WO_6 气敏元件对不同有机挥发物气体的响应性强弱排列如下：丙酮 > 乙酸 > 乙酸乙酯 > 乙醇。

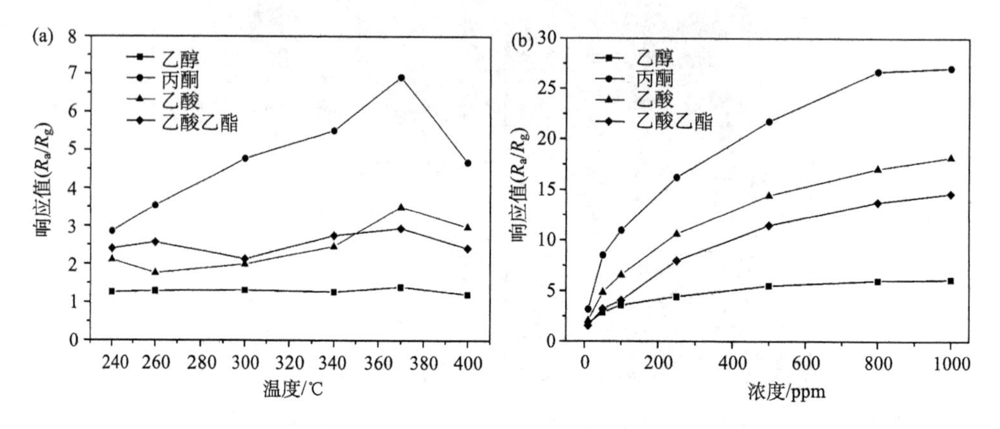

图 3-49 (a) 不同温度下生物质衍生 C 掺杂的 Bi_2WO_6 气敏元件对气体的响应性（每种气体浓度为 50ppm，相对湿度为 10%）；(b) 在温度为 370℃时，生物质衍生 C 掺杂的 Bi_2WO_6 气敏元件对不同浓度气体的响应性（相对湿度为 10%）

图 3-50 为工作温度为 370℃时，生物质衍生 C 掺杂的 Bi_2WO_6 气敏元件对乙醇、丙酮、乙酸和乙酸乙酯气体的连续响应性及循环响应性。从测试结果可知，元件对丙酮、乙酸和乙酸乙酯的响应性强于乙醇，这是由于元件对含有羰基的气体具有选择响应性。

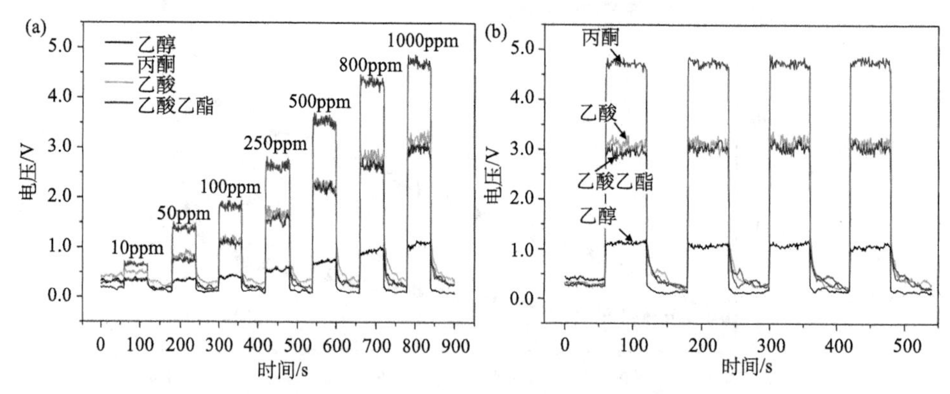

图 3-50 (a) 在温度为 370℃时，生物质衍生 C 掺杂的 Bi_2WO_6 气敏元件对不同气体的连续响应性；(b) 在温度为 370℃时，生物质衍生 C 掺杂的 Bi_2WO_6 气敏元件对不同气体的循环响应性

为了更好地探究生物质衍生 C 掺杂的 Bi_2WO_6 气敏元件的反应机理，图 3-51(a)展示了 Bi_2WO_6 的结构特性。Bi_2WO_6 是一种简单的 Aurivillius 型化合物，具有钙钛矿的层状结构。其晶体是由$[Bi_2O_2]^{2+}$离子层和八面体 WO_6 层相互交替排列而成的层状结构，Bi 和 O 原子夹于两层 WO_6 中。它的能带结构是由 W 5d 轨道组成的导带与 Bi 6s 和 O 2p 轨道杂化组成的价带构成。根据图 3-46(d)的结果，在生物质衍生 C 掺杂的 Bi_2WO_6 中大部分的 C 是以非氧化环 C 的形式存在的，由此绘制生物质衍生 C 掺杂的 Bi_2WO_6 气敏元件的机理示意图如图 3-51(b)所示。

对于半导体气敏元件来说，元件电阻的改变主要是由气体分子在元件结构上的吸附和解吸引起的。如图 3-51(b)所示，当元件暴露在未通待测气体的空气中，氧分子吸附在 Bi_2WO_6 纳米结构表面，并与其导带上的电子反应产生 O_2^- 和 O^- 氧自由基，此外，样品中多孔性的碳具有吸附作用，可以吸附更多的氧分子。当元件暴露在待测气体(乙醇、丙酮、乙酸、乙酸乙酯)中，这些气体均为还原性气体，气体分子与 O^- 反应，产生 e^-、CO_2 和 H_2O，从而提高样品中载流子的浓度，降低了元件的电阻。

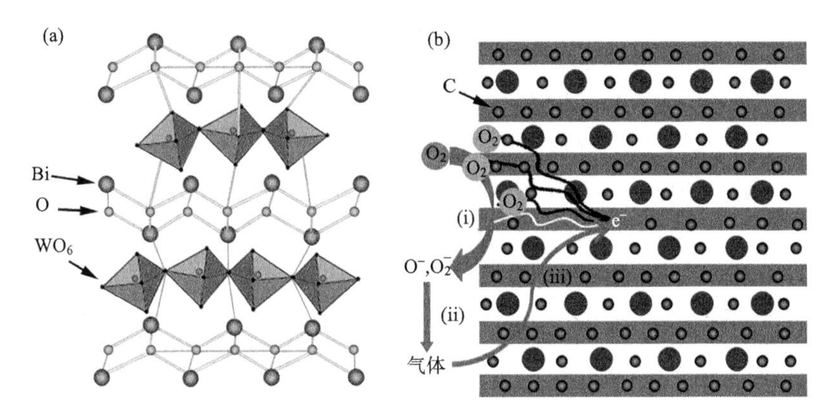

图 3-51 (a) Bi_2WO_6 晶体结构示意图；(b)生物质衍生 C 掺杂的 Bi_2WO_6 气敏元件检测含羰基气体的机理示意图

下面以丙酮气体为例说明该元件的气敏响应原理。丙酮(C_3H_6O)与元件表面的 O^- 的反应如下：

$$O_2 + e^- \longrightarrow O_2^- \tag{3-69}$$

$$O_2^- + e^- \longrightarrow 2O^- \tag{3-70}$$

$$C_3H_6O + 8O^- \longrightarrow 3CO_2 + 3H_2O + 8e^- \tag{3-71}$$

因此，气体分子与 O^- 反应，会释放电子，使得样品的电子浓度增加，而这些电子又会回到其导带，从而减小元件的电阻。

从电子结构的角度看，含有羟基(OH)或羰基(C═O)的有机挥发物气体，其氧原子具有吸电子能力。这些基团可以促进反应式(3-71)的进行。对于上述四种有机气体，元件的灵敏度排列为：丙酮 > 乙酸 > 乙酸乙酯 > 乙醇。这个顺序与吸电子强度的顺序一致，即 C═O > OH。

总而言之，本实验制备的生物质衍生 C 掺杂的 Bi_2WO_6 气敏元件对含有羰基的有机挥发物气体具有较高的选择响应性。

3.6 本 章 小 结

本章利用生物质材料(木材)天然可再生、结构层次分明及其生物结构和形成物质独特等性质，结合半导体材料的量子效应、光学特性等优异性能，制备新型的木质基光催化材料，并通过金属元素掺杂、非金属元素掺杂、半导体光催化剂复合等改性方式提高其光催化活性，探索木材光控智能响应特性、光降解甲醛、光降解有机染料及紫外灯照射下释放负氧离子等功能；采用氟硅烷等低表面能物质做进一步改性处理后，赋予木材超疏水、超双疏、抑菌、耐久、抗磨损、耐酸等特性，这种多功能型木质基材料在室内外的建筑用材、家居环保材料等领域具有广阔的研究价值。此外，以木材为模板制备生物质衍生 C 掺杂半导体材料，得到一种新型的气敏元件，这种新型的气敏元件对气体的选择响应性增强，扩展了木质材料的研究领域，并为气敏材料的开发提供了一种新的方法。

参 考 文 献

[1] Gaya U I. Heterogeneous Photocatalysis Using Inorganic Semiconductor Solids. Netherlands: Springer, 2014.

[2] Sun S, Wang W. Cheminform abstract: Advanced chemical compositions and nanoarchitectures of bismuth based complex oxides for solar photocatalytic application. RSC Advances, 2014, 4(88): 47136-47152.

[3] Liu G, Wang L, Yang H G, et al. Titania-based photocatalysts-crystal growth, doping and heterostructuring. Journal of Materials Chemistry, 2010, 20(5): 831-843.

[4] Goodeve C, Kitchener J. Photosensitisation by titanium dioxide. Transactions of the Faraday Society, 1938, 34: 570-579.

[5] Kato S, Mashio F. Autooxidation by TiO_2 as a Photocatalyst. Kyoto: Abtr Book Annu Meet Chemical Society of Japan, 1956: 223.

[6] Hashimoto K, Irie H, Fujishima A. Photocatalysis: A historical overview and future prospects. Japanese Journal of Applied Physics, 2005, 44(12): 8269-8285.

[7] Fujishima A, Honda K. Electrochemical photolysis of water at a semiconductor electrode. Nature, 1972, 238(5358): 37-38.

[8] Kawai T, Sakata T. Conversion of carbohydrate into hydrogen fuel by a photocatalytic process. Nature, 1980, 286(5772): 474-476.

[9] Frank S N, Bard A J. Heterogeneous photocatalytic oxidation of cyanide and sulfite in aqueous solutions at semiconductor powders. The Journal of Physical Chemistry, 1977, 81(15): 1484-1488.

[10] Matthews R W. Photooxidation of organic impurities in water using thin films of titanium dioxide. Journal of Physical Chemistry, 1987, 91(12): 3328-3333.

[11] Matsunaga T, Tomoda R, Nakajima T, et al. Photoelectrochemical sterilization of microbial cells by semiconductor powders. Fems Microbiology Letters, 1985, 29(1-2): 211-214.

[12] Carp O, Huisman C L, Reller A. Photoinduced reactivity of titanium dioxide. Progress in Solid State Chemistry, 2004, 32(1-2): 33-177.

[13] Hoffmann M R, Martin S T, Choi W, et al. Environmental applications of semiconductor photocatalysis. Chemical Reviews, 1995, 95(1): 69-96.

[14] Brus L. Electronic wave functions in semiconductor clusters: Experiment and theory. Journal of Physical Chemistry, 1986, 90(12): 2555-2560.

[15] 刘秋平. 金属离子掺杂二氧化钛的光电性能改性研究. 北京: 北京交通大学, 2013.

[16] Schiavello M, Sclafani A. Photocataltytic reactions: An overview on the water splitting and on the dinitrogen reduction//Schiavello M. Photoelectrochemistry, Photocatalysis and Photoreactors. Netherlands: Springer, 1985: 503-519.

[17] 温福宇, 杨金辉, 宗旭, 等. 太阳能光催化制氢研究进展. 化学进展, 2009, 21(11): 2285-2302.

[18] Abe R, Sayama K, Domen K, et al. A new type of water splitting system composed of two different TiO_2 photocatalysts (anatase, rutile) and a IO_3^-/I^- shuttle redox mediator. Chemical Physics Letters, 2001, 344(3): 339-344.

[19] 赵义芬, 赵鹤云, 吴兴惠. 金属氧化物半导体气敏材料的研究进展. 传感器世界, 2009, 15(1): 6-11.

[20] 刘松翠, 吕康乐, 邓克俭, 等. 三种不同晶型二氧化钛的制备及光催化性能研究. 影像科学与光化学, 2008, 26(2): 138-147.

[21] Gong X Q, Selloni A, Batzill M, et al. Steps on anatase TiO_2(101). Nature Materials, 2006, 5(8): 665-670.

[22] Yang H G, Sun C H, Qiao S Z, et al. Anatase TiO_2 single crystals with a large percentage of reactive facets. Nature, 2008, 453(7195): 638-641.

[23] Amano F, Yamakata A, Nogami K, et al. Visible light responsive pristine metal oxide photocatalyst: Enhancement of activity by crystallization under hydrothermal treatment. Journal of the American Chemical Society, 2008, 130(52): 17650-17651.

[24] 李二军. 含铋新型材料的制备及其光催化应用研究. 湖南: 湖南大学, 2010.

[25] Zorn M E, Tompkins D T, Zeltner W A, et al. Photocatalytic oxidation of acetone vapor on TiO_2/ZrO_2 thin films. Applied Catalysis B: Environmental, 1999, 23(1): 1-8.

[26] 常建平, 谢毅, 陶光仪. 用 X 射线荧光光谱法测定玻璃基材上 C+TiO_2 薄膜的组分和厚度.

科学技术与工程, 2006, 6(18): 2978-2980.

[27] 谷晓稳, 吕学举, 贾琼, 等. 石墨烯/二氧化钛复合材料富集–石墨炉原子吸收光谱法测定铅和镉. 分析化学, 2013, 41(3): 417-421.

[28] 李金英, 石磊, 鲁盛会, 等. 电感耦合等离子体质谱(ICP-MS)及其联用技术研究进展. 中国无机分析化学, 2012, 02(2): 1-5.

[29] 陆美斌, 王步军, 李静梅, 等. 电感耦合等离子体质谱法测定谷物中重金属含量的方法研究. 光谱学与光谱分析, 2012, 32(8): 2234-2237.

[30] Ohsaka T, Izumi F, Fujiki Y. Raman spectrum of anatase, TiO_2. Journal of Raman Spectroscopy, 1978, 7(6): 321-324.

[31] Zhang H, Zong R, Zhu Y. Photocorrosion inhibition and photoactivity enhancement for zinc oxide via hybridization with monolayer polyaniline. The Journal of Physical Chemistry C, 2009, 113(11): 4605-4611.

[32] 谢立进, 马峻峰, 赵忠强, 等. 半导体光催化剂的研究现状及展望. 硅酸盐通报, 2005, 24(6): 80-84.

[33] 郑化杰, 孟繁梅, 关毅, 等. 掺杂型 Bi_2WO_6 可见光光催化材料的最新研究进展. 功能材料, 2016, 47(12): 12076-12082.

[34] Choi W, Termin A, Hoffmann M R. The role of metal ion dopants in quantum-sized TiO_2: Correlation between photoreactivity and charge carrier recombination dynamics. The Journal of Physical Chemistry, 1994, 98(51): 13669-13679.

[35] Srinivasan S S, Wade J, Stefanakos E K, et al. Synergistic effects of sulfation and co-doping on the visible light photocatalysis of TiO_2. Journal of Alloys and Compounds, 2006, 424(1): 322-326.

[36] Wilke K, Breuer H D. The influence of transition metal doping on the physical and photocatalytic properties of titania. Journal of Photochemistry and Photobiology A: Chemistry, 1999, 121(1): 49-53.

[37] Su C, Liu L, Zhang M, et al. Fabrication of Ag/TiO_2 nanoheterostructures with visible light photocatalytic function via a solvothermal approach. CrystEngComm, 2012, 14(11): 3989-3999.

[38] Yu J, Qi L, Jaroniec M. Hydrogen production by photocatalytic water splitting over Pt/TiO_2 nanosheets with exposed(001)facets. The Journal of Physical Chemistry C, 2010, 114(30): 13118-13125.

[39] Sato S. Photocatalytic activity of NO_x-doped TiO_2 in the visible light region. Chemical Physics Letters, 1986, 123(1-2): 126-128.

[40] Asahi R, Morikawa T, Ohwaki T, et al. Visible-light photocatalysis in nitrogen-doped titanium oxides. Science, 2001, 293(5528): 269-271.

[41] Khan S U M, Al-Shahry M, Ingler W B. Efficient photochemical water splitting by a chemically modified n-TiO_2. Science, 2002, 297(5590): 2243-2245.

[42] Xie Y, Li Y, Zhao X. Low-temperature preparation and visible-light-induced catalytic activity of anatase F-N-codoped TiO_2. Journal of Molecular Catalysis A: Chemical, 2007, 277(1):

119-126.

[43] Huang D G, Liao S J, Liu J M, et al. Preparation of visible-light responsive N-F-codoped TiO_2 photocatalyst by a sol-gel-solvothermal method. Journal of Photochemistry and Photobiology A: Chemistry, 2006, 184(3): 282-288.

[44] 石建稳, 陈少华, 王淑梅, 等. 纳米二氧化钛光催化剂共掺杂的协同效应. 化工进展, 2009, 28(2): 251-258.

[45] Yu J, Zhou M, Cheng B, et al. Preparation, characterization and photocatalytic activity of in situ N, S-codoped TiO_2 powders. Journal of Molecular Catalysis A: Chemical, 2006, 246(1): 176-184.

[46] Lin L, Zheng R Y, Xie J L, et al. Synthesis and characterization of phosphor and nitrogen co-doped titania. Applied Catalysis B: Environmental, 2007, 76(1): 196-202.

[47] Song K, Zhou J, Bao J, et al. Photocatalytic activity of(copper, nitrogen)-codoped titanium dioxide nanoparticles. Journal of the American Ceramic Society, 2008, 91(4): 1369-1371.

[48] 王振华, 主沉浮, 董厚欢, 等. Pb-N 共掺杂 TiO_2 纳米晶的制备, 表征及光催化性能的研究. 山东大学学报(理学版), 2006, 42(9): 25-29.

[49] 吴遵义, 姚兰英. 氮铂共掺杂纳米二氧化钛的制备及表征. 化学研究, 2006, 17(1): 24-27.

[50] Cong Y, Zhang J, Chen F, et al. Preparation, photocatalytic activity, and mechanism of nano-TiO_2 co-doped with nitrogen and iron(Ⅲ). The Journal of Physical Chemistry C, 2007, 111(28): 10618-10623.

[51] Liu C, Tang X, Mo C, et al. Characterization and activity of visible-light-driven TiO_2 photocatalyst codoped with nitrogen and cerium. Journal of Solid State Chemistry, 2008, 181(4): 913-919.

[52] Huang C H, Doong R A. Sugarcane bagasse as the scaffold for mass production of hierarchically porous carbon monoliths by surface self-assembly. Microporous and Mesoporous Materials, 2012, 147(1): 47-52.

[53] Zhu C, Zhai J, Dong S. Bifunctional fluorescent carbon nanodots: Green synthesis via soy milk and application as metal-free electrocatalysts for oxygen reduction. Chemical Communications, 2012, 48(75): 9367-9369.

[54] Raymundo-Piñero E, Cadek M, Béguin F. Tuning carbon materials for supercapacitors by direct pyrolysis of seaweeds. Advanced Functional Materials, 2009, 19(7): 1032-1039.

[55] Zhu H, Wang X, Yang F, et al. Promising carbons for supercapacitors derived from fungi. Advanced Materials, 2011, 23(24): 2745-2748.

[56] Ma C, Xu C, Shi M, et al. The high performance of tungsten carbides/porous bamboo charcoals supported Pt catalysts for methanol electrooxidation. Journal of Power Sources, 2013, 242: 273-279.

[57] 刘芳芳. 生物质衍生掺杂碳基催化剂的制备及其氧还原电催化性能的研究. 广东: 华南理工大学, 2015.

[58] Yin C, Zhu S, Chen Z, et al. One step fabrication of C-doped $BiVO_4$ with hierarchical structures for a high-performance photocatalyst under visible light irradiation. Journal of Materials

Chemistry A, 2013, 1 (29): 8367-8378.

[59] Song M Y, Park H Y, Yang D S, et al. Seaweed-derived heteroatom-doped highly porous carbon as an electrocatalyst for the oxygen reduction reaction. ChemSusChem, 2014, 7 (6): 1755-1763.

[60] 傅希贤, 杨秋华, 白树林, 等. 钙钛矿型氧化物 $LaFeO_3$ 光催化活性的研究. 化学工业与工程, 1999, 16 (6): 316-319.

[61] 桑丽霞, 傅希贤, 白树林, 等. ABO_3 钙钛矿型复合氧化物光催化活性与 B 离子 d 电子结构的关系. 影像科学与光化学, 2001, 19 (2): 109-115.

[62] Liu S W, Song C F, Lü M K, et al. A novel $TiO_2/Zr_xTi_{1-x}O_2$ composite photocatalytic films. Catalysis Communications, 2003, 4 (7): 343-346.

[63] Yao W F, Wang H, Xu X H, et al. Photocatalytic property of bismuth titanate $Bi_2Ti_2O_7$. Applied Catalysis A: General, 2004, 259 (1): 29-33.

[64] Yao W F, Wang H, Xu X H, et al. Photocatalytic property of bismuth titanate $Bi_{12}TiO_{20}$ crystals. Applied Catalysis A: General, 2003, 243 (1): 185-190.

[65] 宋宁宁. 基于自然生物模板的半导体功能材料及其气敏性能的研究. 河南: 河南师范大学, 2013.

[66] Yang D, Qi L, Ma J. Eggshell membrane templating of hierarchically ordered macroporous networks composed of TiO_2 tubes. Advanced Materials, 2002, 14 (21): 1543-1546.

[67] Dong Q, Su H, Zhang D, et al. Biogenic synthesis of tubular SnO_2 with hierarchical intertextures by an aqueous technique involving glycoprotein. Langmuir, 2007, 23 (15): 8108-8113.

[68] Dong Q, Su H, Xu J, et al. Synthesis of biomorphic ZnO interwoven microfibers using eggshell membrane as the biotemplate. Materials Letters, 2007, 61 (13): 2714-2717.

[69] Zhou H, Fan T, Li X, et al. Biomimetic photocatalyst system derived from the natural prototype in leaves for efficient visible-light-driven catalysis. Journal of Materials Chemistry, 2009, 19 (18): 2695-2703.

[70] Bigham S R, Coffer J L. The influence of adenine content on the properties of Q-CdS clusters stabilized by polynucleotides. Colloids and Surfaces A: Physicochemical and Engineering Aspects, 1995, 95 (2-3): 211-219.

[71] 严晶晶. 以蛋白质为模板制备二氧化钛纳米材料及机理探讨. 天津: 南开大学, 2010.

[72] Shi N, Li X, Fan T, et al. Biogenic N-I-codoped TiO_2 photocatalyst derived from kelp for efficient dye degradation. Energy & Environmental Science, 2011, 4 (1): 172-180.

[73] Li Y, Meng Q, Ma J, et al. Bioinspired carbon/SnO_2 composite anodes prepared from a photonic hierarchical structure for lithium batteries. ACS Applied Materials & Interfaces, 2015, 7 (21): 11146-11154.

[74] Peng W, Hu X, Zhang D. Bioinspired fabrication of magneto-optic hierarchical architecture by hydrothermal process from butterfly wing. Journal of Magnetism and Magnetic Materials, 2011, 323 (15): 2064-2069.

[75] Song F, Su H, Han J, et al. Fabrication and good ethanol sensing of biomorphic SnO_2 with architecture hierarchy of butterfly wings. Nanotechnology, 2009, 20 (49): 495502-495509.

[76] Zhou W, He W, Ma J, et al. Biosynthesis of mesoporous organic-inorganic hybrid Fe_2O_3 with

high photocatalytic activity. Materials Science and Engineering: C, 2009, 29(6): 1893-1896.

[77] Barthlott W, Neinhuis C. Purity of the sacred lotus, or escape from contamination in biological surfaces. Planta, 1997, 202(1): 1-8.

[78] Schmalzl K J, Evans P D. Wood surface protection with some titanium, zirconium and manganese compounds. Polymer Degradation and Stability, 2003, 82(3): 409-419.

[79] Matsuda A, Kotani Y, Kogure T, et al. Transparent anatase nanocomposite films by the sol-gel process at low temperatures. Journal of the American Ceramic Society, 2000, 83(1): 229-231.

[80] Lee S H, Kang M, Cho S M, et al. Synthesis of TiO_2 photocatalyst thin film by solvothermal method with a small amount of water and its photocatalytic performance. Journal of Photochemistry and Photobiology A: Chemistry, 2001, 146(1): 121-128.

[81] Nagayama H, Honda H, Kawahara H. A new process for silica coating. Journal of the Electrochemical Society, 1988, 135(8): 2013-2016.

[82] Deki S, Aoi Y, Hiroi O, et al. Titanium(Ⅳ) oxide thin films prepared from aqueous solution. Chemistry Letters, 1996, 25(6): 433-434.

[83] Wang X P, Yu Y, Hu X F, et al. Hydrophilicity of TiO_2 films prepared by liquid phase deposition. Thin Solid Films, 2000, 371(1): 148-152.

[84] 周磊, 赵文宽, 方佑龄. 液相沉积法制备光催化活性 TiO_2 薄膜. 应用化学, 2002, 19(10): 919-922.

[85] Wang Y, Wang W, Zhong L, et al. Super-hydrophobic surface on pure magnesium substrate by wet chemical method. Applied Surface Science, 2010, 256(12): 3837-3840.

[86] Wang R, Sakai N, Fujishima A, et al. Studies of surface wettability conversion on TiO_2 single-crystal surfaces. The Journal of Physical Chemistry B, 1999, 103(12): 2188-2194.

[87] Evans P D, Wallis A F A, Owen N L. Weathering of chemically modified wood surfaces. Wood Science and Technology, 2000, 34(2): 151-165.

[88] Evans P D, Owen N L, Schmid S, et al. Weathering and photostability of benzoylated wood. Polymer Degradation and Stability, 2002, 76(2): 291-303.

[89] Tuteja A, Choi W, Ma M, et al. Designing superoleophobic surfaces. Science, 2007, 318(5856): 1618-1622.

[90] Bulian F, Battaglia R, Ciroi S. Formaldehyde emission from wood based panels. European Journal of Wood and Wood Products, 2003, 61(3): 213-215.

[91] Yuan Q, Wu Z, Jin Y, et al. Photocatalytic cross-coupling of methanol and formaldehyde on a rutile TiO_2(110) surface. Journal of the American Chemical Society, 2013, 135(13): 5212-5219.

[92] Shan Z, Wu J, Xu F, et al. Highly effective silver/semiconductor photocatalytic composites prepared by a silver mirror reaction. The Journal of Physical Chemistry C, 2008, 112(39): 15423-15428.

[93] Goldstein N I, Goldstein R N, Merzlyak M N. Negative air ions as a source of superoxide. International Journal of Biometeorology, 1992, 36(2): 118-122.

[94] 钱建华, 孙福, 凌荣根. 负氧离子聚酯纤维的研制及性能. 纺织学报, 2007, 28(4): 16-18.

[95] Nagato K, Matsui Y, Miyata T, et al. An analysis of the evolution of negative ions produced by a

corona ionizer in air. International Journal of Mass Spectrometry, 2006, 248 (3) : 142-147.

[96] Krueger A P, Smith R F, Go G. The action of air ions on bacteria. The Journal of General Physiology, 1957, 41 (2) : 359-381.

[97] 钟林生, 吴楚材, 肖笃宁. 森林旅游资源评价中的空气负离子研究. 生态学杂志, 1998, (6): 56-60.

[98] 李坚. 木材科学. 3 版. 北京: 科学出版社, 2014: 73-108.

[99] Evans P, Michell A, Schmalzl K. Large-scale application of nanotechnology for wood protection. Nature Nanotechnology, 2008, 3 (10) : 577-577.

[100] Colón G, Hidalgo M C, Navıo J A. A novel preparation of high surface area TiO_2 nanoparticles from alkoxide precursor and using active carbon as additive. Catalysis Today, 2002, 76 (2): 91-101.

[101] 郭孝东, 钟本和, 唐艳, 等. 碳保护煅烧法合成 $Li_3V_2(PO_4)_3$ 正极材料. 高校化学工程学报, 2009, 23 (4) : 701-704.

第 4 章　磁性木质材料的形成与功能化修饰

4.1　引　言

自工业革命以来，随着全世界工业与经济的飞速发展，化石能源如煤、石油、天然气等不可再生资源大量被消耗，且正逐步面临枯竭。因此，高效利用可再生资源、开发和利用新的可再生材料已经成为全球的关注热点，且对生物圈的保护和全人类的可持续发展有着至关重要的意义，越来越多的科学家开始将目光投向可再生生物资源的应用上[1-3]。木材和以木材为基础的产品与人类的生活息息相关，是人类生活中最为重要的资源之一。首先，木材是一种可再生资源，来源广泛。据调查显示，地球上陆地总面积的 1/4 都被森林覆盖。其次，木材是一种天然的工程材料，具有优异的物理力学和美学特征，由木材衍生出的许多复合材料，具有优异的性能，广泛应用于人类的工程建设中。最重要的是，木材是一个天然的碳储库，树木在生长过程中通过光合作用将大气中的 CO_2 固定在木材内部并释放氧气，因此，扩大对木材的科学利用就是充分利用生物能源，这对保护人体健康、提高生活质量、减少人类对化石能源的依赖和保护环境显得格外重要[4-6]。

然而，木材作为一种绿色的生物质资源，同时也具有许多天然缺陷，如易吸水膨胀从而导致尺寸不稳定，易被真菌、微生物腐蚀从而导致耐久性不高，木材组分易被光降解从而导致表层变色等[7-9]。自木材被人类利用以来，与木材改性相关的研究就从未间断过。从最初的炭化木、热处理木材、阻燃型木材、压缩木等，到如今将纳米技术运用于木材改性，这些新技术的出现和运用极大地推动了木材科学的发展[10-13]。如今，国内外许多课题组对木材改性方面的研究已经不单单局限于改善木材固有性能，而是通过向自然界学习，模仿自然界生物体中某一方面的功能，构筑相似甚至超越自然生物体功能的新型仿生材料，完成智能操纵的过程，进而获得高效、低能耗、环境和谐与快速智能应变的新材料及其新性质[14-17]。基于此研究背景，本章主要聚焦于木材仿生构筑磁性木质材料及其功能化修饰。

4.1.1　磁性纳米材料概述

磁性是物质的固有属性。物质的磁性起源于其内部电子和原子核的旋转和自旋[18-20]。因此小到微观纳米粒子，大至宏观物体，在不同的条件下都具有一定的磁性特征。而磁性材料是一类使用历史悠久，且具有广泛用途的功能材料。早在春秋战国时期，中国人民就已经在采矿、冶炼中开始认识并使用磁石，包括后来四大发明中的指南针即为天然磁铁。而在现代，磁性材料更加广泛地存在于人类的生活与生产中，并为推动人类社会的发展和进步起到了不可忽视的贡献，如军用电磁炮、变压器铁芯、磁数据光盘、微波电子管、通信滤波器和普通家用电器等。磁性材料具有很多种不同的分类标准。按照其磁性产生的机理，磁性材料通常可分为：①铁磁性材料，主要有 Fe、Co、Ni、Gd 等元素及其合金；②亚铁磁性材料，主要有铁氧体；③顺磁性材料，主要有稀土金属和铁族元素的盐类；④反铁磁性材料，主要有过渡族元素及化合物；⑤抗磁性材料，主要有绝大多数有机化合物、惰性气体、某些金属(Bi、Zn、Ag 等)和非金属(Si、P、S 等)。木材就是一种典型的抗磁性材料。

磁性纳米材料是磁性材料中一个重要的门类。磁性纳米粒子一般是指尺寸在 1~100nm 之间的磁性粒子。由于粒子的尺寸很小，其表面原子所占的比例很大，使其具有一系列传统磁性材料所没有的、新颖的物理和化学特性，如量子尺寸效应、小尺寸效应、表面效应和宏观量子隧道效应、介观磁性等，因此导致磁性纳米材料在许多方面有奇特的应用[21-23]。为了制备磁性木质材料，了解磁性纳米材料的结构和性能十分必要。由于磁性纳米材料种类繁多，本节就不再面面俱到，而是详细介绍铁氧体磁性纳米材料的结构与性能。

4.1.1.1　铁氧体磁性纳米材料的分类

铁氧体磁性纳米材料是磁性纳米材料中重要的一类。由于铁氧体磁性纳米材料中的纳米粒子容易被表面改性，因此更加容易与木材或者其他高分子聚合物等结合，获得物理和化学性质稳定的磁性纳米复合材料。在铁氧体磁性纳米材料中，与氧原子结合的金属离子多数为二价，但也有诸如 Li^{+}、Co^{2+}、Fe^{3+}、Mn^{3+}、Ti^{4+} 等价态的离子。铁氧体作为一种具有铁磁性的金属氧化物，是由铁原子和其他一种或多种金属原子组成的复合氧化物。铁氧体磁性纳米粒子的类型有很多种，但目前研究较多的主要有尖晶石型、石榴石型、磁铅石型和钙钛矿型。

1)尖晶石型铁氧体

尖晶石型铁氧体的晶体结构与天然矿石——铝镁尖晶石($MgAl_2O_4$)结构相同，故而得名。立方体尖晶石型铁氧体的化学通式为 $X^{2+}Y_2^{3+}O_4$，其中 X 代表二价金属离子，如 Mn^{2+}、Co^{2+}、Zn^{2+}、Mg^{2+}、Cu^{2+}、Ni^{2+}等；分子式中的 Y 代表三价金属离子，通常有 Fe^{3+}、Al^{3+}、Cr^{3+}等。当然，其中的二价金属离子也可以取代一部分形成如 $Mn_{0.5}Zn_{0.5}Fe_2O_4$、$Co_{0.5}Zn_{0.5}Fe_2O_4$ 等复合尖晶石型铁氧体。尖晶石型铁氧体的晶格结构呈立方对称，以氧离子作紧密堆积，金属离子填充在氧离子密堆积的间隙中，而在氧离子堆积构成的面心立方体晶格中，又存在四面体间隙和八面体间隙。

2) 石榴石型铁氧体

石榴石型铁氧体是指一种与天然石榴石 $(Fe,Mg)_3Al_2(SiO_4)_3$ 有类似晶体结构的铁氧体，属于立方晶系，分子通式为 $RE_3^{3+}Fe_5^{3+}O_{12}^{2-}$。其中，RE 代表稀土离子，如 Sm^{3+}、Y^{3+}、Eu^{3+}、Dy^{3+}、Ho^{3+}、Gd^{3+}或 Lu^{3+}等。如果其他金属离子 M^{3+}或(M^{2+}和 M^{4+})置换了部分 Fe^{3+}，就组成了复合石榴石型铁氧体。

3) 磁铅石型铁氧体

磁铅石型铁氧体是与天然矿物——磁铅石 $Pb(Fe_{7.5}Mn_{3.5}Al_{0.5}Ti_{0.5})O_{19}$ 有类似晶体结构的铁氧体，属于六角晶系，分子式为 $M^{2+}Fe_{12}^{3+}O_{19}^{2-}$。其中，M 为二价金属离子 Pb^{2+}、Ba^{2+}、Sr^{2+}等。磁铅石型铁氧体包括 M、W、X、Y 型等，它们具有各自不同的组成及性能，其中对 M 型(基本分子式为 $BaFe_{12}O_{19}$)和 W 型(基本分子式为 $BaMeFe_{16}O_{27}$)铁氧体纳米粒子的研究较多。W 型铁氧体比 M 型铁氧体具有更多优良的性能，其主要是在 M 型铁氧体基础上，用金属离子部分置换 $BaFe_{12}O_{19}$ 中的 Ba^{2+}，组成 BaO-MeO-Fe_2O_3 三元系或多元系的复合铁氧体纳米粒子，如 $BaZn_2Fe_{16}O_{27}$ 等。

4) 钙钛矿型铁氧体

钙钛矿型铁氧体是指一种与钙钛矿($CaTiO_3$)有类似晶体结构的铁氧体，分子式为 $MFeO_3$，M 表示三价稀土金属离子。其他金属离子 M^{3+}或(M^{2+}+M^{4+})也可以置换部分 Fe^{3+}组成复合钙钛矿型铁氧体。

4.1.1.2 铁氧体磁性纳米材料的特殊性能[24-26]

1) 量子尺寸效应

磁性纳米粒子的量子尺寸效应指的是，当纳米粒子的尺寸下降到一定阈值时，金属费米能级附近的电子能级由准连续态变为离散能级，磁性纳米粒子的最高被占分子轨道和最低未占分子轨道的能隙变宽，吸收边蓝移。当能级间距大于磁能、热能、净电能、净磁能、光子能和超导态的凝聚能时，就会使得磁性纳米粒子的光、电、磁以及超导电性与其宏观特性有明显的改变。例如，直径在 10~25nm 之间磁性纳米粒子的矫顽力比相同磁性宏观材料的矫顽力大 1000 倍。当磁性纳米粒子的尺寸小于 100nm 时，表现为超顺磁性，这些现象都是由磁性纳米粒子的量子尺寸效应引起的。

2) 小尺寸效应

小尺寸效应指的是当磁性纳米粒子的尺寸与光波波长、传导电子的德布罗意波长以及超导态的相干长度或穿透深度等物理特征尺寸相当或更小时，磁性纳米粒子周期性的边界条件被破坏，导致其光、电、磁、声、热、力等特性都呈现出新的现象，如光吸收显著并产生吸收峰的等离子共振频移，磁有序态向无序态、超导相向正常相的转变和声子谱的改变等。图 4-1 为磁性纳米粒子的晶粒尺寸与矫顽力的关系图。由图 4-1 可知，随着磁性纳米材料晶粒尺寸的减小，其矫顽力 H_C 在其临界磁单轴晶粒尺寸范围内有一个突变，即当磁性纳米粒子的尺寸小于其临界磁单轴晶粒尺寸时，矫顽力 H_C 随磁性纳米粒子尺寸的减小而减小；而一旦纳米粒子的尺寸大于临界磁单轴晶粒尺寸，矫顽力 H_C 随晶粒尺寸的减小而增大。许多的实验和理论也证明：当铁磁性材料的晶粒尺寸小于临界磁单轴晶粒尺寸时，其矫顽力 H_C 与晶粒尺寸大小存在如下关系：

$$H_C \sim D^N \tag{4-1}$$

式中，N 为与材料性能有关的指数。

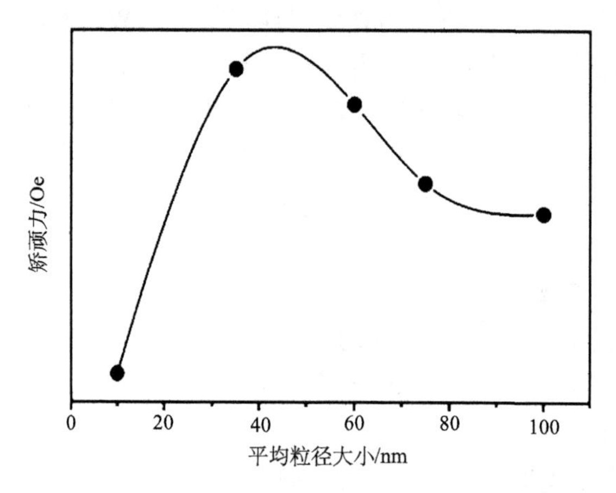

图 4-1　铁氧体纳米粒子平均粒径与矫顽力的关系[25]

磁性纳米粒子的小尺寸效应开拓了许多新型的实用技术领域。例如，纳米尺度的磁性粒子，当其粒子尺寸为单磁畴临界尺度时，其具有很高的矫顽力，可用于制造车票、磁性钥匙等。利用等离子共振频率随着纳米粒子尺寸变化的性质，可以改变纳米粒子的尺寸，控制吸收边位移，制造出具有一定频宽的微波吸收磁性纳米材料，用于电磁波屏蔽和隐形材料设计。

3）表面与界面效应

由于磁性纳米粒子的尺寸小，位于其表面的原子占有相当大的比例，因此具有高的比表面积。随着粒子直径的减小，表面积急剧增大，引起表面原子数迅速增加。巨大的比表面积，使得位于其表面的原子数越来越多，从而大大增加了磁性纳米粒子的活性。另外，巨大的比表面积会导致原子之间键态失配，使得其表面出现非整比的化学键，从而形成大量的活化中心，导致磁性纳米粒子的催化活性增加。其中，由于缺少近邻配位的表面原子，很容易造成磁性纳米粒子表面原子与其他原子结合的现象也是导致其表面活性高的原因之一。这种表面原子的活性不但会引起纳米粒子表面输运和构型的改变，同时也容易造成表面电子自旋构象和电子能谱的变化。

4) 宏观量子隧道效应

磁性纳米材料的宏观量子隧道效应指的是由于量子力学的作用，一些宏观物质特别是磁粉或磁性薄膜中的磁性纳米粒子以隧道方式穿过能垒，从而导致磁化强度、磁通量等磁性能的变化。因为宏观量子隧道效应限定了磁带磁盘进行信息存储的空间极限和现有微电子器件进一步微小化的极限，因此对宏观量子隧道效应和磁性纳米材料的研究对未来微电子器件的开发和应用具有十分重要的意义。

5) 库仑堵塞与量子隧穿效应

库仑堵塞效应指的是当体系尺度达到纳米级时，体系是电荷“量子化”的，即充电和放电过程是连续的，充入一个电子所需的能量即为库仑堵塞能 E_C，其中 $E_C=e^2/(2C)$，e 为一个电子的电荷，C 为小体系的电容，体系越小，C 越小，能量 E_C 越大。也就是说，库仑堵塞能是前一个电子对后一个电子的库仑排斥能，导致在一个小体系的充电和放电过程中，电子不能集体传输，而只能一个个单电子传输。通常将这种小体系的单电子输运行为称为库仑堵塞。如果将两个量子点通过一个“结”相互连接，一个量子点上的单电子穿过能垒到另外一个量子点上的行为称为量子隧穿。利用库仑堵塞与量子隧穿效应可以设计新一代的纳米器件，如量子开关等。

6) 介电限域效应

介电限域是异质介质中由于分散其中的纳米粒子的界面引起的体系节点增强现象，通常将这种节点增强称为介电限域，其主要来源于纳米颗粒表面和内部局域场的增强。当介质的折射率同纳米颗粒的折射率相差很大时，会产生折射率边界，这将导致粒子表面和内部的场强明显强于入射场强，这种局域场的增强被称为介电限域。通常来说，过渡族金属氧化物和半导体粒子都可能产生介电限域效应。纳米粒子的介电限域对纳米材料在光吸收、光化学等方面的应用有着重要的影响。

4.1.1.3 合成铁氧体磁性纳米材料的方法

在过去数十年里，有许多关于制备形貌可控、高稳定性和单分散铁氧体磁性纳米粒子的研究。其中，几种常用的制备方法包括共沉淀法、热分解法、微乳液法和水热法。

1) 共沉淀法

共沉淀法是一种安全、便捷的方法，用于制备铁氧体磁性纳米粒子。在惰性气体的保护、合适的反应温度和一定浓度的 Fe^{2+}/Fe^{3+} 盐溶液中，通过调节溶液 pH 可以合成铁氧体磁性纳米粒子。其中，磁性纳米粒子的大小、形貌和组分主要取决于铁盐类型(如氯化盐、硫酸盐和硝酸盐)、Fe^{2+}/Fe^{3+} 比例、反应温度、反应 pH 和溶剂的离子强度。通常而言，利用共沉淀法制备磁性纳米粒子，一旦反应条件固定，其合成磁性粒子的尺寸和形貌几乎是完全固定的。大量的实验证明，采用共沉淀法制备磁铁矿纳米粒子的饱和磁化强度在 30~80emu · g^{-1} 之间，小于大块磁铁矿的饱和磁化强度(90emu · g^{-1})。另外，磁铁矿纳米粒子在大气环境下通常不能稳定存在，其容易被氧化成磁赤铁矿。因此可以通过创造合适的氧化环境，将磁铁矿纳米粒子氧化为磁赤铁矿纳米粒子。另一个可行的方案是将磁铁矿纳米粒子转移至酸性溶液中，然后加入含有 Fe^{3+}的硝酸盐，反应一段时间，即可得到具有较高化学稳定性的磁赤铁矿纳米粒子。

然而，使用共沉淀法合成 Fe_3O_4 的问题不仅在于如何防止磁铁矿纳米粒子在其最初形成阶段转化为磁赤铁矿纳米粒子，而且还在于如何控制磁性纳米粒子大小和制备得到尺寸分布均匀的磁性纳米粒子。因为阻塞温度决定纳米粒子的大小，而当粒子大小不一时，材料将具有一系列不同的阻塞温度，这将极大地影响材料的磁性能。不幸的是，通过共沉淀法制备得到的磁性纳米粒子恰恰具有多分散性，因此利用共沉淀法要制备得到单分散的氧化铁磁性纳米粒子，关键在于短时间内使其成核，随后控制晶粒缓慢生长。

如今，在共沉淀法制备磁性纳米粒子过程中，利用有机添加剂作为稳定剂或者还原剂能够有效得到不同形貌和大小的单分散磁性纳米粒子。例如，粒径大小在 4~10nm 之间的磁铁矿纳米粒子可以在 1%(质量分数)聚乙烯醇(PVA)中稳定存在，而当以含有 0.1%(摩尔分数)羧基基团的 PVA 作为稳定剂时，磁性纳米粒子将团聚形成链状簇沉淀[27]。以上结果说明合适的表面活性剂对于合成单分散的磁性纳米粒子具有很重要的影响。在形成磁铁矿纳米粒子的初始阶段，通过在碱性前驱体溶液中加入柠檬酸三钠盐，随后用硝酸铁在 90℃下氧化 30min，可以制备得到大小介于 2~8nm 之间的磁赤铁矿纳米粒子[28]。另外，有机阴离子，如羧酸盐或羟基羧酸盐离子，对氧化铁纳米粒子形成的影响也被详细研究[29-31]。结果表明要在氧化铁纳米粒子表面形成稳定配合物需要引入去质子化的羧基和去质子化的 α-羟基基团[32]。也有研究表明油酸能够极好地维持 Fe_3O_4 纳米粒子的稳定[33]。有机离子对金属氧化物或金属氢氧化物形成的影响可以由两种竞争机理解释。一方面，金属离子的螯合作用有利于防止磁性纳米粒子成核，因为形成新核的数量少，导致反应体系更有利于粒子生长，从而形成粒径更大的磁性粒子。另一方面，引入添加剂，有利于对新核的吸附，而生长中的磁性晶粒也会抑制纳米粒子的进一步生长，从而有利于形成尺寸更小的磁性单元。

2) 热分解法

受到热分解合成高质量半导体纳米晶体和热氧化非溶液介质的启发[34,35]，相似的方法可以用来制备大小和形貌可控的磁性纳米粒子。在含有稳定表面活性剂的高沸点有机溶剂中热分解有机金属化合物可以制备粒径较小的单分散磁性纳米粒子[36, 37]。有机金属化合物包括金属乙酰丙酮化合物、金属铜铁试剂和金属羟基合物[38, 39]。表面活性剂通常包括脂肪酸、油酸和十六烷基胺[40-42]。其中，有机金属化合物、表面活性剂和溶剂对合成磁性纳米粒子的大小和形貌起决定性的影响。反应温度、反应时间和老化周期起到精准控制磁性纳米粒子大小和形貌的作用。

如果金属在反应前驱体中是零价，如金属羰基化合物，热分解首先将生成金属，随后才能生成金属氧化物纳米粒子。例如，五羰基铁、辛基醚和油酸混合，随后以三甲胺氧化物为弱氧化剂，在高温下能够生成粒径约为 13nm 单分散的 γ-Fe_2O_3 纳米粒子。如果反应前驱体中包含金属阳离子中心，金属离子将直接氧化。例如，在 1,2-十六烷二醇、油胺、油酸和苯酚醚中，乙酰丙酮铁将直接热分解为 Fe_3O_4[43]。Peng 等报道了一种在非溶液中热分解金属脂肪酸盐从而制备得到大小和形貌可控磁性氧化物纳米晶体的方法[40]。这种反应体系通常由金属脂肪酸盐、脂肪酸(癸酸、月桂酸、肉豆蔻酸、棕榈酸、油酸、硬脂酸)、碳氢化物溶剂(十八烯烃类、正二十烷、二十四烷或十八烯烃类溶剂和二十四烷混合物)和活化剂组成。合成的单分散 Fe_3O_4 纳米晶粒大小在 3~50nm 之间，合成的形貌包括球形和立方体形。利用这种方法也可以成功合成其他磁性纳米粒子，如 Cr_2O_3、MnO、Co_3O_4 和 NiO。通过改变反应物种类和浓度可以制备得到不同大小和形状的纳米晶粒。通过改变脂肪酸盐链长度和脂肪酸浓度可以调节反应进程，通常来说，更短的链长度可以加速反应。醇类和主要的胺类也可以用来加速反应进程或降低反应温度。

Hyeon 等使用相似的热分解法制备了单分散的氧化铁纳米粒子。他们首先利用无毒和廉价的氯化铁和油酸钠原位合成油酸铁复合物，然后在不同溶剂如 1-十六碳烯、辛醚、1-十八烯、1-二十烯或三辛胺中，通过高温分解过程，制备得到粒径大小在 5~22nm 之间的氧化铁纳米粒子。在合成过程中，老化被证明是形成氧化铁纳米粒子的必要步骤。经过上述方法合成的氧化铁纳米粒子能够在有机溶剂中如己烷和甲苯中均匀分散，但其是否能均匀分散于水中还不得而知。此外，Hyeon 课题组还发现在不同温度下连续热分解五羰基铁和油酸铁复合物能够制备得到单分散的铁纳米粒子，且经过进一步氧化可以得到磁铁矿纳米粒子[44]。其整体的形成过程与种子生长方法类似，可以用经典的 LaMer 机理解释。也就是说，在过饱和溶液中，粒子首先通过缓慢生长，导致出现一个短暂的爆发性成核过程，从而达到完全分离晶核与生长过程的目的[45]。在合成过程中，低温热分解五羰基铁过程能够诱导纳米粒子成核，而高温热分解过程则有利于晶核生长。上述制备得到的磁性纳米粒子能够稳定分散于有机溶剂。然而，水溶性的磁性纳米粒子具有更加广泛的应用空间。为了得到水溶性磁性纳米粒子，以氯化铁为原料，以吡咯烷酮为溶剂，在 245℃下回流可以制备得到水溶性的 Fe_3O_4[46]。当回流时间分别为 1h、10h 和 24h 时，制备得到的纳米粒子直径约为 4nm、12nm 和 60nm。进一步增加回流时间，球形的磁性纳米粒子将转变为立方体形。这种水溶性的磁性纳米粒子可以用在癌症诊断的磁共振成像造影剂等生物医学领域。

3) 微乳液法

微乳液体系主要由水、有机溶剂(如苯、正己烷等)、表面活性剂和助表面活性剂混合组成。反应中使用的表面活性剂具有两个性质完全不同的末端基团：靠分子间范德华力支配的疏水性的烷基链和由氢键组成的亲水性基团。表面活性剂浓度达到一定程度时可在水中形成胶束或在油相中形成反胶束，达到在特定方向上限制颗粒生长的目的，从而制备出具有不同形貌的纳米材料。在油包水微乳液中，水相微滴(直径约为 50nm)的表面被单分子层的表面活性剂分子包裹，均匀分散于油态中。反胶束的大小由水与表面活性剂的摩尔比决定[47]。通过混合两种包含反应物的油包水微乳液，其微滴之间经过不断的碰撞、融合、再打破，最终将沉淀形成胶束[48]。向其中添加丙酮或乙醇等溶剂，通过过滤或离心的方法可以进一步提取沉淀物。因此，利用这种方法，可以将微乳液用作形成纳米粒子的纳米容器。

利用微乳液技术，可以在微乳液和反向胶团中合成尖晶石型铁氧体纳米粒子。例如，以十二烷基苯磺酸钠为表面活性剂，通过形成甲苯包水反胶束可以制备得到粒径大小在 4~15nm 之间的 $MnFe_2O_4$ 纳米粒子[49]。其中，水与甲苯的体积比决定了形成 $MnFe_2O_4$ 纳米粒子的尺寸大小。Woo 等报道了一种在油酸和苄醚形成的反胶束中，利用溶胶-凝胶反应制备氧化铁纳米棒的方法[50]。制备氧化铁纳米棒的晶相由反应温度、大气环境和凝胶的水化状态决定。通过混合甲苯与原位合成的十二烷基硫酸铁和十二烷基硫酸钴，可以制备得到铁钴氧体磁流体。其中，铁钴氧体纳米粒子的平均粒径为 2~5nm，并且粒径大小随着反应物浓度的减小和十二烷基硫酸钠浓度的增加而减小。

使用微乳液法制备磁性纳米粒子可以是球形，也可以为椭圆形或管状[51]。尽管通过控制微乳液合成方法可以制备不同类型的铁氧体磁性纳米粒子，但是合成粒子的粒径大小往往变化较大，不易控制。而且，相比于热分解法和共沉淀法，微乳液法制备纳米粒子的操作空间小，粒子产量低，需要大量的溶剂，因此不适于大规模工业化生产。

4) 水热法

水热溶剂热法是在高温高压下，采用水或有机溶剂为反应溶剂的异相反应。水热溶剂热法的原理是模拟地下矿物的生成过程，近年来由于其在纳米材料制备方面的优势和巨大作用而被广泛研究和采用。水热溶剂热法由于其异于常规制备方法的特点(如高温高压等)，不仅在单分散、高均一性纳米颗粒的制备方面具有巨大优势，而且也可以用于制备异质结构和复合纳米材料。水热溶剂热法制备纳米材料的原理如下：水热溶剂热体系可以提供一个在传统常温常压条件下无法实现的特殊的超临界条件和化学物理环境，实现前驱体的溶解、原子和分子基元的生长、纳米材料的成核结晶。

在水热条件下可以制备得到一系列的纳米材料。Li 等报道了一种通过液相-固相-溶液反应制备多种纳米材料的水热方法。这种反应体系通常包括金属油酸盐(固相)，乙醇-亚麻油酸(液相)和水-乙醇溶液[52]。此外，Li 等也研究了水热还原法制备单分散、亲水的铁氧体纳米微球[53]。具体步骤是将三氯化铁、乙二醇、乙酸钠和聚乙二醇混合，然后转移至水热反应釜中，在 200℃下反应 8~72h，即可制备得到粒径在 200~800nm 之间的铁氧体纳米微球。值得一提的是，乙二醇是在多元醇法中制备单分散金属或金属氧化物的高沸点还原剂，乙酸钠可作为静电稳定剂防止磁性纳米粒子之间团聚，而聚乙二醇则是一种表面活性剂用于防止粒子团聚。这种多组分水热方法已经被证明是实现铁氧体磁性纳米粒子可控制备的有效途径。

上述四种方法的优点和缺点总结于表 4-1 中。为了简化工艺流程，共沉淀方法是最佳选择。为了得到可控粒径大小和形貌的磁性纳米粒子，热分解法应该是最有效的方法。剩下的两种方法，微乳液法被证明是合成单分散磁性纳米粒子的可行方法，但其需要大量的溶剂。而水热方法是一种适宜于实验室制备高质量磁性纳米粒子的有效方法。由于木材是一种天然生长的有机物，主要由纤维素、半纤维素、木质素和其他抽提物组成。木材的化学组成决定了其不耐高温、不与油类物质混溶和易化学降解的特性，要想制备得到磁性木质材料，采用热分解法、微乳液法显然是不可行的。因此，为了简化合成工艺，保护木材原有化学组成和结构特征，应该将重点研究利用共沉淀法或水热法制备磁性木质材料。

表 4-1 制备磁性纳米粒子方法总结

方法	合成过程	反应温度/℃	反应时间	溶剂	表面活性剂	粒径分布	形貌控制	产量
共沉淀法	很简单，大气环境	20~90	分钟	水	需要	相对较小	不好控制	高
热分解法	复杂，惰性气体	100~320	小时-天	有机溶剂	需要	很小	很好控制	高
微乳液法	复杂，大气环境	20~50	小时	有机溶剂	需要	相对较小	好控制	低
水热法	简单，高压	100~220	小时	水、乙醇	需要	很小	很好控制	中等

4.1.2 仿生构筑磁性木材概念的提出及制备方法

4.1.2.1 仿生构筑磁性木材概念的提出

人们发现燕子、鸽子、海豚、海龟、蜜蜂、蝴蝶以及在水中生存的趋磁性细菌等生物体中都存在细微的磁性粒子，使得这类生物体能够在地磁场导航下辨别方向，具有回归的本领。超微的磁性粒子实质上就是一个生物罗盘，生活在水中的趋磁性细菌依靠它游向营养丰富的水底。通过电子显微镜的观察表明，在趋磁性细菌体内通常含有粒径约为 20nm 的磁性纳米粒子，这些小尺寸的磁性纳米粒子的磁性与大块的磁性材料显著不同，大块纯铁的矫顽力约为 1.0Oe，而当其尺寸减少到 20nm 以下时，其矫顽力可增大 1000 倍，如进一步减少颗粒尺寸至小于 6nm 时，其矫顽力反而下降为零，呈现出超顺磁性。利用磁性纳米粒子具有高矫顽力的特性，人们已制得高储存密度的磁记录材料，利用超顺磁性，已将磁性纳米粒子用于制备多功能的磁性液体[54-56]。

燕子等候鸟每年都在春秋两季分别从南方飞回北方，又从北方飞到南方；一些海龟从栖息的海湾游出几百几千公里后又能回到原来的栖息处。候鸟海龟的“千里迁徙”和“万里洄游”特性主要是这些动物利用地球的磁场进行定位，候鸟体内的“导航地图”和海龟的“生物罗盘”，与地球磁场产生作用从而使它们能丝毫无误地回到自己的栖息地。物质具有磁性可用来进行精确定位已被现代科学技术所证实。在现代社会，通过仿生候鸟海龟的“千里迁徙”和“万里洄游”特性，研究开发了先进的高能加速器、粒子检测器、磁共振成像以及现代通信技术。同时，通过仿生一些动物利用日月星辰导航，也有些动物利用海流、海水成分、地磁场、重力场等进行导航，为研制通信设备和新型导航仪器提供了启迪。

受此启发，木材作为“木材-人类-环境”关系中的天然元素，是一种与环境互动的材料，其能够利用自身的结构特性来影响环境或对环境状况进行调节，如木材对声、光的吸收和反射，木材对室内温度、湿度的调节等。众所周知，地球是一块大磁石。人类和地球上的全部生物体都生活在地球磁场之中，地球提供给人类在地球表面生活所必需的适度安全性的“磁力”（“磁气”）。然而，当今社会高楼林立，空间中的钢筋混凝土或铁金属材料和器具会削弱或屏蔽地球磁力，易引起生物体各种生物技能的紊乱或使生物体出现异常行为。相反，在木质环境中，因木材不能屏蔽地球磁力作用，所以生物体可以保持正常、安全的生活节奏。木材对于生物体不足的磁气又具有自然补充的机能，有利于生物体健康。

所以，仿生构筑磁性木材概念的提出，正是细菌的趋磁性、候鸟“千里迁徙”和海龟“万里洄游”等生物体磁场感应特征的启发，采用合适的方法，在不破坏木材原有结构基础上，在木材表面或细胞腔中仿生合成磁性纳米粒子，从而制备得到形貌可控、晶粒完整、界面稳定的木材/磁性纳米粒子复合材料，开发高性能的新型磁性木质功能材料。仿生构筑新型磁性木质功能材料是对木材仿生科学的进一步拓展和完善，极大地丰富了木材科学的内涵，为拓展木材使用范围，开发高附加值林木产品，充分利用木质资源提供了一条新思路。由于磁性纳米材料在光学、电学、能源、催化、生物医药等领域有着无与伦比的特点和优势，以绿色环保、可再生、可降解的木质资源为基质，仿生构筑而成的新型的磁功能性木质材料，通过赋予木材磁功能，使木材具有一定“磁气”调节、减少辐射和吸收电磁波等智能性功能，为将木质材料运用于绿色能源、新型电子产品、磁光学设备、可降解催化剂和生物医学等领域打下了坚实的基础。

4.1.2.2　*磁性木材的制备方法*

20 世纪 90 年代，日本学者 Oka 首次申请了关于制备磁性木材的专利。其所制备的磁性木材既具有木材的一些基本属性，又具有优异的磁特性。其所阐述的制备磁性木材的方法主要有 3 种，即：浸渍法、粉体法和涂布法，如图 4-2 所示[57-60]。

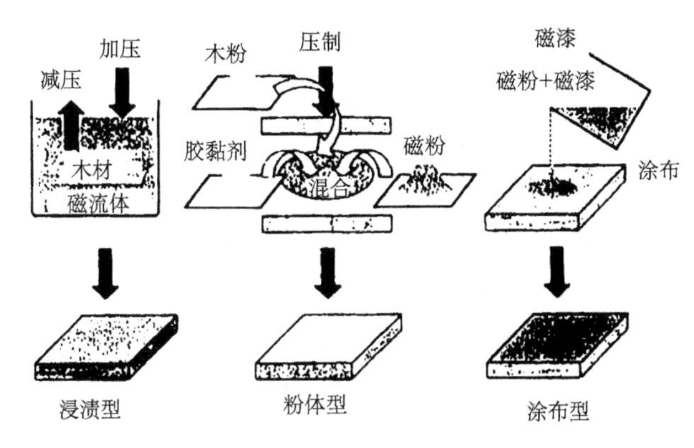

图 4-2　磁性木材的种类和制备方法[58]

1) 浸渍法

在一定的压力条件下，将木材浸渍于水基磁流体中，磁流体浸入木材细胞腔内，使木材带有磁性，从而制备得到浸渍型磁性木材。水基磁流体兼有固体的磁性和液体的流动性，是将铁氧体纳米材料进行表面修饰和改性，制备得到的具有一定稳定性的胶体。在高压作用下，纳米级的磁流体可以比较容易地浸入木材孔隙。Oka 等利用西洋杉木的心材和边材制备得到了浸渍型磁性木材，并对其性能进行了表述。结果表明，木材的纤维长度和取材部位(心边材)对磁流体浸入木材的质量有重要的影响。木材心材和具有更长纤维的木材较难浸入更多的磁流体纳米粒子，且当木材的纤维方向垂直于磁场方向时，磁性木材具有更高的磁化强度和磁导率。上述采用浸渍法制备的磁性木材能够较好地保持木材原始的纹理结构，且制备方法简单，但是所采用的水基磁流体原料成本过高[61]。

2) 粉体法

将磁性粉末(Mn-Zn 铁氧体或者铝硅铁粉)、木粉和胶黏剂树脂混合，在高压(5MPa)压制，即可得到粉体型磁性木材。这种方法操作简单，其工艺过程类似于人造板生产，适合工业化生产。Oka 做了大量关于粉体型磁性木材的研究，结果表明木粉密度、磁性粉体加入比例、胶黏剂加入量对粉体型磁性木材在交变磁场下磁导率都有影响。进一步实验还证明，外界湿度容易改变粉体型磁性木材的体积，从而影响磁性粉体在复合材料中的分布，随着体积的膨胀导致分布在木材中的磁性粉体间距增加，从而增强了退磁作用，导致粉体型磁性木材磁性能的降低[62]。

3)涂布法

以 Mn-Zn 铁氧体磁性粉末、聚乙酸乙烯树脂和水等助剂混合制备得到涂布粉体。其中，Mn-Zn 铁氧体磁性粉末粒径为 77μm，占涂布粉体体积的 40%(体积分数)。以木材纤维板为原材料，将磁性涂布粉体涂布在纤维板上，从而制备得到涂布型磁性木材。Oka 等研究发现利用开槽过程，通过改变涂布型磁性木材中磁性粉体的填充量可以优化涂布型磁性木材的吸波性能[63, 64]。

4.1.3 磁性木材的应用[65-67]

通过将磁性材料与木材复合制备成的磁性木材，不仅拥有木材的天然结构，而且具有磁特性，是一种优良的吸波、加热和驱动材料，如图 4-3 所示。1999 年，Oka 等利用在外界磁场作用下磁性木材能够产生电磁感应的现象，将磁性木材用作加热板并对其加热性能进行了研究。2002 年，Oka 等将这种磁性木材用作室内电磁波吸收材料，结果表明磁性木材对于电磁波有着较高的反射损失，约为 15dB，其不仅对手机、雷达等电磁波的传输和接收有较强的抑制作用，而且对于局域网络也能够起到交叉保护的作用。在医院、电影院或者其他一些特殊场所，使用磁性木材作建筑材料既可以起到美化和装饰作用，又可以达到隔绝手机等无线通信设备的目的。如今，电磁污染给人类带来的问题已经越来越严重，这种磁性木材不仅在反电波窃听等安全领域，而且在既具有美观又具有吸收对人体有害的特定电磁波的智能家居方面将发挥重要的作用。除此之外，磁性木材还有一定的驱动功能，2004 年，Oka 等对粉体型磁性木材驱动性能进行了研究，提出了实现驱动最小电流与磁性木材的函数关系，并通过进一步实验验证了此函数关系的正确性，为将磁性木材用于驱动材料方面的设计奠定了基础。

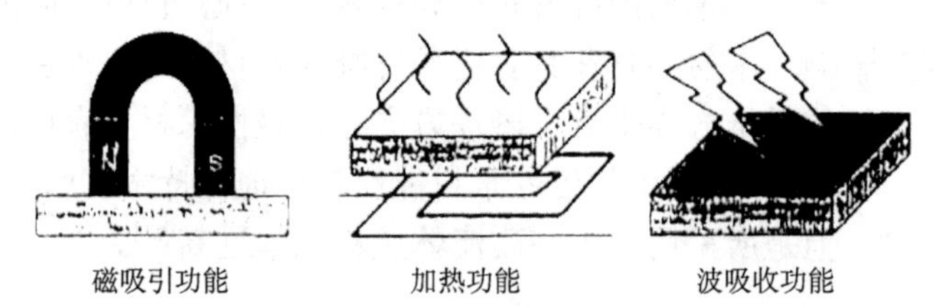

图 4-3 磁性木材的功能[58]

总而言之，磁性木材不仅具有木材的基本特征，而且具有磁特性。其不仅能够吸收电磁波，在外界磁场作用下还能够表现出较好的磁力，且维持了木材天然的纹理结构、低强重比、易加工和温湿度调控功能，是一种有待开发，应用前景广泛的功能型木材。

4.2　磁性氧化铁/木材复合材料的制备及研究

氧化铁纳米粒子一直是科学研究中的热点问题，其有许多不同的组成形式，包括 Fe_3O_4、γ-Fe_2O_3、α-Fe_2O_3 等。作为一种功能性纳米材料，磁性氧化铁纳米粒子在生物医学、信息存储和电子交付等许多重要的技术领域中显示出了巨大的应用潜力，除此之外，磁性氧化铁纳米粒子还被广泛应用于密封磁流体、阻尼振荡和位置传感方面，而且被作为一种最有前景的备用材料用于靶向生物分子、核磁共振成像、遥感和分离等领域[68-70]。

近年来，仿生构建木材无机纳米复合材料已经成为木材化学改性领域中较为活跃的研究方向。水热法、溶胶-凝胶法、液相沉积法、填充注入法和浸渍法等已经被证明是将 TiO_2、ZnO、SiO_2、Al_2O_3、$CaCO_3$ 等无机纳米粒子与木材进行牢固结合的有效方法[71-76]。然而，目前在国内外采用化学方法将磁性氧化铁纳米粒子与木材结合制备形成磁性木材的研究尚不多见。本节实验主要介绍利用水热法制备磁性氧化铁/木材复合材料。

4.2.1　磁性氧化铁/木材复合材料的制备方法

1) 实验材料

六水合三氯化铁(分析纯，阿拉丁试剂有限公司)；四水合二氯化铁(分析纯，阿拉丁试剂有限公司)；氨水(分析纯，阿拉丁试剂有限公司)；无水乙醇(分析纯，阿拉丁试剂有限公司)；实验用水为蒸馏水。

2) 杨木试样

采用黑龙江省帽儿山实验林场采伐的大青杨，无虫眼、结疤等缺陷。2 种试样尺寸分别为 20mm×20mm×20mm 和 20mm×10mm×5mm。

3) 实验设备

电子天平；智能磁力加热锅；真空干燥箱；超声波清洗器。

4) 实验过程

磁性氧化铁/木材复合材料制备的具体实验方法如下：将切好的木材试样分别用无水乙醇和去离子水超声清洗 30min 并烘至绝干状态。称取等质量的 $FeCl_3 \cdot 6H_2O$ 和 $FeCl_2 \cdot 4H_2O$，溶于 50mL 去离子水中，进行磁力搅拌直至完全溶解形成黄色澄清溶液。逐滴滴加 0.6mol·L^{-1} 氨水调节溶液 pH，剧烈搅拌 30min 使反应完全。将配制好的溶液转移到 50mL 反应釜中，加入绝干木材试样，90℃水热反应 7h 后，自然冷却至室温，取出木材试样，去离子水超声清洗 30min，将得到的样品置于 60℃烘箱中真空干燥 48h。

4.2.2　磁性氧化铁/木材复合材料的形成机理

4.2.2.1　微观形貌观察

图 4-4 展示的是杨木素材与磁性木材的 SEM 照片。在图 4-4(a)中，未处理杨木的管胞结构和导管间的纹孔都清晰可见，且木材表面光滑平整，没有其他物质聚集。经过水热处理后，可以明显看到一层磁性纳米粒子沉积在木材表面，从而遮盖了木材表面原始的管胞和纹孔结构[图 4-4(b)]。图 4-4(c)展示的是高倍 SEM 照片，在图片中可以清晰地看到磁性纳米粒子致密地覆盖了整个木材表面。图 4-4(c)中的插图展示的是制备得到的氧化铁纳米粒子的 TEM 照片，图中可以看出沉积在木材表面的氧化铁纳米粒子的直径约为 10nm。图 4-4(d)显示的是磁性木材表面的 EDX 图谱，从图中可以发现磁性木材表面的化学元素分别有碳、氧、铁和金。其中，碳和氧元素来源于原始杨木，金元素来自用于电子显微镜观察的覆盖薄膜。以上测试结果说明经过水热反应后氧化铁纳米粒子沉积在木材表面。

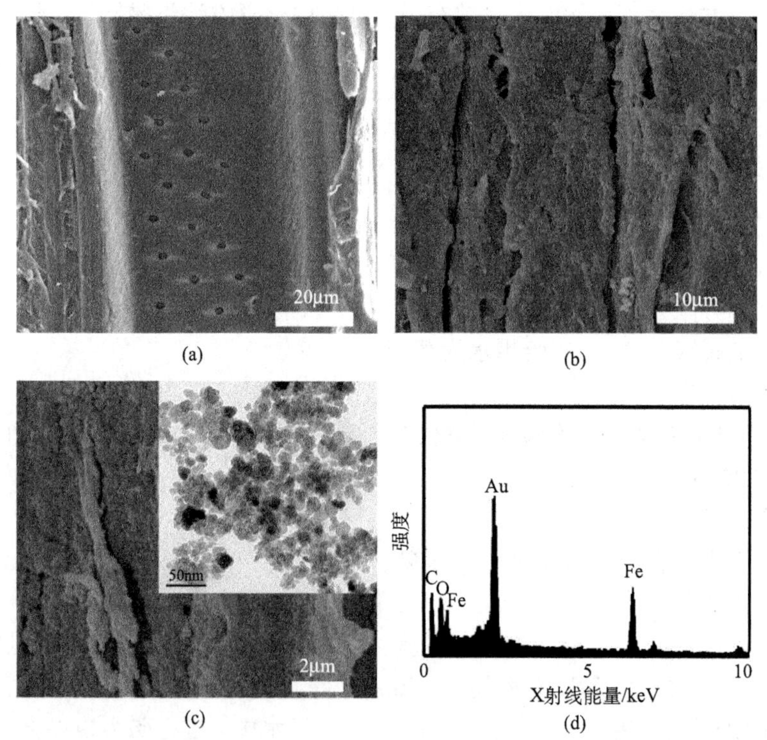

图 4-4　杨木素材(a)、磁性木材(b、c)的 SEM 照片；磁性木材的 EDX 图谱(d)

4.2.2.2　晶型结构分析

木材样品的 XRD 图谱显示于图 4-5。从图 4-5(a)中可以看出，在 14.7°和 22.6°

处的衍射峰对应木材纤维素结晶区的衍射峰[77, 78]。与之不同，在图 4-5(b) 中，除了位于 14.7°和 22.6°的衍射峰外，在 2θ 值为 30°、35°和 43°的衍射峰对应磁铁矿 Fe_3O_4(PDF NO.22-1076) 在 (220)、(311) 和 (400) 晶面的衍射峰。然而，相比于原始杨木试样，通过水热法沉积在木材表面的氧化铁纳米粒子的数量相对较少，因此磁性木材的 XRD 图谱中 Fe_3O_4 的特征衍射峰强度很低。再加上 Fe_3O_4 和 γ-Fe_2O_3 具有相似的尖晶石晶体结构，所以仅通过 XRD 图谱无法准确分辨 Fe_3O_4 和 γ-Fe_2O_3 的晶相。

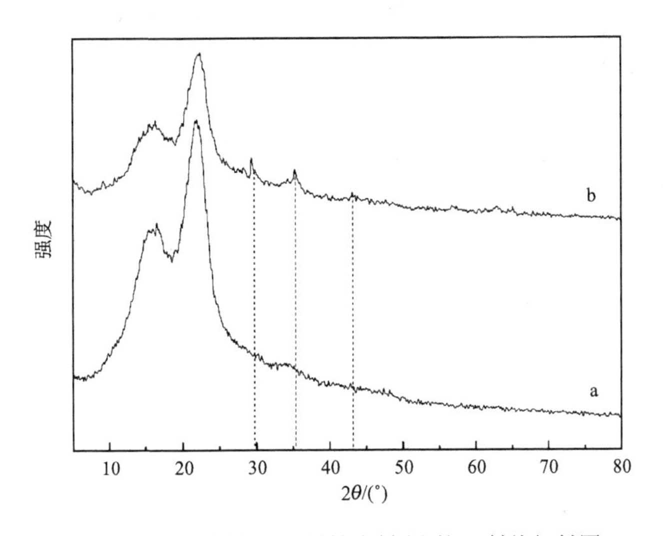

图 4-5　杨木素材 (a) 和磁性木材 (b) 的 X 射线衍射图

拉曼光谱能够精确表征氧化铁相，因此测量磁性木材的拉曼光谱十分有必要。如图 4-6 所示，沉积在木材表面的氧化铁纳米粒子并不是单一的铁氧体相，而是磁铁矿 Fe_3O_4 和磁赤铁矿 γ-Fe_2O_3 的混合物。通常而言，磁铁矿 Fe_3O_4 的晶体结构对应了 5 个拉曼活性分子振动，即 $3T_{2g}$、E_g 和 A_{1g}[79, 80]。在图 4-6 中，664cm^{-1} 处强烈的吸收峰对应了 A_{1g} 分子振动模型，在 501cm^{-1} 和 321cm^{-1} 处的吸收峰分别对应了 T_{2g} 和 E_g 分子振动模型。剩下的 2 个较弱的 T_{2g} 振动模型可以在 455cm^{-1} 和 470cm^{-1} 处观察到。与之前的文献报道[81, 82]对比，在 355cm^{-1}、501cm^{-1}、670cm^{-1}、702cm^{-1}、1325cm^{-1} 和 1597cm^{-1} 的散射峰可以归因于磁赤铁矿。以上结果有力地证明了磁铁矿 Fe_3O_4 和磁赤铁矿 γ-Fe_2O_3 纳米粒子沉积在木材基质上。

4.2.2.3　官能团分析

图 4-7 展示的是杨木素材与磁性木材的 FT-IR 图谱。在图 4-7(a) 中，在 3340cm^{-1} 处出现的宽峰对应了木材羟基中 O—H 键的伸缩振动。在 2901cm^{-1} 处出现的吸收峰对应了—CH_3 基团的不对称振动，剩下的大多数吸收峰都分别对应了

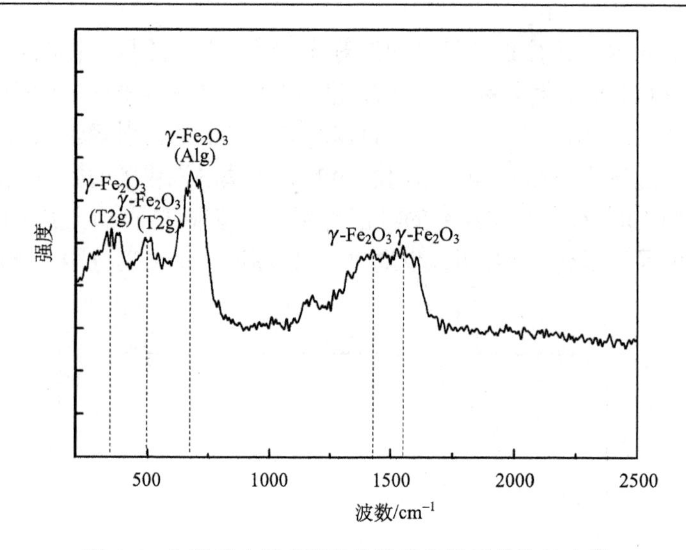

图 4-6　生长于木材表面氧化铁纳米粒子的拉曼光谱

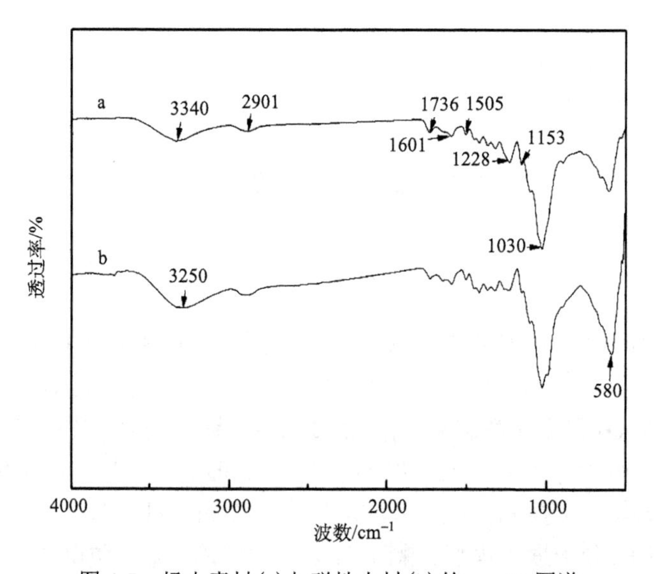

图 4-7　杨木素材(a)与磁性木材(b)的 FT-IR 图谱

木材的三大组分，如纤维素($1153cm^{-1}$)，半纤维素($1736cm^{-1}$)和木质素($1601cm^{-1}$, $1505cm^{-1}$, $1228cm^{-1}$)[83, 84]。相比于木材素材，磁性木材的 FT-IR 光谱中在 $1736cm^{-1}$ 和 $1505cm^{-1}$ 处的吸收峰已经消失，表示在水热处理过程中，木材组分如半纤维素和木质素发生了降解。此外，磁性木材红外光谱中的 O—H 振动吸收峰明显变窄，且移动到了 $3250cm^{-1}$，说明木材表面的羟基与无机磁性纳米粒子之间形成了氢键[77, 85]。更重要的是，磁性木材的红外图谱中，在 $580cm^{-1}$ 处出现了 Fe—O

键的特征吸收峰[86, 87]，证明了磁性氧化铁纳米粒子与木材的有效复合。

4.2.2.4　形成机理

氧化铁纳米粒子的共沉淀反应方程式如式(4-2)所示：

$$Fe^{2+} + 2Fe^{3+} + 8OH^{-} \longrightarrow Fe_3O_4 + 4H_2O \tag{4-2}$$

然而，磁铁矿(Fe_3O_4)并不稳定，在空气环境下容易氧化成磁赤铁矿(γ-Fe_2O_3)[88]，因此，在木材上沉积的氧化铁纳米粒子是磁铁矿(Fe_3O_4)和磁赤铁矿(γ-Fe_2O_3)的混合物。

基于以上表征，形成磁性氧化铁/木材复合材料的机理解释如下(图 4-8)：由于纳米粒子巨大的比表面积和高的表面活性，导致原子表面容易吸附离子和分子。在本次实验中，当磁性纳米粒子分散于水溶液时，铁原子表面将吸附水中的OH^{-}，从而形成极富羟基的表面[89, 90]。而木材由于其化学组分和亲水的特质导致木材表面也具有大量的羟基，当木材浸入含有磁性纳米粒子的前驱体溶液时，由于羟基之间的相互吸引形成氢键，导致木材表面容易捕获大量的 Fe—OH 基团，从而在木材表面沉积一层初始磁性粒子层。随着反应的继续进行，由于磁性纳米粒子之间的范德华力，导致越来越多的磁性纳米粒子生长在木材表面，最终形成了磁性氧化铁/木材复合材料。

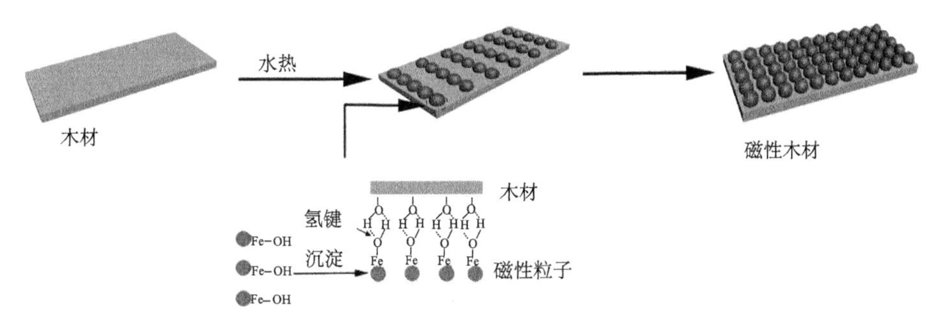

图 4-8　磁性氧化铁/木材复合材料的形成机理

4.2.3　磁性氧化铁/木材复合材料的性能分析

4.2.3.1　室温磁滞回线分析

木材样品的室温磁滞回线展示如图 4-9(a)。在图 4-9(a)中，木材的磁滞回线是一条接近为 0 的直线，而经过水热处理后磁性木材的磁滞回线是一条与之截然不同的曲线。磁性木材的磁滞回线首先随着磁场强度的增加而增加直至达到饱和值，然后又随着外界磁场强度的减少而减少，当外界磁场方向发生改变时，磁性木材磁化强度也随之改变，并沿着坐标轴呈对称分布，最终形成“S”形曲线，表明磁性木材是一种典型的铁磁性材料。从图中可以看出，当磁场强度达到 20kOe 时磁性木材的磁化强度达到饱和，其饱和磁化强度等于 2emu · g^{-1}，从磁滞回线中还可以知道磁性木材在磁场中的剩磁和矫顽力几乎为 0，表现出超顺磁性。然而，经过水热法制备磁性木材的饱和磁化强度仍然远小于用水热法制备的纯 Fe_3O_4(63emu · g^{-1})和 γ-Fe_2O_3(50emu · g^{-1})纳米粒子[90, 91]的饱和磁化强度，这是由于相比于纯的磁性纳米粒子，经过水热法在木材上合成的磁性纳米粒子数量较少，因此单位质量下的磁性木材饱和磁化强度减少，如何进一步提高磁性木材的饱和磁化强度，增加磁性纳米粒子在木材上的负载量对于提高磁性木材的磁性能至关重要。图 4-9(b)展示的是磁性木材在条形磁铁作用下的宏观照片，从图中可以明显看出在条形磁铁驱动下磁性木材表现出合适的磁性，其可以轻易被磁铁吸引、拖动、抬起和重新排列。

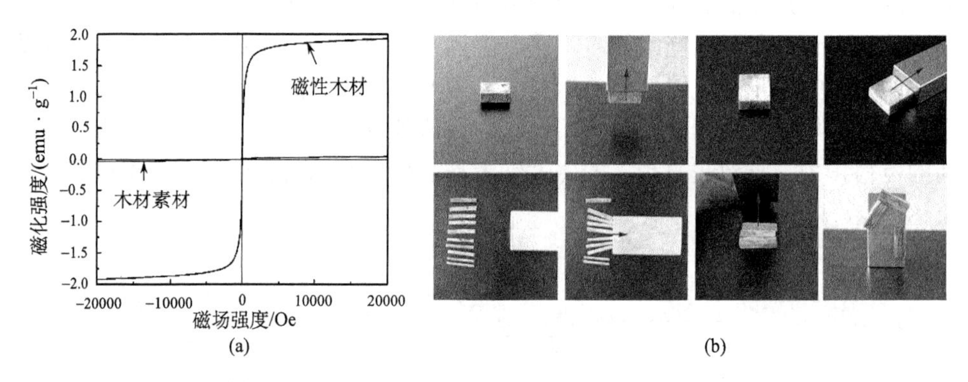

图 4-9 木材素材与磁性木材的室温磁滞回线(a)和磁性木材的磁响应性(b)

4.2.3.2 热稳定性分析

木材的热稳定性是关乎木材应用的关键性能。木材素材和磁性木材的 TG 和 DTG 曲线展示如图 4-10。在图 4-10(a)中，杨木素材的 TG 曲线在室温至 100℃时质量损失是由于样品中水分蒸发造成的。随后在 250~370℃的质量损失是由于木材组分的氧化和热解造成的。相比于木材素材，磁性木材样品展示了相似的热力学曲线，但是可以明显看出，在 200℃之后，磁性木材的质量损失速率明显小于木材素材，且最终磁性木材具有更高的残余物含量，这是由于不燃烧的磁性纳米粒子的贡献。此外，从 TG 曲线中还可以发现，木材的初始降解温度从素材的 221℃增加到了磁性木材的 240℃，这一系列结果都表明相比于木材素材，磁性木材具有更好的热稳定性。图 4-10(b)展示的是样品的 DTG 曲线。在木材素材的 DTG 曲线中，可以发现位于 270℃和 360℃的两个明显热降解峰。其中，位于 360℃的热降解峰可以归因于木材纤维素的氧化和热解，在 270℃的热降解峰对应木材半纤维素的降解[92]。与木材素材相比，经过水热处理制备得到的磁性木材的 DTG

曲线在 270℃的热降解峰消失了，暗示了木材组分半纤维素的降解，与 FT-IR 测试结果一致。而且，磁性木材在 360℃的纤维素热降解峰明显变弱，暗示了经过磁性纳米粒子修饰后木材的热降解速率下降，可以归因于不燃烧的磁性纳米粒子包裹着木材表面，阻止了木材组分与空气的接触，因此延缓了木材燃烧，提高了木材的热稳定性。

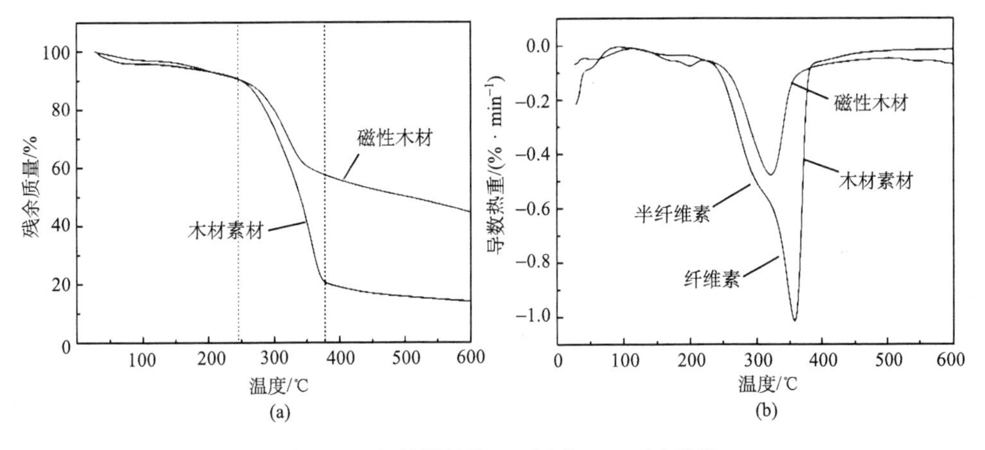

图 4-10　木材样品的 TG(a) 和 DTG(b) 曲线

4.2.3.3　抗紫外能力测试及机理分析

木材表面的颜色变化是衡量木材抗紫外老化性能的重要指标，在本次实验中，杨木素材与磁性木材表面的颜色变化展示如图 4-11。在图 4-11(a) 中，木材素材的Δa^*随着紫外光辐照时间的延长，其表面颜色变得越来越红；磁性木材的Δa^*值展示出相似的变化，但磁性木材的Δa^*值只有木材素材的 2/5，表明磁性木材有着较杨木素材更强的抗紫外能力。在图 4-11(b) 中，从Δb^*值的变化趋势来看，随着紫外光辐照时间的延长，杨木素材的Δb^*向黄色方向变化，而磁性木材的Δb^*向蓝色方向改变，但变化幅度较缓。在图 4-11(c) 中，从ΔL^*值的变化趋势来看，随着紫外光辐照时间的延长，杨木素材和磁性木材的ΔL^*都向暗轴方向变化，变化幅度也相似。图 4-11(d) 给出了杨木素材和磁性木材的整体色差变化，通过比较两者可以发现，杨木素材经过长时间紫外光辐照后，表面材色变化明显，而磁性木材虽然经过了长时间的紫外光辐照，但其整体颜色改变较小，进一步证实了磁性木材有较强的抗紫外能力。综上所述，杨木素材在紫外光辐照下，其表面颜色会受到严重破坏，而当磁性氧化铁纳米粒子覆盖在木材表面时，可较好地保护木材材色不受紫外光辐照影响，这可能是由于磁性氧化铁纳米粒子具有良好的紫外光吸收能力。

为了探究磁性木材抗紫外能力较强的原因，杨木素材和磁性木材的紫外-可

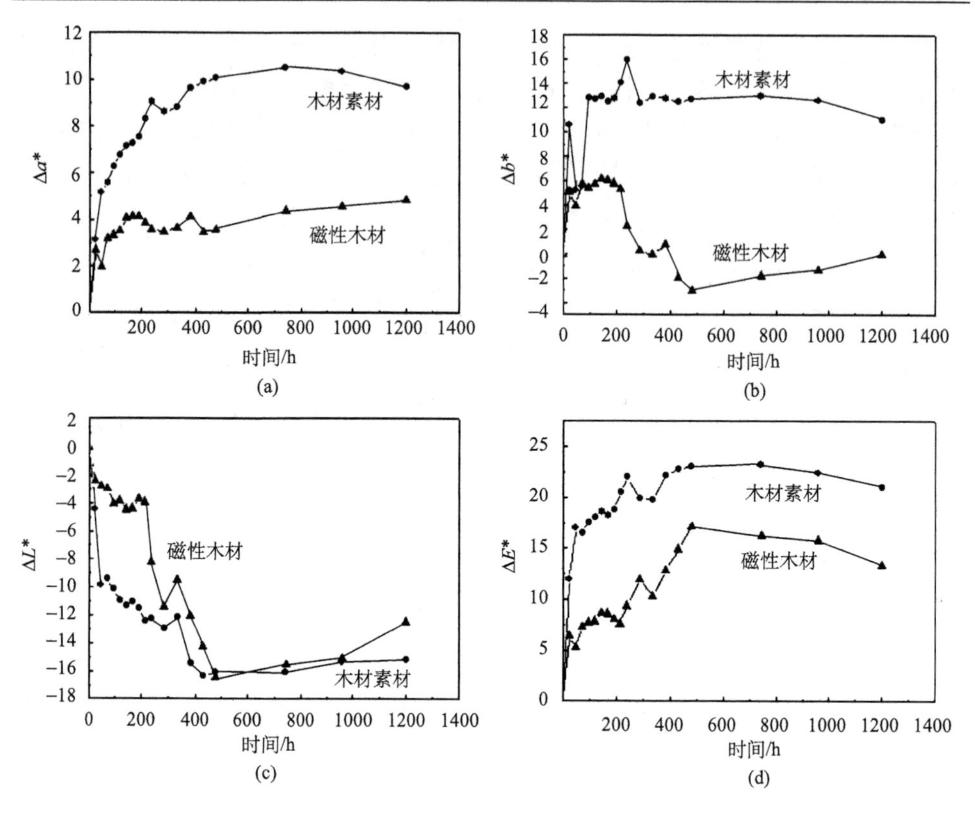

图 4-11　木材素材和磁性木材的Δa^*(a)、Δb^*(b)、ΔL^*(c)和ΔE^*(d)的变化趋势图

见光吸收光谱展示如图 4-12。从图中可以看出，在紫外光波长为 200~700nm 范围内，相比于木材素材，磁性木材具有更高的紫外吸光度，表明磁性木材能够吸收更多的紫外光。由此可见，磁性木材具有较好的抗紫外老化性能是由于磁性氧化铁纳米粒子对紫外光的吸收作用，从而阻止了部分紫外光直射在木材表面，因此延缓了木材组分的光降解反应。

4.2.3.4　90 天冷水浸泡实验

图 4-13 给出了杨木素材和磁性木材冷水浸泡 90 天过程中的体积和质量变化。在图 4-13(a) 中可以明显看出磁性木材的吸湿率明显小于杨木素材。在 90 天冷水浸泡后，杨木素材的最大质量变化率达到了 230%，而磁性木材的最大质量变化率仅为 150%。在图 4-13(b) 中可以看出，经过 90 天冷水浸泡后，杨木素材的体积膨胀率达到 17%，而磁性木材的体积膨胀率仅为 10%，显示了磁性木材具有更好的尺寸稳定性。这一方面可能是由于沉淀在木材表面的无机纳米粒子阻塞了木材的部分纹孔；另一方面，水热反应导致木材中亲水的半纤维素分解，也在一定程度上提高了木材的尺寸稳定性。

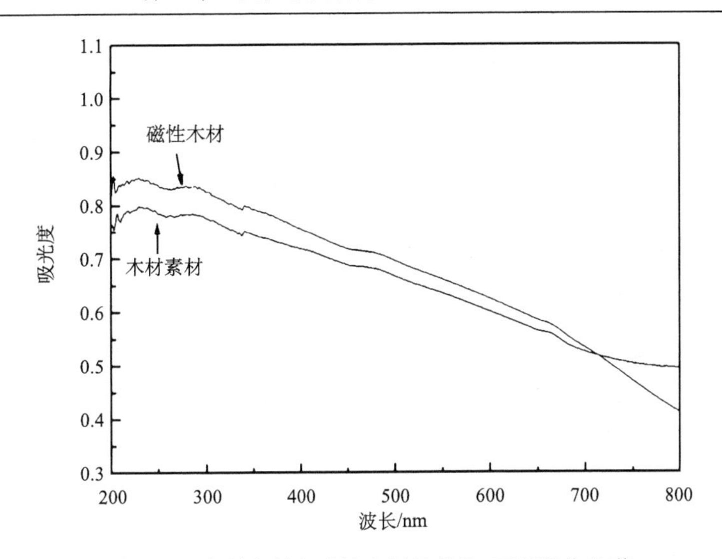

图 4-12　木材素材和磁性木材的紫外-可见吸收光谱

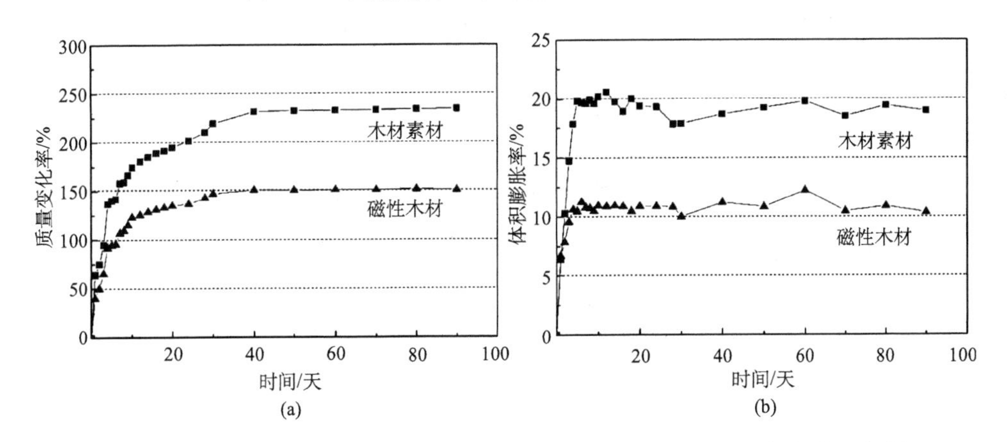

图 4-13　冷水浸泡实验中木材素材和磁性木材的质量变化率(a)和体积膨胀率(b)

4.3　磁性 $CoFe_2O_4$/木材复合材料的制备及研究

铁酸钴($CoFe_2O_4$)是一种硬磁性材料，具有高的矫顽力和磁化强度。此外，$CoFe_2O_4$ 纳米粒子还具有很高的物理和化学稳定性，使其在磁记录材料方面如录像带、高密度数字记录磁盘等广泛应用[93, 94]。近年来，将磁性纳米粒子与聚合物复合从而形成具有磁响应性的复合材料已经被证明是一种制造具有优异光学、机械和磁性的工程灵活复合材料的新方法[95]。而木材作为一种具有 3D 结构的天然高分子聚合物，其具有由纤维素微纤丝、半纤维素和木质素组成的复杂有序的网络结构和天然多孔的特性，决定了木材具有优异的亲和性和可反应性。

本节实验，以木材为模板材料，采用钴、铁离子前驱体溶液，通过水热方法制备磁性 $CoFe_2O_4$/木材复合材料，并探讨生长在木材表面磁性纳米粒子的形貌与晶型对磁性木材磁性的影响，优化制备工艺参数[96]。

4.3.1　磁性 $CoFe_2O_4$/木材复合材料的制备方法

1) 实验材料

六水合氯化钴(分析纯，阿拉丁试剂有限公司)；七水合硫酸亚铁(分析纯，阿拉丁试剂有限公司)；硝酸钾(分析纯，阿拉丁试剂有限公司)；氢氧化钠(分析纯，阿拉丁试剂有限公司)；无水乙醇(分析纯，阿拉丁试剂有限公司)；实验用水为蒸馏水。

2) 杨木试样

采用黑龙江省帽儿山实验林场采伐的大青杨，无虫眼、结疤等缺陷。2 种试样尺寸分别为 20mm×20mm×20mm 和 20mm×10mm×5mm。

3) 实验设备

电子天平；智能磁力加热锅；真空干燥箱；超声波清洗器。

4) 实验过程

制备磁性 $CoFe_2O_4$/木材复合材料的合成条件如表 4-2 所示。其中一个典型的实验过程如下：杨木素材浸入 40mL 新配制的 0.165mol · L^{-1} $FeSO_4/CoCl_2$ 溶液①中，

表 4-2　制备磁性木材的工艺条件

样品	温度/℃	时间/h	$FeSO_4/CoCl_2$ /(mol · L^{-1})	KNO_3 /(mol · L^{-1})	NaOH /(mol · L^{-1})	饱和磁化强度 M_S /(emu · g^{-1})	矫顽力 H_C /Oe
S1	50	8	0.165	0.25	1.32	0.11	85.4
S2	70	8	0.165	0.25	1.32	0.67	98.7
S3	90	8	0.165	0.25	1.32	2.59	135.5
S4	110	8	0.165	0.25	1.32	3.41	150.0
S5	130	8	0.165	0.25	1.32	4.53	100.9
S6	90	3	0.165	0.25	1.32	0.17	160.8
S7	90	5	0.165	0.25	1.32	1.63	155.7
S8	90	12	0.165	0.25	1.32	2.24	120.1
S9	90	8	0.165	0	1.32	1.59	175.5
S10	90	8	0.165	0.125	1.32	1.97	150.7
S11	90	8	0.165	0.25	0.33	1.84	125.5
S12	90	8	0.165	0.25	0.66	2.33	100.2

① 1L 水中，$FeSO_4$ 和 $CoCl_2$ 的摩尔数均为 0.165mol。

充分浸润后，转移至反应釜中，在 90℃下反应 3h。待冷却至室温后，部分透明的溶液变成橘黄色不透明液体，倒出上层清液，向反应釜中继续加入 35mL NaOH(1.32mol・L^{-1})和 KNO_3(0.25mol・L^{-1})混合溶液，在 90℃下继续反应 8h，直至将沉淀的前驱体完全转化为钴铁氧体纳米粒子。最后，将得到的磁性木材取出，用蒸馏水和无水乙醇清洗 3 次后，置于 50℃烘箱中干燥 24h。

4.3.2　磁性 $CoFe_2O_4$/木材复合材料的形成机理

图 4-14 展示的是木材素材与磁性木材的 EDX 图谱。如图 4-14(a)所示，在杨木素材的 EDX 图谱中可以检测出碳、氧和金元素，其中碳和氧元素来自于木材组分纤维素、半纤维素和木质素，金元素来自用于扫描式电子显微镜观察的基底层。在水热反应后，铁和钴元素可以在 EDX 图谱中被检测出来[图 4-14(b)]，说明钴铁氧化物沉淀在木材表面。

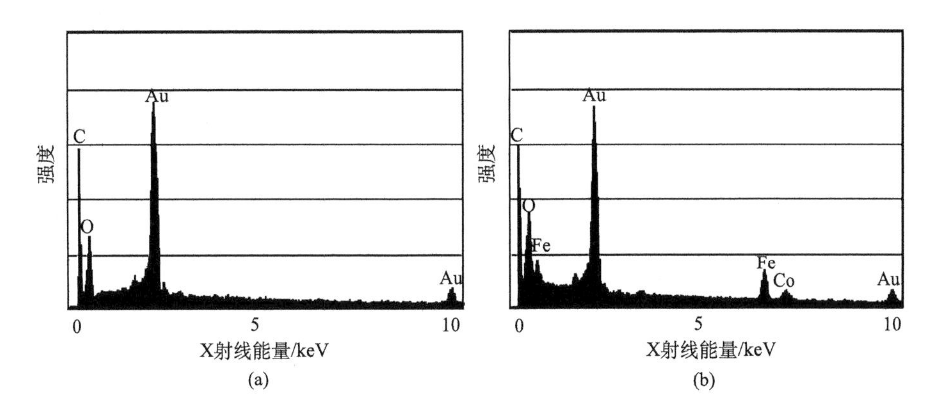

图 4-14　木材素材(a)和磁性木材(b)的 EDX 图谱

图 4-15 展示了木材素材与磁性木材的 FT-IR 光谱。在木材素材的 FT-IR 光谱中，3334cm^{-1}、2792cm^{-1}、1600cm^{-1}、1370cm^{-1}和 1031cm^{-1}处的吸收峰分别对应了 O—H、C—H、C═O、C—H 和 C—O 键的伸缩振动，这些特征峰都来源于木材组分如纤维素、半纤维素和木质素。然而，磁性木材的 FT-IR 光谱在 435cm^{-1}处出现了新的吸收峰，这对应于 $CoFe_2O_4$ 纳米粒子中 Fe—O 键的伸缩振动[97, 98]。此外，也可以发现 O—H 键的特征吸收峰，从 3334cm^{-1}移动到了 3295cm^{-1}。这种现象可以解释为木材表面的羟基与磁性纳米粒子表面吸附的羟基发生了氢键结合，从而导致了 O—H 键的键力常数变弱，使得 O—H 键的吸收峰移动到了低波数区。这种氢键结合方式也使得磁性纳米粒子锚定在了木材上，从而形成了磁性木材。

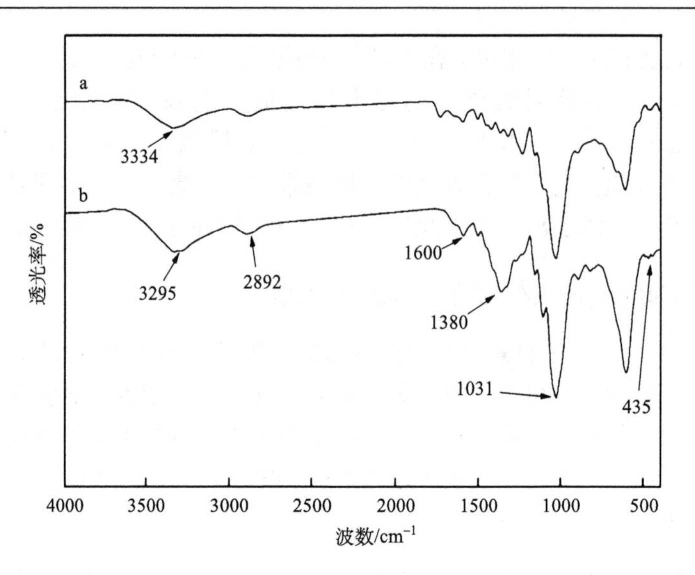

图 4-15　木材素材(a)和磁性木材(b)的 FT-IR 图谱

特别需要指出的是整个制备过程涉及两步水热反应，其具体实验步骤展示如图 4-16。第一步反应阶段，非磁性的金属氢氧化物沉积在木材表面。然后，通过加入碱性溶液和弱氧化剂 KNO_3，沉积在木材上的金属氢氧化物开始转变为尖晶石钴铁氧体。具体反应方程式如下：

$$Fe^{2+} + Co^{2+} + 4OH^{-} \longrightarrow Fe(OH)_2 + Co(OH)_2 \tag{4-3}$$

$$8Fe(OH)_2 + 4Co(OH)_2 + NO_3^{-} \longrightarrow 4CoFe_2O_4 + NH_3 + 10H_2O + OH^{-} \tag{4-4}$$

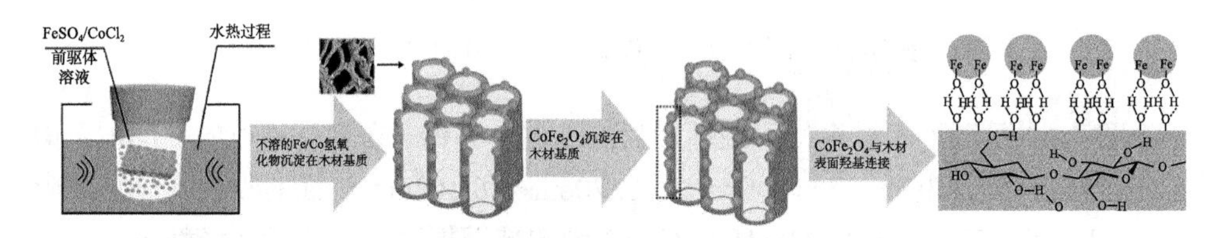

图 4-16　磁性木材的形成示意图

当 $CoFe_2O_4$ 纳米粒子溶于碱溶液中时，由于纳米粒子小的尺寸效应和巨大的比表面积，铁原子表面将吸附 OH^{-}粒子，形成一个极富羟基的表面。另外，木材原本就具有丰富的羟基，这决定了木材亲水的属性。当木材浸入前驱体溶液中时，这种亲水的属性将使 Fe—OH 极易与木材表面羟基键连，从而形成较为稳定的界面结构。

上述结果证明在水热过程中，磁性 $CoFe_2O_4$ 纳米粒子通过氢键与木材相互连接。为了进一步证明磁性木材表面结构与磁性能直接的关系，本次实验按照表 4-2

所示的化学参数进行了系统研究。表 4-2 列举了合成磁性木材不同的反应条件。不同的水热参数如温度、反应时间和反应物浓度对磁性木材磁性、表面形貌和晶体类型的影响通过磁学测量系统、SEM 照片和 XRD 图谱进行表征分析。

4.3.3 不同反应温度对磁性木材结构和性能的影响

为了研究水热温度对磁性木材结构和性能的影响，在木材上水热生长磁性 $CoFe_2O_4$ 的温度设定为 50~130℃，以 20℃递增。其他水热参数保持恒定(水热时间为 8h，OH^-浓度为 1.32mol · L^{-1}，NO_3^-浓度为 0.25mol · L^{-1})。在不同温度条件下制备磁性木材的 SEM 照片展示如图 4-17。从图 4-17(a)中可以看到，杨木素材的表面是光滑而干净的，且可以清晰观察到木材原始的管胞结构。图 4-17(b)~(f)展示的是在不同温度下制备磁性木材的 SEM 图片。从图中可以看出，高温有利于 $CoFe_2O_4$ 纳米粒子生长在木材表面。当温度为 50℃时，几乎没有 $CoFe_2O_4$ 纳米粒子生长在木材表面，暗示了在木材上生长 $CoFe_2O_4$ 纳米粒子的能量壁垒没有被完全克服。当反应温度增加到 70℃，一层薄薄的 $CoFe_2O_4$ 纳米粒子膜层覆盖在木材表面。当反应温度继续升高至 90℃时，在木材表面生长磁性 $CoFe_2O_4$ 纳米粒子的数量进一步增加。而且，从 SEM 照片中可以看出，当反应温度超过 90℃后，木材表面生长磁性 $CoFe_2O_4$ 纳米粒子的粒径随着反应温度的升高明显增大，当温

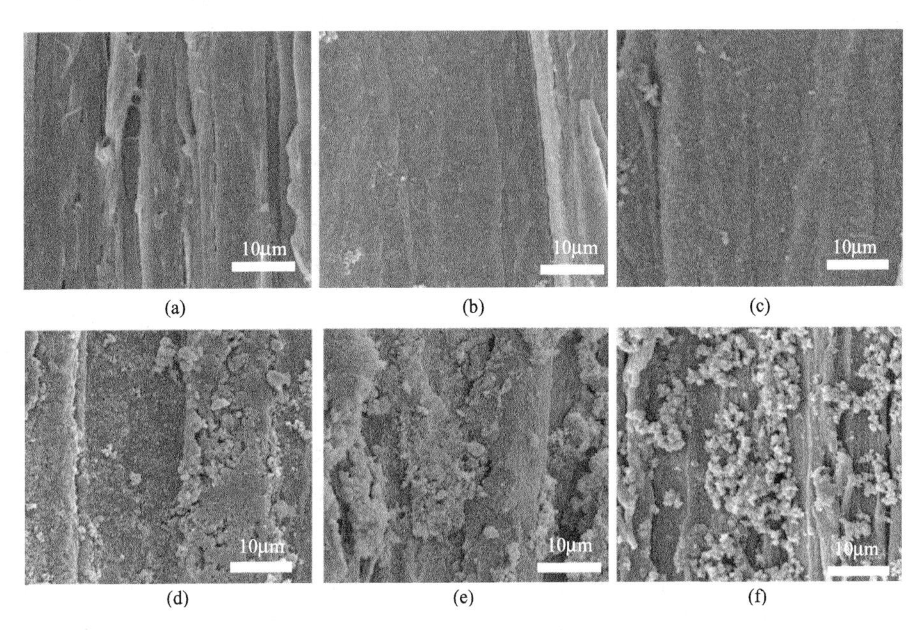

图 4-17　木材素材和不同反应温度下制备磁性木材表面的 SEM 图像

(a)木材素材；(b)50℃；(c)70℃；(d)90℃；(e)110℃；(f)130℃

度达到 130℃时，木材表面生长的磁性纳米粒子粒径最大，达到 1μm。由此可以得出结论，在低温条件下，小粒径和少数量的磁性纳米粒子沉积在木材表面，随着温度的增加，小粒径的磁性粒子通过晶体合并[25]从而在木材上生长成粒径更大的磁性纳米粒子。由此可见，温度对磁性木材的表面形貌具有重要影响。

在不同反应温度下制备磁性木材的 XRD 图谱展示于图 4-18(左)。在 2θ 为 14.7°和 22.6°处强烈的衍射峰对应木材纤维素的结晶峰[99, 100]。在 17°、30°、35°、43°、53°、56°和 62°处的峰对应尖晶石 $CoFe_2O_4$(111)、(220)、(311)、(400)、(422)、(511)和(440)晶面的衍射峰。对比不同温度下制备磁性木材的 XRD 图谱可以发现，除了木材衍射峰，当反应温度为 50℃和 70℃时，仅可以看见 $CoFe_2O_4$ 在(220)和(311)晶面较宽的衍射峰。随着反应温度的增加，磁性 $CoFe_2O_4$ 的衍射峰变得越来越明显，而木材原有纤维素的结晶峰并没有发生明显改变，表明水热处理温度的变化并不会破坏纤维素晶体。此外，从 XRD 图谱中也可以发现只有当反应温度达到 90℃时，才可以在木材上形成结晶度较好的磁性 $CoFe_2O_4$ 纳米粒子。

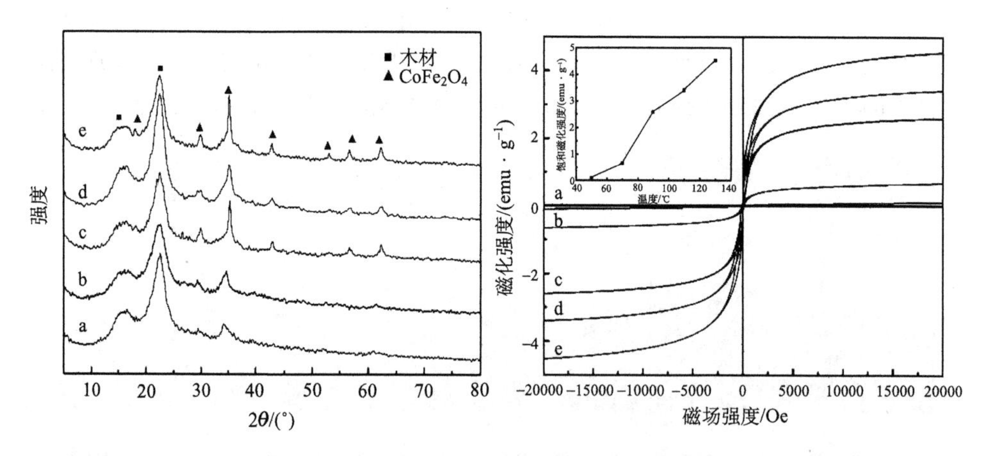

图 4-18 在 50℃(a)、70℃(b)、90℃(c)、110℃(d)和 130℃(e)下制备磁性木材样品的 XRD 衍射图谱(左)和木材样品的室温磁滞回线(右)

图 4-18(右)展示了在不同反应温度下制备磁性木材的室温磁滞回线。从图中可以明显看出，杨木素材的室温磁滞回线是一条接近于 0 的直线，显示了其非磁性特质。但是经过水热处理后，磁性木材展示了完全不同的变化，其室温磁滞回线呈 S 形，表现了典型的铁磁性。在 50℃、70℃、90℃、110℃和 130℃下制备磁性木材的饱和磁化强度分别是 0.11emu·g^{-1}、0.67emu·g^{-1}、2.59emu·g^{-1}、3.41emu·g^{-1}和 4.53emu·g^{-1}(表 4-2)。插图展示了磁性木材饱和磁化强度与反应温度的关系曲线，从图中可以看出，随着温度的升高，磁性木材的饱和磁化强度迅速增加，

当反应温度为 130℃时达到最大值 4.53emu · g^{-1}。这种结果可以归因于随着反应温度的增加，粒径更大的和结晶度更好的磁性纳米粒子沉积在木材表面。至于另一种重要的磁性参数——矫顽力，在 50℃、70℃、90℃、110℃和 130℃水热温度下制备磁性木材的矫顽力分别为 85.4Oe、98.7Oe、135.5Oe、150.0Oe 和 100.9Oe(表 4-2)。在反应温度为 110℃时磁性木材的矫顽力达到最大值 150.0Oe，然后随着反应温度的增加而减少。这种现象可以解释为在较低温度下在木材表面生长磁性粒子的粒径没有超过其单畴临界尺寸，因此矫顽力随着反应温度升高而增加，当反应温度过高时，在木材表面生长磁性粒子的粒径超过其单畴临界尺寸，因此矫顽力随着反应温度升高而降低[101, 102]。

4.3.4　不同反应时间对磁性木材结构和性能的影响

为了研究反应时间对磁性木材形貌的影响，对在 3h、5h、8h 和 12h 下制备的磁性木材进行分析，其他水热参数保持不变(反应温度 90℃，$[OH^-]$=1.32mol · L^{-1}，$[NO_3^-]$=0.25mol · L^{-1})。图 4-19 展示的是在反应时间 3h、5h、8h 和 12h 下所制备

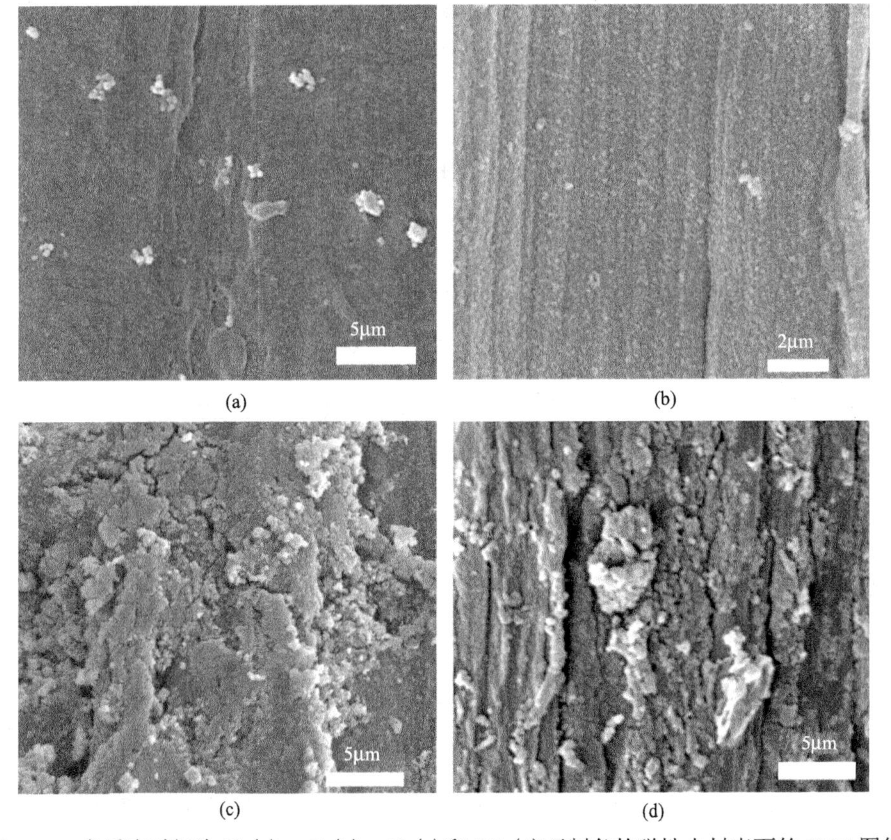

图 4-19　在反应时间为 3h(a)、5h(b)、8h(c)和 12h(d)下制备的磁性木材表面的 SEM 图像

的磁性木材的 SEM 图片。从图 4-19(a)中可以看出在经过 3h 反应后仅有少量的纳米粒子生长在木材表面。经过 5h 反应后，一层致密的 $CoFe_2O_4$ 纳米粒子层沉积在木材表面。进一步增加反应时间至 8h，发现在木材表面生长的磁性纳米粒子之间发生了明显的团聚现象。与反应时间为 8h 时制备的磁性木材表面相比，当反应时间为 12h 时，磁性木材表面形貌并没有发生明显变化，说明当反应时间为 8h 时，在木材表面生长的磁性纳米粒子数量达到饱和状态。

图 4-20(左)为在不同反应时间下制备磁性木材的 XRD 图谱。从图中可以看出，当反应时间为 3h 时，无定形的磁性纳米粒子沉积在木材表面。当反应时间延长至 8h，更多的尖晶石铁氧体特征峰出现在磁性木材 XRD 图谱中。与在反应时间为 8h 下制备的磁性木材相比，当反应时间为 12h 时，磁性木材的 XRD 图谱并没有发生明显改变，说明反应时间为 8h 及以上，更适合磁性纳米粒子在木材表面结晶，与 SEM 观察结果一致。

图 4-20(右)为在不同反应时间下制备磁性木材的室温磁滞回线。在 3h、5h、8h 和 12h 下制备磁性木材的饱和磁化强度分别为 0.17emu · g^{-1}、1.63emu · g^{-1}、2.59emu · g^{-1} 和 2.24emu · g^{-1}(表 4-2)。插图显示的是反应时间与制备得到的磁性木材饱和磁化强度的关系曲线。数据显示随着反应时间的增加，磁性木材的饱和磁化强度迅速增加，并在 8h 时达到最大值，随后随着时间增加有稍许下降。这种结果表明在磁性木材形成初期，反应时间对磁性木材的饱和磁化强度有着重要影响，随着反应的继续进行，在木材表面生长的磁性纳米粒子达到饱和状态，因此这种影响将相对减弱。此外，在 3h、5h、8h、12h 下制备得到磁性木材的矫顽力分别为 160.8Oe、155.7Oe、135.5Oe 和 120.1Oe(表 4-2)。可见，随着反应时间的增加，磁性木材的矫顽力缓慢降低，这可能是由于木材表面磁性纳米粒子的团聚，导致磁性纳米粒子间的相互作用增强，从而降低了磁性木材的矫顽力[103, 104]。

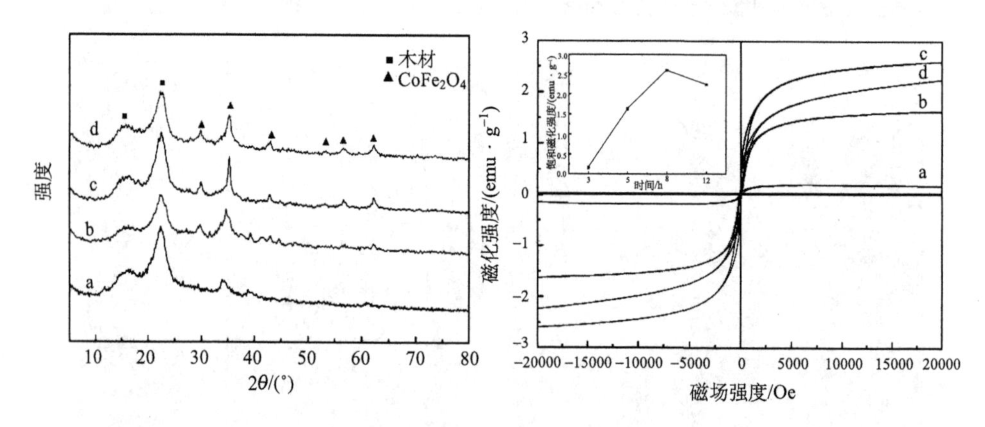

图 4-20　在 3h(a)、5h(b)、8h(c)和 12h(d)下制备磁性木材样品的 XRD 衍射图谱(左)和木材样品的室温磁滞回线(右)

4.3.5 KNO_3浓度对磁性木材结构和性能的影响

为了探究 KNO_3 浓度对制备得到磁性木材结构和性能的影响，实验中 KNO_3 浓度在 0~0.25mol·L^{-1}之间变化，其他参数保持不变(水热温度 90℃，反应时间 8h，$[OH^-]$=1.32mol·L^{-1})。在不同 KNO_3 浓度下制备得到的磁性木材的 SEM 图片和 XRD 图谱分别展示如图 4-21 和图 4-22 所示。图 4-22 反映了当 KNO_3浓度低于 0.125mol·L^{-1} 时，没有尖晶石结构的 $CoFe_2O_4$ 纳米粒子沉淀在木材表面。相反，一些不纯的相如 $Fe(OH)_2$、FeOOH、$Co(OH)_2$ 和 $Fe_{0.67}Co_{0.33}OOH$ 沉淀在木材表面。只有当 KNO_3 浓度为 0.25mol·L^{-1} 时，才能够在木材表面生长尖晶石

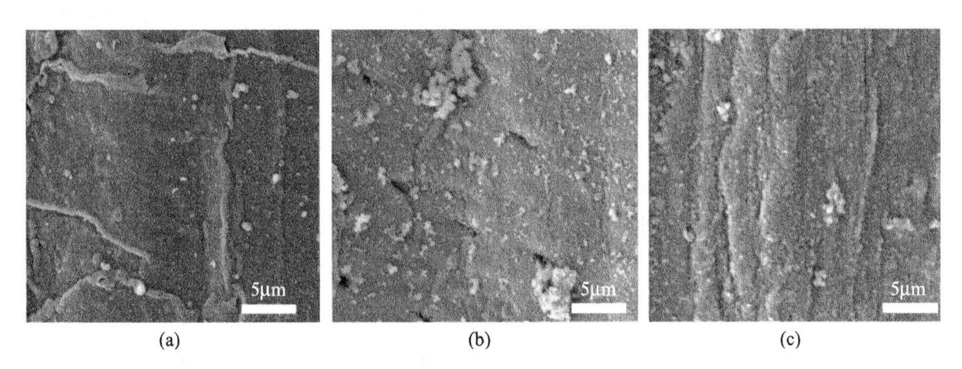

图 4-21　不同 KNO_3 浓度下制备磁性木材表面的 SEM 图像

(a) 0mol·L^{-1}；(b) 0.125mol·L^{-1}；(c) 0.25mol·L^{-1}

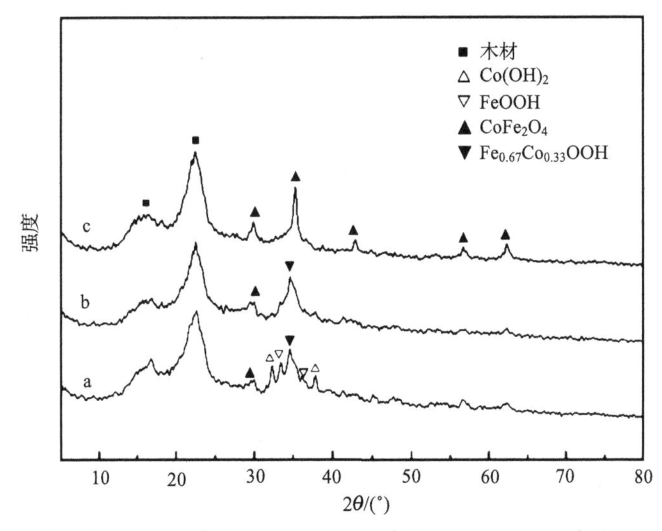

图 4-22　在 KNO_3浓度为 0mol·L^{-1}(a)、0.125mol·L^{-1}(b) 和 0.25mol·L^{-1}(c) 下制备的磁性木材的 XRD 图谱

$CoFe_2O_4$。由此可见，KNO_3 浓度对木材表面生长 $CoFe_2O_4$ 纳米粒子的晶体类型有重要影响，将不纯的钴铁氢氧化物相转化为尖晶石结构 $CoFe_2O_4$ 需要的 KNO_3 浓度为 0.25mol · L^{-1}。除此之外，XRD 图谱也证明了在木材表面生长尖晶石结构的 $CoFe_2O_4$ 是由钴铁氢氧化物转变而来，这很好地对应了反应方程式(4-3)和式(4-4)。图 4-21 中的 SEM 照片也清晰地显示了随着 KNO_3 浓度增加，木材表面沉积的铁钴氧化物颗粒增大，晶型更完整。

图 4-23 展示了在不同 KNO_3 浓度下制备磁性木材的室温磁滞回线。当 KNO_3 浓度为 0mol · L^{-1}、0.125mol · L^{-1} 和 0.25mol · L^{-1} 时制备磁性木材的饱和磁化强度分别为 1.59emu · g^{-1}、1.97emu · g^{-1} 和 2.59emu · g^{-1}。插图展示了磁性木材饱和磁化强度与 KNO_3 浓度的关系。从图中可以看出，随着 KNO_3 浓度的增加得到磁性木材的饱和磁化强度不断增强。此外，不同 KNO_3 浓度下制备磁性木材的矫顽力展示如表 4-2。在不同 KNO_3 浓度下制备磁性木材的饱和磁化强度和矫顽力的不同是因为在金属氢氧化物转化为尖晶石铁氧体过程中存在阳离子反转、空缺和非化学计量的化学组分造成的[101, 102]。值得注意的是金属氢氧化物并不具备磁性，它们的存在不利于提高磁性木材的磁性。

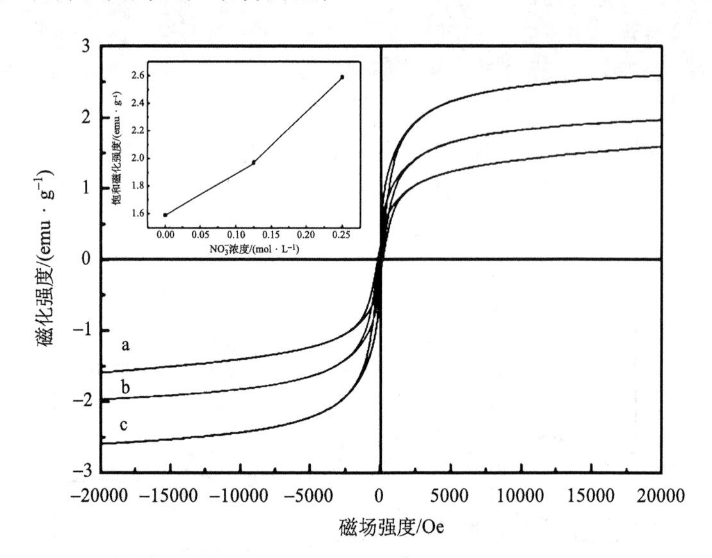

图 4-23　在 KNO_3 浓度为 0mol · L^{-1}(a)、0.125mol · L^{-1}(b) 和 0.25mol · L^{-1}(c) 下制备的磁性木材的室温磁滞回线

4.3.6　NaOH 浓度对磁性木材结构和性能的影响

为了探究 NaOH 浓度对制备得到磁性木材结构和性能的影响，实验中 NaOH 浓度在 0.33~1.32mol · L^{-1} 之间变化，其他参数保持不变(水热温度 90℃，反应时

间 8h，$[NO_3^-]$=0.25mol·L^{-1}）。在不同 NaOH 浓度下制备得到的磁性木材的 SEM 图像和 XRD 图谱分别展示如图 4-24 和图 4-25 所示。在图 4-25 中，当 OH^-浓度小于 0.66mol·L^{-1} 时，尖晶石 $CoFe_2O_4$ 相没有完全形成，一些中间体氢氧化物相如 $Fe(OH)_3$、FeOOH 和 $Fe_{0.67}Co_{0.33}OOH$ 出现在 XRD 图谱中。当 OH^-浓度为 1.32mol·L^{-1}时，具有完好结晶的尖晶石 $CoFe_2O_4$ 生长在木材表面。SEM 照片也展示了随着 NaOH 浓度的增加，具有更加完整晶体结构的纳米粒子生长在木材表面。

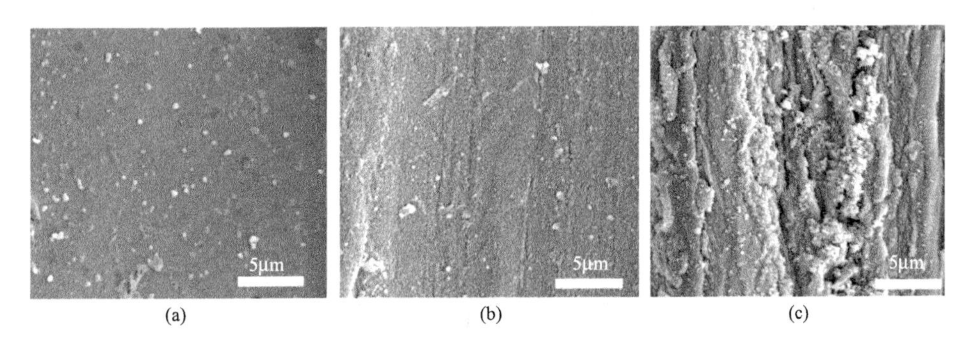

图 4-24　不同 NaOH 浓度下制备的磁性木材表面的 SEM 图像

(a) 0.33mol·L^{-1}；(b) 0.66mol·L^{-1}；(c) 1.32mol·L^{-1}

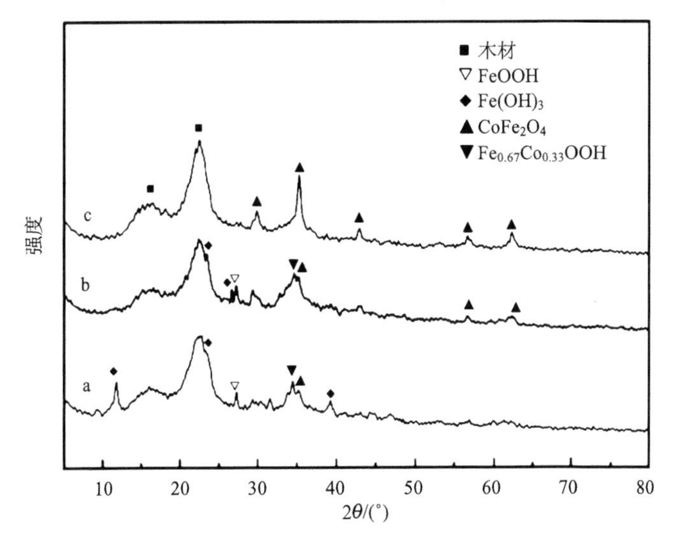

图 4-25　在 NaOH 浓度为 0.33mol·L^{-1}(a)、0.66mol·L^{-1}(b)和 1.32mol·L^{-1}(c)下制备所得磁性木材的 XRD 图谱

图 4-26 展示的是在不同 NaOH 浓度下合成磁性木材的室温磁滞回线。当 OH^-浓度为 0.33mol·L^{-1}、0.66mol·L^{-1} 和 1.32mol·L^{-1} 时，合成磁性木材的饱和磁

化强度分别为 1.84emu・g^{-1}、2.33emu・g^{-1} 和 2.59emu・g^{-1}。插图展示的是磁性木材饱和磁化强度和 NaOH 浓度的关系。因为本次实验条件下，只有当 NaOH 浓度为 1.32mol・L^{-1} 时，才能生成纯的铁氧体 $CoFe_2O_4$，在其他 NaOH 浓度下，尖晶石铁氧体并没有完全形成，有中间体氢氧化物相存在。因此，磁性木材的饱和磁化强度随着 NaOH 浓度增加而增强。除此之外，从表 4-2 中也可以看出，NaOH 浓度对磁性木材矫顽力有重要影响。当 NaOH 浓度为 1.32mol・L^{-1} 时得到的矫顽力最大为 135.5Oe。随着 NaOH 浓度增加，饱和磁化强度和矫顽力增加的原因是由于结晶度更好的 $CoFe_2O_4$ 纳米粒子生长在木材表面。

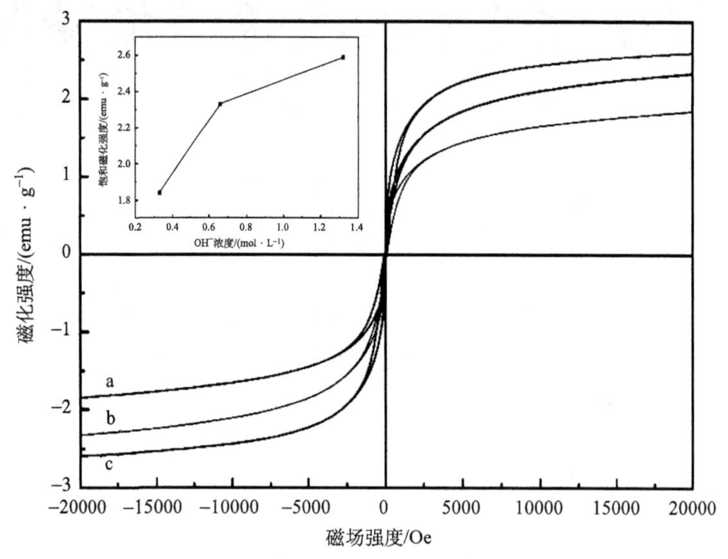

图 4-26　在 NaOH 浓度为 0.33mol・L^{-1}(a)、0.66mol・L^{-1}(b) 和 1.32mol・L^{-1}(c) 下制备的磁性木材的室温磁滞回线

4.4　磁性木材的功能化修饰

制备多功能性木质复合材料是木材科学发展的一个重要方向[105–107]。如今，有许多研究通过将 TiO_2、ZnO、SiO_2、Al_2O_3、$CaCO_3$ 等无机纳米粒子与木材进行复合制备成木材/无机纳米复合材料，其不仅继承了木材天然的纹理结构、优良的物理化学属性，同时因为无机纳米粒子特殊的有限尺寸效应和表面效应，使木材衍生出了许多新的性能，如超疏水、抗菌、抗紫外老化、自清洁、阻燃、防腐、自降解有机物等，在一定程度上克服了木材固有缺陷，使木材能够在一些特殊场合下应用，极大地拓展了木材的使用范围和应用领域。Sun 等[78, 108]通过在木材表面负载 TiO_2 纳米粒子成功地构建了类似荷叶表面乳突结构的超疏水界面，即与水

的接触角大于 150°，滚动角小于 10°的表面。这种新型的木材/TiO_2 纳米粒子复合材料具有优良的防水性能和自清洁能力，使木材在一些潮湿的室内外环境下也有了运用的可能，为解决木材吸水膨胀、腐朽霉变和变形开裂等技术难题提供了一条新思路。Saka 等[109, 110]运用溶胶-凝胶法将 SiO_2 纳米粒子沉积在木材细胞腔和细胞壁上，制备形成的木材/SiO_2 无机纳米复合材料拥有较高的力学强度、一定的阻燃性和优异的尺寸稳定性。Merk 等[88]利用木材仿生学原理，在木材各向异性结构基础上，通过原位浸渍制备得到了一种磁性木材。这种磁性木材具有优异的磁响应性，能够在外界磁场作用下进行不同程度的重新排列和组合，更重要的是由于木材的各向异性，导致这种材料具有优异的磁各向异性，为制备具有各向异性的磁功能材料提供了一条新的思路。Wu 等[111]在“荷叶效应”研究的基础上，通过一步反应在木材、竹材、棉花等生物质基材表面沉淀经过疏水改性后的无机纳米粒子，构筑粗糙表面，制备了具有优异界面稳定性的超疏水木材。Hu 等[112–114]利用制浆造纸中脱木质素的方法，成功制备了透明木材，为将木材运用于绿色电子产品和能源领域奠定了良好的基础。

以上研究表明，将无机纳米粒子应用于木材的防腐、防霉、阻燃、疏水以及改善物理力学性能等方面，拥有理想的效果。而本节中，笔者主要针对磁性木材的功能化修饰进行阐述。

4.4.1 超疏水型磁性木材的制备和性能

超疏水表面作为一种典型的界面现象，在界面化学、物理学、材料学、界面结构设计以及其他交叉学科的基础研究中有极为重要的研究价值。木材作为一种环境友好材料，由于其具有大量的亲水基团和丰富的孔隙结构，导致木材容易从外界吸收水分并产生开裂、霉变、腐朽等问题，因此在木材上构筑超疏水表面具有重要意义[115]。

4.4.1.1 超疏水型磁性木材的制备方法

1) 实验材料

六水合氯化钴(分析纯，阿拉丁试剂有限公司)；七水合硫酸亚铁(分析纯，阿拉丁试剂有限公司)；硝酸钾(分析纯，阿拉丁试剂有限公司)；氢氧化钠(分析纯，阿拉丁试剂有限公司)；无水乙醇(分析纯，阿拉丁试剂有限公司)；十八烷基三甲氧基硅烷(分析纯，阿拉丁试剂有限公司)；实验用水为蒸馏水。

2) 杨木试样

采用黑龙江省帽儿山实验林场采伐的大青杨，无虫眼、结疤等缺陷。2 种试样尺寸分别为 20mm×10mm×5mm 和 20mm×20mm×20mm。

3) 实验设备

电子天平；智能磁力加热锅；真空干燥箱；超声波清洗器。

4）实验过程

具体实验过程如图 4-27 所示。杨木素材浸入 40mL 新配制的 0.165mol · L^{-1} $FeSO_4$ 和 $CoCl_2$ 溶液中，充分浸润后，转移至反应釜中，在 90℃下反应 3h。待冷却至室温后，部分透明的溶液变成橘黄色不透明液体，随后倒出上层清液，向反应釜中继续加入 35mL 1.32mol · L^{-1} NaOH 和 0.25mol · L^{-1} KNO_3 混合溶液，在 90℃下继续反应 8h，直至将沉淀的前驱体完全转化为 $CoFe_2O_4$ 纳米粒子。最后，将得到的磁性木材取出，用蒸馏水和无水乙醇清洗 3 次后，置于 50℃烘箱中干燥 24h。

取上一步骤制备得到的样品，将样品浸入 20mL OTS 乙醇溶液中，不断搅拌 24h，其中 OTS 与乙醇的体积比为 5∶100。取出经过改性后的磁性木材，置于烘箱中，60℃干燥 24h。

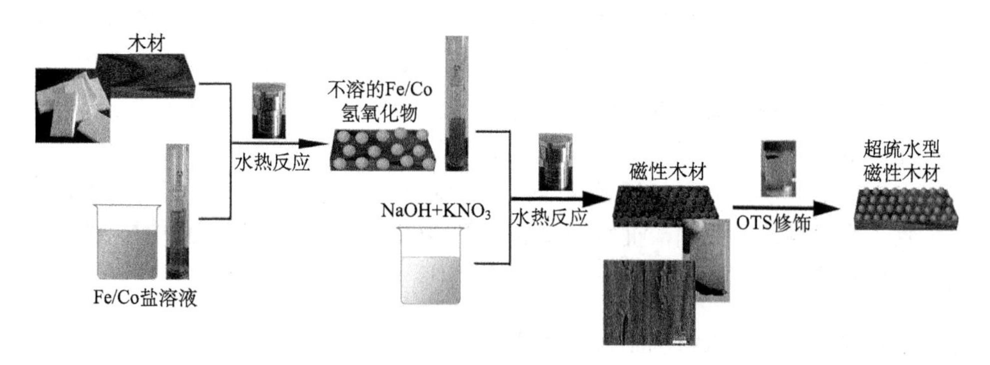

图 4-27　制备超疏水型磁性木材流程图

4.4.1.2　*超疏水型磁性木材的微观形貌*

图 4-28 展示了木材素材、磁性木材和超疏水型磁性木材的 SEM 图片。在图 4-28(a)中可以看出木材素材的表面十分干净和光滑，当木材经过水热处理后，磁性 $CoFe_2O_4$ 纳米粒子覆盖在木材表面，形成了一个粗糙表面结构[图 4-28(b)和(c)]。图 4-28(b)中的插图展示的是磁性木材的 EDX 图谱。从插图中可以看出仅有碳、氧、钴、铁和金元素存在，说明 $CoFe_2O_4$ 纳米粒子有效地沉积在木材表面。图 4-28(c)中的插图展示的是磁性 $CoFe_2O_4$ 纳米粒子的 TEM 图片。从图中可以看出覆盖在木材表面的磁性纳米粒子直径约为 200nm。图 4-28(d)展示的是超疏水型磁性木材的高倍 SEM 图片。从图中可以看出，当磁性木材经过 OTS 改性后，一层蜡状的薄膜和纳米级的乳突结构出现在木材表面，这种粗糙的二元结构是形成超疏水现象的重要原因。

图 4-29 展示的是木材素材、磁性木材和超疏水型磁性木材的 AFM 图片。从图中可以看出，相比于木材素材，磁性木材表面具有更加精细的微观结构和更加复杂的表面纹理结构，说明磁性纳米粒子沉积在木材表面能够有效地增加木材表

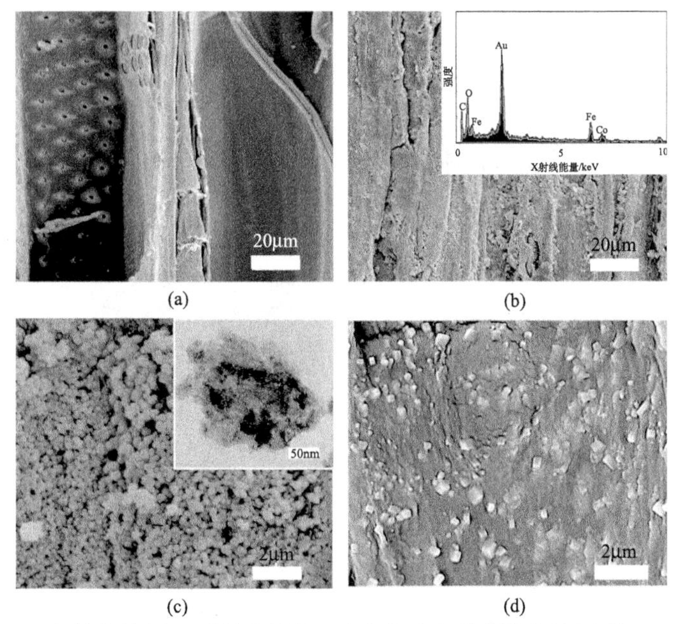

(a)　(b)　(c)　(d)

图 4-28　木材素材(a)、磁性木材(b、c)和超疏水型磁性木材(d)的 SEM 图片

面粗糙度。与磁性木材对比，超疏水型磁性木材的表面结构具有更高的“山峰”和更深的“沟壑”。这三种表面的粗糙度可以用高度的标准偏差 Z 值来确定。根据计算，木材素材、磁性木材和超疏水型磁性木材的 Z 值分别为 26.9nm、49.9nm 和 96.1nm，说明经过水热处理和表面改性，有利于得到具有更高粗糙结构的表面。

4.4.1.3　超疏水型磁性木材的晶体类型和化学官能团分析

图 4-30 展示了木材素材与超疏水型磁性木材的 XRD 图谱。从图中可以看出，木材素材在 15°和 22°对应的特征峰可以归因于木材纤维素结晶区衍射峰。而磁性木材在 17°、30°、35°、43°、53°、59°和 62°的特征峰分别对应 $CoFe_2O_4$ 在(111)、(220)、(311)、(400)、(422)、(511)和(440)晶面的衍射峰，说明磁性 $CoFe_2O_4$ 晶体有效地沉积在木材表面。

图 4-31 展示了木材素材、磁性木材和超疏水型磁性木材的 FT-IR 图谱。相比于木材素材，磁性木材样品在 3423cm^{-1} 处的 O—H 键吸收峰明显变窄，这可能是由于磁性 $CoFe_2O_4$ 纳米粒子与木材上的羟基发生了氢键结合。另外，在 425cm^{-1} 处也出现了 Fe—O 在八面体的伸缩振动峰，进一步证明了磁性 $CoFe_2O_4$ 纳米粒子沉积在木材基质上。至于超疏水型磁性木材，由于引入表面改性剂 OTS，其 FT-IR 光谱在 2919cm^{-1} 和 2850cm^{-1} 处出现了甲基和亚甲基的伸缩振动峰，且在 1106cm^{-1} 和 906cm^{-1} 处出现了 Si—O—Si 振动吸收峰。除此之外，原本位于 425cm^{-1} 处的 Fe—O 特征吸收峰移动到了 436cm^{-1}，这可能是由于原本位于磁性木材表面的 Fe—O—H 键被 Fe—O—Si 键代替，从而使红外吸收峰向高波数段发生了移动。

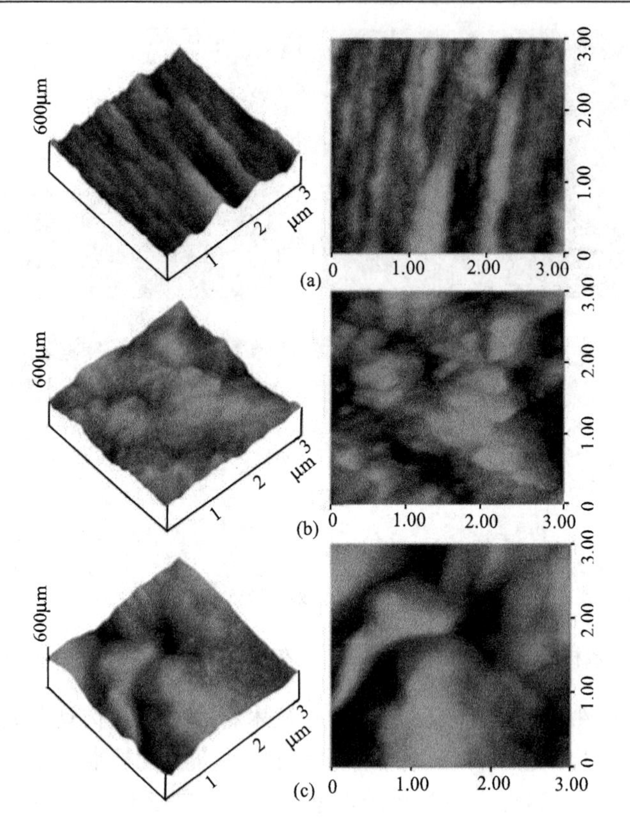

图 4-29　木材素材(a)、磁性木材(b)和超疏水型磁性木材(c)的 AFM 图片

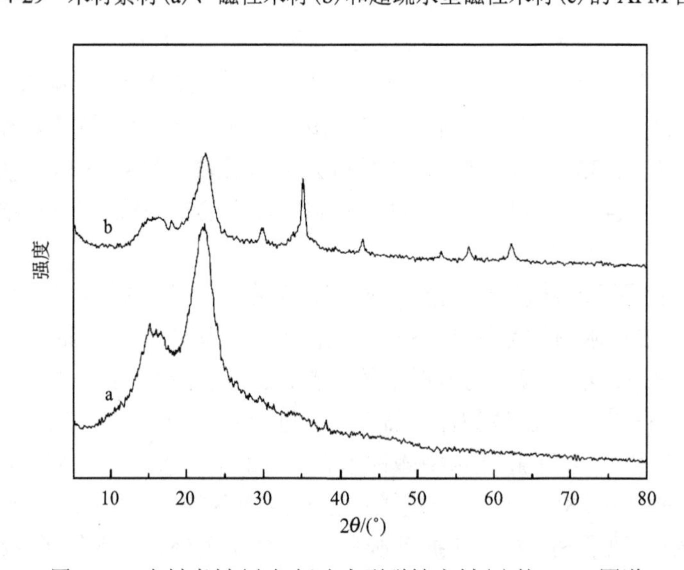

图 4-30　木材素材(a)与超疏水型磁性木材(b)的 XRD 图谱

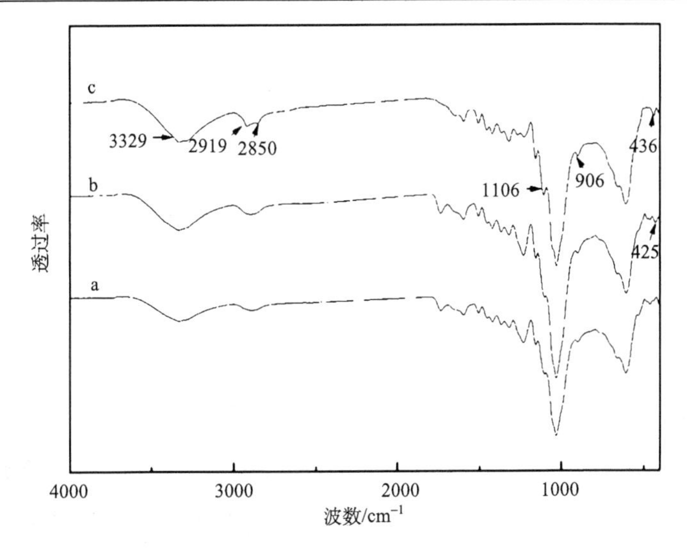

图4-31　木材素材(a)、磁性木材(b)和超疏水型磁性木材(c)的FT-IR图谱

4.4.1.4　超疏水型磁性木材的性能分析

图4-32展示的是木材素材与超疏水型磁性木材的室温磁滞回线。从图中可以明显看出木材素材是一种非磁性材料，而超疏水型磁性木材展示出了一种典型的铁磁性行为，其饱和磁化强度和矫顽力分别为1.71emu·g^{-1}和451Oe，说明超疏水型磁性木材具有优异的磁性能。

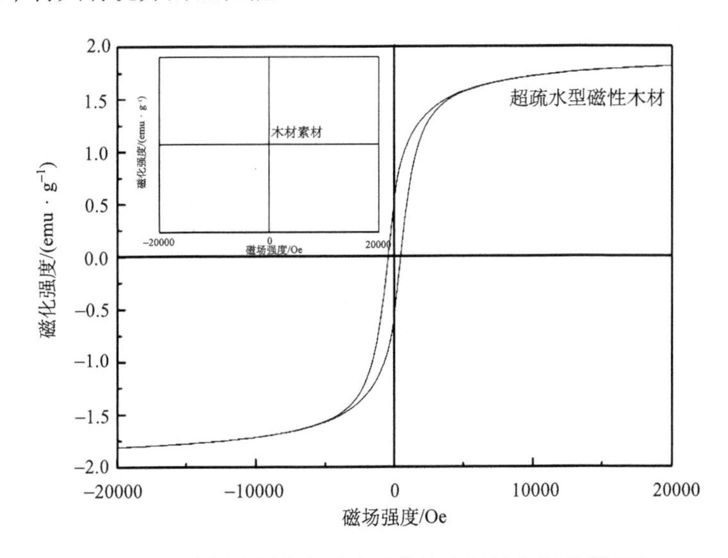

图4-32　木材素材与超疏水型磁性木材的室温磁滞回线

图 4-33 展示了木材素材、磁性木材、仅经过 OTS 修饰的木材和超疏水型磁性木材与水的接触角图片。从图中可以看出木材素材与水的接触角为 40°，当磁性纳米粒子覆盖在木材表面后与水的接触角仅为 7°，说明当木材经过磁性纳米粒子修饰后会增加其亲水性。当木材素材仅经过 OTS 修饰后与水的接触角为 100°，表现出疏水性，这是由于 OTS 降低了木材界面的表面能。更重要的是，当木材同时经过磁性纳米粒子修饰和 OTS 处理后，木材界面与水的接触角达到 150°，表示其具有超疏水性。

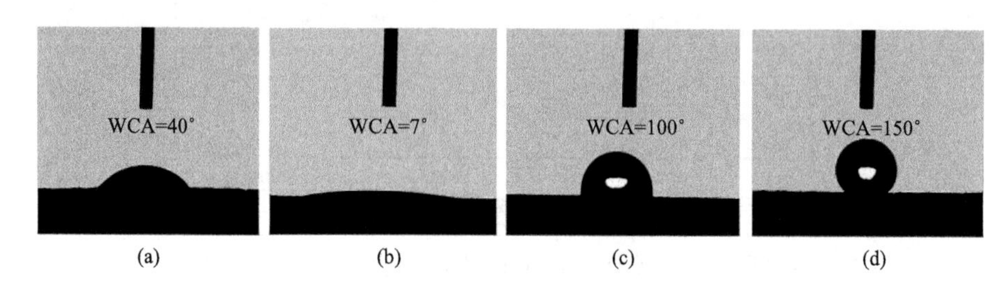

图 4-33　木材素材(a)、磁性木材(b)、木材经过 OTS 改性(c)和超疏水型磁性木材(d)与水的接触角图片

图 4-34 展示了超疏水型磁性木材具有优异的磁性和超疏水性。从图 4-34(a)和图 4-34(b)中可以看出木材能够漂浮在水面，并能够被条形磁铁驱动。当超疏水型磁性木材位于桌面时，其还可以轻易被条形磁铁吸附[图 4-34(c)和图 4-34(d)]。图 4-34(e)和图 4-34(f)显示了当超疏水型磁性木材被条形磁铁驱动时，位于其表面的小水滴将顺着木材表面滑落，展示了其优异的超疏水性。

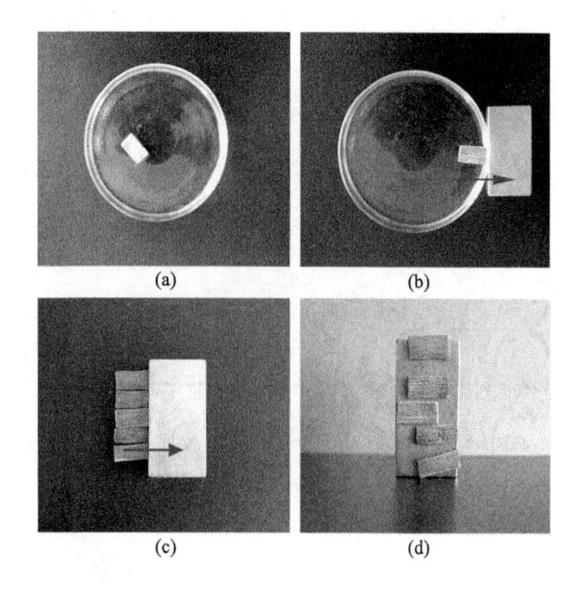

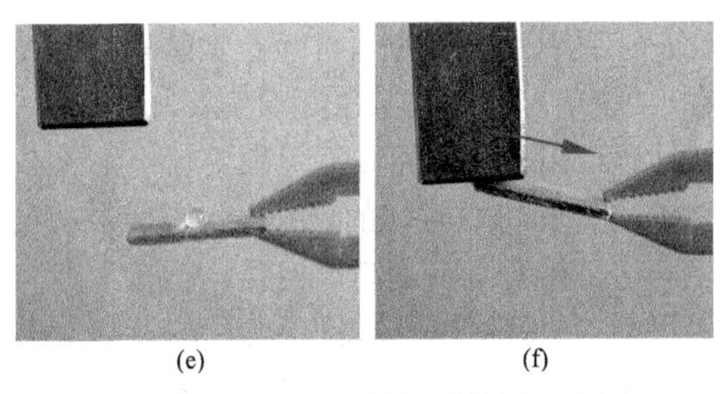

(e)　　(f)

图 4-34　超疏水型磁性木材的宏观图片

(a) 和(b) 超疏水型磁性木材置于水面被磁铁驱动；(c)和(d)超疏水型磁性木材置于桌面被磁铁驱动；(e)和(f)小水滴顺着超疏水型磁性木材表面滚落

除了超疏水性和磁性，超疏水型磁性木材的抗紫外老化性能也被研究，其抗紫外老化实验结果如图 4-35 所示。在图 4-35(a) 中，木材素材的Δa^*值随着紫外光辐照时间的延长而增加，说明木材素材表面颜色变得越来越红；超疏水型磁性木材的Δa^*值展示出相似的变化，但磁性木材的Δa^*值变化幅度很小，只有木材素材的 1/10，暗示了超疏水型磁性木材有着较木材素材更好的抗紫外老化能力。

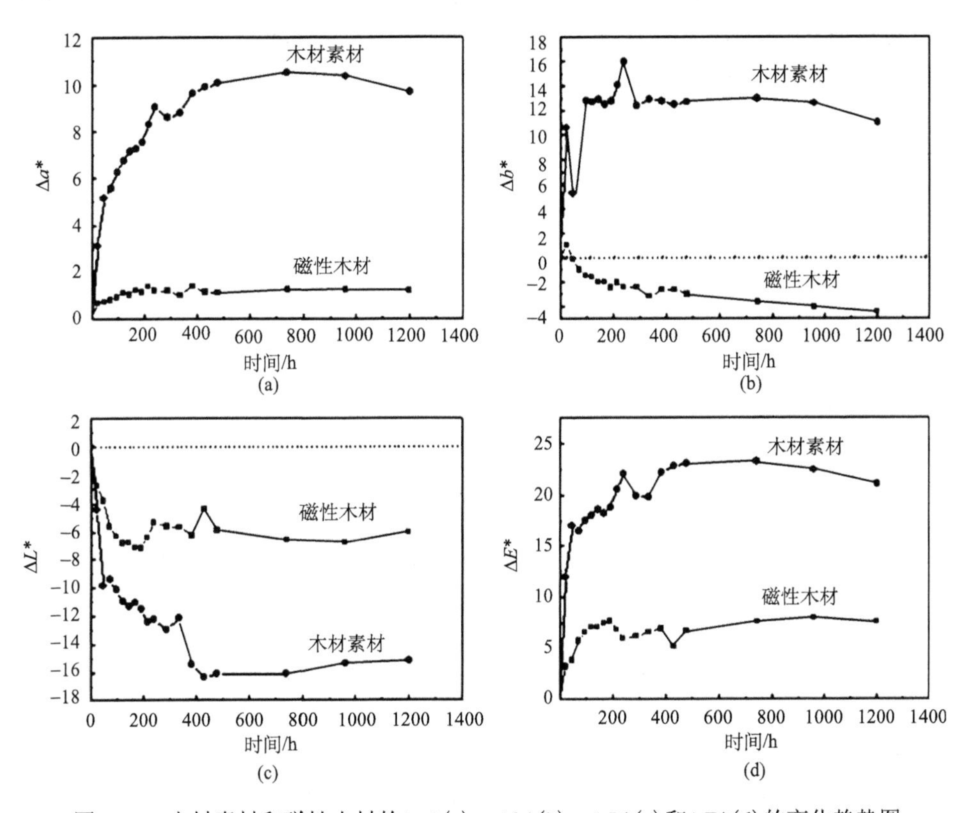

图 4-35　木材素材和磁性木材的Δa^*(a)、Δb^*(b)、ΔL^*(c) 和ΔE^*(d) 的变化趋势图

在图 4-35(b)中，从Δb^*值的变化趋势来看，随着紫外光辐照时间的延长，木材素材的Δb^*值向正值变化，说明木材表面颜色逐渐变黄，而磁性木材的Δb^*值向负值变化，但变化幅度较缓，说明木材表面颜色缓慢变蓝。在图 4-35(c)中，从ΔL^*值的变化趋势来看，随着紫外光辐照时间的延长，木材素材和磁性木材的ΔL^*值都向负值变化，说明木材表面颜色逐渐变暗。但是，超疏水型磁性木材的变化幅度明显小于木材素材。图 4-35(d)给出了木材素材和超疏水型磁性木材的整体色差变化，通过比较两者可以发现，木材素材经过长时间紫外光辐照后，表面材色变化明显，而超疏水型磁性木材虽然经过了长时间的紫外光辐照，但其整体颜色改变较小，进一步证实了磁性木材有较强的抗紫外能力。综上所述，木材素材在紫外光辐照下，其表面颜色会受到严重破坏，而当木材经过磁性纳米粒子修饰和 OTS 改性后，可较好地保护木材材色不受紫外光辐照影响。

为了探究超疏水型磁性木材抗紫外能力较强的原因，木材素材和超疏水型磁性木材的紫外-可见吸收光谱展示如图 4-36。从图中可以看出，相比于木材素材，在紫外光波长为 200~700nm 范围内，超疏水型磁性木材具有更高的紫外吸光度，表明超疏水型磁性木材能够吸收更多的紫外光，这可能是由于磁性 $CoFe_2O_4$ 纳米粒子对紫外光的吸收作用，阻止了部分紫外光直射在木材表面，从而提高了超疏水型磁性木材的抗紫外老化性能。

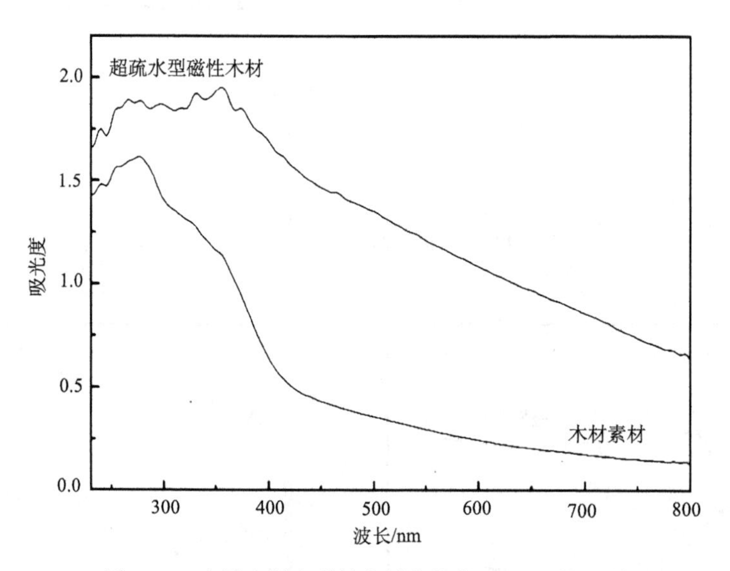

图 4-36　木材素材和磁性木材的紫外-可见吸收光谱

4.4.1.5　超疏水型磁性木材的疏水机理

为了进一步理解处理后木材的超疏水性能，Cassie 模型被用来解释这一现象。当水滴接触固体界面时，由于在粗糙的 $CoFe_2O_4$/木材表面存在大量的空气，水滴

不能渗入其中，因此水滴在木材界面实际上是与一个有空气和木材组成的复合界面。根据 Cassie 方程式(4-5)

$$\cos\theta_c = f(\cos\theta + 1) - 1 \tag{4-5}$$

式中，f 代表接触面中水滴与木材接触面占整个复合界面的面积分数，$1-f$ 就代表接触面中空气占整个复合界面的面积分数；θ_c 和 θ 分别代表在粗糙表面和光滑表面的接触角。

在本次实验中，θ_c 和 θ 分别为 150°和 100°，计算得到 f 约为 0.16，说明接触面中空气占整个复合界面的面积分数为 0.84，这意味着当水滴放置在超疏水型磁性木材表面时，在接触界面上只有约 16%的面积是水滴和固体接触，而 84%的面积是水滴与空气接触，因此产生了超疏水现象。

通过在木材表面生长磁性纳米粒子增加表面粗糙度，然后通过低表面能物质修饰木材表面可以得到多功能磁性木材，其形成机理如图 4-37 所示。由于纳米粒子表面具有高的表面活性和巨大的比表面积，所以其表面容易吸附离子或分子。在反应过程中，磁性纳米粒子溶于水溶液时，Fe 原子表面将吸附水中的 OH^-，于是形成一个极富羟基的表面。当木材浸入前驱体溶液时，木材表面的羟基会与磁性粒子之间形成牢固的氢键结合从而使木材表面覆盖一层磁性粒子。之后在反应体系中加入低表面能 OTS，OTS 分子中的 Si—Cl 首先水解成 Si—OH，这时暴露在磁性粒子表面的羟基将与 Si—OH 基团发生脱水反应并形成 O—Si—O 键，最终疏水的长链嫁接在木材表面。

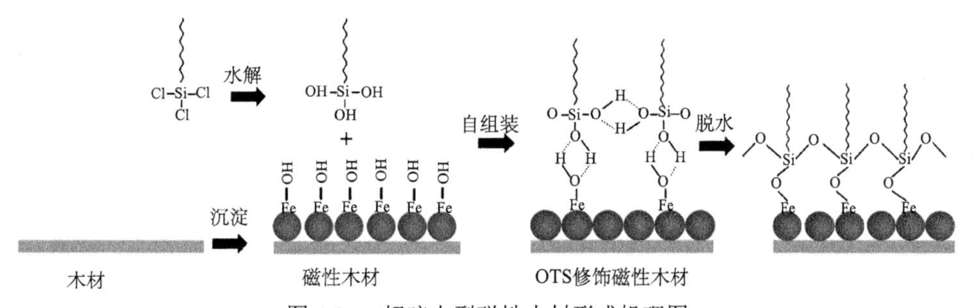

图 4-37　超疏水型磁性木材形成机理图

4.4.2　阻燃型磁性木材的制备和性能

以制备得到的磁性木材为基质，通过复合阻燃性能优异的羟基磷灰石(HAP)或二氧化硅后可制备得到阻燃型磁性木材[116]。

4.4.2.1　阻燃型磁性木材的制备方法

1) 实验材料

六水合氯化钴(分析纯，阿拉丁试剂有限公司)；七水合硫酸亚铁(分析纯，阿拉丁试剂有限公司)；硝酸钾(分析纯，阿拉丁试剂有限公司)；氢氧化钠(分析纯，阿拉丁试剂有限公司)；四水合硝酸钙(分析纯，阿拉丁试剂有限公司)；磷酸氢铵(分析纯，阿拉丁试剂有限公司)；氨水(分析纯，阿拉丁试剂有限公司)；正硅酸乙酯(TEOS，分析纯，阿拉丁试剂有限公司)；无水乙醇(分析纯，阿拉丁试剂有限公司)；实验用水为蒸馏水。

2)杨木试样

采用黑龙江省帽儿山实验林场采伐的大青杨，无虫眼、结疤等缺陷。2 种试样尺寸分别为 20mm×20mm×20mm 和 20mm×10mm×5mm。

3)实验设备

电子天平；智能磁力加热锅；真空干燥箱；超声波清洗器。

4)实验过程

阻燃型磁性木材的制备分为两步。

第一步是制备磁性木材：将木材素材浸入 40mL 新配制的 $0.165mol \cdot L^{-1}$ $FeSO_4$ 和 $CoCl_2$ 溶液中，充分浸润后，转移至反应釜中，在 90℃下反应 3h。待冷却至室温后，部分透明的溶液变成橘黄色不透明液体，倒出上层清液，向反应釜中继续加入 35mL NaOH($1.32mol \cdot L^{-1}$)和 KNO_3($0.25mol \cdot L^{-1}$)混合溶液，在 90℃下继续反应 8h，直至将沉淀的前驱体完全转化为 $CoFe_2O_4$ 纳米粒子。最后，将得到的磁性木材取出，用蒸馏水和无水乙醇清洗 3 次后，置于 50℃烘箱中干燥 24h。

第二步是利用阻燃性能优异的无机物修饰磁性木材。其中，利用 HAP 修饰磁性木材过程如下：33.7mmol 硝酸钙和 20mmol 磷酸氢铵溶于 100mL 蒸馏水中，逐滴加入氨水调节 pH=11。然后，将木材浸入配制好的混合溶液中，转移至反应釜中 90℃反应 3h 后取出，用蒸馏水和无水乙醇清洗 3 次，置于 50℃烘箱中干燥 24h，即得到 $CoFe_2O_4$/HAP/木材复合材料。

利用 SiO_2 修饰磁性木材过程展示如图 4-38，制备 $CoFe_2O_4/SiO_2$/木材纳米复合材料的反应方程式也在图中列出，主要是利用硅烷水解产生硅醇，通过硅醇与磁性粒子羟基之间的相互作用让硅醇吸附在磁性木材表面，经过进一步脱水缩合，而在磁性木材表面覆盖一层阻燃的 SiO_2。具体操作步骤如下：将 4mL TEOS、270mL 无水乙醇、70mL 蒸馏水、5mL 氨水和磁性木材混合，搅拌 10min 后，将混合物转移到反应釜中 90℃反应 10h 后取出，用蒸馏水和无水乙醇清洗 3 次，置于 50℃烘箱中干燥 24h，最后得到 $CoFe_2O_4/SiO_2$/木材复合材料。

4.4.2.2　$CoFe_2O_4$/HAP/木材复合材料的结构和形貌分析

木材试样在改性前后的微观形貌和元素分布利用 SEM 和 EDX 进行分析表征，其结果展示如图 4-39。图 4-39(a)中展示的是木材素材典型的 SEM 图片，从图中可以清晰地看到木材的纹孔结构和光洁的表面。而当木材经过水热反应后，水热过程中的高温高压和碱性环境将打破纤维素分子之间的范德华力，并溶解部

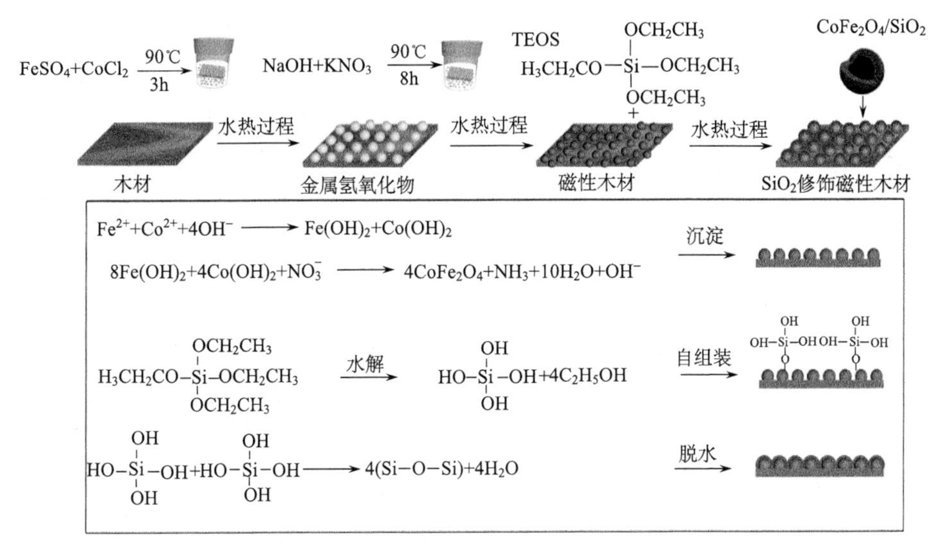

图 4-38 SiO_2 修饰磁性木材制备流程图

分半纤维素，因此导致木材表面变粗糙，并出现一些裂纹[图 4-39(d)，用椭圆圈出]。因此，无机纳米粒子如磁性 $CoFe_2O_4$ 和 HAP 可以十分容易地沉积在木材基质上。从图 4-39(e)中也可以看出，在低的放大倍数下，可以观察到木材的部分纹孔结构。当放大倍数增加，木材表面明显被覆盖上了一层致密的磁性纳米粒子。当磁性木材被 HAP 进一步修饰后[图 4-39(g)]，一种直径约为 20μm 的多边形立方体 HAP 粒子覆盖在木材表面，且初始覆盖的磁性纳米粒子并没有被移除，表明通过两步水热方法成功地将 HAP 和 $CoFe_2O_4$ 沉积在木材上。图 4-39(a)中 EDX 图谱显示木材素材表面仅有碳和氧两种元素。而当磁性 $CoFe_2O_4$ 纳米粒子修饰木材后，钴和铁元素在木材表面被检测出来。进一步用 HAP 修饰磁性木材后，钙和磷元素出现在木材表面。这一系列 EDX 图谱结果证明在两步水热过程中，$CoFe_2O_4$ 和 HAP 依次负载在木材基质上。

FT-IR 光谱用来测试复合材料中化学官能团的种类，其结果展示如图 4-40。在图 4-40(a)中，$2910cm^{-1}$、$1640cm^{-1}$、$1457cm^{-1}$ 和 $1420cm^{-1}$ 处的吸收峰分别对应于—CH_3 不对称振动、O—H 弯曲振动、C—H 变形振动和 C—O 伸缩振动。其他在木材素材上的吸收峰分别对应于木材的三大组分，如纤维素($1163cm^{-1}$，$797cm^{-1}$)，半纤维素($1740cm^{-1}$、$1118cm^{-1}$、$1056cm^{-1}$)和木质素($1594cm^{-1}$、$1507cm^{-1}$、$1230cm^{-1}$)。相比于木材素材，$CoFe_2O_4$/HAP 修饰的木材在 $1740cm^{-1}$、$1590cm^{-1}$、$1510cm^{-1}$、$1230cm^{-1}$、$1118cm^{-1}$ 和 $1056cm^{-1}$ 处的吸收峰已经消失了，表明在水热处理过程中木材组分如半纤维素和木质素发生了部分降解。不仅如此，从图中可以发现原本位于 $3423cm^{-1}$ 处的 O—H 伸缩振动峰明显变弱，表明处理后

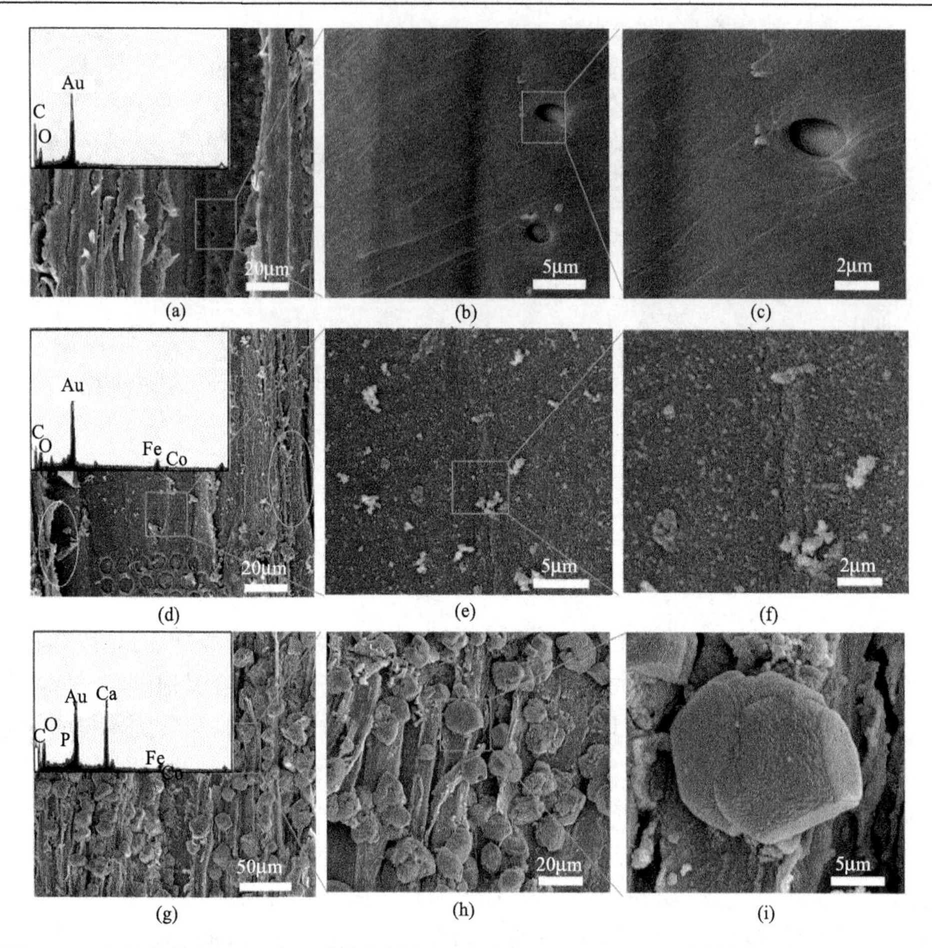

图 4-39　木材素材(a、b、c)、磁性木材(d、e、f)和 $CoFe_2O_4$/HAP/木材复合材料(g、h、i)的 SEM 和 EDX 图谱

木材表面的羟基数量减少。Wan 等也发现了相似的实验结果[117]。这可以认为是在木材表面形成 HAP 过程中，钙离子与木材表面带负电的 OH^-通过离子间相互作用吸附在一起[118, 119]。随后通过不断消耗反应体系中的磷酸根离子和氢氧根离子来形成 HAP。因此，在 $1042cm^{-1}$ 和 $562\sim604cm^{-1}$ 处可以明显观察到 PO_4^{3-}的不对称振动峰和弯曲振动峰[119-121]。在 $453cm^{-1}$ 处的特征峰对应于 Fe—O 键的振动吸收峰。以上结果有力地论证了采用分步沉积的方法能够有效地在木材表面沉积 $CoFe_2O_4$ 和 HAP。

图 4-41 展示了木材素材、磁性木材和 $CoFe_2O_4$/HAP/木材复合材料的 XRD 图谱。从图中可以看出，在 2θ 等于 15°和 22°出现的木材纤维素结晶区衍射峰在三种样品的 XRD 图谱中都存在。而在 2θ 等于 17°、30°、35°、43°、53°、56°和 62°

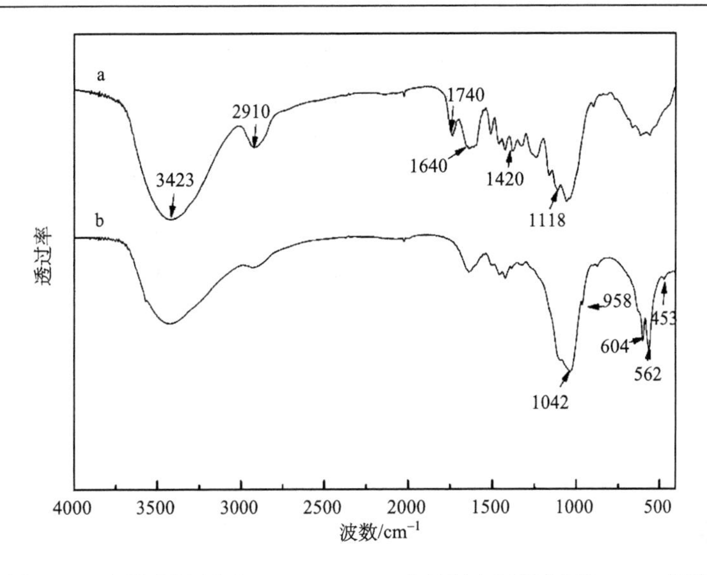

图 4-40　木材素材(a)和 $CoFe_2O_4$/HAP/木材复合材料(b)的 FT-IR 图谱

出现的特征峰分别对应 $CoFe_2O_4$(PDF no.22-1076)在(111)、(220)、(311)、(400)、(422)、(511)和(440)晶面的衍射峰，仅存在于磁性木材和 $CoFe_2O_4$/HAP/木材复合材料的 XRD 图谱中。此外，$CoFe_2O_4$/HAP/木材复合材料样品中在 2θ 等于 26°、32°、39°、46°、49°和 53°出现的新衍射峰对应 HAP 晶体[122]，进一步证明了 $CoFe_2O_4$ 和 HAP 同时沉积在木材表面。

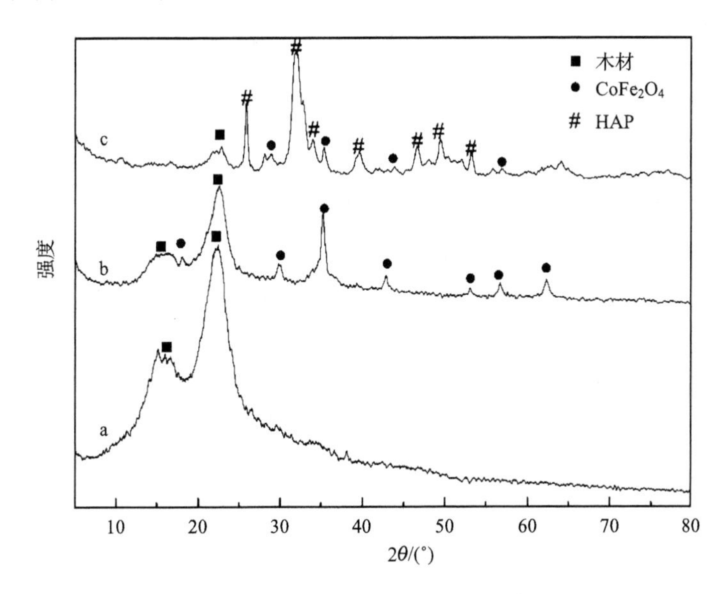

图 4-41　木材样品的 XRD 图谱

a.木材素材；b.磁性木材；c.$CoFe_2O_4$/HAP/木材复合材料

4.4.2.3　$CoFe_2O_4$/HAP/木材复合材料的形成机理

在本实验中，将制备的木材/$CoFe_2O_4$复合材料与配制好的Ca^{2+}和HPO_4^{2-}前驱体溶液混合，经过水热过程制备了$CoFe_2O_4$/HAP/木材复合材料，其形成机理如图4-42所示。磁性木材表面相邻的羟基通过捐献一对电子给带正电的Ca^{2+}并将其吸附在木材表面形成初核。当初核形成后，溶液中富存的Ca^{2+}、OH^-和PO_4^{3-}将迅速向初核集聚并生长，从而在磁性木材表面生成阻燃的HAP。

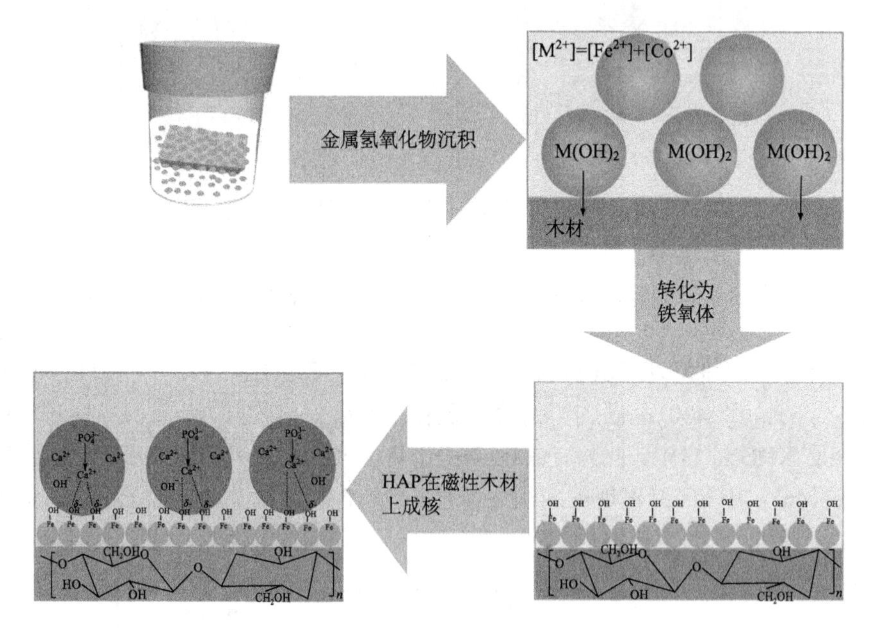

图4-42　$CoFe_2O_4$/HAP/木材的形成机理

4.4.2.4　$CoFe_2O_4$/HAP/木材复合材料的性能分析

图4-43(a)展示了木材样品的室温磁滞回线。从图中可以看出，$CoFe_2O_4$/木材和$CoFe_2O_4$/HAP/木材的磁滞回线都具有滞回环，且$CoFe_2O_4$/木材和$CoFe_2O_4$/HAP/木材的饱和磁化强度分别为2.0emu · g^{-1}和1.74emu · g^{-1}，$CoFe_2O_4$/木材和$CoFe_2O_4$/HAP/木材的矫顽力分别为355.3Oe和301.5Oe。相比于$CoFe_2O_4$/木材，$CoFe_2O_4$/HAP/木材饱和磁化强度和矫顽力减少，可能是由于HAP是一种非磁性材料，从而导致单位质量内复合材料磁性能的降低。尽管如此，$CoFe_2O_4$/HAP/木材对外界磁场仍然展示了较好的磁响应性，可以被条形磁铁轻易地驱动、抬起和排列组合，如图4-43(b)所示。

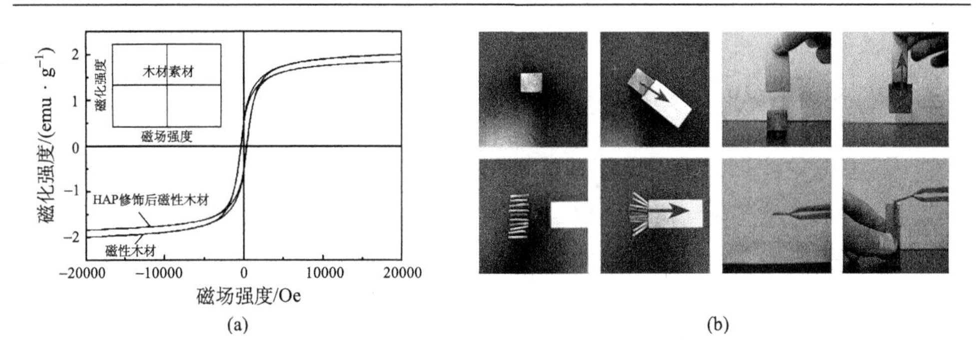

图 4-43　木材样品的磁滞回线(a)和 $CoFe_2O_4$/HAP/木材复合材料的磁响应性(b)

TG 和 DTA 测试用来表征材料的热稳定性。在图 4-44(a)中，木材素材展示了两个明显的质量损失阶段。第一个质量损失阶段发生在 300~350℃，主要由于木材的燃烧。第二个质量损失阶段发生在 350~450℃，主要由于木材的燃烧发光。相比于木材素材，$CoFe_2O_4$/木材纳米复合材料的燃烧降解温度降低，主要归因于磁性纳米粒子的催化性能[123]。然而，当 HAP 修饰磁性木材后，最初燃烧降解温度升高近 45℃，且在 300~470℃，$CoFe_2O_4$/HAP/木材复合材料具有更多的残余物剩余，表明 HAP 有效地覆盖了磁性木材表面，且能够提高磁性木材的阻燃性能。图 4-44(b)中可以明显看出经过修饰后的木材具有较低的热降解峰，表明在木材表面覆盖的纳米粒子层能够有效隔绝木材组分与空气接触，从而延缓其燃烧。在图 4-44(c)中，木材素材在 360℃和 470℃展示了两个明显的放热峰。但是当木材经过 $CoFe_2O_4$ 修饰后，其在 360℃的燃烧放热峰已经变得几乎不可见，仅剩下一个较陡的发光放热峰，说明相比于木材素材，磁性木材具有较好的阻止燃烧性能。与之不同的是当磁性木材经过 HAP 修饰后，不仅在 360℃的燃烧放热峰已经变弱，而且原本在 470℃木材的发光放热峰也向高温区发生了移动，表明 $CoFe_2O_4$/HAP/木材复合材料具有了更好的热稳定性。

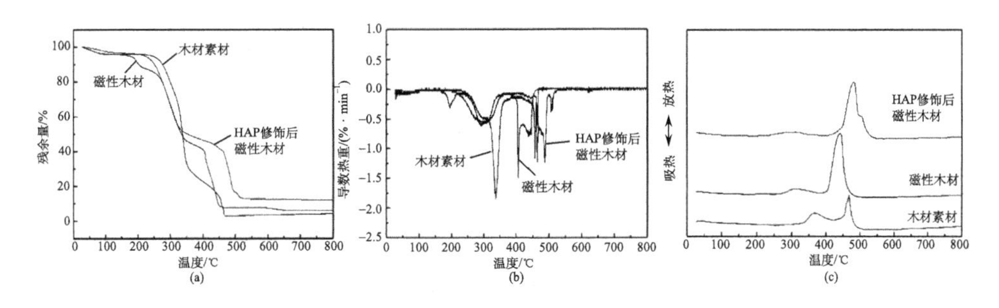

图 4-44　木材样品的 TG(a)、DTG(b)和 DTA(c)曲线

通过木材的横纹压缩实验可以表征木材的力学性能。图 4-45 展示了木材素材、磁性木材和 $CoFe_2O_4$/HAP/木材复合材料的应力-应变曲线。通过对比最初阶段曲线斜率可以看出，经过修饰后的木材具有更高的弹性模量。此外，相比于木材素材，磁性木材和 $CoFe_2O_4$/HAP/木材复合材料的极限抗压值都得到了一定程度的提高，表明经过修饰后的木材具有更高的抗压强度，这可能与在化学处理过程中木材组分如木质素和半纤维素发生降解和缩合导致形成了新的化学键从而提高了木材的抗压强度有关。

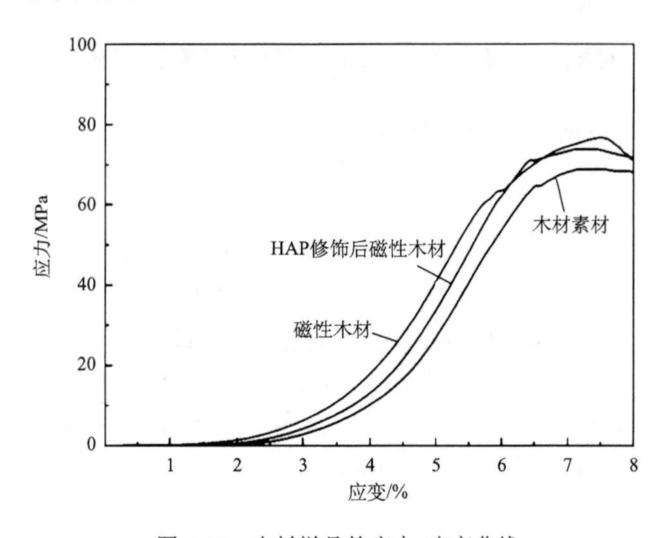

图 4-45　木材样品的应力-应变曲线

图 4-46 给出了木材素材、磁性木材和 $CoFe_2O_4$/HAP/木材复合材料的颜色随紫外光辐照时间的变化趋势图。在图 4-46(a)中，木材素材的Δa^*随着紫外光辐照时间的延长，其表面颜色变得越来越红。磁性木材和 $CoFe_2O_4$/HAP/木材的Δa^*值呈现出与木材素材相似的变化，但磁性木材和 $CoFe_2O_4$/HAP/木材的Δa^*值只有木材素材的 1/6，且 $CoFe_2O_4$/HAP/木材的Δa^*值比磁性木材的Δa^*值更小，说明 $CoFe_2O_4$/HAP/木材有着较木材素材和磁性木材更强的抗紫外能力。在图 4-46(b)中，从Δb^*值的变化趋势来看，随着紫外光辐照时间的延长，木材素材的Δb^*向黄轴方向变化，磁性木材的Δb^*向蓝轴方向变化，$CoFe_2O_4$/HAP/木材的Δb^*值仍向黄轴方向变化，但变幅减缓。在图 4-46(c)中，从ΔL^*值的变化趋势来看，随着紫外光辐照时间的延长，所有木材样品的ΔL^*都向暗轴方向变化，但 $CoFe_2O_4$/HAP/木材的ΔL^*值变化趋势最小，仅为木材素材的 1/7。图 4-46(d)给出了三种木材样品的整体色差变化，通过比较三者发现，木材素材和磁性木材经过长时间紫外光辐照后，表面材色变化明显，而 $CoFe_2O_4$/HAP/木材虽然同样经过了长时间的紫外光辐照，但其整体材色改变较小，更进一步证明了 $CoFe_2O_4$/HAP/木材有较强的抗紫

外能力。综合结果分析，木材素材在紫外光辐照下，其表面颜色会受到严重破坏，当磁性 $CoFe_2O_4$ 覆盖在木材表面能起一定的防护作用。而当 HAP 和 $CoFe_2O_4$ 共同覆盖在木材表面时，可以较好地保护木材材色不受紫外光辐照影响。这可能是由于 HAP 和 $CoFe_2O_4$ 具有良好的紫外光吸收能力。

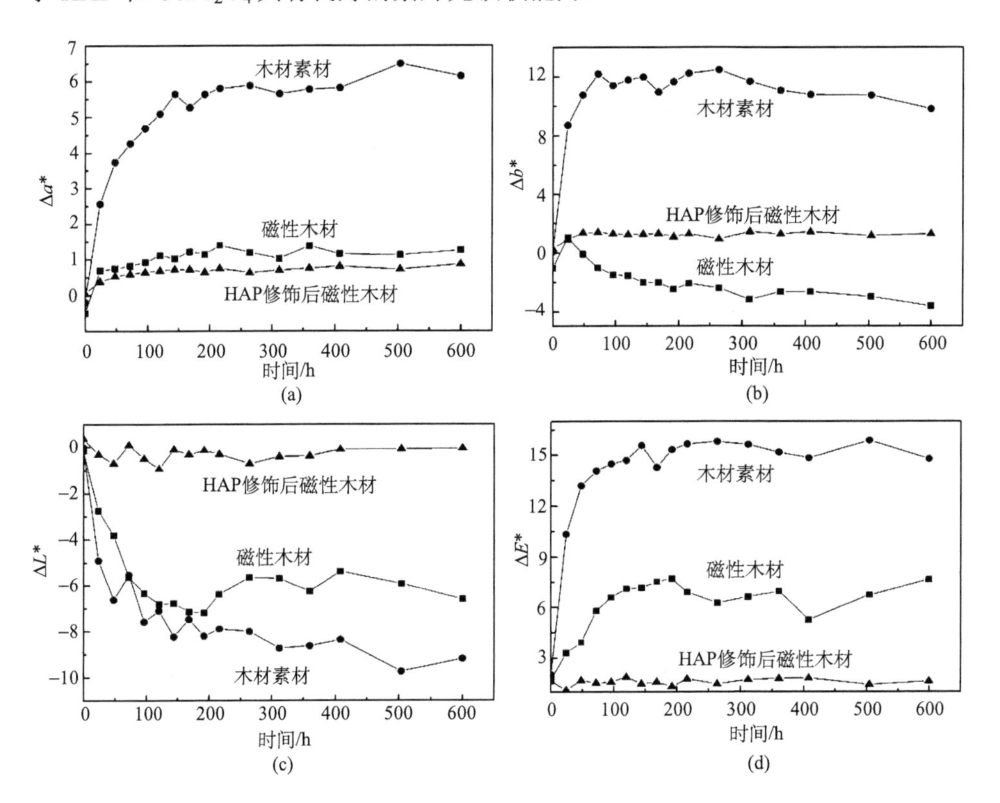

图 4-46 木材素材、磁性木材和 $CoFe_2O_4$/HAP/木材复合材料的Δa*(a)、Δb*(b)、ΔL*(c)和ΔE*(d)的变化趋势图

4.4.2.5 $CoFe_2O_4$/SiO_2/木材复合材料的结构和形貌分析

图 4-47 给出了木材素材和 $CoFe_2O_4$/SiO_2/木材复合材料在不同放大倍数下的 SEM 图片。从图中可以清晰看出，木材素材的细胞壁表面非常光滑、平整，而经过水热处理后，纳米粒子均匀而密集地覆盖在整个木材表面。在图 4-47(c)插图中的 TEM 图片中，可以清晰观察到覆盖在木材表面的纳米粒子是一种具有壳核结构的球形颗粒，其直径约为 370nm。依据实验步骤，可以推断其中磁性 $CoFe_2O_4$ 为核，SiO_2 层为壳。这些纳米微粒在赋予木材磁性和改善木材阻燃性能方面起着至关重要的作用。图 4-47(d)中的 EDX 图谱说明 $CoFe_2O_4$/SiO_2/木材表面主要存在碳、氧、钴、铁和硅元素，其中金元素主要来自溅射在木材表面用于 SEM 观察

的金层。由此可以确定经过两步水热处理后在木材表面负载的纳米粒子为钴铁氧化物和硅的氧化物。

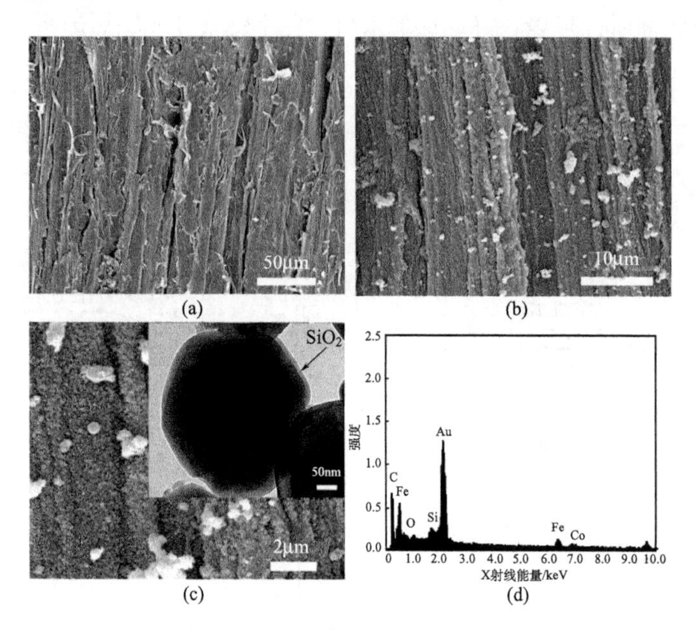

图 4-47　木材素材(a)、SiO_2修饰后磁性木材(b、c)的 SEM 图片和SiO_2修饰后磁性木材的 EDX 图谱(d)

图 4-48 给出了水热处理前后样品的 XRD 图谱。与图 4-48(a)木材素材的 XRD 图谱相比，从图 4-48(b)可以看出，$CoFe_2O_4/SiO_2$/木材的 XRD 图谱中除了木材素

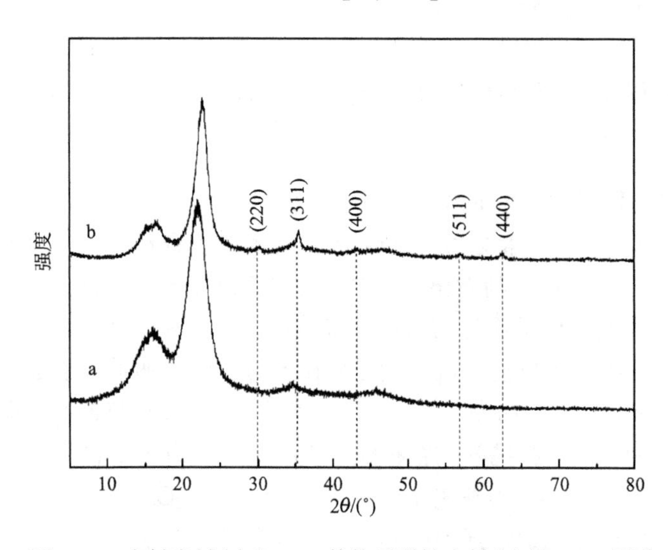

图 4-48　木材素材(a)和SiO_2修饰后磁性木材(b)的 XRD 图谱

材的(002)面和(101)面纤维素结晶区衍射峰依然存在外，还出现了许多新的衍射峰，这些衍射峰与标准钴铁氧体 $CoFe_2O_4$(PDF no.22-1076)完全对应，但并没有出现明显的 SiO_2 结晶区衍射峰，说明 SiO_2 可能以无定形态存在于木材表面。

图 4-49 给出了水热处理前后木材的 FT-IR 光谱。在木材素材的 FT-IR 图谱中，$3425cm^{-1}$ 处的吸收峰主要归因于氢键中羟基或吸附水中的 O—H 伸缩振动，在 $2920cm^{-1}$ 处的吸收峰为—CH_3 的非对称伸缩振动，而 $1637cm^{-1}$ 处的吸收峰主要为结合水或自由水中的 O—H 弯曲振动，$1457cm^{-1}$ 和 $1420cm^{-1}$ 分别对应 C—H 键的变形振动和 C—O 键的伸缩振动。其他的吸收峰都分别对应木材的主要成分，如纤维素($1160cm^{-1}$，$797cm^{-1}$)，半纤维素($1740cm^{-1}$，$1056cm^{-1}$)和木质素($1507cm^{-1}$，$1250cm^{-1}$)。与水热处理前木材的 FT-IR 图谱对比，在水热处理后木材的 FT-IR 图谱中，$1110cm^{-1}$、$805cm^{-1}$ 和 $471cm^{-1}$ 处出现的新的吸收峰对应 SiO_2 的振动吸收峰[124, 125]，而在 $570cm^{-1}$ 处出现的特征峰主要为 Fe—O 的振动吸收峰。

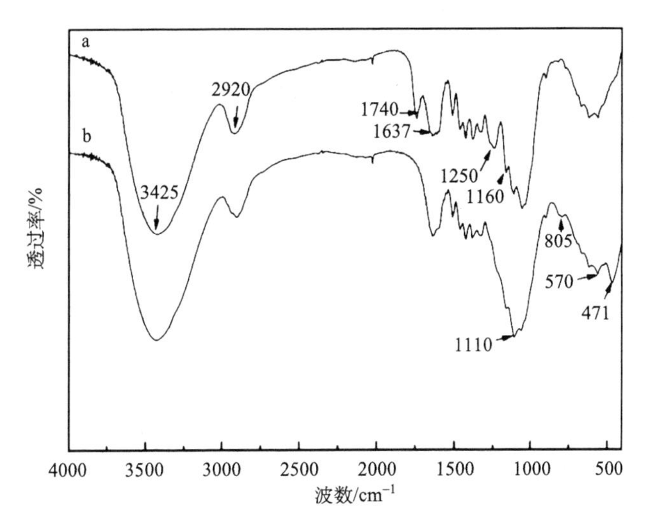

图 4-49　木材素材(a)和 SiO_2 修饰后磁性木材(b)的 FT-IR 图谱

结合 SEM、EDX、XRD 和 FT-IR 的分析结果，可以证明在水热条件下，磁性 $CoFe_2O_4/SiO_2$ 纳米粒子成功地负载在木材表面。

4.4.2.6　$CoFe_2O_4/SiO_2$/木材复合材料的性能分析

对 $CoFe_2O_4/SiO_2$/木材复合材料进行室温磁滞回线检测，结果如图 4-50 所示，研究结果表明，磁性木材和 $CoFe_2O_4/SiO_2$/木材复合材料的饱和磁化强度分别为 $1.7emu \cdot g^{-1}$ 和 $1.5emu \cdot g^{-1}$，磁性木材和 $CoFe_2O_4/SiO_2$/木材复合材料的矫顽力分别为 351Oe 和 301Oe。这种减少的饱和磁化强度和矫顽力，可能是由于非磁性的 SiO_2 层覆盖在 $CoFe_2O_4$ 表面，因此降低了复合材料的磁性能。插图表明制备的

$CoFe_2O_4/SiO_2$/木材复合材料具有良好的磁响应性能。

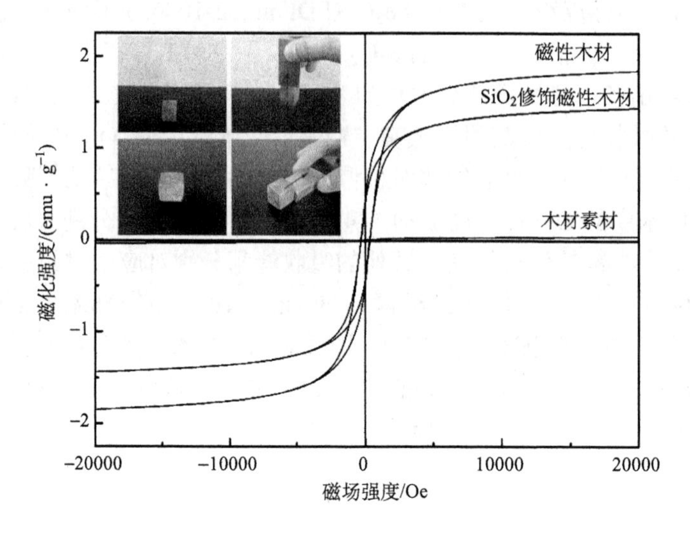

图 4-50　木材样品的室温磁滞回线

$CoFe_2O_4/SiO_2$/木材复合材料的横纹抗压测试实验结果如图 4-51 所示。与木材素材相比，$CoFe_2O_4/SiO_2$/木材复合材料的抗压强度和杨氏模量得到了明显的提高。但是从图中可以发现，当压力超过临界点后，$CoFe_2O_4/SiO_2$/木材复合材料将会发生脆断，表明水热处理过程会增加木材的脆性。

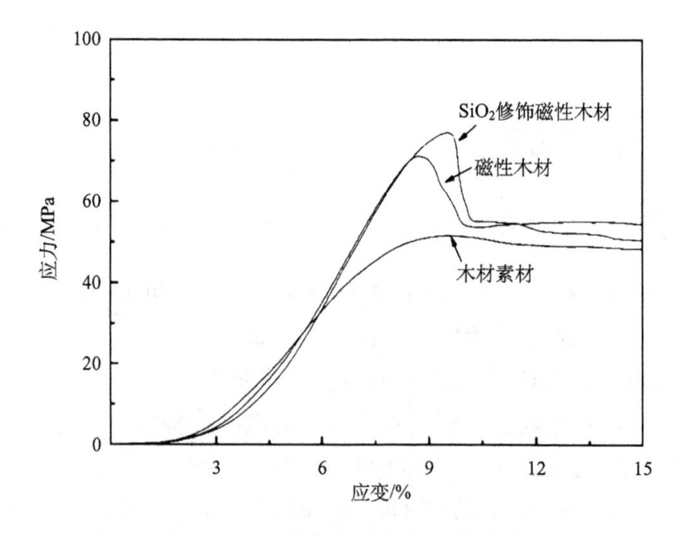

图 4-51　木材样品的应力-应变曲线

$CoFe_2O_4/SiO_2$/木材复合材料的TG和DTA测试结果如图4-52所示。图4-52(a)是木材样品的TG曲线，木材样品在100℃左右的质量损失主要归因于样品内水分蒸发。在250~400℃发生的质量损失主要是由于木材组分的降解。相比于木材素材，磁性木材的初始降解温度降低，由221℃下降至210℃，推测初始降解温度降低的原因是由于磁性粒子的催化作用。然而，$CoFe_2O_4/SiO_2$/木材纳米复合材料的初始降解温度相比于木材素材的初始降解温度有了一定程度的提高，由221℃升高到243℃，表明磁性木材经过SiO_2进一步修饰后热稳定性得到了提高。这可能是由于不易燃烧的SiO_2层阻止了木材组分与空气的直接接触，因此延缓了木材燃烧，提高了木材热稳定性。图4-52(b)是木材样品的DTG曲线，在木材素材中可以观察到位于270℃半纤维素和360℃纤维素的降解峰。然而，经过磁性粒子和SiO_2修饰后，半纤维素降解峰消失了，暗示处理过程中半纤维素的分解。除此之外，经过处理的磁性木材的最大降解速率峰明显低于木材素材，表明其热降解速率小于木材素材的热降解速率，证明了磁性木材具有更慢的热降解速率。更重要的是，当磁性木材经过SiO_2修饰后，木材的最大热降解速率峰明显向高温区发生了移动，表明磁性木材经过SiO_2修饰后其热稳定性得到了进一步提高。

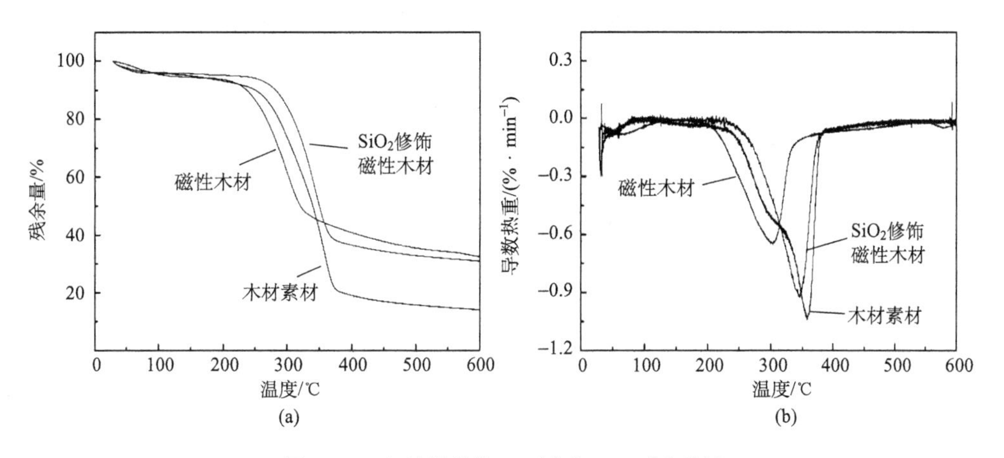

图4-52　木材样品的TG(a)和DTG(b)曲线

4.4.3　吸波型磁性木材的制备和性能

随着现代电子科技的快速发展，各种各样的电子产品已经融入人们的生活，人们在享受其带来便利的同时也受到了大量的电磁辐射，由此引起的电磁波污染问题已经成为一种新的社会公害。吸波材料可以有效吸收不同频率的电磁辐射，减少电磁干扰，其与电磁屏蔽材料相比具有高效和普适性特点。而木材自古以来就被用作人类家居和装饰材料，因此在保证木材原有舒适性前提下，开发吸波型木材，既可以满足人类对生活品质的追求，又可以吸收电磁辐射，保护人们不受无益电磁波的干扰，有利于人类健康生活[126]。

4.4.3.1　吸波型磁性木材的制备方法

1) 实验材料

六水合氯化钴(分析纯，阿拉丁试剂有限公司)；七水合硫酸亚铁(分析纯，阿拉丁试剂有限公司)；硝酸钾(分析纯，阿拉丁试剂有限公司)；氢氧化钠(分析纯，阿拉丁试剂有限公司)；无水乙醇(分析纯，阿拉丁试剂有限公司)；十七氟癸基三乙氧基硅烷(FAS-17，分析纯，阿拉丁试剂有限公司)；实验用水为蒸馏水。

2) 杨木试样

采用黑龙江省帽儿山实验林场采伐的大青杨，无虫眼、结疤等缺陷。2 种试样尺寸分别为 20mm×20mm×20mm 和 20mm×20mm×5mm。

3) 实验设备

电子天平；智能磁力加热锅；真空干燥箱；超声波清洗器。

4) 实验过程

具体实验过程如图 4-53 所示。首先制备磁性 $CoFe_2O_4$ 纳米粒子，其制备过程如下：0.1mol·L^{-1} $FeSO_4$ 和 0.05mol·L^{-1} $CoCl_2$ 溶于 40mL 蒸馏水中，充分搅拌后，转移至反应釜中，在 90℃下反应 3h。待冷却至室温后，部分透明的溶液变成橘黄

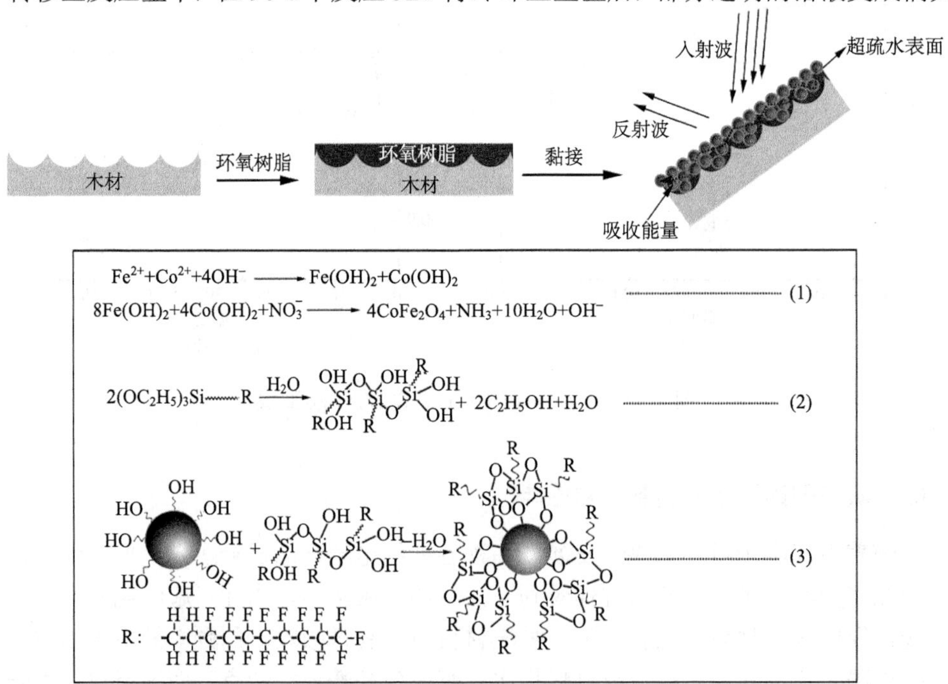

图 4-53　吸波型磁性木材制备示意图

色不透明液体，倒出上层清液，向反应釜中继续加入 35mL NaOH(1.32mol · L^{-1}) 和 KNO_3(0.25mol · L^{-1})混合溶液，在 90℃下继续反应 8h，直至将沉淀的前驱体完全转化为钴铁氧体纳米粒子。最后，将得到的钴铁氧体纳米粒子取出，用蒸馏水和无水乙醇清洗 3 次后，置于 50℃烘箱中真空干燥 8h。

随后对磁性 $CoFe_2O_4$ 纳米粒子进行疏水改性，取上一步骤制备得到的磁性纳米粒子，将其浸入 20mL FAS 乙醇溶液中，不断搅拌 24h，其中 FAS 与乙醇的体积比为 5∶100。取出经过改性后的磁性纳米粒子，置于烘箱中，60℃干燥 24h。

接下来配制环氧树脂胶黏剂，将 20g 环氧树脂和 10g 固化剂 651 溶于 60mL 乙酸乙酯中，充分搅拌 30min。将木材浸入磁性纳米粒子与环氧树脂混合物中 3min，取出后在空气下自然固化 20min。最后，将疏水改性后的磁性 $CoFe_2O_4$ 纳米粒子与无水乙醇混合，其混合比例为 1g∶5mL。将木材充分浸入磁性纳米粒子醇溶液中，待磁性纳米粒子黏接到木材表面后取出，在 60℃下干燥 12h。

4.4.3.2　吸波型磁性木材的结构和形貌分析

图 4-54 展示了木材素材和吸波型磁性木材的 SEM 图片。从木材素材的 SEM 图片中可以看到木材的原始构造如管胞、交叉场纹孔和导管间的纹孔。而吸波型磁性木材的表面已经被磁性纳米粒子覆盖，以至于看不到原有的木材结构。吸波型磁性木材的高倍电子显微镜图片中可以更加清晰地看到木材表面覆盖着致密的纳米粒子层。与之前用水热法制备磁性木材的电镜照片对比，也可以发现通过胶黏剂黏接的方法可以将更多的纳米粒子黏接到木材表面，从而形成具有一定厚度的致密涂层，而这个涂层将对木材的吸波性能产生重要影响。

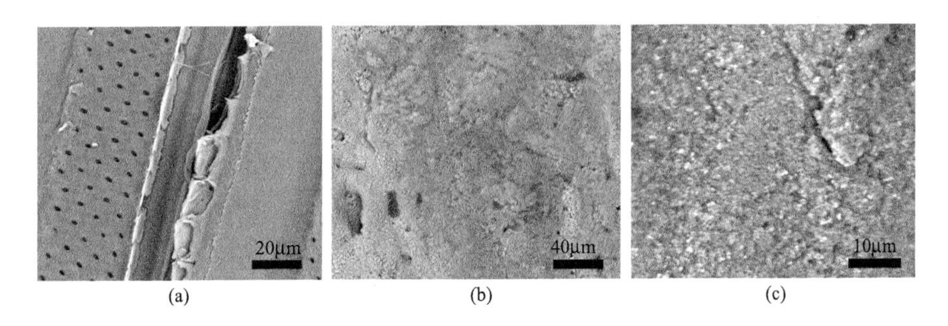

图 4-54　木材素材(a)和吸波型磁性木材(b、c)的 SEM 图片

图 4-55 给出了样品的 XRD 图谱。从图中可以明显看到位于 16°和 22°木材纤维素结晶区(101)和(002)晶面的衍射峰。此外，在 2θ 等于 30°、35°、37°、43°、53°、56°和 62°出现的衍射峰对应 $CoFe_2O_4$(JCPDS no.22-1076)在(220)、(311)、(222)、(400)、(422)、(511)和(440)晶面的衍射峰。对比 $CoFe_2O_4$ 和木材的 XRD 图谱，可以在吸波型磁性木材的 XRD 图谱中发现 $CoFe_2O_4$ 和木材所有的衍射峰，

说明 $CoFe_2O_4$ 有效地黏接在木材表面。

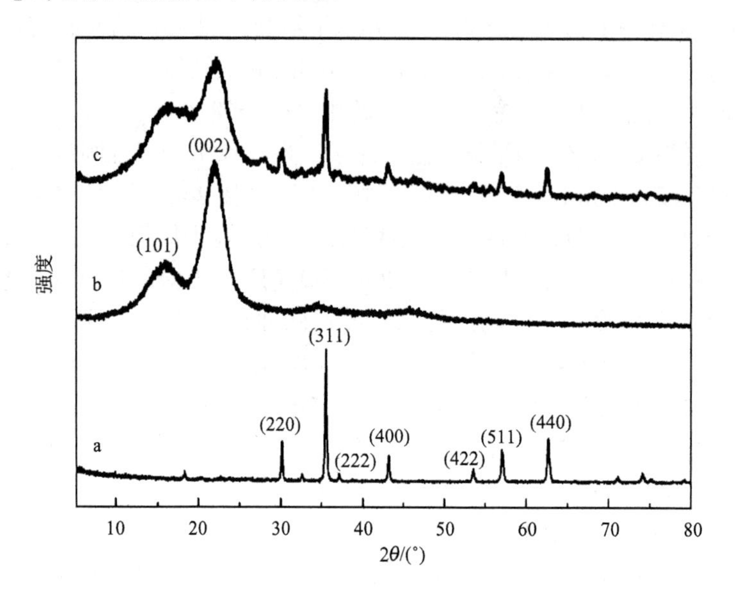

图 4-55　铁酸钴纳米粒子(a)、木材素材(b)和吸波型磁性木材(c)的 XRD 图谱

FT-IR 和 XPS 光谱用来表征处理前后木材样品的化学官能团。图 4-56(a)给出了木材素材的 FT-IR 图谱，$3376cm^{-1}$ 处的吸收峰主要归因于木材组分和吸附水中羟基的伸缩振动吸收峰。在 $2904cm^{-1}$ 处的吸收峰为 C—H 伸缩振动峰。在 $1740cm^{-1}$ 处出现的吸收峰可以归因于半纤维素和木质素中C═O键的伸缩振动峰。

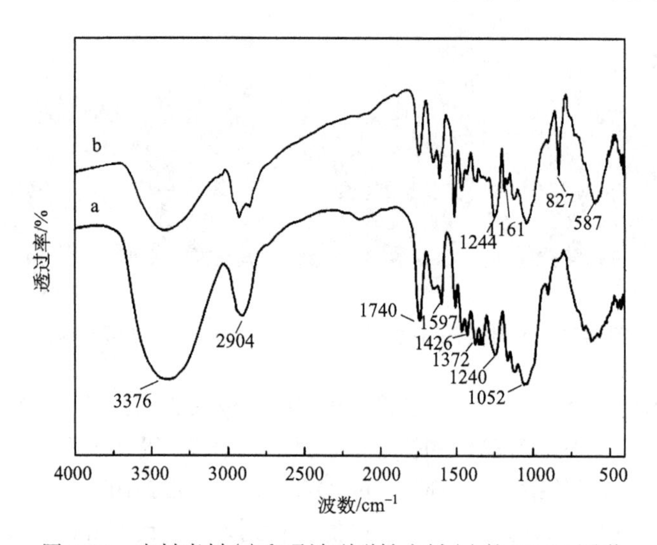

图 4-56　木材素材(a)和吸波型磁性木材(b)的 FT-IR 图谱

1597cm^{-1} 处的吸收峰主要为木质素中芳香族或苯环的 C═C 伸缩振动峰。1426cm^{-1} 处的吸收峰可以归因于甲基、亚甲基和甲氧基中 C—H 基团的面内变形振动。在 1300~1000cm^{-1} 波数段存在的吸收峰可以归因于木质素和半纤维素中存在的 C—O 键振动吸收峰。而对于处理后的木材样品，在 1244cm^{-1} 和 1161cm^{-1} 处出现的两个新的吸收峰对应 FAS 中 C—F 键伸缩振动[127]，在 1035cm^{-1} 处的吸收峰为 Si—O—Si 键的特征吸收峰。此外，在 587cm^{-1} 和 726cm^{-1} 出现的吸收峰分别对应 Fe—O—Si 键的伸缩振动和环氧树脂中环氧基的特征吸收峰，表明经过 FAS 修饰后的磁性纳米粒子有效地黏接到了木材表面。

图 4-57 给出了吸波型磁性木材样品的 XPS 图谱。图 4-57(a) 为吸波型磁性木材的 XPS 全图谱，从图中可以看到在吸波型磁性木材表面能够检测出 C、O、Fe、Co、N、F 和 Si 峰。其中，C 元素来源于木材本身，Co 和 Fe 元素来源于磁性纳米粒子，N 元素来源于环氧树脂，F 和 Si 来源于修饰磁性纳米粒子的 FAS。图 4-57(b)~(d) 分别为 Co2p、Fe2p 和 Si2p 的精细 XPS 图谱。其中，781.5eV 处出现的峰对应 $Co2p_{3/2}$，其卫星峰出现在 785.7eV 处。在 796.7eV 处出现的峰对应

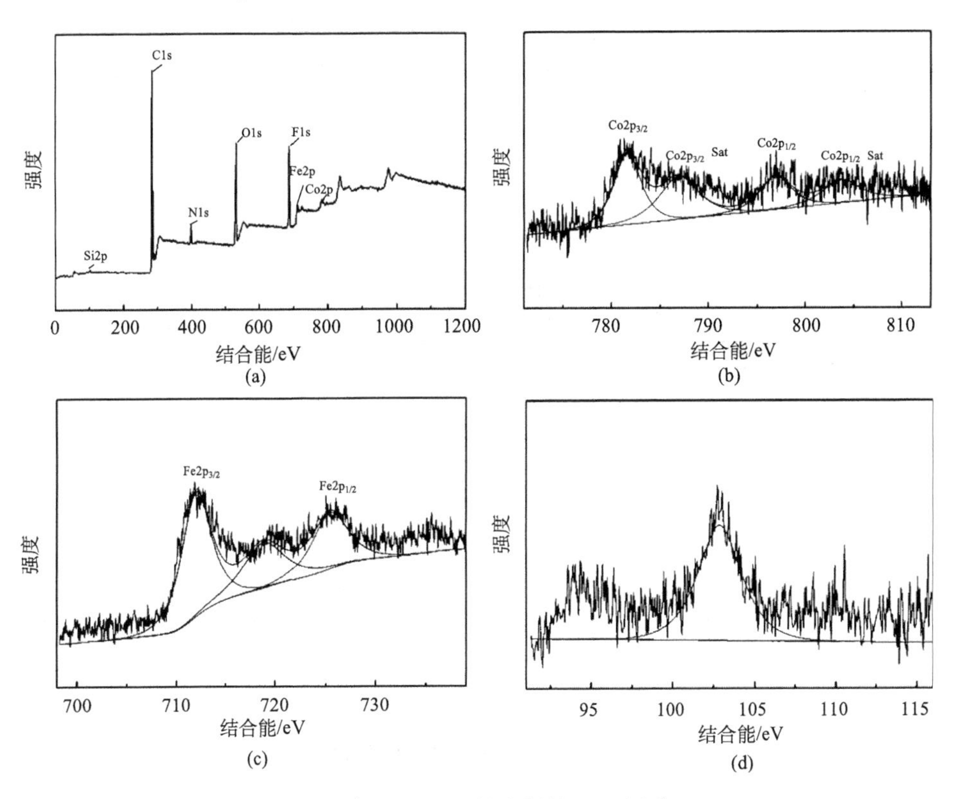

图 4-57　吸波型磁性木材的 XPS 图谱

(a) 全波长扫描的 XPS 图谱；(b) Co2p 的精细 XPS 图谱；(c) Fe2p 的精细 XPS 图谱；(d) Si2p 的精细 XPS 图谱

$Co2p_{1/2}$，其卫星峰出现在 805.0eV。而位于 711.7eV 和 725.2eV 处出现的峰分别对应 $Fe2p_{3/2}$ 和 $Fe2p_{1/2}$，除此之外，在 719.3eV 处出现的卫星峰，进一步说明复合材料中 Fe 以+3 价形式存在，由此可以推测制备的磁性纳米粒子为铁酸钴 $CoFe_2O_4$[128]。在 Si2p 的结合能谱图中，可以发现在 103eV 处存在一个较宽的峰，其对应 FAS 中的硅原子。以上结果更加精确地证明了 FAS 修饰后的 $CoFe_2O_4$ 纳米粒子黏接到了木材表面。

4.4.3.3　吸波型磁性木材的性能分析

木材的特点之一是它的吸湿性，木材吸水后不仅易腐朽，而且其尺寸改变也容易影响产品的稳定性。木材纤维中含有的大量亲水羟基是导致木材易吸湿的原因之一。受荷叶效应的启发，可以在木材表面设计磁性超疏水涂层，改变木材的亲水性，同时也可以让木材产生吸波性能，为解决由木材亲水引起的尺寸开裂、变形，不能吸收电磁波，应用受限等技术难题，提供了一条可行的途径。

在黏接磁性纳米粒子前后木材表面与水的接触角如图 4-58 所示。从图中可以看出，木材素材与水的接触角为 0°。当木材表面仅涂布环氧树脂层时，与水的接触角增加到了 69°。进一步黏接 FAS 修饰后的磁性纳米粒子，木材表面与水的接触角达到了 158°，展示出优异的超疏水性。正是由于磁性纳米粒子构筑的粗糙表面和 FAS 降低了涂层的表面能导致木材界面由亲水转变为超疏水。

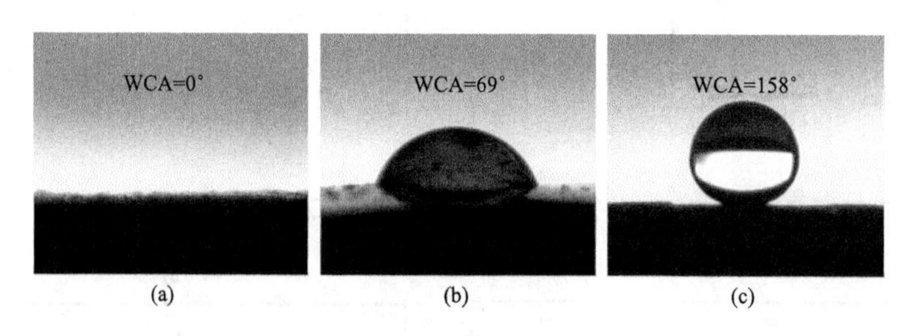

图 4-58　木材样品与水的接触角

(a) 木材素材与水的接触角；(b) 木材表面仅涂布环氧树脂时与水的接触角；(c) 进一步黏接 FAS 修饰后与水的接触角

通常而言，人工构造的超疏水表面往往存在稳定性不高、不耐磨等问题[129]。因此，砂纸打磨实验用来评估使用黏接方法制备超疏水涂层的稳定性，如图 4-59(a) 所示。在 5kPa 压力下，以吸波型磁性木材在 1500 目砂纸上来回摩擦 25cm 计为一个循环。吸波型磁性木材经过 10 次循环后其表面的 SEM 照片和与水的接触角照片如图 4-59(b)，可以看到即使经过来回 10 次摩擦，吸波型磁性木材表面仍然具有很厚的一层磁性纳米粒子，且与水的接触角仍然保持在 148°，展示出极好的疏水性。此外，通过图 4-59(c) 也可以看出，在往复的摩擦过程中，吸波型磁性木材表面与水的接触角呈缓慢减小的趋势，但是仍然保持有极好的疏水性，说明通过黏接法构筑的超疏水表面具有一定的稳定性，在一定程度上能够抵抗外界的摩擦和破坏。这种稳定性形成的原因是在涂布过程中，大量具有疏水性的磁性纳米粒子黏接到了木材表面，当砂纸打磨掉最外层的磁性纳米粒子后，又有一层新的疏水性磁性纳米粒子出现在表层，直至磁性纳米粒子完全磨掉。

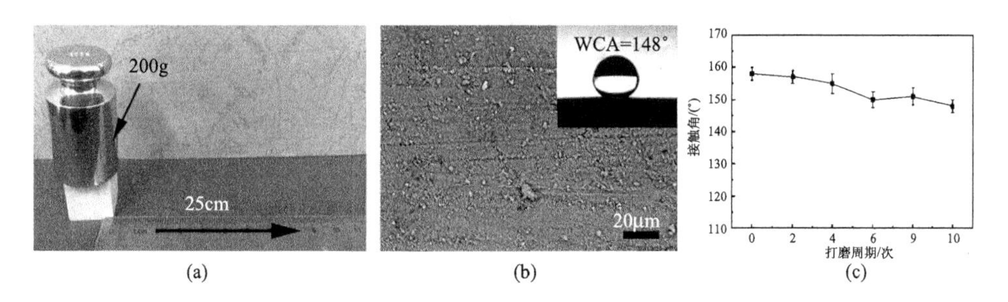

图 4-59　砂纸打磨实验(a)、打磨 10 次后木材表面的 SEM 照片和与水的接触角照片(b)以及木材表面与水接触角随着打磨次数变化示意图(c)

吸波型磁性木材的另外一个重要的性能是磁性。如图 4-60 所示，木材素材的饱和磁化强度和矫顽力都为 0，而将磁性纳米粒子黏接到木材表面后，木材的饱和磁化强度和矫顽力分别为 20.5emu • g^{-1} 和 2006.4Oe。相比于水热法制备的磁性木材，吸波型磁性木材表现出了更好的磁性。

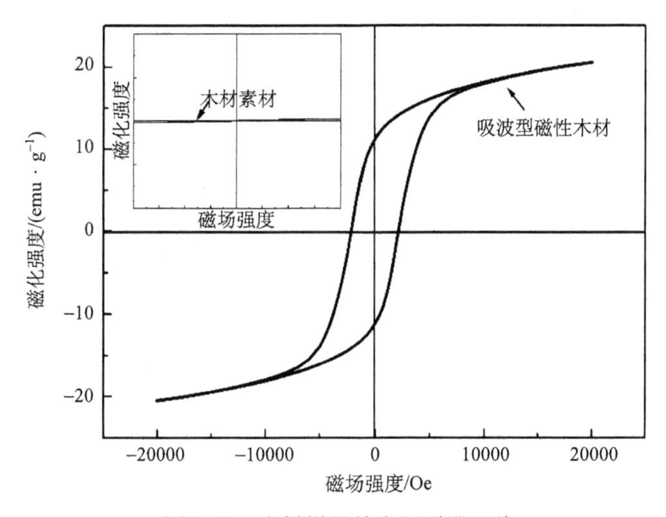

图 4-60　木材样品的室温磁滞回线

在不同频率下磁性木材的介质损耗和磁损耗如图 4-61 所示。从图中可以看出木材素材的介质损耗和磁损耗都为 0，表示电磁波可以穿透木材而没有任何能量损失。但是，磁性木材在 16GHz 处出现了一个强烈的介质损耗峰，其对应图 4-62(a) 中的反射损失峰，表明磁性木材吸收电磁波的主要原因是由木材表面磁性纳米粒子层原子或电子的极化作用产生的介质损耗造成的。图 4-62 为磁性木材对不同频率电磁波的反射损耗曲线图，从图中可知，当样品厚度为 3.5mm 时，磁性木材对频率为 16GHz 电磁波的反射损耗达到–12.3dB，表示其可以吸收 90%以上频率为 16GHz 的电磁波，具有一定的实际应用价值。且图 4-62(b) 反映了通过调整磁性木材的厚度可以实现对不同频率电磁波的吸收。

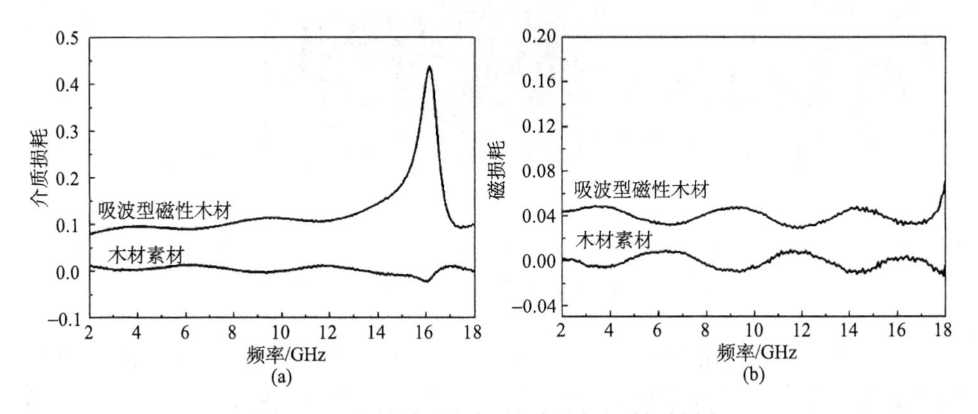

图 4-61　木材样品的介质损耗(a)和磁损耗(b)

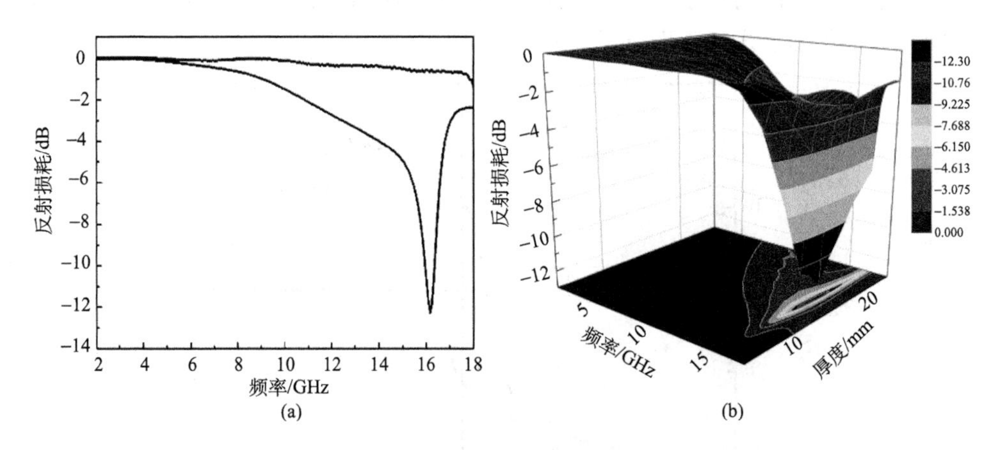

图 4-62　木材样品在不同频率下的反射损耗

(a)厚度为 3.5mm 的磁性木材在频率为 2~18GHz 下的反射损耗变化图；(b)不同厚度磁性木材在 2~18GHz 下反射损耗变化的 3D 示意图

为了深入了解吸波型磁性木材的吸波机理，图 4-63 给出了制备得到的磁性木材与木材素材的介电常数和磁导率参数。其中介电常数的实部和磁导率的实部代表了材料存储电磁波能量的能力，而介电常数的虚部和磁导率的虚部则分别代表了材料的能量散失和磁损耗。从图中可以明显看出不管是实部还是虚部，吸波型磁性木材的介电常数都要远远大于木材素材，且吸波型磁性木材的介质常数实部在16GHz处出现了一个明显的峰，其对应吸波型磁性木材介质常数虚部在16GHz处的变化，这种共振峰可以归因于磁性木材表面原子和电子的极化作用。在图4-63(c)和(d)中，吸波型磁性木材与木材素材的变化规律相差不大，分别都是一条接近于1和0的曲线，但是吸波型磁性木材的磁导率的虚部在16GHz处出现了明显的负数，这意味着在此频率下电磁波以磁能量方式向外辐射而没有吸收。

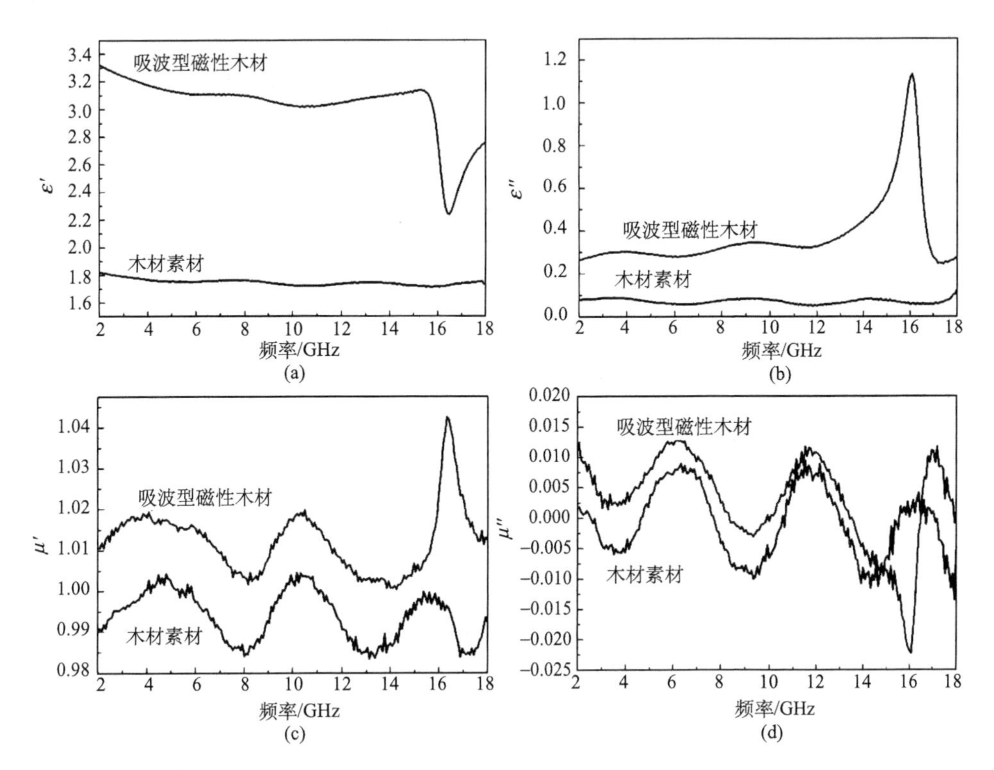

图4-63 木材样品的介电常数实部(a)、虚部(b)和磁导率实部(c)、虚部(d)

通常而言，材料的介质损耗和磁损耗决定了材料的吸波性能，通过测量吸波型磁性木材的介质常数和磁导率可以计算得到吸波型磁性木材的介质损耗和磁损耗，如图4-61所示。从图中可以看出木材素材的介质损耗和磁损耗都为0，说明电磁波可以直接穿透木材而没有任何能量损失。然而，吸波型磁性木材的介质损耗数值明显大于磁损耗，说明当电磁波穿过木材时，介质损耗是造成其能量损失的主要原因，也表示吸波型磁性木材是一种介质损耗吸波材料，其在频率为16GHz时，介质损耗达到最大值0.44，刚好与图4-62(a)中的峰值相对应。这种导致介质损耗的原因可能是由于覆盖在木材表面磁性$CoFe_2O_4$内的电子偶极极化作用造成的。除此之外，吸波型磁性木材作为一种磁性材料，磁损耗会对其吸波性能产生一定程度的影响。一般而言，磁损耗来自畴壁共振、涡流效应、自然共振和磁滞效应[130, 131]，在本次研究中，畴壁共振和涡流效应是电磁波在频率为2~17GHz内产生磁损耗的主要原因，因为磁滞效应在低频区几乎可以忽略，而畴壁共振主要发生在MHz频率段。其中，涡流效应可以用公式(4-6)来定义：

$$\mu''\approx 2\mu_0\pi(\mu')^2\sigma d^2 f/3 \tag{4-6}$$

其中，μ_0是透磁率(H·m^{-1})，σ是真空电导率(S·cm^{-1})，d是纳米粒子直径(nm)，f是频率(GHz)。如果反射损耗是由涡流效应引起的，那么$C_0[C_0=\mu''(\mu')^{-2}f^{-1}]$将随着频率的变化保持不变。通过计算可以发现吸波型磁性木材的C_0值在频率为2~17GHz时保持不变，证明了涡流损耗是导致磁性木材磁损耗的原因之一。另外，自然共振可以通过公式(4-7)来计算：

$$2\pi f_r=rH_a \tag{4-7}$$

$$H_a=4|K_1|/(3\mu_0 M_S) \tag{4-8}$$

其中，r是旋磁比，H_a是各向异性能，f_r是自然共振频率，$|K_1|$和M_S分别是各向异性系数和饱和磁化强度。从公式中可以看出，自然共振由材料的各向异性决定，而材料的各向异性又与矫顽力紧密相关[132, 133]。如图4-60所示，吸波型磁性木材的矫顽力明显高于木材素材，说明吸波型磁性木材具有更高的磁各向异性，因此具有更好的吸波性能。

4.5 磁性木质材料的吸附性能

近年来，随着工业技术的快速发展，各种工业不断兴起，大量的工业废水和油污排入江河湖海等天然水体，由于工业废水中有机污染物和有毒金属离子种类越来越多，且含有油污的废水、废液、海洋石油泄露等，导致人类有限的水资源受到严重的污染，对地球生态环境造成了无法挽救的破坏，同时也极大地危害了人类健康。在水资源污染急切需要妥善处理的今天，水污染治理技术已经受到全球范围内的充分重视。一般来讲，目前国内外治理废水中污染物的方法大致可分为吸附法、氧化还原法、化学沉淀法、离子交换法等[134, 135]。在这些处理方法中，吸附法是目前比较常见的处理方法，因为其具有去除效率高、生产成本低、吸附时间短、使用范围广、处理量大等优点。采用吸附法去除水中污染物，吸附材料的制备和选择是最为关键的问题，通常而言，优异的吸附材料须具有吸附效率高、易于回收、无污染、可重复利用的特点[136–138]。而以自然植物废弃物为吸附材料的研究很早就被人们关注，因为其具有丰富的官能团、绿色无污染、可再生、成本低廉等优点[139–141]。常见的植物废弃物吸附材料包括木锯屑、树皮、橘子皮、树叶、纤维、甘蔗渣等[142–145]。但是，直接利用天然的植物废弃资源为吸附材料往往会存在一些可溶的有机基团溶于水，从而引起水中生化需氧量(BOD)、化学需氧量(COD)和总有机碳(TOC)含量升高，进一步威胁水中动植物生存。另外，以天然植物废弃物为吸附材料往往需要额外的分离步骤来去除分散于水中的吸附剂，这就极大地增加了总体成本。由此可见，以天然废弃植物资源为基础，开发出新型的吸附材料具有重要的意义。

受磁性木材开发与利用的启发，将磁性纳米粒子与木质纤维素基质材料复合形成的磁性吸附材料似乎是一种制备新型吸附材料的可行方法。一方面，木质纤维素基质可以有效地防止磁性纳米粒子之间发生团聚，增大材料的比表面积。另一方面，单独使用磁性纳米粒子处理污水，极易造成浪费和二次污染问题，而将其与木质纤维素基质复合，利用纤维素基质优异的机械性能可以极大地提高磁性纳米粒子在真实水处理环境中的适应范围。此外，利用复合材料的磁性，通过外加磁场又能够轻易地实现吸附剂的回收和重复利用，一举三得。

4.5.1　超疏水磁性木粉的制备、表征及油水分离性能的研究

海上石油的开采和运输过程中存在的石油泄漏问题严重危害海洋生物的生存，对人类生活的海洋环境也造成了严重的破坏。针对石油泄漏问题，开发新型绿色吸油材料已经引起了人们的广泛关注[146, 147]。通常吸油材料可分为无机矿物吸油材料和有机合成吸油材料以及生物质吸油材料三类。天然有机生物质吸油材料具有绿色、环保、成本低廉等突出优点，是一种可再生资源。本次实验利用成本较低、可回收利用、环保的农林废弃物——木锯屑为原料，通过在其表面负载磁性 $CoFe_2O_4$ 纳米粒子，并进一步经过化学改性，将低表面能的聚硅氧烷层覆盖在磁性木粉表面，可制备得到具有超疏水超亲油性能的磁性木粉，并将其应用于油水分离领域。

4.5.1.1　超疏水磁性木粉的制备

1) 实验材料

六水合氯化钴(分析纯，阿拉丁试剂有限公司)；七水合硫酸亚铁(分析纯，阿拉丁试剂有限公司)；硝酸钾(分析纯，阿拉丁试剂有限公司)；氢氧化钠(分析纯，阿拉丁试剂有限公司)；无水乙醇(分析纯，阿拉丁试剂有限公司)；乙烯基三乙氧基硅烷(分析纯，阿拉丁试剂有限公司)；实验用水为蒸馏水。

2) 杨木试样

采用黑龙江省木材加工厂中剩余的杨木木锯屑，经过无水乙醇和蒸馏水反复清洗 3 次，在 103℃下真空干燥 48h 后，通过 100 目筛网过滤，取得干净的杨木木粉待用。

3) 实验设备

电子天平；智能磁力加热锅；真空干燥箱；超声波清洗器。

4)实验过程

本实验采用水热法制备超疏水超亲油磁性木粉，按照如下实验方案进行：5g木粉添加到 70mL 新配制的 0.2mol · $L^{-1}FeSO_4$ 与 $CoCl_2$ 的混合溶液(其中$[Fe^{2+}]/[Co^{2+}]=2$)中，将其转移到聚四氟乙烯内衬的不锈钢高压釜系统中，在 90℃下反应 3h。反应结束后，将上层清液倒出，与 65mL 的 1.32mol · L^{-1}NaOH 与0.25mol · $L^{-1}KNO_3$ 的混合溶液混合，加入聚四氟乙烯内衬的不锈钢高压釜系统中，在 90℃下热处理 8h。在反应结束后，待沉淀的前驱体转化为铁钴氧体纳米粒子，用磁铁收集磁性木粉，并用去离子水冲洗 3 次，在 90℃的真空条件下干燥超过 24h。最后，将获得的磁性木粉与 95mL 无水乙醇、5mL H_2O、1mL 冰醋酸和 2mL 乙烯基三乙氧基硅烷溶液在室温下反应 3h 后取出，将改性后的磁性木材在 110℃下干燥 24h 即可。

图 4-64 为超疏水超亲油磁性木粉的制备方法及反应过程机理。亲水性木粉在室温下浸入 $FeSO_4/CoCl_2$ 溶液中，加热到 90℃，不溶性的 Fe/Co 氢氧化物将沉淀在木粉表面。然后，通过加入 $NaOH/KNO_3$ 溶液，不溶性的 Fe/Co 氢氧化物将转化为 $CoFe_2O_4$ 纳米粒子。随后，取出磁性木粉，引入硅烷醇溶液，硅烷聚合物将在磁性木粉的表面发生硅烷化反应。首先，在乙酸催化下有机硅烷水解，乙氧基被羟基取代形成活性硅醇基团。随后，活性硅羟基与其他硅醇基团通过脱水缩合产生硅氧硅键(Si—O—Si)，从而形成硅烷聚合物。同时，当 $CoFe_2O_4$ 纳米颗粒分散在水中，暴露的铁原子表面将吸附水中的羟基，从而形成极富羟基的表面。当硅烷聚合物与磁性纳米颗粒相互接触时，它们表面具有活性的羟基将相互反应形成共价键，经过连续脱水和聚合反应，最终硅烷聚合物将覆盖在磁性木粉表面。

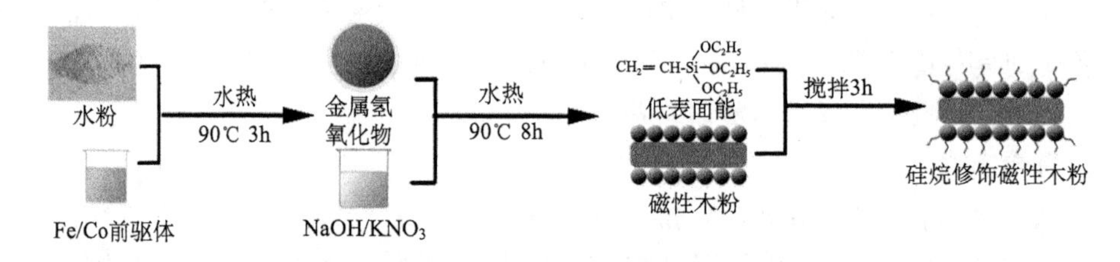

图 4-64　超疏水磁性木粉的制备流程图

4.5.1.2　*超疏水磁性木粉的结构和形貌分析*

图 4-65 显示了原始木粉和经化学改性处理后磁性木粉的 SEM 图像。众所周知，木材具有大量相互连通的孔隙结构。如图 4-65(a)所示，原始木粉的表面十分光滑和干净，且具有木材本身的纹孔结构。经化学改性后，磁性纳米颗粒明显地沉淀在木粉表面，进而形成了粗糙的形貌，这种粗糙的表面结构对材料的疏水性有重要的影响。图 4-65(c)的插图说明在木粉表面沉淀的磁性纳米粒子的直径

在 35~101nm 之间。

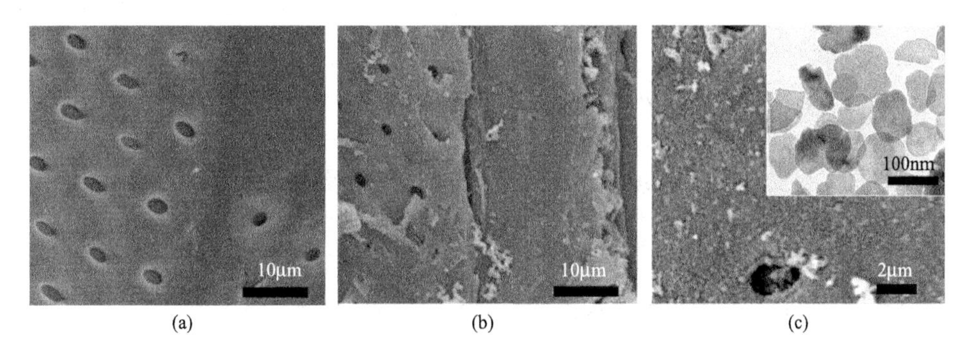

图 4-65　原始木粉(a)和超疏水磁性木粉(b、c)的 SEM 图像

图 4-66 显示了磁性木粉的 XRD 图谱。在 14.7°和 22.6°处的衍射峰对应纤维素结晶区衍射峰。在 2θ 等于 17°、30°、35°、43°、53°、57°和 62°处出现的衍射峰分别对应 $CoFe_2O_4$(JCPDS no. 22-1076)在(111)、(220)、(311)、(400)、(422)、(511)和(440)晶面的衍射峰，说明磁性 $CoFe_2O_4$ 纳米粒子成功地沉积在木粉表面。

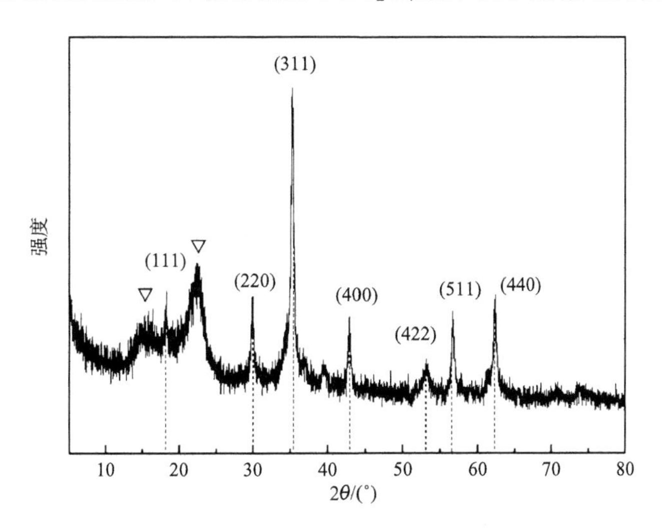

图 4-66　超疏水磁性木粉的 XRD 图谱

为了表征改性后磁性木粉的化学组成，原始木粉和改性后磁性木粉的 FT-IR 图谱如图 4-67 所示。图中在 3422cm^{-1}、2927cm^{-1}、1631cm^{-1} 和 1430cm^{-1} 处的吸收峰分别对应 O—H 伸缩振动吸收峰、—CH_3 不对称伸缩振动吸收峰、O—H 弯曲振动吸收峰和 C—O 伸缩振动吸收峰。在原始木粉上出现的其他吸收峰分别对应木材细胞壁的主要成分，如纤维素(890cm^{-1})、半纤维素(1739cm^{-1}、1124cm^{-1}、

1020cm^{-1})和木质素(1240cm^{-1})。相比于原始木粉，经过化学改性后，在 622cm^{-1} 和 567cm^{-1} 处出现了两个新的吸收峰，其对应铁酸钴纳米粒子中 Fe—O 键在四面体位置上的伸缩振动。此外，可以明显看到原本位于 375cm^{-1} 处钴铁氧体中 Fe—O 键在八面体位置上的伸缩振动峰移动到了 459cm^{-1}。Fe—O 键的蓝移现象，证明了硅烷与磁性纳米粒子发生了缩合反应，形成了 Fe—O—Si 键。除此之外，在 1113cm^{-1} 和 1050cm^{-1} 处出现了 Si—O—Si 键的特征吸收峰，且在 2899cm^{-1} 处出现了—CH_2 的伸缩振动峰，说明低表面能硅烷成功地覆盖在磁性木粉表面。值得注意的是，在 3060cm^{-1} 和 1599cm^{-1} 处并没有发现乙烯基的特征吸收峰，表明在化学反应过程中，乙烯基碳碳双键打开，反应生成了(—CH_2CH_2—)化合物。

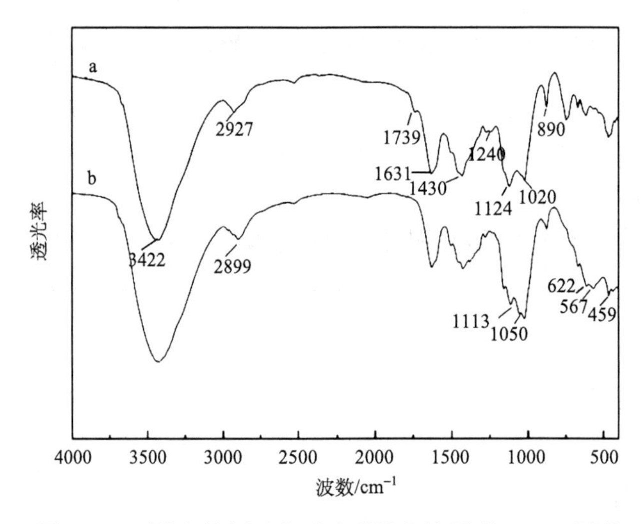

图 4-67　原始木粉(a)和超疏水磁性木粉(b)的 FT-IR 图谱

图 4-68 给出了超疏水磁性木粉的 XPS 图谱。图 4-68(a)展示了超疏水磁性木粉的 XPS 全图谱，从图中可以看到超疏水磁性木粉表面检测出 C、O、Fe、Co 和 Si 元素的特征信号。其中，C 元素来源于木粉本身，Co 和 Fe 元素来源于磁性 $CoFe_2O_4$ 纳米粒子，Si 来源于用于修饰磁性纳米粒子的乙烯基三乙氧基硅烷。图 4-68(b)~(d)分别是 Co2p、Fe2p 和 Si2p 的精细 XPS 图谱。其中，$Co2p_{3/2}$ 信号出现在 781.0eV 处，卫星峰位于 786.1eV，在 796.7eV 处出现的峰对应 $Co2p_{1/2}$。而位于 711.7eV 和 725.2eV 处出现的峰分别对应 $Fe2p_{3/2}$ 和 $Fe2p_{1/2}$，除此之外，在 719.2eV 处出现的卫星峰，说明超疏水磁性木粉中 Fe 以+3 价形式存在，由此可以推测制备的磁性纳米粒子为 $CoFe_2O_4$。在图 4-68(d)中，位于 103.7eV 处的峰对应 Si2p，其来源于磁性木材表面存在的 Si—O—Si 键。

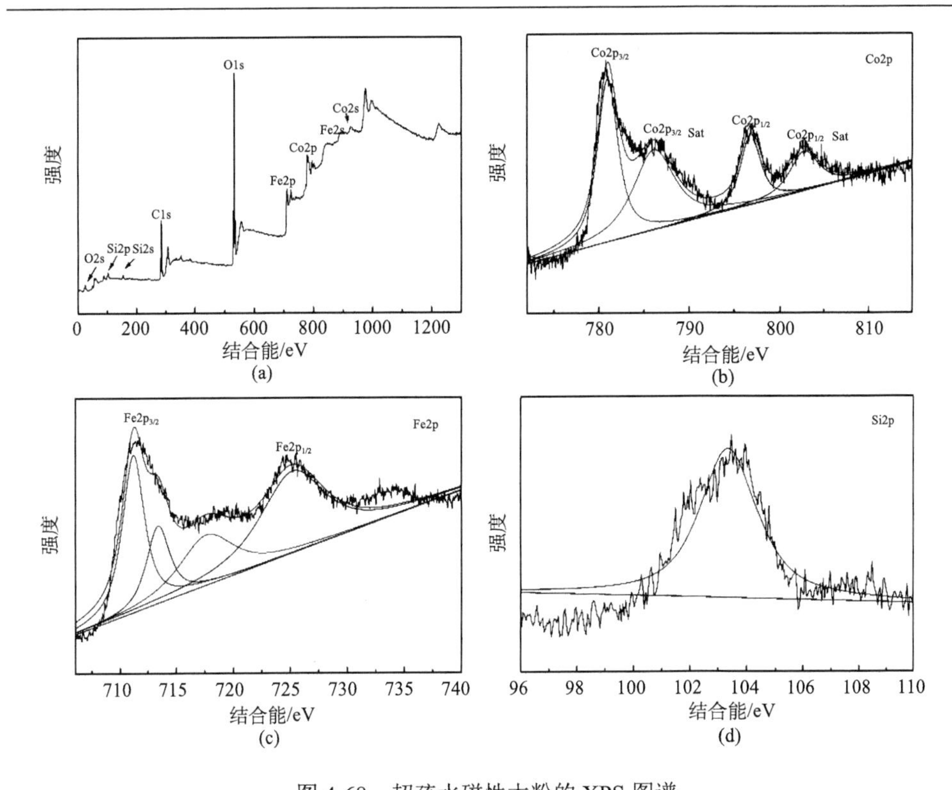

图 4-68　超疏水磁性木粉的 XPS 图谱

(a) XPS 全图谱；(b) Co2p 精细 XPS 图谱；(c) Fe2p 精细 XPS 图谱；(d) Si2p 精细 XPS 图谱

4.5.1.3　超疏水磁性木粉的性能研究

在室温下采用超导量子干涉仪对原始木粉与超疏水磁性木粉进行磁性测试，提供最大的磁场范围为 20kOe(图 4-69)。从图中可以看出，原始木粉的磁滞回线是一条接近于零的直线，表明原始木粉是一种非磁性材料。然而，超疏水磁性木粉的室温磁滞回线是一条与之截然不同的曲线，表明其是一种典型的铁磁性材料。超疏水磁性木粉的饱和磁化强度(M_S)和矫顽力(H_C)分别是 6.1emu · g^{-1} 和 250.9Oe。然而，相比于纯的 $CoFe_2O_4$ 纳米粒子(在 300K 下，M_S = 67emu · g^{-1}，H_C = 750Oe)，超疏水磁性木粉的饱和磁化强度和矫顽力减少了许多，这种现象可以利用磁性纳米粒子的表面自旋理论和有限尺寸效应来解释[148–150]。由于磁性纳米粒子与木粉基质的结合，一方面，当外界磁场增强时，抗磁性的木粉将使磁性纳米粒子表面的电子自旋中心轴发生随机的倾斜，因此将降低材料的饱和磁化强度。另一方面，分级多孔的木粉基质为磁性纳米粒子沉积于木粉表面提供了有限的成核位置，这能够有效地减少磁性纳米粒子之间的聚集，因此降低了材料的饱和磁化强度。此外，H_C 的大小将随着磁性纳米粒子直径的增加先增加后减少，这与磁性纳米粒子的单畴临界尺寸和超顺磁临界尺寸有关。相比于单分散的磁性纳米粒子，在木粉表面沉积的 $CoFe_2O_4$ 粒子直径有所增加(图 4-65)，导致超过了其临界尺寸，因此材料的 H_C 下降。

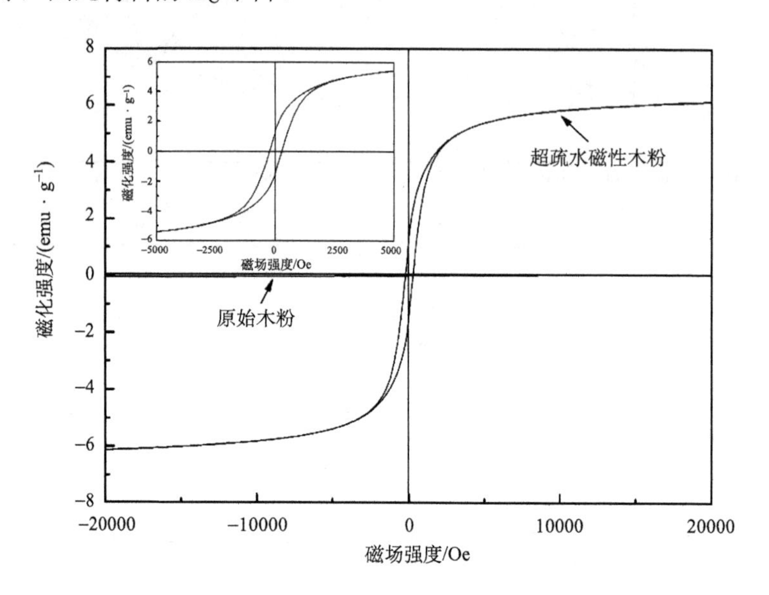

图 4-69　木粉样品的室温磁滞回线

磁性木粉的润湿性通过其与水的接触角来检测。图 4-70(a)显示原始木粉表面与水的接触角是 0°，表明其优异的亲水性。然而，改性后磁性木粉表面与水的接触角是 151°[图 4-70(b)]，远远高于原始木粉，表明其优异的超疏水性。与之相对，图 4-70(c)显示改性后磁性木粉表面与油的接触角是 0°，表明其优异的超亲油性能。这种超疏水性和超亲油性的产生，与化学处理过程中构筑的粗糙表面结构和低表面能的聚硅氧烷有着密切关系。

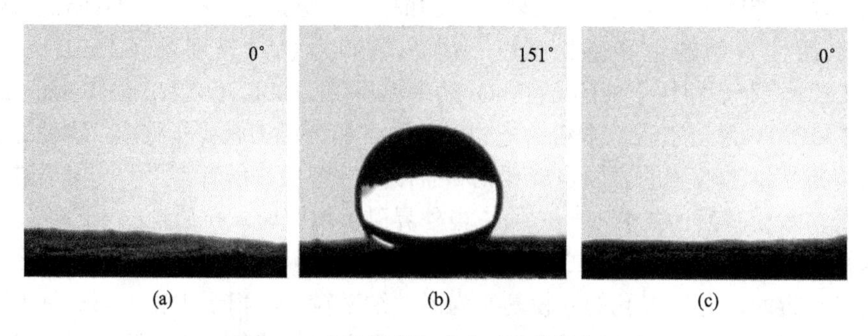

图 4-70　木粉样品与水和油的接触角照片

(a)原始木粉与水的接触角照片；(b)改性后磁性木粉与水的接触角照片；(c)改性后磁性木粉与油的接触角照片

图 4-71 显示了在外磁场作用下超疏水磁性木粉作为选择性油吸附剂，对油水混合物进行油水分离的过程。从图中可以看出，超疏水磁性木粉漂浮在水表面，快速地吸附被苏丹Ⅲ染色的油污。更重要的是，吸附了油污的磁性木粉能够在水面上与外界磁铁产生感应，迅速被回收利用。

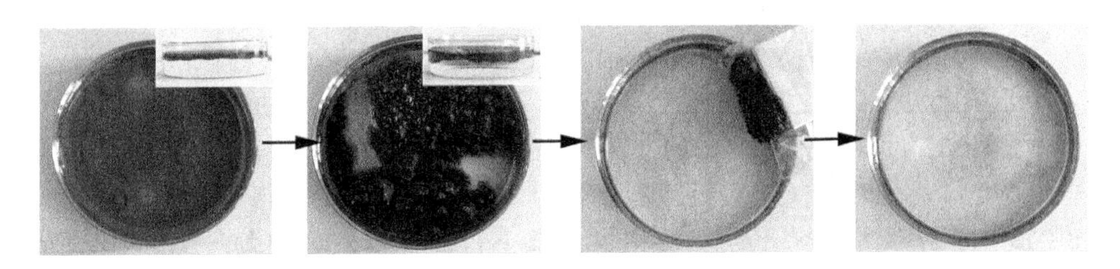

图 4-71 油水分离示意图

木粉吸油前后的质量变化可以用来评估木粉的吸油能力。吸油前后木粉的质量分别用 m_1 和 m_2 来表示(电子天平的精度为 0.1mg)。木粉的吸油量使用公式 $q=(m_2-m_1)/m_1$ 计算。实验平行测定三次，求其平均值并用于分析。具体操作如下：将 0.1g 超疏水磁性木粉铺展在油水混合物(6mL 油、20mL 水)表面。1min 后，用条形磁铁收集吸完油的木粉，称量。后将吸油后的木粉置于乙醇溶液中搅拌 5min，并在 110℃下干燥 12h。测得超疏水磁性木粉对润滑油的最大吸附量为木粉本身质量的 11.5 倍。而原始木粉在 1min 后的吸油量是本身质量的 2.1 倍，表明经过磁性粒子和硅烷修饰后，木粉对油的吸附能力得到了明显的提高。此外，实验还发现这种超疏水磁性木粉对甲醇、乙醇、正己烷、辛烷、柴油和原油也具有一定的吸附能力，说明其可以广泛应用于吸附多种有机污染物。

同时，作为一种超疏水超亲油材料，其化学稳定性和环境耐久性对材料的实际应用也具有重要的影响。图 4-72(a)为超疏水磁性木粉在不同的 pH 溶液中浸泡 12h 后，其对应的接触角和饱和磁化强度的变化曲线。从图中可看出，即使经过不同浓度酸碱溶液处理，超疏水磁性木粉与水的接触角均大于 145°，展示了较好的疏水性，表明超疏水磁性木粉具有一定程度的酸碱抵抗能力。此外，还可以发现超疏水磁性木粉的饱和磁化强度一直稳定在 4.5~6.1emu · g^{-1} 之间，说明即使在苛刻的酸碱条件下，所制备的磁性木粉也可以在外界磁场的作用下实现回收利用。图 4-72(b)为将制备的超疏水磁性木粉在室温环境下暴露 60 天后，其对应的水接触角和饱和磁化强度的变化。从图中可以发现，其与水的接触角均高于 149°，且饱和磁化强度均高于 5.7emu · g^{-1}，说明木粉保持了良好的疏水性和磁性，展现出一定的环境耐久性。

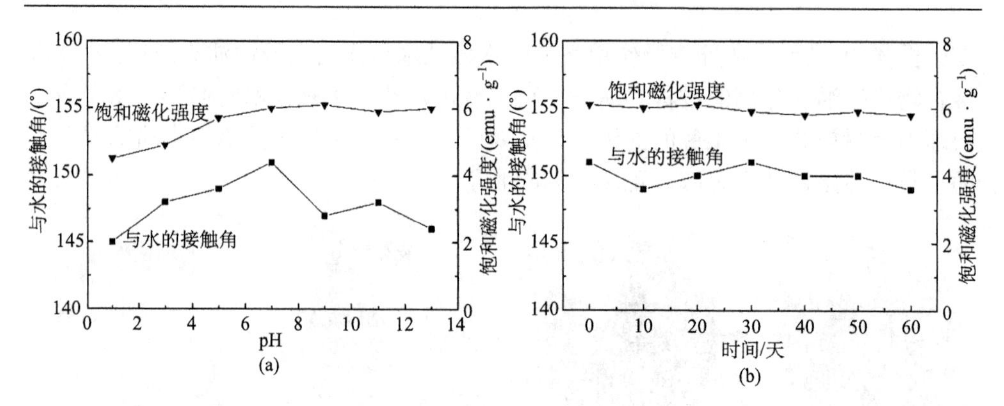

图 4-72　超疏水磁性木粉在不同 pH 溶液中(a)和暴露在空气中(b)与水的接触角和饱和磁化强度的变化

木粉在油水分离过程中的循环利用率也是衡量吸油材料是否有价值的重要指标之一。图 4-73 为超疏水磁性木粉在 10 个吸油循环周期内，对油的吸附量、饱和磁化强度和与水的接触角变化曲线。从图中可看出，在 10 个循环周期内材料的油吸附能力略有下降，在第 10 次循环使用时，木粉对油的吸附能力为 9.5g · g^{-1}。另外，在 10 个循环周期内，木粉表面与水的接触角和饱和磁化强度数值都呈现出下降趋势，但仍然分别保持高于 140°和 4.3emu · g^{-1}，展示了超疏水磁性木粉较好的化学稳定性和可重复利用性。结合其成本低廉、制作简单、环境友好等优势，超疏水磁性木粉可用作一种有效的油水分离材料。

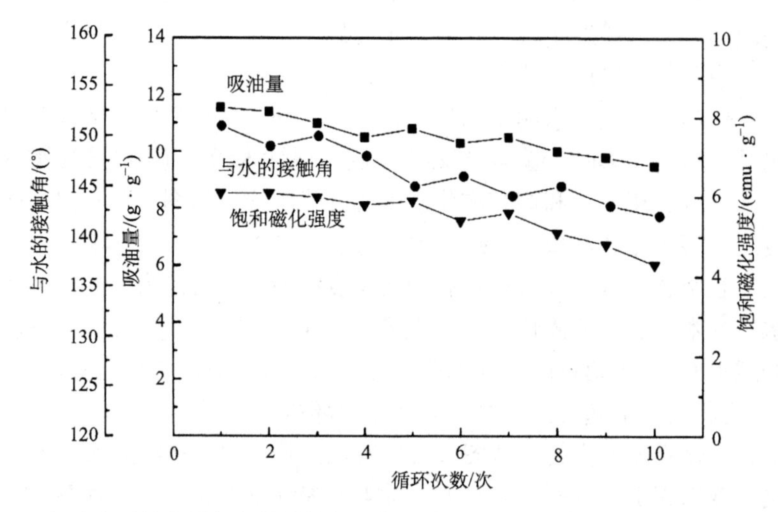

图 4-73　超疏水磁性木材与水的接触角、饱和磁化强度和吸油量随循环次数的变化曲线

4.5.2　氨基功能化磁性木粉的制备及吸附 Cu^{2+} 性能的研究

工厂排放大量含有重金属离子的废水，对生态系统和人类健康带来不可忽视的危害。如何更好地处理污水是当前亟待解决的问题。本节主要以农林废弃资源——木锯屑为原料，制备了新型磁性木粉复合材料，探究其吸附重金属离子的性能。

4.5.2.1　氨基功能化磁性木粉的制备

1) 实验材料

六水合三氯化铁(分析纯，阿拉丁试剂有限公司)；四水合二氯化铁(分析纯，阿拉丁试剂有限公司)；氨水(分析纯，阿拉丁试剂有限公司)；乙二醇(分析纯，阿拉丁试剂有限公司)；1,6-己二胺(分析纯，阿拉丁试剂有限公司)；无水乙醇(分析纯，阿拉丁试剂有限公司)；实验用水为蒸馏水。

2) 杨木试样

采用黑龙江省木材加工厂中剩余的杨木木锯屑，经过无水乙醇和蒸馏水反复清洗 3 次，在 103℃下真空干燥 48h 后，通过 100 目筛网过滤，取得干净的杨木木粉待用。

3) 实验设备

电子天平；智能磁力加热锅；真空干燥箱；超声波清洗器。

4) 实验过程

制备氨基改性磁性木粉的反应方程式如图 4-74 所示，其反应机理是先将磁性纳米粒子沉淀在木粉表面，经过水热反应，在磁性木粉表面嫁接 1,6-己二胺，增加木粉表面氨基官能团数量，通过氨基基团与 Cu^{2+} 之间强烈的络合作用达到吸附水溶液中 Cu^{2+} 的效果。

具体实验步骤如下：10g 木粉添加到 200mL 新配制的 0.03mol $FeCl_3$ 与 $FeCl_2$ 的混合溶液中，其中 $[Fe^{3+}]/[Fe^{2+}]=2$，逐滴加入氨水调节 pH 至 10，搅拌 15min 后，将混合溶液转移到聚四氟乙烯内衬的不锈钢高压釜系统中，在 90℃下反应 8h。反应结束后，将上层清液倒出，用磁铁收集磁性木粉，并用蒸馏水冲洗 3 次，在 90℃的真空条件下干燥超过 24h。随后，将 6.5g 1, 6-己二胺溶于 30mL 乙二醇溶液中，在 50℃下搅拌 15min 直至形成澄清溶液。将获得的磁性木粉与配制的 1, 6-己二胺溶液混合，转移至反应釜中 110℃下反应 8h，后分离，在 50℃下真空干燥 24h。

5) 铜离子吸附实验

在静态吸附实验中，准确量取 50mL 一定初始浓度的铜离子溶液，再加上一定量的氨基功能化磁性木粉置于 100mL 锥形瓶中，然后将锥形瓶放在振荡器上振荡直至吸附平衡，之后用磁铁进行磁分离，取出磁性木粉，再用火焰原子分光光度法(FAAS)测定清液中残余铜离子的浓度。氨基功能化磁性木粉对 Cu^{2+} 的去除

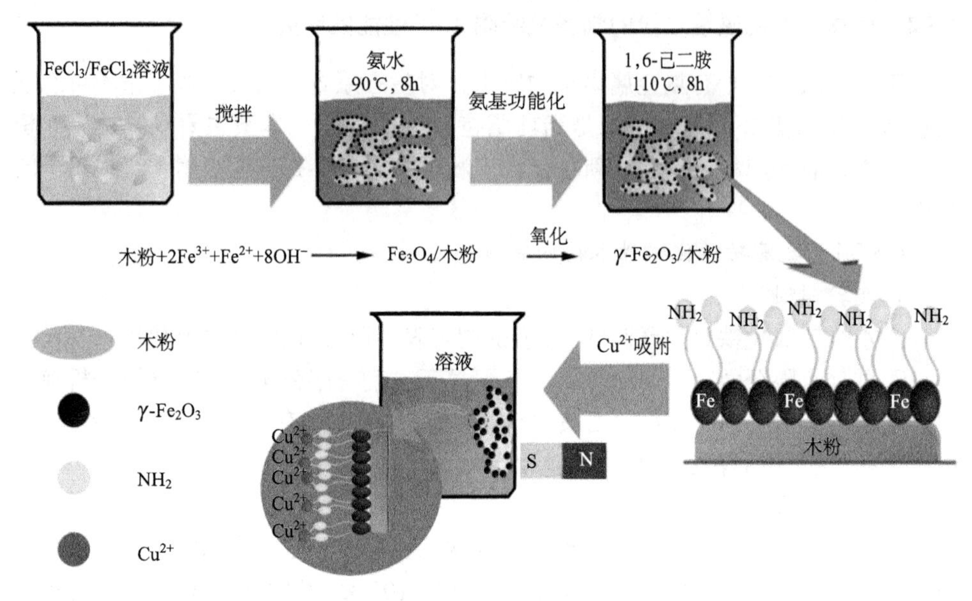

图 4-74　氨基改性磁性木粉操作示意图

效率(R)和吸附量(q_e)分别用如下公式计算:

$$R=[(C_0-C_e)/C_0]\times 100\% \tag{4-9}$$

$$q_e=[(C_0-C_e)V/m]\times 100\% \tag{4-10}$$

式中，C_0代表的是Cu^{2+}溶液的初始浓度$(mg \cdot L^{-1})$；C_e代表的是吸附达到平衡后溶液中剩余的Cu^{2+}的浓度$(mg \cdot L^{-1})$；V代表的是Cu^{2+}溶液的体积(mL)；m是氨基功能化磁性木粉的质量(g)；q_e是达到吸附平衡时氨基功能化磁性木粉的吸附容量$(mg \cdot g^{-1})$。

6)铜离子解吸实验

准确量取一定质量吸附了铜离子的磁性木粉，将其置于 $0.1mol \cdot L^{-1}$ 盐酸溶液中，搅拌 60min 后，通过磁分离取出磁性木粉，再用原子分光光度计测定清液中残余铜离子的浓度。

4.5.2.2　氨基功能化磁性木粉的表征

图 4-75(a)为典型的杨木木粉表面，其中木材的孔隙结构和破碎的木粉颗粒清晰可见。然而，经过化学处理后，木粉表面覆盖了一层密实的磁性纳米粒子[图 4-75(b)和(c)]。EDX 图谱[图 4-75(c)插图]显示改性后木粉的主要元素组成为碳、氧、氮、铁和金(SEM 观察所用的衬底)，证明了氨基功能化磁性纳米粒子沉积在木粉表面。

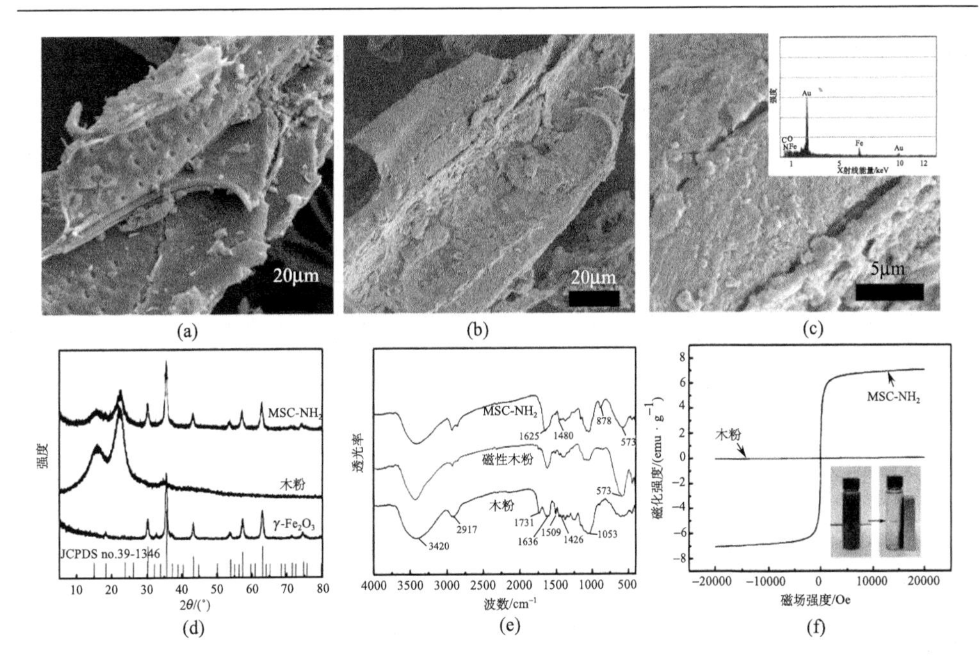

图 4-75　(a)杨木木粉的 SEM 照片；(b)，(c)氨基功能化磁性木粉($MSC-NH_2$)的 SEM 照片；(d)制备样品的 XRD 图谱；(e)木粉样品的 FT-IR 图谱；(f)木粉样品的室温磁滞回线

图 4-75(d)为磁性粒子、木粉和氨基功能化磁性木粉的 XRD 图谱。由图中可以看出磁性粒子的所有衍射峰都对应于面心立方体磁赤铁矿 γ-Fe_2O_3(JCPSD No.39-1346)。木粉在 15°和 23°的衍射峰代表了纤维素结晶区。通过对比磁性粒子和木粉的 XRD 图谱，所有的衍射峰都能够在氨基功能化磁性木粉中找到，表示磁性纳米粒子有效地覆盖在木粉表面。

FT-IR 图谱用来证明木粉中存在的氨基官能团。如图 4-75(e)，原始木粉在 $3420cm^{-1}$、$2917cm^{-1}$、$1731cm^{-1}$、$1509cm^{-1}$、$1426cm^{-1}$ 处存在的吸收峰是由于木粉中原有组分如纤维素、半纤维素和木质素造成的。然而，在磁性纳米粒子修饰后，可以清楚地发现 $573cm^{-1}$ 处存在的 Fe—O 键伸缩振动峰，可知磁性粒子沉积在木粉基质上。更重要的是，当磁性木粉经过氨基改性后，在 $1625cm^{-1}$、$1480cm^{-1}$ 和 $878cm^{-1}$ 处出现了新的吸收峰，对应于 1,6-己二胺的振动吸收峰，说明氨基官能团成功嫁接到了磁性木粉表面。

由图 4-75(f)可知制备的氨基功能化磁性木粉具有很高的磁性，其最大饱和磁化强度达到 $6emu \cdot g^{-1}$。宏观照片也显示了即使在水中磁性木粉也可以轻易地被磁铁吸引，表明其具有磁回收性能。

木粉的 BET 测试结果如表 4-3 所示。原始木粉的 BET 表面积和总孔隙体积分别是 $4.279m^2 \cdot g^{-1}$ 和 $0.0212cm^3 \cdot g^{-1}$。磁性木粉的 BET 表面积和总孔隙体积是原始木粉的 5 倍，表明磁性木粉可以为吸附 Cu^{2+}提供更大的比表面积和充足的活性位点。然而，在嫁接氨基官能团后 BET 表面积和总孔隙体积减小，这是由于嫁接的氨基官能团堵塞了木粉中部分孔隙。此外，由表可知平均孔隙直径和微孔体积的大小顺序是磁性木粉>氨基功能化磁性木粉>原始木粉。

表 4-3　木粉的 BET 参数

样品	BET 表面积/($m^2 \cdot g^{-1}$)	平均孔隙直径/nm	总孔隙体积/($cm^3 \cdot g^{-1}$)	微孔体积/($cm^3 \cdot g^{-1}$)
原始木粉	4.279	5.673	0.0212	0.00149
磁性木粉	22.357	12.339	0.113	0.00777
氨基功能化磁性木粉	4.327	6.561	0.0267	0.00157

4.5.2.3　氨基功能化磁性木粉对 Cu^{2+}的吸附实验

不同时间下氨基功能化磁性木粉对 Cu^{2+}的吸附性能如图 4-76 所示。由图可知氨基功能化磁性木粉达到吸附平衡的时间为 150min。初始铜离子浓度对达到吸附平衡的时间并没有太大的影响。

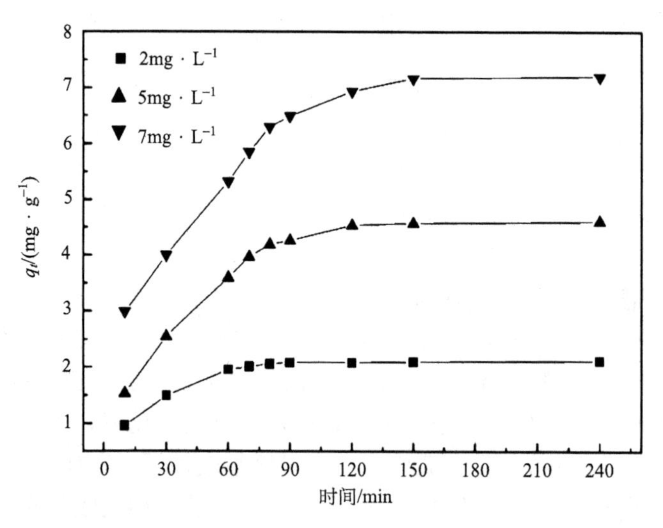

图 4-76　不同时间下氨基功能化磁性木粉对 Cu^{2+}的吸附性能(pH 6.0，吸附剂用量 $1g \cdot L^{-1}$，温度 25℃)

吸附动力学是研究吸附过程中涉及的重要内容，其可通过对实验数据进行准一级动力学、准二级动力学、Elovich 模型和分子内扩散模型拟合，推测吸附过程的速率控制步骤。

准一级动力学方程式：

$$\ln(q_e - q_t)=\ln q_e - k_1 t \tag{4-11}$$

式中，q_t 和 q_e 代表的是 t 时刻氨基功能化磁性木粉的吸附容量和达到吸附平衡时氨基功能化磁性木粉的吸附容量($mg \cdot g^{-1}$)，k_1 代表的是准一级动力学常数(min^{-1})。

准二级动力学方程式：

$$\frac{t}{q_t}=\frac{1}{k_2 q_e^2}+\frac{t}{q_e} \tag{4-12}$$

式中，q_e 代表的是吸附达到平衡时氨基功能化磁性木粉的吸附容量($mg \cdot g^{-1}$)，q_t 是在 t 时刻对应的吸附容量($mg \cdot g^{-1}$)，k_2 是准二级动力学常数($g \cdot mg^{-1} \cdot min^{-1}$)。

Elovich 模型：

$$q_t = \frac{\ln(\alpha\beta)}{\beta}+\frac{\ln(t)}{\beta} \tag{4-13}$$

式中，q_t 是在 t 时刻对应的吸附容量($mg \cdot g^{-1}$)，α 和 β 分别代表初始吸附速率($mg \cdot g^{-1} \cdot min^{-2}$)和解吸常数($g \cdot mg^{-1} \cdot min^{-1}$)。

分子内扩散模型：

$$q_t = k_{intra} t^{1/2} + c \tag{4-14}$$

式中，q_t 是在 t 时刻对应的吸附容量($mg \cdot g^{-1}$)，k_{intra} 代表粒子内扩散速率常数，c 是边界层厚度常数。

图 4-77 给出了氨基功能化磁性木粉吸附 Cu^{2+} 的吸附动力学拟合结果图。表 4-4 中列出了由拟合直线的斜率和截距计算得到的动力学相关参数。通过对比拟合相关系数 R^2 可知，准二级动力学方程式的拟合程度要比其余三种动力学方程式拟合程度高，表明准二级动力学更适合描述氨基功能化磁性木粉吸附 Cu^{2+} 的过程，且表明氨基功能化磁性木粉吸附 Cu^{2+} 是一种化学吸附过程。

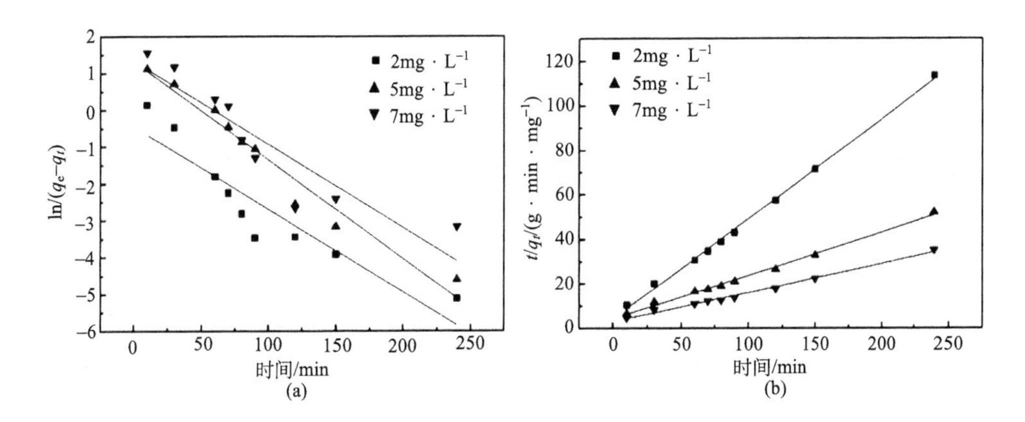

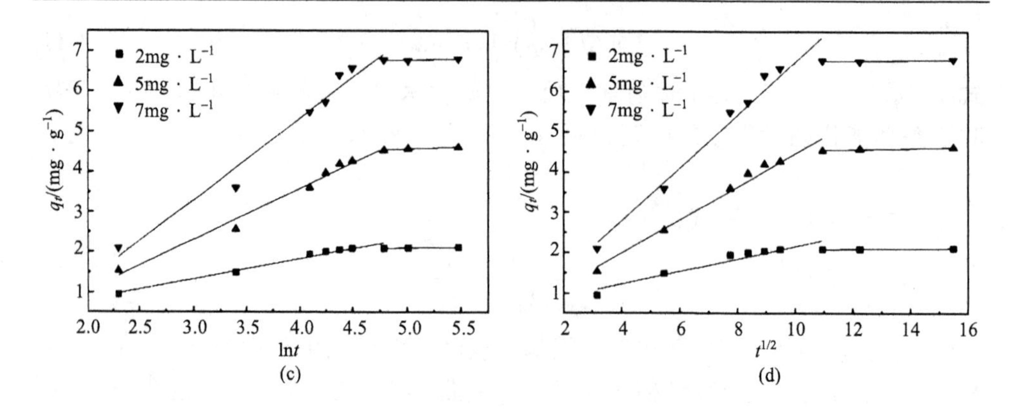

图 4-77　准一级动力学方程式(a)、准二级动力学方程式(b)、Elovich 模型(c)和分子内扩散模型(d)拟合示意图

表 4-4　氨基功能化磁性木粉吸附 Cu^{2+}动力学参数

参数	Cu^{2+}的 C_0/(mg・L^{-1})		
	2.0	5.0	7.0
q_e/(mg・g^{-1})	2.12	4.62	6.74
准一级动力学模型			
q_e(计算)/(mg・g^{-1})	0.64	3.77	3.72
k_1/min^{-1}	0.0221	0.0267	0.0226
R^2	0.741	0.795	0.714
准二级动力学模型			
q_e(计算)/(mg・g^{-1})	2.91	4.76	7.35
k_2/(g・mg^{-1}・min^{-1})	0.010	0.011	0.013
R^2	0.9975	0.9940	0.9902
Elovich 模型			
q_e(计算)/(mg・g^{-1})	3.62	2.97	3.27
α/(mg・g^{-1}・min^{-2})	0.355	0.237	0.509
β/(g・mg^{-1}・min^{-1})	1.036	0.776	0.492
R^2	0.9655	0.9700	0.9672
分子内扩散模型			
q_e(计算)/(mg・g^{-1})	2.51	5.37	7.19
k_{intra}/(mg・g^{-1}・min$^{-1/2}$)	0.156	0.410	0.655
c	0.602	0.373	0.194
R^2	0.7752	0.9691	0.9603

溶液 pH 对吸附过程有着重要的影响。如图 4-78(a)所示，当溶液 pH=2 时，氨基功能化磁性木粉对 Cu^{2+}的吸附性能几乎为 0。随着 pH 的增加，氨基功能化磁性木粉对 Cu^{2+}的吸附性能显著增加。当溶液 pH 从 4 增加到 6 时，Cu^{2+}的去除效率从 20.5%增加到 97.9%。在不同 pH 下对 Cu^{2+}的吸附能力可以由氨基络合吸附机理解释：

$$\text{MSC-NH}_2 + \text{H}^+ = \text{MSC-NH}_3^+ \tag{4-15}$$

$$\text{MSC-NH}_2 + \text{Cu}^{2+} = \text{MSC-NH}_2\text{Cu}^{2+} \tag{4-16}$$

方程式(4-15)显示的是在低 pH 条件下氨基基团的去质子化作用，方程式(4-16)揭示的是氨基功能化磁性木粉与溶液中 Cu^{2+}的络合作用。在低的 pH 条件下，更多的 NH_2 官能团去质子化形成 NH_3^+,因此按照方程式(4-16)进行的络合反应将会被抑制，导致氨基功能化磁性木粉几乎不能吸附 Cu^{2+}。相反，在高的 pH 条件下，方程式(4-15)将向左进行，更多的 NH_2 位置暴露在木粉表面，因此有利于吸附 Cu^{2+}。图 4-78(b)中显示了氨基功能化磁性木粉的等电点为 5.5，也表明其在 pH<5.5 时木粉表面带正电，不利于吸附。

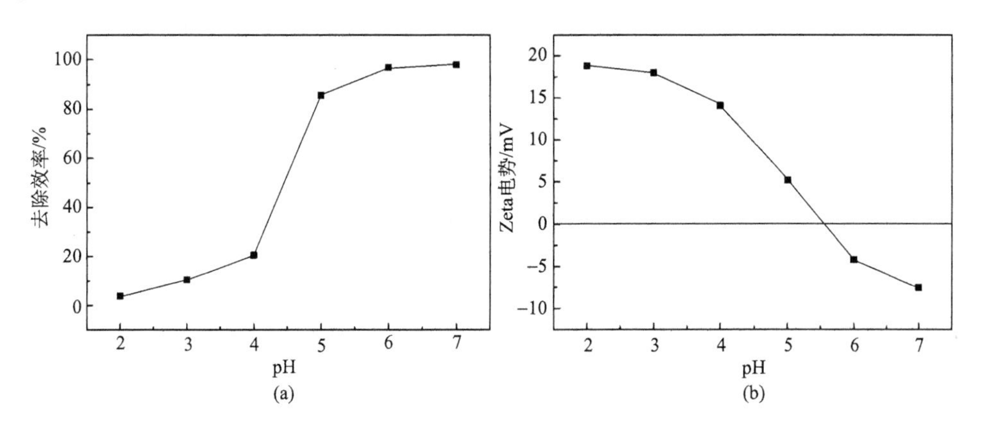

图 4-78　(a)pH 对氨基功能化磁性木粉吸附 Cu^{2+}性能的影响；(b)氨基功能化磁性木粉的零点电势

为了研究氨基功能化磁性木粉与 Cu^{2+}之间的吸附机制，本实验用 Langmuir 吸附等温线模型和 Freundlich 吸附等温线模型对 Cu^{2+}的平衡吸附实验数据进行回归处理。其中 Langmuir 吸附等温线模型表达式如下：

$$\frac{C_e}{q_e} = \frac{1}{K_L q_m} + \frac{C_e}{q_m} \tag{4-17}$$

式中，q_e 是氨基功能化磁性木粉的吸附容量$(\text{mg} \cdot \text{g}^{-1})$；$C_e$ 是吸附平衡时水溶液中重金属离子浓度$(\text{mg} \cdot \text{L}^{-1})$；$q_m$ 是氨基功能化磁性木粉的最大吸附容量

(mg · g^{-1})；K_L 是 Langmuir 吸附平衡常数(L · mg^{-1})。

Freundlich 模型是一个经验吸附方程，其假设是非均相的吸附过程，吸附剂表面是非均匀的吸附位点。Freundlich 吸附等温线方程式如下：

$$\ln q_e = \ln K_F + \frac{1}{n}\ln C_e \tag{4-18}$$

式中，q_e 是氨基功能化磁性木粉的吸附容量(mg · g^{-1})；C_e 是吸附平衡时水溶液中的重金属离子浓度(mg · L^{-1})；K_F 是与吸附能力有关的常数(L · g^{-1})；n 是与吸附容量有关的 Freundlich 指数。

图 4-79 为氨基功能化磁性木粉对 Cu^{2+}的吸附等温线。吸附等温线模型拟合结果如表 4-5。由表 4-5 结果可知，Langmuir 吸附等温线模型显示了较高的相关系数 r^2，表示 Langmuir 吸附等温线模型更适合描述氨基功能化磁性木粉对 Cu^{2+}的吸附过程。根据该吸附等温线模型可以计算出磁性木粉对 Cu^{2+}的最大吸附量为 7.72mg · g^{-1}。

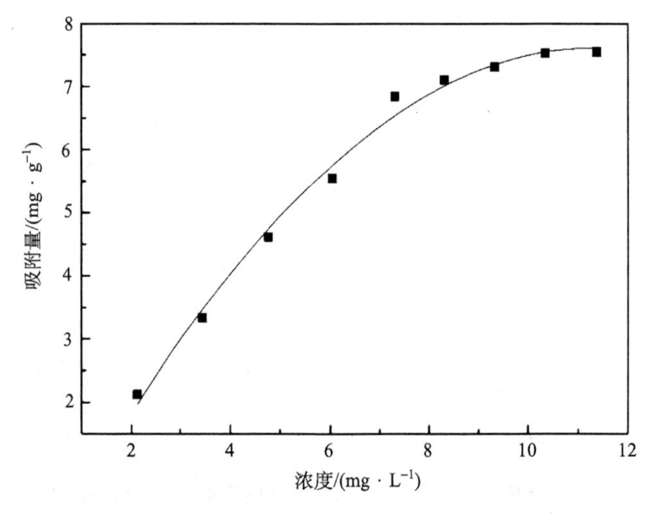

图 4-79　氨基功能化磁性木粉对 Cu^{2+}的吸附等温线

表 4-5　Langmuir 和 Freundlich 吸附等温线模型拟合数据

Langmuir	q_m/(mg · g^{-1})	K_L/(L · mg^{-1})	r^2_L
	7.72	0.13	0.9974
Freundlich	n	K_F/(L · g^{-1})	r^2_F
	5.95	6.39	0.9163

吸附剂的重复利用率也是实际应用中的一项重要评估指标。本实验制备的氨基功能化磁性木粉的吸附与解吸实验结果如表 4-6 所示。从表中可以看出，在 5 次循环后磁性木粉对 Cu^{2+}的去除效率从 97.0%下降到了 76.1%，这可能是由于多次循环过程中木粉表面氨基官能团的溶解或者丢失造成的，补充的实验结果也证明了这一猜想，经过多次循环过程后磁性木粉表面的氮元素含量从 9.49%(质量分数) 下降到 3.72%，揭示了磁性木粉表面氨基官能团的丢失。

表 4-6　以 $0.1mol \cdot L^{-1}$ HCl 为解吸剂，氨基功能化磁性木粉的吸附解吸实验结果

循环次数	吸附前 Cu^{2+}浓度 /$(mg \cdot L^{-1})$	吸附后 Cu^{2+}浓度 /$(mg \cdot L^{-1})$	吸附百分数/%	Cu^{2+}被解吸浓度 /$(mg \cdot L^{-1})$	回收利用率/%
1	5	0.15	97.0	4.75	97.9
2	5	0.23	95.4	4.55	95.4
3	5	0.46	90.7	4.09	90.1
4	5	0.71	85.8	3.70	76.3
5	5	1.19	76.1	2.66	70.1

4.5.3　巯基功能化磁性木粉的制备、表征及吸附重金属离子性能的研究

4.5.3.1　巯基功能化磁性木粉的制备

1) 实验材料

六水合三氯化铁(分析纯，阿拉丁试剂有限公司)；四水合二氯化铁(分析纯，阿拉丁试剂有限公司)；氨水(分析纯，阿拉丁试剂有限公司)；巯基丙基三甲氧基硅烷(分析纯，阿拉丁试剂有限公司)；无水乙醇(分析纯，阿拉丁试剂有限公司)；冰醋酸(分析纯，阿拉丁试剂有限公司)；实验用水为蒸馏水。

2) 杨木试样

采用黑龙江省木材加工厂中剩余的杨木木锯屑，经过无水乙醇和蒸馏水反复清洗 3 次，在 103℃下真空干燥 48h 后，通过 100 目筛网过滤，取得干净的杨木木粉待用。

3) 实验设备

电子天平；智能磁力加热锅；真空干燥箱；超声波清洗器。

4) 实验过程

与氨基功能化磁性木粉制备过程相似，巯基功能化磁性木粉主要利用巯基硅烷的水解缩合反应，使硅烷在磁性木粉表面形成 Si—O—Fe 键，进而达到让巯基基团在磁性木粉表面上锚定结合的目的。

具体实验步骤如下：10g 木粉添加到 200mL 新配制的 0.03mol $FeCl_3$ 与 $FeCl_2$

的混合溶液中，其中$[Fe^{3+}]/[Fe^{2+}]=2$，逐滴加入氨水调节 pH 至 10，搅拌 15min 后，将混合溶液转移到聚四氟乙烯内衬的不锈钢高压釜系统中，在 90℃下反应 8h。反应结束后，将上层清液倒出，用磁铁收集磁性木粉，并用蒸馏水冲洗 3 次，在 90℃的真空条件下干燥超过 24h。随后，将 5mL 巯基丙基三甲氧基硅烷、100mL 乙醇、2mL 冰醋酸和 2mL 蒸馏水混合，将获得的磁性木粉与配制的硅烷醇溶液混合后，转移至反应釜中 60℃下反应 12h，后进行磁分离，在 50℃下真空干燥 24h。

5) 重金属离子吸附实验

准确量取 50mL 一定初始浓度的重金属溶液，再加上一定质量合成的巯基功能化磁性木粉置于 100mL 锥形瓶中，然后将锥形瓶放在振荡器上振荡直至吸附平衡，之后用磁铁进行磁分离，取出磁性木粉，再用火焰原子吸收分光光度计(FAAS)测定清液中残余重金属离子的浓度。巯基功能化磁性木粉对重金属离子的去除效率(R)和吸附量 q_e 分别用如下公式计算:

$$R=[(C_0-C_e)/C_0]\times100\% \tag{4-19}$$

$$q_e=[(C_0-C_e)V/m]\times100\% \tag{4-20}$$

式中，C_0 代表的是重金属离子溶液的初始浓度($mg\cdot L^{-1}$)；C_e 代表的是吸附达到平衡后溶液中剩余的重金属离子的浓度($mg\cdot L^{-1}$)；V 代表的是重金属离子溶液的体积(mL)；m 是巯基功能化磁性木粉的质量(g)；q_e 是达到吸附平衡时巯基功能化磁性木粉的吸附容量($mg\cdot g^{-1}$)。

6) 重金属离子竞争吸附实验

准确量取 100mL 一定初始浓度的重金属溶液，再加上 0.1g 合成的巯基功能化磁性木粉置于 100mL 锥形瓶中，保持溶液 pH=6。对于两种离子的竞争吸附实验，重金属离子浓度均为 $5mg\cdot L^{-1}$；对于三种离子共存的竞争吸附实验，重金属离子浓度均为 $3.33mg\cdot L^{-1}$。

7) 巯基功能化磁性木粉的稳定性和重复利用性实验

将一定质量的巯基功能化磁性木粉置于不同浓度的 HCl 和 NaOH 溶液中，室温搅拌 6h 后取出，清洗、干燥后进行吸附实验。通过测试在不同浓度酸碱处理后巯基功能化磁性木粉的磁性和对重金属离子的吸附性能来评估材料的稳定性。

准确量取一定质量吸附了重金属离子的磁性木粉，将其置于 $1mol\cdot L^{-1}$ 盐酸溶液中，搅拌 30min 后，通过磁分离取出磁性木粉，再用火焰原子吸收分光光度计(FAAS)测定清液中残余重金属离子的浓度。

4.5.3.2　巯基功能化磁性木粉的表征

图 4-80 给出了杨木木粉和巯基功能化磁性木粉的 SEM 图片。从图中可以看出未处理的杨木木粉继承了木材细胞壁的纹孔结构。而经过化学处理后，一些很小的 γ-Fe_2O_3 纳米粒子沉积在木粉表面，且处理后木粉依然具有木材的纹孔结构，

说明在改性过程中并不会破坏木粉原有孔隙结构，这对提高处理后木粉的吸附性能具有重要的影响。

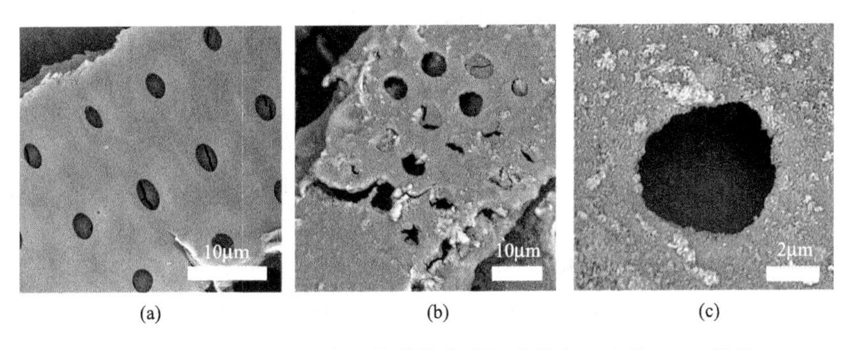

图 4-80　杨木木粉(a)和巯基功能化磁性木粉(b，c)的 SEM 照片

图 4-81 给出了未处理杨木木粉、磁性木粉和巯基功能化磁性木粉的 FT-IR 图谱。3420cm^{-1} 和 2901cm^{-1} 处出现的吸收峰分别对应 O—H 和 C—H 的伸缩振动吸收峰。在未处理木粉的 FT-IR 图谱中，1739cm^{-1} 处出现的吸收峰对应半纤维素和木质素中 C═O 键伸缩振动吸收峰。1424cm^{-1} 处出现的吸收峰可以归因于甲基、亚甲基和甲氧基中 C—H 键变形振动吸收峰。在 1300~1000cm^{-1} 区间内出现的峰是半纤维素和木质素中 C—O 键伸缩振动吸收峰。对于磁性木粉，在 560cm^{-1} 和 634cm^{-1} 处出现的吸收峰对应 γ-Fe_2O_3 中 Fe—O 键的振动吸收峰。而在巯基功能化磁性木粉的 FT-IR 图谱中，在 587cm^{-1} 处出现了 Fe—O—Si 键的特征吸收峰。

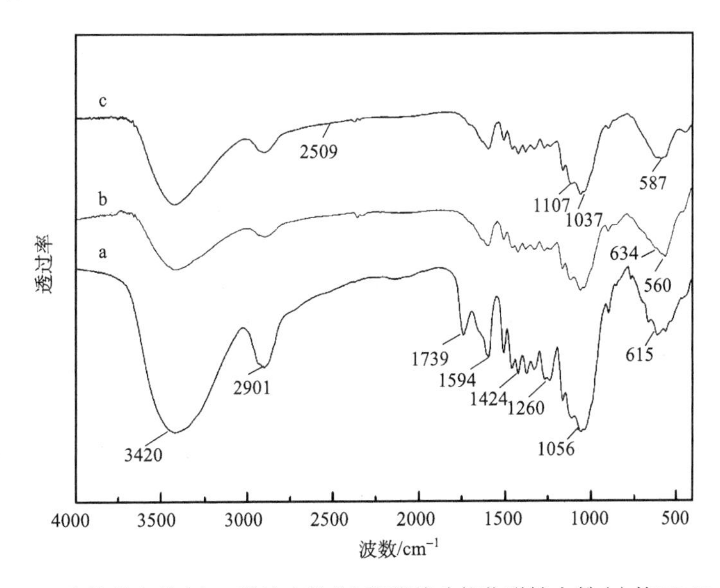

图 4-81　未处理木粉(a)、磁性木粉(b)和巯基功能化磁性木粉(c)的 FT-IR 图谱

在 1107cm^{-1} 和 1037cm^{-1} 处出现的新的吸收峰分别对应 Si—O—Si 键不对称伸缩振动吸收峰和 Si—OH 键不对称伸缩振动吸收峰。原本位于 2509cm^{-1} 处的 S—H 键伸缩振动峰并没有在 FT-IR 图谱中被检测出来，可能是由于在木粉表面嫁接的巯基官能团相对质量较少造成的。以上结果证明了经过化学改性，磁性 γ-Fe_2O_3 和巯基丙基三甲氧基硅烷成功地负载在木粉表面。

为了更加准确地分析化学处理后木粉样品的化学组成，巯基功能化磁性木粉的 XPS 图谱展示于图 4-82。从图 4-82(a)中可以看到巯基功能化磁性木粉表面检测出 C、O、Fe、S 和 Si 的特征信号。其中，结合能位于 102.2eV、154.3eV 和 165.3eV 处出现的峰分别对应巯基硅烷中的 Si2p、Si2s 和 S2p 信号，表明巯基硅烷成功地覆盖到了磁性木粉表面。图 4-82(b)是 Fe2p 的精细 XPS 图谱。其中，位于 711.7eV 和 725.1eV 处出现的峰分别对应 $Fe2p_{3/2}$ 和 $Fe2p_{1/2}$，此外，在 719.4eV 处出现的卫星峰，进一步说明巯基功能化磁性木粉中 Fe 以+3 价形式存在，由此可以推测制备的磁性纳米粒子为磁赤铁矿 γ-Fe_2O_3。

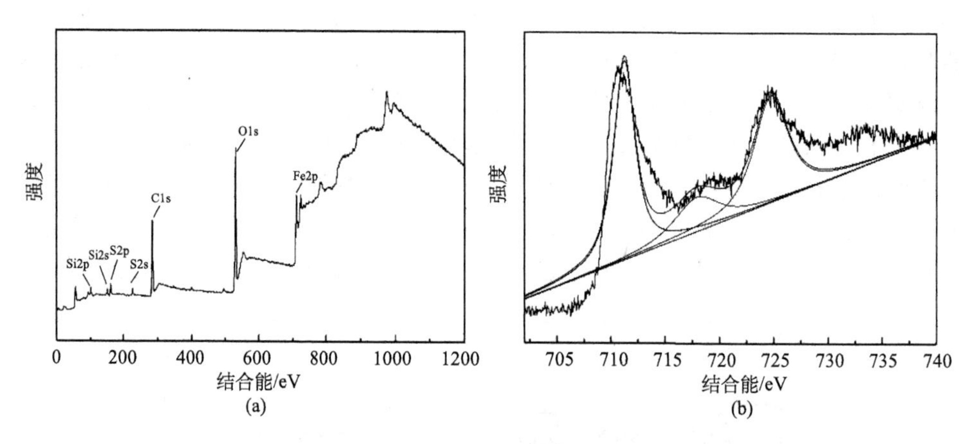

图 4-82　巯基功能化磁性木粉的 XPS 图谱

(a)全图谱；(b)Fe2p 的精细 XPS 图谱

图 4-83 给出了未处理木粉、磁性木粉和巯基功能化磁性木粉的 XRD 图谱。从图中可以看出，未处理木粉中在 2θ=15.5°和 22.0°出现了纤维素结晶区衍射峰。而磁性木粉和巯基功能化磁性木粉的 XRD 图谱基本相似，都在 2θ=30.2°、35.6°、43.1°、53.4°、57.2°和 62.7°出现了磁赤铁矿 γ-Fe_2O_3(JCPDS no.39-1346)在(220)、(311)、(400)、(422)、(511)和(440)晶面的衍射峰，说明磁赤铁矿 γ-Fe_2O_3 成功地负载在木粉表面，且进一步硅烷化修饰处理并不会对木粉和磁性纳米粒子的晶相产生影响。

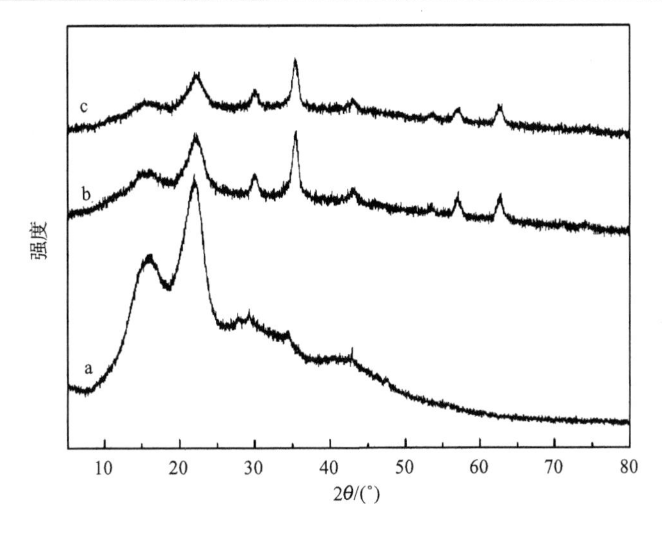

图 4-83　未处理木粉(a)、磁性木粉(b)和巯基功能化磁性木粉(c)的 XRD 图谱

TG 分析结果可以进一步论证磁性 γ-Fe_2O_3 和硅烷成功地修饰在木粉表面，如图 4-84 所示。木粉样品在 100℃时显示的是一个很小的质量损失对应木粉中水分的蒸发。对于未处理杨木木粉，其在 250~320℃区间内展示了明显的质量损失(约为 60%)，这是由于木粉中纤维素的氧化和热解产生的。进一步升高温度至 320~420℃区间，木粉质量进一步下降(约为 30%)，对应于木粉中木质素的降解。至于磁性木粉，其中 250~320℃和 320~420℃区间内仍然展示了明显的质量损失，暗示了木粉组分纤维素和木质素的降解。但是，相比于未处理木粉，磁性木粉的 TG 曲线中展示了更高的残余物含量(约为 17%)，证明了磁性氧化铁纳米粒子成

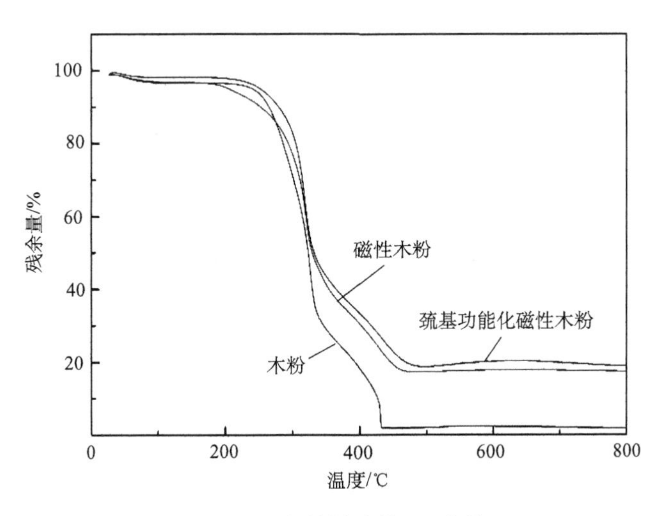

图 4-84　木粉样品的 TG 曲线

功负载在木粉表面。相比于磁性木粉，巯基功能化磁性木粉展示了相似的 TG 曲线，但通过对比最终残余物质量，也可以发现巯基功能化磁性木粉展示了更高的残余物含量(约为 19%)，证明了磁性木粉经过进一步修饰后，硅烷成功负载到了磁性木粉表面。

木粉样品的室温磁滞回线如图 4-85 所示。从图中可以明显看出，未处理木粉的饱和磁化强度为 0，而磁性木粉和巯基功能化磁性木粉的饱和磁化强度分别为 11.57emu · g^{-1} 和 7.27emu · g^{-1}，且矫顽力和剩磁都为 0，展示了超顺磁性。宏观照片证明，虽然硅烷修饰会明显降低磁性木粉的磁性，但在水中巯基功能化磁性木粉也可以轻易地被磁铁吸引，表明其具有磁回收性能，足以用作磁吸附材料。

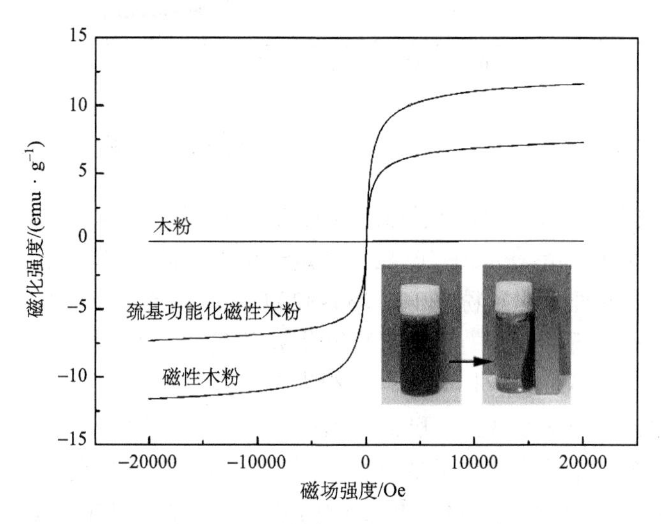

图 4-85　木粉样品的室温磁滞回线

4.5.3.3　巯基功能化磁性木粉对重金属离子的吸附性能

未处理杨木木粉、磁性木粉和巯基功能化磁性木粉对 Pb^{2+}的吸附能力见表 4-7。表中结果显示了相比于未处理杨木木粉和磁性木粉，巯基功能化磁性木粉由于其表面嫁接的巯基官能团，因此能够更加有效地吸附 Pb^{2+}。此外，通过测定吸附后水溶液中 COD 可以发现，经过改性后的木粉能够有效减少水溶液中 COD 含量，可能是由于木粉在水热处理过程中可溶的抽提物如单宁等化学组分已经溶解造成的。

表 4-7　化学预处理过程对木粉吸附 Pb^{2+}的影响

吸附剂	COD/(mg · L^{-1})	Pb^{2+}吸附量/(mg · g^{-1})
未处理杨木木粉	125	2.73
磁性木粉	55	4.45
巯基功能化磁性木粉	46	9.62

吸附剂对重金属离子的吸附作用不仅取决于吸附剂的物理和化学属性，水中共存的离子和金属离子的水解能力也对吸附过程产生重要的影响。图4-86给出了当溶液pH在2~7区间变化时，巯基功能化磁性木粉对Cu^{2+}、Pb^{2+}和Cd^{2+}的去除效率曲线。从图中可以看出，巯基功能化磁性木粉对重金属离子的去除效率随着pH的增加而增加，这一方面是由于溶液中H^{+}和重金属离子存在竞争吸附，当溶液pH为2时，水中H^{+}浓度较高，巯基官能团的质子化作用增强(pK_a=9.65)，因此巯基功能化磁性木粉将吸附更少的重金属离子。另一方面，随着溶液中pH的增加，重金属离子更容易反应生成具有更小有效尺寸和更高移动性能的$M(OH)_2$，因此有利于吸附剂吸附更多的重金属离子。综上实验结果，本实验将在pH=6.0的条件下，进行对重金属离子的吸附。

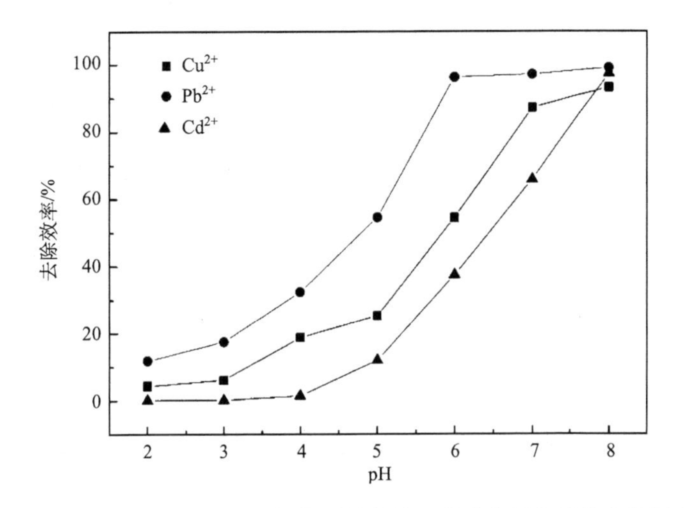

图4-86　溶液pH对巯基功能化磁性木粉吸附重金属离子效率的影响

不同吸附时间对巯基功能化磁性木粉吸附重金属离子的吸附效率如图4-87所示。从图中可以看出，巯基功能化磁性木粉对重金属离子的吸附能力在前10min内快速增加，并在20min后达到平衡状态。这可能是由于吸附开始时，木粉表面可用于吸附重金属离子的锚点位置较多，所以对重金属离子的吸附能力迅速增加，而随着反应进行，其表面的锚点位置逐渐被占满，因此巯基功能化磁性木粉对重金属离子的吸附能力趋于稳定。

用于处理废水中的理想吸附材料不仅需要具有优良的吸附能力也要有快的吸附速率。吸附动力学是用来解释吸附剂和吸附质之间吸附过程中发生表面吸附和化学反应的控制机理。通常描述吸附重金属离子的吸附动力学模型有拟一级动力学模型、拟二级动力学模型、Elovich模型和分子内扩散模型。四个动力学方程式的表达式参见式(4-11)~式(4-14)。

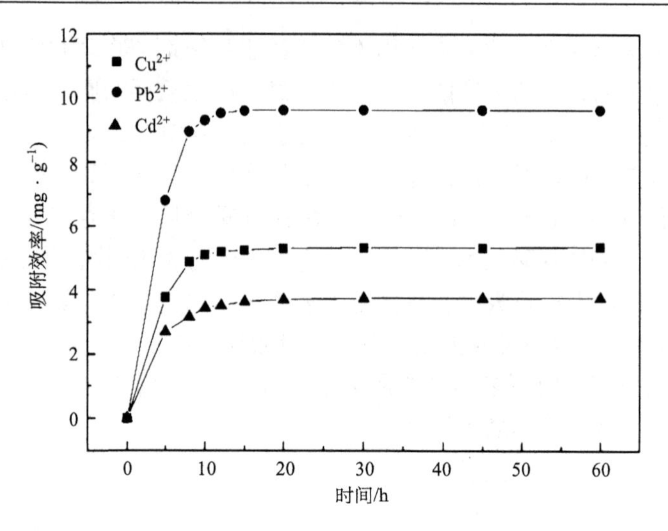

图 4-87　吸附时间对巯基功能化磁性木粉吸附重金属离子效率的影响

对吸附数据进行动力学模型拟合之后得到的相关参数列于表 4-8 中。在 0~60min 时间范围内观察吸附时间对吸附能力的影响。以吸附 Cu^{2+}为例，从表中的结果可以看出，准二级动力学方程式拟合后得到的相关系数(0.9991)相对准一级动力学相关系数(0.9635)、Elovich 方程相关系数(0.9058)和分子内扩散模型(0.9814)高，且接近于 1，由此判断准二级动力学拟合效果更好，说明吸附过程主要受化学吸附步骤控制。

表 4-8　巯基功能化磁性木粉吸附重金属离子的动力学参数

动力学模型	Cu^{2+} C_0/(mg • L^{-1})	Pb^{2+} C_0/(mg • L^{-1})	Cd^{2+} C_0/(mg • L^{-1})
	10.0	10.0	10.0
q_e/(mg • g^{-1})	5.35	9.62	3.77
准一级动力学模型			
q_e(计算)/(mg • g^{-1})	4.28	12.10	3.17
k_1/min^{-1}	0.252	0.37	0.211
R^2	0.9635	0.9754	0.9831
准二级动力学模型			
q_e(计算)/(mg • g^{-1})	5.46	10.0	4.0
k_2/(g • mg^{-1} • min^{-1})	0.189	0.125	0.178
H/(g • mg^{-1} • min^{-2})	5.643	12.5	2.857
R^2	0.9991	0.9988	0.9993
Elovich 模型			
q_e(计算)/(mg • g^{-1})	6.20	11.40	4.05

续表

动力学模型	Cu^{2+} C_0/(mg · L^{-1})	Pb^{2+} C_0/(mg · L^{-1})	Cd^{2+} C_0/(mg · L^{-1})
	10.0	10.0	10.0
α/(mg · g^{-1} · min^{-2})	3.402	5.747	3.218
β/(g · mg^{-1} · min^{-1})	0.596	0.314	1.033
R^2	0.9058	0.8956	0.9745
分子内扩散模型			
q_e(计算)/(mg · g^{-1})	6.09	11.07	4.09
k_{intra}/(mg · g^{-1} · $min^{-1/2}$)	1.574	2.87	1.05
c	0.111	0.17	0.10
R^2	0.9814	0.9821	0.9790

吸附等温线是用来描述吸附剂和吸附质之间的相互关系。为了研究固液之间的平衡吸附机制，大多数情况下用 Langmuir 吸附等温线模型和 Freundlich 吸附等温线模型对达到吸附平衡的数据进行拟合分析。Langmuir 吸附等温线假定吸附为单层分子吸附，吸附质在吸附剂表面往往存在吸附饱和的趋势。Freundlich 模型是经验吸附公式，其假设的是非均相的多分子层吸附过程。

重金属离子溶液初始浓度对巯基功能化磁性木粉吸附效率影响的实验条件：重金属离子溶液初始浓度分别为 2mg · L^{-1}、4mg · L^{-1}、6mg · L^{-1}、7mg · L^{-1}、10mg · L^{-1}、20mg · L^{-1} 和 30mg · L^{-1} 不等，吸附剂用量为 0.1g，溶液 pH 为 6.0，振荡 60min。表 4-9 中列出了通过拟合直线的斜率和截距计算得到的 q_m、K_L、K_F、n 和 r^2。从拟合结果看，相比于 Freundlich 吸附等温线模型，Langmuir 吸附等温线模型的拟合效果更好，说明实验数据和 Langmuir 吸附等温线模型非常吻合。

表 4-9　Langmuir 和 Freundlich 吸附等温线模型拟合数据

	Langmuir 模型			Freundlich 模型		
	q_m/(mg · g^{-1})	K_L/(L · mg^{-1})	r^2	K_F/(L · g^{-1})	n	r^2
Cu^{2+}	5.49	10.71	0.9816	4.19	4.23	0.8949
Pb^{2+}	12.50	8	0.9808	6.75	2.22	0.9029
Cd^{2+}	3.80	13.85	0.9938	3.00	5.95	0.9821

在实际废水处理过程中，往往存在多种离子共存的现象，因此研究吸附剂在多种离子共存条件下的竞争吸附实验有重要的意义。如图 4-88 所示，在 Cu^{2+}和 Cd^{2+}两种离子共存的条件下，巯基功能化磁性木粉对 Cu^{2+}和 Cd^{2+}的吸附效率分别是 71.1%和 45.7%。在 Pb^{2+}和 Cd^{2+}共存的条件下，巯基功能化磁性木粉对 Pb^{2+}的吸附效率是对 Cd^{2+}吸附效率的 3 倍。在 Cu^{2+}和 Pb^{2+}共存的条件下，巯基功能化磁

性木粉对 Pb^{2+}的吸附效率是 Cu^{2+}的 2 倍。显然，在存在 Pb^{2+}的条件下，巯基功能化磁性木粉对 Cd^{2+}和 Cu^{2+}的吸附效率受到了限制。在三种离子同时共存的条件下，巯基功能化磁性木粉对 Cu^{2+}、Pb^{2+}和 Cd^{2+}的吸附效率分别是 42.5%、90.6%和 29.1%，因此表面巯基功能化磁性木粉的优先吸附顺序为 $Pb^{2+}>Cu^{2+}>Cd^{2+}$。这可以用 Pearson 理论来解释，因为固定在木粉上的巯基官能团属于软配体，在水溶液中将十分容易形成高度极化的给电子中心，因此对具有低的原子自旋轨道的软酸如 Pb 有着更好的亲和力。

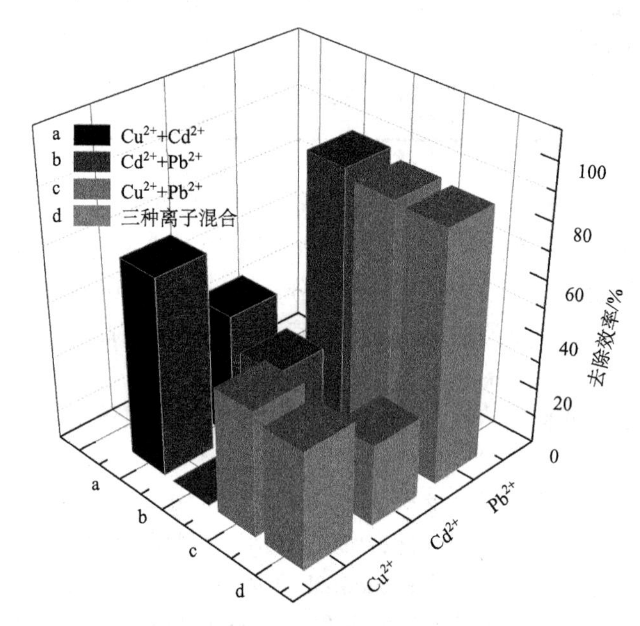

图 4-88　多种离子共存条件下巯基功能化磁性木粉的竞争吸附

此外，重金属离子吸附剂在不同酸碱条件下的稳定性对其实际应用也有着重要影响。巯基功能化磁性木粉在不同酸碱条件下饱和磁化强度和去除效率实验结果如表 4-10。从表中可以看出，在经过 $2mol \cdot L^{-1}HCl$ 处理后巯基功能化磁性木粉的饱和磁化强度仍然维持在 $4.41emu \cdot g^{-1}$，与未处理巯基功能化磁性木粉相比仅下降了 $2.86emu \cdot g^{-1}$，暗示了巯基功能化磁性木粉具有很好的磁稳定性。然而，当磁性木粉经过碱液处理后，其饱和磁化强度略有上升，可能是由于木粉表面的硅烷与 NaOH 发生了反应导致非磁性的硅烷溶解，使得更多的磁性粒子暴露在木粉表面，从而增强了磁性。至于巯基功能化磁性木粉的吸附效率，在酸液处理下巯基功能化磁性木粉的去除效率明显下降，可能与在酸性条件下更多的 H^+占据了吸附剂表面的键合位置有关。与之相反，当磁性木粉经过碱液处理后，其去除效率上升，可能与吸附剂表面的去质子化作用有关，更多的 OH^-吸附在木粉表面将提高吸附剂对重金属的螯合性能。以上结果表明，巯基功能化磁性木粉具有较好的耐酸和耐碱性。

表 4-10　不同浓度 HCl 和 NaOH 处理对巯基功能化磁性木粉饱和磁化强度和吸附效率的影响

浓度/(mol·L^{-1})	HCl			NaOH				未处理
	0.1	1	2	0.1	1	2	5	
饱和磁化强度/(emu·g^{-1})	7.07	6.57	4.41	7.07	7.12	9.09	10.57	7.27
去除效率/%	56.5	49.1	43.3	74.5	75.9	77.3	77.9	73.6

巯基功能化磁性木粉对 Pb^{2+}的循环吸附实验结果如图 4-89 所示。从图中可以看出在 5 次循环吸附过程中巯基功能化磁性木粉对重金属离子的去除效率呈现出下降的趋势，但在经过 5 次循环后，其吸附效率仍然能够达到 87%，表明其具有一定的重复利用性。

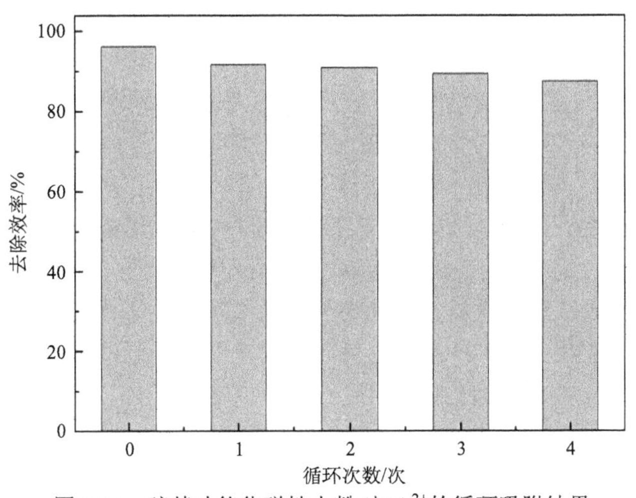

图 4-89　巯基功能化磁性木粉对 Pb^{2+}的循环吸附结果

4.6　本 章 小 结

受生物体内磁感应启发，仿生制备而成的磁性木材是一种具有广泛应用前景且性能优异的功能性木材，在其处理过程中不仅能够保持木材原有的优良性质和绿色品质，又可以克服木材自身存在的缺陷，如易燃、干缩湿胀、尺寸不稳定，同时还可以赋予木材新的功能，如磁性、超疏水性、吸波性，对实现木材改良和功能化拓展具有一定的意义。本章系统地研究了制备磁性木材的工艺条件，成功获得了形貌均一、晶层稳定、与木材牢固结合的木材/$CoFe_2O_4$纳米复合材料，并探索出影响磁性木材形成的关键生长工艺参数。同时，对磁性木材的磁性能、抗紫外老化性能、热稳定性能、尺寸稳定性和物理力学性能进行了研究，并发现经过进一步修饰 SiO_2 和 HAP 后可以有效地加强磁性木材的热稳定性和抗紫外老化性能。另外，研究还发现将磁性木材经过低表面能的硅烷改性后可以制备得到兼有超疏水、抗紫外性能的磁性木材，极大地拓展了磁性木材的使用范围。经过进一步实验证明利用胶黏剂黏接的方法可以更加简便地制备出具有极高界面结合强度的超疏水磁性木材。由于胶黏剂强力的黏接作用，更多的磁性纳米粒子将黏接在木材表面，不仅大大增强了磁性木材的磁性能，同时还赋予了磁性木材吸波性。利用同轴线传输反射法对这种超疏水磁性木材进行电磁参数的测定，发现这种材料对于16GHz 频率下的电磁波具有较好吸收效果，为解决电磁污染问题提供了新的科研思路。最后，以具有木质结构的农林废弃物——木锯屑为研究对象，通过对其进行磁功能化修饰，制备得到了具有优异吸油和吸附重金属离子性能的磁性木质吸附剂，并对这种新型的磁性吸附剂进行了吸附性能测试及吸附机理分析。本章的具体实验结论如下所述。

(1)通过一步水热法在木材表面沉积磁铁矿 Fe_3O_4 和磁赤铁矿 γ-Fe_2O_3 可以制备得到氧化铁/木材纳米复合材料。经过对氧化铁/木材纳米复合材料的微观形貌、晶体类型和化学官能团分析，发现磁性氧化铁纳米粒子与木材之间存在较强的氢键作用，由此可以推测磁性木材的形成机理，即磁性氧化铁纳米粒子在水热能量的驱动下通过氢键间的化学作用而连接在木材表面并形成初始的磁性纳米粒子层，随后由于磁性纳米粒子之间范德华力的相互吸引，更多的纳米粒子吸附在木材表面，因此形成了磁性木材。除此之外，通过对磁性氧化铁/木材纳米复合材料的磁性能、热稳定性、抗紫外老化性和尺寸稳定性能分析发现，相比于木材素材，磁性氧化铁/木材纳米复合材料除了具有一定的磁性能外，还具有更好的热稳定性、抗紫外变色性和尺寸稳定性。

(2)采用一种与磁铁矿 Fe_3O_4 和磁赤铁矿 γ-Fe_2O_3 性质迥异的磁性 $CoFe_2O_4$ 纳米粒子，并系统研究了水热参数如水热温度、反应时间和反应物浓度对合成磁性 $CoFe_2O_4$/木材纳米复合材料结构和性能的影响。实验结果发现，KNO_3 和 NaOH 能够确保在木材表面生长高纯度的尖晶石 $CoFe_2O_4$。磁性木材的表面形貌受温度的影响较大，高的水热温度有利于在木材表面生长粒径更大的磁性纳米粒子，从而得到饱和磁化强度更高的磁性木材。此外，在磁性木材形成初期，反应时间对磁性木材的磁性和形貌也有重要的影响，但是当反应时间超过 8h 时，木材表面生长的磁性纳米粒子达到饱和状态，因此这种影响将相对减弱。本次实验结果对生产具有合适结构和性能的磁性木材具有一定的指导意义。

(3)通过水热法在木材表面构筑粗糙磁性 $CoFe_2O_4$ 粒子表面，然后利用低表面能物质修饰，可以制备得到超疏水型磁性木材，且兼有优异的抗紫外老化能力。采用本方法可以一步解决由于木材亲水导致的变形开裂、材质降低、易老化、应用受限等技术难题，拓展其使用范围，极为显著提高产品附加值。

(4) 经过研究发现，相比于原始杨木，利用水热法制备的 $CoFe_2O_4$/木材纳米复合材料的初始热降解温度明显降低。为了针对性地提高 $CoFe_2O_4$/木材纳米复合材料的热稳定性，以制备好的磁性 $CoFe_2O_4$/木材纳米复合材料为基质，通过进一步修饰 HAP 或 SiO_2，可以显著提高磁性木材的热稳定性。抗紫外老化实验表明，经过二元复合后的磁性木材，其抗紫外老化性能进一步提高，以上实验结果对于将磁性木材运用于某些特殊场合具有重要的借鉴意义。

(5) 由于采用水热法制备的磁性木材，其中磁性纳米粒子与木材之间是通过氢键键连，尽管它是一种较强的相互作用力，但磁性木材表面依然存在不耐刮擦和界面结合强度不足的问题。而通过简单的黏接方法，可以有效解决这一问题。利用环氧树脂在木材表面黏接磁性纳米粒子，制备得到了同时具有超疏水性和吸波性能的磁性木材。通过砂纸打磨实验发现这种超疏水表面具有较高的稳定性，能够抵抗适当强度的摩擦。更重要的是，制备得到的磁性木材具有优异的吸波性能，其在频率为 16GHz 时反射损耗达到–12.3dB，表示其能够吸收 90%以上此频率下的电磁波。通过对材料介电常数和磁导率的研究发现，介质损耗是导致吸波型磁性木材吸收电磁波的主要原因。

(6) 为了扩大磁性木质材料的研究内涵，在木粉表面负载了磁性 $CoFe_2O_4$ 纳米粒子，随后通过低表面能乙烯基三乙氧基硅烷修饰，制备得到了具有超疏水和超亲油性能的磁性木粉。对所制备的磁性木粉进行表征分析，发现其与水的接触角高达 151°，与油类和有机溶剂的接触角为 0°，展示了超疏水和超亲油性能。进一步将磁性木粉置于油水混合物表面，发现其能够完全漂浮在水表面，且吸收约为自身质量 11.5 倍的润滑油。利用磁性木粉优异的磁特性，在外界磁铁的作用下，吸附了油污的木粉能够轻易地实现回收利用，为将材料运用在油水分离方面提供便利。此外，磁性木粉还展示了良好的化学稳定性和环境耐久性，并可重复用于油水分离至少 10 次。结合其成本低、制作简单、环境友好、超疏水性的优势，超疏水磁性木粉可用作一种有效的油水分离材料。

(7) 以农林废弃资源——木粉为基质，利用水热法在木粉表面负载磁性 γ-Fe_2O_3 纳米粒子，随后通过氨基或巯基改性均可制备出一种低成本、绿色、环保、可回收重金属离子的吸附剂。通过研究发现，不管是氨基还是巯基功能化磁性木粉，其对重金属离子的吸附行为都较好地符合二级动力学吸附模型和 Langmuir 吸附等温线，是一种自发进行的放热过程。但是氨基功能化磁性木粉对于 Cu^{2+}吸附有更高的效率，而巯基功能化磁性木粉则具有更好的稳定性和重复利用效果。以上实验结果，对于指导和生产新型的生物基磁性吸附材料具有重要的借鉴意义。

参 考 文 献

[1] 李坚. 木材科学. 北京: 科学出版社, 2014.

[2] 李坚. 木材与环境. 哈尔滨: 东北林业大学出版社, 2001.

[3] 刘一星, 于海鹏, 赵荣军. 木质环境学. 北京: 科学出版社, 2007.

[4] 李坚, 吴玉章, 马岩. 功能性木材. 北京: 科学出版社, 2011.

[5] 李坚. 新型木材-无机纳米复合材. 北京: 科学出版社, 2005.

[6] 孙庆丰. 外负载无机纳米/木材功能型材料的低温水热共溶剂法可控制备及性能研. 哈尔滨: 东北林业大学, 2012.

[7] Burgert I, Cabane E, Zollfrank C, et al. Bio-inspired functional wood-based materials- hybrids and replicates. International Materials Reviews, 2015, 60(8): 431-450.

[8] Merk V, Chanana M, Keplinger T, et al. Hybrid wood materials with improved fire retardance by bio-inspired mineralisation on the nano- and submicron level. Green Chemistry, 2015, 17(3): 1423-1428.

[9] Keplinger T, Cabane E, Chanana M, et al. A versatile strategy for grafting polymers to wood cell walls. Acta Biomaterialia, 2015, 11(1): 256-263.

[10] 顾炼百, 涂登云, 于学利. 炭化木的特点及应用. 中国人造板, 2007, 14(5): 30-32.

[11] 谢延军, 刘一星, 孙耀星, et al. 热处理木材及其在欧洲的发展. Journal of Forestry Research, 2002, 13(3): 224-230.

[12] Miyafuji H, Saka S. Fire-resisting properties in several TiO_2 wood-inorganic composites and their topochemistry. Wood Science and Technology, 1997, 31(6): 449-455.

[13] 刘占胜, 张勤丽, 张齐生. 压缩木制造技术. 木材工业, 2000, (5): 19-21.

[14] 李坚, 孙庆丰. 大自然给予的启发——木材仿生科学刍议. 中国工程科学, 2014, 16(4): 4-12.

[15] Zhu H, Luo W, Ciesielski P N, et al. Wood-derived materials for green electronics, biological devices, and energy applications. Chemical Reviews, 2016, 116(16): 9305.

[16] Wu Y, Jia S, Yan Q, et al. A versatile and efficient method to fabricate durable superhydrophobic surfaces on wood, lignocellulosic fiber, glass, and metal substrates. Journal of Materials Chemistry A, 2016, 4(37): 14111-14121.

[17] 冯琳, 江雷. 仿生智能纳米界面材料. 北京: 化学工业出版社, 2007.

[18] 北京大学物理系《铁磁学》编写组. 铁磁学. 北京: 科学出版社, 1976.

[19] 阚二军. 新型磁性材料的第一性原理计算与设计研究. 合肥: 中国科学技术大学, 2008.

[20] Kodama R H. Magnetic nanoparticles. Journal of Magnetism & Magnetic Materials, 1999, 200205050(75): 359-372.

[21] 白春礼. 纳米科技及其发展前景. 化工学报, 2001, 52(6): 37.

[22] Laurent S, Forge D, Port M, et al. Magnetic iron oxide nanoparticles: Synthesis, stabilization, vectorization, physicochemical characterizations, and biological applications. Chemical Reviews, 2008, 108(6): 2064-2110.

[23] Lu A H, Salabas E L, Schüth F. Magnetic nanoparticles: Synthesis, protection, functionalization,

and application. Angewandte Chemie International Edition, 2007, 46(8): 1222-1244.
[24] Ball P, Garwin L. Science at the atomic scale. Nature, 1992, 355(6363): 761-766.
[25] Chinnasamy C N, Senoue M, Jeyadevan B, et al. Synthesis of size-controlled cobalt ferrite particles with high coercivity and squareness ratio. Journal of Colloid & Interface Science, 2003, 263(1): 80-83.
[26] Herzer G. Nanocrystalline soft magnetic materials. Journal of Magnetism & Magnetic Materials, 1996, 157-158(5): 133-136.
[27] Lee J, Isobe T, Senna M. Magnetic properties of ultrafine magnetite particles and their slurries prepared via in-situ precipitation. Colloids & Surfaces A Physicochemical & Engineering Aspects, 1996, 109(8): 121-127.
[28] Stapor K, Brueckner A. Synthesis of very fine maghemite particles. Journal of Magnetism & Magnetic Materials, 1995, 149(1-2): 6-9.
[29] Ishikawa T, Kataoka S, Kandori K. The influence of carboxylate ions on the growth of β-FeOOH particles. Journal of Materials Science, 1993, 28(10): 2693-2698.
[30] Kandori K, Sakai M, Inoue S, et al. Effects of amino acids on the formation of hematite particles in a forced hydrolysis reaction. Journal of Colloid and Interface Science, 2006, 293(1): 108-115.
[31] Kandori K, Kawashima Y, Ishikawa T. Effects of citrate ions on the formation of monodispersed cubic hematite particles. Journal of Colloid & Interface Science, 1992, 152(1): 284-288.
[32] Cornell R M, Schindler P W. Infrared study of the adsorption of hydroxycarboxylic acids on α-FeOOH and amorphous Fe(Ⅲ)hydroxide. Colloid and Polymer Science, 1980, 258(10): 1171-1175.
[33] Willis A, Turro N J, O'brien S. Spectroscopic characterization of the surface of iron oxide nanocrystals. Chemistry of Materials, 2014, 17(24): 325-328.
[34] Murray C B, Norris D J, Bawendi M G. Synthesis and characterization of nearly monodisperse CdE(E = sulphur, selenium, tellurium) semiconductor nanocrystallites. Journal of American Chemical Society, 1993, 115(19): 8706-8715.
[35] O'brien S, Brus L, Murray C B. ChemInform abstract: Synthesis of monodisperse nanoparticles of barium titanate: Toward a generalized strategy of oxide nanoparticle synthesis. Journal of American Chemical Society, 2001, 123(48): 12085.
[36] William W Y, Falkner J C, Yavuz C T, et al. Synthesis of monodisperse iron oxide nanocrystals by thermal decomposition of iron carboxylate salts. Chemical Communications, 2004, 20: 2306-2307.
[37] Redl F X, Black C T, Papaefthymiou G C, et al. Magnetic, electronic, and structural characterization of nonstoichiometric iron oxides at the nanoscale. Journal of American Chemical Society, 2012, 126(44): 14583-14599.
[38] Rockenberger J, Scher E C, Alivisatos A P. A new nonhydrolytic single-precursor approach to surfactant-capped nanocrystals of transition metal oxides. Journal of American Chemical Society, 1999, 121(49): 11595-11596.

[39] Farrell D, Majetich S A, Wilcoxon J P. Preparation and characterization of monodisperse Fe nanoparticles. China Powder Science & Technology, 2008, 107(40): 11022-11030.

[40] Jana N R, Chen Y, Peng X. Size- and shape-controlled magnetic(Cr, Mn, Fe, Co, Ni) oxide nanocrystals via a simple and general approach. Chemistry of Materials, 2004, 16(20): 11-22.

[41] Samia A C, Hyzer K, Schlueter J A, et al. Ligand effect on the growth and the digestion of Co nanocrystals. Journal of American Chemical Society, 2005, 127(127): 4126-4127.

[42] Li Y, Afzaal M, O'brien P. The synthesis of amine-capped magnetic(Fe, Mn, Co, Ni) oxide nanocrystals and their surface modification for aqueous dispersibility. Journal of Materials Chemisty, 2006, 16(22): 2175-2180.

[43] Sun S, Zeng H, Robinson D B, et al. Monodisperse MFe_2O_4 (M = Fe, Co, Mn) nanoparticles. Journal of American Chemical Society, 2004, 126(1): 273.

[44] Lamer V K, Dinegar R H. Theory, production and formation of monodispersed hydrosols. Journal of American Chemical Society, 1950, 72(11): 2494.

[45] Cao M, Liu T, Gao S, et al. Single-crystal dendritic micro-pines of magnetic alpha-Fe_2O_3: Large-scale synthesis, formation mechanism, and properties. Angewandte Chemie International Edition, 2005, 44(27): 4197-4201.

[46] Hu F Q, Wei L, Zhou Z, et al. Preparation of biocompatible magnetite nanocrystals for in vivo magnetic resonance detection of cancer. Advanced Materials, 2006, 18(19): 2553-2556.

[47] Langevin D. Micelles and microemulsions. Annual Review of Physical Chemistry, 2003, 415(43): 327-349.

[48] Moulik S P, Paul B K. Uses and applications of microemulsions. Current Science, 2001, 80(8): 990-1001.

[49] Liu C, Zou B, And A J R, et al. Reverse micelle synthesis and characterization of superparamagnetic $MnFe_2O_4$ spinel ferrite nanocrystallites. Journal of Physical Chemistry b, 2000, 104(6): 1141-1145.

[50] Woo K, Lee H J, Ahn J P, et al. Sol-gel mediated synthesis of Fe_2O_3 nanorods. Advanced Materials, 2010, 15(20): 1761-1764.

[51] Tan W, Santra S, Zhang P, et al. Coated nanoparticles: U. S. Patent, 6548264. 2003-4-15.

[52] Wang X, Zhuang J, Peng Q, et al. Heavy equipment operator training via virtual modeling technologies. Nature, 2005, 437: 1-10.

[53] Deng H, Li X, Peng Q, et al. Monodisperse magnetic single-crystal ferrite microspheres. Angewandte Chemie International Edition, 2005, 117(18): 2782-2785.

[54] 潘永信, 邓成龙, 刘青松, 等. 趋磁细菌磁小体的生物矿化作用和磁学性质研究进展. 科学通报, 2004, 49(24): 2505-2510.

[55] 陈夏法. 海龟导航的生物罗盘. 航海, 1996, (1): 47-48.

[56] 吴秀山. 鸟类迁徙之谜. 知识就是力量, 2009, (10): 16-19.

[57] 高洪林, 吴国元, 张艮林, 等. Fe_3O_4/木材复合材料的制备及磁性. 功能材料, 2010, 41(11): 1900-1902.

[58] 陈京环, 钱学仁. 磁性木材和磁性木质纤维的制备及应用. 林产工业, 2006, 33(5): 8-11.

[59] 姚秋芳, 陈逸鹏, 钱特蒙, 等. 木材仿生趋磁性及其超疏水性能. 科技导报, 2016, 34(19): 46-49.

[60] Oka H, Uchidate S, Sekino N, et al. Electromagnetic wave absorption characteristics of half carbonized powder-type magnetic wood. IEEE Transactions on Magnetics, 2011, 47(47): 3078-3080.

[61] Oka H, Hojo A, Seki K, et al. Wood construction and magnetic characteristics of impregnated type magnetic wood. Journal of Magnetism & Magnetic Materials, 2002, 239(1): 617-619.

[62] Oka H, Tokuta H, Namizaki Y, et al. Effects of humidity on the magnetic and woody characteristics of powder-type magnetic wood. Journal of Magnetism & Magnetic Materials, 2004, 272(2): 1515-1517.

[63] Oka H, Hamano H, Chiba S. Experimental study on actuation functions of coating-type magnetic wood. Journal of Magnetism & Magnetic Materials, 2004, 272(22): E1693-E1694.

[64] Oka H, Kataoka Y, Osada H, et al. Experimental study on electromagnetic wave absorbing control of coating-type magnetic wood using a grooving process. Journal of Magnetism & Magnetic Materials, 2007, 310(2): e1028-e1029.

[65] Oka H, Fujita H. Experimental study on magnetic and heating characteristics of magnetic wood. Journal of Applied Physics, 1999, 85(8): 5732-5734.

[66] Oka H, Narita K, Osada H, et al. Experimental results on indoor electromagnetic wave absorber using magnetic wood. Journal of Applied Physics, 2002, 91(91): 7008-7010.

[67] Jin C, Yao Q, Li J, et al. Fabrication, superhydrophobicity, and microwave absorbing properties of the magnetic γ-Fe_2O_3/bamboo composites. Materials & Design, 2015, 85: 205-210.

[68] 孙涛, 王光辉, 陆安慧, 等. 磁性氧化铁纳米颗粒的研究进展. 化工进展, 2010, 29(7): 1241-1250.

[69] 乔瑞瑞, 贾巧娟, 曾剑峰, 等. 磁性氧化铁纳米颗粒及其磁共振成像应用. 生物物理学报, 2011, 27(4): 272-288.

[70] 林晓芬, 陈爱政, 王士斌. 磁性氧化铁纳米颗粒的生物相容性研究进展. 科学通报, 2011, 56(26): 2223-2228.

[71] 孙庆丰, 卢芸, 刘一星. 木材无机纳米表面修饰引论. 北京: 科学出版社, 2013.

[72] Furuno T, Imamura Y. Combinations of wood and silicate Part 6. Biological resistances of wood-mineral composites using water glass-boron compound system. Wood Science and Technology, 1998, 32(3): 161-170.

[73] Gao L, Zhan X, Lu Y, et al. pH-dependent structure and wettability of TiO_2-based wood surface. Materials Letters, 2015, 142: 217-220.

[74] Wan C, Lu Y, Sun Q, et al. Hydrothermal synthesis of zirconium dioxide coating on the surface of wood with improved UV resistance. Applied Surface Science, 2014, 321: 38-42.

[75] Sun Q, Yun L, Yang D, et al. Preliminary observations of hydrothermal growth of nanomaterials on wood surfaces. Wood Science and Technology, 2014, 48(1): 51-58.

[76] Wang C, Cheng P, Lucas C. Synthesis and characterization of superhydrophobic wood surfaces. Journal of Applied Polymer Science, 2011, 119(3): 1667-1672.

[77] Lu Y, Sun Q, Liu T, et al. Fabrication, characterization and photocatalytic properties of millimeter-long TiO_2 fiber with nanostructures using cellulose fiber as a template. Journal of Alloys & Compounds, 2013, 577(45): 569-574.

[78] Li J, Yu H, Sun Q, et al. Growth of TiO_2 coating on wood surface using controlled hydrothermal method at low temperatures. Applied Surface Science, 2010, 256(16): 5046-5050.

[79] Gan W, Liu Y, Gao L, et al. Magnetic property, thermal stability, UV-resistance, and moisture absorption behavior of magnetic wood composites. Polymer Composite, 2015, 38(8): 1646-1654.

[80] Faria D L A D, Silva S V, Oliveira M T D. Raman microspectroscopy of some iron oxides and oxyhydroxides. Journal of Raman Spectroscopy, 1997, 28(11): 873-878.

[81] Hanesch M. Raman spectroscopy of iron oxides and (oxy) hydroxides at low laser power and possible applications in environmental magnetic studies. Geophysical Journal International, 2009: 177(3): 941-948.

[82] Jubb A M, Allen H C. Vibrational spectroscopic characterization of hematite, maghemite, and magnetite thin films produced by vapor deposition. ACS Applied Materials & Interfaces, 2010, 2(10): 2804-2812.

[83] Lu Y, Liu H, Gao R, et al. Coherent interface assembled Ag_2O anchored nanofibrillated cellulose porous aerogels for radioactive iodine capture. ACS Applied Materials & Interfaces, 2016, 8(42): 29179-29185.

[84] Lu Y, Xiao S, Gao R, et al. Improved weathering performance and wettability of wood protected by CeO_2 coating deposited onto the surface. Holzforschung, 2013, 68(3): 345-351.

[85] Sun Q, Lu Y, Zhang H, et al. Improved UV resistance in wood through the hydrothermal growth of highly ordered ZnO nanorod arrays. Journal of Materials Science, 2012, 47(10): 4457-4462.

[86] Waldron R D. Infrared spectra of ferrites. Physical Review, 1955, 99(6): 1727-1735.

[87] Olsson R T, Azizi Samir M A, Salazar-Alvarez G, et al. Making flexible magnetic aerogels and stiff magnetic nanopaper using cellulose nanofibrils as templates. Nature Nanotechnology, 2010, 5(8): 584-588.

[88] Merk V, Chanana M, Gierlinger N, et al. Hybrid wood materials with magnetic anisotropy dictated by the hierarchical cell structure. ACS Applied Materials & Interfaces, 2014, 6(12): 9760.

[89] Ma M, Zhang Y, Yu W, et al. Preparation and characterization of magnetite nanoparticles coated by amino silane. Colloids & Surfaces A Physicochemical & Engineering Aspects, 2003, 212(2-3): 219-226.

[90] Tao K, Dou H, Sun K. Interfacial coprecipitation to prepare magnetite nanoparticles: Concentration and temperature dependence. Colloids & Surfaces A Physicochemical & Engineering Aspects, 2008, 320(1-3): 115-122.

[91] Sreeja V, Joy P A. Microwave–hydrothermal synthesis of γ-Fe_2O_3 nanoparticles and their magnetic properties. Materials Research Bulletin, 2007, 42(8): 1570-1576.

[92] Rosa M F, Chiou B S, Medeiros E S, et al. Effect of fiber treatments on tensile and thermal

properties of starch/ethylene vinyl alcohol copolymers/coir biocomposites. Bioresource Technology, 2009, 100(21): 5196-5202.

[93] Hasegawa K I, Satō T. Particle-size distribution of $CoFe_2O_4$ formed by the coprecipitation method. Journal of Applied Physics, 1967, 38(12): 4707-4713.

[94] Vicente J D, Delgado A V, Plaza R C, et al. Stability of cobalt ferrite colloidal particles. Effect of pH and applied magnetic fields. Langmuir, 2000, 16(21): 7954-7961.

[95] Balazs A C, Emrick T, Russell T P. Nanoparticle polymer composites: Where two small worlds meet. Science, 2006, 314(5802): 1107-1110.

[96] Gan W, Liu Y, Gao L, et al. Growth of $CoFe_2O_4$ particles on wood template using controlled hydrothermal method at low temperature. Ceramicals International, 2015, 41(10): 14876-14885.

[97] Zhao L, Zhang H, Yan X, et al. Studies on the magnetism of cobalt ferrite nanocrystals synthesized by hydrothermal method. Journal of Solid State Chemistry, 2008, 181(2): 245-252.

[98] Köseoğlu Y, Alan F, Tan M, et al. Low temperature hydrothermal synthesis and characterization of Mn doped cobalt ferrite nanoparticles. Ceramics International, 2012, 38(5): 3625-3634.

[99] Lu Y, Sun Q, Yang D, et al. Fabrication of mesoporous lignocellulose aerogels from wood via cyclic liquid nitrogen freezing-thawing in ionic liquid solution. Journal of Materials Chemistry, 2012, 22(27): 13548-13557.

[100] Li J, Lu Y, Yang D, et al. Lignocellulose aerogel from wood-ionic liquid solution(1-allyl-3-methylimidazolium chloride) under freezing and thawing conditions. Biomacromolecules, 2011, 12(5): 1860-1867.

[101] Maaz K, Mumtaz A, Hasanain S K, et al. Synthesis and magnetic properties of cobalt ferrite($CoFe_2O_4$) nanoparticles prepared by wet chemical route. Journal of Magnetism & Magnetic Materials, 2007, 308(2): 289-295.

[102] Salazar-Alvarez G, Olsson R T, Sort J, et al. Enhanced coercivity in Co-rich near-stoichiometric $Co_xFe_{3-x}O_{4+\delta}$ nanoparticles prepared in large batches. Chemistry of Materials, 2007, 19(20): 4957-4963.

[103] Schrefl T, Schmidts H F, Fidler J, et al. Nucleation of reversed domains at grain boundaries. Journal of Applied Physics, 1993, 73(10): 6510-6512.

[104] Sugimoto T, Yamaguchi G. Contact recrystallization of silver halide microcrystals in solution. Journal of Crystal Growth, 1976, 34(2): 253-262.

[105] 刘明杰, 江雷. Dialectics of nature in materials science: Binary cooperative complementary materials. Science China Materials, 2016, 59(4): 239-246.

[106] 刘明, 吴义强, 卿彦, 等. 木材仿生超疏水功能化修饰研究进展. 功能材料, 2015, 46(14): 14012-14018.

[107] 田翠花, 吴义强, 罗莎, 等. 纳米材料与纳米技术在功能性木材中的应用. 世界林业研究, 2015, 28(1): 61-66.

[108] Sun Q, Lu Y, Liu Y. Growth of hydrophobic TiO_2 on wood surface using a hydrothermal method. Journal of Materials Science, 2011, 46(24): 7706-7712.

[109] Miyafuji H, Saka S. Wood-inorganic composites prepared by the sol-gel process. V.

Fire-resisting properties of the SiO_2-P_2O_5-B_2O_3 wood-inorganic composites. Mokuzai Gakkaishi = Journal of the Japan Wood Research Society, 1996, 42 (1) : 74-80.

[110] Miyafuji H, Saka S. Na_2O-SiO_2 wood-inorganic composites prepared by the sol-gel process and their fire-resistant properties. Journal of Wood Science, 2001, 47 (6) : 483-489.

[111] Liu M, Wu Y, Qing Y, et al. Progress in the research of functional modification on bionic fabrication of superhydrophobic wood. Gongneng Cailiao/Journal of Functional Materials, 2015, 46 (14) : 14012-14018.

[112] Zhu M, Song J, Li T, et al. Highly anisotropic, highly transparent wood composites. Advanced Materials, 2016, 28 (26) : 5181.

[113] Zhu M, Li T, Davis C S, et al. Transparent and haze wood composites for highly efficient broadband light management in solar cells. Nano Energy, 2016, 26: 332-339.

[114] Li T, Zhu M, Yang Z, et al. Wood composite as an energy efficient building material: Guided sunlight transmittance and effective thermal insulation. Advanced Energy Materials, 2016, 6: 1601122.

[115] Gan W, Gao L, Sun Q, et al. Multifunctional wood materials with magnetic, superhydrophobic and anti-ultraviolet properties. Applied Surface Science, 2015, 332: 565-572.

[116] Gan W, Gao L, Zhan X, et al. Hydrothermal synthesis of magnetic wood composites and improved wood properties by precipitation with $CoFe_2O_4$/hydroxyapatite. RSC Advances, 2015, 5 (57) : 45919-45927.

[117] Wan Y Z, Hong L, Jia S R, et al. Synthesis and characterization of hydroxyapatite–bacterial cellulose nanocomposites. Composites Science & Technology, 2006, 66 (11-12) : 1825-1832.

[118] Shi S, Chen S, Zhang X, et al. Biomimetic mineralization synthesis of calcium-deficient carbonate-containing hydroxyapatite in a three-dimensional network of bacterial cellulose. Journal of Chemical Technology & Biotechnology, 2009, 84 (2) : 285-290.

[119] Wan Y Z, Huang Y, Yuan C D, et al. Biomimetic synthesis of hydroxyapatite/bacterial cellulose nanocomposites for biomedical applications. Materials Science & Engineering C, 2007, 27 (4) : 855-864.

[120] Borum L, Jr O C W. Surface modification of hydroxyapatite. Part Ⅱ. Silica. Biomaterials, 2003, 24 (21) : 3681.

[121] Pan H, Liu X Y, Tang R, et al. Mystery of the transformation from amorphous calcium phosphate to hydroxyapatite. Chemical Communications, 2010, 46 (39) : 7415-7417.

[122] Mohandes F, Salavatiniasari M. Freeze-drying synthesis, characterization and in vitro bioactivity of chitosan/graphene oxide/hydroxyapatite nanocomposite. RSC Advances, 2014, 38 (49) : 4501-4509.

[123] Hu A, Li M, Chang C, et al. Preparation and characterization of a titanium-substituted hydroxyapatite photocatalyst. Journal of Molecular Catalysis A: Chemical, 2007, 267 (1) : 79-85.

[124] Gan W, Gao L, Liu Y, et al. The magnetic, mechanical, thermal properties and UV resistance of $CoFe_2O_4$/SiO_2-coated film on wood. Journal of Wood and Chemical Technology, 2016, 36 (2) :

94-104.

[125] Cannas C, Musinu A, Ardu A, et al. $CoFe_2O_4$ and $CoFe_2O_4/SiO_2$ core/shell nanoparticles: Magnetic and spectroscopic study. Chemistry of Materials, 2010, 22(11): 3353-3361.

[126] Gan W, Gao L, Zhang W, et al. Fabrication of microwave absorbing $CoFe_2O_4$ coatings with robust superhydrophobicity on natural wood surfaces. Ceramics International, 2016, 42(11): 13199-13206.

[127] Wang H, Fang J, Cheng T, et al. One-step coating of fluoro-containing silica nanoparticles for universal generation of surface superhydrophobicity. Chemical Communications, 2007, 7(7): 877-879.

[128] Yamashita T, Hayes P. Analysis of XPS spectra of Fe^{2+} and Fe^{3+} ions in oxide materials. Applied Surface Science, 2008, 254(8): 2441-2449.

[129] Zimmermann J, Reifler F A, Fortunato G, et al. A simple, one-step approach to durable and robust superhydrophobic textiles. Advanced Functional Materials, 2008, 18(22): 3662-3669.

[130] Zhang X J, Wang G S, Cao W Q, et al. Enhanced microwave absorption property of reduced graphene oxide(RGO)-$MnFe_2O_4$ nanocomposites and polyvinylidene fluoride. ACS Applied Materials & Interfaces, 2014, 6(10): 7471.

[131] Wang G S, Nie L Z, Yu S H. Tunable wave absorption properties of b-MnO_2 nanorods and their application in dielectric composites. RSC Advances, 2012, 2(2): 6216-6221.

[132] Cao M S, Shi X L, Fang X Y, et al. Microwave absorption properties and mechanism of cagelike ZnO/SiO_2 nanocomposites. Applied Physics Letters, 2007, 91(20): 203110-203110-3.

[133] Duan Y, Yang Y, He M, et al. Absorbing properties of α-manganese dioxide/carbon black double-layer composites. Journal of Physics D: Applied Physics, 2008, 41(12): 1854-1862.

[134] 顾国维. 水污染治理技术研究. 上海: 同济大学出版社, 1997.

[135] 王宝贞, 王琳. 水污染治理新技术: 新工艺新概念新理论. 北京: 科学出版社, 2004.

[136] Liu Y, Ma J, Wu T, et al. Cost-effective reduced graphene oxide-coated polyurethane sponge as a highly efficient and reusable oil-absorbent. ACS Applied Materials & Interfaces, 2013, 5(20): 10018.

[137] Arbatan T, Fang X, Wei S. Superhydrophobic and oleophilic calcium carbonate powder as a selective oil sorbent with potential use in oil spill clean-ups. Chemical Engineering Journal, 2011, 166(2): 787-791.

[138] Gui X, Zeng Z, Lin Z, et al. Magnetic and highly recyclable macroporous carbon nanotubes for spilled oil sorption and separation. ACS Applied Materials & Interfaces, 2013, 5(12): 5845.

[139] Gan W, Gao L, Zhan X, et al. Removal of Cu^{2+} ions from aqueous solution by amino-functionalized magnetic sawdust composites. Wood Science and Technology, 2016, 51(1): 207-225.

[140] Gan W, Gao L, Zhan X, et al. Preparation of thiol-functionalized magnetic sawdust composites as an adsorbent to remove heavy metal ions. RSC Advances, 2016, 6(44): 37600-37609.

[141] Gan W, Gao L, Zhang W, et al. Removal of oils from water surface via useful recyclable $CoFe_2O_4$/sawdust composites under magnetic field. Materials & Design, 2016, 98: 194-200.

[142] Amarasinghe B M W P K, Williams R A. Tea waste as a low cost adsorbent for the removal of Cu and Pb from wastewater. Chemical Engineering Journal, 2007, 132(1-3): 299-309.

[143] Fonseca M G D, Oliveira M M D, Arakaki L N H, et al. Natural vermiculite as an exchanger support for heavy cations in aqueous solution. Journal of Colloid & Interface Science, 2005, 285(1): 50-55.

[144] Zheng J C, Feng H M, Lam H, et al. Removal of Cu(II) in aqueous media by biosorption using water hyacinth roots as a biosorbent material. Journal of Hazardous Materials, 2009, 171(1-3): 780.

[145] Bailey S E, Olin T J, Bricka R M, et al. A review of potentially low-cost sorbents for heavy metals. Water Research, 1999, 33(11): 2469-2479.

[146] Crone T J, Tolstoy M. Magnitude of the 2010 gulf of mexico oil leak. Science, 2010, 330(6004): 634.

[147] Dalton T, Jin D. Extent and frequency of vessel oil spills in US marine protected areas. Marine Pollution Bulletin, 2010, 60(11): 1939.

[148] Lu H M, Zheng W T, Jiang Q. Saturation magnetization of ferromagnetic and ferrimagnetic nanocrystals at room temperature. Journal of Physics D: Applied Physics, 2007, 40(2): 320-325.

[149] Berkowitz A E, Schuele W J, Flanders P J. Influence of crystallite size on the magnetic properties of acicular γ-Fe_2O_3 particles. Journal of Applied Physics, 1968, 39(2): 1261-1263.

[150] Coey J M. Noncollinear spin arrangement in ultrafine ferrimagnetic crystallites. Physical Review Letters, 1971, 27(27): 1140-1142.

第 5 章　纤维素纳米晶体液晶相的虹彩性质与仿生应用

5.1　引　　言

纤维素是自然界中最丰富的天然高分子聚合物之一。纤维素以其可再生、可生物降解以及独特的力学性能被广泛用于服装、纸张、复合材料等。近年来，纤维素在纳米科学、化学、物理学、材料学、生物学及仿生学等领域得到了广泛的应用。而作为植物细胞壁的主要成分，其在植物细胞中的定向排列进而呈现出的仿生特性亦引起了国内外学者的广泛关注[1−5]。

微晶纤维素是植物细胞壁的主要组分，根据这些微晶纤维的取向，细胞的机械性能可以由刚性变化至柔性[6]。在一些特殊的植物中(图 5-1)，纤维素微纤组织以螺旋结构的形式包裹在细胞周围从而表现出各向异性的光学特性[7,8]。植物结构中纤维素的螺旋排列对细胞生长和机械性能具有一定的影响，一些植物的花、叶子和果实通过纤维素纳米结构的取向排列表现出绚丽的虹彩颜色，其主要作用是通过这种鲜艳的颜色引起其他动物的注意进而增加授粉和种子传播的概率，同时这种定向排列的颜色也可以屏蔽紫外光的辐射[9,10]。

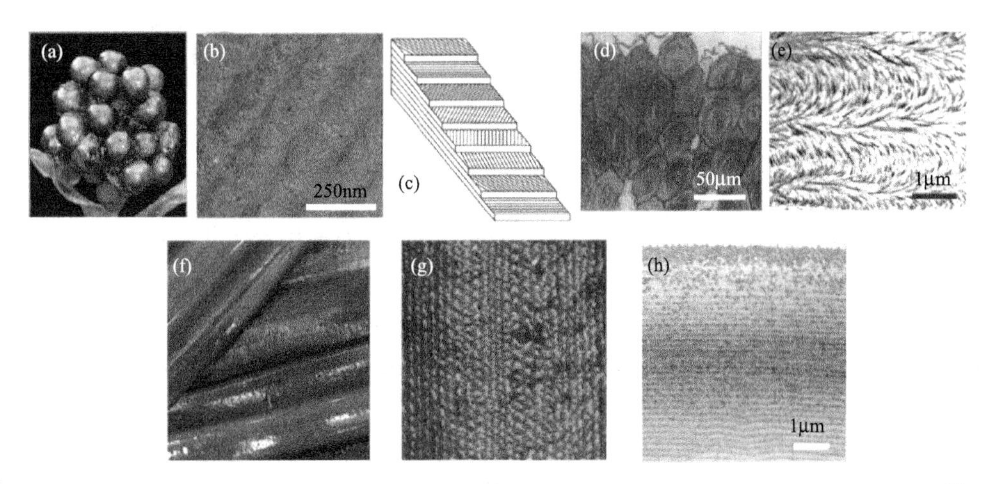

图 5-1　纤维素在植物中的螺旋组织实例。杜若果实的蓝色虹彩(a)及纤维素基螺旋堆叠(b)[9]；微纤维的螺旋排列示意图(c)；榅桲(别名木梨)种皮的表皮细胞(d)及具有螺旋状纤维素微纤结构的 TEM 图(e)[8]；热带播鼓芳属有尾目叶子的蓝绿色虹彩(f，g)及叶子中纤维素螺旋结构与生物硅结合的 TEM 图(h)[10]

植物细胞内纤维素的取向结构是基于纤维素、半纤维素、果胶、木质素以及结构蛋白等组分在植物生长过程中的复杂相互作用而形成的[11]。纤维素的化学结构是由D-吡喃葡萄糖环彼此以β-1,4-D-糖苷键以C_1椅式构象连接而成的线性高分子。这些聚合物通过大量的氢键结合形成高度结晶的纳米微晶，纳米微晶沿着微纤丝轴向形成一种由结晶区和无定形区交错结合的体系[4]。

早在20世纪50年代初，研究人员发现，纤维素的无定形区域可以通过酸水解选择性地除去，分离出刚性的棒状微晶，这种微晶现在称为纤维素纳米晶体(CNC，图5-2 [12])。当使用硫酸水解时，纤维素纳米晶体表面带负电荷的硫酸根基团使其形成稳定的水分散体系。纤维素纳米晶体通常直径为5~30nm，长度为100~250nm，这取决于水解的条件和纤维素原料(如木浆、棉、细菌、被囊动物) [13,14]。

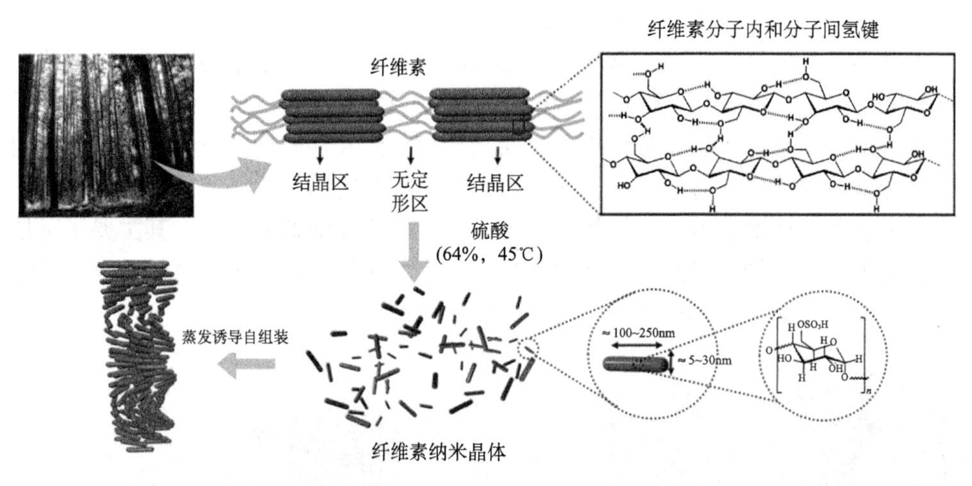

图5-2　纤维素纳米晶体(CNC)通过酸水解纤维素制备后，经自组装成手性向列型液晶相路线图

20世纪50年代，纤维素纳米晶体的手性向列型液晶被发现[3]。1992年，Revol等证明，纤维素纳米晶体的水溶液在大约3%的质量浓度时能够形成手性向列型液晶相[15]。在手性向列型液晶中，棒状液晶具有特征重复距离扭转的取向顺序，这个重复距离称为螺距。手性向列型液晶相的形成可以通过偏光显微镜(POM)观察纤维素纳米晶体分散体系中水分蒸发时的指纹图谱来确认。手性向列结构的螺旋顺序可以产生绚丽的虹彩色，这些颜色可在植物和某些动物(如宝石甲虫的外壳，见图5-3) [16]的身上观察到，反射波长取决于螺距、折射率和观察角度。由于手性向列结构可以是左旋或右旋的，反射光为了匹配相位的手性总是以圆偏振的形式存在。

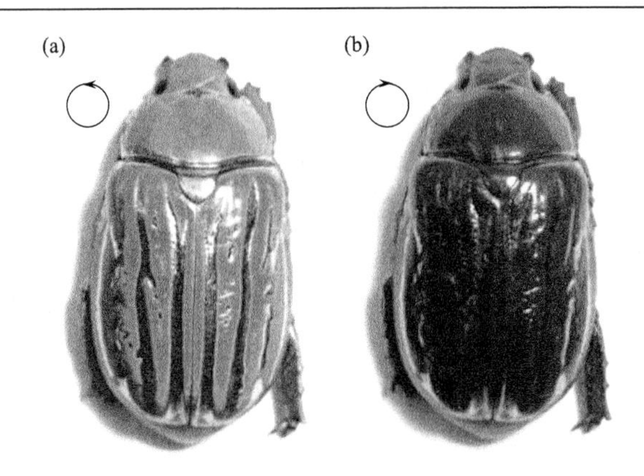

图 5-3　宝石甲虫的光学照片：(a)左圆偏振光下观察呈现亮绿色；(b)右圆偏振光下绿色消失[16]

纤维素纳米晶体在水中形成手性向列型液晶相。当干燥成固态薄膜的时候，纤维素纳米晶体保留了这种螺旋的手性向列结构并且组装成每层都定向排列的层状结构。这种手性向列型液晶相的排序可以作为一维光子晶体结构，其选择性地反射圆偏振光，其反射波长几乎与螺距相匹配。

5.2　纤维素纳米晶体的酸水解制备

纤维素纳米晶体主要来源于植物，如木材、棉花等植物纤维。除植物纤维外，细菌、动物也产生纤维素。细菌纤维素、被囊类动物中也可制备纤维素纳米晶体。纳米晶体的大小、尺寸和形状在一定程度上取决于纤维素的来源。

5.2.1　木材原料制备纤维素纳米晶体

1947 年，Nickerson 和 Habrle 用盐酸和硫酸水解木材制造出纤维素纳米晶体悬浮液；1952 年，Ranby [17]第一次通过酸水解针叶浆的方法制备了稳定的胶体尺寸的微晶纤维素；后来 Araki 和他的合作者通过酸水解木材制备出具有纳米尺寸的纤维素悬浮液，其长度为 100~300nm，横截面直径为 3~5nm[18]；最近 Beck-Candanedo 等通过硫酸水解天然纤维素制备出稳定的纤维素纳米晶体悬浮液，研究了反应时间和酸浆比对黑云杉硫酸盐化学浆水解后悬浮液性质的影响。结果发现，长的水解时间制备出短的、低分散的黑云杉纤维素纳米晶体；增加酸浆比减小了纤维素纳米晶体的尺寸；临界浓度增加，双相排列变得较窄。当制备的水解条件相似时，由漂白牛皮桉树浆制备的纤维素纳米晶体显现出与针叶浆非常相似的性质[19]。

5.2.2　MCC 原料制备纤维素纳米晶体

Marchessault 等用硫酸对微晶纤维素(MCC)进行适当的处理，不仅能够分离出纤维素纳米晶须，而且在其表面通过硫酸根离子的酯化作用使得纤维表面带负电荷，因此能够形成一个稳定的纤维素悬浮液体系[20]。Bondeson 等用微晶纤维素作为原材料制备纤维素纳米晶体，通过响应面法对反应条件(微晶纤维素浓度、硫酸浓度、水解时间、温度和超声时间)进行优化，通过电导滴定测定其表面电荷，通过光学和TEM进行微观分析，通过双光折射法对过程的结果进行研究[21]。Filson 等对从木材微晶纤维素中制备的纤维素纳米晶体做了讨论，微晶纤维素和回收木浆用超声化学辅助水解法制备，并对去离子水和顺丁烯二酸两种水解体系进行评估。在去离子水体系中，用微晶纤维素制备的纤维素纳米晶体平均直径为(21±5) nm(最小 15nm，最大 32nm)。用回收木浆制备的纤维素纳米晶体不是明显的球形，平均直径为(23±4) nm(最小 14nm，最大 32nm)。微晶纤维素顺丁烯二酸超声化学辅助水解在 15℃和 90%功率输出下反应 9min 制备的纤维素纳米晶体为圆柱形，尺寸范围为长(65±19) nm，宽为 15nm[22]。Bai 等通过对微晶纤维素进行酸水解得到纤维素纳米晶体，在差速离心的作用下将纤维素纳米晶体分级，从而得到分布较窄的纤维素纳米晶体[23]。Wang 等用硫酸和盐酸的混合酸对微晶纤维素在超声的条件下进行水解处理，制备出一种新型的具有液晶相的球状纤维素纳米晶体[24]。

5.2.3　棉纤维原料制备纤维素纳米晶体

Zhang 等对棉纤维通过盐酸和硫酸的混合酸水解制备出 60~570nm 范围的纤维素纳米晶体；经浓酸水解后，再经稀混合酸水解，水解时间与纤维素纳米晶体粒径大小呈线性降低的关系；通过精制和机械搅拌，可以制备出球形的单峰分布的纤维素纳米晶体；随着纤维素纳米晶体颗粒变小，纤维素纳米晶体的结晶度指数呈增加趋势[25]。Fengel 等通过对棉纤维的酸水解制备出长度为200~350nm，横截面直径为 5nm 的纤维素纳米晶体[26]。Dong 等对含有 98%棉花的滤纸通过水解制备出纤维素纳米晶体，为了得到可重复和优化的水解条件为实验的相分离研究，对水解条件和制备方法的影响及纤维素悬浮液有序相的形成进行了研究。颗粒性质和相分离，在很大程度上取决于水解温度和时间以及超声辐射强度；长的棒状的微晶纤维素择优地分布在非匀质相中，因此在相分离的过程中伴随着分级的发生；在匀质相中，水在室温状态下蒸发，随着浓度的增加形成一个明显可见的界面，下面的非匀质相和上面的匀质相变得可见；手性向列的纤维素纳米晶体悬浮液很大程度上取决于水解和制备条件，纤维素纳米晶体的颗粒大小、表面电荷和多分散性随水解的程度不同而变化，合适的反应条件是：硫酸浓度为 64%(*w*/*v*)，液比(棉纤维素：硫酸=1：8.75)，反应温度为 45℃，反应时间为 1h，超声时间为 5min[27]。

5.3　纤维素纳米晶体自组装

采用硫酸作为水解剂时，纤维素纳米晶体表面产生带负电荷的硫酸基团，由于静电斥力作用使其在水中能够完全均匀的分散。将悬浮液进行提浓时，纤维素纳米晶体会通过调节晶体颗粒之间的排列以促使静电相互作用最小化，最终导致纤维素纳米晶体自组装手性向列液晶相结构[28]。

利用偏光显微镜观察纤维素纳米晶体的自组装结构，可以发现其具有指纹织构的图谱特征，表明纤维素纳米晶体具有手性向列液晶相结构[29]。经系统研究发现，纤维素纳米晶体在稀溶液状态下的排列是随机取向的各向同性相。随着悬浮液浓度的增加，纤维素纳米晶体呈现各向异性的手性向列液晶排列。当悬浮液浓度增加到临界浓度时，形成的手性向列有序相显示出胆甾液晶相(图 5-4)。

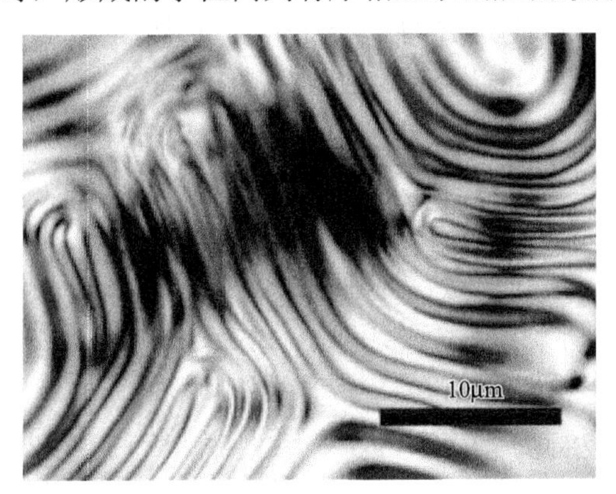

图 5-4　硫酸水解制备的纤维素纳米晶体(浓度为 5.4%)在偏光显微镜下呈现的指纹织构手性向列液晶相

这些手性向列型或胆甾型结构的各向异性相是由纤维素纳米晶体沿同一个方向堆叠而成(图 5-5)，与每个主要的方向从一端到下一端绕垂直轴旋转。当纤维素纳米晶体浓度大于临界浓度时，出现自我诱导平行排列现象，这主要是由于熵驱动自我定位现象造成。

这类液晶具有螺旋结构，其分子分层排列，分子躺在层中，层与层平行，在每层中分子像向列相一样彼此倾向于与某一方向平行排列，这个方向被称为指向矢。Revol 等假设在纤维素纳米晶体自身内部中有一扭转来解释它们的手性相互作用[28]。因此，由盐酸水解制备的纤维素纳米晶体悬浮液没有出现手性向列液晶相结构，而由纤维素纳米晶体表面的硫酸酯基负电荷被认为是手性向列相态稳定的

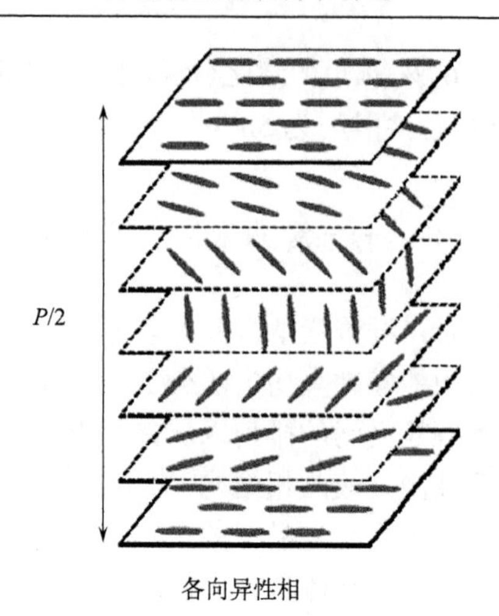

图 5-5　纤维素纳米晶体各向异性相中的定位排列示意图

必要因素，同时它们螺旋式的相分配现象表明硫酸酯基负电荷是一种“扭转剂”。然而，近年来对经表面活性剂改性或接枝聚合作用而形成的空间排列稳定的纤维素纳米晶体悬浮液的研究，为其纳米结构中的扭转提供了更多的证据。事实上，即使纤维素纳米晶体经吸附或接枝改性后使其静电排斥力被掩蔽，其悬浮液也仍然保留了手性向列液晶相[28]。

美国物理学家 Onsager 最先分析了高度非等轴颗粒的相分离，认为对于电中性的长为 L、直径为 D 的刚棒状颗粒而言，有序相形成的临界浓度仅取决于棒状颗粒的长径比 L/D。研究表明：对于有效直径较小、单分散性较好的纤维素纳米晶体而言，在水分挥发浓度增加的过程中其各向异性相析出越慢，即手性向列型液晶相形成的临界浓度越高。Stroobants、Lekkerkerker 和 Odijk 等在此基础上又提出了带电棒状颗粒的相分离理论，引入两个因素：由静电排斥产生的扭转因素和有效直径。他们认为棒状颗粒的有效直径会改变自由能，而静电排斥作用影响颗粒在垂直方向上的取向[30, 31]。

5.3.1　水合介质中的自组装

在自由电解质水合悬浮液中有序向列相的形成主要取决于含有硫酸酯基纤维素纳米晶体表面电荷密度和浓度范围(1%~10%，质量分数)。所产生的手性向列各向异性的螺距呈现随悬浮液浓度增加而降低的趋势，螺距变化区间为 20~80μm。

各向同性到各向异性的平衡对电解质和电解质反离子的具体性质较为敏感。研究发现增加电解质的量会减少各向异性相的形成，而且随着电解质浓度的增加，手性向列相结构扭转程度增加。具有硫酸盐酯基的纤维素纳米晶体悬浮液的相分离很大程度上取决于它们反离子的性质。对无机反离子而言，有序相形成的临界浓度一般随范德华力的增长而增加，按 $H^+<Na^+<K^+<Cs^+$顺序排序。对有机反离子，如 NH_4^+、$(CH_3)_4N^+$、$(CH_3CH_2)_4N^+$、$(CH_3CH_2CH_2)_4N^+$、$(CH_3CH_2CH_2CH_2)_4N^+$、$(CH_3)_3HN^+$、$(CH_3CH_2)_3HN^+$，临界浓度取决于疏水性吸引力和空间排斥力的相对贡献。通常，临界浓度随反离子尺寸增加而增加，反离子的化学性质还影响其稳定性、相分离温度依赖性、手性向列螺距大小以及样品干燥后的再分散能力[32]。

近年来，Hiria 等报道了高浓度 NaCl(高达 5mmol · L^{-1})溶液对纤维素纳米晶体相分离的影响[33]。研究表明，影响手性向列相形成的最小 NaCl 溶液的浓度为 1.0mmol · L^{-1}。当 NaCl 浓度为 2.0～5.0mmol · L^{-1} 时，没有相分离发生，悬浮液全部变成液晶相(图 5-6)。各向异性相态中有序区域的尺寸随 NaCl 浓度增加(0～2.75mmol · L^{-1})而减小，NaCl 浓度在 2.75mmol · L^{-1} 时只有类晶团聚体被观察到。而 NaCl 浓度为 5.0mmol · L^{-1} 时，手性向列区域消失。此外，手性向列螺距在没有电解质存在的情况下约为 16.5μm，而当 NaCl 浓度增加到 2.0mmol · L^{-1} 时，螺距迅速增加到 19μm 左右。

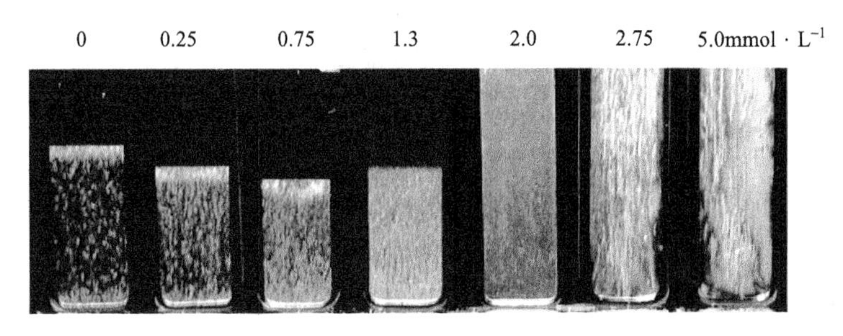

图 5-6　由细菌纤维素制备的纤维素纳米晶体(质量分数为 3%)加入不同浓度 NaCl 溶液在 25 天后对其相态影响图[33]

Beck-Candanedo 等报道了与电解质相似的大分子如葡聚糖或离子染料对手性向列结构的影响。阴离子染料导致较低离子强度下的相分离，可能是由于阴离子染料多价特征以及较大的水合半径所致[34–36]。同时，静电吸引和阴阳离子染料的化学键合对纤维素纳米晶体悬浮液的相分离也有一定的影响。当阴离子被吸附于如葡聚糖上时，能得到一种各向同性–各向同性–向列平衡的结构模式。这种现象在中性葡聚糖中也被观测到，产生三相平衡葡聚糖的浓度很大程度上受分子量或电荷密度的影响。这些悬浮液的相变化历程，似乎是被静电排斥力和无序态吸引力所支配，阴离子染料的存在增强了体系的离子强度。在低离子强度下，更多的纤维素纳米晶体需要达到相态分离所需的临界浓度，将相平衡转换成各向同性相和手性向列共存的区域；在高离子强度下，静电斥力完全被掩蔽，会导致葡聚糖大分子吸引力的降低从而产生相分离。同样纤维素纳米晶体表面上电荷的性质和密度会影响手性向列相的形成。例如，经盐酸水解，后又硫酸盐化的纤维素纳米晶体，其硫的含量是直接用硫酸水解的纤维素纳米晶体的 1/3，而结果表明后磺化的悬浮液形成了一种双折射的光亮而透明的相，这种相是一种交叉线型，而不是直接磺化的纤维素纳米晶体典型的手性向列相[29]。

5.3.2 有机介质中的自组装

Heux 等第一次给出了关于纤维素纳米晶体在非极性溶剂中自我排序现象的描述[37]。在最初的研究中，采用表面活性剂改性纤维素纳米晶体最终得到一种螺距约 4μm 的手性向列结构，与水合悬浮液中螺距结构(20～80μm)相比相对较小。这主要是因为表面活性剂改性使得纤维素纳米晶体空间结构的稳定性增加。最近，Heux 等从棉纤维制得了不同长径比的纤维素纳米晶体，并研究了其在非极性溶剂中的分散情况，发现其自发地相分离成手性向列相态的临界浓度比在水中的高。这些有机悬浮液与 Onsager 理论没有相关性，实验临界浓度比预测浓度低很多，可能是由于在非极性介质中棒状纤维素纳米晶体间相互作用的关系。这些强相互作用也导致手性向列螺距的降低。除此之外，由纤维素纳米晶体制得的悬浮液并没有出现相分离，反而在高浓度下产生了各向异性的凝胶相[38]。

5.3.3 外场下的自组装

水合悬浮液中非絮凝状的纤维素纳米晶体在外场下，无论是磁场还是电场作用下均能够定向排列。由于纤维素的抗磁各向异性，当纤维素遇到磁场时定向排列。尽管纤维素的抗磁各向异性是相对弱的，在每个分子的重复单元中，棒状纤维素纳米晶体长且质量较大，所以其总的抗磁各向异性与 DNA 和 TMV 相比较大[39]。Sugiyama 等首次表明，源于被囊动物的纤维素纳米晶体的悬浮液在 7T 磁场下能够定向排列[40]。Fleming 等表明，纤维素纳米晶体悬浮液在磁场下定向排列的分析可以通过加入蛋白质进行 NMR 谱图辅助解释[41]。Kvien 等通过使用强磁场获得一种单方向加强的纳米复合材料，结果表明，与横向相比，一致方向下的纳米复合材料的动态模量更高[42]。从苎麻纤维和被囊类动物中制得的纤维素纳米晶体的悬浮液能够在 AC 电场下干燥，形成的薄膜沿场矢量方向表现出高度定向排列，而且这些悬浮物在偏振光下表现出双光折射现象，它的大小会随场强增强而增强[43,44]。

5.4 纤维素纳米晶体液晶相

5.4.1 纤维素基液晶概述

纤维素纳米晶体在一定的浓度状态下，可以形成一种介于液体和晶态之间的有序的液晶相，称为溶致型手性向列液晶相，也称为胆甾型溶致液晶。纤维素纳米晶体的手性向列液晶相结构可用于制备高强度、高模量和具有特殊光学性质的薄膜材料，也可以作为一种优良的模板制备含手性结构的多孔纳米材料，在手性催化、手性分离、催化剂载体以及传感器等领域具有潜在的应用价值[45]。

5.4.2 纤维素纳米晶体液晶相形成机制

纤维素中存在两种特殊的化学结构，分别是氢键和 β-1,4-D-糖苷键，其中氢键有助于纤维素链紧密结合形成有序结晶区，而 β-1,4-D-糖苷键构成结晶度低的无定形区。纤维素中的氢键导致纤维素链的刚性增加，在一般的溶剂中不易溶解，但是纤维素中的 β-1,4-D-糖苷键对酸非常敏感，与结晶区相比，无定形区的糖苷键容易受到酸的作用而断裂，并且一些酸可以破坏纤维素分子内氢键，最终形成单独的晶体[46,47]。

水解纤维素常用的酸为硫酸和盐酸。研究表明，用硫酸水解纤维素时，硫酸与纤维素晶体表面上的—CH_2—OH 发生反应，形成硫酸酯基，使得产物表面带有少量负电荷。纤维素纳米晶体悬浮液能够稳定分散，与颗粒之间因表面电荷产生的静电斥力有关。另外，酸浓度、水解时间、水解温度等条件对最终水解产物及性质有着决定性的作用[48]。

纤维素纳米晶体可以形成稳定的溶致型手性向列液晶相。硫酸水解得到的纤维素纳米晶体表面带有少量电荷，颗粒之间因表面电荷产生的静电斥力以及其他分子间作用力导致棒状纤维素纳米晶体能够稳定地分散于水溶液中。稳定分散的纤维素纳米晶体悬浮液在缓慢蒸发过程中受到静电斥力等分子间作用力的影响进行自组装排列，当浓度达到某一关键值时可以形成一种介于液体和晶态之间的手性向列有序液晶相，并且分子间形成不可逆的氢键使得有序液晶相能够稳定存在，这个点称为相分离的临界浓度[49, 50]。关于纤维素纳米晶体手性向列液晶相形成的原因有两种解释：①颗粒的几何螺旋扭转；②表面电荷的螺旋分布。Araki 等用既能形成向列液晶相又能形成手性向列液晶相的细菌纤维素作为研究对象，在未加入电解质时呈非手性向列相来说明颗粒的几何扭转是形成手性向列液晶相的起因[25]。

Dumanli 等[51]在控制湿度的情况下，研究了纤维素纳米晶体悬浮液蒸发过程中相分离以及手性结构的变化。研究者将纤维素纳米晶体悬浮液蒸发自组装过程分为三个阶段，分别为各向同性相中水分的蒸发阶段、各向异性相的析出和各向异性相的转变完成阶段。在第三个阶段中，纤维素纳米晶体浓度随着胶状溶液中水分的继续蒸发而不断增加，有序排列更加紧密导致手性结构的螺距不断减小；当玻璃态体系中水分的含量低于 4%(质量分数)时，棒状纤维素纳米晶体不再进行组装排列运动，手性结构的螺距成为固定的值，形成具有手性结构的纤维素固体薄膜[52]。

5.4.3　纤维素纳米晶体液晶相结构特征

液晶高分子是在一定条件下能以液晶态存在的高分子化合物，其特点是具有较高的分子量和液态下分子的取向有序及位置有序。液晶高分子的特征有序性，将赋予材料特有的光学性质、机械性能和良好加工性。依据液晶高分子在空间排列的有序性不同，液晶高分子可分为向列型、近晶型、胆甾型三种不同的结构类型[53]。

纤维素纳米晶体与其他的纤维素材料具有相同的化学结构，主要构成仍是醚键、碳碳键、碳氢键、羟基等，但其光学性质与其他纤维素材料有很大的差异，主要体现在两个方面：①各向异性和双折射效应；②液晶性。

具有各向异性相的纤维素纳米晶体悬浮液在偏光显微镜(POM)视野中可观察到平面织构或指纹织构(图 5-7)。平面织构中，螺旋轴垂直于基片，大分子链所在的分子层则与它平行[47]，POM 视野中可观察到双折射特征。指纹织构中，螺旋轴平行于基片，大分子链所在的分子层则与它垂直[19]，POM 视野中可观察到明暗相间的指纹织构，指纹织构的出现是材料具有手性结构的重要判据[54, 55]。

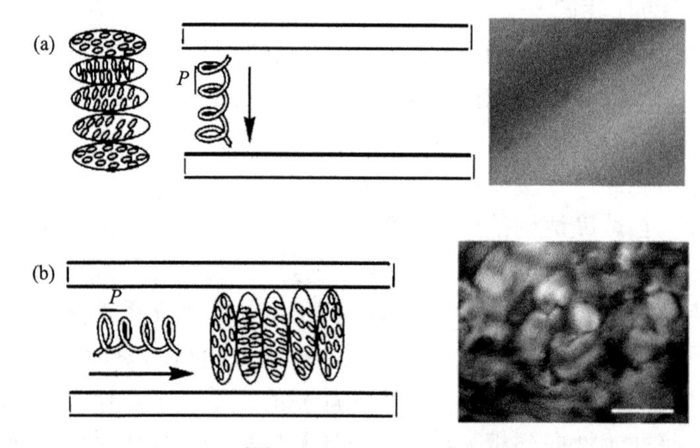

图 5-7　平面织构(a)[47]和指纹织构(b)[19]中纤维素大分子的排列

对于以上纤维素纳米晶体液晶的虹彩性质，一般有两种解释：①布拉格反射；②双折射。研究者习惯用布拉格反射来解释纤维素纳米晶体液晶的虹彩性质，认为纤维素纳米晶体组装形成的特殊织构由于布拉格反射会出现虹彩特征[47]，根据布拉格公式 $\lambda = nP\sin\phi$(λ 为反射光波长，ϕ 为入射角，n 为平均折射率，P 为螺距)，可见随着入射角、螺距和折射率的变化，会形成在可见光范围内的不同反射光波长，因此可观察到不同的颜色变化[56]。近年来，Majoinen 等[57]对纤维素纳米晶体手性结构的虹彩性质提出另外一种解释，认为这种特殊的光学性质源于纤维素纳米晶体薄膜中手性结构对光的干扰产生的双折射特性。一定条件下纤维素纳米晶体形成的固体手性薄膜具有鲜明的虹彩性质，但其手性结构的螺距一般介于1~2μm之间，该值大于可见光的反射波长，而纤维素纳米晶体悬浮液的液晶性与双折射性质有关，当溶液浓度达到溶致型液晶浓度时，纤维素纳米晶体的定向排列会产生肉眼可见的双折射现象，并且这种各向异性的双折射现象在较厚的膜中表现更明显[58]。

具有手性向列液晶相结构的纤维素纳米晶体胶状溶液经缓慢蒸发后形成透明的固体薄膜(图 5-8)，在这种固体薄膜中纤维素纳米晶体手性向列螺旋结构得以保留，在扫描电子显微镜(SEM)视野下，可观察到棒状纤维素纳米晶体有序排列成多层状，形成特定左旋手性结构，其圆二色谱(CD)呈现强的左旋信号，选择性反射左旋偏振光[59, 60]。

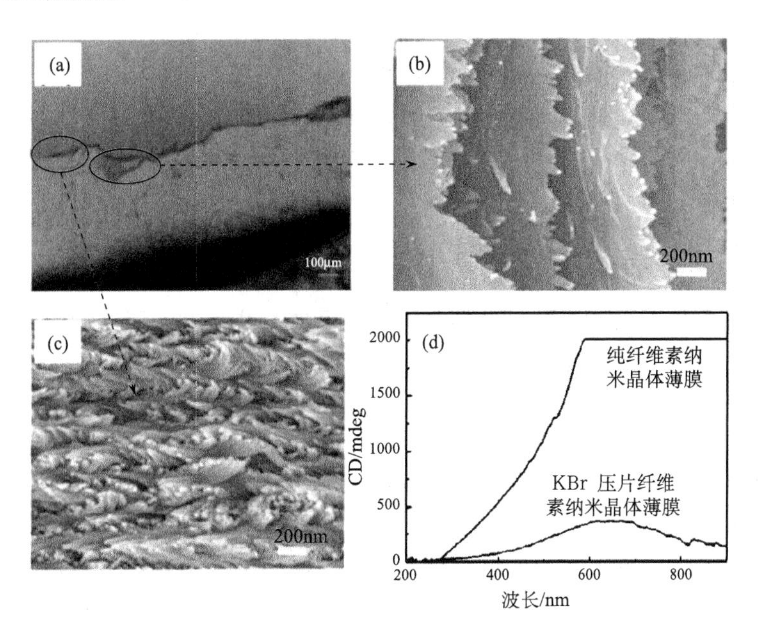

图 5-8　(a)纤维素纳米晶体虹彩薄膜的显微照片；(b)，(c)纤维素纳米晶体薄膜的横截面和斜截面 SEM 图；(d)纤维素纳米晶体虹彩薄膜(超声 14h)的圆二色谱图[59]

5.5　纤维素纳米晶体手性向列液晶相自组装行为的调控

在纤维素纳米晶体手性结构的调控中，手性向列液晶相形成的临界浓度和手性结构的螺距是两个重要的影响因素，对手性材料的结构和性能起着关键性的作用[2]。因此，对纤维素纳米晶体手性向列液晶相临界浓度和螺距的调控成为纤维素纳米晶体基手性材料研制的关键，而纤维素纳米晶体的液晶行为以及相应的光学性质影响因素相对复杂，高度依赖于纤维素纳米晶体的类型、结构以及环境条件[61, 62]。本节探讨了纤维素纳米晶体性质、介质离子强度、超声辅助、温度、分散剂的添加对纤维素纳米晶体手性结构的影响，以期对可控手性材料的制备以及在光学及量子学领域中的应用提供帮助。

5.5.1　纤维素纳米晶体的性质对手性向列液晶相的影响

采用硫酸水解法制备纤维素纳米晶体，制备过程中纤维素表面的羟基与硫酸基团反应，使得水解之后的棒状纤维素纳米晶体带有少量电荷，具有聚电解质的性质。一定浓度的纤维素纳米晶体悬浮液在无任何外界条件干扰下自组装形成手性向列液晶相，其临界浓度和螺距在很大程度上取决于颗粒的性质，如纤维素纳米晶体的长径比、表面电荷等，通常情况下，对于尺寸较小、单分散性较好的纤维素纳米晶体而言，在水分挥发浓度增加的过程中其各向异性相析出越慢，即手性向列液晶相形成的临界浓度越高。研究表明，纤维素纳米晶体性质高度依赖制备条件，因此可通过对水解条件的控制得到所需的纤维素纳米晶体溶液，从而控制手性向列液晶相的临界浓度和结构[63]。

5.5.2　离子强度对手性向列液晶相的影响

经硫酸水解后的纤维素纳米晶体因为表面硫酸酯基的作用通常带有负电荷，在纯净的纤维素纳米晶体悬浮液体系中，悬浮液的离子强度取决于纤维素纳米晶体表面电荷量。纤维素纳米晶体表面电荷随硫酸酯基的水解逐渐降低，导致悬浮液的离子强度增加，对体系的稳定性、分散性以及液晶相有着重要的影响[27]。在纤维素纳米晶体悬浮液中添加电解质能够改变其离子强度，从而实现对手性向列液晶相临界浓度和螺距的控制[64]。

Revol 等研究表明，在纤维素纳米晶体溶液中添加电解质，对纤维素纳米晶体表面的硫酸酯基团产生的负电荷起屏蔽作用，导致颗粒之间的静电斥力减小，从而导致手性结构的螺距减小，光学性质出现蓝移现象[65]。

Dong 等[32]研究发现酸水解制得的纤维素纳米晶体悬浮液的液晶相与纤维素纳米晶体性质和外加电解质(HCl、NaCl、KCl)浓度有关。当纤维素纳米晶体悬浮液浓度或离子强度增加时，共存的两相浓度都增加，但是各向异性相中手性向列结构的螺距减小。

Beck 等在研究纤维素纳米晶体薄膜手性结构的调控过程中，分别向手性向列纤维素纳米晶体溶液中添加电解质来改变其手性结构的螺距，控制薄膜的光学性质向长波或者短波方向移动，实验数据表明，随着电解质浓度的增大，纤维素纳米晶体悬浮液的离子强度增加，薄膜中手性结构的螺距呈减小的趋势[66]。

5.5.3 超声辅助对手性向列液晶相的影响

超声波所产生的“空化效应”被广泛用于物理和化学体系中[67]。其作用机理是在液相状态下，由于超声作用产生气泡，气泡生长变大并发生内爆破，从而加速化学反应的速率。目前，超声波在制备纤维素纳米晶体的过程中，大多是用于辅助改善酸水解制备纤维素纳米晶体后悬浮液的分散性[68]。

Beck 等发现对纤维素纳米晶体胶状溶液进行超声处理能够改变手性向列液晶相结构的螺距，使得纤维素纳米晶体薄膜的反射波长向长波方向移动。因此，纤维素纳米晶体悬浮液制备具有虹彩性质的薄膜时，可通过添加电解质配合超声辅助的方式对纤维素纳米晶体的手性结构进行调控，以此控制薄膜的反射波长，得到光学性质可控的纤维素薄膜材料[66]。

Chen 等采用真空辅助自组装的方法制备了具有虹彩特征的纤维素薄膜材料(图 5-9)，研究了超声时间对薄膜手性结构的影响，得出结论：短时间超声得到的纤维素薄膜其有序性差，延长超声时间有助于形成大面积、高度有序、光滑的虹彩薄膜。当超声时间大于 10h 时，虹彩薄膜的紫外-可见光谱在 300~800nm 处具有明显的反射峰[59]。

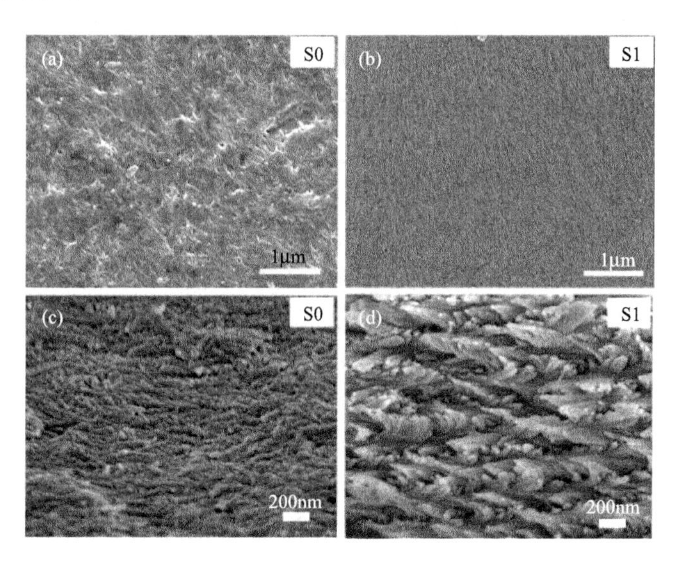

图 5-9　不同超声时间下纤维素纳米晶体固体薄膜的 SEM 图：(a) 表面，0h；(b) 表面，14h；(c) 横截面，0h；(d) 横截面，14h[59]

5.5.4　温度对手性向列液晶相的影响

棒状纤维素纳米晶体在自组装的过程中，周围环境中的温度条件对自组装动力学行为和热力学行为有着重要的影响，控制蒸发自组装过程中的温度条件能够得到厚薄和螺距不同的纤维素薄膜，该薄膜的光学性质也会发生改变。Beck 等对纤维素纳米晶体胶状溶液的蒸发自组装过程进行调控，得到了厚度和螺距不同的手性薄膜，认为升高环境温度能够改变纤维素纳米晶体胶状溶液的蒸发速率和热力学行为，从而形成厚度较大、螺距长的手性薄膜，并且对蒸发自组装过程进行单纯的温度控制，能够得到红移和分区更加明显的手性薄膜[69]。

Giese 等[70]采用纤维素纳米晶体模板得到的手性有机二氧化硅为研究对象，将材料浸泡在 4-氰基-4'-辛基联苯(8CB)中，制得含 8CB 的特殊手性材料，并控制环境温度测试其光学性质的变化。结果表明，当温度在 37~42℃时，其紫外-可见光谱在 550nm 处出现最强的信号，当温度升至 47℃时，信号峰消失，自然光下反射绿色的光学特征消失。材料经缓慢冷却后，其紫外-可见光谱性质逐渐恢复，且伴随轻微的滞后现象[71]，如图 5-10 所示。

5.5.5　分散剂对手性向列液晶相的影响

在纤维素纳米晶体悬浮液中加入中性的分散剂，对悬浮液的离子强度不产生影响，但分散剂能够提高胶状溶液的凝胶化作用，影响手性向列液晶相的形成，阻碍螺距到达平衡，导致纤维素纳米晶体手性结构的反射波长向长波方向移动[72]。

虽然多糖和表面活性剂等中性物质能够加强纤维素纳米晶体胶状溶液的凝胶化作用，对纤维素纳米晶体手性结构起到调控效果，但是容易导致其液晶织构出现缺陷[73]。Edgar 等在纤维素纳米晶体胶状溶液中加入葡聚糖，观察溶液的液晶相变化。当葡聚糖加入各向同性的纤维素纳米晶体胶状溶液中时，不会引发各向异性相的析出；当加入到两相溶液中时，葡聚糖更倾向于进入各向同性相中；当加入到纯各向异性相溶液中时，会引发葡聚糖富集的各向同性相和葡聚糖很少的各向异性相的两相分离；当加入到具有手性向列液晶相的纤维素纳米晶体溶液中，容易导致纤维素纳米晶体液晶织构出现明显的缺陷[74]。

Gray 研究组[75]通过向纤维素纳米晶体胶状溶液中加入 D-(+)-葡萄糖的方式研究了手性向列液晶相形成过程中螺距的变化。葡萄糖不同于电解液，在纤维素纳米晶体悬浮液中添加葡萄糖后对其各向异性没有影响，但 D-(+)-葡萄糖的右旋手性结构加强了棒状纤维素纳米晶体的扭转作用，从而改变手性结构的螺距。研究者认为纤维素纳米晶体悬浮液中相转变过程分为两个阶段：两相共存阶段和各向异性相的转变完成阶段。D-(+)-葡萄糖对螺距的影响作用表现为液晶相中螺距

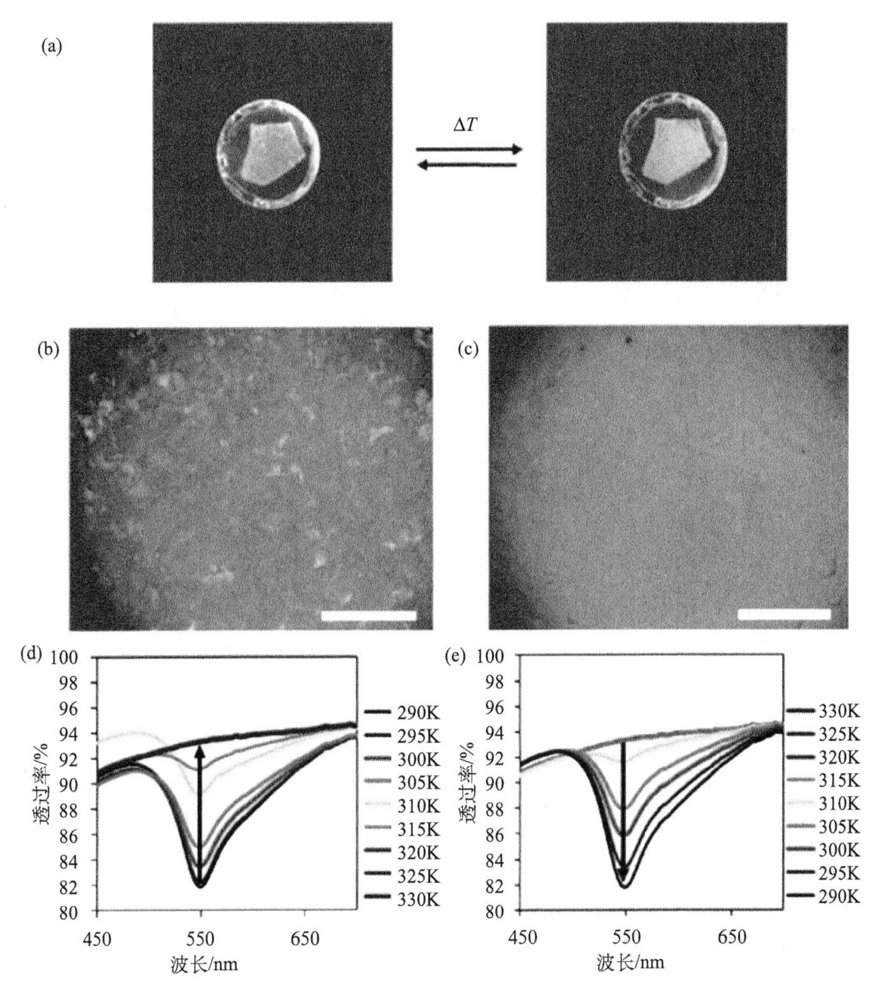

图 5-10　(a) 48℃时 8CB 手性材料的可逆热变色行为的光学照片；(b)，(c) 21℃和 48℃时 8CB 手性材料的 POM 图(标尺=300 μm)；(d)，(e) 加热和冷却过程中不同温度时 8CB 手性材料的 UV-Vis 光谱[70]

的减小和凝胶化过程中螺距的增加。D-(+)-葡萄糖的添加降低了纤维素纳米晶体的活性，增加了胶状溶液的黏度；在第二个阶段中，葡萄糖充当体系的分散剂，阻止了螺距的继续减小，并且随着葡萄糖浓度的增加，纤维素纳米晶体各向异性相析出的临界浓度增大，光学性质出现红移现象。

纯净的染色剂无圆二色谱信号，各向异性相的纤维素纳米晶体胶状溶液其圆二色谱信号较弱，峰值呈扁平状。Beck-Candanedo 等[76]发现在纤维素纳米晶体胶状溶液中添加染料分子可以诱导相分离的发生，其作用是使在已出现的各向异性相体系中发生进一步诱导，促使两相分离的再次发生。Cheung 和 Dong 等分别在各向异性相的纤维素纳米晶体胶状溶液中添加胎盘蓝和刚果红，可观察到体系呈现强的圆二色谱信号，证明胎盘蓝和刚果红两种染色剂能够诱导产生圆二色谱信号，并且随着染色剂浓度的增大，圆二色谱信号逐渐加强[77]。

5.6　纤维素纳米晶体手性向列液晶相的应用

5.6.1　手性向列材料概述

5.6.1.1　手性向列材料内涵

手性是自然界的一项基本属性，它与动植物的各类生命活动息息相关。在宏观世界中，手性是以螺旋的形式表现出来的，如贝类的螺壳、植物花瓣和叶片的分布、攀藤藤蔓的缠绕等。手性液晶作为一种特殊的螺旋结构，不仅只存在于实验室的化学物质中，自然界很多动植物的体内同样存在这种结构。纤维素纳米晶体手性液晶具有原料易得、制备方法简便、结构可调的特点和特殊的手性光学性质。自然界中存在很多类手性液晶结构的物质，它们在生物体中起到了重要的作用。因此，人们期望利用纤维素纳米晶体手性液晶作为模板或者结构基元来仿生构建新型的手性功能材料，从而推进它在现实生活中的实际应用。

近年来，通过人工亦可构建功能多样的手性材料。人工合成手性组装材料能展现出单个个体所不具有的独特性质，如特殊的光学性质、对映选择性、化学稳定性、易于进行化学修饰等特点[2]。纤维素手性向列是优良的液晶模板，用于获取具有奇异结构的各种新型材料。纤维素纳米晶体的快速自组装与许多无机前驱体相容，并为溶胶-凝胶反应提供了完美的基础。手性可以转移到无机材料中，为了引入孔隙率，即使去除有机模板，手性依然可以保留。纤维素纳米晶体模板化的其他材料的独立薄膜表现出令人感兴趣的性质，包括可调孔径，可控表面化学性质和向材料赋予可调光子性质的孔的手性向列排序。将客体结合到手性向列介孔将进一步扩大功能材料领域。

5.6.1.2　手性向列材料的结构和功能

纤维素纳米晶体由于其独特的性质，如高比强度和模量、高比表面积和引人注目的光学性质等受到广泛关注。将纳米尺度的结构特征引入材料制备的有效方法是模板法。模板的自组装要求控制尺寸、周期性和结构，从而获得许多新的纳米材料。模板可以从硬模板(如碳和二氧化硅)到软模板(如生物分子和聚合物)，软模板显示了优良的自组装并且能够将精细的超微结构进行复制。在这方面，手性向列液晶是极特别的模板之一，并已被应用于手性向列材料的制备中[2]。

基于纤维素模板作为一种功能材料的平台，可获得无机和有机模板。虽然复合材料已经显示出极大的光子性质，但是由于它们印迹的微观结构，介孔性与手性向列排序的结合可以为客体提供有用的空间。图 5-11 给出了不同合成方法制备基于手性向列结构材料的合成策略。手性向列材料最显著的特点是其特殊的纳米结构，由于圆偏振光的选择性反射，产生令人印象深刻的虹彩颜色。由于分层组织，甚至发现可调结构色的例子，这些存在于自然界颜色变化的原因，像模仿、发信号、配偶选择或伪装等现象正逐步地被研究者解析[2, 72]。这些手性向列结构变化在制备固体材料和催化剂上具有相当大的潜力且具有极强的应用价值。进一步深入地探寻纤维素纳米晶体手性向列结构为继续开发新的模板材料提供了前所未有的方向。

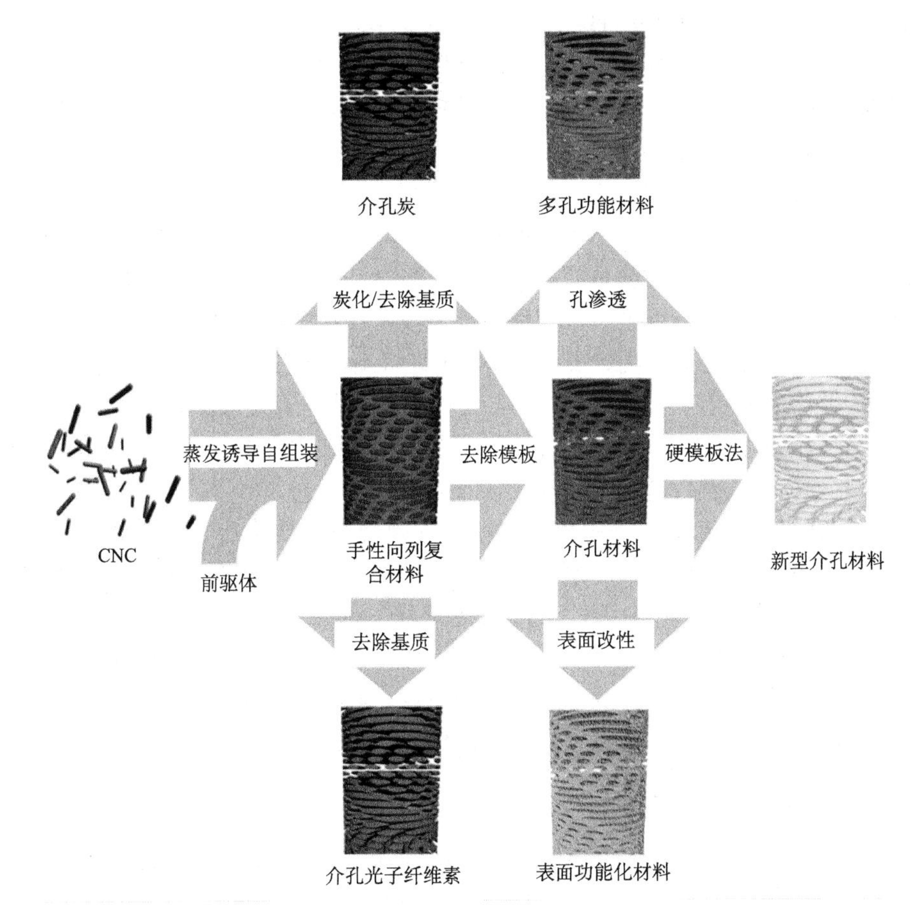

图 5-11　具有手性向列结构的新纳米结构材料的合成路线。在合适的前驱体存在下，纤维素纳米晶体通过蒸发诱导自组装(EISA)形成复合材料。去除模板留下介孔材料，其可以通过孔渗透、表面改性或用作硬模板来官能化。或者炭化，随后除去二氧化硅产生手性向列中孔碳，或除去复合物的基质，得到介孔光子纤维素

手性向列结构转移到玻璃、陶瓷或聚合物等材料中，将使得制备的功能材料在传感、催化、光电器件等应用上有巨大潜力。因此，在功能和应用方面，材料的结构可以以不同的方式使用。首先，材料的颜色可以通过改变折射率或手性向列型结构的螺距得以调整，使得这些材料应用在如选择性光学过滤器或新型显示装置上具有极大的前景。其次，颜色变化的驱动力可以通过光谱进行检测，从而可以开发新的传感器。由于这些材料的独特结构，使得其具有颜色变化且可调的功能结构，UV-Vis 和 CD 光谱都适用于检测颜色的变化。此外，制备介孔材料能够采用硬模板法实现，因此手性向列结构可以转移到这些无机纳米结构材料中，从而在光学、光电等方面具有特殊的功能。手性向列功能材料除了用模板法直接合成之外，对制备的材料进行表面改性和功能性客体(如纳米颗粒，量子点或聚合物)的引入，也为制备具有介孔和手性向列结构的新颖功能材料提供了可能[2, 74, 75]。

5.6.1.3　手性向列材料的意义

手性向列结构通常被称为一维光子晶体。光子晶体是一种具有在一个、两个或三个维度上周期性变化的折射率的材料，它们可以选择性地衍射特定波长的光。纤维素纳米晶体基手性材料具有来源丰富、光学活性特殊、组装过程可调控、多孔结构等特点，通过纤维素纳米晶体自组装技术，模拟植物细胞壁中纤维素的手性向列型组织拥有巨大潜力，该方法开辟了许多新的研究方向，使其在手性识别、传感器、光电材料等领域有着广泛的应用潜能；同时基于其特殊的手性向列结构，纤维素纳米晶体在印迹分子纳米结构材料以及作为结构色的调整、选择性反射、压印图案等领域具有广泛的应用前景。

当前纤维素纳米晶体基手性材料研究的热点是纤维素纳米晶体手性结构在制备过程中的保留和调控。随着量子物理、纳米材料、生物医药等诸多领域的飞速发展，以纤维素纳米晶体基手性向列结构为基础的材料在手性拆分、手性催化等研究领域中的应用值得关注；基于手性向列结构的光学调控用来制备具有特殊光学性质的有机无机材料也是未来研究的热点；同时针对不同的应用领域实现纤维素纳米晶体基手性材料的工业化和商品化也是未来的一个重要挑战。

5.6.2　手性向列液晶相模板法合成无机材料

1992 年，由 Kresge 等首次提出利用手性向列液晶模板法合成介孔二氧化硅[78]。这种方法可以扩展到各种结构和成分的多孔材料的合成[79]。采用纤维素衍生物如乙基纤维素、羟丙基纤维素(HPC)和纤维素纳米晶体模板均可以合成纳米结构材料。然而乙基纤维素和羟丙基纤维素需要更高的浓度形成手性向列相，使得这些纤维素衍生物在软模板中的使用变得复杂，同时由高浓度产生的黏度增加导致自组装过程的减慢也是合成过程中面临的一个问题。2003 年，Thomas 等首次提出采用羟丙基纤维素作为软模板合成纳米二氧化硅[80]。在盐酸存在下将羟丙基纤维素与正硅酸甲酯(TMOS)混合获得二氧化硅复合材料，复合材料在密封管中经几天干燥后形成手性向列液晶相(图 5-12)。当观察到中间相可见的虹彩色之后，将其在真空下缓慢蒸发溶剂进而获得手性向列复合材料。尽管在复合材料中清楚地保留了羟丙基纤维素的手性向列结构，但是在煅烧后二氧化硅中手性向列长程有序的结构保留并不明显。

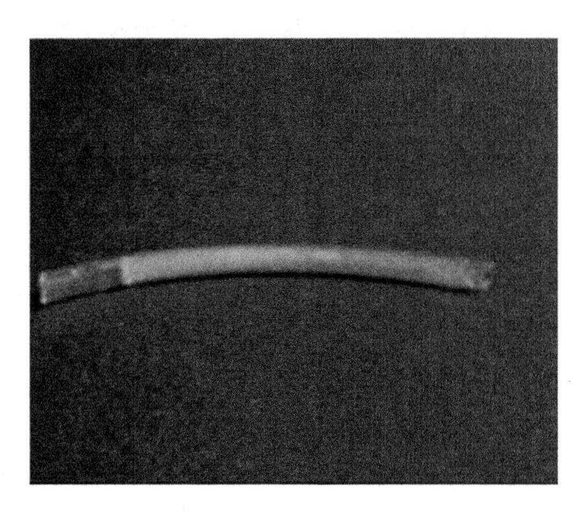

图 5-12　HPC /二氧化硅混合物图像显示了液晶相的形成

MacLachlan 等使用纤维素纳米晶体自组装，在液态 NH_3/NH_4SCN 溶液中得到纤维素/金属氮化物复合物[81]。产生液晶相或凝胶相后，加入含金属的前驱体以便在除去氨后产生钛和钒氮化物/纤维素纳米晶体复合材料。在 NH_3 下煅烧之后，得到片状黑色粉末的多孔钛或氮化钒，其 BET 表面积为 80~600$m^2 \cdot g^{-1}$。结合气体吸附分析证实，材料具有从微孔-中孔-大孔的结构取决于纤维素纳米晶体与金属前驱体的比例。在这些液晶模板材料中没有观察到长程手性向列顺序，但是它们显示出与众不同的形貌结构，可能是源于液体氨中纤维素液晶的排列。纳米甲壳素也能形成手性向列液晶相，研究人员最近发现该材料也有形成手性向列型复合材料的能力。Nguyen 等通过蒸发诱导自组装将由甲壳素制备的纤维素纳米晶体与二氧化硅前驱体复合制备二氧化硅复合材料[82]，在复合材料中没有发现手性向列有序的证据，但是通过 SEM 发现复合材料中层状向列结构的证据。

与乙基纤维素、羟丙基纤维素相比，纤维素纳米晶体的纳米级尺寸、各向异性、高比表面积以及悬浮液在低浓度下快速形成手性向列液晶相的特点，使其作为模板制备无机材料具有显著的优势。将各种无机前驱体与纤维素纳米晶体共混，采用蒸发诱导自组装的方法，对于开发具有手性向列结构的功能材料具有重要的意义。

2010 年，Shopsowitz 等发现烷氧基硅烷前驱体如正硅酸甲酯(TMOS)或正硅酸乙酯(TEOS)与纤维素纳米晶体自组装水悬浮液相容，得到均匀的虹彩色的复合材料。通过添加盐或通过改变二氧化硅/纤维素纳米晶体比例，可以调节膜的反射颜色从 UV 到近 IR 区域[83]。通过 CD 光谱在与 UV-Vis 光谱的相同波长下的测量表明，复合材料具有强正椭圆率信号，从而表明复合材料仅反射左旋圆偏振光并且证实纤维素纳米晶体的手性向列结构被成功转移到复合材料中。由于纤维素纳米晶体和二氧化硅的折射率非常相似，反射波长的偏移主要归因于螺距的变化。通过煅烧除去纤维素产生介孔二氧化硅薄膜，其虹彩归因于纤维素纳米晶体的手性向列结构。煅烧后的二氧化硅薄膜具有高的比表面积(300～800$m^2 \cdot g^{-1}$)，孔体积在 0.25~0.60$cm^3 \cdot g^{-1}$之间，BJH 孔径分布范围为 3.5~4.0nm。该孔的大小小于单个纤维素纳米晶体模板的直径，原因是煅烧过程中二氧化硅孔壁的收缩所致，进而导致反射颜色相比对应的复合薄膜蓝移。在偏光显微镜下观察到的煅烧膜强烈的虹彩和双折射现象源于纤维素纳米晶体自组装诱导孔的各向异性的定向排列。

Brook 等发现在蒸发诱导自组装之前向纤维素纳米晶体分散液中加入简单的多元醇(如葡萄糖)改变了溶胶-凝胶固化动力学[84]，并减少了复合膜的开裂，从而产生较大的、无裂纹的均匀薄膜。煅烧得到的无裂纹的二氧化硅薄膜复合材料直径约 15cm。结果表明，该改性对合成的二氧化硅薄膜的光学性质或中孔性影响不明显，高分辨率 SEM 证实了纤维素纳米晶体在这些溶胶-凝胶衍生材料中手性向列排序的成功复制。

以二氧化硅为基础的方法已经扩展到像脂肪族、芳香族类型的溶胶-凝胶前驱体，来生产介孔有机硅[85]。Shopsowitz 等开发了一种用于除去纤维素纳米晶体以产生有机二氧化硅材料的方法，以防止有机连接体的热降解。研究采用 6mol 的 H_2SO_4 100℃处理 18h，可以选择性地去除纤维素纳米晶体而不影响有机二氧化硅基体的手性向列结构。随后用 H_2O_2/H_2SO_4 溶液冲洗，清洗纤维素分解剩余的副产物，得到无色透明的薄膜，干燥之后就会出现虹彩色[图 5-13(a)]。虽然，从烷基桥接有机硅复合材料上选择性去除纤维素纳米晶体可以用 H_2SO_4 实现，但是这个过程会导致亚苯基桥接二氧化硅上有机硅薄膜变黄[86]，变色的原因主要是芳香基团磺化造成的。因此，发明了使用盐酸，然后用银活化的 H_2O_2 冲洗替代纤维素纳米晶体水解方法。在固态 ^{13}C 谱和 ^{29}Si 交叉极化/魔角旋转核磁共振(CP/MAS-NMR)谱图下发现纤维素纳米晶体完全去除，孔壁上有机硅得到完整保留。与由二氧化硅前驱体 TMOS 合成的脆性二氧化硅薄膜相比，用桥接有机基团制备的有机二氧化硅薄膜在其柔性和拉伸强度方面得到明显改善[图 5-13(b)]。氮吸附分析表明，多孔有机二氧化硅薄膜具有高比表面积，其孔体积(0.6~1$cm^3 \cdot g^{-1}$)和孔径(8~9nm)与用 SEM 观测纤维素纳米晶体的平均直径相匹配。因此，模板去除方法(酸萃取与煅烧)提供了一种控制材料孔径和孔体积大小的方法。

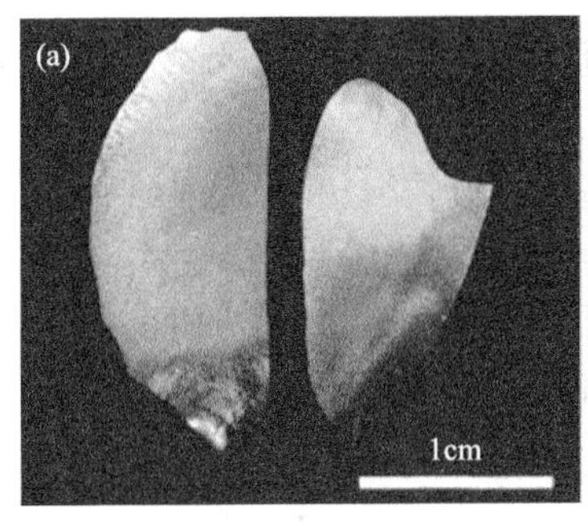

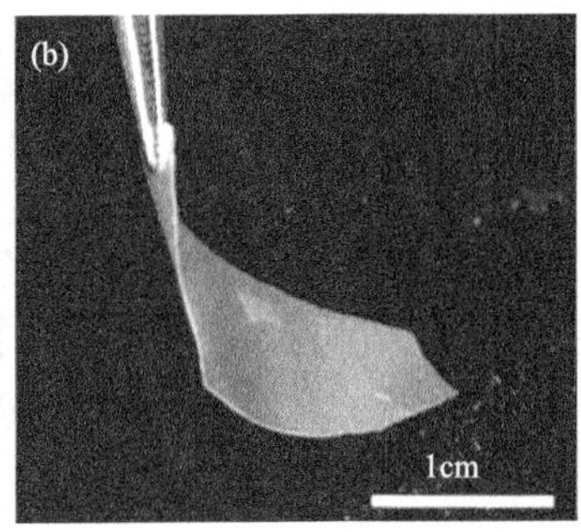

图 5-13　(a) 有机硅薄膜的手性向列虹彩特性光学图；(b) 桥接有机基团制备的有机硅薄膜的柔韧性[85,86]

通过表面官能化将其他的官能团结合到手性向列材料中，可以引入新的组件或提高表面和客体之间的相容性。通过用 1-(三乙氧基甲硅烷基) 辛烷官能化有机二氧化硅表面，使手性向列型介孔乙基桥接的有机硅薄膜的亲水性孔疏水化[87]。详细的元素分析 (EA) 和热重分析 (TGA) 研究表明，辛基基团与桥接乙烯基团官能化程度约为 1∶10。这种衍生化可用于改善潜在的疏水客体分子和有机二氧化硅表面之间的相容性。

Shopsowitz 等开发了一种廉价而且直接的方法来合成具有高比表面积、大孔径、含手性向列相的介孔炭[88]。在他们的流程中，首先制备虹彩色的纤维素纳米晶体/二氧化硅复合薄膜。在 900℃氮气下热解纤维素纳米晶体/二氧化硅复合薄膜可以制得碳/二氧化硅复合材料。独立的介孔炭薄膜可通过碱水溶液选择性蚀刻去除二氧化硅获得。由此产生的材料是光滑的黑色薄膜，EA 表明该薄膜由 90%的碳和 1%的氢组成，剩下的 9%大部分是氧，X 射线能谱分析证实其中掺杂着微量的钠和硅，粉末 X 射线衍射和拉曼光谱证实了纤维素纳米晶体薄膜在惰性条件下的热解产生无定形碳。碳膜的孔隙度随着二氧化硅的负载变化而变化。直接从纤维素纳米晶体制备的碳膜主要显示微孔性，而用 65％的纤维素纳米晶体和二氧化硅制备的样品是完全中孔的。根据组成，中孔样品的表面积和孔体积分别为 $570\sim1460m^2 \cdot g^{-1}$ 和 $0.3\sim1.2cm^3 \cdot g^{-1}$，SEM 分析发现其有与二氧化硅样品类似的螺旋结构，表明其具有手性向列有序结构。

5.6.3　手性向列液晶相模板法合成有机材料

除了无机复合材料之外，纤维素纳米晶体因其较高的模量，可以加强有机聚合物的力学性能[89]。1995 年，Favier 等首次提出以聚(苯乙烯-丙烯酸丁酯) 为基础的纳米复合材料[90]，通过以纤维素纳米晶体增强不同聚合物制备复合材料的种类迅速增加[91]。基于纤维素的手性向列液晶相诱导制备复合材料是目前国内外研究的热点。单体的聚合可以在蒸发诱导自组装期间或之后发生，也可通过酸、碱或用 UV 光照射诱导[92]。

基于羟丙基纤维素的有机模板法制备聚(酰胺酸)和羟丙基纤维素复合材料，在 POM 下，证实其手性向列有序相的存在[93]。当去除羟丙基纤维素之后，手性向列结构遭到破坏。2012 年，Tatsumi 等报道了聚(甲基丙烯酸羟乙酯)(PHEMA)/纤维素纳米晶体复合材料[94]，在不同条件下得到了三个不同的透明复合薄膜，第一个是各向同性(PHEMA-CNC_{iso})，第二个是各向异性(PHEMA- CNC_{aniso})，第三个是混合相(PHEMA-CNC_{mix})。而各向异性样品在 POM 下显示出均匀的指纹纹理[图 5-14(a)]，表明手性向列结构的成功保留，而各向同性薄膜只有小区域显示指纹图案。各向异性样品的 SEM 呈现出螺旋扭曲分层结构，表明薄膜中手性向列结构的特征[图 5-14(b)]。

图 5-14　(a)PHEMA 存在下水性纤维素纳米晶体悬浮液的手性向列液晶相的 POM 图；(b)聚合物/CNC 复合材料的 SEM 图；(c)虹彩色手性向列聚合物/CNC 复合材料；(d)复合材料自组装 SEM 图[89]

2013 年，Kelly 等报道了具有手性向列型顺序的新型光子纳米复合水凝胶[95]，其通过水性纤维素纳米晶体分散体与各种水凝胶单体的自组装制备，包括丙烯酰胺(AAM)，*N*-异丙基丙烯酰胺(NIPAM)，丙烯酸(AAC)，2-甲基丙烯酸羟乙酯(HEMA)，聚乙二醇二甲基丙烯酸酯(DiPEGMA)以及聚乙二醇甲基丙烯酸酯(PEGMA)。将每种非离子单体与交联剂 *N*，*N*'-亚甲基双丙烯酰胺和光引发剂在纤维素纳米晶体的水性悬浮液中组合。在 EISA 之后，通过 UV 引发的聚合将结构锁定在适当位置，通过增加分散体的离子强度制备具有各种反射颜色的纳米复合水凝胶。

Cheung 等提出用碱金属、季铵氢氧化物中和酸性形式的纤维素纳米晶体(CNC-H)，通过冷冻干燥制备中和形式的纤维素纳米晶体(CNC-X，X = Li^+，Na^+，K^+，NH_4^+，NMe_4^+，NBu_4^+)[96]，这样制备的 CNC-X 易于分散在极性有机溶剂，如二甲基亚砜(DMSO)、甲酰胺、*N*-甲基甲酰胺(NMF)和 *N,N*-二甲基甲酰胺(DMF)中。傅里叶变换红外光谱(FT-IR)和多晶 X 射线衍射(PXRD)研究证实，CNC-X 的这种中和方法不引起其表面官能团和结晶度的变化。分散性提高的原因是表面硫酸盐基团的中和导致颗粒之间氢键的减少。CNC-X 在极性有机溶剂中的分散体通过 EISA 形成手性向列相，得到具有手性光子性质的固体薄膜。当增加阳离子的尺寸能够引起反射颜色的蓝移，而随着烷基铵阳离子疏水性的增加，观察到薄膜的反射颜色发生了红移，这与使用水性 CNC-X 分散体的结果一致。

此外，通过将可溶性聚合物如聚苯乙烯(PS)，聚甲基丙烯酸甲酯(PMMA)，聚碳酸酯(PC)和聚(9-甲基-2-吡咯烷酮)混合在 DMF 中的 CNC-X 分散体可成功地形成光子聚合物复合膜。在干燥的空气下缓慢蒸发溶剂产生的彩色复合膜具有均匀的手性向列结构。手性向列结构的螺距和反射颜色可以通过加入盐或改变聚合物/ CNC 比进一步调节。这一发现为合成手性向列型复合材料和与水性纤维素纳米晶体悬浮液不相容的聚合物铺平了道路。

对两种相似特征的有机物质结合的材料(纤维素纳米晶体和聚合物)来说，选择性地去除其中一个非常困难。然而，去除模板引入介孔结构是扩展材料应用特性的重要方法。Khan 等最近报道了新型苯酚-甲醛(PF)树脂，证明移除模板保留手性向列结构的介孔聚合物薄膜可以实现。水溶性 PF、三聚氰胺-脲-甲醛(MUF)或脲甲醛(UF)前驱体混合水溶性纤维素纳米晶体悬浮液(pH 2.4~6.9，3%~5%，质量分数)干燥后制备得到具有手性向列型的复合薄膜[97,98]。该薄膜是一种柔性的、颜色可调的复合薄膜。经热固化可以提高树脂交联度，从而获得坚韧但是脆的热固性复合薄膜。PF 树脂表现出明显的孔隙度、高的灵活性，当去除纤维素纳米晶体时具有良好的可调光子性能[98]。通过用 16%质量分数的 NaOH 水溶液在 70℃下处理复合薄膜 8~12h，可选择性地去除纤维素纳米晶体模板。用这种方法可从聚合物基质中除去 85%~90%的纤维素纳米晶体从而得到介孔手性向列型树脂。通过超临界流体 CO_2 从乙醇中干燥得到的样品的 BET 比表面积和孔体积分别为 310~365$m^2 \cdot g^{-1}$ 和 0.5~0.7$cm^3 \cdot g^{-1}$，平均孔径约为 7nm，接近于从复合材料移除的纤维素纳米晶体的直径。SEM 显示手性向列结构可以通过纤维素纳米晶体模板有效地嵌入树脂基体中，而在移除模板后该手性向列结构仍然得以保留。

5.7　纤维素纳米晶体自组装功能材料的调控

纳米级螺旋排序转移到如玻璃、陶瓷或聚合物材料中，使制备的功能材料在传感、催化、光电器件等应用上有巨大潜力。因此，在功能和应用方面，材料的结构可以通过不同的方法获得。首先，材料的颜色可以通过改变折射率或手性向列型结构的螺距得以调整。这些材料可以应用在如选择性光学过滤器或新型显示装置上。其次，通过颜色变化可以开发新的传感器。此外，介孔材料能够硬模板化，因此手性向列结构可以转移到其他纳米结构材料中。与此同时，材料表面改性和功能化(例如纳米颗粒，量子点或聚合物)的引入，能够为制备具有介孔性质和手性向列结构的新型材料提供新的思路。

5.7.1　折射率调控功能化材料

Shopsowitz 等报道了介孔二氧化硅和有机硅膜[85]。这些材料的手性向列结构从 UV 到近 IR 区域呈现虹彩色。由于二氧化硅和有机二氧化硅网络的刚性，其结构一旦合成之后就不会变化了，因此颜色也不会改变。这些材料没有结晶性，而是由纤维素纳米晶体模板手性向列的孔隙结构产生双折射现象[99]。手性向列介孔二氧化硅薄膜双折射产生的独特性质是由于各向同性液体渗透到孔时光学性质的变化产生的。例如，水被快速吸收导致膜变得完全透明，虹彩淬灭[图 5-15(a)]。这种效应是由于毛孔内的吸收液体(水，n=1.33)与介孔二氧化硅(SiO_2，　n=1.46)之间近似的折射率 [100]，类似于反蛋白石光子晶体的响应[101]。虽然反射在眼睛观察时消失了，但是折射率的微小差异导致 CD 光谱中仍然有略微红移的残余信号[图 5-15(b)]。当用更接近二氧化硅折射率的溶剂(如异丙醇，n=1.38)渗透孔导致更强的红移时，而对于 DMSO(n=1.48)，其 CD 信号完全消失。这表明通过利用 CD 信号的变化，手性向列介孔二氧化硅薄膜可用于检测蔗糖水溶液折射率的变化[83]。介孔二氧化硅和有机二氧化硅材料用于通过 UV-Vis 或 CD 信号进行感测的适用性，其中后者更加灵敏，甚至可用以检测强吸收染料为主的溶液颜色的变化。

2013 年，Giese 等将热致液晶引入到手性向列介孔材料中，以制备温度依赖性热切换复合材料[87]。为了控制这些材料的颜色，用 4-氰基-4'-辛基联苯(8CB)浸渍正辛基官能化的有机二氧化硅薄膜的孔，8CB 是对外部刺激响应从而呈现大取向和折射率变化的液晶 [102]。在室温下，复合材料显示出绿色的虹彩色[图 5-15(c)]，当加热到 8CB 相变温度(41℃从向列相到各向同性)时复合材料的紫外/可见光信号逐渐消失[图 5-15(d)]，在 50℃下呈现出不透明的灰色状态。这个过程是可逆的，通过加热/冷却循环可以观察到小小的滞后效应。为了在分子水平上理解颜色变化，合成了 8CB 的 ^{15}N-标记物(^{15}N-8CB)，注入正辛基官能化的有机二氧化硅薄膜的孔中，并通过可变温度 ^{15}N 固态 NMR 谱研究发现，在 21℃下，NMR 谱显示出明显的信号，表明 ^{15}N-8CB 各向异性结构在空隙中的排列。与之相反，当加热到各向同性状态时，会出现一个非常尖锐的峰。这些结果说明颜色的变化主要源于孔内手性向列结构取向所引起的折射率的变化。

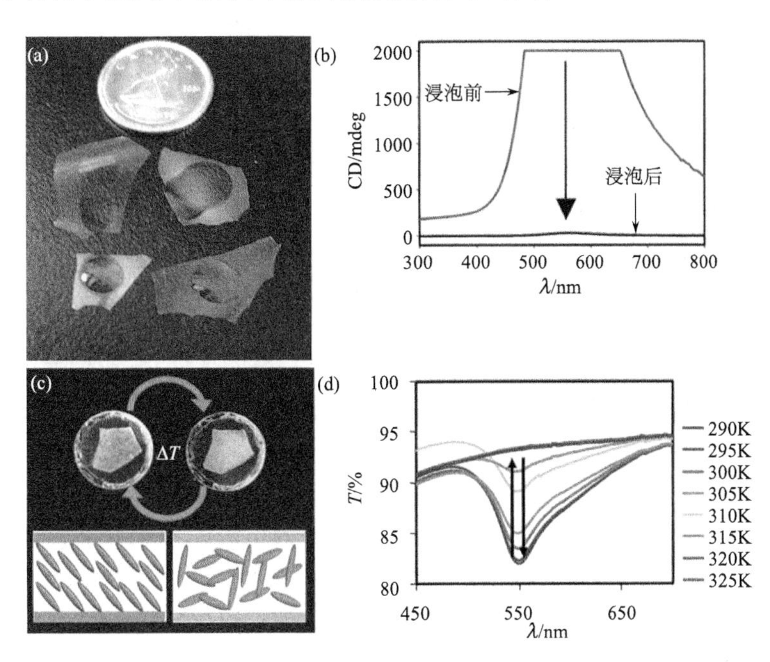

图 5-15　(a)手性向列介孔二氧化硅薄膜由于渗入水而失去虹彩的照片；(b)薄膜在水中浸泡前(绿色)和浸泡后(黑色)相应 CD 光谱变化；(c)室温(左)和 418℃下由 8CB 浸润的热致变色正辛基官能化有机二氧化硅薄膜的照片；(d)UV-Vis 光谱显示随温度升高的递减信号[87]

5.7.2　螺旋调控功能化材料

调控手性向列相纳米结构材料光学性质的另一种方法是改变手性向列结构的螺距，这需要能够经受压缩或伸长而不破裂的弹性体材料。水凝胶是一类在水溶胀时产生大尺寸变化的材料。基于其对渗透压变化的响应而显示出明显的颜色变化，并且可以用于制备传感器，所以这种光子水凝胶引起了广泛的研究兴趣[103]。尽管目前已经报道了一些关于制备手性向列型光子水凝胶的工作[102]，但缺少制备多功能水凝胶(例如用于响应 pH，温度或溶剂极性变化)的一般方法。Kelly 等最近报道了一系列基于纤维素纳米晶体(AAM，NIPAM，AAC，HEMA，PEGMA，DiPEGMA)的响应性光子水凝胶，并证明它们能够感测溶剂的极性、pH 或温度的变化[95]。复合材料在水和其他极性溶剂中进行快速可逆的溶胀，这种溶胀是通过拉伸手性向列复合材料的螺距，进而使复合材料颜色显著红移。例如，PAAM 纳米复合材料，在 150s 内溶胀从蓝色的虹彩色移动到近红外区变成无色。将该水合膜浸入纯乙醇中导致虹彩的快速蓝移[图 5-16(a)]，因此这些水凝胶可以作为乙醇光子传感器，因为乙醇含量增加导致在 UV-Vis 和 CD 光谱中逐渐蓝移。有趣的是，通过光聚合合成水凝胶，光子水凝胶纳入的潜在图案只出现在溶胀过程中。增加照射时间，减少区域溶胀程度，在溶胀时它会显示一个较小的虹彩色红移[图 5-16(b)]。

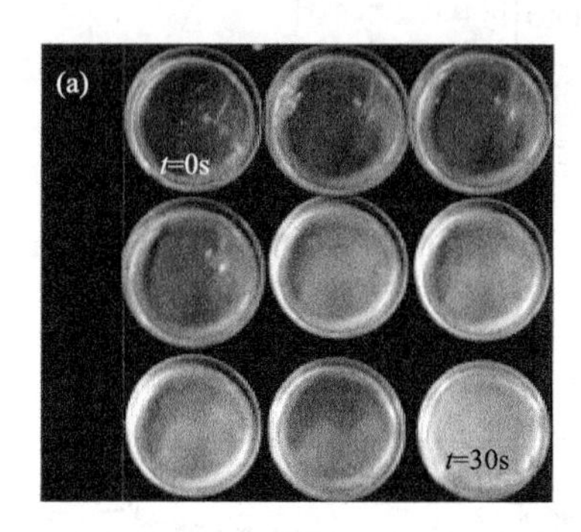

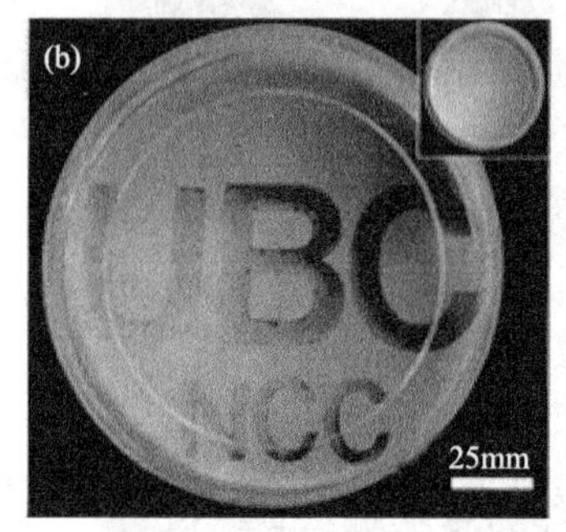

图 5-16　(a) 乙醇中纳米复合水凝胶(66%CNC)的解溶胀图像；(b) 干膜(插图)在水中溶胀时，潜在光致化图案虹彩色水凝胶膜的照片[95]

通过改变水凝胶组合物，可以得到所需响应不同刺激的光子水凝胶。例如，聚丙烯酸/CNC 水凝胶对它们浸泡溶液的 pH 的依赖性较强，因此可作为 pH 光子传感器。PNIPAM/CNC 复合材料在 31℃以下的临界溶解温度进行温度诱导，约有 40nm 的蓝移，导致溶胀的亲水性样品变得疏水和收缩。

在手性向列型水凝胶中引入官能团的另一种方式是通过阳离子交换对纤维素纳米晶体进行后合成表面修饰[104]。合成纤维素纳米晶体聚合物复合材料含有酸性硫酸酯基团，在用稀的碱溶液中和凝胶时，容易进行阳离子交换。通过用钠、铵或四烷基氢氧化铵滴定的阳离子交换之后，纳米复合材料的溶胀行为发生了显著变化。当阳离子的尺寸和疏水性增加时，所有的复合材料在甲醇、乙醇、丙酮和异丙醇中表现出增加的溶胀能力。简单的阳离子交换可以制备所需的光子水凝胶，并且可以制备通过 EISA 方法不能获得的新功能材料。

MUF/CNC 复合材料表现出绚丽的虹彩色源于它们的手性向列型结构[97]。这些材料一个有趣的特点是具有高度的柔性和通过按压的颜色调整能力。当 MUF 聚合物高达含量的 40%时，复合材料螺距变大，薄膜呈微红色或者无色。按压薄膜可以减小手性向列型结构的螺距，从而导致反射颜色明显蓝移。螺距的变化在紫外-可见光谱和 CD 光谱以及 SEM 下非常明显[图 5-17(a)]。一旦印记，在 100℃固化，材料不再变化，并且不可能进一步改动光子图案，改性后 MUF 样品的光子特性可以产生彩色图案印记[图 5-17(b)]，用于文件或货币的安全防伪。

以相似的方式，可以通过先形成手性向列 PF/CNC 复合材料，然后去除纤维素纳米晶体模板来制备介孔 PF 树脂[98]。这些材料由于其介孔结构显示出优越的溶胀行为，而且它们可以通过螺旋网络的溶胀(在水中)或收缩(在乙醇中)而改变颜色。当乙醇在水中的比例不同时，薄膜经历系统的颜色变化，这些颜色改变通过眼睛就能够直观看到[图 5-17(c)]，而通过紫外光谱、CD 光谱，颜色改变又可以定量。PF 树脂由于其高度的柔性[图 5-17(d)]也可以用于开发新的功能材料。

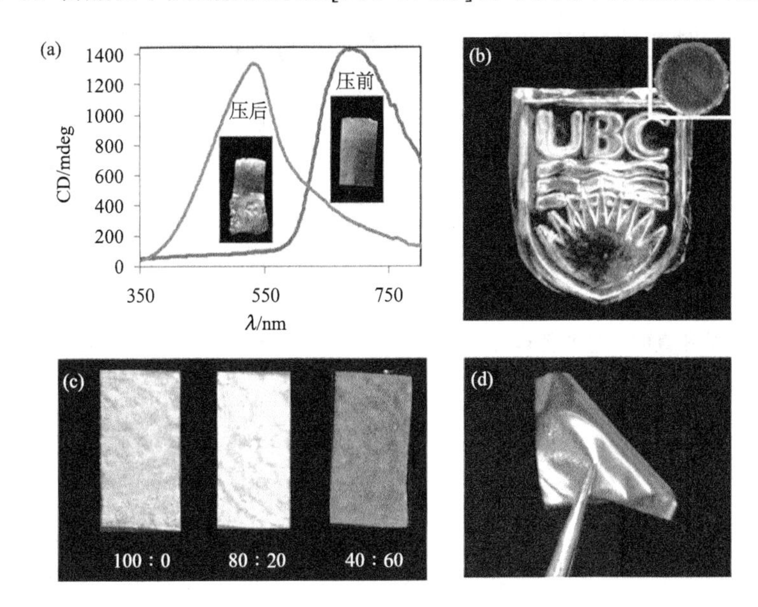

图 5-17　(a) MUF / CNC 复合条纹在压制前后的 CD 光谱和照片；(b) 具有印记光子图案的 MUF/CNC 复合材料的照片，从插图中所示的膜获得；(c) 浸泡在不同比例的乙醇/水中后介孔 PF 膜的照片；(d) 中孔 PF 树脂的高柔性照片[97,98]

通过逐层沉积然后去除纤维素纳米晶体模板可以制备双层介孔光子 PF 树脂[105]。双层薄膜手性向列相结构具有不同的螺距结构，因此有两个不同的反射波长。此外，这些材料显示出有趣的驱动器行为。尽管用于驱动的常规双层材料是通过在基底上活性层的组合而获得，但是双层中孔 PF 树脂仅由相同材料纳米结构不同的两个活性层组成[图 5-18(a)]。两层之间的孔尺寸和密度差异导致的不对称溶胀行为，赋予这些材料驱动器性能。详细的溶胀研究表明，较长螺距和较大孔径的层膨胀比较短螺距和较小孔径的大，导致在极性溶剂中干燥和溶胀时的定向卷曲和解卷曲。例如在干燥状态时，卷曲的样品在水中 10s 溶胀时逐渐解卷曲，继而在丙酮中 14s 后又变得卷曲[图 5-18(b)和(c)]。样品的可逆弯曲归因于各层渗透性的差异以及导致颜色变化的双层手性向列结构的膨胀或收缩的差异。

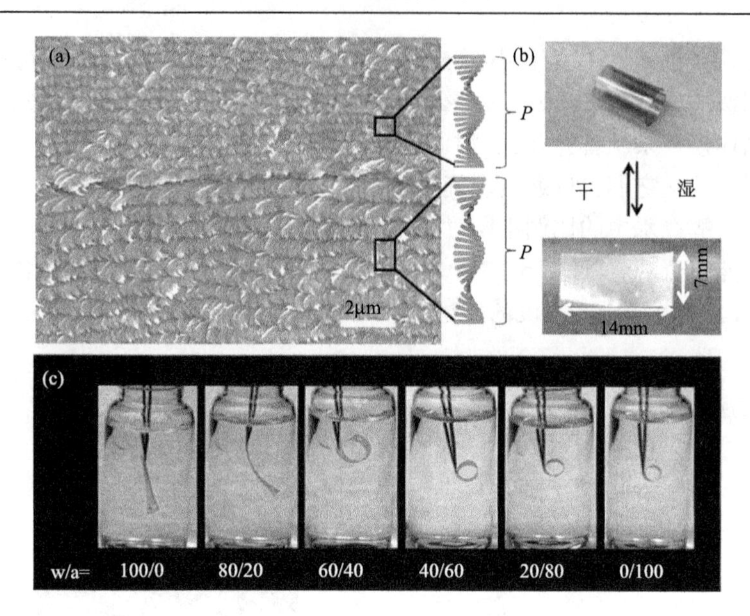

图 5-18 (a)介孔聚合物双层显示出的不同螺距层的横截面 SEM 图像；(b)浸泡在水中和干燥交替处理时弯曲和直的双层介孔聚合物薄膜图片；(c)在水和丙酮的混合物(w/a)中的双层介孔聚合物薄膜图片[105]

5.7.3 手性转移调控功能化材料

除了调节螺距或折射率之外，手性向列材料中的另一个有趣的功能来源是将手性信息转移到客体。分子、聚合物和纳米颗粒可以作为客体封装在手性向列结构的介孔内。这些杂化材料在催化、生物传感和光电子器件中具有潜在的应用。

硬模板已成为材料化学上合成新型高度有序材料的一个强大的方法[106]。介孔主体充当模板将纳米结构化反向转移到第二个材料中，其类似用于模板主体的初始中间相，在主体模板的选择性蚀刻之后，获得新的纳米结构材料。硬模板可以合成其前驱体与手性向列模板自组装不相容的纳米结构材料[107]。

2011 年，MacLachlan 等合成了手性介孔炭硬模板(CNMC)薄膜，其 BET 比表面积为 $1465m^2 \cdot g^{-1}$[图 5-19(a)][88]。介孔炭[108]的制备一般要寻找一个合适的碳源，蔗糖可作为碳源，经炭化后再通过蚀刻除去二氧化硅模板。与此相反，手性向列中多孔碳的合成非常简单，以纤维素纳米晶体作为碳源和模板，在惰性气体环境中热解二氧化硅/纤维素纳米晶体复合膜，可以产生高度长程有序的手性向列的介孔炭薄膜。SEM 和 TEM 研究[图 5-19(b)和(c)]证实了碳手性向列结构的存在。手性介孔炭在电化学电容器、催化剂载体和场效应晶体管上具有巨大的潜在应用价值[109]，CNMC 变温电导率的研究表明，碳在 20~180℃时是半导体。此外，该材料被证明是超级电容器有效的电极[图 5-19(d)]。使用 $1mol \cdot L^{-1}$ H_2SO_4 作为电解质，在两个电极之间挤压 CNMC 膜，循环伏安图(CV)显示具有略微斜率的矩形形状，恒电流充电/放电曲线揭示了近似电容器行为，在 230mA · g^{-1} 的电流负载下具有 170F · g^{-1} 的容量，这种性能与以前提到的碳材料基本一致[110]。

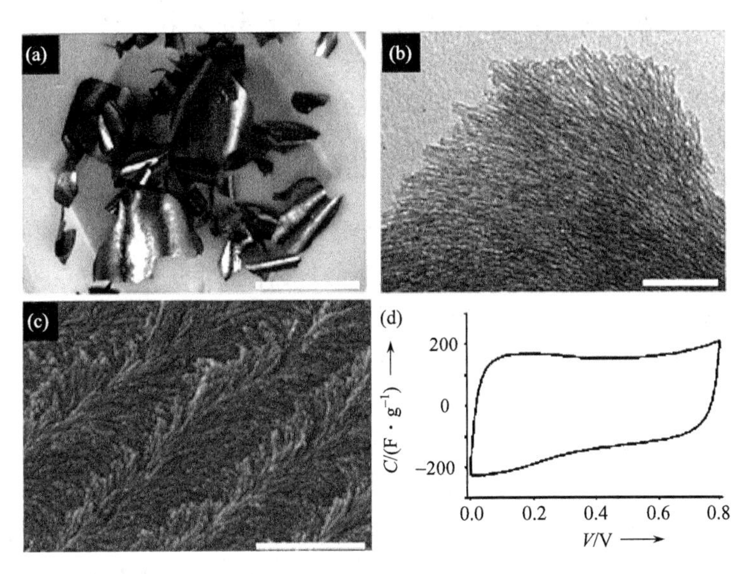

图 5-19　(a) CNMC 样品图片(比例尺：2cm)；(b) CNMC 的 TEM 图像(比例尺：200nm)；(c) CNMC 的 SEM 图像(比例尺：500nm)；(d) 在 1mol H_2SO_4(扫描速率=2mV · s^{-1})中对称电容器循环伏安图[88]

Shopsowitz 等以介孔二氧化硅为模板合成了手性向列二氧化钛[111]。溶胶的 $TiCl_4$ 溶液与水性纤维素纳米晶体分散体不相容，并在混合后立即形成凝胶，而不形成手性向列相。通过将 $TiCl_4$ 溶液反复加载在介孔手性向列二氧化硅薄膜中得到二氧化硅/二氧化钛复合材料，所得到的复合材料在 600℃下煅烧，在 2mol · L^{-1} NaOH 蚀刻后除去二氧化硅载体，产生独立介孔二氧化钛薄膜。当在圆偏振器下观察样品时，手性向列结构的虹彩特性为左旋圆偏振结构，具有不同孔径(2.5~7.9nm)、孔隙体积(0.23~0.31cm^3 · g^{-1})、比表面积(234~149m^2 · g^{-1})的介孔二氧化钛可以通过煅烧或纤维素纳米晶体酸水解得到。这种硬模板化的方法将手性向列结构成功地复制到二氧化钛中，因此开启了制备手性向列材料的另一种合成路线。这些新型多孔二氧化钛薄膜在染料敏化太阳能电池、光催化剂、传感器以及电池等方面具有良好的应用前景。

Chu 等提出与硬模板法紧密相关的制备手性向列型氧化锆(ZrO_2)和铕掺杂氧化锆薄膜(ZrO_2/Eu^{3+})的方法[112]。将 $ZrOCl_2$ 或 $ZrOCl_2/Eu(NO_3)_3$ 水溶液重复负载到手性向列型多孔二氧化硅薄膜中可以获得该薄膜。BET 比表面积为 140~182m^2 · g^{-1}，孔隙体积为 0.27~0.31cm^3 · g^{-1}。用 SEM 和 CD 光谱观察证实了原始二氧化硅薄膜手性向列相的成功复制。两个样品的 PXRD 分析样本呈现出四方形的 ZrO_2 特征衍射图案。ZrO_2/Eu^{3+} 薄膜将 Eu^{3+}的发光特性与从模板法合成的手性向列光子特性相结合。该手性向列型 ZrO_2/Eu^{3+}样品的衰减时间常数显著高于非手性样品。Qi 等和 Kelly 等合成了用金属纳米粒子修饰的介孔二氧化硅薄膜[113]，金属纳米粒子由于其生物活性和催化活性以及其表面等离子体共振(SPR)现象在化学传感领域具有良好的应用前景[114]。在手性向列介孔二氧化硅内负载金属纳米颗粒，显示了由颗粒和手性向列结构产生的等离子体共振和 CD 信号[115]。

为了证明多孔二氧化硅的手性向列结构可以诱导金属纳米颗粒的手性结构，具有银、金和铂纳米颗粒的二氧化硅薄膜通过两种不同的方法合成：原位合成和后合成。在第一种方法中，在介孔二氧化硅薄膜的孔内合成银纳米颗粒，而在第二种方法中，将少量的纳米颗粒前驱体加入到 CNC /硅胶中，并在 EISA 期间与二氧化硅和 CNC 共同组装。详细的 CD 光谱研究显示，SPR 信号的光学活性仅产生于手性向列型二氧化硅主体的手性向列长程有序结构[图 5-20(a)和(b)]。作为金属纳米粒子的 SPR，其表面结合高度敏感，这些材料对传感生物分子(如 DNA 和蛋白质)或重金属离子很有意义[116]。为了研究手性向列纳米颗粒/二氧化硅混合材料的传感性能，用十二烷硫醇和十六烷基三甲基溴化铵(CTAB)作为模型化合物进行了测试。CD 光谱[图 5-20(c)]显示 CTAB 的负信号(约 25nm)和硫醇的正信号(约 15nm)。相比之下，用金纳米颗粒官能化的介孔二氧化硅薄膜的吸收光谱[图 5-20(d)]显示十二烷硫醇红移，而 CTAB 导致蓝移。这些简单的实验表明，手性纳米聚集体局部环境的轻微变化导致其 CD 和吸收光谱的显著变化，并且显示它们对于生物传感的适用性。

量子点(QD)杂化材料的制备是功能材料领域越来越受关注的一个研究方向[117]。将光子晶体的光学性能与半导体量子点的电子特性相结合，可能会产生在光电子器件、传感器、光放大器或激光器中应用的新型功能材料[118]。Nguyen 等通过将手性向列二氧化硅的发光与 CdS 量子点的发光相结合，第一次报道了液晶模板化的杂化材料[119]。这些材料的合成保持了量子点的发光和纤维素纳米晶体的手性向列顺序。另外，通过控制该复合膜的煅烧，在保持完整性量子点的同时去除了纤维素纳米晶体模板，从而可以制备嵌入量子点手性向列型介孔二氧化硅。煅烧之前和之后的发光寿命分别为 1.55ns 和 1.75ns，这与相关材料一致。

为了研究杂化材料在实际应用中的性能，通过 2,4,6-三硝基甲苯(TNT)的溶液蒸发与量子点结合的荧光淬灭机理来研究。将 CdS 掺杂二氧化硅薄膜在 5.5×10^{3}mmol/L

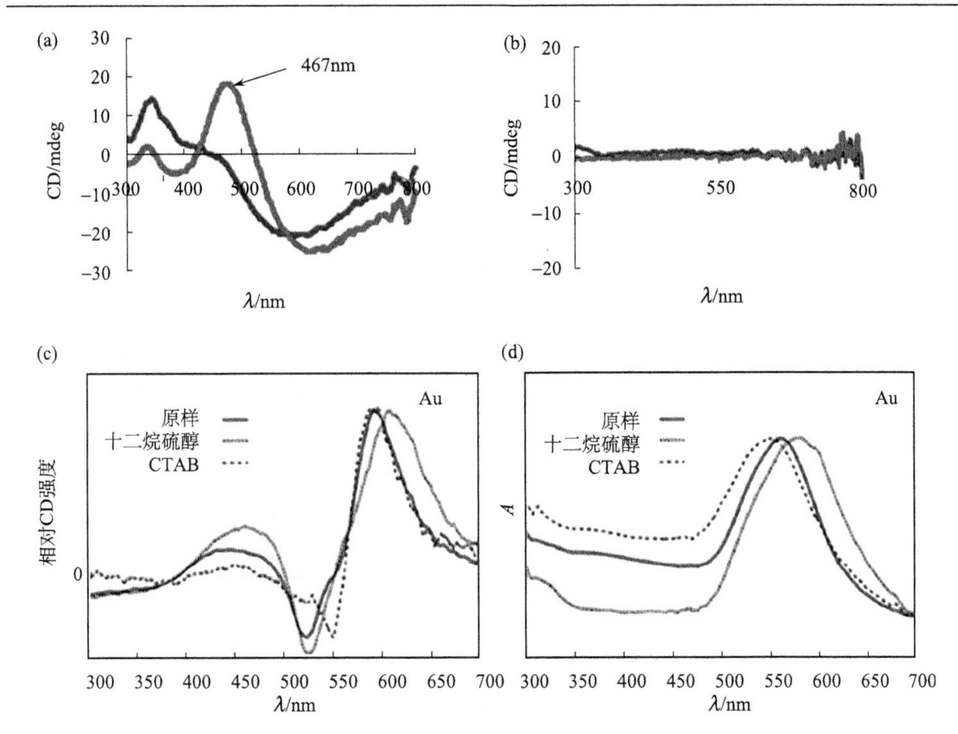

图 5-20　(a)掺杂银纳米颗粒手性向列介孔二氧化硅薄膜的 CD 光谱；(b)掺杂银纳米颗粒的非手性介孔二氧化硅薄膜的 CD 光谱(前面蓝色，用水浸泡后红色)；(c)掺杂金纳米颗粒的手性向列二氧化硅薄膜的 CD 光谱和(d)UV-Vis 光谱，显示了在含有十二烷硫醇和 CTAB 的溶液中浸渍样品的变化

TNT 甲苯溶液中浸泡，导致发光完全丧失。淬灭起因于从 CdS 量子点到 TNT 的电子缺陷 p 体系的电子转移[120]。淬灭是可逆的，从 TNT 溶液去除后，发光恢复。CdS/二氧化硅薄膜暴露于 TNT 蒸气导致发射强度逐渐降低，在 10min 后达到稳态值，淬灭效率为 30%。新的 CdS /二氧化硅杂化物的高孔隙率和优异的稳定性保证了量子点高的可及性，这为将其掺入炸药制备传感器成为可能[121]。

5.8　纤维素纳米晶体手性向列湿敏薄膜材料

5.8.1　概述

湿敏薄膜的结构化色彩变化是由光反射引起的，这种光反射是由于光和不同尺度几何图案的物质发生了物理相互作用所引起的。结构化色彩的改变能够用于各种传感应用，这种应用的根本机制是结构的变化所引起的颜色变化。

仿生光响应可逆“开关”是通过光、电、热等刺激诱导光电子转移或能量转移，引起可逆的结构改变，从而导致光学性能改变。这种结构改变可以表现为颜色变化、光强弱变化及手性信号变化等。例如热响应超疏水-超亲水可逆“开关”，分子间氢键是主要的驱动力，随着温度的升高，分子内氢键起主要作用，分子链采取更为紧密的排列方式，排斥了水分子[122,123]。这种可逆的界面性质为防伪、传感器领域提供了设计灵感。在生物圈中，长角昆虫天牛甲虫(*Tmesisternus isabellae*)周期交替的密集的黑色蛋白质层和非均匀黑色蛋白质纳米颗粒以及空气孔隙构成了一种色彩变化的结构。这种多层的干涉现象在干燥状态下能够产生一种金色的虹彩现象。其构成单元会因吸附/脱附水蒸气而发生膨胀/收缩从而引起层间距和折射率的变化，并引起光子晶体的禁带位置发生改变，因而在宏观上表现为颜色的变化(图 5-21)[124]。

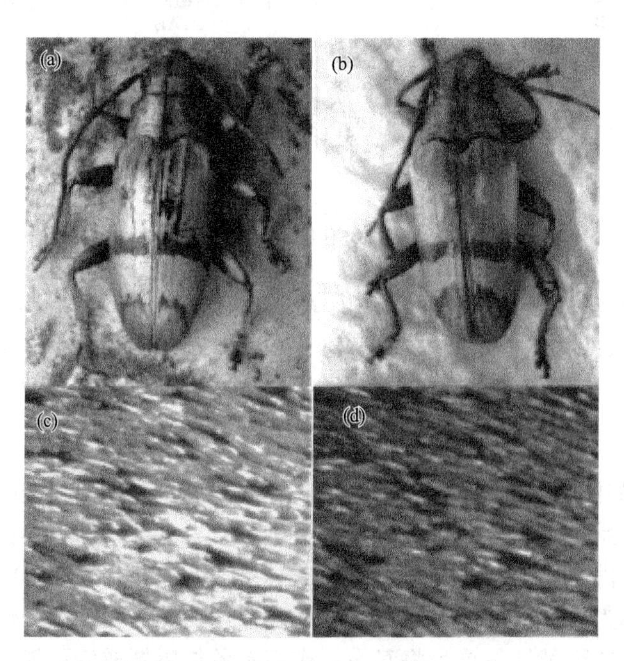

图 5-21　天牛甲虫随环境湿度变化图：(a)干燥状态；(b)吸湿状态；(c)，(d)分别为天牛甲虫在干燥和吸湿状态下背面放大的结构色彩变化图

与传统高成本、高湿度环境下失效的通过电容和电阻系统测量聚合物或陶瓷薄膜的电导率变化以确定其相对湿度的传感器相比，通过颜色变化指示湿度的简易可视的读取方式在相关行业有着极高的应用价值[125]。液晶材料是通过自组装形成的结构变化控制其光响应。一个非局部的扰动响应可能以电、光和机械场力的形式表现出来。将自组装特性和比色传感信号相结合可以减少传感器的成本和传感器元件组装的复杂性，是目前国内外研究的热点。CNC 膜具有非均一螺距分布的特点，其螺距长度和螺距轴倾斜度在不同区域也不同，从而能够比单螺

距膜材料反射更广谱带的光[126]。螺距长度 P 主要由几个因素决定：浓度、离子存在下的偶电荷、颗粒长度、颗粒表面电荷等。如果将 CNC 本身作为一种周期性的模板制备光响应材料，那么一种更加简单的仿生概念是 CNC 本身的自组装特性。当以 CNC 制备出一个宽谱带非均匀螺距的膜材料时，其颗粒本身的不溶性和亲水性使其经历了一个在液体介质中相转变生成一个液晶的织构。CNC 本身随着制备方法的不同，其形貌、表面结构也不同，同时环境条件的变化也影响 CNC 的自组装特性。因此基于 CNC 本身的特性，通过调控其结构和环境条件进而控制其螺距结构的变化，从而实现对其光响应特性的调控成为比色湿敏传感器应用领域的研究热点。

以在质量分数为 64%的硫酸、45℃下反应 30min（CNC-64%-45℃-30min）的悬浮液为研究对象，分析了 CNC 手性向列液晶相的形成过程，采用自组装方法制备了含左旋手性结构的 CNC 薄膜，并研究了其光学性质随湿度（RH）的变化规律，揭示了 CNC 手性薄膜在湿敏传感器领域的潜在应用价值。

5.8.2　实验部分

5.8.2.1　实验试剂

称取 20g 粉碎至 50 目的硫酸盐漂白针叶浆（BSKP）置于三口瓶中，加入 175mL 浓度为 64%的 H_2SO_4 溶液，在 45℃恒温水浴中剧烈搅拌 1h，加入冷蒸馏水终止反应。将反应后的体系自然沉降 24h 后，将上层清液除去，离心洗涤下层体系、透析后得到稳定悬浮的 CNC 胶体溶液。将制备的 CNC 胶体溶液浓缩至浓度为 3%左右，备用。

5.8.2.2　纤维素纳米晶体的自组装

用扁平毛细管（0.3mm×3.0mm）吸取一部分 CNC 悬浮液，将扁平毛细管的一端用石蜡密封，另一端不密封，让管内的 CNC 悬浮液自然蒸发，每隔一段时间用偏光显微镜（POM）观察 CNC 悬浮液状态的变化，得出手性向列液晶相形成的临界浓度和手性向列结构的螺距，浓度由称量法计算得到。

5.8.2.3　纤维素纳米晶体手性向列虹彩薄膜的制备

将制备的CNC胶体溶液浓缩至所需浓度，在功率为500 W下超声分散30min，取 5g CNC 胶体溶液转移至直径为 60mm 的聚苯乙烯培养皿中，室温下自然蒸发至干，得到 CNC 手性薄膜。

5.8.2.4　纤维素纳米晶体手性向列虹彩薄膜的表征

采用 FEI 公司的 Quanta200 扫描电子显微镜（SEM）对 CNC 薄膜的手性结构形貌进行表征；采用美国 ThermoFisher 公司生产的 Nicolet-iS10 傅里叶变换红外光谱（FT-IR）仪对 CNC 薄膜的表面官能团进行分析；采用美国 TA 公司生产的 TGA

Q50 热重分析仪在 N_2 气氛下对 CNC 薄膜进行热稳定性测试，升温速率为 10℃ · min^{-1}，温度范围为 20~800℃；采用美国海洋光学公司生产的 HR4000 型 (UV-Vis-NIR) 光谱仪对 CNC 薄膜的湿敏性能进行测试，用饱和 K_2CO_3 溶液、饱和 NaCl 溶液、饱和 KCl 溶液进行湿度调控。

5.8.3 结果与讨论

5.8.3.1 纤维素纳米晶体偏振显微分析

图 5-22 为初始浓度为 1.09%(质量分数，余同) CNC 溶液缓慢蒸发，浓度不断提高过程中不同阶段的 POM 图。由图 5-22(a) 可知，初始溶液中 CNC 呈无序分散状态，无双折射特性。当 CNC 浓度为 2.20%时，如图 5-22(b) 所示，在静电斥力作用下，CNC 开始进行自组装排列，在此过程中 CNC 之间产生不可逆的氢键作用[49]。当浓度增大到 2.83%时，CNC 胶体溶液中逐渐析出各向异性相，在正交光照射下，出现了双折射现象，并且开始形成指纹织构，此浓度即为手性向列液晶相形成的临界浓度。随着水分的继续蒸发，CNC 浓度由 4.48%增大到 13.45%的过程中，POM 视野中液晶相的双折射性质加强。当浓度增大至 42.04%时，CNC 溶液在正交光下呈现出强的虹彩性质，并且出现大片的指纹织构，如图 5-22(f) 所示。

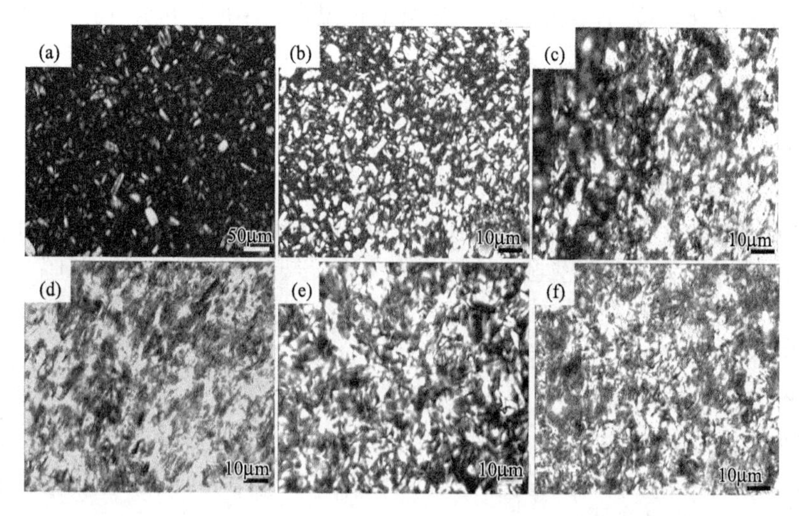

图 5-22　不同浓度 CNC 的 POM 图：(a) 1.09%；(b) 2.20%；(c) 2.83%；(d) 4.48%；(e) 13.45%；(f) 42.04%

5.8.3.2 纤维素纳米晶体薄膜的手性结构分析

图 5-23(a) 为自然光照射下 CNC 薄膜的照片。观察可知，CNC 薄膜具有一定的虹彩特征。图 5-23(b) 为 CNC 薄膜的 POM 图，在正交光照射下 CNC 薄膜具有

多彩特征，并且可观察到明暗相间的指纹织构，螺距介于 1~2μm 之间，该织构是手性材料的特征结构[57]。图 5-23(a)和(b)中的多彩特征的形成原因为 CNC 薄膜中手性结构对光的干扰产生双折射[33]。图 5-23(c)~图 5-23(e)为 CNC 薄膜的 SEM 图，由图 5-23(c)可知，该薄膜的厚度均匀，介于 60~70μm 之间；在低倍视野下能够观察到长程有序手性结构，如图 5-23(d)所示；在高倍视野下可以看到棒状 CNC 有序排列形成具有左旋特征的手性向列结构[57]，如图 5-23(e)所示。

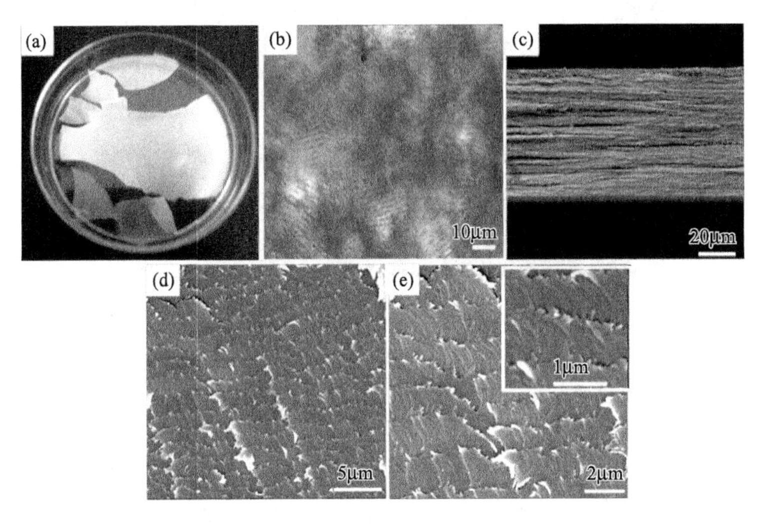

图 5-23　CNC 手性向列薄膜的形貌图：(a)光学照片；(b)POM 图；(c)SEM 图，1000×；(d)SEM 图，5000×；(e)SEM 图，10000×

5.8.3.3　纤维素纳米晶体薄膜的湿敏性能

图 5-24 为吸水前后 CNC 薄膜的光学照片图。观察图 5-24(a)可知，干燥的 CNC 薄膜在自然光照射下偏蓝色；吸收水分后，其颜色由蓝色向红色转变，如图 5-24(b)和图 5-24(c)所示。当 CNC 薄膜完全浸湿后，在自然光照射下薄膜呈现橙红色表观特征，如图 5-24(d)所示。进一步实验显示：CNC 薄膜的这种遇湿变色过程是可逆的，将浸湿的 CNC 薄膜干燥之后又恢复到图 5-24(a)所示的光学特征。

图 5-25 为不同湿度下 CNC 薄膜的 UV-Vis 透射光谱图。干燥的 CNC 薄膜在 510nm 处有一个明显的波谷，说明对该波长的光具有较强的反射。当环境的湿度增加到 43%时，CNC 薄膜对于光的反射向长波方向移动至 560nm 处，且随环境湿度的继续增加，CNC 薄膜对于光的反射波长继续向长波方向移动。当周围环境的湿度增加至 85%时，CNC 薄膜对光的反射红移至 635nm 处。将湿度为 85%的

CNC 薄膜干燥后，其 UV-Vis 透射光谱恢复原位。由此表明：湿度对 CNC 薄膜光

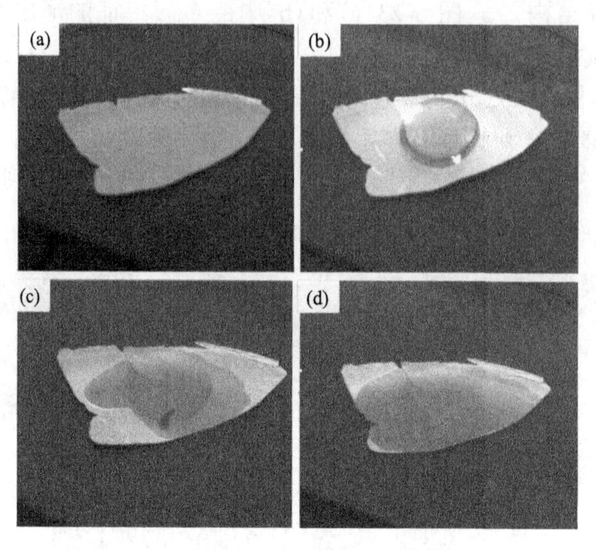

图 5-24 吸水前后 CNC 薄膜的光学照片图:(a)干燥;(b)滴水;(c)吸水;(d)浸湿

学性质的影响为可逆过程。分析以上结果可知，CNC 薄膜具有优良的湿敏性能。这是因为纤维素是亲水性材料，当周围环境湿度增加时，CNC 薄膜吸收水分，手性结构的螺距变大，根据布拉格公式：$\lambda=nP\sin\phi$（λ 为反射光波长，ϕ 为入射角，n 为平均折射率，P 为螺距），导致其对光的反射向长波方向移动，光学性质出现红移[127]，如图 5-26 不同湿度下螺距的可逆变化示意图所示。

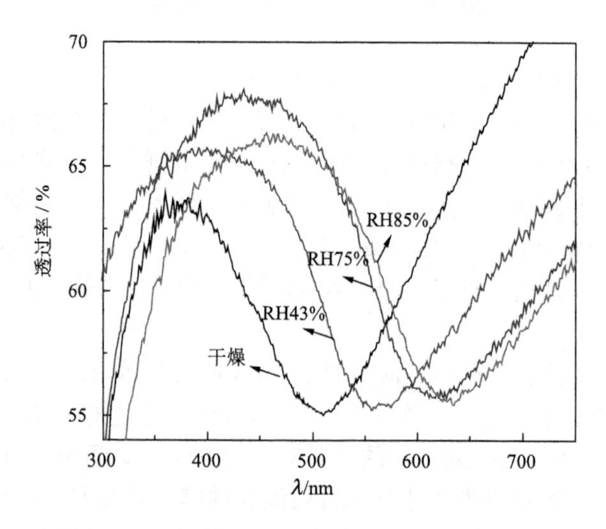

图 5-25 不同湿度下 CNC 薄膜的紫外-可见透射光谱图

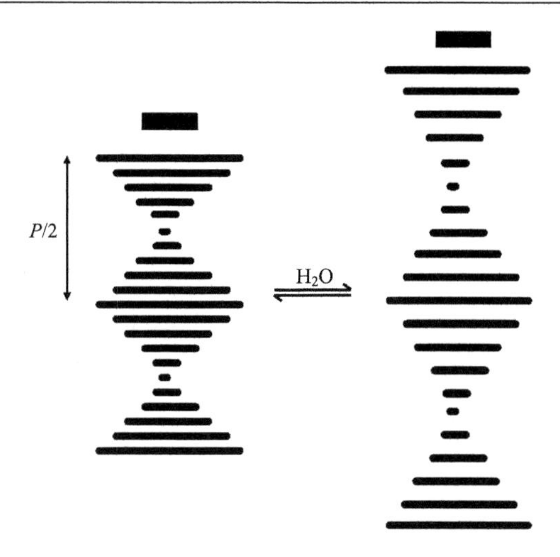

图 5-26　不同湿度下螺距的可逆变化示意图

5.8.3.4　自组装手性向列薄膜湿敏光学特性

图 5-27 为虹彩薄膜自吸水性能测试过程中薄膜颜色随时间变化引起的表面颜色变化。

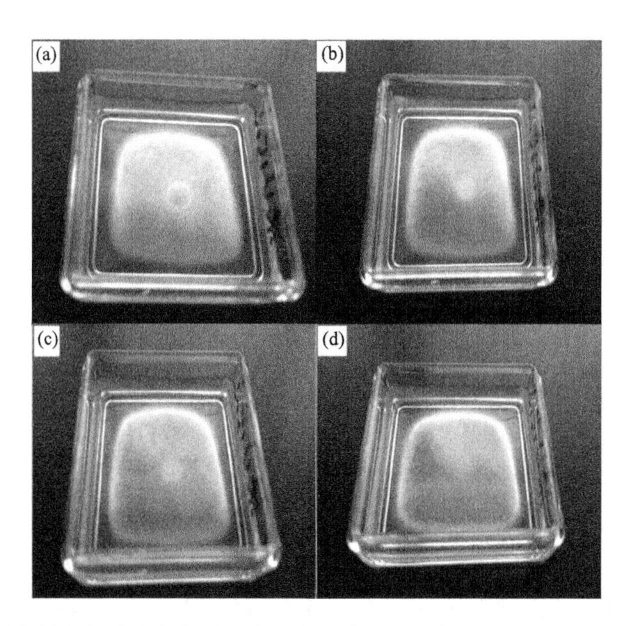

图 5-27　滴水后随时间变化的薄膜颜色变化：(a) 0min; (b) 2min; (c) 4min; (d) 9min

由薄膜颜色情况可知，在刚滴加去离子水时，CNC 手性向列薄膜接触水的区域会立刻由蓝色转变为红色。随着水分的蒸发，接触水区域红色逐渐变浅，最终经过约 10min，CNC 薄膜还原成最初的蓝色以及原本的形貌。图中 9min 时薄膜颜色还原。薄膜能够恢复原状，证明 CNC 薄膜成膜方式为自组装，有一定的自恢复能力。

图 5-28 为对湿敏薄膜进行滴水动态检测光谱图，从图中我们明显看出，在 0s 时，薄膜的反射光波长在 600nm 左右，随着水分的蒸发，反射光波长逐渐减少，并且最终在 450nm 左右趋于稳定，这与视觉上看到的薄膜由红色到蓝色的颜色变化相吻合。在 140s 时反射率突然增高，是因为这一刻为水分完全蒸发的临界时刻，在薄膜表面仅有很薄的一层水膜，所以对反射率产生了影响，当水分完全蒸发后，反射率又重新回到最初的状态[127]。

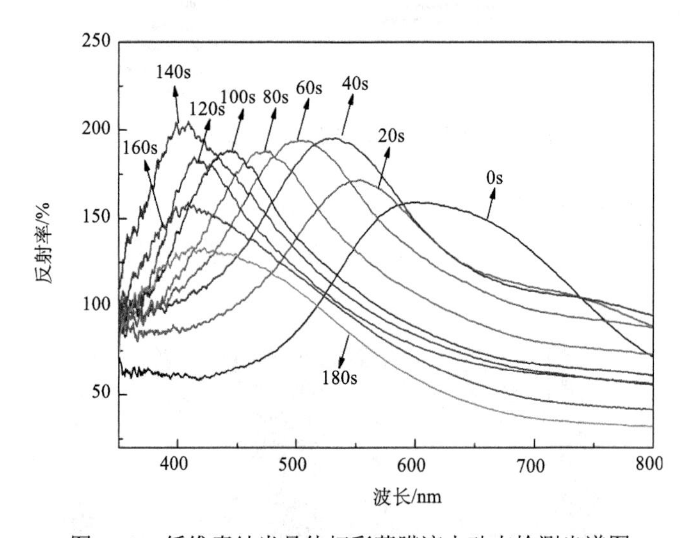

图 5-28　纤维素纳米晶体虹彩薄膜滴水动态检测光谱图

5.8.4　小结

基于 CNC 的自组装行为，在自然蒸发的条件下成功制备出含左旋手性结构的薄膜。当 CNC 浓度大于 2.83%时，溶液中析出各向异性相，开始形成指纹织构。自组装形成的手性薄膜具有强的双折射性质，自然光照射下具有虹彩特征，偏光显微镜可观察到明显的指纹织构，在高倍扫描电镜下能够观察到长程有序左旋手性结构，螺距介于 1~2 μm 之间。该薄膜的表面官能团以 O—H 为主，在 200℃以下具有良好的热稳定性。CNC 手性薄膜的光学性质与周围环境的湿度有密切关系，随着周围环境湿度的增加，对光的吸收波长出现可逆的红移现象，具有良好的湿敏性能。

5.9　纤维素纳米晶体手性向列导电薄膜材料

5.9.1　概述

纤维素纳米晶体(CNC)是自然界中最丰富的具有生物降解性的高分子材料，制造成本低廉，无毒无害，力学性能优异，具有巨大的比表面积、较好的热稳定性等优势近年来受到了广泛关注，特别是 CNC 具有很高的杨氏模量和生物相容性，通过自身的蒸发诱导自组装形成手性向列型液晶相结构，可作为基体材料赋予导电复合薄膜更多的形态特征，所制得的复合薄膜具有广泛的应用前景。

石墨烯、碳纳米管优异的物理、化学和力学性能使其成为目前研究的热点。以石墨烯和碳纳米管制备的纳米复合材料也表现出许多优异的性能。而且石墨烯和碳纳米管具有独特的电子结构和电学性质。以手性向列结构的 CNC 为基材，石墨烯和碳纳米管为功能相，制备手性向列结构 CNC/石墨烯、CNC/碳纳米管复合导电薄膜。

5.9.2　实验部分

5.9.2.1　实验试剂

称取 20g 粉碎至 50 目的硫酸盐漂白针叶浆(BSKP)置于三口瓶中，加入 175mL 浓度为 64%的 H_2SO_4 溶液，在 45℃恒温水浴中剧烈搅拌 1h，加入冷蒸馏水终止反应。将反应后的体系自然沉降 24h 后，将上层清液除去，离心洗涤下层体系、透析后得到稳定悬浮的 CNC 胶体溶液。将制备的 CNC 胶体溶液提浓至浓度为 3%左右，备用。

5.9.2.2　纤维素纳米晶体手性向列导电薄膜的制备

(1) 氧化石墨烯的还原：称取氧化石墨烯 0.375g，加入 80mL 去离子水，超声振荡 30min 得到氧化石墨烯悬浮液。将氧化石墨烯悬浮液放入三口烧瓶中，加入 1.0gVC，95℃水浴，500r · min^{-1} 转速搅拌 3h，加入 500mL 蒸馏水静置 24h，倒掉上层清液，以 1200r · min^{-1}，20min 离心多次至中性，70℃烘干至 100mL 左右。

(2) 碳纳米管的酸化：30mL 浓硫酸和 10mL 浓硝酸混合，加入 1.0g 碳纳米管，在 100mL 单口烧瓶中搅拌 10min，超声 30min，40℃水浴条件下反应 22h，将反应物倒入 500mL 蒸馏水中搅拌，采用水性微孔滤膜(d=0.2μm)抽滤，至中性，抽滤后加入 10mL 蒸馏水，保存。

(3) CNC/石墨烯、CNC/碳纳米管复合导电薄膜的制备：将一定浓度的 CNC 溶液，加入不同质量分数的石墨烯和碳纳米管悬浮液混合，超声 30min 后，在自然状态下干燥，制得导电薄膜。石墨烯和碳纳米管对 CNC 加入的质量分数为 1%、

2%、2.5%、4%、6%、8%和 10%。

5.9.2.3　纤维素纳米晶体手性向列虹彩薄膜的表征

采用 FEI 公司的 Quanta200 扫描电子显微镜(SEM)对 CNC 薄膜的手性结构形貌进行表征；样品的导电性能在 ST-2258C 型多功能数字四探针测试仪下进行电导率的测定。

5.9.3　结果与讨论

5.9.3.1　纤维素纳米晶体/石墨烯导电薄膜光学及导电性能

图 5-29 是还原氧化石墨烯(RGO)加入量为 4%时复合薄膜由湿到干燥状态下的光学图片，由图可知，复合薄膜在最开始混合的状态下为均匀的黑色溶液状态，在经 60h 干燥后的半湿润状态下(浓度约为 3%)，复合薄膜开始出现红色的虹彩特性，同时可以看出局部地方出现相分离现象，随着干燥时间的延长，经干燥 84h 后，薄膜由红色变成蓝绿色，经干燥 96h 后，薄膜彻底干燥，颜色变为蓝色的虹彩复合薄膜。表明 RGO 的加入未改变 CNC 自组装的手性向列结构。图 5-30 为 CNC/石

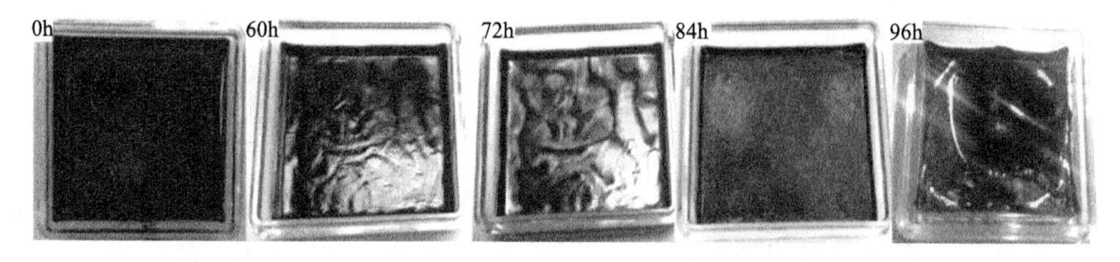

图 5-29　RGO 加入量为 4%时，复合导电薄膜由湿到干的光学照片

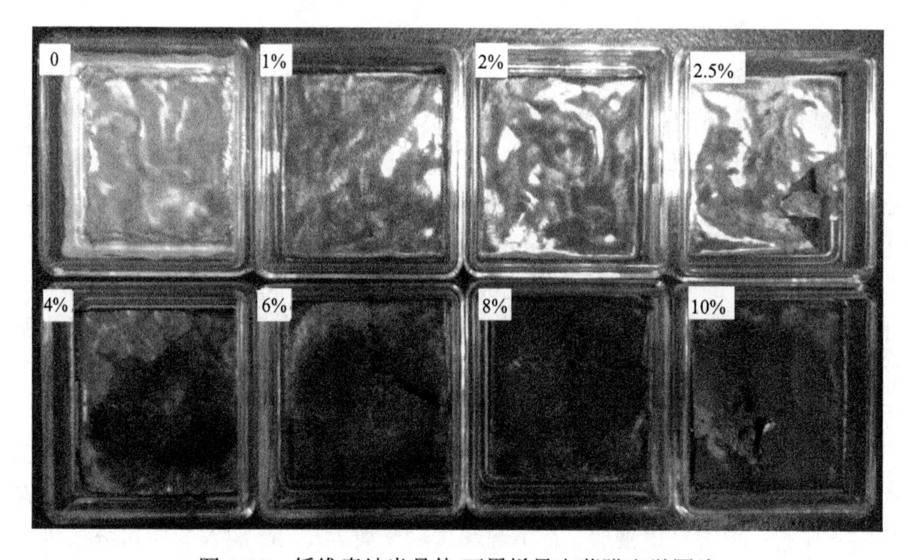

图 5-30　纤维素纳米晶体/石墨烯导电薄膜光学图片

墨烯导电薄膜的光学照片，随着 RGO 加入量的增加，薄膜的透光性降低，但尽管加入量达到 10%，仍然可以看到导电薄膜的虹彩现象。结合图 5-31 的电导率测试结果发现，随着 RGO 加入量的增加，复合薄膜的电导率相应增加，当 RGO 加入量为 10%时，复合薄膜的电导率为 0.8S · m^{-1}。表明复合薄膜具有较好的导电特性。同时基于虹彩手性向列薄膜的湿敏指示特性，石墨烯的气敏特性，为开发湿气敏双功能的复合薄膜材料提供了可能。

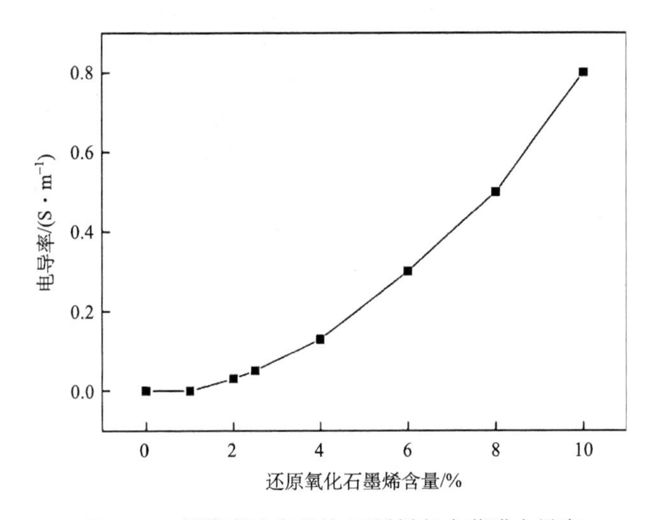

图 5-31　纤维素纳米晶体/石墨烯复合薄膜电导率

5.9.3.2　纤维素纳米晶体/碳纳米管导电薄膜光学及导电性能

图 5-32 为 CNC/碳纳米管导电薄膜的光学照片，由图可以看出，随着多壁碳纳米管(MWCNTs)加入量的增加，薄膜的透光性降低，当 MWCNTs 加入量为 10%时，薄膜的透光性降低较严重，但仍然可以看到导电薄膜的虹彩现象，说明 MWCNTs 的加入未改变 CNC 自组装的手性向列结构。结合图 5-33 的电导率测试结果发现，随着 MWCNTs 加入量的增加，复合薄膜的电导率相应增加，当 MWCNTs 加入量为 5%时，复合薄膜的电导率为 0.24S · m^{-1}，当加入量为 6%时，电导率为 0.77S · m^{-1}，结合薄膜的光学图片也可以看出，在加入量为 5%和 6%时复合薄膜的透光性有一个较明显的降低的变化。当 MWCNTs 的加入量为 10%时，复合薄膜的电导率为 1.18S · m^{-1}，表明复合薄膜具有较好的导电特性。同时基于虹彩手性向列薄膜的湿敏指示特性，碳纳米管的气敏特性，为开发湿气敏双功能复合薄膜材料提供了可能。

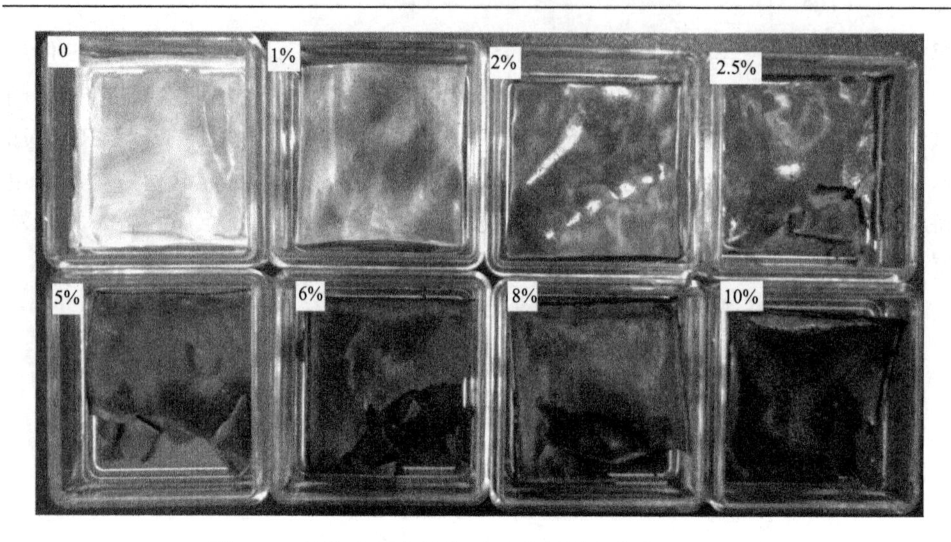

图 5-32　纤维素纳米晶体/碳纳米管导电薄膜光学图片

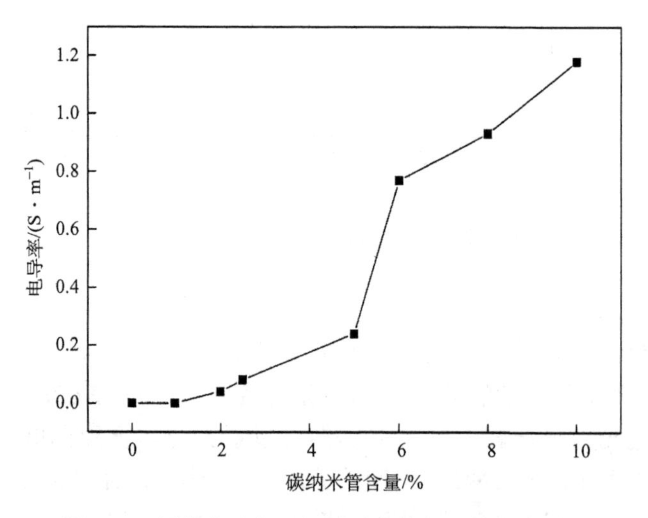

图 5-33　纤维素纳米晶体/碳纳米管复合薄膜电导率

5.9.4　小结

基于 CNC 的自组装行为，成功地制备了 CNC/RGO、CNC/MWCNTs 复合导电薄膜，结果表明 RGO、MWCNTs 的加入未改变 CNC 手性向列液晶相并赋予了复合薄膜良好的导电性，这为开发湿气敏复合薄膜材料提供了条件。

5.10　纤维素纳米晶体模板法制备手性介孔材料

5.10.1　概述

纤维素纳米晶体的高比表面积、纳米级尺寸和手性向列自组装行为吸引人们用它作为制备新型多孔材料的模板。模板法是常用的介孔材料制备方法，其中超分子自组装法已成为制备介孔材料最有效的方法之一。该方法利用表面活性剂或胶体等不同类型的模板剂在前驱体溶剂中诱导形成自组装体，经过溶胶-凝胶、乳化等过程，发生界面相互作用，使得无机前驱体水解吸附在自组装体表面，最后通过煅烧或萃取等方式除去自组装体模板剂，从而得到所需的材料骨架。

纤维素纳米晶体当干燥成固态薄膜时，纤维素纳米晶体保留螺旋的手性向列顺序并且组装成每一层都定向排列的层状结构，且它们通过特征距离堆叠而定向旋转。这种手性向列的排序可以作为一维光子晶体结构，其选择性地反射波长接近圆偏振光的匹配值。这就为纤维素纳米晶体与无机前驱体复合提供了条件，从而制备具有手性向列结构的无机材料。

本节以纤维素纳米晶体作为模板剂，以 TMOS 作为硅源，基于自组装行为制备手性介孔二氧化硅和手性介孔炭材料。

5.10.2　实验部分

5.10.2.1　实验材料

纤维素纳米晶体采用酸水解法制备，浓度约为 1%；TMOS，TEOS(分析纯，国药集团化学试剂有限公司)；聚乙二醇(分析纯，分子量 20 000，天津市科密欧化学试剂有限公司)；H_2SO_4，NaOH(分析纯，天津市科密欧化学试剂有限公司)；聚苯乙烯培养皿(直径 60mm，广州翔博生物科技有限公司)。

5.10.2.2　手性介孔二氧化硅的制备

将制备的 CNC 胶体溶液在功率为 500W 下超声分散 10min，加入一定量的 TMOS 在室温下磁力搅拌 1h 使体系混合均匀，取一定量的混合体系转移至 60mm 聚苯乙烯培养皿中，在空气中自然蒸发至干，得到 CNC/SiO_2 复合膜材料。将复合膜材料置于管式炉在空气氛围中进行煅烧：控制升温速率 5℃·min^{-1} 升温至 100℃，保持 2h，然后以相同速率升温至 540℃，保持在此温度下煅烧 6h，自然冷却至室温得到手性介孔 SiO_2 材料，其中在 CNC∶TMOS=75∶25(质量比)下制备的手性介孔 SiO_2 记为 S1，CNC∶TMOS=55∶45(质量比)下制备的手性介孔 SiO_2 记为 S2。

5.10.2.3　手性介孔炭的制备

将制备的 CNC 溶液蒸发浓缩至约 3%，调节 pH 至 2.4，通过超声波在 500W

的功率下分散 60min，加入一定量的 TMOS，将其混合溶液在室温下搅拌 1h，使体系均匀混合。将一定量的混合溶液转移到直径为 60mm 的聚苯乙烯培养皿中，在空气中蒸发至干，得到 CNC/SiO_2 复合膜材料。将复合膜材料置于管式炉中，并在氮气中炭化。以 2℃ · min^{-1} 的升温速率升至 100℃，并在此温度下保持 2h，然后以 2℃ · min^{-1} 的升温速率升至 900℃，在此温度下保持 6h，缓慢冷却至室温，得到炭/硅复合膜。用一定量的 NaOH 溶液碱洗去除 SiO_2，干燥得到手性炭薄膜。其中 CNC：TMOS=75：25（质量比）制备的手性介孔炭记为 C1，CNC：TMOS=65：35 记为 C2，CNC：TMOS=55：45 记为 C3，CNC：TMOS=45：55 记为 C4。

5.10.2.4 材料表征

采用 Quanta200 型扫描电子显微镜（SEM）、FEI 公司生产的 JEOL2011 型透射电子显微镜（TEM）对产物的形貌进行表征；采用 ASAP2020 型比表面积测定仪对产物的孔结构进行表征分析，总比表面积由 BET 方程得到，孔体积和孔径分布由 BJH 模型处理低温氮气吸附-脱附等温线得到。手性介孔炭在不同温度下的导电性能在 ST-2258C 型多功能数字四探针测试仪下进行电导率的测定。

5.10.3 结果与讨论

5.10.3.1 手性介孔二氧化硅形貌结构分析

图 5-34 为 CNC 与 TMOS 比例分别为 75：25 和 55：45（质量比）、经煅烧后所制备样品的形貌图。产物分别为蓝色、绿色且表面光滑的片状固体，厚度均匀，质地硬脆。由图 5-34（b）和图 5-34（d）可知，制备的手性介孔二氧化硅材料具有多层结构，这是由于混合体系在自然蒸发的过程中，模板 CNC 棒状颗粒依靠分子间作用力致使长轴平行排列而形成螺旋排列的层状有序结构，模板 CNC 去除后，产物仍然保留了手性向列螺旋的无机骨架结构。

5.10.3.2 手性介孔二氧化硅孔结构分析

图 5-35 为两种手性介孔二氧化硅样品的氮气吸附-脱附等温线和孔径分布图。由图 5-35（a）可知两种样品的吸附-脱附曲线均为Ⅳ型等温线，曲线闭合良好。当相对压力小于 0.4 时，氮气吸附量随着相对压力的升高而缓慢增加，此时氮气分子以单层或多层吸附在孔结构的表面。当相对压力大于 0.4 时，吸附-脱附曲线构成明显的 H2 型滞后环，这是因为氮气在孔内部发生了毛细凝聚现象，表明材料具有相对集中分布的介孔结构[128, 129]。当相对压力增大到 1 时，样品的吸附量不同，这是因为不同的模板剂添加量对产物的孔结构有重要的影响，导致对氮气的吸附性能不同。由图 5-35（b）孔径分布图可知，样品的孔径集中分布在 3~12nm 之间，该值略小于 CNC 的直径，归因于高温煅烧造成的孔结构收缩现象。

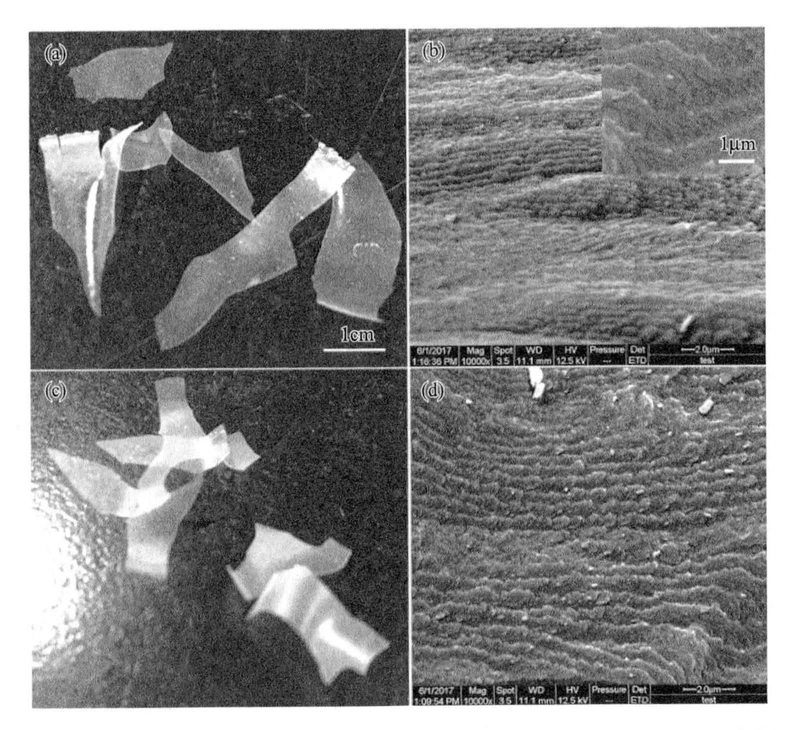

图 5-34　手性介孔 SiO_2：(a) S1 光学照片和 (b) SEM 图（插图为手性向列螺旋排列结构图）；(c) S2 光学照片和 (d) SEM 图

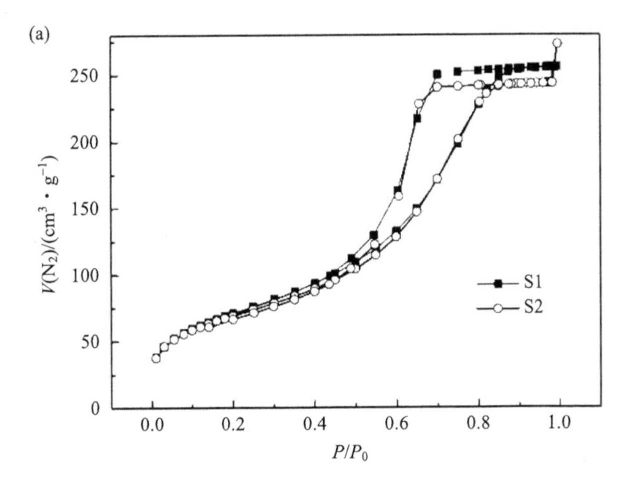

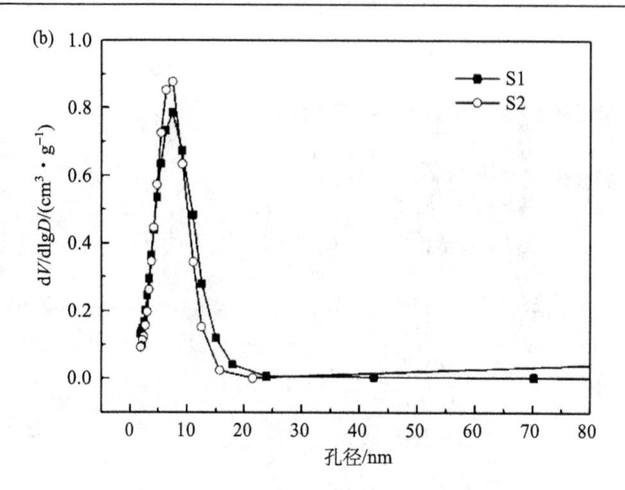

图 5-35　不同手性介孔二氧化硅样品的氮气吸附-脱附等温线(a)和孔径分布图(b)

表 5-1 为不同手性介孔二氧化硅样品的孔结构参数。分析各项参数可知，两种样品都具有发达的介孔结构，平均孔径集中分布在 3~12nm 之间，说明本实验中所得样品均为介孔材料，结合 SEM 分析可得，本研究成功制得具有手性结构的介孔二氧化硅材料。

表 5-1　不同手性介孔二氧化硅样品的孔结构参数

样品	模板/%	S_{BET} / (m^2 · g^{-1})	V_T / (cm^3 · g^{-1})	模板剂	平均孔径/nm
S1	75	256.53	0.39	TMOS	6.17
S2	55	245.69	0.42	TMOS	6.87

5.10.3.3　手性介孔炭材料的形貌分析

如图 5-36 所示，可以看出 CNC 和二氧化硅前驱体复合干燥后所制备的复合膜具有明显的虹彩特性，说明 CNC 的手性向列结构成功复制于二氧化硅前驱体中，为后续制备手性介孔炭提供了条件。图 5-37 为经过 N_2 保护煅烧，NaOH 除去硅模板制备的手性介孔炭材料，可以看出手性介孔炭膜具有明显的虹彩特性，说明所制备的手性介孔炭材料保留了 CNC 自组装形成的手性向列虹彩结构。

5.10.3.4　手性介孔炭的 SEM 分析

图 5-38 为不同比例 CNC 与 TMOS 复合经煅烧再去除硅模板制备的手性介孔炭的 SEM 图。从图中可以看出所制备的介孔炭材料均保留了 CNC 自组装的手性向列结构，这为后续手性介孔炭的进一步应用提供了条件。

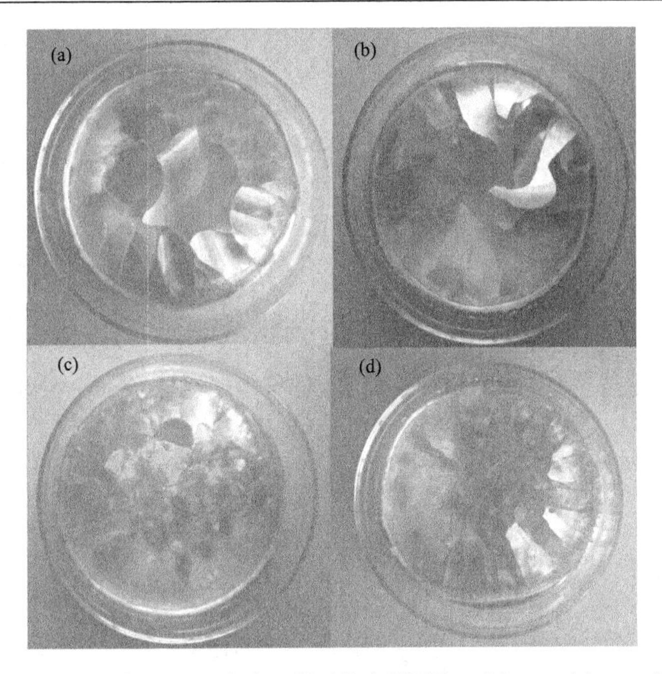

图 5-36　不同含量 CNC 与 TMOS 复合干燥后的光学图片：(a) C1；(b) C2；(c) C3；(d) C4

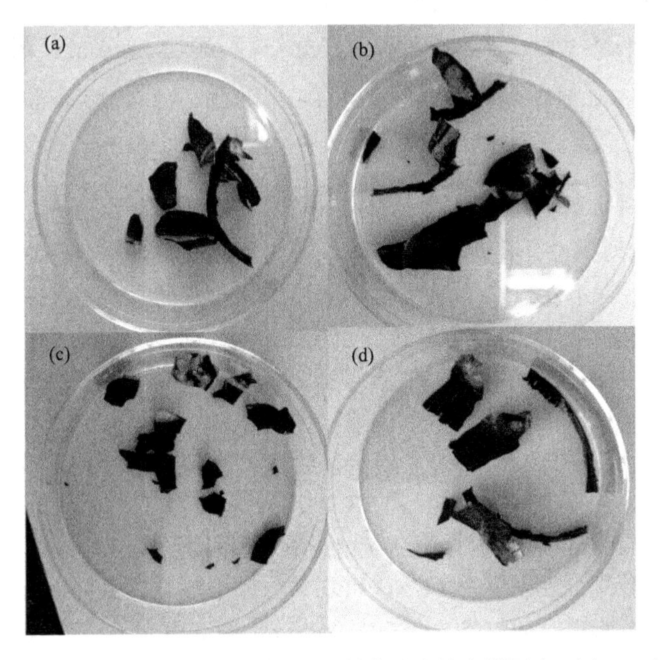

图 5-37　不同含量 CNC 与 TMOS 复合制备的手性介孔炭的光学图片：(a) C1；(b) C2；(c) C3；(d) C4

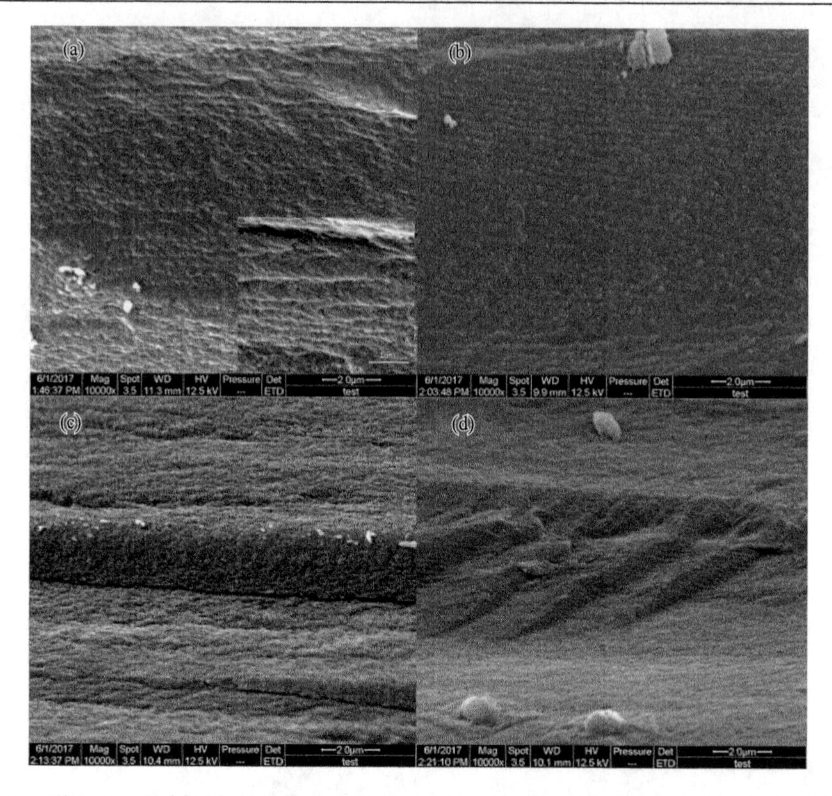

图 5-38　不同 CNC 比例制备的手性介孔炭 SEM 图：(a) C1 (插图为放大介孔炭的微观结构)；(b) C2；(c) C3；(d) C4

5.10.3.5　手性介孔炭的孔结构分析

图 5-39 (a) 为手性介孔炭材料的吸附-脱附等温线，每种样品均含有一个滞后环，表明其孔径具有单峰分布且呈现出明显的介孔特征。随着 CNC 溶液浓度的增加，滞后环向低压力范围内移动，同时滞后环逐渐变大。从图 5-39 (b) 样品的孔径分布曲线可知，样品孔径集中分布在 2~7nm 之间，该值小于 CNC 的直径，归因于高温煅烧造成的孔结构收缩现象。

表 5-2 为手性介孔炭样品的孔结构参数。分析各项参数可知，当模板 CNC 的添加量由 45%增加至 75%时，样品的 BET 比表面积呈先增大后减小的趋势；BET 比表面积由 686.88$m^2 \cdot g^{-1}$ 增加至 937.91$m^2 \cdot g^{-1}$ 后降至 918.63$m^2 \cdot g^{-1}$，这是因为添加量在一定范围 (≤60%) 内，CNC 可均匀分散于混合体系中，有利于形成共连续介孔结构，增加模板剂的量，产物中介孔数量增加引起 BET 比表面积增大；而添加量超过一定值后，在混合体系中 CNC 可能形成层状的胶束结构，不利于共连续介孔形成，导致比表面积下降。除此之外，所有样品都具有发达的介孔结构，平均孔径集中分布在 2~7nm 之间，说明本实验中所得样品均为手性介孔材料，与

上述分析结果一致。当模板 CNC 的添加量控制在 60%左右时，可制备出高比表面积、大孔容的手性介孔炭材料。

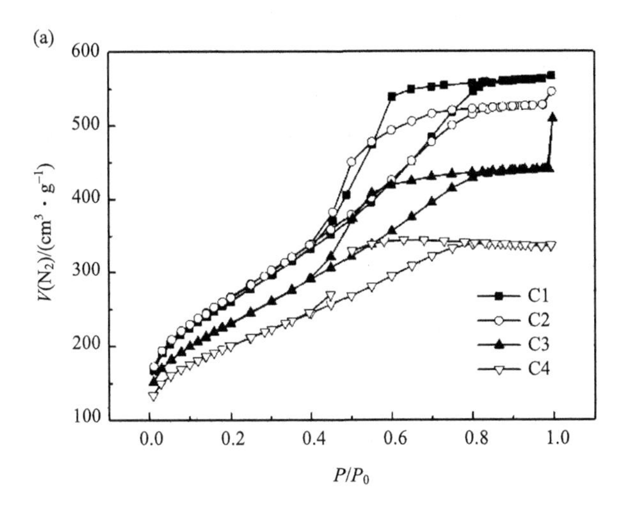

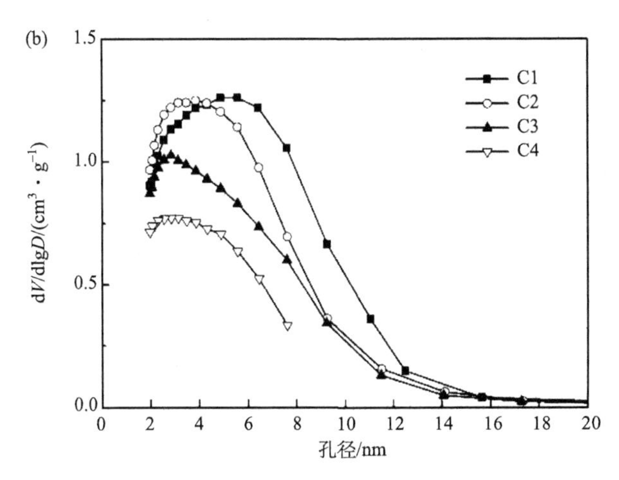

图 5-39　手性介孔炭样品的氮气吸附-脱附等温线(a)和孔径分布图(b)

表 5-2　不同手性炭样品的孔结构参数

样品	模板/%	$S_{BET}/(m^2 \cdot g^{-1})$	$V_T/(cm^3 \cdot g^{-1})$	平均孔径/nm
C1	75	918.63	0.88	3.82
C2	65	937.91	0.84	3.60
C3	55	808.16	0.79	3.89
C4	45	686.88	0.52	3.04

5.10.4 小结

基于自组装行为，成功地将 CNC 的手性向列结构复制于 SiO_2 和炭材料中。CNC 与 TMOS 经充分混合，在空气中煅烧制备手性介孔 SiO_2；经 N_2 保护下煅烧制得 C/SiO_2，再使用 NaOH 去除 SiO_2 制得手性介孔炭。所制备的 SiO_2 和炭材料均保留了 CNC 的手性向列结构。所制备的手性 SiO_2 具有发达的介孔结构，比表面积 $256.53m^2 \cdot g^{-1}$，平均孔径为 3~12nm；所制备的手性介孔炭同样具有发达的介孔结构，最高的比表面积达 $937.91m^2 \cdot g^{-1}$，平均孔径在 2~7nm。

5.11 本 章 小 结

纤维素及其衍生物是优良的手性向列液晶模板，用于制备各种新型功能材料。纤维素纳米晶体的快速自组装与许多无机前驱体相容，并为溶胶-凝胶反应提供了完美的基础。手性向列结构可以转移到无机材料中，引入孔隙，即使去除有机模板，手性向列结构依然可以保留。纤维素纳米晶体手性向列模板化制备的薄膜表现出特殊的性质，包括可调孔径，可控表面化学性质和赋予可调光子性质手性向列结构。纤维素纳米晶体为制备新材料提供了一系列激动人心的应用研究方向。将纤维素纳米晶体作为模板材料制备反射镜、偏光板、电极材料、催化剂和传感器等功能器件已经通过原理实验被证实，为其在进一步的商业化开发提供理论基础。但许多基本的研究仍需进一步的理解。如它们是如何形成的？如何在手性通道中完成物质行为？在这些材料中，在长程多尺度的材料上有手性印迹吗？能否实现对应性选择吸附和手性通道内催化反应？手性介孔材料科学的新领域在制备手性向列固态材料上具有相当大的潜力。同时通过手性向列复制或制备的自组装薄膜在湿敏仿生、光学仿生材料领域具有极为广泛的应用前景。

参 考 文 献

[1] Sakurada I, Nukushina Y, Ito T. Experimental determination of the elastic modulus of crystalline regions in oriented polymers. Journal of Polymer Science, 1962, 57: 651-660.

[2] Kelly J A, Giese M, Shopsowitz K E, et al. The development of chiral nematic mesoporous materials. Accounts of Chemical Research, 2014, 47(4): 1088-1096.

[3] Marchessault R H, Morehead F F, Walter N M. Liquid crystal systems from fibrillar polysaccharides. Nature, 1959, 184: 632-633.

[4] Frey-Wyssling A, Muhlethaler K. Ultrastructural Plant Cytology. New York: Elsevier Publishing Company, 1965: 34-40.

[5] Klemm D, Kramer F, Moritz S, et al. Nanocelluloses: A new family of nature-based materials. Angewandte Chemie International Edition, 2011, 50: 5438-5466.

[6] Eder M, Jungnikl K, Burgert I. A close-up view of wood structure and properties across a growth ring of norway spruce (*Picea abies*[L] Karst). Trees, 2009, 23: 79-84.

[7] Gillmor C S, Poindexter P, Lorieau J, et al. Alpha-glucosidase I is required for cellulose biosynthesis and morphogenesis in arabidopsis. The Journal of Cell Biology, 2002, 156: 1003-1013.

[8] Abeysekera M, Willison J H M. A spiral helicoid in a plant cell wall. Cell Biology International, 1987, 11: 75-79.

[9] Vignolini S, Moyroud E, Glover B J, et al. Analysing photonic structures in plants. Journal of the Royal Society Interface, 2013, 10: 20130394.

[10] Strout G, Russell S D, Pulsifer D P, et al. Silica nanoparticles aid in structural leaf coloration in the malaysian tropical rainforest understory herb *Mapania caudata*. Annals of Botany, 2013, 112(6): 1141-1148.

[11] Teeri T T, Brumer H, Daniel G, et al. Biomimetic engineering of cellulose-based materials. Trends in Biotechnology, 2007, 25: 299-306.

[12] Ranby B G. Aqueous colloidal solutions of cellulose micelles. Acta Chemica Scandinavica, 1949, 3: 649-650.

[13] Habibi Y, Lucia L A, Rojas O J. Cellulose nanocrystals: Chemistry, self-assembly, and applications. Chemical Reviews, 2010, 110: 3479-3500.

[14] Moon R J, Martini A, Nairn J, et al. Cellulose nanomaterials review: Structure, properties and nano-composites. Chemical Society Reviews, 2011, 40: 3941-3994.

[15] Revol J F, Bradford H, Giasson J, et al. Helicoidal self-ordering of cellulose microfibrils in aqueous suspension. International Journal of Biological Macromolecules, 1992, 14: 170-172.

[16] Sharma V, Crne M, Park J O, et al. Structural origin of circularly polarized iridescence in jeweled beetles. Science, 2009, 325: 449-451.

[17] Ranby B G. The colloidal properties of cellulose micelles. Discussions Faraday Society, 1952, 11: 158-164.

[18] Araki J, Wada M, Kuga S, et al. Flow properties of microcrystalline cellulose suspension prepared by acid treatment of native cellulose. Colloids and Surfaces A, 1998, 142: 75-82.

[19] Beck-Candanedo S, Roman M, Gray D G. Effect of reaction conditions on the properties and behavior of wood cellulose nanocrystal suspensions. Biomacromolecules, 2005, 6: 1048-1054.

[20] Marchessault R H, Morehead F F, Koch M J. Some hydrodynamic properties of neutral suspensions of cellulose crystallites as related to size and shape. Journal of Colloid and Interface Science, 1961, 16: 327-344.

[21] Bondeson D, Mathew A, Oksman K. Optimization of the isolation of nanocrystals from microcrystalline cellulose by acid hydrolysis. Cellulose, 2006, 13: 171-180.

[22] Filson P B, Dawson-Andoh B E. Sono-chemical preparation of cellulose nanocrystals from lignocellulose derived materials. Bioresource Technology, 2009, 100: 2259-2264.

[23] Bai W, Holbery J, Li K C. A technique for production of nanocrystalline cellulose with a narrow size distribution. Cellulose, 2009, 16: 455-465.

[24] Wang N, Ding E, Cheng R S. Preparation and liquid crystalline properties of spherical cellulose nanocrystals. Langmuir, 2008, 24 (1): 5-8.

[25] Zhang J G, Elder T J, Pu Y Q, et al. Facile synthesis of spherical cellulose nanoparticles. Carbohydrate Polymers, 2007, 69: 607-611.

[26] Fengel D, Wegener G. Wood: Chemistry, Ultrastructure, Reactions. New York: Walter de Gruyter, 1984.

[27] Dong X M, Revol J F, Gray D G. Effect of microcrystallite preparation conditions on the formation of colloid crystals of cellulose. Cellulose, 1998, 5 (1): 19-32.

[28] Habibi Y. Key advances in the chemical modification of nanocelluloses. Chemical Society Reviews, 2014, 43: 1519-1542; Revol J F, Marchessault R H. *In vitro* chiral nematic ordering of chitin crystallites. International Journal of Biological Macromolecules, 1993, 15: 329-335.

[29] Araki J, Wada M, Kuga S, et al. Birefringent glassy phase of a cellulose microcrystal suspension. Langmuir, 2000, 16: 2413-2415.

[30] Dong X M, Kimura T, Revol J F, et al. Effects of ionic strength on the phase separation of suspensions of cellulose crystallites. Langmuir, 1996, 12: 2076-2082.

[31] 薛岚. 纳米晶纤维素胆甾相液晶、膜的制备及氧化性能研究. 南京: 南京林业大学, 2012.

[32] Dong X M, Gray D G. Effect of counterions on ordered phase formation in suspensions of charged rodlike cellulose crystallites. Langmuir , 1997, 13: 2404-2409.

[33] Hirai A, Inui O, Horii F, et al. Phase separation behavior in aqueous suspensions of bacterial cellulose nanocrystals prepared by sulfuric acid treatment. Langmuir, 2009, 25: 497-502.

[34] Beck-Candanedo S, Viet D, Gray D G. Induced phase separation in cellulose nanocrystal suspensions containing ionic dye species. Cellulose, 2006, 13: 629-635.

[35] Beck-Candanedo S, Viet D, Gray D G. Induced phase separation in low-ionic-strength cellulose nanocrystal suspensions containing high-molecular-weight blue dextrans. Langmuir, 2006, 22: 8690-8695.

[36] Beck-Candanedo S, Viet D, Gray D G. Triphase equilibria in cellulose nanocrystal suspensions containing neutral and charged macromolecules. Macromolecules, 2007, 40: 3429-3436.

[37] Heux L, Chauve G, Bonini C. Nonflocculating and chiral-nematic self-ordering of cellulose microcrystals suspensions in nonpolar solvents. Langmuir, 2000, 16: 8210-8212.

[38] Elazzouzi-Hafraoui S, Putaux J L, Heux L. Self-assembling and chiral nematic properties of organophilic cellulose nanocrystals. Journal of Physical Chemistry B, 2009, 113: 11069-11075.

[39] Revol J F, Godbout L, Dong X M, et al. Chiral nematic suspensions of cellulose crystallites; phase separation and magnetic field orientation. Liquid Crystals, 1994, 16: 127-134.

[40] Sugiyama J, Chanzy H, Maret G. Orientation of cellulose microcrystals by strong magnetic fields. Macromolecules, 1992, 25: 4232-4234.

[41] Fleming K, Gray D G, Prasannan S, et al. Cellulose crystallites: A new and robust liquid crystalline medium for the measurement of residual dipolar couplings. Journal of the American Chemical Society, 2000, 122: 5224-5225.

[42] Kvien I, Oksman K. Orientation of cellulose nanowhiskers in polyvinyl alcohol. Applied Physics

A: Materials Science & Processing, 2007, 87: 641-643.
[43] Habibi Y, Heim T, Douillard R. AC electric field-assisted assembly and alignment of cellulose nanocrystals. Journal of Polymer Science Part B: Polymer Physics, 2008, 46: 1430-1436.
[44] Bordel D, Putaux J L, Heux L. Orientation of native cellulose in an electric field. Langmuir, 2006, 22: 899-4901.
[45] 李伟, 刘守新, 李坚. 纳米纤维素的制备与功能化应用基础. 北京: 科学出版社, 2016.
[46] Wang Y, Hunag L G. Structural characteristics and defects in ethyl-cyanoethyl cellulose/acrylic acid cholesteric liquid crystalline system. Macromolecules, 2004, 37(2): 303-309.
[47] Lima M M D S, Borsali R. Rodlike cellulose microcrystals: Structure, properties, and applications. Macromolecular Rapid Communications, 2004, 25(7): 771-787.
[48] Rosa M F, Medeiros E S, Malmonge J A, et al. Cellulose nanowhiskers from coconut husk fibers: Effect of preparation conditions on their thermal and morphological behavior. Carbohydrate Polymers, 2010, 81(1): 83-92.
[49] Shafiei-Sabet S, Hamad W Y, Hatzikiriakos S G. Rheology of nanocrystalline cellulose aqueous suspensions. Langmuir, 2012, 28(49): 17124-17133.
[50] Araki J, Kuga S. Effect of trace electrolyte on liquid crystal type of cellulose microcrystals. Langmuir, 2001, 17(15): 4493-4496.
[51] Dumanli A G, Kamita G, Landman J, et al. Controlled, bio-inspired self-assembly of cellulose based chiral reflectors. Advanced Optical Materials, 2014, 2: 646-650.
[52] Beck S, Bouchard J, Berry R. Dispersibility in water of dried nanocrystalline cellulose. Biomacromolecules, 2012, 13(5): 1486-1494.
[53] 代林林, 李伟, 曹军, 等. 纳米纤维素手性向列液晶相结构的形成、调控及应用. 化学进展, 2015, 27(7): 861-869.
[54] 曾加, 黄勇. 纤维素及其衍生物的胆甾型液晶结构. 高分子材料科学与工程, 2000, 16(6): 13-17.
[55] Saha A, Tanaka Y, Han Y, et al. Irreversible visual sensing of humidity using a cholesteric liquid crystal. Chemical Communications, 2012, 48(38): 4579-4581.
[56] Edgar C D, Gray D G. Induced circular dichroism of chiral nematic cellulose films. Cellulose, 2001, 8(1): 5-12.
[57] Majoinen J, Kontturi E, Ikkala O, et al. SEM imaging of chiral nematic films cast from cellulose nanocrystal suspensions. Cellulose, 2012, 19(5): 1599-1605.
[58] Roman M, Gray D G. Parabolic focal conics in self-assembled solid films of cellulose nanocrystals. Langmuir, 2005, 21(12): 5555-5561.
[59] Chen Q, Liu P, Nan F, et al. Tuning the iridescence of chiral nematic cellulose nanocrystal films with a vacuum-assisted self-assembly technique. Biomacromolecules, 2014, 15(11): 4343-4350.
[60] Dumanli A G, van der Kooij H M, Kamita G, et al. Digital color in cellulose nanocrystal films. ACS Applied Materials & Interfaces, 2014, 6(15): 12302-12306.
[61] Tang H, Guo B, Jiang H, et al. Fabrication and characterization of nanocrystalline cellulose films prepared under vacuum conditions. Cellulose, 2013, 20(6): 2667-2674.
[62] Csoka L, Hoeger I C, Rojas O J, et al. Piezoelectric effect of cellulose nanocrystals thin films.

ACS Macro Letters, 2012, 1 (7): 867-870.

[63] Viet D, Beck S, Gray D G. Dispersion of cellulose nanocrystals in polar organic solvents. Cellulose, 2007, 14(2): 109-113.

[64] Hirai A, Inui O, Horii F, et al. Phase separation behavior in aqueous suspensions of bacterial cellulose nanocrystals prepared by sulfuric acid treatment. Langmuir, 2008, 25(1): 497-502.

[65] Revol J F, Godbout L, Gray D G. Solid self-assembled films of cellulose with chiral nematic order and optically variable properties. Journal of Pulp and Paper Science, 1998, 24(5): 146-149.

[66] Beck S, Bouchard J, Berry R. Controlling the reflection wavelength of iridescent solid films of nanocrystalline cellulose. Biomacromolecules, 2010, 12(1): 167-172.

[67] Filson P B, Dawson-Andoh B E, Schwegler-Berry D. Enzymatic-mediated production of cellulose nanocrystals from recycled pulp. Green Chemistry, 2009, 11: 1808-1814.

[68] Li W, Wang R, Liu S X. Nanocrystalline cellulose prepared from softwood kraft pulp via ultrasonic-assisted acid hydrolysis. BioResources, 2011, 6(4): 4271-4281.

[69] Beck S, Bouchard J, Chauve G, et al. Controlled production of patterns in iridescent solid films of cellulose nanocrystals. Cellulose, 2013, 20(3): 1401-1411.

[70] Liu B, Cao Y Y, Huang Z H, et al. Silica biomineralization via the self-assembly of helical biomolecules. Advanced Materials, 2015, 27: 479-497.

[71] Guégan R, Morineau D, Lefort R, et al. Rich polymorphism of a rod-like liquid crystal(8CB) confined in two types of unidirectional nanopores. European Physical Journal E Soft Matter, 2008, 26(3): 261-273.

[72] Nguyen T D, Hamad W Y, MacLachlan M J. Tuning the iridescence of chiral nematic cellulose nanocrystals and mesoporous silica films by substrate variation. Chemical Communications, 2013, 49: 11296-11298.

[73] Hu Z, Cranston E D, Ng R, et al. Tuning cellulose nanocrystal gelation with polysaccharides and surfactants. Langmuir, 2014, 30(10): 2684-2692.

[74] Edgar C D, Gray D G. Influence of dextran on the phase behavior of suspensions of cellulose nanocrystals. Macromolecules, 2002, 35(19): 7400-7406.

[75] Mu X, Gray D G. Formation of chiral nematic films from cellulose nanocrystal suspensions is a two-stage process. Langmuir, 2014, 30(31): 9256-9260.

[76] Beck-Candanedo S, Viet D, Gray D G. Induced phase separation in cellulose nanocrystal suspensions containing ionic dye species. Cellulose, 2006, 13(6): 629-635.

[77] Bruckner J R, Kuhnhold A, Honorato-Rios C, et al. Enhancing self-Assembly in cellulose nanocrystal suspensions using high-permittivity solvents. Langmuir, 2016, 32 (38): 9854-9862.

[78] Kresge C T, Leonowicz M E, Roth W J, et al. Ordered mesoporous molecular sieves synthesized by a liquid-crystal template mechanism. Nature, 1992, 359: 710-712.

[79] Braun P V, Osenar P, Stupp S I. Semiconducting superlattices templated by molecular assemblies. Nature, 1996, 380: 325-328.

[80] Thomas A, Antonietti M. Silica nanocasting of simple cellulose derivatives: Towards chiral pore systems with long-range order and chiral optical coatings. Advanced Functional Materials, 2003,

13: 763-766.

[81] Qi H, Roy X, Shopsowitz K E, et al. Liquid-crystal templating in ammonia: A facile route to micro- and mesoporous metal nitride/carbon composites. Angewandte Chemie International Edition, 2010, 49: 9740-9743.

[82] Nguyen T D, Shopsowitz K E, MacLachlan M J. Mesoporous silica and organosilica films templated by nanocrystalline chitin. European Journal of Chemistry, 2013, 19: 15148-15154.

[83] Shopsowitz K E, Kelly J A, Hamad W Y, et al. Biopolymer templated glass with a twist: Controlling the chirality, porosity, and photonic properties of silica with cellulose nanocrystals. Advanced Functional Materials, 2014, 24: 327-338.

[84] Brook M A, Chen Y, Guo K, et al. Sugar-modified silanes: Precursors for silica monoliths. Journal of Materials Chemistry , 2004, 14: 1469-1479.

[85] Shopsowitz K E, Hamad W Y, MacLachlan M J. Flexible and iridescent chiral nematic mesoporous organosilica films. Journal of the American Chemical Society, 2012, 134: 867-870.

[86] Terpstra A S, Shopsowitz K E, Gregory C F, et al. Helium ion microscopy: A new tool for imaging novel mesoporous silica and organosilica materials. Chemical Communications, 2013, 49: 1645-1647.

[87] Giese M, DeWitt J C, Shopsowitz K E, et al. Thermal switching of the reflection in chiral nematic mesoporous organosilica films infiltrated with liquid crystals. ACS Applied Materials & Interfaces, 2013, 5: 6854-6859.

[88] Shopsowitz K E, Hamad W Y, MacLachlan M J. Chiral nematic mesoporous carbon derived from nanocrystalline cellulose. Angewandte Chemie International Edition, 2011, 50: 10991-10995.

[89] Siqueira G, Bras J, Dufresne A. Cellulosic bionanocomposites: A review of preparation, properties and applications. Polymer, 2010, 2: 728-765.

[90] Favier V, Chanzy H, Cavaille J Y. Polymer nanocomposites reinforced by cellulose whiskers. Macromolecules, 1995, 28: 6365-6367.

[91] Dufresne A. Processing of polymer nanocomposites reinforced with cellulose nanocrystals: A challenge. International Polymer Processing, 2012, 27: 557-564.

[92] Song H, Niu Y, Wang Z, et al. Liquid crystalline phase and gel-sol transitions for concentrated microcrystalline cellulose (MCC) / 1-ethyl-3-methylimidazolium acetate (EMIMAc) solutions. Biomacromolecules, 2011, 12: 1087-1096.

[93] Cosutchi A, Hulubei C, Stoica I, et al. A new approach for patterning epiclon-based polyimide precursor films using a lyotropic liquid crystal template. Journal of Polymer Research, 2011, 18: 2389-2402.

[94] Tatsumi M, Teramoto Y, Nishio Y. Polymer composites reinforced by locking-in a liquid-crystalline assembly of cellulose nanocrystallites. Biomacromolecules, 2012, 13: 1584-1591.

[95] Kelly J A, Shukaliak A M, Cheung C C Y, et al. Responsive photonic hydrogels based on nanocrystalline cellulose. Angewandte Chemie International Edition, 2013, 52: 8912-8916.

[96] Cheung C C Y, Giese M, Kelly J A, et al. Iridescent chiral nematic cellulose nanocrystal/

polymer composites assembled in organic solvents. ACS Macro Letters, 2013, 2: 1016-1020.

[97] Giese M, Khan M K, Hamad W Y, et al. Imprinting of photonic patterns with thermosetting amino-formaldehyde-cellulose composites. ACS Macro Letters, 2013, 2: 818-821.

[98] Khan M K, Giese M, Yu M, et al. Flexible mesoporous photonic resins with tunable chiral nematic structures. Angewandte Chemie International Edition, 2013, 52: 8921-8924.

[99] Kelly J A, Manchee C P K, Cheng S, et al. Evaluation of form birefringence in chiral nematic mesoporous materials. Journal of Materials Chemistry C, 2014, 2: 5093-5097.

[100] Robbie K, Broer D J, Brett M J. Chiral nematic order in liquid crystals imposed by an engineered inorganic nanostructure. Nature, 1999, 399: 764-766.

[101] Schroden R C, Al-Daous M, Blanford C F, et al. Optical properties of inverse opal photonic crystals. Chemistry of Materials, 2002, 14: 3305-3315.

[102] Kitzerow H S, Lorenz A, Matthias H. Tuneable photonic crystals obtained by liquid crystal infiltration. Physica Status Solidi A, 2007, 204: 3754-3767.

[103] Ge J, Yin Y. Responsive photonic crystals. Angewandte Chemie International Edition, 2011, 50: 1492-1522.

[104] Broer D J, Bastiaansen C M W, Debije M G, et al. Functional organic materials based on polymerized liquid-crystal monomers: Supramolecular hydrogen-bonded systems. Angewandte Chemie International Edition, 2012, 51: 7102-7109.

[105] Khan M K, Hamad W Y, MacLachlan M J. Tunable mesoporous bilayer photonic resins with chiral nematic structures and actuator properties. Advanced Materials, 2014, 26: 2323-2328.

[106] Liu H, Wang G, Liu J, et al. Highly ordered mesoporous NiO anode material for lithium ion batteries with an excellent electrochemical performance. Journal of Materials Chemistry, 2011, 21: 3046-3052.

[107] Liang C, Li Z, Dai S. Mesoporous carbon materials: Synthesis and modification. Angewandte Chemie International Edition, 2008, 47: 3696-3717.

[108] Lee J, Yoon S, Hyeon T, et al. Synthesis of a new mesoporous carbon and its application to electrochemical double-layer capacitors. Chemical Communications, 1999, 21: 2177-2178.

[109] Simon P, Gogotsi Y. Materials for electrochemical capacitors. Nature Materials, 2008, 7: 845-854.

[110] Fuertes A B, Pico F, Rojo J M. Influence of pore structure on electric double-layer capacitance of template mesoporous carbons. Journal of Power Sources, 2004, 133: 329-336.

[111] Shopsowitz K E, Stahl A, Hamad W Y, et al. Hard templating of nanocrystalline titanium dioxide with chiral nematic ordering. Angewandte Chemie International Edition, 2012, 51: 6886-6890.

[112] Chu G, Feng J, Wang Y, et al. Chiral nematic mesoporous films of ZrO_2: Eu^{3+}: New luminescent materials. Dalton Transactions, 2014, 43: 15321-15327.

[113] Kelly J A, Shopsowitz K E, Ahn J M, et al. Chiral nematic stained glass: Controlling the optical properties of nanocrystalline cellulose-templated materials. Langmuir, 2012, 28: 17256-17262.

[114] Daniel M C, Astruc D. Gold nanoparticles: Assembly, supramolecular chemistry, quantum-

size-related properties, and applications toward biology, catalysis, and nanotechnology. Chemical Reviews, 2004, 104: 293-346.

[115] Noguez C, Garzon I L. Optically active metal nanoparticles. Chemical Society Reviews, 2009, 38: 757-771.

[116] Saha K, Agasti S S, Kim C, et al. Gold nanoparticles in chemical and biological sensing. Chemical Reviews, 2012, 112: 2739-2779.

[117] Alivisatos A P. Semiconductor clusters, nanocrystals, and quantum dots. Science, 1996, 271: 933-937.

[118] Aoki K, Guimard D, Nishioka M, et al. Coupling of quantum-dot light emission with a three-dimensional photonic-crystal nanocavity. Nature Photonics, 2008, 2: 688-692.

[119] Nguyen T D, Hamad W Y, MacLachlan M J. CdS quantum dots encapsulated in chiral nematic mesoporous silica: New iridescent and luminescent materials. Advanced Functional Materials, 2014, 24: 777-783.

[120] Goldman E R, Medintz I L, Whitley J L, et al. A hybrid quantum dot antibody fragment fluorescence resonance energy transfer-based TNT sensor. Journal of the American Chemical Society, 2005, 127: 6744-6751.

[121] Rose A, Zhu Z, Madigan C F, et al. Sensitivity gains in chemosensing by lasing action in organic polymers. Nature, 2005, 434: 876-879.

[122] Liu F, Dong B Q, Liu X H, et al. Structural color change in longhorn beetles *Tmesisternus isabellae*. Optics Express, 2009, 17: 16183-16191.

[123] Sun T L, Wang G J, Feng L, et al. Reversible switching between superhydrophilicity and superhydrophobicity. Angewandte Chemie International Edition, 2004, 43: 357-360.

[124] Zhao Y J, Shang L R, Cheng Y, et al. Spherical colloidal photonic crystals. Accounts of Chemical Research, 2014, 47(12): 3632-3642.

[125] Neethirajan S, Jayas D S, Sadistap S. Carbon dioxide (CO_2) sensors for the agrifood industry—A review. Food Bioprocessing and Technology, 2009, 2: 115-121.

[126] McConney M E, White T J, Tondiglia V P, et al. Dynamic high contrast reflective coloration from responsive polymer/cholesteric liquid crystal architectures. Soft Matter, 2012, 8: 318-323.

[127] Zhang Y P, Chodavarapu V P, Kirk A G, et al. Structured color humidity indicator from reversible pitch tuning in self-assembled nanocrystalline cellulose films. Sensors and Actuators B: Chemical, 2013, 176: 692-697.

[128] Beck J S, Vartuli J C, Roth W J, et al. A new family of mesoporous molecular sieves prepared with liquid crystal templates. Journal of the American Chemical Society, 1992, 114(27): 10834-10843.

[129] Davis M E. Ordered porous materials for emerging applications. Nature, 2002, 417: 813-821.